日本の伝統食品事典

日本伝統食品研究会 編

朝倉書店

まえがき

　わが国には，各地の豊かな産物や変化に富んだ風土のおかげで，さまざまな伝統食品が伝わっている．これらの伝統食品の多くは特定の誰かが作り出したというよりも，多数の人々が長い時間かけて，試行錯誤を繰り返しながら築き上げてきたものである．味噌，醬油，納豆，清酒，かまぼこ，塩辛，かつお節，漬物，納豆などのようによく知られているもののほか，ごく限られた地域でのみ作られているものも多く，数え上げればきりがないほどの種類がある．したがってこれまで調査研究の対象となった食品の種類は限られるが，それらの結果だけでも，驚くべきことに，現在の科学からみて，加工原理や保存性，栄養，食味などの面でさまざまな合理的で貴重な知恵や工夫が潜んでいることが明らかになっている．各地に点在するまだよく知られていない伝統食品には，現代や将来の食品製造に生かすべきさまざまな貴重な技術が含まれているかも知れず，そういう意味で伝統食品は玉手箱ともいえよう．

　ところで，最近は伝統食品という名で数多くの製品が広範に流通しているが，その中には，機械化や量産化に伴い，さまざまに改変され，見かけは似ていても中身はまるで別物というものも少なくない．その食品にとって枢要な技術が省略されていたり，昔の技法が完全に生かされていないためである．ひどい場合には伝統食品に似せた模造品さえ登場しつつある．またこのような工業化の対象にならない小規模な伝統食品にあっては，製法が変化していなくても，伝承者が高齢となられ，消滅の危機に直面している場合も少なくないようである．

　日本伝統食品研究会では，平成21年に設立25周年を迎えるにあたって，このような現状にあるわが国の伝統食品の保存・継承に資するため，その概要を叙述し，その技法や品質を後世に伝えうる事典の出版を企画した．伝統食品については，これまでにも食品群ごとに歴史や風俗，品質，製法などについて書かれた書物は散見されるが，本書では，伝統食品の保存・継承を目的として農産，水産の両食品にわたって，特に技術的側面に重点をおいて伝統食品の意義を記述しつつ，現状と問題点をできるだけ網羅するように努めた．

まえがき

　編集に当たっては，全体的な考え方と項目立てを全編集委員で討議し，執筆者や品目については，編集者がそれぞれ食品群ごとに分担して作業を進めた．内容や構成にはできるだけ統一を図るように配慮したつもりであるが，収録品目の漏れや偏り，記述の不十分な点があるかも知れず，これらについては，いずれ増補や改訂の機会に補っていきたいと考えている．読者のご教示，ご意見をいただければ幸いである．

　本書がわが国の伝統食品についての知識の普及とそれらの正当な評価に役立つことを願っている．出版に当たっては朝倉書店編集部の皆様に多大なご援助をいただいた．ここに深謝申し上げる次第である．

2007年9月

編集委員を代表して　藤 井 建 夫

■ 編集委員

藤井建夫	山脇学園短期大学食物科
川﨑賢一	近畿大学農学部
小泉幸道	東京農業大学応用生物科学部
豊原治彦	京都大学大学院農学研究科
堀井正治	ノートルダム清心女子大学大学院人間生活学研究科
宮尾茂雄	東京都農林総合研究センター

■ 執筆者　（五十音順）

赤羽義章	福井県立大学	神崎和豊	神崎商店
阿久津智美	栃木県産業技術センター	金城　力	(有)マーミヤ
浅野　昶	前釧路市水産加工振興センター	久田　孝	石川県立大学
池内常郎	(株)茨木屋	國武浩美	熊本県農林水産部
石川健一	愛知県産業技術研究所	黒川孝雄	前長崎県総合水産試験場
伊藤　寛	前東京農業大学	桑原秀明	長野県工業技術総合センター
伊藤雅子	愛知県産業技術研究所	小泉幸道	東京農業大学
今井　徹	富山県食品研究所	小西文子	高知学園短期大学
今田節子	ノートルダム清心女子大学	坂本正勝	北海道蒲鉾水産加工業協同組合
岩本宗昭	前島根県水産試験場	佐藤紀代美	くらしき作陽大学
上田智広	岩手県農林水産部	柴　眞	柴水産加工研究所
臼井一茂	神奈川県水産技術センター	嶋田達雄	下関水陸物産
海老名秀	新潟県水産海洋研究所	白川武志	香川県産業技術センター
太田義雄	広島県立食品工業技術センター	進藤　斉	東京農業大学
岡　弘康	前愛媛県工業技術センター	菅原久春	秋田県農林水産技術センター
岡田裕史	静岡県水産技術研究所	髙木　毅	静岡県水産技術研究所
岡田　稔	(株)鈴廣蒲鉾本店	滝口明秀	千葉県水産総合研究センター
加島隆洋	岐阜県産業技術センター	滝口　強	群馬県立群馬産業技術センター
加藤　登	東海大学	武田平八郎	(株)日本食品新聞社
加藤みゆき	香川大学	舘　博	東京農業大学
上西由翁	鹿児島大学	田中秀夫	(財)日本醬油技術センター
苅谷泰弘	福井大学名誉教授	田中良治	山口県水産研究センター
川﨑賢一	近畿大学	玉置ミヨ子	前相愛女子短期大学

執筆者一覧

保　　聖子	鹿児島県水産技術開発センター	藤井建夫	山脇学園短期大学
塚本研一	秋田県農林水産技術センター	藤田平二	(株)藤辰商店
戸松　誠	秋田県農林水産技術センター	藤原　健	宮城県水産加工研究所
豊原治彦	京都大学	堀井正治	ノートルダム清心女子大学
内藤茂三	愛知県産業技術研究所	堀越昌子	滋賀大学
長尾精一	(財)製粉振興会	前田安彦	宇都宮大学名誉教授
中川勝也	(社)兵庫県食品産業協会	松岡寛樹	高崎健康福祉大学
中川禎人	九州栄養福祉大学	真部正敏	香川大学名誉教授
永島俊夫	東京農業大学	宮尾茂雄	東京都農林総合研究センター
永瀬光俊	島根県産業技術センター	望月　聡	大分大学
中西載慶	東京農業大学	森　俊郎	兵庫県立農林水産技術総合センター
永峰文洋	青森県ふるさと食品研究センター	森　真由美	石川県水産総合センター
中村幸一	新潟県農業総合研究所	森島義明	鹿児島県水産技術開発センター
中村羊一郎	静岡産業大学	矢口登希子	茨城県霞ヶ浦北浦水産事務所
西岡不二男	前富山県食品研究所	矢野俊博	石川県立大学
西川清文	前福井県食品加工研究所	山澤正勝	名古屋文理大学短期大学部
西谷尚道	(有)醸造科学研究所	山本常治	水産ねり製品技術懇話会
野田誠司	東京都農林総合研究センター	山本　泰	東京農業大学
野村　明	高知県工業技術センター	吉井洋一	新潟県農業総合研究所
橋詰和宗	(独)農業・食品産業技術総合研究機構	吉岡武也	北海道立工業技術センター
橋本壽夫	東海大学	吉本詩朗	ブルドックソース(株)
橋本俊郎	茨城県工業技術センター	和田　卓	静岡県水産加工業協同組合連合会
原田和樹	(独)水産大学校	渡辺　研	東京農工大学
福家眞也	東京学芸大学	渡辺忠美	徳島文理大学

目　　次

伝統食品の現在 …………………………………………………………………… 1

Ｉ──農　産

第1章　穀　　類　　〔農産〕

- ■ 総　説 ……………………………………〔堀井正治〕… 3
- 1.1　もち（餅）類 ……………………………〔中村幸一〕… 5
  - 1.1.1　切りもち ……………………………………………… 7
  - 1.1.2　のしもち ……………………………………………… 10
  - 1.1.3　なまこもち …………………………………………… 11
  - 1.1.4　菱もち ………………………………………………… 11
  - 1.1.5　凍りもち ……………………………………………… 11
  - 1.1.6　あられもち …………………………………………… 12
  - 1.1.7　きりたんぽ …………………………………………… 12
  - 1.1.8　吉備団子 ……………………………………………… 13
  - 1.1.9　もち菓子，まんじゅう ……………………………… 13
- 1.2　せんべい（煎餅）類 ……………………………………… 18
  - 1.2.1　米菓（米粉せんべい） ………………〔吉井洋一〕… 18
  - 1.2.2　小麦粉せんべい ………………………〔中川勝也〕… 19
  - 1.2.3　おこし ………………………………………………… 23
  - 1.2.4　卵せんべい …………………………………………… 24
- 1.3　うどん（饂飩）類 ………………………〔真部正敏〕… 25
  - 1.3.1　うどん ………………………………………………… 27
  - 1.3.2　冷　麦 ………………………………………………… 29
  - 1.3.3　ひらめん ……………………………………………… 30
  - 1.3.4　そうめん ……………………………………………… 31
- 1.4　そば（蕎麦）類 …………………………〔今井　徹〕… 33
  - 1.4.1　そば切り ……………………………………………… 34
  - 1.4.2　乾燥そば（干しそば） ……………………………… 36

1.4.3 そば米（むきそば） …………………………………… 38
1.4.4 そばがき ……………………………………………… 38
1.5 ふ（麩）類 …………………………………〔長尾精一〕… 39
1.5.1 焼きふ ………………………………………………… 41
1.5.2 生　ふ ………………………………………………… 43
1.5.3 油揚げふ ……………………………………………… 43
1.6 こんにゃく類 ………………………………〔滝口　強〕… 43

第2章　豆　類　　　　　　　　　　　　　　　農産

- **総　説** ……………………………………〔堀井正治〕… 51
2.1 豆　腐 …………………………………〔橋詰和宗〕… 53
2.1.1 木綿豆腐 ……………………………………………… 56
2.1.2 絹ごし豆腐 …………………………………………… 59
2.1.3 充塡豆腐 ……………………………………………… 60
2.1.4 油揚げ類 ……………………………………………… 61
2.1.5 凍り豆腐 ……………………………………………… 65
2.1.6 その他の豆腐 ………………………………………… 68
2.2 ゆば（湯葉） …………………………………〔渡辺　研〕… 70
2.2.1 生ゆば ………………………………………………… 73
2.2.2 乾燥ゆば ……………………………………………… 73
2.2.3 その他の加工ゆば …………………………………… 73
2.3 納　豆 …………………………………〔伊藤　寛〕… 74
2.3.1 糸引き納豆 …………………………………………… 74
2.3.2 引き割り納豆 ………………………………………… 77
2.3.3 干し納豆（乾燥納豆） ……………………………… 77
2.3.4 焙煎納豆 ……………………………………………… 78
2.3.5 納豆の加工品（雪割り納豆，五斗納豆） ………… 78
2.3.6 寺納豆（大徳寺納豆，一休寺納豆，浜納豆） …… 80
2.4 醬油豆 …………………………………〔白川武志〕… 81

第 3 章　野菜類（漬物）　〔農産〕

- ■ 総　説 ……………………………………………………〔前田安彦〕… 83
- 3.1　塩漬け …………………………………………………〔宮尾茂雄〕… 86
  - 3.1.1　野沢菜漬け ……………………………………〔桑原秀明〕… 88
  - 3.1.2　高菜漬け ………………………………………〔太田義雄〕… 89
  - 3.1.3　広島菜漬け ……………………………………〔太田義雄〕… 90
  - 3.1.4　梅干し …………………………………………〔橋本俊郎〕… 92
  - 3.1.5　キクの花漬け …………………………………〔菅原久春〕… 93
  - 3.1.6　桜の花漬け ……………………………………〔宮尾茂雄〕… 93
- 3.2　醤油漬け ………………………………………………〔前田安彦〕… 95
  - 3.2.1　福神漬け ………………………………………〔宮尾茂雄〕… 98
  - 3.2.2　鉄砲漬け ………………………………………〔橋本俊郎〕… 99
  - 3.2.3　印籠漬け ………………………………………〔橋本俊郎〕… 101
  - 3.2.4　日光のたまり漬け ……………………………〔阿久津智美〕… 102
  - 3.2.5　日光巻き ………………………………………〔阿久津智美〕… 103
  - 3.2.6　養肝漬け ………………………………………〔橋本俊郎〕… 105
- 3.3　味噌漬け（金婚漬け）…………………………………〔菅原久春〕… 107
- 3.4　かす漬け ………………………………………………〔前田安彦〕… 107
  - 3.4.1　奈良漬け ………………………………………〔前田安彦〕… 110
  - 3.4.2　ワサビ漬け，山海漬け ………………………〔前田安彦〕… 111
  - 3.4.3　守口漬け ………………………………………〔石川健一〕… 113
- 3.5　こうじ（麹）漬け ……………………………………〔宮尾茂雄〕… 114
  - 3.5.1　べったら漬け …………………………………〔宮尾茂雄〕… 116
  - 3.5.2　三五八漬け ……………………………………〔菅原久春〕… 117
- 3.6　酢漬け …………………………………………………〔前田安彦〕… 118
  - 3.6.1　ラッキョウ漬け ………………………………………………… 119
  - 3.6.2　ショウガ漬け …………………………………………………… 121
  - 3.6.3　千枚漬け ………………………………………………………… 122
- 3.7　ぬか（糠）漬け ………………………………………〔前田安彦〕… 124
  - 3.7.1　たくあん漬け …………………………………〔松岡寛樹〕… 127
  - 3.7.2　いぶりがっこ（いぶりたくあん漬け）………〔菅原久春〕… 130
  - 3.7.3　柿漬けダイコン ………………………………〔菅原久春〕… 131
  - 3.7.4　伊勢たくあん …………………………………〔石川健一〕… 131

  3.7.5 日の菜漬け ………………………………………〔石川健一〕… 132
  3.7.6 寒漬け ……………………………………………〔太田義雄〕… 133
  3.7.7 山川漬け …………………………………………〔前田安彦〕… 135
 3.8 からし漬け（こなす漬けなど） ……………………〔菅原久春〕… 136
 3.9 もろみ漬け ……………………………………………〔宮尾茂雄〕… 137
 3.10 その他の漬物 …………………………………………〔宮尾茂雄〕… 138
  3.10.1 飛騨の赤カブ漬け ……………………………〔宮尾茂雄〕… 140
  3.10.2 すぐき漬け ……………………………………〔前田安彦〕… 141
  3.10.3 すんき漬け ……………………………………〔宮尾茂雄〕… 144
  3.10.4 しば漬け ………………………………………〔前田安彦〕… 145
  3.10.5 温海の赤カブ漬け ……………………………〔宮尾茂雄〕… 146
  3.10.6 伊予の緋のかぶら漬け ………………………〔宮尾茂雄〕… 147
  3.10.7 津田カブ漬け …………………………………〔宮尾茂雄〕… 148
  3.10.8 キムチ …………………………………………〔前田安彦〕… 149

第4章　茶　　類　　農産

 ■ 総　説 …………………………………………………〔堀井正治〕… 153
 4.1 緑茶（不発酵茶） ……………………………………〔中村羊一郎〕… 155
  4.1.1 抹茶（碾茶） …………………………………………………… 158
  4.1.2 煎　茶 …………………………………………………………… 160
  4.1.3 玉　露 …………………………………………………………… 164
  4.1.4 釜炒り茶 ………………………………………………………… 165
  4.1.5 番　茶 …………………………………………………………… 168
 4.2 後発酵茶 ………………………………………………〔加藤みゆき〕… 172
  4.2.1 阿波番茶 ………………………………………………………… 173
  4.2.2 碁石茶 …………………………………………………………… 176
  4.2.3 石鎚黒茶 ………………………………………………………… 177
  4.2.4 富山黒茶 ………………………………………………………… 178
 4.3 特殊加工茶 ……………………………………………〔中村羊一郎〕… 179
  4.3.1 玄米茶 …………………………………………………………… 179
  4.3.2 ほうじ茶 ………………………………………………………… 180
 4.4 チャでない「茶」 ……………………………………〔中村羊一郎〕… 180
  4.4.1 穀類から作る「茶」 …………………………………………… 180

4.4.2　葉から作る「茶」……………………………………… 181
4.5　調理素材としての利用法 ………………………〔中村羊一郎〕… 182
　　4.5.1　茶　粥 ……………………………………………………… 182
　　4.5.2　振り茶 ……………………………………………………… 184
　　4.5.3　尻振り茶 …………………………………………………… 185
　　4.5.4　食品加工素材 ……………………………………………… 185
4.6　茶の現代的利用法 ………………………………〔中村羊一郎〕… 186
　　4.6.1　ペットボトル茶 …………………………………………… 186
　　4.6.2　機能性の活用 ……………………………………………… 186

第5章　酒　類　　農産

■総　説 …………………………………………………〔小泉幸道〕… 189
5.1　清　酒 ……………………………………………〔進藤　斉〕… 193
　　5.1.1　特定名称酒 …………………………………………………… 200
　　5.1.2　増醸酒 ………………………………………………………… 201
　　5.1.3　生　酒 ………………………………………………………… 201
　　5.1.4　貴醸酒 ………………………………………………………… 202
　　5.1.5　にごり酒 ……………………………………………………… 202
　　5.1.6　長期貯蔵酒 …………………………………………………… 202
5.2　ビール ……………………………………………〔進藤　斉〕… 202
　　5.2.1　生ビールと熱処理ビール …………………………………… 210
　　5.2.2　下面発酵ビールと上面発酵ビール ………………………… 210
　　5.2.3　ビール風味飲料としての発泡酒および新ジャンル飲料 ………… 210
5.3　果実酒 ……………………………………………〔中西載慶〕… 211
　　5.3.1　赤ワイン ……………………………………………………… 215
　　5.3.2　白ワイン ……………………………………………………… 216
5.4　焼　酎 ……………………………………………〔西谷尚道〕… 217
　　5.4.1　泡　盛 ………………………………………………………… 224
　　5.4.2　芋焼酎 ………………………………………………………… 226
　　5.4.3　米焼酎 ………………………………………………………… 227
　　5.4.4　麦焼酎 ………………………………………………………… 229
　　5.4.5　ソバ焼酎 ……………………………………………………… 230
　　5.4.6　黒糖焼酎 ……………………………………………………… 232

5.4.7　酒かす焼酎 ……………………………………………… 233
　　5.4.8　多様化焼酎 ……………………………………………… 235
　　5.4.9　連続式蒸留焼酎（旧甲類焼酎）……………………… 237

第6章　調味料類　〔農産〕

■ 総　説 ………………………………………………〔小泉幸道〕… 241
6.1　塩 …………………………………………………〔橋本壽夫〕… 244
6.2　味　噌 ……………………………………………〔山本　泰〕… 248
　　6.2.1　米味噌 …………………………………………………… 251
　　6.2.2　麦味噌 …………………………………………………… 254
　　6.2.3　豆味噌 …………………………………………………… 255
6.3　醬　油 ……………………………………………〔田中秀夫〕… 258
　　6.3.1　こいくち醬油 …………………………………………… 261
　　6.3.2　うすくち醬油 …………………………………………… 261
　　6.3.3　たまり醬油 ……………………………………………… 262
　　6.3.4　さいしこみ醬油 ………………………………………… 262
　　6.3.5　しろ醬油 ………………………………………………… 263
6.4　食　酢 ……………………………………………〔小泉幸道〕… 264
　　6.4.1　米　酢 …………………………………………………… 266
　　6.4.2　かす酢 …………………………………………………… 267
　　6.4.3　麦芽酢 …………………………………………………… 268
　　6.4.4　穀物酢 …………………………………………………… 268
　　6.4.5　リンゴ酢 ………………………………………………… 268
　　6.4.6　壷　酢 …………………………………………………… 269
6.5　みりん ……………………………………………〔舘　　博〕… 271
6.6　砂　糖 ……………………………………………〔永島俊夫〕… 273
　　6.6.1　カンショ（甘蔗）糖 …………………………………… 275
　　6.6.2　テンサイ（甜菜）糖 …………………………………… 277
6.7　ソース ……………………………………………〔吉本詩朗〕… 278
　　6.7.1　ウスターソース ………………………………………… 280
　　6.7.2　中濃ソース ……………………………………………… 281
　　6.7.3　濃厚ソース ……………………………………………… 281

II — 水産

第1章 乾製品

- ■総説 …………………………………………〔黒川孝雄〕… 285
- 1.1 素干し ………………………………………〔黒川孝雄〕… 288
  - 1.1.1 するめ ……………………………………〔黒川孝雄〕… 288
  - 1.1.2 身欠きニシン ………………………………〔川﨑賢一〕… 291
  - 1.1.3 くちこ ………………………………………〔神崎和豊〕… 292
  - 1.1.4 田作り ………………………………………〔田中良治〕… 293
  - 1.1.5 サクラエビ素干し …………………………〔和田 卓〕… 294
  - 1.1.6 シラエビ素干し ……………………………〔川﨑賢一〕… 296
  - 1.1.7 バカガイ肉の干物（姫貝）………………〔岡 弘康〕… 297
  - 1.1.8 たたみイワシ ………………………………〔和田 卓〕… 300
  - 1.1.9 干しダコ ……………………………………〔森 俊郎〕… 301
- 1.2 塩干し ………………………………………〔黒川孝雄〕… 303
  - 1.2.1 イカ丸干し …………………………………〔神崎和豊〕… 305
  - 1.2.2 アジ開き ……………………………………〔和田 卓〕… 306
  - 1.2.3 甘鯛塩干品 …………………………………〔黒川孝雄〕… 308
  - 1.2.4 カレイ干物 …………………………………〔岩本宗昭〕… 309
  - 1.2.5 ハタハタの干物（一夜干し）……………〔森 俊郎〕… 310
  - 1.2.6 ブリ塩乾品（イナダ，わら巻きブリ）……〔神崎和豊〕… 313
  - 1.2.7 イワシ丸干し ………………………………〔滝口明秀〕… 314
  - 1.2.8 サヨリ，カマスの干物 ……………………〔臼井一茂〕… 316
  - 1.2.9 カラスミ ……………………………………〔黒川孝雄〕… 318
  - 1.2.10 サンマ干物 …………………………………〔滝口明秀〕… 319
  - 1.2.11 フカひれ ……………………………………〔藤原 健〕… 321
  - 1.2.12 剝き身スケトウダラ ………………………〔川﨑賢一〕… 322
  - 1.2.13 サケ干物（塩引き，酒びたし）…………〔海老名秀〕… 323
  - 1.2.14 シシャモ干物 ………………………………〔川﨑賢一〕… 325
  - 1.2.15 塩アゴ ………………………………………〔黒川孝雄〕… 326
- 1.3 煮干し ………………………………………〔黒川孝雄〕… 327
  - 1.3.1 煮干しイワシ ………………………………〔滝口明秀〕… 328
  - 1.3.2 シラス干し，ちりめん ……………………〔森 俊郎〕… 330

1.3.3　煮干しサクラエビ ……………………………………〔和田　卓〕… 332
　　1.3.4　干しナマコ，キンコ …………………………………〔神崎和豊〕… 334
　　1.3.5　ホタルイカ煮干し ……………………………………〔川﨑賢一〕… 334
　　1.3.6　エビせんべい …………………………………………〔山澤正勝〕… 336
　　1.3.7　魚せんべい ……………………………………………〔白川武志〕… 338
　　1.3.8　煮干しアゴ ……………………………………………〔神崎和豊〕… 339
　　1.3.9　干しアワビ ……………………………………………〔黒川孝雄〕… 340
　1.4　焼干し ……………………………………………………〔黒川孝雄〕… 342
　　1.4.1　焼きエビ（干しエビ）………………………………〔國武浩美〕… 343
　　1.4.2　焼きアゴ ………………………………………………〔黒川孝雄〕… 345
　　1.4.3　焼きアユ ………………………………………………〔望月　聡〕… 346
　1.5　その他 ………………………………………………………………… 347
　　1.5.1　サメ干物 ………………………………………………〔野村　明〕… 347
　　1.5.2　ニギス干物 ……………………………………………〔川﨑賢一〕… 349
　　1.5.3　フグ干物 ………………………………………………〔田中良治〕… 350

第2章　塩蔵品　　水産

　■　総　説 ……………………………………………………〔坂本正勝〕… 353
　2.1　魚類塩蔵品 ………………………………………………〔坂本正勝〕… 355
　　2.1.1　塩蔵タラ ……………………………………………………………… 358
　　2.1.2　塩蔵サケ（塩引き，新巻き）……………………………………… 358
　　2.1.3　塩蔵サバ ………………………………………………〔滝口明秀〕… 360
　2.2　魚卵塩蔵品 ………………………………………………〔坂本正勝〕… 361
　　2.2.1　タラコ，からし明太子 ………………………………〔川﨑賢一〕… 364
　　2.2.2　イクラ ………………………………………………………………… 365
　　2.2.3　筋　子 ………………………………………………………………… 366
　　2.2.4　数の子 …………………………………………………〔坂本正勝〕… 367
　2.3　塩蔵クラゲ ………………………………………………〔黒川孝雄〕… 369

第 3 章　調味加工品（つくだ煮）　〔水産〕

- ■ 総　説 ……………………………………………〔川﨑賢一〕… 371
- 3.1　つくだ（佃）煮 ………………………………〔滝口明秀〕… 373
  - 3.1.1　つくだ煮 …………………………………〔野田誠司〕… 374
  - 3.1.2　湖産魚介類のつくだ煮 …………………〔堀越昌子〕… 376
  - 3.1.3　ワカサギつくだ煮 ………………………〔矢口登希子〕… 378
  - 3.1.4　ゴリつくだ煮，フナの雀煮 ……………〔神崎和豊〕… 379
  - 3.1.5　ニシン昆布巻き …………………………〔浅野　昶〕… 380
  - 3.1.6　アユの昆布巻き …………………………〔堀越昌子〕… 381
  - 3.1.7　イカナゴ釘煮 ……………………………〔森　俊郎〕… 382
  - 3.1.8　筏ばえ ……………………………………〔加島隆洋〕… 384
- 3.2　儀助煮 …………………………………………〔岡　弘康〕… 385
- 3.3　甘露煮 …………………………………………………………… 387
  - 3.3.1　ホタルイカの甘露煮 ……………………〔川﨑賢一〕… 387
  - 3.3.2　マスの甘露煮 ……………………………〔伊藤雅子〕… 389
- 3.4　みりん干し（さくら干し）…………………〔滝口明秀〕… 390
- 3.5　焼き加工品 ……………………………………………………… 391
  - 3.5.1　焼きアナゴ ………………………………〔森　俊郎〕… 391
  - 3.5.2　タイの浜焼き ……………………………〔岡　弘康〕… 393
  - 3.5.3　焼きキス …………………………………〔森　俊郎〕… 396
  - 3.5.4　ウニ貝焼き ………………………………〔上田智広〕… 397
- 3.6　でんぶ …………………………………………〔武田平八郎〕… 399
- 3.7　魚味噌（フナ味噌，タイ味噌）………………〔加島隆洋〕… 402
- 3.8　釜揚げ …………………………………………〔川﨑賢一〕… 404

第 4 章　練り製品　〔水産〕

- ■ 総　説 ……………………………………………〔豊原治彦〕… 407
- 4.1　かまぼこ ………………………………………〔豊原治彦〕… 409
  - 4.1.1　宇和島式焼き抜きかまぼこ ……………〔岡　弘康〕… 415
  - 4.1.2　萩式焼き抜きかまぼこ …………………〔藤田平二〕… 417
  - 4.1.3　大阪式板つきかまぼこ …………………〔山本常治〕… 420

4.1.4　小田原式板づけかまぼこ ……………………………〔岡田　稔〕… 423
　4.1.5　じゃこてんぷら …………………………………………〔岡　弘康〕… 427
　4.1.6　つけ（薩摩）あげ ………………………………………〔上西由翁〕… 429
　4.1.7　八重山かまぼこ（マルーグヮー） ……………………〔金城　力〕… 431
　4.1.8　コンブ巻きかまぼこ ……………………………………〔西岡不二男〕… 433
　4.1.9　はんぺん …………………………………………………〔柴　眞〕… 436
　4.1.10　しんじょ ………………………………………………〔池内常郎〕… 438
　4.1.11　魚ぞうめん ……………………………………………〔池内常郎〕… 439
　4.1.12　削りかまぼこ …………………………………………〔岡　弘康〕… 441
　4.1.13　す（簀）巻きかまぼこ ………………………………〔岡　弘康〕… 443
　4.1.14　細工かまぼこ …………………………………………〔岡田　稔〕… 444
4.2　ちくわ（竹輪） ……………………………………………………… 447
　4.2.1　野焼きちくわ ……………………………………………〔永瀬光俊〕… 447
　4.2.2　豊橋ちくわ ………………………………………………〔内藤茂三〕… 450
　4.2.3　ぼたんちくわ（焼きちくわ，冷凍ちくわ） ………〔加藤　登〕… 452
　4.2.4　とうふちくわ ……………………………………………〔永瀬光俊〕… 455
　4.2.5　皮ちくわ …………………………………………………〔岡　弘康〕… 457

第5章　くん製品　　水産

■総説 ………………………………………………………〔岡　弘康〕… 461
5.1　くん製品 ……………………………………………………〔岡　弘康〕… 463
　5.1.1　サケくん製 ………………………………………………〔坂本正勝〕… 465
　5.1.2　トビウオくん製 …………………………………………〔保　聖子〕… 466
　5.1.3　生り節 ……………………………………………………〔野村　明〕… 468

第6章　水産発酵食品　　水産

■総説 ………………………………………………………〔藤井建夫〕… 471
6.1　塩辛 …………………………………………………………〔藤井建夫〕… 473
　6.1.1　イカ塩辛 …………………………………………………〔藤井建夫〕… 476
　6.1.2　酒盗 ………………………………………………………〔小西文子〕… 478
　6.1.3　このわた …………………………………………………〔神崎和豊〕… 480

|　　6.1.4　うるか……………………………………………〔望月　聡〕… 481
|　　6.1.5　めふん……………………………………………〔吉岡武也〕… 482
|　　6.1.6　ウニ塩辛（越前ウニ）…………………………〔赤羽義章〕… 483
|　　6.1.7　ウニ塩辛（下関ウニ，北浦ウニ）……〔原田和樹・嶋田達雄〕… 485
|　　6.1.8　黒作り……………………………………………〔川﨑賢一〕… 486
|　6.2　魚醬油…………………………………………………〔藤井建夫〕… 488
|　　6.2.1　しょっつる…………………………………………〔藤井建夫〕… 490
|　　6.2.2　いしる……………………………………………〔矢野俊博〕… 492
|　6.3　くさや…………………………………………………〔藤井建夫〕… 494
|　6.4　なれずし………………………………………………〔藤井建夫〕… 498
|　　6.4.1　フナずし……………………………………………〔堀越昌子〕… 501
|　　6.4.2　ウグイずし，ハスずし…………………………〔堀越昌子〕… 503
|　　6.4.3　サバなれずし（福井）……………………………〔苅谷泰弘〕… 505
|　　6.4.4　サバなれずし（和歌山）…………………………〔玉置ミヨ子〕… 507
|　　6.4.5　かぶらずし…………………………………………〔久田　孝〕… 508
|　　6.4.6　ハタハタずし……………………………………〔塚本研一〕… 510
|　　6.4.7　アユずし……………………………………………〔加島隆洋〕… 511
|　　6.4.8　ニシンずし……………………………………………〔西川清文〕… 513
|　6.5　ぬか漬け………………………………………………〔藤井建夫〕… 515
|　　6.5.1　へしこ……………………………………………〔赤羽義章〕… 517
|　　6.5.2　フグの子ぬか漬け…………………………………〔森真由美〕… 519
|　6.6　酢漬け…………………………………………………〔赤羽義章〕… 521
|　　6.6.1　小鯛ささ漬け………………………………………〔赤羽義章〕… 524
|　　6.6.2　マスずし……………………………………………〔川﨑賢一〕… 526
|　　6.6.3　ママカリの酢漬け…………………………………〔佐藤紀代美〕… 527
|　　6.6.4　イワシの卯の花漬け………………………………〔赤羽義章〕… 529
|　6.7　醬油漬け（松前漬け）………………………………〔吉岡武也〕… 530

第7章　節　類　　水産

|　■総　説……………………………………………………〔福家眞也〕… 535
|　7.1　カツオ節………………………………………………〔福家眞也〕… 537
|　　7.1.1　焼津節……………………………………………〔髙木　毅〕… 541
|　　7.1.2　土佐節……………………………………………〔野村　明〕… 544

|　　　7.1.3　薩摩節 ……………………………………………〔森島義明〕… 546
7.2　その他の節類 …………………………………………………… 550
|　　　7.2.1　宗田節（ソウダ節）…………………………………〔野村　明〕… 550
|　　　7.2.2　サバ節 ………………………………………………〔岡田裕史〕… 554

第 8 章　海藻製品　　　水産

　■総　説 ……………………………………………………〔今田節子〕… 557
8.1　海藻製品 ………………………………………………〔今田節子〕… 560
|　　　8.1.1　干しワカメ（灰干しワカメ）………………………〔渡辺忠美〕… 564
|　　　8.1.2　揉みワカメ ……………………………………………〔黒川孝雄〕… 567
|　　　8.1.3　乾燥コンブ ……………………………………………〔今田節子〕… 569
|　　　8.1.4　おぼろコンブ，とろろコンブ …………………………〔赤羽義章〕… 571
|　　　8.1.5　すきコンブ ……………………………………………〔永峰文洋〕… 574
|　　　8.1.6　塩コンブ ………………………………………………〔中川禎人〕… 576
|　　　8.1.7　乾燥アラメ（板アラメ）…………………………………〔海老名秀〕… 578
|　　　8.1.8　カジメ（クロメ）加工品 …………………………………〔望月　聡〕… 579
|　　　8.1.9　乾燥ヒジキ ……………………………………………〔滝口明秀〕… 580
|　　　8.1.10　モズク加工品 ………………………………………〔今田節子〕… 582
|　　　8.1.11　寒　天 ………………………………………………〔加藤隆洋〕… 584
|　　　8.1.12　ジンバのつくだ煮 …………………………………〔森　俊郎〕… 587
|　　　8.1.13　エゴノリ，イギス，おきゅうと ……………………〔今田節子〕… 589
|　　　8.1.14　ところてん（心太）…………………………………〔野田誠司〕… 592
|　　　8.1.15　モーイ豆腐 …………………………………………〔今田節子〕… 593
|　　　8.1.16　アカモク（ギバサ）…………………………………〔戸松　誠〕… 595
|　　　8.1.17　アカハタモチ ………………………………………〔永峰文洋〕… 596
|　　　8.1.18　板ノリ …………………………………………………〔滝口明秀〕… 598
|　　　8.1.19　板アオノリ ……………………………………………〔滝口明秀〕… 600

索　　引 ……………………………………………………………………… 603
資料編広告 …………………………………………………………………… 615

伝統食品の現在

1. 伝統食品とは

　わが国には，先人たちが長年の試行錯誤を経て，その土地の産物や気候風土を上手に生かして作り出してきた数多くの伝統食品がある．いわば人間の英知の結晶であり，そこにはそれぞれに合理的な技や知恵が潜んでいることが多い．それにもかかわらず，近年あとで述べるようなさまざまな理由によって，その技法や品質が変化してしまったり失われつつあるものが少なくない状況にある．このような放っておけばいずれは消えてしまう伝統食品を掘り起こし，その技術を科学的に解明し，保存し，ひいては現代の食品の改善に生かそうとの目的から，私たちは昭和59年に日本伝統食品研究会を設立し，これまで主に年2回の「伝統食品に関する講演会」の開催と会員の研究成果や講演会記録などを収録した会誌『伝統食品の研究』を刊行してきた．これまでに講演会は48回，会誌は32号になる．このたび研究会では創立25周年を迎えるに当たって，わが国の伝統食品を集大成した『日本の伝統食品事典』を朝倉書店より刊行することとした．

　ところで「伝統食品」という言葉の受け取り方は人によってかなり異なる．もともと伝統食品は，誕生の仕方や歴史，種類，地域性などもまちまちに発展してきたものが多いので，それを一律に定義することはあまり意味がないようにも思われるが，ここでは一応本書で取り上げる伝統食品の範囲として，本研究会の初代会長を務められた天野慶之先生（元東京水産大学）の定義にならって，「日本の近代化が創められた契機の明治維新まで，日本人の食卓に常時，頻繁にのぼっていた加工食品で，毎日，個々に用意された家庭料理以外のものを，おおよその範囲」としたい．なお，本書で取り上げた食品の中には上記の範囲を逸脱するものも含まれるが，たとえば，ワインやビールでは，同じ酒類として取り上げる日本酒や焼酎との比較のためを考え，またその他にも，本書を食品事典として利用する場合の便宜のためを考えてのことと理解されたい．

2. 失われつつある伝統食品

　伝統食品に類する食品の多くは，明治以降，第二次世界大戦までの間，製法や品質に大きな変化がないまま食されてきたが，それに次第に変化がみられるようになったのは戦後で，とくに高度経済成長期といわれる時代になってからの変化が著しい．食品業界や消費者の伝統食品に対する関心が高まってきたのは，この二十数年前から

で，それは人々がこのような変化に気がつき始めた時代でもある．いま伝統食品の存続が危機的な状況にあるといえるが，以下にその理由を考えてみたい．

食生活の変化

われわれの日常の食事は長い間，家庭で，母から子へ，子から孫へという形で伝承されてきた側面が大きいが，核家族化が進み，共働きの所帯が増え，さらに単身での生活時間が多くなってくると，日常の食事を外食や出来合いの惣菜，弁当，ファーストフードなどのいわゆる中食に依存する度合いが多くなり，従来のような家庭での日常食の継承は難しくなり，食の大切さに対する意識が薄れてきている．食育の推進が求められるようになったのもこのような背景が関係してのことである．

機械化，量産化

最近は，変わった食品や珍しいものを求める消費者志向もあって，伝統食品という名を付した製品が広く流通するようになった．その中には機械化や量産化に伴い，さまざまに改変され，昔と同じ名前で呼ばれていても，また見かけは似ていても，中身はまったく別物というものが少なくない．その食品にとって肝心な技術が省略されていたり，昔の技法が完全に生かされていないためである．伝統食品は個性豊かなことが一つの特徴であるが，最近はそれもだんだんと薄れてきたようである．その原因をかまぼこに見てみよう．

かまぼこは昭和30年頃までは地先の浜で獲れた魚を使っていたので，季節により，また地方ごとに，エソ，グチ，ハモ，エイ，マダラ，サメ，トビウオなど多様で，製品の外観や足，風味も個性豊かであったといわれる．昔のかまぼこがどのようであったかを説明するために，志水寛先生（元京都大学）が宇和島市で見聞された「昔のかまぼこを作る会」での体験を引用させていただく．

志水先生によると，昔の製法の伝承者によって再現されたかまぼこの作り方は，水さらしをせず，食塩以外は混ぜ物や水延ばしもせず，原料魚（エソ）をそっくりかまぼこに変えようというもので，色を白くし，足を強くするために水さらしが当たり前の現在の作り方とは基本的に異なっていたという．できた製品の色は黒く，足もそれほど強くないが，食してみると風味が抜群で，しかもそれを室温に放置しておいてもついに腐らなかったそうである．

この体験は相当衝撃的なもので，かまぼこ研究三十余年の先生が「これがかまぼこというものだったのか」としみじみ思い直されたそうである．かまぼこ作りの理論もあらかた確立され，昔の職人が使えなかった魚も使いこなせるようになり，工程のほとんどが機械化され，また種々の新製品ができている．しかし，それで今の製品が手作り時代に比べてどれほどおいしくなっているかというと疑問だと思うと，素直な感想を述べておられる．

かまぼこを変えた最も重要な出来事はスケトウダラ冷凍すり身の開発である．冷凍

すり身はそれまで耐凍性が弱いためかまぼこ原料にはなりにくかったスケトウダラをすり身にすることにより，かまぼこ原料として使えるようにした点で画期的な発明である．冷凍すり身は解凍さえすればいつでもすぐ用いることができるので，朝早くから原料をさばく必要もなくなり，当時は北洋のスケトウダラ資源も無尽蔵と思われるほど膨大であったため，便利で安価なかまぼこ原料としてたちまち全国へ普及していったのである．冷凍すり身は水さらし工程で呈味成分が抜け，原料魚種も限定されるため魚種ごとの味はなくなり，また昔のように職人の手作業によってではなく，機械がかまぼこを作るようになって，次第に個性の薄れた製品が多くなっていったのである．

伝統食品の製造工程の機械化は，手作り時代の厳しい労働条件を改善したり，製品のコストダウンを図る面からは評価できるが，その際，製品の品質が手作り時代よりも低下しないことが前提となろう．残念ながら多くの場合，工程の能率化が優先されて多少の中身の変化は見逃されがちである．新島の加工場の主人は，くさや作りに一番大切なのは汁の管理で，たとえていうと赤児に産湯を使わせるような気持ちで取り組んでいるとのことであった．食品作りに対するこのような丹念さや愛情が機械化に反映されているであろうか．

製造原理の変化，簡便な加工食品の出現

発酵によって味を醸し出すというのは一つの伝統技術であるが，塩辛や漬物では，高塩分のものや発酵による味・においを好まない消費者が多くなったために，調味料で味付けしてしまう場合がある．それも発酵の中身がわかっているものであればともかく，単に見かけの味だけを似せてしまうというようなものが増えている．

たとえば，塩辛は高塩分のもとで腐敗を防ぎながら自己消化作用を利用して旨味を生成させるのが昔からの作り方である．旨みの成分である各種遊離アミノ酸は熟成中に原料の10倍程度に増加する．しかし最近は低塩分の塩辛が主流となりつつあり，このような製品では，腐敗するので従来のように長時間かけて熟成するという製法は用いられず，代わりに調味料によって味付けし，保存料などによって腐敗防止をするという具合である．

塩蔵品や干物のような製品は，低塩化，ソフト化という言い方で代表されるように，作り方や品質が変わってきた．その背景には低温貯蔵など保存・流通技術の発展により，昔は高い塩分や，強い乾燥によって貯蔵性をもたせていた製品が低塩分，多水分でも十分日持ちがするようになったことがある．このような変化を頭から非難するつもりはないが，昔の新巻鮭と今の塩鮭，昔の干物と今の一夜干しでは明らかに味が違う．新巻鮭にしろ干物にしろ，たぶん塩蔵中や乾燥中に自己消化酵素が働いて呈味成分が生成されていたのであろう．まだ味の生成機構も十分わかっていない段階で製法を簡略化したり調味料に頼ることは安易というよりない．

江戸時代からのみりん造りを伝承されている岐阜の造り酒屋さんを見学したことがあるが，そこでのみりん造りは，本格米焼酎の中に糯米(もち)と米こうじを足掛け3年も寝かせて造っているとのことで，この地方では昔から寝酒としてみりんを飲用する習慣のあったことが今日までその技術を伝えてきたということであった．みりんというと料理用調味料の速成みりんが思い浮かぶが，これは熟成期間がせいぜい数十日で，醸造用アルコールに糖質や調味料を加えて短期間に作られている．両者が同じみりんという名で店頭に並んでは，価格的に競争できるはずがない．

国際貿易の増大

近年は食品原料，加工品など食料の国際貿易が急増している．その影響は食品衛生の面では農薬・薬剤汚染された中国産食材の輸入問題や，サルモネラ，病原大腸菌O 157のような新興・再興感染症の世界的蔓延という形で深刻な問題を引き起こしているが，伝統食品にも大きな影響を与えている．たとえば，世界で漁獲されている水産物の約1/3が貿易に回されているといわれており，西欧で漁獲されたシシャモが中国へ運ばれ，そこで干物に加工され，それがわが国に輸出されているようなケースも多い．わが国で加工するより低コストなためである．この場合わが国の加工業者の作業は中国製のめざしを発泡スチロールの箱に並び替えるだけであり，干物作りの技術はなくてすんでしまっている．原料や製法，品質についても責任を持ちえないであろう．

伝統技術保持者の高齢化

機械化によって昔と大きく変わってしまった伝統食品が多くなっている例をいくつか述べたが，機械化される以前の製法を再現したり調べようと思っても，手作り時代の技術者はたいていの場合，明治，大正の生まれであるので相当高齢になっておられ，伝承技術の継続が風前の灯火といった食品も少なくない．

たとえば，四国の山間部で江戸時代にはかなり作られていた黒茶（微生物発酵茶）も，現在は1軒の民家で自家用に作られているだけとなった．瀬戸内のいかなご醤油も戦後間もなく消滅して久しい．飛島（山形県）でタレと呼ばれている魚醬油も島では今も7割近くの民家で作られているが，島の人口自体が1960年頃の約1500人から，1990年には500～600人，現在は約300人へと減少が著しく，将来が案じられる．

粗悪品の流通

従来あまり知られていなかった伝統食品のなかにも，最近はデパートやスーパーで見かけるようになったものも多い．しかしあまり知られていないだけに，消費者はもちろんであるが，それを取り扱っている小売段階の人たちも，本物を知らずにいることがあるようである．デパートの物産展でも白濁して明らかに腐敗している魚醬油や，油焼けしたりかびの生えたくさやを見かけたことがある．ある時も都内の保健所

に変敗品として持ち込まれたくさやについて相談を受けたことがあるが，そのときに比較のために正常品といって示された製品も明らかに腐敗している状態であった．食品の監視員であるべき保健所の担当者もくさやを知らずにいたのであろう．粗悪品を本物と誤解して伝統食品離れにならないように願いたい．

伝統食品が営利主義の犠牲になる場合もある．くさやにしても，直販している分には問題は少ないが，別の業者が買い付けて販売するような例では，こんな話をきいたことがある．大手メーカから「少し品質を落としてでも原価を下げられないか」というう商談がもちこまれるのだという．何ともおぞましい発想で，そのご主人は即座に断ったとのことであるが，東京に販路ができるのであればということでその話に飛びつく業者がないとも限らない．

原料資源の枯渇

フナずしの加工場は最近はがらんとしていて遊んでいる桶が目立つ．原料のニゴロブナの漁獲が激減しているためである．イカ塩辛のスルメイカも昭和50年代以降急減したため，外国産の代替原料でしのいでいる．ハタハタずしやしょっつるの原料となるハタハタの枯渇はひどかったが，3年間の休漁期を設けるなどの対策がとられ，ようやく回復の兆しが見え始めている．資源の枯渇は原料の特性を生かして作られてきた伝統食品にとっては致命的である．

3. 伝統食品の意義と保存・継承

伝統食品の意義

さきに，伝統食品には合理的な知恵が潜んでいると述べたが，そのすばらしさは，多くの人たちによって長年の試行錯誤の末に生まれたさまざまな技法や工夫，たとえば塩を加えるとか，攪拌するとか，あるいは重石をするとかいうような簡単なことにも意味があって，それが科学的にも見事に説明できるということであろう．

清酒を例に取ると，微生物相互作用を巧妙に利用して酵母の純粋培養を得る「もと造り」や，低温殺菌の「火入れ」，開放系で醸造するための「三段仕込み」，低温により雑菌を抑える「寒仕込み」などの技術は室町時代までには確立されたものであるが，今日の知識に照らし合わせても，見事に合理的な微生物管理技術ということができる．酒の発酵や腐敗における微生物の役割が明らかになったのは，19世紀後半のパスツールの時代以降のことであるが，清酒の微生物管理はそれよりもはるか前から行われていたわけである．

伝統食品のこのような不思議さは，清酒や味噌，醤油，納豆，かまぼこのようによく知られている製品だけに限らず，意外な加工品にも見ることができる．たとえば伊豆諸島のくさやは，開いた魚を独特の塩汁に漬けてから乾燥して作られる干物であるが，このくさやでは塩汁中の細菌の作る抗菌物質などのために，ふつうの干物よりも

腐りにくいことが知られている．不思議なことに島の人たちは，手にけがをしてもこの汁に漬けると化膿しないことを知っており，また製法上の工夫や言い伝えを聞いていると，くさや作りが数百年来の技術であるにもかかわらず，巧みな微生物管理を行ってきたことがわかる．

一般にほとんど知られることなく日本海の孤島（飛島）に細々と伝えられてきた魚醬油でも抗菌物質を作る乳酸菌が存在し，腐敗防止に役立っていることが知られている．

石川県にはフグの卵巣ぬか漬けがある．原料は致死量のフグ毒を含んでいるが，塩漬けとぬか漬け後には，1/40程度にまで減毒されて食用可となる．その理由は十分解明されていないが，まさに命をかけた試行錯誤の結果であろう．

各地に伝わるさまざまな，まだよく知られていないその他の伝統食品にも貴重な知恵がありそうである．その実態を把握し，その技法の意義を解明することで，食品作りへの新しい考えが生まれるかもしれない．そのような意味で伝統食品は玉手箱である．それが失われる前に調査，研究を進める必要があろう．

伝統食品の保存・継承

伝統食品を保存・継承していくために重要なことは何であろうか．また，絵画や工芸品と違って長期保存の利かない食品はどのようにして後世へ伝えていけばいいのだろうか．

まず重要なことは，なぜ保存するのかの正しい理解である．伝統食品を保存・継承するのは，そこに優れた工夫や知恵があり，相応の価値があるからである．生産者もそれを理解し，それによって一層愛着と誇りをもって食べ物作りに取り組んで欲しい．また，伝統食品は日々の食事の中に生かされてこそ意味があるので，何よりも消費者の永続的な支援が必要であり，それには消費者が伝統食品の値打ちを正当に理解することが大切である．できれば社会的なバックアップを望みたい．そのためにも研究者には，よく知られていない食品について至急に調査研究を進め，その科学的意義を明らかにしていくことが求められよう．

最後に伝統食品を保存・継承していくために望まれる条件を考えておきたい．まず生産者サイドにおいては高品質を維持する必要がある．そのためには，製品にもよるが，確実に良い原料が確保でき，工程や品質の管理が十分行き届く適正な生産の規模というものがありそうである．原料確保の観点からは伝統食品にとって環境保全の問題も重要な課題である．

一方消費者においては，伝統食品についての知識が不十分で誤解をしたり，不良品や変敗品の識別ができないようでは困る．伝統食品はローカルな背景をもつものが多いので，消費者がその伝統食品の特徴や優れた意味を理解できるに適当な規模の流通・消費であることが望ましい．その意味では1990年代から耳にするようになった

地産地消の考え方とも共通する．また生産者，消費者双方の深い理解を求めるために，地域ごとに伝統食品についての正しい知識の普及や学校での教育なども積極的に行う必要があろう．食育推進活動の中でも伝統食品の意義については積極的に取り上げてもらいたい．当面，伝統食品はその価値を理解した生産者と消費者の意識的な共同作業によって守らざるを得ないと思われる．

　このようなことを総合すると，伝統食品は，その値打ちを生産者だけでなく消費者も正しく理解して，地域ごとに食の生態系を確立し，地域産業として育成しつつ，日常の生活の中で保存・継承されていくことが望まれる．言い換えると，生産者と消費者の信頼関係の上に，農場・漁場から食卓までの一貫したフードシステムを作り上げていくことになろう．
〔藤井建夫〕

I——農　産

1 穀　類

■ 総　説

　重篤の患者や，絶食療法で絶食期間を過ごした人が最初に口にする食べ物は「重湯」と相場が決まっている．次第に，三分粥・五分粥・七分粥と米粒の多い粥に移行してゆき，生気を取り戻してくる．山の遭難者や，海難事故による長期漂流者が救助された際にも，同様な手順によってこの世に無事生還を果たす．かくして穀類は，辰巳芳子さんの言う「命のスープ」と同様，人にとって，限界状態において，あの世とこの世の行き先を分ける生命の食べ物といえる．世界の穀類といえば，三大穀物のトウモロコシ（6億t），小麦（5.9億t），米（5.6億t）の他に，大麦，モロコシ，エンバク，ライムギなどがあるが，このうち，飼料として重要なトウモロコシを除く穀類はすべてイネ科の作物である．瑞穂の国と呼ばれるように，モンスーン気候の恩恵を受けるわが国においては，米栽培の歴史は古く，縄文・弥生の有史以前から，米と親しんできたことが遺跡調査からも知られている．

　米は炊飯やついてもちにして食すだけでなく，さまざまな粒度の粉にして用いられてきた．粳米（うるち）を水洗したのちにロール製粉した上新粉は，柏餅や団子，草もち，ういろう，すあまなどの原料になる．一方，胴搗き製粉したきめの細かい上用粉（薯よう粉）は，薯よう饅頭などに使用されている．水洗・水漬けした糯米（もち）を石臼でひき，水に晒して沈殿物を熱風乾燥した白玉粉は，白玉，求肥や練りきりのつなぎ，団子などに姿を変える．寒梅粉（焼きみじん粉）は，水洗した糯米を蒸してついて餅にしたのち，ホットローラーにかけて色がつかないように白く焼き上げ，粉末にしたもので，乾菓子や落雁，豆菓子などに用いられている．粘りがあって薄く延ばすのにも耐えるため，工芸菓子にも活用される．糯米を一夜水漬け・水切りして蒸した後十分に乾燥させた糒（ほしいい・干飯）を引き割った道明寺粉は，日持ちが良いことから非常食や兵糧・携帯食として活用されてきた．糒の形状・大きさは各種あり，現在では，桜餅，椿餅，道明寺羹等に用いられている．道明寺粉を煎ってさらに細かく引き

割ったものが新びき粉で，おこし作りに使われる．さらに細かくしたものは上南粉（極みじん粉）と呼ばれる．

米だけでなく，大麦を焙煎して製粉したものが麦こがしで，はったい粉，こうせんとも呼ばれる．麦こがしを熱湯で練ったものが，かつては家庭で食されていたが，近年はその姿もあまり見られなくなった．麦こがしからは麦落雁も作られる．

小麦粉は永らくメリケン粉という愛称で親しまれてきた．グルテンの量や質を反映した生地の腰の強さから，強力粉・中力粉・薄力粉と区分されるが，マカロニ用のセモリナがガラス質の大きな粒子をもつ以外は，粉の粒子には明確な差異はない．

ご飯の炊き方にも随分と気を配り，炊き上げた真っ白なご飯を，銀シャリと称して慈しむ風情は，年配の日本人に共通する想いであろうか．粘りの強いジャポニカ種の粳米と，糯米を巧みに使い分けて，おこわに混ぜ込む食材も，鯛などの魚介類から山菜，豆類と，地域により季節により，きめ細かな使い分けがなされ，郷土料理としてもしっかりとした地位を築いてきた伝統食品の仲間といえよう．

穀類の加工品は，うどんにせよ，もちにせよ，きりたんぽにせよ，かつては各家庭で用意されていたものであるが，次第に家庭の手を離れて工業化の道を歩み始め，環境の変化がそのことをますます加速してきたように思われる．本章では，もちやせんべい，うどん，そば，麩，こんにゃくに焦点を絞り，解説を加えることにする．

〔堀井正治〕

表 1.1　イネ科の穀類作物と分類

科名	亜科名	属名	種名
イネ	イネ	イネ	イネ
	ウシノケグサ	オオムギ	マカロニコムギ, パンコムギ, クラブコムギ, ライムギ, オオムギ
		カラスムギ	エンバク
	スズメガヤ	ヒゲシバ	シコクビエ
	キビ	キビ	キビ, ヒエ, アワ
		ヒメアブラススキ	モロコシ, ハトムギ, トウモロコシ

1.1 もち（餅）類

概　要

　もちは歴史が古く，縄文時代からあったといわれており[1]，最初は雑穀の粉を水でこね，蒸してついたものであったという．現在のような米粒をついてつぶして作る原形は天平年間になってから公家の家庭を中心として式事に神聖東食物として扱われてきたといわれている．徳川時代になると商売にする人も出始めて庶民に広がり，祭礼，慶事，仏事などの供物として主役を勤めるに至った．これらのもちは，自家製もあったが「もちは餅屋」といわれてきたように一種の専門業として発展を遂げ，今日に至っている．

　もちの形は関西を中心とした丸もち，関東以北では四角い切りもちが主流で地域によって明確な違いがみられるほか，行事によっても異なり，そこに住む人々の生活，文化と密接な関係をもちながら今日に至っている．

　もちの種類は，単に糯米を蒸してついた，いわゆる白餅が主流となっているが，ヨモギを加えた草もちやダイズを混ぜた豆もち，ゴマ粒を混ぜたものなど，種類も豊富である．

　また，丸もちや切りもちなどの一般的なもちは，水分を 42～45% 含んでいるため腐敗しやすい食品であるため，保存性を高める工夫のなかから凍りもち，あられもちなどの保存食としての乾燥品も作り出されてきた．さらには，砂糖の出現によりそれを混ぜた生地に餡を包んだ大福もち，砂糖や水あめを加えたぎゅうひなど，甘味をもたせた菓子としての利用にも発展し，生活に潤いを与える嗜好品として広く愛用され，和菓子のなかでも「もち菓子類」に分類され定着している．

製造の原理

　もちそのものは，図 1.1 に示したように精白した糯米を水洗，水浸漬，蒸し，つきといった製造工程を経て製造される食品である．単純，あるいは簡単なものほど「奥が深い」といわれているように，原料の品質や製造工程の操作いかんによってでき上がりの品質が大きく左右される食品でもある．

　もちの製造原理については，「切りもち」の項でもち製造にかかわる全般的な基本的工程，注意事項などについて述べることとしたい．現在，市場の主流をなしている

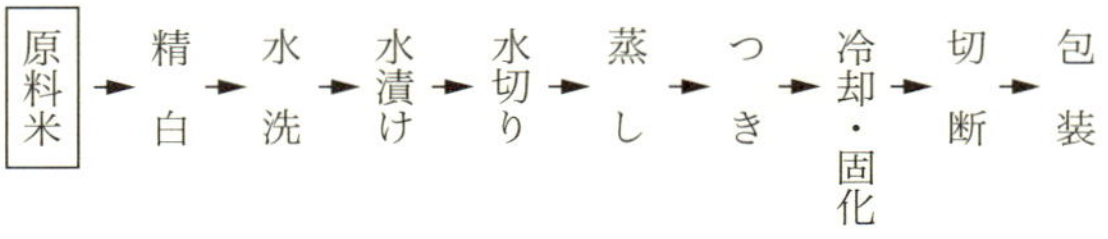

原料米 → 精白 → 水洗 → 水漬け → 水切り → 蒸し → つき → 冷却・固化 → 切断 → 包装

図 1.1 切りもちの製造工程

無菌包装もちに関する製造技術については，他の成書を参考にされたい[2]．

問題点と今後の課題

もち：食の欧米化が進み，米の消費量がますます減少する日本において，食生活の簡便化のなかで，もち製品も家庭でつき，家庭の味として引き継がれることは非常に少なくなっている．それに代わって，町中の和菓子屋などが消費者から持ち込まれた1升，2升といった少量の糯米をついてつき賃と引き換えに渡す方法が盛んになり，今日でも行われている．しかし，カビが生えやすいなどの品質保持の面では家庭で作るものと何ら変わることはなかった．

保存性を向上させるための方法として，1964（昭和39）年，つき上げたもちを塩化ビニリデン製の袋に詰めてソーセージ型に成形し，加熱殺菌したものが最初に売り出された．1965～66（昭和40～41）年には平型に成形して切りもち風に切れ目を入れた包装もちが開発されている．これらは切りもちのイメージからはかなりかけ離れたものであったため，それに応える技術開発も行われてきた．原料糯米の搗精に始まり，洗米，浸漬工程での微生物低減，つき，冷却固化，切断，個包装工程をクリーンルーム中で行い，さらに個包装用のフィルムは酸素透過性の素材を用い，一定個数を包装する袋は酸素透過性のないものを使用して脱酸素剤を封入し包装し安全性を高めた，他の食品では類をみない技術開発が行われ，微生物の面からみた問題はほぼ解決されたといってよい．

今後の課題としては，食生活が簡便化，画一化される傾向が強まるなかで，地域や家庭で受け継がれてきた伝統的な食文化，食べ方に関する情報を現下の生活様式にマッチした形で再構築する運動や，情報発信活動が重要と考えられる．また，近年の生活習慣病の増加が社会問題化しているなかで，改めていうまでもないが日本型食生活の意義を問い直すうえでの米食の重要さを訴えることも喫緊の課題である．さらには，高齢化がますます進行する今日，「正月のもちが咽喉につかえて…」など，新年早々家族団欒のなかでの痛ましい報道を避けるため，「良嚥下食」を目途とした技術開発も最重要課題である．

もち菓子類：もちともち菓子類の違いは，もちはほとんどの場合糖類の添加がなく主食用途での利用が多く，糯米の風味や食感を重視した加工品であるのに対し，もち菓子類では砂糖や水あめなどの糖類を加えて甘味を付与し，茶席菓子，間食として利用される，いわゆる嗜好品的要素が強い食品である．また，菓子類への利用は大福もちのように糯米から直接作られる製品はまれで，ほとんどは何らかの方法で粉にしてから作られている．広い意味では，粳米を粉にしてもち状についた製品ももち菓子に含まれている．この点，パン類やめん類など小麦利用食品は，あらかじめ粉砕して主食に加工されることと大きな違いがある．

米は小麦に比べ米粒組織が硬く，細かく粉砕するのが難しいことも特徴の一つであ

る．粉にするための機械装置の始まりは石臼であると思われるが，口当たりがよくおいしい加工品を作るための工夫の一環として近年では微細米粉を製造する装置，技術が開発されている．粉砕装置の種類と米粉およびその加工品の品質について上新粉の例を以下に述べる．上新粉利用菓子類の品質を左右する最大の要因は米粉の粒度であり，前述の石臼のほか現在ではロール製粉機，衝撃式製粉機（ピンミル），胴搗製粉機（スタンプミル），気流粉砕機（ブレードミル）などの粉砕機が開発され，利用されている．これらの粉砕機を利用した米粉の粒度は，機種によって大きく異なり，その結果として製品の品質は大きく左右される．製粉機の種類と団子の品質の関係はおおむね表1.2に示したとおりである．

表 1.2 米の粉砕方式と米粉およびだんごの特性

粉砕方式	粒度	熱損傷度合い	吸水性	だんごの硬化性	だんごの食味
ロール製粉	非常に粗い	低い	低い	早い	ざらつきあり
衝撃式製粉	粗い	高い	やや低い	早い	ややべたつきあり
胴搗製粉	細かい	低い	高い	やや遅い	滑らかで口どけよい
気流粉砕	非常に細かい	低い	かなり高い	遅い	非常に滑らかで口どけよい

今後の課題として最大の課題は，米は粒食，小麦は粉食という世界の二大作物の主食としての利用方法の長い歴史のなかで，また，大量の小麦を海外に依存し国産米が過剰となっている現状において主食分野をはじめ菓子類をも含めた米粉利用食品の開発と普及，定着があげられる．米粉利用菓子類はその種類も多く，米自体の機能性を含めた各種機能性成分を取り込んだ製品，小麦アレルギーに対応した製品開発など，多様な展開が大いに期待される加工素材である．

1.1.1 切りもち

概　要

長方形の形をした切りもちは，もち製品のなかで最も多く出回っている代表的な製品であるといっても過言ではない．家庭での製造はカビなどの微生物汚染により，可食期間は短い食品であるが，現在では製造技術の進歩により，無菌包装切りもちとして通年商品となっており，賞味期限は6か月程度に設定されてスーパーなどの店頭に広く出回っている．

製　法

原料米：原料として使用する糯米は小石などの異物の混入や異臭のないものを選ぶ

のは当然であるが，粳米の混入がないものを選ぶことも重要である．粳米が混ざった場合は，ついてもほとんどつぶれないでそのまま粒として残り，食感を損ねる原因となる．また，原料もち玄米の新古により菌相が異なり，もちの保存性が左右される[3]．古米になるとバチラス属やカビが検出され変質の原因になりやすいため，極力鮮度の高いものを選ぶことも重要である．

通常は玄米重量の90％程度に精白して使用する．

水洗工程：水洗工程は精白した糯米の表面に付着しているぬかやゴミを洗い流すだけでなく，米粒の中に含まれている糖類やアミノ酸などの水溶性物質を洗い流し，蒸し工程での加熱による着色を防ぐ役割も果たしている．

水洗方法は，容器に入れた糯米に水道水を流しながら攪拌して濁りがなくなるまで繰り返す方法が一般的であるが，工場レベルでは回転する網を用いる方法，専用タンクを利用して下から水を流し込んでオーバーフローさせる方法などが採用されている．

浸漬工程：水洗した糯米に水を吸わせ，蒸し工程でのデンプンの糊化が十分に進むようにする工程である．浸漬開始から急激に吸水が進行し，開始30分で重量的にはほぼ飽和状態となるが，米粒組織の中まで十分に水が浸透し，組織が膨潤するまでには最低2〜3時間は浸漬する必要がある．吸水後の水分含量は36％前後となる．浸漬中における雑菌の繁殖やでき上がったもちの白度の面からは15時間以内が適切とされている．

浸漬が終了した米はザルに移し，蒸し工程に入る前に十分に水切りを行うことも重要である．水切りが不十分で蒸籠(せいろ)の底部に水がたまるような状態で蒸し工程に入った場合，その部分だけが糊化して蒸気の通り道をふさぎ，蒸気が全体に行き渡らなくなって蒸しが不十分となる．

蒸し工程：蒸し工程は，それまで生デンプンの状態であった米を蒸気の熱と水分を与えながら糊化デンプンに変える工程である．この工程中に米粒は蒸気の水分をさらに吸収し，水分含量は約10％上昇し，水洗，浸漬前の原料米の1.4倍程度の重量に増加する．

蒸し時間は30分程度が一般的であり，家庭用の蒸し器では特に問題視されることはないが，高圧蒸気ボイラーから配管された蒸気を利用する場合は，蒸し器入り口の蒸気を噴出し圧力を0.02 MPa以下に調節することが重要である．0.05 MPa以上になると熱のみが供給される状態となり，水分の補給が不十分でつきにくくなるだけでなく，着色の原因となる．

つき工程：つき工程は，蒸し上がった糯米をつきつぶして全体を1つにまとめ，いわゆる「もち」にする工程である．つく方式としては，杵つき，ミキサー，練り出しの3つの方法がある（図1.2）.

(a) 杵つき方式 (b) ミキサー方式

(c) 練り出し方式

図 1.2　つく方法

　昔ながらの臼と杵を用いる方法では，第一段階として蒸し上げ直後の糯米を臼に入れて荒熱を取って（米粒表面に付着した水分を蒸発させる）から杵に体重をかけながら米粒の形がある程度なくなり，粘りが出て全体がつながり始めるまですりつぶす．引き続いて，杵を臼の中心部に向けて打ち下ろしながら全体が均一になるまでつく．このとき，臼の脇に水を入れた桶を用意しておき，全体が満遍なくつき上がるように助手が手水を付けながらつき手と交互に外側のもちを臼の中心部に返し入れることがポイントとなる．

　この方式で製造したもちは空気の混入が少なく，こしの強いもちが得られる．現在，市場に出回っているもちの大半は，杵つき方式を工場レベルで応用した製品となっている．機械装置としては，自重での自然落下方式とクランク式があり，大規模工場では前者が，町場の小規模工場では後者が採用される場合が多い．

　ミキサー方式は，家庭用に代表される卓上型のもちつき機であり，中心部の羽の回転力によりつき上げる方式である．本方式は簡便ではあるが，小さな気泡が入りやす

いためこしが弱く伸びやすいもちとなる．また，気泡が入ることにより見た目は色が白く仕上がる．

　練り出し方式は，蒸し上がった糯米をスクリューで練りつぶしながら連続的に押し出す方式であるが，あられ，おかきなどのもち米菓製造ラインに組み込まれる場合が多く，一般的なもち製品の製造に採用される場面はまれである．

　延し工程：つき上がったもちは，熱いうちに取り粉（主としてバレイショデンプン）を敷いた取り板に移して周辺部を中心に引き寄せながら，表面全体に取り粉が付着するように形よくまとめる．続いて，めん棒などを利用して手早く任意の厚さ，形に延ばす．あらかじめ用意した型枠に入れて成型するのも一方法である．工場規模では一定量のもちを型枠に供給して圧延・成型する機械を利用する方法が採用されている．

　冷却工程：延し工程を終了したもちは取り板に載せたまま多段式のラックに移して冷却と硬化を行う．そこで注意することは，必ずラックの下から上に向かって順に差し込んでいくことである．延したての熱いもちの上の空間は常に開放状態で熱の発散をスムーズに行うことが風味もよく，菌の増殖防止の観点からも重要である．できるだけ早く冷却することで硬化が早まり，こしの強いもちが得られるとされている．

　切断：程度な硬さになった時点で定規を当てながら帯状に切断し，横にして1個ずつ切断する．大きさについては特に基準はなく，任意に切断すればよい．工業的には十字切り機と称する専用の切断機が使用されるケースが多い．

　延したもちが切断できる硬さになるまでに要する時間は，気温が低いほうが早くなることはよく知られていることであるが，むしろ，栽培された地域によって大きく異なる．すなわち，イネの出穂から刈り取りまでの間の気温（登熟気温）が高い地域で栽培されたものは硬化が早く，低い場合は硬化が遅くなり，冷蔵庫で3日間放置しないと切断できないものもみられる．

　切断が終わったら乾燥やカビの発生を抑えるため，ビニール袋に入れて冷蔵庫で保管することが望ましい．市場に出回っている製品は，ガスバリアー性の高い袋を用い，脱酸素剤を一緒に入れてカビの発生を防いでいるものが大半である．

1.1.2　のしもち

　のしもちは，つき上げたもちを平たく延して仕上げたものをいう[4]．形は丸い形，四角形など地方によって異なっている．福島県では丸く延したもちをお盆に載せ，親戚に年始のあいさつに持って行くような使われ方をしている[5]．また，つき上げたもちをビニール袋に入れて四角に成型し，製造販売されるケースもみられるが，いずれも正月のお祝いとして主に使われている．

1.1.3 なまこもち

切断した形が海の生物・海鼠に似た形になるようにつき上げたもちを成型し，硬化させてから切断したもので，お供えもちを切断した断面の形によく似ている．もちをつき上げるまでは切りもちと基本的に同様である．同じ大きさ，形にそろえるためには，専用のトレイにもちを入れて冷蔵庫で硬化させた後，切断して製造されている．また，白もちのほか赤く着色したものやヨモギ，ゴマなどを加えた製品も多数出回っている．

1.1.4 菱もち

その名のとおり，延したもちを菱形に切断したもので，女児の健やかな成長を願ってひな祭りの飾りとして作られている．白もちだけでなく，桃色に着色したもち，ヨモギを加えた草もちなどを三段重ねにしたものが主流となっているが，大きさや重ね方などはまちまちである．

1.1.5 凍りもち[5]

凍りもちは，長野県諏訪地方や松本・安曇地方において冬の厳寒期の自然条件を上手に利用し，夜間の氷点下の気温で凍らせたものを日中の日当たりで解かしながら徐々に乾燥させて作られる，いわゆるフリーズドライの保存食品である．製造開始から仕上がりまで1～2か月をかけてじっくりと乾燥されて作られる製品でもある．また，同じ自然条件を利用して作られる寒天や凍豆腐も有名である．

諏訪地方と安曇地方では最初のもちの作り方が大きく異なっている．諏訪地方では，水に漬けた糯米を水とともにすりつぶしたもの（水挽き）を湯煎で加熱して80℃を保ちながら糊化させる方法であり，安曇地方では，普通についたもちを薄く短冊状に切断した後，4～5日冷水に浸けて十分に吸水させてから凍結，乾燥工程にもっていくことである．水挽き方式では，粉砕時に米と一緒に流し込む水の量によって違いはあるものの，湯煎で加熱・攪拌しながら糊化させる際の作業のしやすさ（粘りの程度）からみて70～80%の水分が含まれているものと推察される．一方，普通についたもちの水分は45%前後であり，これを薄く切って水に浸けることで水分は60%程度まで増加するものと思われる．

もちに水分を多く含ませること（逆にいえば固形物濃度を下げる）は，氷結温度を水の氷結温度である0℃に近づけていっそう凍りやすくする意義が大きいように思われる．また，水挽き方式のもちは加熱後の熱いもちをただちに凍らせることや，もちつき方式ではついたもちに十分に水を含ませてから凍らせることは，硬化したもちを冷凍庫に入れて凍らせたときのような薄い層状にはがれる状態になることを防ぎ，均一な組織に仕上げる知恵であったこともうかがわれる．でき上がったものは，多孔質

で持った感じが非常に軽く，容積重は 0.11 前後になるとされている．

　食する際は，軽く砕いて熱湯を注ぐだけで簡単におもゆ状やうすがゆ状となり，幼児食，病人食としての利用が多かったようであるが，現在では土産品としての製造販売が多い．ここで注目すべきは，凍結，融解，水分蒸発を何十回も繰り返して作られた「凍りもち」が熱湯を注ぐだけで簡単におもゆ状やうすがゆ状となることである．松橋鉄治朗氏の実験では，ビスコグラフという回転時粘度計の温度を上げていくと，氷餅（同氏の著作）は 45℃ で糊化し始めることが確認されている．糯米の生のデンプンをビスコグラフで粘度を測定した場合，60℃ 前後から粘りが出始めて 75℃ 前後で最も高い粘性を示すことが一般的である．凍りもちの製造過程の最初に加熱してデンプンを糊化した後，昼夜の寒暖の差を利用して冷凍・解凍を繰り返すことでデンプンが最も老化しやすい温度帯である 0℃ 付近を何回も往復することにより，糊化したデンプンが元の生デンプンに近い構造に変化したことがうかがえる．これに対し，和菓子原料として広く利用されているみじん粉や寒梅粉（糯米を原料としたアルファ粉）に直接お湯を注いだ場合は，お湯に接した部分だけがたちどころに吸水し，全体に行き渡らずに「ダマ」となり，凍りもちのような均一な状態には決してならない．

1.1.6　あられもち

　あられもちは，古くは奈良時代に糯米を煎って膨らませたものであるといわれている．江戸時代以降は，ついてから硬化させたもちをあられ状に細かく切って乾燥させ，煎って膨らませたものに砂糖，醤油などで味つけされるようになった．一般家庭では，切りもち製造の際，切りはしなどの不定形のもちをあられ状に切断する場合もあった．現在では菓子類のなかで米菓に分類され，工業的に大量生産され，多様な製品が出回っている．

　形よく均一に膨らませるためには，じっくりと時間をかけて乾燥させ，表面と中心部の水分むらをなくすことがポイントとなる．

1.1.7　きりたんぽ[6]

　秋田県の代表的な鍋料理である「きりたんぽ鍋」の具材として欠かせない存在となっている．名前の由来は，稽古用の槍の先の形「たんぽ」に似ていることから付けられたとされている．原料は，切りもちなどのように糯米を原料とするのではなく，粳米を用いるところに大きな違いがあり，もち状の食品といってもよい．

　家庭で作る場合は，少し硬めに炊いたご飯を熱いうちにすりこ木でこねながらつき，串に棒状に巻きつけて丸く形よく成形し，炭火でキツネ色になるまで焼き，串を抜き取ってでき上がりとなる．

　ご飯をつきつぶす際に米粒が完全につぶれて一様になると糊っぽくなるため，ある

程度粒が残るようにすることや，冷めると伸びが悪くなり作業がしにくくなるため，40～50℃の熱があるうちに作り終えるようにすることがポイントとなる．

　粳米を使うことで，糯米を使うもち類に比べ粘りが少なく，こしの強い食感となり，鍋に入れても煮崩れしにくいことも特徴の1つである．また，表面を焼いて水分を飛ばすことも煮崩れを防ぐ役割を果たしている．

1.1.8 吉備団子[7]

　吉備団子は現在，岡山県を代表する土産品菓子となっている．キビやソバ，アワなどの雑穀は稲作に適さない丘陵地ややせ地などを利用して米の不足を補う，いわゆる糧食として全国的に広く栽培，利用されてきたものである．岡山県の吉備高原でも例外ではなく，それらを利用した食品が古くから伝えられている．キビ，アワの利用の仕方としては，粒のまま米の上に乗せて蒸してついたキビもち，アワもちのほか，粉砕してから団子にして食べる方法に大別される．いずれも食事の範疇での食べ方であり，作ってその場で食べることが多く，食べやすさを保持したまま何日間も食べ続けられるように保存性を考慮した加工法ではなかった．

　キビの種類では，草丈が人の背丈とほぼ同じ高さで米粒の1/3程度の大きさで丸く，表皮が鮮明な黄色をしたもの（モチ種，ウルチ種がある）と，3m近い草丈で麦粒に近い大きさで全体に茶褐色をおびたもの（モロコシ）に大別されるが，現在の吉備団子には前者のうちモチ種が主に利用されている．

　土産品として，もち独特の軟らかさと滑らかさを保ち，カビ発生などの微生物増殖による品質劣化を抑えた製法は，砂糖や水あめなどの糖類をふんだんに使えるようになってからのことである．現在市販されているものは，原料面ではもち粉を主体としてその一部をキビ粉に置き換えて生地に混ぜ込み，その黄色をいかしたもの（場合によっては着色），表面の取り粉にキビ粉を使ったものなどがみられるが，物性保持，微生物増殖抑制を目的として原料粉の2～3倍の糖類が使用されている．

　現在の製法の詳細については「ぎゅうひ」の項で述べることとする．

1.1.9 もち菓子，まんじゅう

　菓子類は現在では和菓子，洋菓子に大別されている．和菓子は古くから作られ，人々の生活・文化に根ざして発展してきたものであるが，その種類も多く，また同一種類のなかでの製品も非常に多い．和菓子の一般的な分類方法は，蒸し菓子類，もち菓子類，練り菓子類，打ち菓子類などと称されるように，製造方法によって分けられている．

　もち菓子類に分類されている製品は種類も多く，58種類についてその製造法が記載されている技術書もみられる[8]．また，糯米やもち粉のほか，上新粉に代表される

粳米を粉にしたものから製造される団子類や柏もちなど，広い意味でもち状とした製品が多数含まれている（図1.3）．

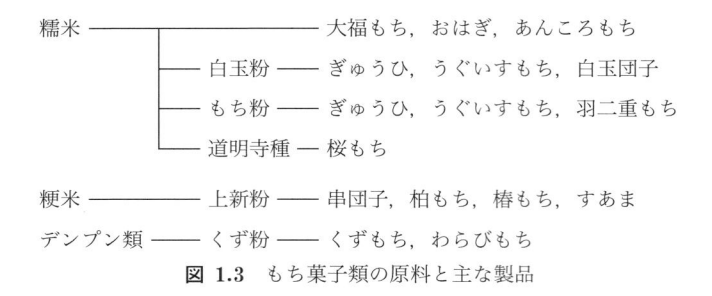

```
糯米 ──────────────── 大福もち，おはぎ，あんころもち
     ├── 白玉粉 ───── ぎゅうひ，うぐいすもち，白玉団子
     ├── もち粉 ───── ぎゅうひ，うぐいすもち，羽二重もち
     └── 道明寺種 ─── 桜もち

粳米 ─────── 上新粉 ─── 串団子，柏もち，椿もち，すあま
デンプン類 ── くず粉 ─── くずもち，わらびもち
```

図 1.3 もち菓子類の原料と主な製品

大福もち

基本的な作り方は，糯米を蒸してつき，ぬるま湯を少しずつ加えて餡を包みやすい軟らかさに仕上げる．糯米1 kgに対して食塩を1～3 g程度加える場合もある．でき上がった生地は40～50℃の熱があるうちに取り粉を敷いたバットに適当な大きさに千切って並べ，あらかじめ用意しておいた餡を包んで仕上げる．皮と餡の比率は3：2程度がもちの食感と餡の甘さ，風味などのバランスがとれて食べやすい製品となる．また，糯米から直接作ることにより米の風味をいかした製品が得られる．

大福もちは糯米単体使用だけではなく，ダイズ，アワ，ヨモギ，ゴマ，クリなどを加えたものなど，製品の種類は多様である．

別の製造法としては，糯米を粉にしてから水を加えて蒸籠で蒸し，軽くつきまとめて包餡する簡便な方法も編み出され，菓子屋などでの少量生産向きの技術として広く採用されている．また，大量生産に対応可能な加工機械としてもち粉専用の縦型蒸練機が開発され，製菓業界に広く普及している．本装置を利用するメリットとしては，加熱時間が短い，均一な生地が得られる，糖類などの副原料の混合が容易，などがあげられる．

従来の製法による大福もちは，朝生菓子ともいわれているように，硬化が早く翌日には硬くて食べられない日持ちの短い菓子であったが，近年は日持ち延長のため種々工夫されて製造販売されている．第1には皮部の乾燥防止，中餡との糖分バランスをとるため原料に対し20～50%の糖類を加えること，第2には硬化防止を目的に糖類のほかβアミラーゼ製剤などの酵素剤や乳化剤の添加，さらには，両者の目的を併せもつと同時に製品の低甘味化を図るため，マルトースやオリゴ糖など砂糖に比べ甘味度の低い糖類を利用した製品が多く出回っている．

ぎゅうひ

ぎゅうひの基本的な製造法としては，蒸し練り法，ゆで練り法，水練り法が知られ

ているように,もち菓子のなかでは「練り菓子」として再分類されている.作りやすさの面からは蒸し練り法が主流となっている.白玉粉やもち粉を利用する製品でありながら,大福もちと大きく異なる点は,硬化を抑え,カビなどの微生物の増殖による品質劣化を防いで流通期間を長くするため,多量の糖類が加えられることである.

市販製品には「ぎゅうひ」そのものを名称とした製品はほとんどみられず,羽二重もち,うぐいすもちなどのほか,前述の吉備団子をはじめ各地の伝説や文化,地名,歴史上の人物にちなんだものなど,ぎゅうひの製造法を応用した製品は数え切れない.

蒸し練り法によるぎゅうひの手作りでの基本的な製造工程は以下のとおりである.

原料配合

白玉粉・もち粉・羽二重粉	100
砂糖	200
水あめ	20〜30
水	120〜150

製造工程

① 粉に徐々に水を加えながらこねつけ,乳液状とする.
② ぬれ布巾を敷いた方枠に①を流し入れ,強めの蒸気で30分蒸す.
③ 練り鍋に移してヘラでかき混ぜながら,少量の水を加えて練る.
④ 弱火で加熱しながら,砂糖を4回に分けて加え,そのつど全体が均一になるまで練る.最後に水あめを加えて練り上げる.
⑤ 取り粉を敷いたバットに流し入れ,表面にも取り粉を振って平らに延ばす.
⑥ 1晩放置して切りやすい硬さになってから,切断面が付着しないように多めの取り粉を振り,適度な大きさに切り分ける.

製造上の留意点

① 原料粉に配合の水を一度に加えると粗い粒子が残り,蒸しても均一ななめらかな状態にならないため,硬ごね状態で十分にこねつけてから残りの水を徐々に加えて乳液状にする.また,お湯を加えた場合はさらにその度合いが高まる.
② 練り上げ工程で糖類を一度に加えると数の子状となり,均一にまとまらなくなり,食感を著しく損ねる.

硬化防止のための糖類の選択,酵素剤の利用:著者ら[9]はぎゅうひの硬化防止を目的に,βアミラーゼ製剤の添加,ならびに上白糖を対照としてその30%を各種糖類に代替したぎゅうひを製造し,硬度の経日変化を測定した.その結果,酵素剤添加では添加量が増すほど硬化が抑制された.しかし,添加量が多すぎるとこしがなくだれやすくなったことから,適正な範囲をあらかじめ調べておくことが必要と判断された.また,糖類の代替ではマルトースを代替したものが最も硬化が遅く,逆にソルビ

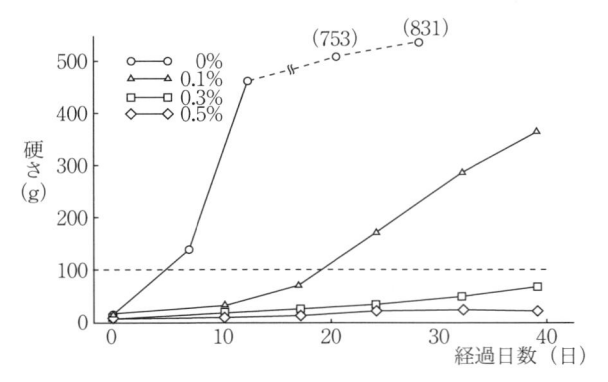

図 1.4 酵素剤の添加量とぎゅうひの硬化経日変化（25℃）
細粒もち粉使用，上白糖100%，酵素剤は粉に対する重量%．
図中点線は可食限界硬度．

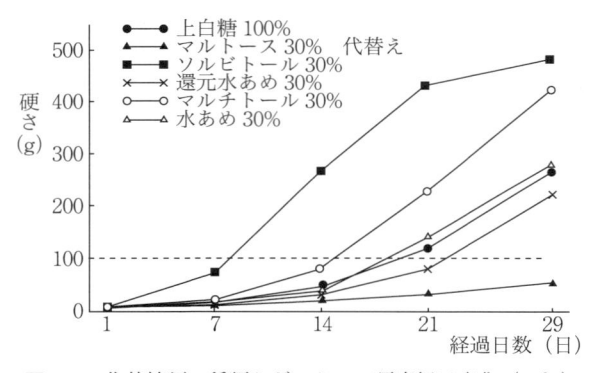

図 1.5 代替糖類の種類とぎゅうひの硬度経日変化（25℃）
細粒もち粉使用，酵素剤無添加．

トール，マルチトールなどの糖アルコール類は硬化を早めることが認められ，糖類の選択も重要な要素であることが判明した（図1.4，5）．

新粉もち

新粉もちは，粳米を粉にした上新粉を用い，水を加えてこね，蒸してからもち状につき上げて作られる製品の総称であり，代表的な製品としては串団子，柏もちがある[10]．上新粉を利用した製品は，前述の大福もちやぎゅうひに比べ「しこしこ」とした弾力性の強い食感を有することが特徴的である．また，加工の面ではもち粉（米）に比べ蒸し時間が長い，製品の水分含量が高い，加水量を多くして長時間加熱しないと十分に糊化しないなどの相違点がある．糯米のデンプンはアミロースが含まれない

のに対し，粳米のデンプンにはアミロースが20%前後（国産米）含まれている．ビスコグラフを用いた粘度測定では，糯米デンプンの加熱最高粘度が75℃前後，粳米デンプンでは93℃前後となり，アミロースの有無によりデンプンの糊化特性が大きく異なっている．

串団子の製造は，上新粉に水を加えてこね，蒸籠(せいろ)に千切って並べ，強めの蒸気で40分蒸してから臼に入れてつき，冷水に漬けて冷やしてから再度つき（二度づき）したものを丸く成形して串に刺して仕上げる．上掛けにはクズデンプンを用いて醬油，砂糖で味つけしたタレや，練りあんが広く用いられている．

蒸し上げた生地を二度づきする理由は，粳米を粉にする方法として近年までは主に石臼が利用されてきたが，粒子が粗く，そのため吸水性が低く蒸しても生っぽくざらつくなど，糊化不十分で食感が不良で硬化も早いことから，つくことで粗い粒子をつぶし，水につけてさらに吸水させて蒸すことで十分に糊化させ，再度つくことで口当たりがよく，硬化の遅い製品を作る工夫の結果として今日に至っているものと思われる．

柏もちは，生地の作り方のうち二度づきするまでは串団子とほぼ同様であるが，二度づきの際に浮き粉（小麦デンプン）を少量加え，包餡(あん)してからさらに5～6分蒸して作ることを特徴としている．浮き粉を加えることで，滑らかでこしの強い柏もち独特の食感が強調される．

現在では，串団子，柏もちの生地は横型蒸練機を使用する場合が多く，加熱時間は13分程度で蒸しとつきを同時に行う機能を兼ね備えた装置であり，蒸籠を用いる場合に比べ大幅な時間短縮，工程簡略化に貢献している．併せて，糖類や酵素剤などの添加も容易であり，硬化防止のための対策にも役立っている．〔中村幸一〕

文 献

1) 食糧新聞社：食品産業事典, p 42, 1972.
2) 食品の無菌化包装システムハンドブック, pp 134-146, サイエンスフォーラム, 1993.
3) 米の科学・第4刷, pp 150-153, 朝倉書店, 1998.
4) 和菓子, pp 71-78, 日本菓子専門学校, 1984.
5) 伝統食品の知恵, pp 225-236, 柴田書店, 1993.
6) 日本の食生活全集 5, 聞き書 秋田の食事, 農山漁村文化協会, 1986.
7) 日本の食生活全集 33, 聞き書 岡山の食事, 農山漁村文化協会, 1985.
8) 石崎利内：新和菓子大系・上巻, pp 235-296, 1979.
9) ぎゅうひの硬化防止技術, 平成2年度普及にうつす技術, pp 29-30, 新潟県農林水産部.
10) 上掲書 4) pp 52-54.

1.2 せんべい（煎餅）類

1.2.1 米菓（米粉せんべい）

種 類

"米菓"とは米を原料とした菓子の総称で，粳米を原料とした淡泊な風味を特徴とする「せんべい」と糯米を原料とした口溶けのよさを特徴とした「あられ・おかき」に分類される．「せんべい」は関東地方を中心として，「あられ・おかき」は関西地方を中心として製造されているが，これはおのおのの歴史的背景が異なるためである．

それぞれについて，容積が大きく食感が軟らかくソフトな「うき物」，容積が小さく食感の堅い「しめ物（せんべいの場合には特に堅焼きと称される）」という表現で分類される場合もある．

本項においては，粳米を原料としたせんべいについて述べる．

製 法

米粉せんべいの原料は粳米の精米であり，堅焼きせんべいの場合には特に硬質米が適しているとされる．

米粉せんべいの製造法の一例を示すと次のとおりである（図1.6）．精米を水洗して水漬けする．浸漬米をロール式製粉機により粉砕して米粉を作り，これを蒸練（蒸しながらこねる）して水分48％程度の団子生地とする．次いで，乾燥を防ぐために水槽中で団子生地を50～60℃程度まで冷却し，再度練りを行ったのちテフロンコーティングされたロールで一定の厚さに圧延すると同時に型抜き・成形を行い，ただちに生地水分が17％程度になるまで熱風乾燥を行う．水分のむらをなくすために数日間ねかせの工程を経た後，ホイロ乾燥機などを用いて所定の水分となるように乾燥を行い，運行釜で焼成後，調味を行い包装して商品とする．

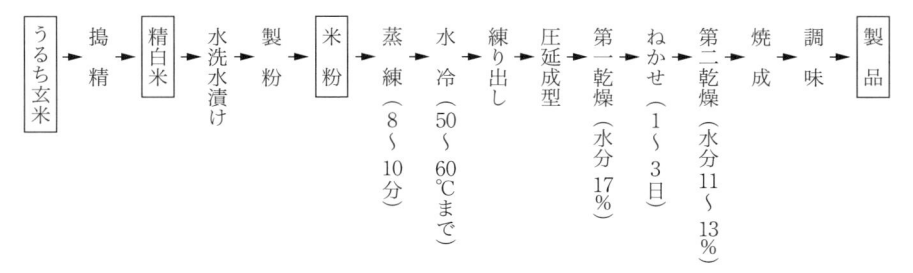

うるち玄米 →搗精→ 精白米 →水洗水漬け→ 製粉 → 米粉 →蒸練（8～10分）→ 水冷（50～60℃まで）→ 練り出し → 圧延成型 → 第一乾燥（水分17％）→ ねかせ（1～3日）→ 第二乾燥（水分11～13％）→ 焼成 → 調味 → 製品

図 1.6 米粉せんべいの製造工程

製造の特徴

米粉せんべいの膨化程度および食感は，使用する米粉の粒度分布により大きく異なる[1]．この米粉の粒度分布は，米の水浸漬時間と密接な関係のあることが認められる（表1.3）．すなわち，浸漬時間が長くなるほど米の水分含量が高くなり，細かい米粉となる．また，使用する米粉が細かくなるほど，膨化程度（比容積）が大きくなり，製品の硬さが低下してソフトな食感となることが認められる．

表 1.3 うるち米の浸漬時間と米粉せんべいの品質（斉藤，1970）[1]

| 浸漬時間 | 粒 度 分 布（mesh） | | | | | 製品比容積 | 製品硬度 |
(分)	on 60	on100	on150	on250	250pass	(ml/g)	(kgf)
10	40.8%	29.9%	19.7%	3.1%	4.6%	3.56	1.86
20	25.6	12.7	35.6	24.3	1.8	3.61	1.87
40	21.3	19.5	40.8	15.4	2.9	4.12	1.58
60	18.6	10.9	45.7	19.0	5.8	4.06	1.45

生産の現状

日本で米菓を製造している業者は5年前は687社であったものが，現在では570社に減少している．このように米菓製造業者数は年々減少し，寡占化が進行するとともにその製造規模は拡大している．

2003年度における米菓の生産量は，粳米菓10.4万t，糯米菓10.6万tの合計21万tで，ここ数年は横ばい傾向で推移している．

米菓の主要産県は，新潟県，埼玉県，栃木県，茨城県，岐阜県などであり，そのなかでも新潟県での生産量は12.4万と全体の約60%を占めている．また，近年では中国をはじめとした海外での生産も増加しつつあり，2003年度にはアメリカ，オランダ，台湾などに4300t輸出され，タイ，中国，台湾などから6700t輸入され，世界的に流通する食品となりつつある．　　　　　　　　　　　　　　　　　〔吉井洋一〕

文　献
1) 斉藤昭三：日本食品工業学会大7回大会講演集別冊，pp 50-62，1970．

1.2.2　小麦粉せんべい

概　要

小麦粉せんべいは，小麦粉を主原料にした焼き物菓子の一種で干し菓子に属し，南部せんべい（八戸せんべい），磯部せんべい，臼杵せんべいなどがある．

奈良朝時代には中国からの一つとして伝来したせんべいは小麦粉を薄紙のように延

ばして油で揚げたものとする説がある．正倉院文書「伊豆国正税帳」(739年）には煎餅32枚と記載がある．平安時代に弘法大師（空海，774～835年）が唐の順宗皇帝に招かれて，油で揚げていない亀甲形のせんべいを供せられた．弘法大師は帰朝後に山城国の住人和三郎に，この製法を伝えて諸国に伝わったといわれる．当時のせんべいの原料は，クズ粉，米粉，果実の糖液を甘味に加えたものであったが，原料を小麦粉と砂糖にしたものは江戸の元禄時代に大きく発展した．元禄時代に盛んになった理由は，その当時売り出された「大黒せんべい」によるといわれ，大黒せんべいは三角の型にして，その中に木像の大黒様を紙に包んで折り込み，これが当たると福が来るとして大いに売れたという．また，このせんべいは手に持って振るとガラガラと音がし食玩具として売り出し流行させたことが大きい．今も山形県鶴岡市に「からからせんべい」として明治期から庄内地方で作られ伝わっている．寛延（1750）～明和（1764）時代には江戸で「木の葉せんべい」，百人一首の歌留多をかたどった「歌せんべい」が売り出されている．その後も多くの工夫がなされ，歌舞伎の役者を表した「団十郎」，名所旧跡を表した「近江八景」などのせんべいが売り出されている．現在のように焼き金型に入れて焼くようになったのは文化文政時代からで，各所の名所や縁起がせんべいの焼き印などの形で表現されせんべいは大いに大衆化した．

　製造法は江戸の末期ごろから関東式と関西式に大きく分かれ，関東式は薄焼きで，関西式は厚焼きである．一般に，関東式は塩味で単調なのに対して関西式は西の九州地方にいくほど甘味が強く，味や香りに工夫をこらして多彩である（図1.7）．

(a) 瓦せんべい

(b) 臼杵せんべい 　　　(c) 炭酸せんべい

図 1.7　関西式のせんべいの例

南部せんべい（八戸せんべい）

製品の概要：岩手県盛岡市を中心とする南部地方で作られたのが始まりとされ，岩

手県，宮城県，青森県にまたがる地域の銘菓である．主原料は小麦粉と塩のみで，砂糖は使用しないせんべいの原形をとどめているせんべいで，江戸時代から全国に知られていた．戦国時代に出兵の際に携帯食として製造されたのが始まりと伝えられ，せんべいの表面にゴマを一面につけているのが特徴である．ゴマを配することでゴマの風味が日本人の嗜好に合うのと，適度に割れやすく歯触りがよく栄養的にも優れたせんべいである．

製法：原材料の配合例は，小麦粉1 kg，食塩100 g，重曹10 g，冷水8 l，つけゴマ5 gである．製造フローを図1.8に示す．

種生地練り → 直径3 cm棒状成形 → 約4 cm幅に切断 → 切り口を延ばす → ゴマを押しつける → （7 cm径）めん棒で円形に延ばす → 金型に入れて焼く → 耳取り機で整形 → 仕上り → 包装

図 1.8　南部せんべいの製造工程

製品の特徴：円形で鍋蓋様の形をしており，焼き型からはみ出した耳の部分が薄く残っているのが特徴である．もともとは小麦粉と食塩を原料とする素朴な味のせんべいであるが，現代風に砂糖が配合され甘味をもたせた製品が出回っている．伝統の黒い粒ゴマ入りのほか，ラッカセイ入りが近年は多く生産されている．伝統の技法はそのままに，ノリ，エビ，すりゴマ，ショウガ，クルミ入りなどのせんべいが作られている．同類のせんべいには，それぞれの起源は異なるが岐阜と京都の「松風」がある．京都の「六条松風」，白味噌風味を加えた「紫野味噌松風」が銘品である．また，浅草の雷門の近くの老舗「梅林堂」（享保年間（1716～36）の創業）で，漱石のぼっちゃんにも登場した「紅梅焼」があったが，1999（平成11）年に製造中止となったのは惜しまれる．

磯部せんべい

製品の概要：群馬県安中市の磯部温泉の銘品である．小麦粉と砂糖を磯部鉱泉水で練り上げた生地を焼き上げたせんべいである．発祥は比較的新しく明治になってからで，1886（明治19）年に高崎と磯部間の鉄道開通を機に，磯部温泉のみやげものとして考案された．磯部せんべいに似た菓子にカルルスせんべいがある．チェコのカルルスバードの鉱泉と同じ人工カルルス塩（硫酸ナトリウム44％，炭酸水素ナトリウム36％，塩化ナトリウム18％，硫酸カリウム2％を含む）を用い，白玉粉を硬めに練り，これに砂糖とバターを混合して，さらに小麦粉，卵，炭酸アンモニウム，香料を加えて焼き上げた菓子である．このカルルスせんべいを元に磯部せんべいが作られ

たという説がある．磯部せんべいの形は，当初は円形であったが，今は9×7cm角型が主流で約4mmの枠付きの形が特徴である．磯部鉱泉水は，塩化ナトリウムが主成分で，重炭酸ナトリウム，重炭酸カルシウムが多く含まれ，ホウ酸，塩化カルシウム，重炭酸ナトリウムが含まれている．

製法：原材料配合例は，小麦粉8kg，食塩20g，砂糖6kg，卵白500g，鉱泉水8 l，サラダ油300g，重曹20gである．

製造フローを図1.9に示す．水種は，砂糖と食塩に半量の鉱泉水を加えて，重曹，サラダ油（一度沸騰させてから冷やしたもの）を混合し，これに小麦粉を加えて練る．残り半量の鉱泉水を加えて泡立てた卵白を加えて攪拌機で混合し適度な水種とする．

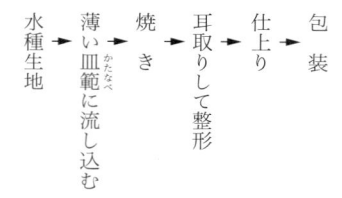

水種生地 → 薄い皿範(かたな)に流し込む → 焼き → 耳取りして整形 → 仕上り → 包装

図 1.9 磯部せんべいの製造工程

製品の特徴：磯部温泉のアルカリ鉱泉を使用水としているので，せんべいは軽く浮き加減がよく，口の中で溶けるように食べやすいのが特徴である．現在では鉱泉水を使ったせんべいは全国の温泉地のみやげものの定番としてみられ，兵庫県の有馬温泉の「炭酸せんべい」，長崎県の雲仙温泉の「湯せんぺい」（九州ではせんべいをせんぺいと発音する）がある．

臼杵せんべい

製品の概要：1600（慶長5）年，岐阜から臼杵城主として移封された稲葉貞通に従ってきた菓子商人であった玉津屋が元祖である．焼き上げたせんべいの表面に地元でとれるショウガの汁と砂糖液を混合した液をハケ塗りして金網の上で乾燥させて製品にしたものである．臼杵せんべいは，参勤交代の非常食に使用されたともいわれている．

製法：原材料配合例は，小麦粉8kg，砂糖8kg，重曹8g，冷水7 l，他に上塗り

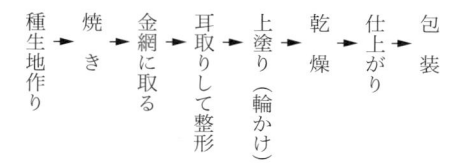

種生地作り → 焼き → 金網に取る → 耳取りして整形 → 上塗り（輪かけ）→ 乾燥 → 仕上がり → 包装

図 1.10 臼杵せんべいの製造工程

用糖蜜 7 kg, ショウガ汁 30 g である．

製造フローを図 1.10 に示す．

製品の特徴：1 日 2～3 万枚が焼き上げられ，1 枚 1 枚にショウガ汁と砂糖液をハケ塗りし乾燥仕上げとしたもので，とろりとしたショウガ糖の独特の風味がある．最近では，アズキあん，抹茶，ブルーベリーなどをせんべいでサンドウイッチタイプに発展させたものが作られている．類似の製品に石川県金沢市の「柴船」がある．

1.2.3 お こ し
概 要

おこしは，米やアワを煎ったおこし種を砂糖や水あめの液でからめて成形した最も古い干菓子である．粟おこし，岩おこし，米おこし（雷おこし）などがある．起源は中国伝来の糖菓子の「粔籹（こめ）」であるとされ，「於古之古女（おこしこめ）」の原形がそのまま残っているのがおこしである．米や麦を煎って膨らませることを「おこす」といった．米を焼いて，さらに煎って，膨らませたものが平安時代にすでにあり，大嘗祭には用いられている．1715（正徳 5）年，『和漢三才図絵』には現在の粟おこしと同じ原理で作られている記載がある．大阪の「粟おこし」はアワを蒸して天日乾燥し，黒砂糖で固めた硬いおこしを創った．硬いおこしを良品としたので「岩おこし」といわれるようになった．江戸では，火災にあった浅草寺の雷門が 1795（寛政 7）年に再建されたとき，雷門にちなんで「雷おこし」を売り出して名物となった．中央に雷のへそを模して黒豆をつけるのが定番になっている．

製 法

2 種類の方法で作られている．一つは，米を蒸して乾燥し干飯とし，それを煎って粟粒状に破砕したものをおこし種とする方法である．他の一つは，もち粉に砂糖を加えてこね上げ，団子状にしたものを蒸し上げる．これをのしもち状について，乾燥させて細断してから煎り粟粒状にしたおこし種とする方法である．現在では，おこし種は専門業者で作られ分業化している．

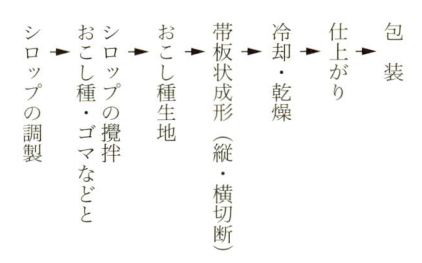

シロップの調製 → おこし種・ゴマなどとシロップの攪拌 → おこし種生地 → 帯板状成形（縦・横切断）→ 冷却・乾燥 → 仕上がり → 包装

図 1.11 おこしの製造工程

製造フローを図 1.11 に示す．

製品の特徴

大阪の名産「粟おこし」は細かくした米粒が粟粒のように見えることから粟おこしといわれている．粟おこしは原料の蒸し米を粗く砕いているので歯ごたえが軽めになっている．また，おこしの形は，従来は竹筒形で切り出していたものを板状の形とし，大阪市二ツ井戸津の清の初代津の国屋清兵衛が 1752（宝暦 2）年に創製したものである．「岩おこし」は，粟おこしに比べて原料をより細かく砕いているために固めたときにほとんど隙間ができない．そのため，固い仕上がりになるので岩おこしと名づけられた．「雷おこし」は，米おこしの一種で小麦粉と米粉を練り合わせ，薄く延ばし，乾燥したものを砕いてから煎ったおこし種を砂糖と水あめで固めたものである．米を加熱して膨らませた大粒の米種にピーナッツを加えたものが売られている．

1.2.4　卵せんべい

概　要

瓦せんべい，亀の甲せんべい，九十九島せんぺい，二○加（にわか）せんぺいなどがあり，関西から西の地方に向くに従って，卵や砂糖が多く配合されて，せんべいの甘味が増すようである．瓦せんべいの起源には諸説がある．1869（明治 2）年，松花堂本店の庄部絵兵衛が灘から出てきて「紅梅焼」を始め，1871 年に瓦せんべいを作ったという．菊水総本店の伝では，初代吉助は 1868 年に創業し，焼き印に楠公の姿を入れた瓦せんべいを作ったとの伝がある．また，1873 年に創業した亀井堂総本家の創業者，松井佐助の趣味が社寺の瓦収集だったことから思いついたせんべいの形とも伝えられている．また，鎌倉，高松にも有名な瓦せんべいがある．亀の甲せんべいは，山口県下関の銘品である．小麦粉，砂糖，鶏卵を材料とし，白ゴマ，ケシの実を入れ配合，一定の温度で発酵させた水種を生地として焼いたせんべいである．小麦粉 1 に対して砂糖 2 を配合することから甘みの強いせんべいである．武士から転身した増田多左兵門（通称，金さんと呼ばれる）が 1862（文久 2）年に「江戸金」と称し創業した．九十九島せんぺいは，長崎県佐世保市の銘産で今から約 130 年ほど前に日本海軍が鎮守府司令部を置いたのを機会に厚焼きで壊れない小麦粉，砂糖，卵入りの丈夫なせんべいが受け入れられた．二○加せんぺいは，明治 30 年代に鉄道開通のみやげものとして考案されたものである．創業者の高木喜七は 2 代目友太郎とともに，博多名物の「俄（にわか）」にちなんだ面の形をしたせいべいを考案して，1906（明治 39）年に発売した．

瓦せんべい

製品の概要：神戸の瓦せんべいは神戸港が開かれて間もなく作られ約 140 年の歴史であり，当時は異国の香りがする小麦粉，卵，砂糖をふんだんに使ったせんべいであ

る．瓦の型に入れて焼き上げ，ほぼ実物大の大きさ（27 cm 角）から小瓦（7 cm 角）まで各種あり，楠木正成公にちなんだ武者の絵図が焼き付けられている．
　製法：原材料配合例は小麦粉 10 kg，砂糖 12 kg，鶏卵 6 kg，冷水 1.3 l，練乳 450 g である．
　製造フローを図 1.12 に示す．

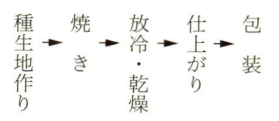

種生地作り → 焼き → 放冷・乾燥 → 仕上がり → 包装

図 1.12 瓦せんべいの製造工程

　製品の特徴：生地はあまり粘りがでないように練り上げるのがこつで，卵が多く使われているのでカステラのような風味になるのが特徴である．また，最高級の卵焼きせんべいは卵黄のみを使い，焼き肌が美しい仕上がりである．　　　　　　〔中川勝也〕

文　献
1) 清水桂一編：たべもの語源事典，東京堂出版，1980．
2) 杉田浩一ほか編：日本食品大辞典，医歯薬出版，2003．
3) 山本候充編：日本銘菓事典，東京堂出版，2004．
4) 芳賀　登ほか監修：全集日本の食文化（第 3 巻），雄山閣出版，1998．
5) 日本のお菓子，朝日新聞社，1976．
6) 石崎利内：新和菓子体系，製菓実験社，1993．
7) 小西千鶴：和菓子のはなし，旭屋出版，2004．

1.3　うどん（饂飩）類

概　要

　うどんや冷麦（ひやむぎ），ひらめん，そうめんは小麦粉に食塩水を加えて作られるめんである．素材はごく単純であるが，味わい深い伝統食として長く親しまれている．
　良質な小麦が取れる北関東や瀬戸内ではめんの文化が早くから芽生えた．そうめんは良質な小麦が取れ，冬場のめんの乾燥に好適な地域で産地が形成され，江戸時代には東北から九州の各所で名物そうめんが輩出している．これらのめん類はほぼ全国で食されているが，太さがうどんとそうめんの中間の冷麦は主に中部や関東で消費される．愛知できしめんと呼ばれるひらめんや，山梨のほうとうは地域の特色あるめんとして長い歴史を有している．

中国で発祥しためん類は、奈良時代にわが国に伝来した[1]。『延喜式』（927年）に素餅（さくべい）、餛飩（こんとん）、餺飥（はくたく）の字がみられ、これらは今日のうどん、そうめんと深いかかわりをもっている[2]。中国でめん食といえばめんをゆでる、蒸す、炒める、焼くといった多様な調理法があるが、わが国のうどん類の伝統的な食べ方といえば、生めんや干しめんをゆで、うどんだしを用いて食べるのが一般的である。また、野菜や肉を水煮し、生めんを入れて味噌仕立てとする打ち込み汁や、野菜や肉、油揚げを水煮し、醬油で調味した具をゆでめんにかけるしっぽくうどんなどがある。

うどん類の総生産量は2004年は小麦粉換算で48.2万t、この数字は20年前と比べてほぼ同じであるが、個々のめんについてはかなり変動がみられる。

製造原理

めん用中力粉のタンパク質含量は8～10％で、その約8割はグリアジンとグルテニンからなり、両者は1：1の比で構成されている。小麦粉に食塩水を加えて捏ねるといろいろな物理的・化学的反応によりめん生地が形成される。その際、粘着性をもつグリアジンと弾力性を示すグルテニンが結合してグルテンが形成される。グルテンは製めん過程で分子内や分子間でSH-SS交換反応がさらに進んで分子は巨大となり、かつ複雑な網目構造をとるため粘弾性が一段と強まり、いわゆるこしのあるめん生地が作られる。

粉の約75％を占めるデンプンは、アミロースとアミロペクチンから構成されている。アミロースはデンプンの約20～25％で、その値が低いほどめんのモチモチ感は高まる[3]。

生めんの組織において、デンプン粒は膜状あるいは糸状のグルテンに覆われていて、ゆで処理によりデンプンは膨潤（ぼうじゅん）して糊化し、粘着力を増すためにめん線は切れることなく、粘弾性とモチモチ感のあるゆでめんになる。

うどん類の種類

うどん類は生めん、乾めん、ゆでめんが主流であったが、1970年代に入りめんの水分を少し蒸発させて保存性を高める半生めんが開発され、プラスチック包装すれば3か月は保存できるため、お土産用をはじめとして生産量は増大した。また、ゆで直後の食感が味わえる冷凍めんは1974年から市販され、うどんに関心の低い消費者層にも受け入れられ、生産量は飛躍的に増大した。うどん類の分類と乾めん類のJAS規格の概略を表1.4に示す。

問題点と今後の課題

最近、めん用小麦として画期的な品種ネバリゴシ、ユメセイキ、ふくさやかなどが育成されている[4]。また、さぬきの夢2000（香川）は数年前より農家栽培が始まっている[5]。これらは従来の国産小麦よりめんの色が白く明るく、モチモチ感やのど越しなど色調や食感において優れている。ASW（オーストラリア産小麦）のうどんと比

1.3 うどん（餛飩）類

表 1.4 うどん類の種類と製法・JAS 規格

分類	名称	製法	JAS 規格
生めん類	生うどん	小麦粉に食塩水を加え，捏ねて延ばして線切りしたもの	
	ゆでうどん	生うどんをゆでたもの	
	冷凍うどん	生うどん・ゆでうどんを冷凍したもの	
乾めん類	干しうどん	生うどんを乾燥したもの	長径 1.7 mm 以上
	干し冷麦	生冷麦を乾燥したもの	長径 1.3 mm 以上，1.7 mm 未満
	ひらめん	生ひらめんを乾燥したもの	幅 4.5 mm 以上，厚さ 2.0 mm 未満，帯状
	そうめん	生そうめんを乾燥したもの	長径 1.3 mm 未満
	手延べうどん	めん帯に油を塗り，よりをかけながら延ばしたうどんを乾燥したもの	長径 1.7 mm 以上，丸棒状か帯状
	手延べ冷麦	めん帯に油を塗り，よりをかけながら延ばした冷麦を乾燥したもの	長径 1.7 mm 未満
	手延べひらめん	めん帯に油を塗り，延ばしたひらめんを乾燥したもの	幅 4.5 mm 以上，厚さ 2.0 mm 未満，帯状
	手延べそうめん	めん帯に油を塗り，よりをかけながら延ばしたそうめんを乾燥したもの	長径 1.7 mm 未満，丸棒状

（注）日本農林規格（JAS）はサイズのみ表示した．2004 年 6 月 18 日改正．
手延べめんの特定 JAS マーク：小引き工程と門干し工程までの間でめん線の引き延ばしは手作業による．

べて品質はほぼ互角であるが，製めん性に若干問題が残されている．

　従来，小麦デンプンについての研究はあまり注目されてこなかったが，デンプン特性とうどんの食感との相関性の深いことが明らかとなり[3]，めんの品質向上を図るうえで原料小麦のデンプンの性状やうどんの品質とのかかわりについての究明が望まれる．うどんという食べ物は食品産業のみならず，農業や観光産業にも寄与する幅のある食文化である．調理・栄養面など総合的に研究し，さらに価値ある食文化に高めて後世に伝えていきたいものである．

1.3.1 うどん

　うどんは小麦粉と食塩水のみで作られるめんで，季節を問わず年中食される．餛飩という文字の初見は 14 世紀半ばとされるが[6]，今日的なうどんは室町時代に存在していた[7]．小麦については『和漢三才図会』(1713 年) に讃州丸亀の産は上等で饅頭にすると色が白い．関東および越後のものは，はなはだ粘りがあり，麩筋や索麺にす

るとよい，と書かれている[8]．江戸時代には京，大坂，東海道筋でうどん茶屋が繁盛しており，わが国の外食産業の草分けを思わせる．

昔からめん棒を備えた家庭では，事あるごとにうどんが打たれ，ハレの日にも供されていたが，半世紀前からその光景はほとんどみられず，現在はうどん玉を買ってきて食べたり，うどん食堂を利用している．

うどんはゆで直後から老化が始まり，時間とともに食味が低下するし，夏には腐敗が待っている．干しうどんは保存性はよいが，ゆで時間が長いことと，生うどんに比べて食味が劣るという短所もある．生うどんは家庭でゆでるとおいしいゆでたてのうどんが食べられるが，保存期間が短い．1970年代に入り，四季を問わず国内の有名どころの半生うどんが入手できるようになったり，ゆで直後の鮮度を保つ冷凍うどんが販売されるようになって，うどん食への期待が膨らんでいる．

製　法

うどんは小麦の中力粉を用いて図1.13に示す工程で作られるが[9]，その品質は粉の選抜，加水量や食塩濃度，捏ね方，ねかし（熟成）条件により大きく左右される．現在のうどん作りは，伝統的な手打ちの品質を保持しながら，量産可能な機械製めんへと転換が図られている．

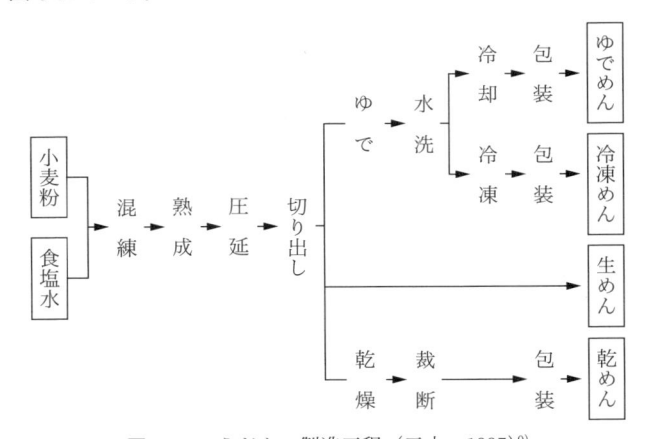

図 1.13　うどんの製造工程（三木，1995）[9]

製造の特徴

手打ちうどんは，手足で生地を鍛え，めん棒で延ばすから，生地を痛めることなくめんができる．グルテンは全方位に配向して網目構造を形成し，粘弾性のある生地となり，ゆでるとこしがあり，老化はゆるやかである．機械うどんは，生地の圧延方向が一定で，グルテンの配向はそれに同調するために粘弾性は手打ちに劣り，ゆでるとこしが弱く，老化が早く進む．ところが機械めんといえども，生地の捏ね方やめん帯

のねかし方を工夫して，手打ちに劣らないうどんが作られていて，手打ち風（式）うどんと呼ばれている．

うどんのゆで後の経時変化を物性面でみると硬さは増加し，凝集性は低下し，切断強度は大きく減少する[9]．すなわち，ゆで後に放置すれば，一般にめんは硬くなり切れやすくなる．

冷凍うどんは，凍結と解凍処理によるめん組織の劣化を防ぎ，食感を改善する目的で，通常は小麦粉にデンプンが加えられる．ところが小麦粉のみのうどんに比べて香味は微妙に変化するため，一部ではデンプン無添加の冷凍うどんも作られている．讃岐うどんの生めんの一般性状は表1.5に示すように，製めん所によって食塩含量はかなり異なっている[10]．食塩が高めのめんにあっては，品質を落とすことなく塩分控えめの製品開発が期待される．

表 1.5　香川県産市販生うどんの性状

めんの状態	生めん					
性状　　　　　測定値	長さ(cm)	横断面 (mm)		水分(%)	塩分(%)	タンパク質(%)
		長径	短径			
最大値	67	3.9	3.6	30.4	5.3	8.5
最小値	40	2.8	2.5	22.0	3.0	6.1
平均値	52	3.4	2.9	26.0	4.2	7.3

試料は1997年10月下旬～11月上旬に市販品11点を入手し，供試した．
表は稲津（1997）[10]の文献より作成した．

ゆでうどんの官能による品質評価の基準配点は，うどんの色；20点，外観（はだ荒れ）；15点，硬さ；10点，粘弾性；25点，滑らかさ；15点，そして食味；15点である[11]．特有の香味・食味をもつ国産小麦のうどんでは，食味の配点を若干高める必要があろう．

2004年のうどん生産量は小麦粉換算で生めん3.5万t，ゆでめん21.1万t，冷凍うどん6.4万t，干しうどん4.9万t，手延べうどん5千tで，うどん類の総生産量は過去20年間ほぼ横ばいである．内訳をみれば干しうどんは大幅に減少しているが，冷凍うどんの伸長が著しいため，全体は変わらずに推移している．生産の第1位は香川県で生うどん，ゆでうどんでは全国生産量の22%を占めている．

今日，うどん業界は家内工業的な製めんから，大型の機械や最新の設備を整えた製めん工場へと経営形態は大きく変貌してきている．

1.3.2　冷　麦

冷麦は小麦粉に食塩水を加えて作られる細手のめんで，太さはうどんとそうめんの

中間にある．室町以降に切りめんと呼ばれる庖丁切りの細手のめんをゆでてから冷やし洗いし，食べるものが冷麦とされる[2]．冷麦は中部や関東で消費される割合が高く，うどんのように家庭で打つことはまれで，市販の干し冷麦をゆで，そうめんと同じく夏は冷やして食べ，冬は具と和えて熱くして食べられる．冷麦とそうめんは業界では夏物とも呼ばれ，消費は夏に集中する．

近年，手延べそうめん以外の乾めんは需要が激減しているが，冷麦も例外でない．干し冷麦のゆで時間は約5分で，そうめんの2～3分より若干長いとはいえ，そんなに手間がかからないのに消費減が著しい．多彩な食生活にあって，統計からみるかぎりうどん類の好みは太物のうどん，高級感のある手延べそうめんに移行しているように思われる．

製法と特徴

冷麦は中力粉単独か，またはそれに準強力粉を少し混ぜて作られる．製法はうどんと同じであり，めんの太さが違うのみである．生めんの乾燥時間はうどんが約12時間に対して冷麦は10時間程度で少し短い．

2004年の生産量は，冷麦2.1万t，手延べ冷麦4千tであり，冷麦は20年前に比べて1/3にまで激減している．

1.3.3 ひらめん

ひらめんは，小麦粉に食塩水を加えて作られるが，うどんよりは薄く，幅の広い帯状のめんで，代表として名古屋のきしめん（ひもかわ）がよく知られている．江戸中期の『料理山海郷』（1750年）に，きしめんは「うどん粉に塩をくわえずにこね，普通にふんで薄く打つ．幅5分（1.5 cm）くらいの短冊に切り，汁で加減する」と書かれている[12]．現在のきしめんと違って塩なしで生地を作り，幅はその2～3倍と広いが，当時はこれが庶民に受けたのであろう．名古屋市内では家庭で生のきしめんやうどんをゆで，熱い煮干しだしをかけ，たまりで味つけして食されていた[13]．きしめんは，今日も地域性の高いめん食として市民に受け継がれている．

製法と特徴

きしめんは，中力粉のみによるか，または準強力粉や強力粉を混ぜてタンパク量を少し高めた粉を用いる．製めんは基本的にうどんと同じであるが，現代では食塩はうどんよりも高めに加えられている．捏ねた生地は丸めてビニール袋に入れ，1夜ねかせてから延ばすと，舌ざわりが改善される．めん生地はめん棒で透けるほど薄く延ばし，切り終えためん線は竹ざおにかけておき，必要に応じてゆでられる．ゆできしめんは透明感があり，ゆで伸びしない特徴がある．市販品は生めんを乾燥し，きしめんとして売られている．

2004年のひらめん生産量は小麦粉換算で3千t強で．20年前に比べて1/4近くま

で激減している．

1.3.4 そうめん

夏の風物詩として欠くことのできないそうめんは，小麦粉に食塩水を加えて作られ，太さは1mm前後とうどん類のなかで最も細いめんである．鎌倉時代にめん生地に油を塗って引き延ばす新しい技術が伝来し，室町時代には現在のものと同じそうめんの製法が記述されている[2]．手延べのめんはもともと農家が農閑期の副業として作られてきた経緯があり，小豆島（香川）では，大正初期まで農家の庭先で牛が動力源となり，石臼を回して粉挽きし，製めんする風景がみられた．機械そうめんは，1883年に製めん機が発明されて以降に作られ始めたが，生産量が飛躍的に伸びたのは，第2次大戦後の食糧難時代に唯一の保存食として利用されてからである．そうめんは夏には冷やしめんとして好まれ，冬は温めんとして食される．

製　法

そうめんは食感に歯切れを必要とするため，太物のめんより粉のタンパク量は若干高めに設定される．機械めんはうどんの製法と似ていて，油を使わずに細く仕上げられる．極細の高級品は直径が1mm未満で，主に秋から冬に作られる．手延べめんは10月から翌年4月ころまで製めんされるが，その工程は図1.14に示すように多岐にわたり，仕上げまでにほぼ2日かかる（1日工程もある）．粉と食塩水を混練した生地をねかせたあと，太さ3～5cmくらいの棒状の長いめん帯を作り，ねかしと，ねじり延ばしを繰り返しながら細めていくが，その過程でめんの乾燥防止，品質向上を目的として製品の0.5～1％の綿実油またはゴマ油が2回に分けて塗られる．特注品として油の代わりにデンプンを使って製めんすることもある．1mmくらいまで細められためん線は天日乾燥してから倉庫に貯蔵し，高温，高湿の梅雨期を通過させる．これを厄と呼び，通常1～2回の厄を経てから出荷されるが，厄を経ない製品も流通している．

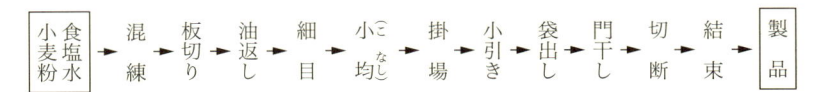

小麦粉・食塩水 → 混練 → 板切り → 油返し → 細目 → 小均し → 掛場 → 小引き → 袋出し → 門干し → 切断 → 結束 → 製品

図 1.14 手延べそうめんの製造工程図

製造の特徴

機械そうめんのうち高級品のめんは，製造直後のものではこしが弱いため，一定期間倉庫でねかせてから出荷する．手延べそうめんは厄を経てから出荷するが，その厄現象については「油が製品貯蔵中にグルテンの変性を促進する．加水分解で生じた脂肪酸はそうめん調理時にデンプンやグルテンに影響を与え，ゆで麺のテクスチャを変

表 1.6 市販そうめん，手延べそうめんの性状（山中ほか，1982）[15]

（数値は平均値を示す）

試料	径 (mm) 長径	径 (mm) 短径	曲げ強度 (kg・mm)	水分 (%)	食塩 (%)	粗タンパク質 (%)	粗脂肪 (%)	糖質 (%)
A	0.81	0.67	2.18	11.9	3.59	10.51	0.74	65.4
B	0.85	0.76	1.62	12.3	4.49	9.61	1.22	62.0
C	0.82	0.76	2.03	12.6	4.88	10.74	0.89	66.2
D	1.11	1.01	1.56	11.8	2.95	9.72	0.49	63.8

A：市販手延べ三輪そうめん9点，B：市販手延べそうめん7点，
C：三輪素麺工業協同組合提供手延べそうめん13点，D：市販機械そうめん13点．

化させる」と考えられている[14]．厄を経ると手延べめんの食感は変わり，モチモチ感はやや乏しくなるが，その反面歯切れがよくなる．そうめんの一般性状を表1.6に示す[15]．厄現象にかかわる粗脂肪の含有量をみると，機械めんの平均値は0.49%（供試13点），手延べめんは0.95%（供試29点）で手延べめんが約2倍も多く含まれている．厄を過ぎれば粗脂肪は低下する．

ゆでそうめんの物性を比べると機械めんより手延べめんが引っ張り強度で約2〜3倍，せん断強度は平均1.7倍と高く，手延べめんが明らかに勝っている[16]．

2004年のそうめん生産量は，小麦粉換算で機械めんは4.2万t，生産の第1位は香川県で6千t強．手延べそうめんの全生産量は5.3万t，第1位は兵庫県で2万t強である．外に三輪（奈良），播州（兵庫），小豆島（香川），島原（長崎）が手延べそうめんの産地として知られ，全国生産の8割を占めている．機械そうめんの生産量は20年前と比べて約3割激減しているが，手延べそうめんは1割減にとどまっている．

〔真部正敏〕

文　献

1) 市毛弘子：日本食文化，第3巻，米・麦・雑穀・豆，雄山閣，1998．
2) 石毛直道：文化麺類学ことはじめ，フーディアム・コミュニケーション，1991．
3) 小田聞多：食品工業，**31**(17)，49-55，1998．
4) 田谷省三：そばうどん，34号，96-100，2004．
5) 本田雄一ほか：香川農試研究報告，No 55，1-8，2002．
6) 加藤有次：国学院大学考古学資料館紀要，第13輯，202-216，1997．
7) 岡田　哲：コムギ粉の食文化史，朝倉書店，1994．
8) 寺島良安（島田勇雄ほか訳）：和漢三才図絵，平凡社，1991．
9) 三木英三：食品工業，**37**，11下，16-22，1995．
10) 稲津忠雄，田村桂子：香川県食試・発食試研報，No.90，29-34，1997．
11) 食糧庁：国産小麦の評価に関する研究会報告書，小麦のめん（うどん）適性評価法，1997．
12) 博望子（原田信男訳）：料理山海郷，教育社，1988．

13) 日本の食生活全集 23, 聞き書 愛知の食事, 農山漁村文化協会, 1989.
14) 新原立子：食品の物性, 第10集, 119-138, 1984.
15) 山中信介, 川西祐成：奈良工試研報, (8), 11-16, 1982.
16) 山中信介, 川西祐成：奈良工試研報, (9), 14-18, 1983.

1.4 そば（蕎麦）類

製品の概要

ソバはその用途から雑穀類に扱われているが, タデ科に属する1年生草本である. 栽培種には普通ソバ (*Fagopyrum esculentum* MOENCH) の他, ダッタンソバ (*F. tataricum* GAERTN), 有翅種 (*F. emarginatum*), 多年生の宿根ソバ (*F. cymosum* MEISN), *F. rotundatum*, *F. triangulare* がある. わが国で古くから栽培され, 食べられてきたソバは普通ソバである. ダッタンソバはその味から苦ソバとも呼ばれ国内での商業的な生産はみられなかったが, ルチンを大量に含むことから健康機能性の面から注目され, 品種開発も行われている.

いつごろからわが国でソバが栽培されて食べられてきたかは定かでないが, 縄文時代後期の遺跡にソバの痕跡が認められている. 『続日本紀』(722年)に救荒作物としてソバ作付けを奨励したという記録があることから, それ以前から食べられていたものと推測される. 記録したものは見当たらないが, 石臼などの製粉技術が普及する以前は粒食していたものと考えられる. 現在では「そば」といえば「そば切り」のことであるが, その発祥は定かでない. そば切りは庖丁で細く切るその製造形態からそう呼ばれる. 江戸時代の料理書『料理物語』(1643年)に「そば切り」の製法が記載されていることからそれ以前から存在していたことは間違いない. そば切り以外のそばの食べ方としては, ソバ粉に熱湯を加えて掻き回してもち状に成形するそばがき（掻き）, ソバの実から殻を取り除いたそば米がある.

製造原理

そば切りはソバ粉に適量の水を加えて生地を作り, 薄く延ばして細く線切りする. そばがきはソバ粉に同量の熱湯を加えてへらなどで掻き回して練り上げて成形する. そば米は玄蕎麦を塩水でゆで, 乾かして殻を除去して作る.

伝統食品としての特徴・意義

そば切りは製粉技術の広がりとともに全国に普及したものと考えられる. 各地にみられる伝統的なそば切りは, 製粉技術の向上によって多様なそば粉が生産できるようになり, それをいかしたそば切り技術が発達し, 各地で生産される素材を取り込んださまざまな調理が試みられ, 創造と淘汰を経て地域の文化として伝承されてきたもの

である.加工技術の観点からみると,製粉技術を追求した結果として,得られたソバ種実中心部の真っ白い粉(内層粉)をそば切りに加工する技術があげられる.また,素材からみると海藻のフノリをつなぎに使う「へぎそば」やダイズを使用する「津軽そば」などがあげられる.

問題点と今後の課題

伝統食品といえども,食品であるのでまずおいしさが求められる.他の食品と比べておいしさが劣るようであれば,消費者に受け入れられない.そのため,名前は変わらなくても他の食品と競り合うなかでその中味は時間の経過とともに新たな素材や技術が加えられてきている.そば切り,そばがき,そば米などの古くからあるそば加工品にしても新たな技術や知見を取り込んできたからこそ,伝統食品として生き残っているといえる.たとえばそばに含まれるルチンの機能に関する科学的な知見は,健康機能の面から需要の喚起につながる.また,低温製粉による種皮部まで細かい粉にする技術は風味豊かな十割そばの提供を容易にする.伝統食品はそのまま受け継ぐものではなく,それぞれの時代を背景とした文化を付け加えながら,世代を超えて継承されていくことが必要である.

1.4.1 そば切り(蕎麦切り)

製品の概要

そば(そば切り)は,ソバ粉を主原料にして,適量の水を加えてこね,めん線に成形したものである.成形方式は,手打ち製めん,機械製めん(ロール式と押し出し式)がある.使用するソバ粉がソバ種実のどの部分の粉であるかで,めんの色がうすく味が淡白な更科そば系,めんの色が濃く味の強い藪そば系に大別される.さらに殻の破片が混入した田舎そば,ソバ粉に他の材料を混ぜた変わりそば(茶そばやユズ切りなど)がある.ソバのタンパク質は水溶性成分が中心で,小麦粉のようにグルテンを形成しないため,ソバ粉だけでめん線に成形することは難かしい.しかし,ソバ粉の水溶性タンパクは加水してこねると粘りを生じ,弱いながらもそばをつなぐ働きをするため,新鮮で良質なソバ粉であればソバ粉だけで成形は可能である.多くの場合,つなぎに小麦粉が用いられ,他にヤマイモ,卵などの粘りのあるものが使用される.また,ソバ粉のデンプンを糊化させてその粘りでつなぐ湯ごねもある.

製造販売されている製品の形態は,生めん,ゆでめん,冷凍めん,乾めん(干しそば),即席めんなどがある.全国のソバ産地には津軽,信州,出雲など地名を冠したそばがあり,わんこそばや割子そばのような独特の食べ方がみられる.

製　法

そば切りの原材料は基本的にソバ粉と水およびつなぎである.つなぎは使用しないこともある.そば切りには,更科(御膳)そば,藪そば,田舎そばおよび変わりそば

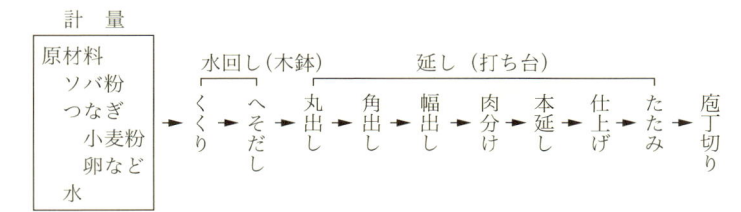

```
 計 量
┌─────────┐
│原材料   │    水回し(木鉢)    延し(打ち台)
│ ソバ粉  │  ┌─────┐  ┌───────────────┐
│ つなぎ  │→ く → へ → 丸 → 角 → 幅 → 肉 → 本 → 仕 → た → 庖
│  小麦粉 │   く   そ   出   出   出   分   延   上   た   丁
│  卵など │   り   だ   し   し   し   け   し   げ   み   切
│ 水      │       し                                         り
└─────────┘
```

図 1.15 そば切りの製法

がある．それぞれに使用されるソバ粉は，胚乳中心部の色の白い粉，糊粉層から甘皮までを粉にした緑色をおびた粉および殻の破片が混入した比較的色の黒い粉である．そば切り製造時につなぎの役割を果たすタンパク質は，種実の子葉や甘皮に近い部分に多い．殻の破片はそばのつながりを悪くするとともに風味も食感も低下させる．殻を除去した丸抜きを粉砕した新鮮なそば粉を使用すると，技術があればつなぎを使用しないでそば切りを作ることができる．一定の品質のそば切りを安定して製造するためには，つなぎに小麦粉や粘りのある素材（ヤマイモ，卵，グルテンなど）を使用する．そば切りは，原材料に水を加えてこね，それを延ばして切り出してめん線に成形するもので，この成形の全工程を手で行う手打ち製めんと混捏機やロール機などの機械を使用して行う機械製めん（ロール式と押し出し式）がある．

手打ち製めん

手打ち製めんは自家製めんしているそば店に多く，趣味のそば打ちやそば打ち教室などでも行われている．手打ちに使用する道具は，こね鉢，打ち台，めん棒，まな板，コマ板，そば切り庖丁であり，水回しから庖丁切りまでのそば切り製造のすべての工程を手作業で行う．工程は大きく3つに分けられる．ソバ粉に適量の水を加えてソバ粉に水を均一になじませる水回し，くくり，へそだしまでを行う木鉢作業，生地を所定の厚みまでめん棒で延ばす打ち台での作業および延ばした生地を折りたたんでめん線に切る庖丁切りである．昔から手打ちの基本として，「一に鉢，二に延ばし，三に庖丁」とか「木鉢三年，延ばし三月，庖丁三日」などとされているように，最初の木鉢での水回しとくくりが最も重要である．

機械製めんロール式

混合機，ロール機，切り刃を使用して行う．混合機で水回しした生地をめん帯ロール機で圧延してシート状にし，切り刃でめん線に切り出す．製めん企業で製造されるそばは多くがこの方式で，つなぎに使用する小麦粉の量は多い．生そば，ゆでそば，干しそば，即席めんのそばがある．機械装置の規模はいろいろあり，大量生産が可能である．機械の操作性が求められ，生地のべたつきを押さえて圧延ロールへの付着を防ぐために手打ちに比べて加水量は少なく，めん帯を切れにくくするためにつなぎ

使用する小麦粉の量が多い．めんの太さは圧延時のめん帯の厚さを調節し切り刃の番手を変えることで調節する．品質を重視して，水回しからくくりまでを手作業で行い，延ばしと切りを機械で行うこともある．

押し出し式製めん

水回ししてこね上げた生地をシリンダーから多数の孔を開けたダイを通して押し出してめん線に成形する．成形直後にゆで槽に投じてゆでるため，粉に水を加えてから数分間でそばができる．店頭で使用できる小型の機械装置がある．

製品の特徴

さらしなそば（更科そば）：ソバ種実の胚乳中心部の粉（内層粉：更科粉ともいう）を原料にしたそば．色が白くて透明感があり，ほのかな甘味と香りを有する．更科粉は色が白く，デンプン質が多く，つなぎの役割を果たすタンパク質が少ないためつながりが悪く，湯ごねしてそばを打つ．

やぶそば（藪蕎麦）：全層粉（丸抜き［ソバ種実の殻を除去したもの］を製粉したソバ粉）を原料にしたそば．丸抜きの外周部の糊粉層や甘皮が入ってくるため，色は淡い緑色をおび，そば特有の風味が強い．

田舎そば：挽きぐるみしたソバ粉（殻つきのまま石臼などで粉砕して篩を通して殻を除去した粉）を原料にしたそば．細かいソバ殻の粉末が混入しているため色が黒っぽく，独特のざらつきがある一般的なそばのイメージにあるそば．

かわりそば（変わり蕎麦）：ソバ粉にいろいろな素材を混ぜ込んで作られるそば．色が白く，くせのない更科粉を使用し，チャやユズなど素材の色や香りをいかす．チャ，ユズのほか，ゴマ，ヨモギ，卵，ノリ，エビ，イカなど種々の素材が使われる．

生産の現状

そば切りは古くからのソバの生産地を中心に全国で生産されている．製めん企業が生産するそばについては統計があるが，飲食店で自家製めんされている詳細な数量は不明である．2004 年の玄ソバの国内供給量 11.1 万 t（国内生産 2.15 万 t：農水省農産振興課調べ，輸入量 8.95 万 t：財務省・日本貿易統計）から概算すると，ソバ殻 20％，サナ粉（ぬかに相当）10％程度として，ソバ粉は約 7.8 万 t 生産され，干しそばに 1.7 万 t で，残りの 6 万 t ほどがそば切りなどに消費されていることになる．

1.4.2 乾燥そば（干しそば）

製品の概要

干しそばは乾めんの生産が低迷しているなかでは，比較的生産数量が安定している．

乾めん類の日本農林規格（最終改正平成 16 年 6 月 18 日農水告 1190 号）では，干しそばは「乾めん類のうち，そば粉または小麦粉およびそば粉を原料としてつくられ

たものをいう」と定義され，干しそばの規格では，ソバ粉の配合割合が50％以上を「上級」，40％以上を「標準」に区分されている．使用する原材料は，「そば粉，小麦粉，やまのいも及び海藻（つなぎに使用する場合に限る），食塩以外のものを使用していないこと」となっている．また，使用する小麦粉の灰分（600度燃焼灰化法による）は0.8％以下とされているが，ソバ粉についての規格はない．2004年の規格改正で，従前の定義「そば粉割合30％以上」が改められて，「上級」「標準」の区分に分けられたことにより，干しそばに使用されるソバ粉の割合が増えてきている．

製　法

干しそばは乾めん製造業で生産される．原料は小麦粉，ソバ粉，つなぎ（ヤマイモ，海藻，卵，グルテンなど），食塩が基本で，品目によってはその他の副原料（チャ，ユズなど）が使用される．干しそばはソバらしさが求められるため，比較的色の濃いソバ粉が使用されることが多く，つなぎの量も多い．製めん機を使用して切り出しためん線を竿にかけて乾燥させる．乾燥室内を竿を移行させながらめん線を乾燥させる方式（移行式乾燥という）と乾燥室内に竿を架けて静置して乾燥させる方式（静置式乾燥という）がある．乾燥には空気を使用し，除湿した空気による低温乾燥（20℃以下），常温の空気を利用する常温乾燥（20～35℃），加温した空気を使用する中温（35～50℃）～高温乾燥（70℃以上）がある．めんの乾燥は水分がめん線内部から表面へ移行する速度とめん線表面から乾燥に使用する空気へ水蒸気となって移行する速度が釣り合っていることが重要である．水分のめん線内部から表面への移行速度は温度とめん線の厚さに依存するため，高温ほど，めん線が薄いほど早くなる．

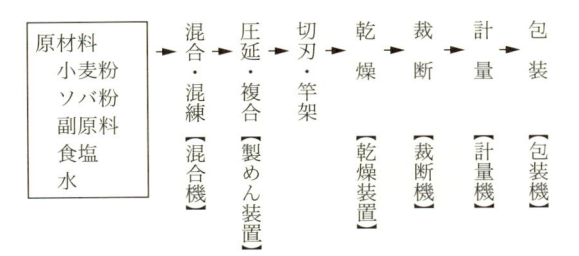

図 1.16　干しそばの製法

製品の特徴

干しそばは保存性が最大の特徴であり，家庭で数分間ゆでるだけで食べることができる．製品の品質は，使用する原料，製めん方法，乾燥方法によってさまざまである．一般的には乾燥しためんは生めんよりも表面が滑らかで食感が硬くなる傾向にある．多くのソバ生産地では特産品として干しそばが生産されている．

生産の現状

干しそばは主に乾めん製造業で乾めん類の一品目として生産されている．農林水産省総合食料局食糧部消費流通課とりまとめの 2005 年米麦加工食品生産動態統計調査年報によれば，干しそばは，小麦粉使用量 4.1 万 t，ソバ粉使用量 1.7 万 t となっており，年間 6 万 t 程度の干しそばが生産されている．地域別の干しそば生産量はそば粉使用量の多い順に並べると，長野（43.4%），山形（10.3%），新潟（5.4%），兵庫（4.4%），宮城（3.9%），茨城（3.7%），岩手（3.2%），福島（3.1%），千葉（3.1%），北海道（3.0%）であり，上位 10 道県で全体の 83.4% を占めている．逆にソバ粉使用量の少ないほうでは，大阪，和歌山，山口，高知が 0，大分，長崎，青森が 10 t に満たない．

1.4.3 そば米（むきそば）

製品の概要

そば米（蕎麦米）は徳島県，山形県や長野県でみられる．山形県の摩耶山山麓一帯では「むきそば」と呼ばれる．そば米は殻のついたソバ種実（玄蕎麦）を塩水でゆでて殻が開き始めたころに湯を切って乾燥し，そば殻を除去したものである．生の玄蕎麦は脱殻する際に砕けやすいが，ゆでて干すことにより実は砕けにくくなり，脱殻が容易になる．古くからそば米はアワ，ヒエなどの雑穀と混ぜたり，吸い物にしたりして食べられてきた．今日では米よりも高価な食材になっており，郷土料理としてそば雑炊，粥やお茶漬けのようにして食べられている．通販などで販売されているが，生産量などの数字は見当たらない．

1.4.4 そばがき

製品の概要

そばがきはソバ粉の調理法の 1 つである．鍋やお椀に計りとったソバ粉に熱湯を加えて，へらや箸などで手早く攪拌して練り上げて（これをかくという）調製する．形を整えてそのままあるいは熱湯に浮かべて，つけ汁などにつけて食する．ソバ粉のデンプンは熱湯で練り上げるだけで糊化し，可食状態になる．この性質は米や小麦など穀類のデンプンにはない特徴である．そばがきの品質は原料のソバ粉に依存する．そばがきは調理が簡単であり，蕎麦の穫れる地域で日常的に食べられてきた．地方ごとに独特の呼び方があり，カイモチ（青森），カッコ，ソバネリクリ（山梨），ケェモチ，タテコ（長野），キャァノモチ（佐賀）などの呼び名がある．そば専門店でもそばがきをメニューに載せている店はそう多くない．

製　　法

使用する原料はソバ粉と水である．そばがきの作り方は，容器に入れたソバ粉に熱

湯を加えてかき上げる方法とソバ粉を水で練ってから火にかけてかき上げる方法がある．基本的な配合はソバ粉1に熱湯1の割合であるが，好みにより熱湯の量で硬さを調節する．器にソバ粉を入れて熱湯を加えて練り上げる際にかき混ぜる鍋を火にかけて熱しながら行う場合や，かき上げたそばがきをさらに熱湯でゆでる場合もある．

製品の特徴

そばがきは原料がソバ粉と熱湯だけであり，作り方が単純なだけに，使用するソバ粉の質がそのまま製品に影響する．粒度の細かい内層粉が適している．〔今井　徹〕

文　献

1) そば・うどん技術教本［第1巻］，そばの基本技術，柴田書店，1984．
2) そば・うどん技術教本［第3巻］，そば・うどんの応用技術，柴田書店，1985．
3) 植原路郎：改訂新版蕎麦辞典，東京堂出版，2002．
4) 小田聞多：新めんの本，食品産業新聞社，1991．

1.5　ふ（麩）類

概　要

「ふ」は小麦グルテンから作られる．その原形は平安時代に仏教とともに唐から伝えられた．生ふが料理に使われたのは室町時代からのようで，当初は，寺院の精進料理や茶人の懐石料理に使われていた．江戸時代になって商品化され，江戸中期以降に焼きふが作られた．このように，ふは日本人がアレンジして育てた伝統的な植物タンパク質食品ということができ，栄養的に価値が高く，料理の材料として幅広く活用されている．

小規模な工場で作られる場合が多い．市販品の多くは焼きふだが，一部に生ふや油揚げふも販売されている．経済産業省の工業統計表によると，2003年にふ（焼きふと生ふ）を製造した事業所数は181で，総出荷金額は約178億円だった．出荷額が多い都道府県は，多い順に，岐阜，石川，山形，京都，茨城，富山，福岡である．約140社が全国製麩工業会に加盟している．製品種類別の統計データはない．

製造原理

小麦粉に水を加えてこねた生地から，多量の水でデンプンを分離し，残ったグルテンを利用する．焼きふは，グルテンに小麦粉と膨剤を加えて練った生地を，棒に巻きつけて直火で焼くか，型に入れたり，成形して窯で蒸し焼きして，グルテンを膨化させる．生ふは，グルテンに餅粉を加えて混練してから，その他の材料を練り込み，成形して，蒸すかゆで，グルテン独特の食感をいかした製品にする．油揚げふはグルテンに餅粉を加えて混練，成形した生地を油で揚げ，膨化させる．

種類

原料と製造方法によって表1.7のように分類できる．

表 1.7 ふの分類と種類

分類	原料	熱加工の方法	種類
焼きふ	グルテン，合わせ粉，膨剤	生地を鉄棒に巻きつけて，直火で焼く	車ふ，板ふ
		生地を成形し，電気窯で蒸し焼き	白玉ふ，小町ふ，ちくわふ，かんぜふ
		生地を型に入れ，電気窯で蒸し焼き	花ふ，松茸ふ，丁字ふ
生ふ	グルテン，餅粉，ヨモギ，アワなど	生地を木型に入れてゆでるか，蒸す	ヨモギふ，アワふ，細工ふ
	グルテン，餅粉，アズキ餡	アズキ餡を生地で包み，蒸す	ふまんじゅう，笹巻きふ
油揚げふ	グルテン，合わせ粉（小麦粉または餅粉）	生地を成形して，油揚げする	油揚げふ

伝統食品としての特徴・意義

① 小麦タンパク質に水を加えてこねるとできるグルテンの特性（粘弾性と膨化性）を活用した食品である．
② 植物性タンパク質を多く含む栄養食品である．
③ 消化がよいので，幼児，年寄り，病人などが食べやすい．
④ 焼きふは保存食品である．生ふも冷凍すればかなりの期間保存可能である．
⑤ 一部の細工ものを除いて，膨剤以外の添加物を使わない食品である．
⑥ 用途が比較的広い．

問題点・課題

① 小規模なメーカーが多く，業界全体でまとまって市場拡大をしにくい．
② 商品の種類・形態が多岐にわたり，品質もさまざまである．
③ 統計データが少ない．
④ 原料として購入したグルテンの品質が自工場の製品や製造に合わないことがある．
⑤ 小麦粉からグルテンを分離している工場では，排水の問題がある．

1.5.1 焼きふ

製品の概要

ローカル色豊かで，産地によって作り方や形が違う．車ふは山形，新潟，富山，石川の各県などで多く作られ，庄内ふ（板ふ）は山形県庄内地方の特産である．白玉ふ，小町ふ，ちくわふ，かんぜふ，花ふなどは，ほぼ全国的に作られている．

製　法

図1.17にグルテンの分離工程を示した．強力または準強力の2～3等粉クラスの小麦粉に約1％の食塩水を70～80％加え，十分混捏してグルテンを形成させた後，2～3倍の水を加えて攪拌し続けると，デンプンが水のほうに溶出する．白く濁った水を別の容器に入れ，残った固形物に水を加え攪拌してデンプンを洗い流すという操作を数回繰り返すことによって，グルテンの塊が得られる[1]．以前はどの工場でもこの方法で自工場の製造に適した品質のグルテンを分離していたが，作業条件，排水処理，デンプンの販路，衛生上などに問題が多いことから，分離専門の業者から購入した冷凍グルテンや粉末状のバイタルグルテンを使う工場が多くなった．

```
小麦粉 ── 1％食塩水で混捏 ── 水洗・攪拌 ┬ デンプン
                                        └ グルテン
```

図 1.17　グルテンの分離工程

図1.18のように，グルテンに小麦粉（合わせ粉）を加えて，十分に混練する．焼きふの種類，作り方，およびグルテンの品質によって加える粉の種類や量を変える．車ふの合わせ粉には強力または準強力の2～3等粉を，庄内ふや白玉ふには中力2等粉，強力や準強力の2～3等粉，またはこれらを混ぜて使う．合わせ粉の使用量は生グルテン1に対して0.5～3と差が大きい[2]．膨剤を少量加えることが多い．

混練した生地をふ練機でさらによく練った後，濡れ布巾をかぶせて休ませ，種切り機で目的の長さに切断して，水に漬けて休ませる．車ふや板ふでは，生地を鉄棒に巻きつけて，直火で焼き，棒を抜き取る．車ふは切断，乾燥して，板ふは押圧で扁平状にし，切断，乾燥して包装する．白玉ふ，小町ふ，ちくわふなどは，生地を成形し，花ふ，松茸ふなどは，型に詰めてから，蒸気を加えた専用の窯で蒸し焼きにし，切断，乾燥して包装する．

製品の特徴と用途

焼きむらがなく，きれいに焼けていて，内部は均一なものがよい．焼きふは，水で戻した後，水気を絞って使うので，そのときに形が崩れないことも必要な条件である．

【焼きふ】

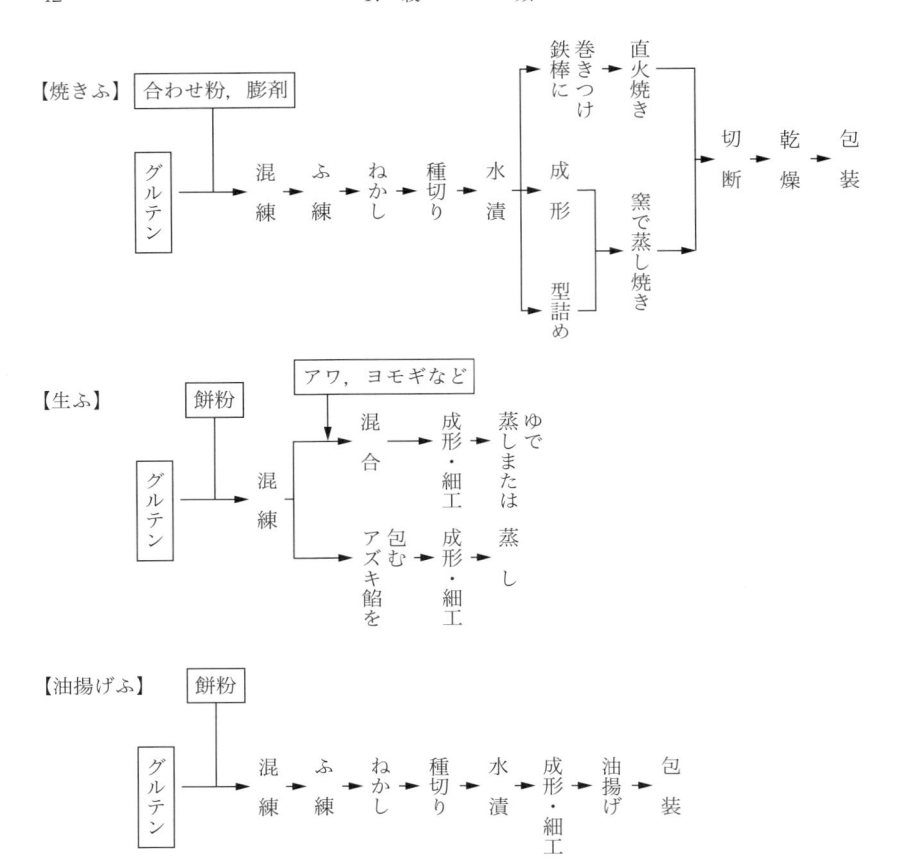

合わせ粉，膨剤 → グルテン → 混練 → ふ練 → ねかし → 種切り → 水漬 → 成形（鉄棒に巻きつけ → 直火焼き／窯で蒸し焼き／型詰め）→ 切断 → 乾燥 → 包装

【生ふ】

餅粉 → グルテン → 混練 → （アワ，ヨモギなど）混合 → 成形・細工／アズキ餡を包む → 成形・細工 → ゆでまたは蒸し

【油揚げふ】

餅粉 → グルテン → 混練 → ふ練 → ねかし → 種切り → 水漬 → 成形・細工 → 油揚げ → 包装

図 1.18 ふの製造工程

　車ふは煮物（野菜との炊き合わせ，シイタケとの炒め煮，八方煮，雑炊，リゾット，酢味噌あえ，クリーム煮，シチュー，天とじなど），鍋物（すき焼き，寄せ鍋，のっぺい汁，中華スープ，おでんなど），サラダ，はさみ揚げなどに使うことができる．白玉ふ，小町ふ，かんぜふ，ちくわふなどは味噌汁，吸い物，酢の物，サラダ，煮物（肉じゃが，うま煮など）など用途が広い．板ふは味噌汁，吸い物，酢の物などに使われるほか，精進料理の材料にもなり，揚げて食べることもできる．

　焼きふは戻りが早いので，インスタントの味噌汁，スープ，カップめんなどの具材として業務用にも使われる．棒状の焼きふに黒砂糖と蜂蜜を塗ったふ菓子は，日本の代表的な駄菓子の1つである．

1.5.2 生 ふ

製品の概要

熱加工しても常温での日持ちは 2～3 日なので，注文で製造するところが多かったが，冷凍品が出て，広域に流通するようになった．焼きふに比べると生産量は少ないが，地域によって特徴がある．代表的なものは，生グルテンに少し餅粉を入れ，さらに，アワ，ソバ，ヨモギなどを混ぜた京生ふ，生グルテンをゆで，冷水におろした津島ふなどがある．日本料理屋でよく使われ，京都や金沢には特徴がある生ふ料理がある．

製　法

グルテンに餅粉を加え，十分に混練する．これにアワ，ヨモギ，ゴマなどを加えて混合し，成形または細工をしてから，蒸すかゆでる．ふまんじゅうや笹巻きふは，グルテンに餅粉を加えて混練した生地でアズキ餡（あん）を包み，成形して蒸す．

製品の特徴と用途

京都を中心とした近畿地方で好んで食べられていたが，京料理の普及に伴い，広く全国で食べられるようになった．グルテンと餅粉が組み合わさった独特の食感が特徴である．煮物，あえ物，揚げ物，椀種，汁の実，しぐれ煮などにする．

1.5.3 油揚げふ

量的には多くないが，油で揚げて膨化した製品が一部に市販されている．グルテンに餅粉を加え，混練，ふ練，ねかし，種切り，水漬した生地を成形または細工して，植物油で揚げて包装する．油揚げで大きく膨張するので，軽い食感の製品である．

〔長尾精一〕

文　献

1) 長尾精一編：小麦の科学，朝倉書店，1995.
2) 遠藤悦雄：小麦蛋白質―その化学と加工技術，食品研究社，1980.

1.6　こんにゃく類

概　要

こんにゃくは，サトイモ科の園芸作物であるコンニャクイモ（*Amorphophallus konjac* K. Koch）を原料として作られる．全国におけるコンニャクイモの生産は，現在約 7 万 1400 t で，そのうち群馬県が全国の生産量の 88.7% を占めており（いずれも 2004 年），そのため，群馬県が全国のこんにゃく産業の中心とされている．

こんにゃくにかかわる産業は，原料であるコンニャクイモを作る産業（農業），コンニャクイモからこんにゃく粉を作る産業（工業であるが仲買商的な性格をもつ），こんにゃく粉からこんにゃく製品を作る産業（工業）とから構成されている．こんにゃく製品製造業は全国に広く分布しているが，コンニャクイモの生産，こんにゃく粉の生産において群馬県への集中度の非常に高い点を特色とする産業である．

原料生産の歴史（芋について），生産の現状

こんにゃく生産は，明治初年には茨城県や広島県が中心であった．その後，群馬県の下仁田地区（群馬県の西部に位置する山間部）を中心にコンニャクイモの栽培が広まり，現在は，コンニャクイモの栽培は群馬県中山間地へと移っている．産地の中心は下仁田を離れたが，群馬県の郷土カルタには「ネギとこんにゃく下仁田名産」と謳われている．主な県の生産量の推移を表1.8に示した．1905（明治38）年は統計上の最古資料，1941（昭和16）年は戦前の最高，1967（昭和42）年は戦後の最高時である．表よりみられるように群馬県への集中が進み，現在では90%に近い．なお，1947（昭和22）年には極端な低下がみられるが，これは戦時にこんにゃくが「風船爆弾」の原料として使われたためである．

表 1.8 主要生産県におけるコンニャクイモ生産量の変遷　　（単位：t）

	1905年（明治38年）	1927年（昭和2年）	1941年（昭和16年）	1947年（昭和22年）	1967年（昭和42年）	2004年（平成16年）
群馬県	1072	9844	14856	1086	46500	63300
栃木県	1524	528	603	319	7980	2660
茨城県	11298	4464	4964	1424	8760	892
広島県	1161	6308	5395	835	862	698

その後，順調に回復し，過剰生産の問題，台風被害による高騰の時期などもあったが現在の安定状態を迎えている．しかし，生産者の高齢化と価格の低迷で生産量の確保は重要な課題となっている．

こんにゃくの原料コンニャクイモには以前は在来種，支那種，備中種などが主流であったが，昭和40年代より群馬県農業試験場（現群馬県農業技術センター）の行った品種育種により，「はるなくろ」「あかぎおおだま」などの新品種が広まり，現在では栽培面積では「あかぎおおだま」が群馬県全体の79%を占めるに至っている（表1.9）．新品種の特長には，①耐病性が高い，②肥育速度が大きい，などがあり，生産者にとっては栽培のしやすさが受け入れられたものと思われる．なお，新品種の育成は現在も続けられており，まだ統計上の数値はないが「みょうぎゆたか」「みやままさり」なども実地栽培が進められている．これらは栽培特性の高さだけでなく，加工適性についても考慮しつつ開発されたもので，最終製品の品質についても期待がも

表 1.9 栽培品種の変遷（群馬県の場合）

品種	1980年 (昭和55年)	1985年 (昭和60年)	1989年 (平成元年)	2004年 (平成16年)
在来種	45	16	5	＋
支那種	33	30	28	1
はるなくろ	20	37	42	19
あかぎおおだま	2	17	25	79

（栽培面積の構成比：％）

たれている．

こんにゃく粉の品質と種類

こんにゃくは江戸時代末期に常陸の国においてこんにゃく粉（水戸粉と呼ばれた）が開発される以前は，芋をすり下ろしたものに草木灰を加えて固まらせて作られたが，現在は芋から直接製造されるものは少なく，一度「こんにゃく粉」としてから製造されるものが大部分を占める．群馬県にはコンニャクイモを乾燥，粉砕，精製しこんにゃく粉にするこんにゃく粉製粉業があり，これも群馬県を特徴づける一つの産業を形成している．また，製粉業は芋の生産と同様，群馬県に集中している（業者数で全国の約64％を占める）．

こんにゃく粉は，コンニャクイモのなかのコンニャクマンナン部分を取り出したもので，通常は薄くスライスしたコンニャクイモを乾燥してできたチップ（これを荒粉と呼ぶ）を粉砕，選別して得られる．乾燥方法により火力乾燥粉，天日乾燥粉，噴霧乾燥粉などがあるが，天日乾燥はほとんどみられなくなり，現在ではほぼ100％が火力乾燥粉である．こんにゃく粉の品質を成分の面からみると，水分，灰分，タンパク質が少ないほど炭水乾物の割合が高まり，コンニャクマンナンの純度が高く，品質も高いとみなされる．それらの成分は表1.10に示したが，噴霧乾燥粉が最も純度が高いといえる．この方法は，磨砕したコンニャクイモを高温環境のもとで短時間で水分を飛ばして粉末化したものであり，水洗工程が入るため，不純物が除かれ純度が高い．噴霧乾燥粉は現在は乾燥装置の関係で作られていないが，これに代わって通常の

表 1.10 こんにゃく粉の種類と品質　　（単位：％）

	水分	灰分	タンパク質	脂質	炭水化物
火力乾燥粉	9.5	5.6	2.5	0.0	82.4
天日乾燥粉	13.0	6.1	3.3	0.0	77.6
噴霧乾燥粉	8.5	0.9	0.9	0.0	89.7
アルコール洗浄粉*	7.7	2.4	0.8	0.0	89.1

*群馬県立群馬産業技術センターで調製したもの．

粉（火力乾燥粉）を 30〜50％ のアルコールで洗浄する「アルコール洗浄粉」が高グレードのこんにゃく粉として流通している．また，こんにゃく粉粒子に付着するとび粉の除去は製品の保存性，においなどに影響を与えるが，現在は粉砕機による磨き工程の向上，風力による除去の効率化により，以前よりも高純度のこんにゃく粉が得られるようになってきている．

なお，粉砕時に出る副生物「とび粉」は，飼料，肥料や土木作業資材としての用途があるが，これの有効利用もこの産業の課題である．

こんにゃくの製法

こんにゃくには，その形態，製法，用途などから種々のものがある．いずれもこんにゃく粉を水に溶いた後，凝固剤として石灰などのアルカリ性物質を加え，凝固させる工程は共通で，コンニャクマンナンがアルカリの添加によって凝固する性質を利用している．

最も一般的なものとして板こんにゃくの製造過程を図 1.19 に示す．

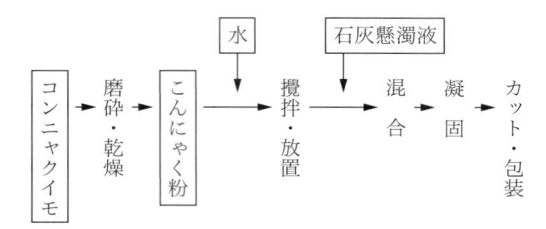

図 1.19 こんにゃくの製造工程

① こんにゃく粉に 30〜40 倍量の水を加え撹拌する（水温は，常温から 80℃ 程度の熱水までさまざま）．
② こんにゃく粉が水に十分膨潤し，粘りが出るまで放置する（これを「のり」と呼ぶ）．
③ 別に調製した石灰（水酸化カルシウム）懸濁液を加え，混合する（まれに炭酸ナトリウムが用いられることもある）．
④ 型枠に流し込み，凝固させる．
⑤ 型枠のまま熱水中に入れ，凝固を完成させる．
⑥ 型枠を外し，適当な大きさにカットする．
⑦ 包装する．
⑧ 殺菌のための加熱を行い，製品として完成．

しらたきの場合は，加える水の量を少なくし，石灰水添加後の「のり」を 1〜2 mm 程度の穴の開いた目皿から熱水中に押し出すことで成形する．また，玉こんにゃくの場合は，同じく回転板の上にカットしつつ押し出し，盤上を回転させることによ

って玉状に固まらせる.

こんにゃくの製造原理は上記のとおりであるが，製品の用途や目的，自社製品の特色を出すため，製造の各段階においてさまざまな工夫がなされており，全国各地に種々のこんにゃく製品が作られている.

なお，アルカリによる凝固はこんにゃく粉中の主成分であるコンニャクマンナン分子中のアセチル基がアルカリ性にすることにより離脱し，そこに水素結合で架橋が形成されるためとされている．凝固剤として一般的に石灰が用いられるが，これはカルシウムによる効果ではなく，アルカリ性を示すことによる．また，凝固時における加熱は必須なものではないが，凝固反応を早めるためと予備的な殺菌を兼ねて多くの工場で採用されている．

製品の種類

こんにゃくには，その形態から板こんにゃく，しらたき，糸こんにゃく，突きこんにゃく，玉こんにゃく，粒こんにゃくなど種々のものがある．また，製法からは板こんにゃくの場合，通常の方法（大造式と呼ばれる）と生詰式とがある．こんにゃくには色つけのために海藻粉末を添加するものが多いが，これはコンニャクイモから製造した場合のこんにゃく本来の色を模したものとされている．また，コンニャクイモから製造される「芋こんにゃく」（あるいは「生芋こんにゃく」）はコンニャクイモ特有の風味を残しており人気は高いが原料芋の保存・確保に経費がかかるため製造量は少なく，粉と芋とを併用した物が流通している．一般的に流通しているのはこんにゃく粉を原料とした「粉こんにゃく」である．

また，さしみこんにゃくとして，加熱調理せずタレなどに付けて直接摂食する用途のものもあるが，これらは，青ノリ，ニンジン，赤トウガラシ，ゴマなどを加えた物

表 **1.11** 市販板こんにゃくの種類

形状から	
板こんにゃく	板状に成形したもの
しらたき	糸状に成形したもの．これを束ねた結びこんにゃくなどもある．糸こんにゃくも同様
突きこんにゃく	板状に成形したものをところてん式に突き出したもの
玉こんにゃく	3～4 cm の玉状に成形したもの

製法から（板こんにゃくの場合）	
大造式	大きなブロックとして凝固させ，それを徐々にカットしていく．主として小規模な工場で行われる．
生詰式	凝固剤を加えた「のり」を包材の中に直接流し込み，カットしてそのまま殺菌と成形を兼ねて加熱する．大規模な製造方式

が多い．また，凝固剤，製法に工夫を凝らし，独特の食感をもたせたものもある．

伝統食品としての意義と特徴，問題点と今後

　コンニャクイモあるいはこんにゃくの伝来には諸説あるが，中国大陸から朝鮮半島を経て伝来したもので，平安時代から医薬用として食べられてきたとの記録がある．江戸時代は食文化の発展が著しかった時代であるが，こんにゃくも例外ではなく調理方法もさまざまに工夫されたらしい．当時できた「こんにゃく百珍」などの資料には，現代みられるような調理方法もほとんど網羅されているほどである．これをみると江戸時代にはこんにゃくが庶民階級にもすっかり定着したことがうかがえ，伝統食品としてのこんにゃくのルーツがあることがわかる．

　長く大衆に親しまれてきたこんにゃくであるが，こんにゃくの家庭での消費は低落傾向を続け，2004（平成16）年には1991（平成3）年の約65％まで落ちている．これは食の洋風化や女性の社会進出と無縁ではないが，常に新しいもの，珍しいものを求め続ける消費者の要求に，こんにゃく業界が適切に応じきれていなかったためと思われる．また，海外からのこんにゃく製品の流入は，特にしらたき，外食産業，弁当産業などの分野で増え続けており，国内のこんにゃく産業を圧迫している．

　一方，通常のこんにゃくの範疇は外れるが，こんにゃくゼリーは近年のヒット食品であり，こんにゃくのイメージ向上に役立った．これはコンニャクマンナンとカラギーナンなどの増粘多糖類とを組み合わせてできる複合ゲルの反応を利用したもので，凝固剤を用いずに固まらせたもので，生菓子として消費を伸ばしている．しかし，それに続くものが求められている．女子大生を対象としたあるアンケートによれば，こんにゃくを嫌う理由として「においがいや」「料理の種類が少ない」「味しみが悪い」などがあった．これらの点を改善し，消費者の求める品質のものを提供することがこの業界の使命である．一方，同じアンケートのなかで，好まれる理由として「カロリーが少ない」「食物繊維だから」などがあり，こんにゃくのもつ食物繊維としての効果は認識されていることがうかがえる．また，単に「好きだから」という意見も多かったが，これはこんにゃくが長い食経験もあって消費者に親しまれ，愛着をもたれていることも示しており，明るい材料であるといえる．

こんにゃくを巡る研究機関の取り組み

　こんにゃくは凝固に石灰を用いるためアルカリ性であり，腐敗の危険性は基本的に少ない．そのため，以前は殺菌なども不十分で，しばしば変敗事故がみられた．また，日持ち期間を延ばす目的で過剰の凝固剤が用いられる傾向があり，このための品質劣化や特有のにおいのため消費者から敬遠され消費の低落を招いていたといえる．こんにゃくの研究に取り組んだ公設研究機関では，市販製品の品質を安定・向上させるための取り組み（適切な凝固剤使用量の把握，海藻粉末の殺菌など），こんにゃく粉の品質向上のための方策（アルコール洗浄，粒度別のこんにゃく粉粒子の品質調査

など）を行ってきた．その結果，市販製品の品質は，かなり高いレベルで安定したといえ，今後はコンニャクマンナンの食物繊維としての機能をいかし，消費者の要求に応えた新規な食品を開発するための官民あげての取り組みが求められている．

〔滝口　強〕

2
豆　　類

■総　説

　わが国で五穀とは，米・麦・ダイズ・粟・黍を指す．穀類でもないダイズが五穀としての位置を占めるほど，わが国におけるダイズ利用の歴史は古くかつ主要作物の1つである．つる豆を源流とするダイズの原産地はシベリアから中国東部という説のほかに，北ベトナムやジャバという説もあって確定されていない．中国でダイズの栽培が始まったのは紀元前3000年ごろの仰韶(ぎょうしょう)文化時代で，古代中国でさまざまな呼称があった種実が，後漢時代に「大豆」に統一された．日本列島に伝来したのはほぼ2000年前とみなされている．

　日本人にとってダイズは，豆の代表選手とみなされるが，FAOの統計においてはダイズは豆ではなく，油糧種子の仲間として扱われている．現在1億8000万tにも及ぶダイズの生産は，アメリカ，ブラジル，中国，アルゼンチン，インドの主要5カ国で92%を占めているが，中国を除く他の4カ国にダイズが導入されてほんの100年ほどしか経ておらず，これらの国々は，家畜飼料としてのダイズかすの主要な輸出国でもある．中国，朝鮮半島，日本を中心とする東アジアや，東南アジア諸国におけるダイズ利用の歴史は古く，最も重要なタンパク質源の1つとして，創意工夫を凝らしたその加工品は，日常生活に深く根を下ろし，食生活の根幹を成す米の主要な助演者として重要な役割を果たしてきた．FAOの統計で豆として扱われるものは概してデンプン含量が高く，スープや製菓原料などに利用されることが多い．一方，ダイズはタンパク質や油脂が豊富であり，デンプンは痕跡程度で，ラフィノースやスタキオースといったオリゴ糖，スクロースが炭水化物の主成分であるといった特徴をもっており，組織が硬いため，調理・加工の際にはデンプン系の豆とは違った一工夫が必要であった．こうしたさまざまな創意工夫の歴史を経て，味噌・醤油・豆腐，油揚げ，納豆，ゆば，きな粉，煮豆，豆乳，もやしなどの製法が確立されてきた．また，日本・インドネシア・タイ・ネパールを結ぶ三角形上には，納豆，テンペ，オンチョム，ト

ゥアナオ，キネマといった無塩大豆発酵食品が点在し，住人の貴重なタンパク質源として活用されてきており，民俗学者の中尾佐助博士はこれに「納豆トライアングル」と命名した．

ダイズのタンパク質含量は，搾油用の品種と食用の品種とでは，タンパク質と脂質の含量に2～3%の違いがみられ，食用にされる国産のダイズのほうが，タンパク質が高く，脂質が低い．しかし近年，諸外国でも，食用を目指した品種も栽培されるようになった．

栄養の面からみたとき，概して穀類に少ないとされる必須アミノ酸のリジンが，ダイズ中には多く，両者を組み合わせることによって理想値に近づくことが期待される．さらに，両者を組み合わせることによって，米タンパク質自身の生理的利用率が上がることや，素材の組み合わせ方によって時として生じる臓器周囲や体内脂肪の異常な蓄積が，ダイズの存在によって防がれることも，堀井らによって確かめられている．こうしてみると，米とダイズの結びつきが，わが国や東洋の人々の健康を護り育ててきたといっても過言ではあるまい．

本章では，味噌醤油を除く，わが国の伝統的ダイズ製品について解説する．

〔堀井正治〕

2.1 豆　　腐

　豆腐は中国で生まれ，わが国には仏教とともに伝えられた．その時期は，数々の技術が伝えられた奈良時代と推定されている．当初は貴族や僧侶など上層階級の食べ物であって，庶民にとっては身近なものではなかった．伝えられた豆腐が広く伝搬するには長い時間を要し，庶民の食生活に深く入り込むのは時代が下って江戸時代に入ってからである．

　わが国で食用にされるダイズは年間約100万tであるが，そのうち50万tが豆腐・油揚げ用に，2.8万tが凍り豆腐用に使われている．豆腐と油揚げの割合はおおむね7：3であり，豆腐は原料ダイズの4倍，油揚げは1.3倍の収率であるので，生産高は豆腐140万t，油揚げ20万tとなる．凍り豆腐は乾燥物であるため収率は0.5倍であり，生産高は1.4万tとなる．

　豆腐・油揚げ製造業の事業所数は13500（2004年）であり，年々減少して20年前の半数近くになっている．豆腐・油揚げに使われるダイズの使用量はほぼ横ばいであるので，減少した分は事業所の規模を拡大して生産量を増やして対応していることになる．しかし，全体では従業員数3人以下の家族従事を主体とする小規模事業所が圧倒的多数を占めている．事業所は，町の豆腐屋さんとして自家で製造して販売する「製造小売」と，比較的規模の大きい工場で製造して量販店などに卸す「製造卸」に分化しており，全体の事業所数が減少するなかで製造卸が増加の傾向にある．これは，豆腐は水分が多いため重くて壊れやすく，保存性も低かったので近くの豆腐屋から購入することが一般的であったが，近代的な工場で衛生的に作られて，包装により取り扱いも容易になって広範囲に流通できるようになったことから，量販店などの販売が増えてきたことによる．しかし，製造作業場の店先で売ったり，自転車や車に積んで移動販売する製造小売が比較的多く残っている業種である．

　総務庁の家計調査，豆腐の都市別購入状況によれば，豆腐の年間購入金額は平均7000円弱，購入金額の大きい都市は8000円，購入金額の少ない都市は5000円ほどで，購入量の地域による差はそれほど大きくない．しかし，豆腐の形や大きさは地域によって異なっている．これは，豆腐がそれぞれの地域に根を下ろして伝えられてきたこともあり，豆腐の形や大きさには統一された規格がないからである．

　豆腐は，ダイズを磨砕して水とともに加熱した後，繊維などの成分を「おから」として除き，得られた豆乳を凝固剤で固め，水分90～85%のゲルにしたものである．ダイズはそのままでは固くて食べにくいが，豆腐を作る過程で繊維質が「おから」として除かれるため，軟らかく滑らかな口当たりのよい食品になる．

　作り方は[1,2]，まず，ダイズを水に浸漬して十分吸水させて軟らかくし，水を加え

ながら磨砕する．これを水挽きといい，生のダイズを磨砕するよりはるかに容易に磨砕できる．磨砕物を「ご」というが，これを水とともに加熱する．次いで濾過により「おから」を除いて豆乳を得，熱いうちに凝固剤を加えて凝固させ，成形して豆腐にする．

　豆乳が固まって豆腐になるのはタンパク質の凝固作用によるものである．ダイズタンパク質の主体はグロブリンに属するタンパク質で，ダイズ種子の子葉中に 10 μm ほどの大きさのプロテインボディとして存在する．グロブリンは塩溶性のタンパク質であり，吸水させ軟らかくしたダイズを水とともに磨砕すると，プロテインボディが破壊され，ダイズタンパク質はダイズに含まれる塩類の作用により水に溶出してくる．ダイズから豆乳に移行するタンパク質は木綿豆腐の場合 80% 程度であり，約 20% が「おから」に残る．さらに豆乳のタンパク質の 90% 程度が凝固剤により凝固して豆腐に移行する．加熱工程は，生理有害物質の破壊や青臭みの軽減，微生物の殺菌を行うために不可欠であるが，タンパク質へのゲル形成性の付与も重要である．生のダイズタンパク質に凝固剤を加えてもゲル化は起こらず，豆腐を作ることはできない．しかしこれを加熱するとタンパク質の構造に変化（熱変性）が起こり，生の状態では固く折り畳まれていたタンパク質がほぐれた状態に変わるため，相互に絡み合って保水性に富むゲルを形成[3]できるようになる．ダイズタンパク質の性質として重要なことは，水に溶解している状態では，熱変性しても凝固せずに溶解したままの状態を保っており，凝固剤を加えることにより初めて凝集してゲルを形成することである．一方，ダイズを丸のまま加熱した場合，タンパク質は細胞のなかで熱変性してそのまま凝固するので，磨砕してもタンパク質は抽出されにくくなる．煮たダイズから豆乳や豆腐を作ることができない理由である．このようにダイズタンパク質は水に溶解している状態では熱変性しただけでは凝固しない性質をもち，凝固剤によって凝固する．これは豆腐を作るうえできわめて重要な性質である．

　脂質は子葉中に小さな顆粒として存在しているが，水とともに磨砕すると，細胞組織から離れて微細なエマルジョンとなって水に懸濁する．エマルジョンの表面は両親媒性物質であるリン脂質やタンパク質で覆われているため，豆乳中で安定した懸濁状態を保っている．豆乳が白色を呈するのは，懸濁している無数のエマルジョンが光を乱反射するためである．ダイズから豆乳に移行する脂質は 73〜78% 程度である．水に溶けない脂質がこのように高い割合で溶出して豆乳に移行するのは，リン脂質やタンパク質によって乳化して安定した懸濁状態を保って分散するからである．エマルジョンは凝固の際タンパク質に取り込まれて凝集するため，「ゆ」に残る割合は非常に少なく，豆乳中の脂質は 95% 以上の高率で豆腐に移行する．

　炭水化物は，スクロース，ラフィノース，スタキオースなどの小糖類，アラビノガラクタン，マンナンなどの多糖類で，デンプンはほとんど含まれない．これらの糖類

2.1 豆腐

はデンプンのように糊化する性質をもたないため，磨砕した「ご」を加熱しても糊状になることはない．これはダイズを加工するうえできわめて重要な性質であり，このために水挽きした「ご」から加熱処理した豆乳を得ることができる．他の豆類のように多量のデンプンが含まれていたら，加熱の初期段階で糊状になり著しく粘度が上がるので加熱処理を続けることや，「ご」から「おから」を分離する操作は難しくなり，豆乳を取ることはできなくなる．ダイズが加熱によって糊化するデンプンをほとんど含まないことは，豆腐や豆乳を作るうえで重要な性質である．

豆腐製造の際，種皮や細胞組織などの口当たりの悪い成分は「おから」として除かれる．これは上述したようにタンパク質や脂質が容易に豆乳中に溶出されるので，水に溶けない成分を濾過などの簡単な操作により容易に分離できるからである．ダイズから豆腐への成分の移行率は木綿豆腐で固形分が55％程度，タンパク質と脂質はそれぞれ70〜75％である．タンパク質と脂質の移行率に比べて固形分の移行率が低いのは，不溶性の炭水化物が豆乳中に溶出されずに「おから」として残り，さらに水溶性の炭水化物は豆乳中に溶出してもタンパク質に取り込まれて凝固しないため，溶けたまま「ゆ」に残って豆腐に移行しないためである．豆腐に移行する成分は固形分で55％程度であるが，製造過程で水が加わるため，原料ダイズ1 kgから4〜5 kgの豆腐ができる．

豆腐は，木綿豆腐と絹ごし豆腐の2つのタイプに分けられ，さらに豆腐を原料にした油揚げや凍り豆腐などの加工品がある．木綿豆腐は，固めた凝固物を崩して型箱に入れ圧搾して成形する．そのため，型箱に接していた面に布目が残り，豆腐の組織は崩したゲルを再成形したため粗密がある．絹ごし豆腐は，濃い豆乳全体をそのまま固めて豆腐にするため均一なゲルになる．木綿豆腐と絹ごし豆腐の違いは，豆乳を固めた凝固物から余分な水分を除いて豆腐にするか，濃い豆乳をそのまま固めて豆腐にするかにある．中国から伝えられた豆腐は，一度固めた凝固物を崩して，これを強く圧搾して「ゆ」を除いて作る固い豆腐であったが，しだいに口当たりのよい軟らかな豆腐が作られ，さらに滑らかな豆腐として絹ごし豆腐ができて，固い豆腐から軟らかな豆腐に発達してきた．これとは別に，伝えられた原型に近い豆腐として残っているものに，沖縄豆腐や各地に伝わる堅豆腐がある．

豆腐は多水分のため腐敗しやすく，重く壊れやすいため取り扱いは容易ではないが，これを油で揚げたり，乾燥することにより取り扱いが容易になり，さらに元の豆腐とはまったく違う食感をもった別の食品に変わる．油で揚げたものに，油揚げ，がんもどきがあり，乾燥したものに，凍り豆腐，六浄豆腐がある．これらの原料になる豆腐の製造法は，豆乳を固めた凝固物を崩して型箱に入れ，圧搾して製造する方法で，いずれも木綿豆腐の製造方法と共通である．

豆腐は，細かくばらばらに崩しても，成形して加熱すれば再び強く結着する性質が

ある．この性質を利用して，がんもどき，簀巻き豆腐，豆腐竹輪，豆腐かまぼこなど種々の豆腐加工品が作られている．

わが国では年間100万tのダイズが食品用として利用され，その5割が豆腐・油揚げに加工されて食べられている．1人あたりに換算すれば年間7kg近い多量のダイズを食用として利用していることになる．味噌や納豆などの他のダイズ伝統食品としての利用もあるが，丸のままでは食べにくいダイズを，豆腐・油揚げなどの食べやすい形に加工して食べていることにより，多量のダイズが利用できるのである．近代になるまで畜産物をほとんど利用しなかったわが国において，タンパク質の供給源としてダイズはたいへん重要なものであった．そのためにダイズ食品を食べやすく加工した豆腐は，日本人の食生活のなかに深く根を下ろし，現在まで身近な食品として伝えられてきた．

磨砕したダイズから豆乳を搾ったときに出る「おから」は，固形分で原料ダイズの1/3～1/4ほどであるが，80%前後の水分を含むので原料ダイズの1.5倍ほどの重量になる．「おから」の食品への利用は，ごく一部が惣菜用として利用されるにすぎず，これまで，そのほとんどは家畜の飼料に利用されてきた．しかし，水分が多いため腐敗しやすく重量もあるので収集や輸送にコストがかかることから，安価で取り扱いの容易な輸入飼料に押されて利用が難しくなり，最近その処理が大きな問題になっている．

2.1.1 木綿豆腐

豆乳を凝固剤で凝固させ，これを熱いうちに布を敷いた小孔のある型箱に移し，圧搾して「ゆ」を搾り成形して作ったゲル食品である．従来はこれを豆腐と呼び，木綿豆腐ということはなかった．しかし，絹ごし豆腐が生まれて広く生産されるようになると，それと区別する必要から木綿豆腐あるいは普通豆腐と呼ぶようになった．

製造方法は，原料ダイズを精選してゴミなどの夾雑物を除き，さらによく水洗して土や埃などを除去する（図2.1）．次いで1夜水に浸漬して十分吸水させる．浸漬時間は水温により異なり，水温の高い夏期には10時間程度，冬期には20時間程度となる．浸漬中にダイズの固形分の1～2%が溶出するが，吸水により重量は浸漬前の2.2～2.3倍になる．ダイズの組織は固いので，そのままの磨砕は容易ではないが，浸漬したダイズは細胞組織が水を含み軟らかくなるため，少ない力で潰すことができ，磨砕は格段に容易になる．よく水を切った後，新たな水を加えながらグラインダーや石臼などで磨砕して，どろどろの磨砕物である「ご」にする．

浸漬によって吸水した水，磨砕の際に加えた水，洗い込みの水などを合わせた水を加水量というが，木綿豆腐ではこれを原料ダイズの10倍程度にする．加水量は豆乳の抽出率や豆腐の性状に関係する．加水量が多ければ豆乳は薄くなるので「おか

2.1 豆　　腐

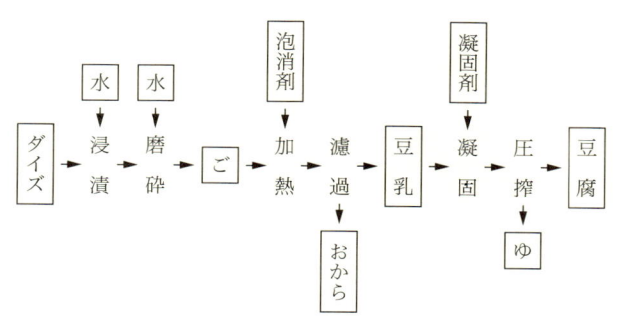

図 2.1 木綿豆腐の製造工程

ら」が搾りやすくなり抽出率は上がるが，豆乳濃度が薄いため凝固しても稠密なゲルにはならず「ゆ」は分離しやすく，凝固物を圧搾すると締まった固い豆腐になる．一方，加水量が少なければ「おから」に残る豆乳の割合が多くなるため抽出率は下がるが，凝固した場合，豆乳濃度が高いので全体が固まって稠密なゲルになって「ゆ」が分離しにくくなるので，滑らかで軟らかい豆腐ができる．

　加熱は「ご」を蒸煮釜に入れてボイラーの蒸気を吹き込む方法が一般的であるが，小規模の場合には煮釜に入れて直火で加熱する伝統的な方法も使われる．蒸気吹き込みの場合には凝縮水による増加，直火で加熱する場合は蒸発による減少を考慮して加える水量を決める．加熱により泡が生じるのでこれを消すため，食品添加物のグリセリン脂肪酸エステルやシリコンなどの消泡剤を用いる．加熱は，ダイズに含まれるトリプシンインヒビター等の生理有害物質の破壊や青臭みの軽減，タンパク質へのゲル形成性の付与のために行うが，加熱の不足や過度は製品に悪影響を与えるので過不足なく行う必要があり，全体が100℃になってから3分間程度維持する．

　加熱の終わった「ご」は熱いうちに濾過して「おから」を除いて豆乳を得る．濾過には回転する金属篩とローラーの間に少量ずつ「ご」を送って圧搾濾過により連続的に豆乳と「おから」を分ける方法や，木綿の袋に入れて電動や手動の圧搾機で圧搾して豆乳と「おから」を分ける方法がある．

　豆乳は凝固槽に入れ，75℃前後になったとき，凝固剤を加えて凝固させる．凝固剤には，2価塩である硫酸カルシウム（すまし粉）や塩化マグネシウム（にがり），塩化カルシウム，添加後加水分解してグルコン酸になるグルコノデルタラクトン（GDL）がある．凝固剤は古来より「にがり」が使われてきたが，第二次大戦中に「にがり」が軍需物資として使えなくなったため硫酸カルシウムが代替品として導入された．硫酸カルシウムは石膏として知られているが，難溶性であり，溶解度は冷水100gに0.223gで温度によってもあまり変わらない性質をもつ．このため熱い豆乳に加えても少しずつ溶解して，溶けたものからタンパク質と反応するため凝固反応が

ゆっくり進み，水分を保持した滑らかな凝固物となって，かさのある豆腐を作ることができる．難溶性であるため凝固反応が進む前に凝固剤と豆乳を均一に混合することができるので作業性はよい．このため豆腐用凝固剤として広く受け入れられ，現在も木綿豆腐の凝固剤として主に硫酸カルシウムが使われている．硫酸カルシウムの添加量は原料ダイズの重量の2%ほどが目安であるが，原料ダイズによって適正量は異なるのでダイズに合わせて調節する．硫酸カルシウムは水にほとんど溶解しないので，加えるときは水に懸濁して使用する．凝固反応は凝固剤の投入と同時に始まるので，凝固剤を素早く豆乳全体に行き渡らせ，ただちに静置して10分間ほど凝固反応を進める．凝固温度が高すぎる場合には凝固反応は急激に進んで粗い凝固物ができるため滑らかな豆腐にはならず，一方，凝固温度が低すぎると凝固反応が進まないためしっかりした凝固物はできないので，凝固温度に注意する必要がある．豆乳が凝固すると凝固物となって下に沈み，その上に透明で黄色の「ゆ」が分離してたまってくる．上層にたまった「ゆ」を捨て，熱いうちに凝固物を軽く突き崩す．凝固物を強く崩して細かくすると，型箱に入れた場合「ゆ」が分離しやすく固い豆腐になり，凝固物をできるだけ崩さないようにして型箱に移せば「ゆ」が切れにくいので軟らかな豆腐になる．型箱は，周囲と底に小孔があるので，内側に布を敷き，これに「ゆ」をかけて型箱の内側に密着させてから凝固物を重ねるように移し，布で包み込んで蓋を載せ，さらに重石を載せて成形する．この操作により余分な水分は「ゆ」となって凝固物から分離して布を通して型箱から排出され，凝固物は型箱のなかで圧搾されて20分ほどで固まって豆腐になる．「ゆ」が排出されることで豆腐のかさが変わり，布にしわができるので，途中で蓋を取って布の形を直して再び蓋をして圧搾を続けると豆腐になる．加水量を7倍程度にして，濃い豆乳を作り，豆乳全体を固めて，これをできるだけ崩さないように型箱に移して軽く圧搾すれば木綿豆腐と絹ごし豆腐の中間の性質をもつソフト豆腐になる．

　型箱からの取り出しは自重による崩壊を防ぐため水槽の中で行う．取り出した豆腐はそのまま水槽内で冷却と水晒しを行い，1丁の大きさに切断する．輸送や量販店などでの販売や取り扱いを容易にするため，切断後，水とともにプラスチック製容器に入れて包装することが多い．微生物汚染を少なくするため，型箱から取り出した豆腐を水晒しをせずに，熱いうちに包装し，包装したまま冷却槽で急速冷却するホットパック方式がある．

　木綿豆腐は，型箱に接していた面に布目が付いていることと，一度固めた凝固物を崩して再成形するため内部は粗密のある不均一なゲルになることが特徴である．圧搾して成形するため組織は比較的しっかりしており，後述する絹ごし豆腐に比べ崩れにくい．また，ふきんに包んで重しをすることにより水を切って水分の調節ができるので，料理の材料としても使いやすい．淡白な味と，滑らかな食感をもった伝統的なダ

イズ食品である．

2.1.2 絹ごし豆腐

　加水量を少なくして濃い豆乳を作り，これを無孔の型箱のなかで豆乳全体をそのまま固めて作る豆腐である．凝固物を崩したり圧搾しないので均一な組織になる．絹でこして作るわけではないが，従来の豆腐と区別するため，絹布でこしたようにきめ細かで滑らかであるとして「絹ごし豆腐」と呼ぶようになった．豆腐の長い歴史のなかでは比較的新しく，江戸時代初期の発明であるが，江戸中期に出版された豆腐百珍には通品として記載され，当時すでに一般化したことが示されている．しかし，手軽に製造され，いつでも手に入るようになったのは比較的最近である．これは加水量の少ない濃厚な「ご」から豆乳を取るので，「おから」に残る豆乳の割合が多くなって収率が低くなることや，従来の凝固剤であるにがり（塩化マグネシウム）を用いて豆乳を均一に凝固させるには，凝固反応がすみやかに進むため高度の技術を必要としたことから，大量に作られることはなかった．これが抽出法の改良や，凝固剤として硫酸カルシウムやグルコノデルタラクトンが使われるようになり，凝固の操作が容易になったこと，また消費者が口当たりのよい滑らかで軟らかな豆腐を好むことから大量に作られるようになった．

　製造方法（図2.2）は，木綿豆腐製造と同様に，原料ダイズの精選と水洗を行い，次いで1夜水に浸漬して十分吸水させる．浸漬時間の調節は，水温の高い夏期は短く，冬期は長くする．吸水して軟らかくなったダイズを，よく水を切った後，新たな水を加えながらグラインダーや石臼などで磨砕して，どろどろの磨砕物である「ご」にする．加水量は，濃い豆乳を得るため，吸水した水，磨砕の際に加えた水，洗い込みの水を含めて5倍程度にする．加熱は「ご」を蒸煮釜に入れてボイラーの蒸気を吹き込む方法が一般的であるが，小規模の場合には煮釜に入れて直火で加熱する伝統的な方法も使われる．この場合，焦げ付きや蒸発による水分の減少に注意が必要であ

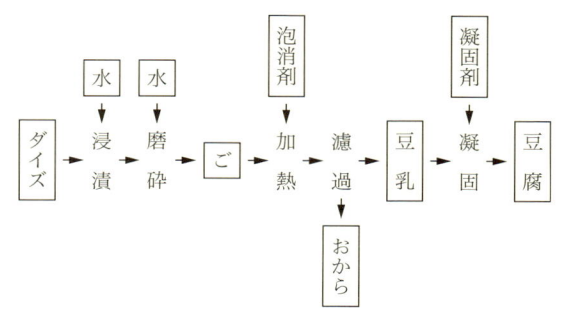

図 2.2 絹ごし豆腐の製造工程

る．蒸気吹き込みの場合には凝縮による加水量増加に注意する必要があるが，いずれの加熱方法も，加熱が過度にならないようにすることが重要である．これは，ダイズタンパク質は水に溶解している状態では熱変性しても溶解したままの状態を保つ性質があるとはいえ，絹ごし豆腐用の「ご」では加水量が少なくタンパク質は濃厚な状態にあるので，加熱時間が長くなるに従って熱変性が進み，タンパク質は相互に反応して熱凝固が起こるからである．熱凝固したタンパク質は不溶化して，おからに残ることになるので，抽出率が低下する．一方，加熱が不足であると青臭みが残るので好ましくない．全体が100℃になってから2分間程度維持するとよい．

　加熱の終わった「ご」は熱いうちに濾過して「おから」を除いて豆乳を得る．豆乳が70℃前後になったときに型箱に入れ，凝固剤を加えて豆腐にする．絹ごし豆腐用の型箱は穴のないものを用い，布を敷かずに直接豆乳を入れる．凝固剤は豆乳の0.6％前後の重量の硫酸カルシウムを水に懸濁させて豆乳と混合する．混合中に凝固が始まると凝固物が崩れ不均一に固まって舌触りのよい滑らかな豆腐にならないので，凝固反応が始まる前にすみやかに凝固剤を豆乳全体に行き渡らせることが必要である．これには凝固剤を先に型箱に入れておき，そこに豆乳を一気に注ぎ込むことにより混合する方法や，豆乳と凝固剤を一緒に型箱に注ぎ込んで混合する方法がある．30分以上静置して凝固反応を進めるが，温度が低下すると凝固反応が進まなくなるので，温度が低下しないように蓋をしたり，保温材で型箱を覆うなどの注意が必要である．豆腐の取り出しは，型箱の側面および底面と豆腐の間にピアノ線を入れて型箱から切り離し，さらに上からカッターを押し付けて1丁の大きさに切ったものを崩れないように水槽の中で取り出す．従来の絹ごし豆腐用の型箱は，底面中央に穴があり，これに栓をして，さらに底面全体を覆う金属板を置いて，その上で豆腐を固めていた．これから豆腐を取り出すときは豆腐と型箱側面の間に包丁を入れて切り離し，水槽の中に入れてひっくり返し，底の栓をはずして水を入れることにより豆腐は金属板に押されて水槽の中に出てくる．水槽の中で1丁の大きさに切って商品とするが，木綿豆腐と同様，輸送や量販店などでの販売や取り扱いを容易にするため，水とともにプラスチック製容器に入れて包装することが多い．

2.1.3 充塡豆腐

　濃い豆乳を凝固剤とともに包装容器に入れ，密封してそのまま固めた豆腐である．製造法は異なるが，絹ごし豆腐の1つである．現在使われている包装容器はプラスチック製の四角のものであるが，以前は袋状やソーセージタイプの包装容器が使われたため，袋入り豆腐と呼ばれたこともある．充塡豆腐と，包装した伝統的な絹ごし豆腐の違いは，包装容器に豆乳を充塡してそのまま固めて作るか，型箱の中で作った豆腐を取り出して切断後水とともに包装するかの違いである．凝固剤と混合した豆乳を凝

固する前に容器に入れてから固めて豆腐にする操作は，従来の凝固剤では操作中に凝固反応が始まるために困難であったが，グルコノデルタラクトンが凝固剤として使われるようになってから容易になった．グルコノデルタラクトンは，グルコン酸の脱水生成物である分子内エステルで，酸の性質はもたないが，水に溶けると容易に加水分解してグルコン酸になり，酸の性質をもつようになる．凝固剤として優れている点は，水によく溶け，豆乳と混合した場合，徐々に加水分解して酸になってタンパク質の凝固を引き起こすからである．加水分解反応は低温では進みにくく高温で進みやすいので凝固反応が起きないうちに豆乳との混合と充填を行うことができる．このため，容易に滑らかな豆腐を作ることができ，使いやすい凝固剤として知られている．

　ダイズから豆乳を調製するまでの工程は伝統的な絹ごし豆腐の工程と同じであるが，できた豆乳は20℃以下に冷却する（図2.3）．これは温度の高い豆乳に凝固剤を混合するとすみやかに凝固反応が進むため，容器に充填することが難しくなることや，操作中に凝固反応が起こるとゲルが不均一になるからで，これを避けるためである．グルコノデルタラクトンは豆乳の0.3%相当を水に溶解して加える．次いですみやかにプラスチック容器に注ぎ込み，密封する．これをただちに90℃前後の温湯に40分ほど漬けて加熱するとグルコン酸が生成して豆乳全体が固まり豆腐になる．

　グルコノデルタラクトンで凝固した豆腐のpHは5.7前後で，カルシウム塩やマグネシウム塩で凝固したものに比べ若干低いが，酸味を感じることはない．均一で保水性の高いしっかりしたゲルになるが，カルシウム塩やマグネシウム塩で凝固した豆腐に比べ，もろく割れやすい性質をもつ．充填豆腐は工程の自動化が容易であることや，外気や人の手に触れることなく無菌的に製造できることから，大規模工場で製造され，日持ちがよいので量販店を中心に広範囲に流通している．

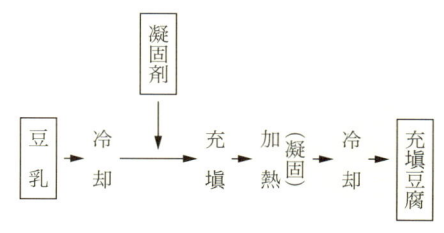

図 2.3　充填豆腐の製造工程

2.1.4　油揚げ類

　豆腐を油で揚げたものである．油が食用に使われるようになったのは16世紀ころからで，油揚げ類が作られるようになったのもそれ以降である．豆腐百珍には，揚げ豆腐，ひりょうずなどの油揚げ類がポピュラーなものとしてあげられており，江戸時代中期には広く普及していたことがわかる．

油揚げ類には，油揚げ，厚揚げ（生揚げ），がんもどき（ひりょうず）があるが，これらは形状が違うように作り方も違う．油揚げは，薄く切った豆腐を低温の油で揚げて大きく膨化させ，次いで高温の油で揚げて表面を乾燥させたものである．表面は黄褐色の皮膜状になっているが，内部は海綿状になった豆腐が白く残っている．厚揚げは，豆腐を厚めに切って，これを高温の油で一気に揚げたものである．表面は黄褐色の皮膜で覆われているが，内部は膨化することなく豆腐がそのままの形で残っている．がんもどきは，豆腐を突き崩してから野菜などの具を入れてよく混ぜ合わせ，成形して油で揚げたものであり，低温の油で揚げて膨化させ，次いで高温で揚げて表面を乾燥させることにより，製品はやや膨らみ，内部は海綿状になる．

油揚げ

豆腐を薄く切って油で揚げて大きく膨化させたもので，揚げ，薄揚げともいう．原料の豆腐を生地というが，面積でその3倍程度に膨化させて作ることが特徴である．生地の製造法は基本的には木綿豆腐と同じである．しかし，木綿豆腐を生地にして油で揚げても大きく膨化することはない．これは木綿豆腐製造における豆乳調製の際の加熱は，油揚げ生地の製造にとっては過度であることや，木綿豆腐として適正な凝固条件は油揚げ生地の製造には向いていないからである．油で揚げると生地が膨化するわけ[4]は，発生した水蒸気により豆腐のゲルが押し広げられるからであり，それには水蒸気を穏やかに発生させる微小な気泡が豆腐の中に存在することが必要である．生地中に気泡がない場合には一気に水蒸気が発生する突沸が起こるため，水蒸気はゲルを押し広げることなくゲルを破って散逸してしまう．木綿豆腐製造のように豆乳調製時に加熱を十分に行うと豆乳の中に溶解していた空気が失われて豆腐の中に気泡ができなくなる．これを防ぐため，油揚げ生地の製造では豆乳調製時の加熱を控えめにして溶解している空気の減少を防ぐことや，凝固時に水を加えてその中に溶解している空気で不足分を補うことが行われる．これによって豆乳中に過飽和の状態で溶解している空気が凝固の際に気体に変わり，気泡として豆腐に取り込まれて，膨化の際に穏やかな水蒸気の発生に寄与するのである．また，発生した水蒸気を散逸させずにゲルの中に留めておくには，膨張する気泡に合わせてゲルを形成しているタンパク質の結合が緩むことが必要である．タンパク質の結合が強すぎる場合には，結合の緩みが気泡の膨張に対応することができず，発生した水蒸気はゲルを破って気泡の外に漏れ出すことになる．加熱を十分行った豆乳を用いた場合や凝固温度が高い場合には，タンパク質の結合が強くなるので，気泡の膨張に対応するタンパク質の結合の緩みが起こりにくいゲルができる．これを避けるため豆乳調製時の加熱を控えめにしたり，水を加えてすみやかに豆乳の温度を下げてタンパク質の熱変性を抑えるとともに，凝固温度を下げるなどして凝固反応を抑えている．このようにして製造した生地から大きく膨化した油揚げを作ることができるのである（図2.4）．

2.1 豆腐

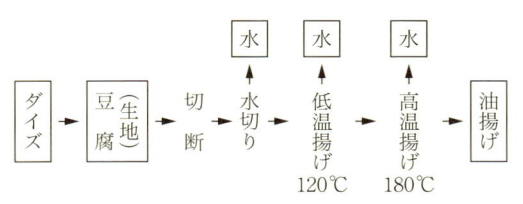

ダイズ → 豆腐（生地） → 切断 → 水切り → 低温揚げ 120℃ → 高温揚げ 180℃ → 油揚げ

（水切り・低温揚げ・高温揚げの各工程で「水」が排出される）

図 2.4 油揚げの製造工程

上記のように，油揚げ用の生地を作る場合，豆乳調製の際の加熱は控えめにし，凝固は低い温度で行う必要があるが，このため，「ご」の加熱を沸騰直前で止めたり，加熱直後に「びっくり水」や「戻し水」として冷水を加え，迅速に温度を下げることが行われる．圧搾して水分の少ない生地を作るには薄い豆乳がよく，このため加水量は 15 倍程度と木綿豆腐に比べ多くする．戻し水は，豆乳の温度を下げてタンパク質の過度の熱変性を抑えるとともに，加熱により減少した豆乳中の溶存空気を補う役割がある．

凝固剤は低い温度で反応が進み，水切れのよい凝固物を作るため塩化カルシウムが使われる．凝固物は型箱に移し圧搾して豆腐にする．この場合，厚みのある型箱でブロック状の豆腐に成形する方法と，広くて浅い型箱で油揚げの厚さに圧搾して薄い豆腐を作る方法がある．ブロック状の豆腐は薄く切断し，圧搾して水切りして生地にする．薄く作った豆腐は油揚げの大きさに切断して生地にする．

油揚げ用の油にはダイズ油またはナタネ油が使われる．揚げの操作は大きく膨化させるため，まず 120℃ 程度の低温の油で揚げる．蒸発によって表面が乾燥して固い皮膜ができると膨化しなくなるので，表面の乾燥を押さえながら膨化に必要な水蒸気を発生させるため 120℃ 程度の比較的低温が使われる．これを「のばし」といい，この操作によって生地の表面，さらに内部も膨化して面積は元の 3 倍程度に，内部は海綿状に変わる．次いで 180℃ ほどの高温の油に移して表面の水分を蒸発させる．これを「からし」といい，この操作により表面が乾燥固化して油揚げの形を保つようになるとともに，アミノカルボニル反応が進んで黄褐色に仕上がる．

小規模で製造する場合は伝統的な手揚げが行われる．これは低温鍋と高温鍋を使い，まず生地を低温鍋に入れて十分膨化させ，次いで高温鍋に移して「からし」を行い仕上げる．膨化が始まると沈んでいた生地は油面に浮き上がり，油に接触して熱の供給される下面が膨化して著しく歪むので，生地を何度も反転させて表裏が均等に仕上がるようにする．大規模生産の場合，自動揚げ機が使われる．これはコンベアーベルトに取り付けた金網の枠の中に生地を入れ，低温と高温部をもつ長い油槽をゆっくり通すことにより「のばし」と「からし」を自動的に行うものである．

油で揚げることにより表面はアミノカルボニル反応が進み黄褐色になるとともに，

強靭な皮膜状の組織になり，内部は発泡した豆腐が海綿状になって白いまま残っている．このため，豆腐とは違った独特の歯応えのある食感と風味をもつ．内部は軟らかく，表面は皮膜状になっているので，中を開いて袋状にして，いなり寿司や袋煮などの料理に利用することができる．油揚げの大きさや重さ，あるいは内部に残る豆腐の厚さなどは地域により異なっている．

　油揚げの形状により異なるが，通常1kgの原料ダイズから約1.3kgの油揚げができる．

　油揚げは，豆腐に比べ水分が少なく，表面は乾燥状態にあるので腐敗しにくい．また，組織は強靭であるため取り扱いが容易であり，積み重ねや箱詰めができ，冷凍保存にも耐える．保存や輸送が容易であることから，大規模生産に適しており，このため工場の近代化が進み，生産のほとんどは大規模工場で行われる．

生揚げ（厚揚げ）

　豆腐を油で揚げたもので厚揚げともいう．表面は油揚げと同様黄褐色を呈しているが，内部は豆腐がそのままの状態で残っているので生揚げといわれる．

　油揚げのように膨化させる必要はないので，生地の作り方は木綿豆腐と同じである．厚めに切った豆腐を水切りして，180℃程度の油で揚げる．高温の油で揚げることにより，豆腐の表面から水分が一気に蒸発して，乾燥して皮膜状態になるため，油揚げのように膨化することはない．ほぼ原形を保ったまま仕上がるが，表面の水分が減少して縮むので生地に比べやや小さくなる．大規模生産の場合，自動揚げ機が使われる．油揚げのように「のばし」を行う必要はないので，はじめから高温に調節した油槽を通して自動的に揚げを行う．

　豆腐の表面が油で揚げることにより脱水されて黄褐色の皮膜状になる．内部は豆腐がそのまま残っているが，表面がしっかりした皮膜で覆われているため扱いが容易になり，簡単な包装で流通できる．

がんもどき（ひりょうず）

　豆腐を崩して具を混ぜ成形して油で揚げたもの，関西では「ひりょうず」ともいう．表面は油揚げと同様黄褐色に揚がり，内部は膨化してやや歯応えのある組織になる．がんもどきというように元来は精進料理であったが，エビや鶏肉を加えたものなどもある．

　生地の豆腐の作り方は木綿豆腐と同じである．豆腐を十分水切りしてから潰し，具として，ゴボウ，ニンジン，キクラゲ，昆布などを刻んだもの，ゴマ，ギンナン，アサの実などを加え，つなぎとしてすり下ろしたヤマイモを加えて，十分練り合わせ，一定の形に成型する．がん練り機と呼ばれる攪拌機を用いて練り合わせ，がんもどき成形機で一定の大きさに成形する．これを油で揚げるが，最初は低温の油で揚げて内部の豆腐の組織を膨化させ，次に高温の油で揚げて表面を乾燥硬化する．油揚げと同

様の自動揚げ機を用いて製造することが多い．

　形の大小や，ギンナン，クワイ，エビなど中に入れる材料によって，いろいろの種類があり，料理の種類など用途に応じた製品が作られている．

2.1.5　凍り豆腐

　豆腐の乾燥品であるが，豆腐を凍らせて作ることに特徴があることから凍り豆腐という．豆腐は多量の水分を含み，腐敗しやすく，重く壊れやすいため取り扱いや流通は容易ではない．しかし，乾燥することにより豆腐に比べ格段に取り扱いが容易になり，常温で保存できるようになる．また，凍結している間に豆腐の組織に変化が起こり，元の豆腐とはまったく異なる独特の食感をもつ新たな食品に変わる．

　その製造は，古くは豆腐を自然の寒気にさらして凍結して乾燥を行っていたため冬期間のみの製造で，その日の天候に左右されるものであった．現在では冷凍機を使って大規模工場で年間を通して製造され，その90％以上が長野県内で生産されている．凍り豆腐は関西地方では高野山がその普及に大きくかかわっていたことから「高野豆腐」と呼んでいる．昔からの製法を踏襲して膨軟加工を行わないものが東北地方に残っており，これを「しみ豆腐」と呼んでいる．

　凍り豆腐の原料になる豆腐は生豆腐と呼ばれる（図2.5）．その製造法は，基本的には木綿豆腐の製造法と同じであるが，木綿豆腐に比べ水分の少ない固い豆腐を作るため，加水量を原料ダイズの12倍程度にして薄い豆乳を調製する．これを凝固槽に入れ，攪拌しながら凝固剤を少しずつ加えて凝固させ，粒状の細かい凝固物にする．凝固物の粒子の大きさは製品の品質に影響するので，凝固剤は，凝固物の状態をみながら少しずつ加える．凝固剤には塩化カルシウム溶液が用いられるが，これは，「ゆ」の搾りやすい細かな凝固物を得て，水分の少ない固い豆腐を作るためである．固まった凝固物は型箱に移して，圧搾して「ゆ」を分離する．圧搾は，はじめ弱く，しだいに強く圧搾して水分80％程度の硬い豆腐にする．できた豆腐は型箱から取り出し，水槽に入れて1夜冷却する．凍り豆腐の製造は，1日目に豆腐を作り，2日目に凍結を行うので，冷却工程は豆腐を固くして切断を行いやすくするとともに，中間製品を

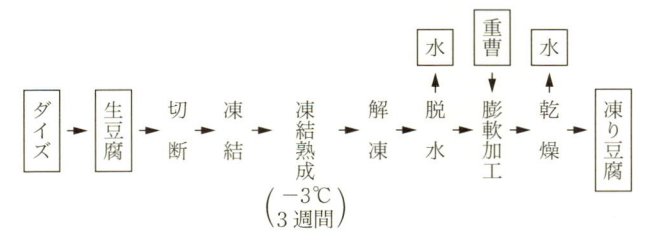

図 2.5　凍り豆腐の製造工程

貯蔵する役割がある．

　冷却の終わった豆腐は一定の大きさ（8×6×2 cm 程度）に切断し，凍結板上に並べて凍結する．凍結は，コンベアーの鉄板上に並べた豆腐を連続的に冷凍室に送り込む方法と，鉄板上に並べた豆腐を何段も重ねて台車に乗せて凍結室に送り込む方法がある．いずれも冷風を直接豆腐に当てて凍結するエアブラスト方式が用いられる．表面のきめを細かく，内部は凍結芯のできないようにするため，表面を急速に，内部を緩慢に凍結する．そのため，まず-10～$-14°C$程度の冷風を当てて表面を急速に凍結し，次いで-6～$-5°C$の風を当て内部を緩慢に凍結する．凍結にかかる時間は2～3時間ほどで，凍った豆腐はあめ色になっている．凍結板に衝撃を与えて凍った豆腐を下に落とし，箱に入れて$-3°C$程度の冷蔵室に置いて熟成する．凍結熟成の期間は2～3週間である．この間に豆腐の保水性のある軟らかな組織がスポンジ状の組織に変わる．スポンジ化は冷蔵4, 5日で起きているが，安定した品質にするためには3週間近い長期の冷蔵が必要である．豆腐の角や表面は乾燥しやすく，乾燥するとその部分の凍結熟成が停止するためスポンジ化せず，解凍して乾燥した場合，角質化を起こすことがある．このため，冷蔵室は，乾燥を引き起こす強制循環による冷却は行わず，天井に冷却器を設置して，自然対流によって空気を循環させて$-3°C$の室温を保っている．

　凍結中に起こる豆腐の変化（凍結熟成）を説明[5]すると以下のようになる．豆腐を氷点下の低温にさらすと凍結が始まり，ゲルを構成するタンパク質やゲルに含まれている塩類など水以外の物質は氷結晶から排除される．そのために濃縮されて氷結点が下がるため凍ることのできない水の中で，これら物質は濃縮された状態で存在することになる．凍結前にはゲルのネットワークを作って広く分散して水を保持していたタンパク質も氷の間の狭い空間に閉じ込められて濃縮される．温度がさらに低下すると，凍結する水も増えて未凍結水は少なくなるが，$-10°C$程度の温度ではカチカチに凍っているようにみえても一部の水は凍らずに濃縮されたゲルのなかに残っている．凍結した豆腐を$-3°C$前後の氷点下の比較的高い温度に置くと短期間でスポンジ化するが，$-20°C$程度の低い温度に置いた場合にはスポンジ化の進行は著しく遅くなる．また，凍結した豆腐をすぐに解凍すると組織は生地の豆腐に近い状態に戻りスポンジ化はあまり進行していない．これを凍結状態で比較的高い温度に長時間保持すると，軟弱だった豆腐の組織が強靱なスポンジ状になり解凍後圧搾しても壊れなくなる．このように凍結によって豆腐の組織に変化が起こるためには$-3°C$前後の氷点下の比較的高い温度に長時間保持することが必要である．この間に起こるタンパク質の変化は，未凍結水が多く存在する氷点下の比較的高温で起こりやすいことから，氷結晶が直接タンパク質に働いて変化を起こすのではなく，未凍結水の中に濃縮されたタンパク質が近接のタンパク質と分子間結合を起こしてタンパク質間で新たなネットワーク

を形成して稠密なゲルになるためと理解できる．すなわち，氷の間で長時間濃縮状態で保持されている間に隣接するタンパク質間に新たな結合ができ，氷が溶けてもそのままの状態を保つようになり，分散して水を保持していた元の豆腐のゲルには戻らず，氷の跡が孔として残ってスポンジ状の組織に変わるのである．濃縮状態のタンパク質間に起こる分子間結合は，S-S結合や水素結合，疎水結合などと考えられている．スポンジ化するまでに時間がかかるのは，反応条件が氷点下という制約された温度条件であるため，タンパク質分子間反応が起こりにくく，新たな分子間結合ができてネットワークが形成されるまでには数週間という長時間を必要とするためである．

　凍結熟成の終わった豆腐は，冷蔵室より取り出し，金属製のカゴに入れて水槽に漬けて解凍するか，あるいは金網のコンベアーベルト上に並べて，シャワーの下を移動させて解凍する．解凍に使用する水は，水温の変動の少ない井戸水が使われ，1〜1.5時間で解凍が終わる．

　解凍した豆腐は，金属かごに入れて遠心分離機にかけて脱水したり，連続的にローラーの間を通して圧搾により脱水する．脱水により豆腐の水分は55%程度に減少する．

　凍り豆腐は，調理の際に水戻しするが，これをアルカリ性にして行うと大きく膨らみ，軟らかく口当たりがよくなるので，事前に膨軟加工としてアルカリ処理が行われる．以前は膨軟加工法として乾燥した後アンモニアガスを吸着させていたが，そのにおいが嫌われることや，アンモニアは揮散しやすく，時間がたつと効果がなくなることから，最近は脱水した豆腐にアルカリ性の塩類である重曹（炭酸水素ナトリウム）をしみ込ませて乾燥する膨軟加工法が一般的になっている．これは脱水の終わった豆腐に重曹溶液を散布や浸漬などによりしみ込ませ，再び脱水して過剰の溶液を除いてから乾燥する．

　乾燥は豆腐を金網の上に並べてトンネル式の乾燥室に入れるか，あるいはベルトコンベアーの金網に並べて連続的に乾燥室に送り，いずれも熱風で4〜5時間かけて乾燥する．表面だけ乾燥すると亀裂が入るので，表面から蒸発する水分と内部から表面に移動する水分が釣り合うように温湿度を調節しながら水分8%程度になるまで乾燥する．

　乾燥後大きさをそろえるための整形を行った後，包装する．1kgの原料ダイズから約0.5kgの凍り豆腐ができる．

　凍り豆腐は多孔質の乾物であるが，調理の際にぬるま湯で水戻しすると，吸水して大きく膨らむ．その食感は，独特の歯応えと滑らかさをもつ．なお，膨軟加工しないものは湯戻しだけでは歯触り口当たりは悪い．

　凍結による変化でスポンジ化することにより，豆腐に比べ組織は著しく強靭になっているので，圧搾や遠心分離による脱水に耐えることができ，多孔質であるため乾燥

も容易になる．このように凍り豆腐の製造法は，食品の冷凍保存では嫌われる変化を巧みに利用して乾燥食品に作り替えるユニークな食品製造法である．

凍り豆腐に使われる原料ダイズは年間約2.8万t，凍り豆腐の生産量は1.4万tである．凍り豆腐は保存性がよく取り扱いやすいため，大規模生産に適しており，このため工場の近代化と統合が進み，生産は大規模工場で行われている．

2.1.6 その他の豆腐

焼き豆腐

固めに作った木綿豆腐を軽く圧搾して水切りし，炭火やガスバーナーで焼いて焼き目を付けたものである．最近は炭火を使うことはまれで，ガスバーナーで表面を焦がすものが多くなっている．表面が固化しているため崩れにくく，味がしみ込みやすい特徴がある．

沖縄豆腐（島豆腐）

木綿豆腐であるが，固形分は一般の木綿豆腐の1.4倍ほどあり，固く締まった豆腐である．沖縄に伝わる豆腐で島豆腐とも呼ばれる．製造法の特徴は，生搾りによる豆乳調製と，その凝固方法にある．一般の豆腐製造では，水挽きしたダイズを加熱した後に濾過して豆乳を取るが，沖縄豆腐の製造は水挽きしたダイズから加熱前におからを除いて生の豆乳を取る生搾りが行われる．生搾りはダイズ成分がいくぶん溶出しにくいため収率が悪くなることや，磨砕から加熱までの時間が長いと油の酸化を引き起こす酵素であるリポキシゲナーゼが働いて青臭みの発生が多くなるなどの欠点はある．しかし一方では，えぐみ成分であるサポニンやフラボンなどの溶出量が少ないため味のよい製品になることや加熱の際の焦げ付きが少なくなるという利点がある．凝固は，生の豆乳を釜に入れ煮沸して加熱豆乳を得た後，食塩を0.5％程度加えた後，にがりを加えて凝固させる．これを布を敷いた型箱に移して圧搾して「ゆ」を搾ったものが沖縄豆腐である．豆乳中に食塩が存在するため高温で凝固しても凝固物は比較的滑らかになる．沖縄豆腐の伝統的な製造法は，水挽きしたダイズからおからを除いた生の豆乳を釜に入れて煮沸する．次いで火を止めて豆乳の温度が下がったときに海水を凝固剤として加え，残り火で凝固の加減を調節する．現在は包装して販売することが多くなったが，伝統的な販売法は，できた豆腐を水に漬けることなくそのまま型箱の蓋の上に置き，布を被せて販売する．

堅豆腐

固く締まった木綿豆腐であり，石川県白山市，富山県五箇山地方，徳島県祖谷地方などに伝わる豆腐である．伝えられた豆腐に近い形でそれぞれの地方で現在まで保存されてきたものと思われる．豆腐製造では，にがりを使って凝固させる場合，凝固反応が急速に進むため，軟らかく滑らかな豆腐を作るには凝固温度，凝固剤量やその加

え方に細心の注意を払う必要がある．しかし，固く締まった豆腐を作る場合，水分を保持した滑らかな凝固物を作る必要はないので，調製しやすい加水量の多い豆乳に凝固剤を混合してしっかりした凝固物を作り，これを型箱に移して圧搾すればよい．凝固温度は高くてよく，凝固剤の適量幅は広くてよいので，軟らかで滑らかな豆腐を作るより作りやすい．

よせ豆腐，おぼろ豆腐，ゆし豆腐

豆腐を作る工程で豆乳を凝固剤で固める操作を「よせ」という．よせ豆腐は，豆乳を凝固剤で固め，型箱に入れる前のよせた状態のものを器に取って製品としたものである．木綿豆腐用の豆乳をそのまま固めたものであり，水分を多く含むが，圧搾や水晒しを行わないので，豆腐とは違った軟らかで滑らかな食味・食感がある．ふわふわとしっかり固まっていない状態であるので，「おぼろ豆腐」，器に汲み上げることから「くみ豆腐」とも呼ぶ．沖縄ではこれを「ゆし豆腐」と呼ぶ．沖縄豆腐は少量の食塩が入っているため，その凝固物である「ゆし豆腐」は薄い塩味がする．

ざる豆腐

木綿豆腐を作る工程で，凝固物を型箱に移して圧搾するが，凝固物をざるに移して，圧搾せずに自重で「ゆ」を切って製品としたものが「ざる豆腐」である．凝固物を自重で成形したものであり，圧搾や水晒しを行わないので，豆腐とは違った滑らかな食味・食感がある．

簀巻き豆腐，つと豆腐，すぼ豆腐

豆腐をわらづとに入れて巻き締めて湯で煮たものである．豆腐の外側はわらの色と形が付き，内部には鬆が入って独特の香りが付く．長時間加熱されるので保存性も上がり，豆腐に比べ長持ちする．福島県では「つと豆腐」，茨城県では「こも豆腐」・「つと豆腐」，岡山県では「すまき豆腐」，熊本県では「すぼ豆腐」と呼ぶ．行事食として，正月，盆，祭り，お祝い，仏事などの煮しめなどに使われる．

豆腐ちくわ

木綿豆腐を崩して水を切り，これに魚肉すり身を混和して，調味とつなぎのデンプンを加え，よく練り上げて金串に巻き付け成形し，加熱してちくわ状にしたもので，鳥取県に伝わる豆腐の加工品である．蒸気で加熱したものは「蒸し」といい，焙焼したものを「焼き」という．豆腐と魚肉が混ざり合っていることから，魚肉から作ったちくわに比べ，軟らかく，あっさりした風味になっている．

豆腐かまぼこ

木綿豆腐を崩して水を切り，調味料とつなぎのデンプンを加え，よく練り上げ，布あるいは簀の子に巻いて蒸して成形したものである．すり身や砂糖を加えたものがある．砂糖を加えたものは豆腐カステラともいい，祝儀や法事などの口取り料理として秋田県南地方に伝えられている．長崎県の島原地方では土地のダイズから作った豆腐

と，すり身，野菜，海藻を練り合わせて作る豆腐かまぼこが伝えられている．

六浄豆腐

　豆腐の塩乾品である．豆腐をそのまま乾燥すると，腐敗したり，たとえ乾燥できたとしても角質化して食用に適さなくなる．豆腐の表面に塩を塗ることにより内部の水分が表面にしみ出しやすくなり，塩が内部に浸透するので腐敗を防ぎながら乾燥できる．乾燥するとあめ色の固い製品になるが，高濃度（10％程度）の食塩が存在するため角質化が妨げられ復水が容易になる．製品は水分が30％程度で固く，そのままでは使いにくいので，かんなでフレーク状に削った状態で販売される．山形県の出羽三山山麓で作られ，精進節とも呼ばれる． 〔橋詰和宗〕

文　献

1) 渡辺篤二ほか：食糧研究所報告, **14B**, 6-15, 1960.
2) 渡辺篤二ほか：大豆とその加工Ⅰ, pp 5-128, 建帛社, 1987.
3) Hashizume K, et al : *Agric. Biol. Chem.*, **39**(7), 1339-1347, 1975.
4) 橋詰和宗ほか：日食工誌, **31**(6), 389-400, 1984.
5) Hashizume K, et al : *Agric. Biol. Chem.*, **35**(4), 449-459, 1971.

2.2　ゆば（湯葉）

概　要

　豆乳を湯煎鍋で加熱し続けると，液面では蒸発と濃縮によって皮膜が形成する．ゆばはこの皮膜を豆乳から引き上げたもので，豆乳中のすべての成分（固形分）が取り込まれた食品である．ゆばはそのまま生ゆばとして，あるいは乾燥，成形して製品とする．

　ゆばはダイズのみを原料とし，加工方法も基本的には加熱のみであるため，自然食品や健康食品として，またフィルム状であるため料理の多様性を演出する素材として，今日見直されるようになってきた．

　ゆばの由来については豆腐に比べて文献は少ないが，おそらく豆腐製造の際の副産物として作られるようになり，日本にも豆腐とほぼ同時代に伝来し，精進料理の材料の一つとして広められたと考えられる．ゆばは中国では「豆腐皮」あるいは「豆皮」，「腐竹」などと呼ばれ，日本語では「湯葉」，「湯波」などの漢字が当てられているが，豆乳の上面にできる様から「うは（上）」と呼ばれていたのが訛ったものなど，諸説がある．今日の英語の文献ではそのまま"yuba"の呼名が定着している．

ゆばの製法

　原料ダイズから豆乳を得るまでの工程は豆腐製造と同様である．すなわちダイズを水洗し，一定時間水に浸漬し膨潤させた後，加水しながら摩砕してご（呉）汁を得

る.このご汁に少量の白絞油などを消泡剤として加え,100℃に加熱してから,豆乳とおからに濾別する.水浸漬時間は,水温によって,夏季の8時間から冬季の20時間程度までが目安である.加水量は,ゆば用の場合,原料ダイズに対して最終的に約7倍になるようにする.このようにして原料ダイズ1kgから6～7kgの豆乳(固形分8～9%)を得る.豆乳には着色料のウコンまたはクチナシを添加して黄色を強調することがある.着色したものは特に関西方面で好まれる(図2.6).

ゆば製造の工程では,豆乳を広く浅い鍋に移し,湯煎で加熱して皮膜を形成させる.多くの場合,鍋はおおよそ幅4～5m,奥行き1.2m,深さ7～8cmの長方形のステンレス製で,1区画が幅0.4m,奥行き0.6mほどになるように木製の枠で20区画に仕切ったものを用いる.湯煎の水温は100℃近くまで上げて,豆乳の温度が80℃ぐらいになるように加熱を続ける.開始から約30分ではじめの皮膜が形成するのでこれ(汲み上げゆば)を取り除き,その後に形成する皮膜を,竹串を用いて引き

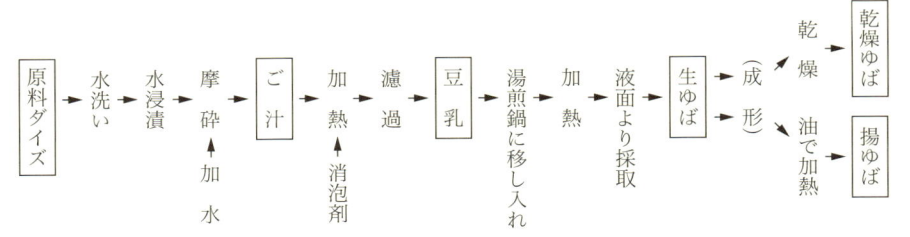

図 2.6 ゆばの製造工程

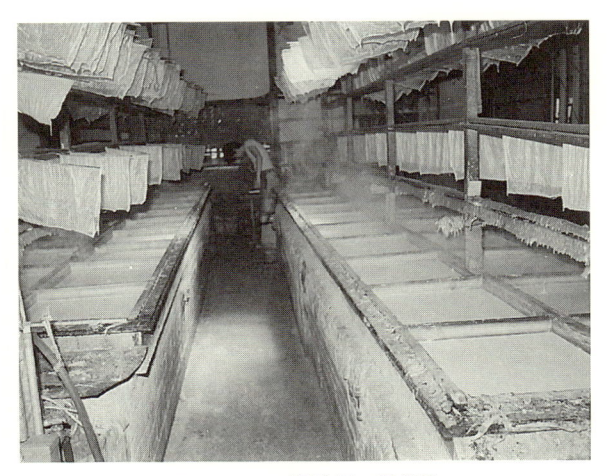

図 2.7 ゆば製造用の湯煎鍋

上げる．10〜15分ごとに繰り返し引き上げ，豆乳がほぼなくなって鍋底に固着し始めるまで，1つの区画から20枚以上のゆばを取り出すことができる（図2.7）．

製造の特徴

ゆば製造の工程では，豆乳の加熱温度の調整が重要である．液面をできるだけ穏やかな状態に保ち，均質な皮膜の生成を促すことである．液温は，高すぎると気泡が生じ膜質も硬く食感が優れないものになり，低すぎると皮膜のこしが弱く肥厚なものとなり，やはり好ましくない．

皮膜に取り込まれる豆乳の成分は，はじめに生成するものほど脂質に富み，糖質の少ないものであるが，引き上げ枚数の終わりのほうでは脂質が少なく糖質が多くなる．主成分であるタンパク質の含量は，中盤まではほぼ一定であるが，終わりのほうでは減少する．また，膜質もはじめのほうではきめが細かく滑らかであるが，終わりのほうになるにつれて粗く厚みのあるものになる．はじめのほうにできるゆばは生ゆばに適し，中盤以降のものを乾燥ゆばとし，終わり近くにできるものは「甘ゆば」あるいは「松皮（末皮）」と呼ばれ，厚みをおびて形も不ぞろいなものになる．このような採取枚数の経過による膜質の変化は，脂質や糖質の含量の変化によるとともに，加熱時間が長くなるにつれて溶液中でもタンパク質の凝集が進行するためと考えられる（図2.8）．

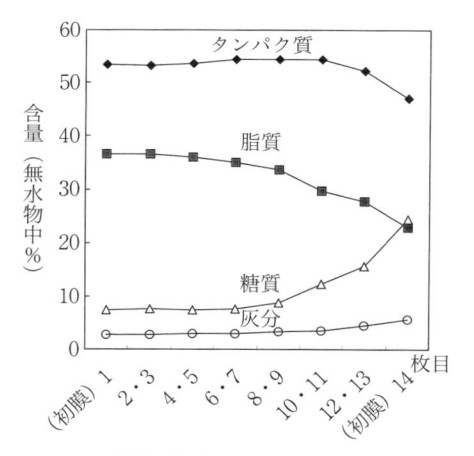

図 2.8 成膜の繰り返し回数による皮膜中の成分変化
（岩根らの報文[1]に基づき作図）

生産の現状

ゆばは江戸時代後期から大正時代までは日常の食卓に上る食品として一般にも普及してきたが，特に終戦直後のダイズ不足を契機に，またその後食生活が多様化するな

かで，生産量と業者数は著しく減少した．現在，ゆばの主な生産地は京都府（約20軒）および栃木県（27軒）で，そのほかいくつかの都道府県にそれぞれ数軒ずつ存在する程度であり，いずれも1日あたりの生産量が原料ダイズにして60 kg未満の規模の経営である．

問題点と今後の課題

ゆばの製造において，豆乳の製造から製膜用の鍋への注入までの各作業に，比較的規模が大きい業者では機械の導入がみられ，1社についてはゆばの引き上げ工程にも機械を導入しているが，工程全体の装置化は行われるに至っておらず，職人の経験と勘に頼っているところが大である．また，他の豆乳製品に比べて生産性が低く製品のコストが高いことが普及を阻む一因となっている．

2.2.1 生ゆば

生成したゆばのうち，はじめのほうに引き上げられたゆばは，食感が滑らかで良質なものとして，乾燥することなくそのまま生ゆばとして供する．生ゆばは冷蔵で1～2日ほどと保存性が低いため，ほとんどが予約販売される．最近は，生ゆばは食塩水とともにプラスチック容器に密封してレトルト処理することによって，約4か月の長期保存できる製品として一部で販売されている．

また，生ゆばは，調理したゴボウやアナゴを巻いたゴボウ巻き，アナゴ巻き，あるいはゆり根などを包んだ茶巾ゆばなどの包みゆばに加工される．

2.2.2 乾燥ゆば

はじめの数枚を生ゆばとして取り分けた以後に生成するゆばは，引き上げる際に使用した竹串に掛けたまま鍋の上で半ば自然乾燥させてから，竹串より外して天日あるいは電熱で乾燥させる．十分に乾燥させることにより，包装の状態（湿気や酸素の遮断と遮光）によっては，常温で4か月～半年ほどの保存ができるようになる．水戻しして調理した際の強度は高く，生ゆばとは異なる食感となる．

乾燥ゆばには，そのまま乾燥させた「平ゆば」，人工乾燥させる前の半乾燥状態の段階で，筒状に巻いて輪切りにした「巻きゆば」，小さくたたんで細切りコンブで結んだ「島田ゆば」あるいは蝶形に結んだ「結びゆば」など，さまざまな種類の成形品に整えられる．

2.2.3 その他の加工ゆば

ゆばの保存性や食感を改善した加工品には，上記のほかに「揚げゆば」がある．製膜鍋から引き上げたゆばを乾燥させることなく，直径数cmほどの円柱状に密に巻き上げ，輪切りにしたものを植物油で揚げて製品とする．調理するときは，はじめに熱

湯で油抜きをしてから調味して煮る．食感は生ゆばに近いものになる．揚げるときの温度が高く，時間が長いほど調理後の強度が高くなる．保存期間は冷蔵で2～3日程度である．調理後に調味液とともにプラスチック容器に封入してレトルト処理し，4か月ほど保存できる製品も販売されている．

このほかにも「串揚げゆば」や味噌を挟んで揚げた「串味噌ゆば」など，いくつかの種類があり，特に栃木県地方でこのような揚げゆばの製造が盛んである．

〔渡辺　研〕

文献
1) 岩根敦子ほか：日食工誌，**31**，672-676，1984．

2.3　納　　　豆

概　要

中国に納豆の起源である豉や醬があり[1]，豆豉には塩を加えた鹹豆豉と食塩の少ない甜豆豉および無塩の淡豆豉（糸引き納豆）がある．煮豆に少量の木灰を混ぜ，アルカリ性として室温で1晩置くと，糸を引く水豆豉（納豆）ができる．この豆粒をつぶし，ショウガ，赤トウガラシ，コショウ，五香粉など香辛料と納豆に4～5％食塩を加え，細長い枠にはめて固めたのが甜豆豉である．また，水分25～30％の干豆豉（干し納豆）が雲南にあり，またタイ北部のトゥアナオやミャンマーの東の山岳でペーボー，インドのナガ地方のアクニ，シッキム地方のバーリュに納豆が残っている．ネパールではキネマ，インドネシアのタウチョが料理の素材と用いられている．アフリカのナイジェリアに納豆と似たダワダワがあり，韓国の清国醬(チョングッチャン)は強烈なにおいのする納豆がある．日本の納豆の起源について各地に伝説があり，滋賀県の笑堂(わらいどう)では聖徳太子のわらつと納豆の伝承があり，京都の丹波には南北朝時代に寺で供した煮豆がわらつとのなかで糸を引いたのが始まりという．さらに八幡太郎義家が後三年の役で用いた兵糧の煮豆が平泉で糸引き納豆になり，東北地方に始まったとされている．九州にも類似の伝説がある．干し納豆にこうじ豆と食塩で仕込んだ鹹豆豉が鑑真和尚より日本に紹介されたのが塩辛納豆で，唐から伝来し，唐納豆ともいわれ，唐納豆→塩辛納豆→寺納豆（大徳寺，一休寺，浜納豆）[2,3]となった．

2.3.1　糸引き納豆[4,5]

製造方法

炭水化物の多いダイズを用い，大，中，小粒が選別され，一般に早生系の小粒ダイ

ズが賞味される．小粒ほど糖質含量が多く，油分が少なく，吸水能力が大きく，煮豆にしたとき軟らかい．また加圧蒸煮するとショ糖が多くなり，甘味が増す[6]．さらに納豆の糸を引く粘質物はフラクタン（多糖類）とグルタミン酸の共重合したペプタイドからなり，糖質の多い小粒ダイズが高く評価される．糖質の少ないダイズの納豆はアンモニアが生成しやすく，流通段階での劣化が速い．図2.9に製造工程を示した．

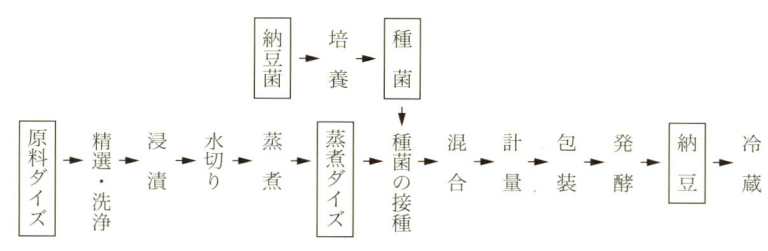

図 2.9 納豆の製造

ダイズを 10～15℃，16～22 時間浸漬後，1.0～1.5 kg/cm²，20～30 分間加圧蒸煮をし，40℃に冷やした蒸煮ダイズに希釈した納豆菌を散布し，混ぜ，容器に充填・包装する．これを発酵室に引き込み，35～40℃，湿度 60～90％ で，自己発熱により品温を 50℃以下に制御し，20～24 時間以内で発酵を終え，発酵終了後は 5℃以下に冷蔵する．また，昔から田舎では貯蔵用として塩を加えた塩納豆がある．納豆の包装容器は古くは木の葉（ホウバ）や，わらが用いられ，明治以降は，わらつとが主流となり，大正時代には経木，竹の皮が用いられ，さらに昭和に入ると人工経木やパラフィンコーティングした紙容器が登場し，さらに，カップ型あるいはトレイ型のプラスチック容器が開発された．納豆は一般に糸引きが強く，かき混ぜて糸を十分に引かせ，できるだけ長く糸が切れないものがよいとされている．納豆の香りとしてピラジン化合物が分離されている．表2.1に納豆の成分を示した．

納豆の機能性[6-9]
・ダイズサポニン，レシチンが含まれ，過酸化脂質の生成が抑制され，血液中の中性脂肪を減らし，肥満防止になる．コレステロールを低下させ，動脈硬化を予防し，老化の原因となる活性酸素を消去する．また，レシチンは脳細胞を活性化させ，記憶力をアップさせ，認知症の予防にもなる．
・ダイズには α-トコフェロールが含まれ，納豆にも抗酸化性成分がある．
・イソフラボンが含まれ抗酸化性が強い．また，エストロゲン（女性ホルモン）と構造式が似ていて，働きも似た性質がある．代替ホルモンとして作用する[10]．また，骨からカルシウムが溶け出すのを防ぎ，イソフラボンとカリウムはカルシウムとタンパク質結合して吸収に欠かせないものである（表2.2）．

表 2.1 納豆の成分（試料 100 g 中含有量）

成　分		糸引き納豆	引き割り納豆	五斗納豆	浜納豆
水　分	(g)	60.6	60.9	45.8	24.4
タンパク質	(g)	16.5	16.6	15.3	18.6
炭水化物	(g)	12.1	10.5	24.0	31.5
脂　質	(g)	10.0	10.0	8.1	8.1
食　塩	(g)	0	0	4.9	14.2
ビタミン　B_1	(mg)	0.07	0.14	0.08	0.04
B_2	(mg)	0.56	0.36	0.35	0.35
E	(mg)	1.2	1.9	1.3	1.8
K	(μg)	870	1300	9	41
葉　酸	(μg)	120	110	110	39
パントテン酸	(mg)	3.60	4.2	2.9	0.81
水溶性食物繊維	(g)	2.3	2.0	2.0	1.6
不溶性食物繊維	(g)	4.4	3.9	2.9	6.0
リノール酸	(mg)	53			

表 2.2 納豆，テンペのイソフラボン含量（μg/g 乾物量）

種類	ダイジン	ゲネスチン	ダイゼイン	ゲニステイン
ダイズ	1662	2118	98	185
糸引き納豆	1410	1156	156	93
テンペ	160	289	1057	2655

アグリコン＝ダイゼイン，ゲニステイン

・納豆の粘質物ムチンは粘膜を保護し，傷ついた場合，炎症を防ぎ，回復させる効果がある．また，胃や腸の粘膜を回復させる効果がある．
・納豆に含まれる分解酵素によりダイズが加水分解し，消化がよくなる．腸をきれいにし，便秘をよくする．
・納豆にはアミノ酸やビタミン B_2，B_{12}，K が多量に含まれ，栄養が豊富である．リジンは米に不足するがダイズに多く含まれ，米食にとって納豆との組み合わせでバランスのよい食事となる．
・納豆にはシピコリン酸が含まれ，これが金属キレート作用が強く，放射能で汚染した物質を体外に排除する働きがある．
・納豆には抗菌性があり，下痢や腸内の悪い菌を抑える．
・脳卒中，心筋梗塞などの原因となる血栓症の患者が増えている．この血栓を溶解するナットウキナーゼが納豆にあり[9]，納豆が健康食品として注目され，売り上げが

増している.

消費動向:最近の消費者ニーズの多様化に対応するため,容器の改良,たれの改良や黒豆納豆,切り干し大根,繊維を酵素処理したハト麦やソバ粒,小麦胚芽,裸麦入り納豆が開発され,巻きずしや,おむすびの具として引き割り納豆が売られ,全国的に消費が伸びている.

糸引き納豆の種類[4,5,11]

土納豆:栃木の那須野ケ原では昔から2斗のダイズを大釜で煮上げ,わらつとに詰め,わらを少し湿らせたむしろに包んで縄で縛り,2尺くらいの穴を掘り,上に落葉,小枝を入れ,火をたいて穴を温め,軽く土をかけ,むしろで巻いた納豆のわらつとを入れ土を盛り,1日おいて3日目に納豆ができる.麦飯にのせて食べるか,つきたての正月のもちにからめ,納豆もちにして食べる[12].

山国納豆:京都の京北地方で伝承されている法皇様の納豆が京北町の山国の常照皇寺に滞在された光厳法皇により伝えられた.この山国納豆は11月中旬から作り始め,ダイズを1夜水に浸漬,翌朝これを竹製のざるで水切り後,新しい水で十分軟らかくなるまで5~6時間水煮をする.この後,約2時間放冷し,少量の煮汁とともに茶わん1杯程度の煮豆の量をわらつとに入れた後,わらつとの中央を打ちわらで縛り,落ちこぼれないようにして収納容器に入れ,22~25℃で保温しながら4日間でできる.

宗住(そうじゅう)納豆:大分の日田地方に残り,前九年の役で破れた安部宗住が流刑地の九州で伝えた納豆のこと.

2.3.2 引き割り納豆

東北の青森,秋田,山形の日本海側に多く,皮を除き,食べやすくした引き割り納豆がある.ダイズを炒り,冷まし,石臼で半割れや1/4に割り,外皮を除き,1晩,2.5倍の水に浸漬し,2~3回水を取り換え,水切り後,5~6時間蒸すか,100℃,6~7時間煮る.60~70℃に冷し,納豆菌を水で溶かし,蒸煮ダイズの表面に振りかける.経木,わらつとに80~100gを盛り,わらで全体を覆い結え,わらでたすきがけをする.40~42℃,16~20時間保ち,飽和湿度でダイズの表面が白くなると保温を止め,冷やして菌の繁殖を止める.2~3日で食べるか,5~10℃,1週間保存する.青森の五所川原の煎納豆は引き割り納豆のこと.

2.3.3 干し納豆(乾燥納豆)

干し納豆は水戸や熊本で,納豆を濃い食塩水に漬けるか,または食塩を散布して15~20時間放置し,容器に薄く広げて天日乾燥をする.常陸国では糸引き納豆に塩を加えず乾燥した糸引き干し納豆ともいい,塩をまぶしたのを乾納豆ともいう.栃木県では塩をまぶしてからデンプンまたは麦粉をまぶし,干し納豆という.干し納豆は

筑波山麓では冷たい，筑波おろしで納豆を乾燥する．また，火力乾燥は除湿器で湿度20%以下の約40°Cの乾燥空気を循環させて水分8%以下に乾燥し，白く塩をふき，バラバラになったものを保存する．これを農繁期に冷たいご飯に干し納豆をバラバラにかけ，熱湯を注いで湯漬けで食べる．岩手では納豆に米こうじをまぶし，塩味をつけて天日乾燥したのを干し納豆という．山形，福島，関東地方の山間部で作られ，山梨には信玄の干し納豆として塩味をつけ，麦粉をまぶして干したものがある．

コルマメ：星凍豆ともいい，熊本で寒い凍りついた夜に干して作る意味で，加藤清正が兵糧に用いた，いわれがある．また，干し納豆，米こうじに醬油，七味トウガラシ，ショウガのみじん切りを混ぜ，熟成，発酵させた桜漬けがある．

2.3.4 焙煎納豆

秋田の角館に焙煎工程を取り入れた伝統的な納豆の製法がある．原料ダイズを160～180°C，2分間の焙煎をした後，3～5倍量の加水で1昼夜浸漬後，1.2気圧，50～60分間蒸煮処理をし，80°Cまで冷却し，種菌を接種し，手作業で容器に充填した後，40°Cの恒温室で14～18時間で発酵をさせ製品とする．

2.3.5 納豆の加工品（雪割り納豆，五斗納豆）[4,5]

納豆ダイコン：栃木ではダイコンを小さめのいちょう切りにして納豆と塩を混ぜ合わせ桶に漬け込む．納豆とダイコンが等量か，納豆6にダイコン4で，塩は長く置くときは多めに，すぐ食べるときは少なめに加減する．

そぼろ納豆：茨城県の産物で，しょぼろ納豆ともいい，ダイズをゆでた煮汁に塩を加え，割り干しダイコンを浸漬して十分に戻してから0.5～1 cmに薄く，細かく刻み，醬油のたれに漬けた後，でき上がった納豆に混ぜ，塩を切って漬け込む．寒の中に漬け込むと長持ちする．茨城県の北の山村では，とうじる納豆と呼ぶ汁気の多いものがある．

頭巾はずし：会津地方の産品で酸味のたくわん漬けを細かく切り，納豆を混ぜたもので，昔，弘法大師があまりのおいしさに頭巾をはずしたとの由来がある．

雪割り納豆：東北地方で作られた加工品で一般に糸引き納豆10に対してこうじ5，食塩5を加えて漬け込み，約1か月熟成させる．この配合は各地の好みに応じて異なり，現在，食塩濃度を10%近くに下げたものが多い．納豆とこうじの旨味がよく合って雪国の人々に好まれる．

糸引き塩漬け納豆：納豆味噌の軟らかいもの，糸引き納豆200 g，こうじ50 g，塩20 g，水180 mlを加え，10～20日間仕込み製品とする．秋田の横手地方で塩辛納豆で，引き割り納豆，こうじ，塩，ダイズの煮汁，ショウガを小さい壺で発酵させたトゾ納豆があり，ご飯にかけて食べる．また，千葉の市原ではダイズの煮汁に納豆，こ

うじ, 干しダイコン, 塩を加え, かめにねかしたトウゾウがある.

とぎ納豆：生干しダイコンを入れた納豆漬けである.

納豆ひしお：納豆醬ともいい, 栃木では納豆5に対して米こうじ4, 食塩1の配合で仕込み, 重石をして2～3週間熟成させた後, 干しダイコン, 塩漬け野菜を入れたもの. また, 会津地方では夏の厳しい農作業を乗り切るのに欠かせない保存食で, 納豆ひしょといい, 冬の惣菜として食膳に上がった. 低温で雑菌が少ない冬に, 煮ダイズをわらつとに入れ, 稲わらで覆い, 40～42℃で発酵させ, 納豆を作る. この納豆200gに米こうじ100gに食塩30～36gをかめに仕込み, 表面を和紙で密閉し, 空気が通じ, 酵母の発酵を促し, 4～5月で食べられる. 土用を過ぎると納豆の粒がなくなり, 熟成する.

糸引き納豆のこうじ（糀）漬け：秋田で甘酒を作り, 少量の塩と糸引き納豆を漬け, 2～10か月で食べる.

五斗納豆：東北地方でダイズ1.4 kg, こうじ550g, 糯米300g, 醬油320 ml, 塩200g, 納豆50gを原料に作られる. ダイズを焦げめのつくほど炒る. 水をかけ流して外皮を除く. もち米をよく洗い, 炒ったダイズとともに水に約10時間浸漬する. 水切り後, セイロで蒸す. 冷めてから納豆菌とこうじを混ぜる. これを37～40℃, 24時間保温し, 次の日, 塩と醬油を混ぜる. 5～10日間で食べられる. ご飯にかける. 冬に作り, 6月ころまで食べられる. また, 米沢ではゴト納豆といい, 五斗入り樽で作ったため, この名前がつき, 納豆, 塩, こうじを樽に漬け込む. また, ねかせた納豆にこうじと煮立て冷ました塩汁を加え, ゆるく延ばし, 1か月ほど熟成させて作る. 暮に作り春まで食べる水ゴト納豆がある.

とう汁納豆：茨城県, 千葉県の一部で秋に作り, 春の農繁期に食べる. 納豆, 豆の煮汁, こうじ, 干しダイコン, 塩を樽に漬け込み, 1か月熟成させる.

納豆汁：東北地方では1 cm角に切ったコンニャク, 豆腐, 油を抜いた油揚げ, 水で戻した1 cm角に切ったズイキ, 3 cmに切ったセリ, 1 cmに切ったネギを鍋に入れ, だし汁や醬油を入れ, 煮立たせ, これに潰した納豆を加え, 熱いうちに七味トウガラシを散らして食べる. 福井嶺北地方の納豆汁は細かく刻んだ納豆をすり鉢で少量の味噌とすり潰し, だし汁をひと煮立てしたのを鉢に加え, 伸ばし, 2 cmに切った豆腐を入れ, ひと煮立ちした汁をお椀に注ぎ, ネギのみじん切りを入れて食べる[12]. 千葉, 茨城, 埼玉, 東京都, 神奈川, 山梨, 長野, 滋賀で作られている. 佐渡の納豆汁はサトイモの汁にさいの目の豆腐とすり下した納豆を入れ, 薬味を添える.

おなめ：また群馬県の北部では納豆, 麦こうじ, 塩水, コンブを混ぜ, 大樽に仕込み, 攪拌して熟成させ, おなめを食べていた.

醬油食い：九州の阿蘇地方の特産. 壷に米こうじと納豆を入れ混ぜ, 醬油をトボドボになるように加え, 蓋をして置くとブクブク膨れ上がり, これをご飯にかけて食べ

る．保存のため酒を少々入れてもよい．

　納豆もち：京都府京北地方では糸引き納豆を添加したもちを納豆もちと呼び，はなびらもちと巻きもちまたはつきもちの2種類が作られる．

　はなびらもち：つき上げた白もちを14～15 cmの円形に平たく伸ばす．家によって蒸し米1升で4～5枚，あるいは8～10枚程度のもちを作る．この円形の半分に糸引き納豆を薄く広げ2つに重ねて折る．家により，これに板コンブを巻きつけて仕上げる．また，もちを平たく重ねて2段と，これの半分に糸引き納豆をのせて2つ折りとした，はなびらもちが作られる．年末に作った，はなびらもちを正月に焼いて食べる習慣がある．

　巻きもち：糯米1升で作った白もちで厚さ4～5 mm, 幅35～40 cm, 長さ40～50 cm程度のものを2～3巻きとり，これに糸引き納豆をのせて巻き込んだもので，寒の入りや山の神祭りに作られる．

　塩引きもち：茨城県の北部では角もちを焼き，醬油で味つけをした納豆を挟んで農家では納豆もちを，士分の家では塩引きもちを食べた．

2.3.6　寺納豆（大徳寺納豆，一休寺納豆，浜納豆）

　昔は古い寺では殺生の禁断の教えを守り，タンパク質を豆類から補給し，精進料理を作り，京都の大徳寺，天竜寺や田辺市酬恩庵（一名一休寺）には塩辛納豆があり，浜名湖畔の大福寺や法林寺では浜名納豆→浜納豆が伝えられ，戦国時代に今川，豊臣，徳川に献上し，家康が兵糧として備えた．寺では長年，むしろやこうじ蓋を天日乾燥して用い，棲みついているこうじ菌やリゾープスの菌や乾燥に強い乳酸菌を用いる．昔は寺では熱湯にダイズや黒豆を入れ，7～8分煮た（さわ煮）後，7時間，甑(こしき)で蒸し，翌朝まで留釜をし，褐変させた煮豆をむしろに広げ，放冷後，水分の多い場合は日に乾かし，香煎（小麦をキツネ色になるまで弱火で炒り鍋で30分間炒り，粉末とした）をまぶし，長年，用いたむしろで覆い，はじめは乳酸発酵をさせ，25～30℃で7～10日間製麹をし，出こうじを天日乾燥後，18～20%の塩水または生醬油の樽に仕込み，2～3倍の重石をして夏は90日，冬は150日酵母で発酵熟成させ，香りのよい旨味のある豆味噌と同じ渋味がある独特な寺納豆ができる．大徳寺納豆は7月の土用に製麹を始め，仕込みには醬油もろみのたまりを加えて仕込み，屋外の桶の周りをコモで覆い，保温し，雨の日は蓋をし，天気のよい日は天日で熟成と乾燥をしながら，毎日2～3日攪拌し，約3か月で製品とする．最近，低塩化で蒸豆の水分を少なくするため，豆を1.5倍の重量で浸漬を止め，4～5時間水切り後，5～6時間蒸し，1晩留釜をする．蒸豆が褐変し，ピラジンを生成し，細菌や産膜性酵母の汚染を防ぎ，乳酸菌のみが増殖後，純粋な種こうじと香煎を混ぜ，30～35℃で4日こうじを作り，水分35%以下に天日で乾燥させ，煮沸後，冷やした10%の塩水に仕込み，形の崩れ

ないように3倍の重石をし，2か月以上熟成発酵をさせる．たまり漬けしたショウガやサンショウの実を仕込みに加え，桶を風通しのよいところで発酵させ，産膜性酵母の増殖を防ぐ．寺納豆は，お茶受けや酒のつまみ，お茶漬け，精進料理の味つけや隠し味として麻婆豆腐に用いる．大徳寺納豆は茶菓子の蒸しまんじゅうの塩あんや，落雁に用いる．隠し味として麻婆豆腐に用いる．

〔伊藤 寛〕

文 献

1) 伊藤 寛：日本醸造協会雑誌，**71**，173，1976．
2) 勝浦信司：月刊食糧，**10**，62-68，1975．
3) 近 雅代，伊藤 寛：日本家政学会誌，**25**，21，1974．
4) 納豆試験法研究会編：納豆試験法，光琳，1990．
5) フーズパイオニア：納豆沿革史，pp 243-280，全国納豆組合連合会，1975．
6) 原 敏夫：化学と生物，**28**，676，1990．
7) 伊藤 寛：大豆食品の機能性，栄養と健康—機能性食品—食品産業の現状と展望，東京農業大学市民講座（2）31，東京農業大学出版会，1991．
8) 山内文男，大久保一良編：大豆の科学，朝倉書店，1992．
9) 須見洋行：大豆月報，**154**，4，1988．
10) 岡山大学薬学部薬物作用解析研究室および全国納豆協同組合連合会：食の科学，No 326(4)，58，2005．
11) 古口久美子，宮間浩一，菊地恭二，伊藤 進：栃木県食品工業指導所研究報告，No. 10，1，1996．
12) 日本の食生活全集9，聞き書 栃木の食事，農山漁村文化協会，1988．
13) ふるさと福井の味：福井県生活改善実行グループ，連絡研究会，1980．

2.4 醬油豆

概 要

醬油豆はソラマメを原料とした煮豆であるが，香川県以外ではほとんど生産されず，香川県の特産品となっている．醬油豆の由来は弘法大師による説など諸説あるが，醬油豆は古くから，家庭で栽培されたソラマメから家庭で作られ，惣菜として食べられていた．しかし，戦後に醬油豆が，食品工場で製造され，土産物などに商品として販売され，全国に香川県特産品として普及した．家庭で作る場合には，加えた調味液に焙煎したソラマメを直接加えるため，固い製品に仕上がり，塩分も高く2%以上[1]であった．しかし，消費者ニーズの多様化に合わせ，他の食品同様に消費者の嗜好に合わせ，豆は軟らかく，低塩分化が進んだ[2]．

製造原理

虫食いなどの加工に不適な豆を除去した後，焙烙，焙煎機で焙炒し，ソラマメに焦

げを作る．焙炒直後の豆を水に投入し，水に浸漬する．焙炒した豆は，実の前部（へそ，おはぐろ)[3] が開口しているため，水は開口したへそから入り，子葉間隙へ達してから子葉の細胞に水が入り，子葉にクラック（亀裂）が生じ，さらに奥に水が進入し，結果としてソラマメの子葉が膨潤する[4]．吸水し膨潤した豆を調味液にとり，調理加熱して製品とする．豆などの主原材料に，醬油，砂糖，みりんなどの調味料で味つけ，加熱による調理を行うため，耐熱性菌以外の原料に由来する微生物は死滅する．しかし，二次汚染対策として，製品化した豆から調味液を切って，包装を行い，湯殺菌を行う．また，土産物，贈答用として賞味期間を延長させるには，湯殺菌に代わって，レトルト殺菌を行う（図 2.10）．

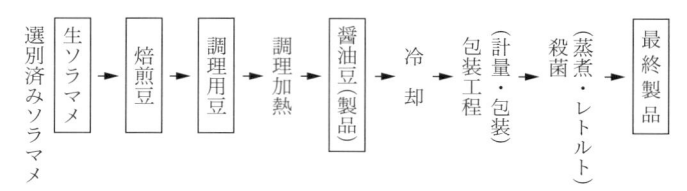

選別済みソラマメ → 生ソラマメ → 焙煎豆 → 調理用豆 → 調理加熱 → 醬油豆（製品） → 冷却 → 包装工程（計量・包装） → 殺菌（蒸煮・レトルト） → 最終製品

図 2.10　醬油豆の製造工程

問題点と今後の課題

国内産のソラマメは，主にゆで豆，惣菜として利用され，醬油豆用としては需要量の確保ができず，さらに，価格の面から，国内産のソラマメは醬油豆の原料として利用されていない．国産原料を利用した加工品にかかわる消費者が増加している状況から，原料は中国産ソラマメ（銘柄：みんぽう，青海）に依存している現状を打破するため，原料問題を考える必要があろう．

消費者の嗜好に合わせて，醬油豆は低塩分化し，軟らかくなる傾向であるが，食物繊維の多い食品として消費者の健康志向にあった惣菜である．また，醬油豆の原料豆としてソラマメだけではなく，過去にはお多福豆，ダイズなどが利用された製品が販売されていた．このような，他の豆も使用した醬油豆を製造することで，多様化した消費者のニーズにこたえる必要があろう． 〔白川武志〕

文　献

1)　白川武志：香川発食誌，**68**，55，1975．
2)　白川武志：香川発食誌，**78**，82-83，1985．
3)　木暮　秩：そらまめ，JSA 香川ブックレット，20，1993．
4)　白川武志：香川発食誌，**83**，32-33，1990．

3 野菜類（漬物）

■ 総　説

漬物の歴史

　漬物は紀元前3世紀の中国での最古の辞書『爾雅』に塩蔵品を示す言葉がみられるが，製造法の記載はなく明らかになるのは6世紀中ごろに出た賈思勰の『斉民要術』[1]以降になる．

　そして日本では平城宮跡から発掘された木簡や『字経司解』など8世紀にその記載[2]が始まる．905（延喜5）年に編集が始まり，25年目の930（延長8）年に進献された『延喜式』になると菹，搗，糟漬など7種類が書かれている．表3.1に『斉民要術』，『延喜式』，現代漬物の関係を示しておく[3]．

　『延喜式』以降の漬物ではアワと食塩で漬けた須々保利から精米が進みできた米ぬかをアワの代わりに使う「たくあん」が誕生し，江戸時代に入ると料亭，飯屋の普及

表 3.1　斉民要術・延喜式・現代漬物の関係

斉民要術	延喜式	現代漬物
鹹漬	塩漬	塩漬け
越瓜・胡瓜醤漬	醤漬	醤油漬け，味噌漬け
瓜漬酒	糟漬	奈良漬け
楡子醤・楡醸酒	菹（にらぎ）	ぬか味噌漬け
酢菹	須々保利（すずほり）	たくあん
八和の齏（やかてつきあえ）	搗（つき）	ねり梅
蓼菹	荏裹（えつづみ）	日光巻き
越梅瓜		酢漬け
白梅		梅干し

もあって漬物業や香煎屋(こうせん)が現れてくる．1836（天保7）年に発刊された『漬物塩嘉(か)言(げん)』は漬物を単独に扱った最初の図書であって64品目の漬け方が載っている．それ以降も多くの家庭漬けの本が出てくるが，市販漬物の文献は1936（昭和11）年の「実際園芸」第21巻第7号の漬物特集までみられない．「朝鮮の漬物の話」「大和澤庵（新漬）の漬け方」「京の名産5種の漬け方」など漬物の技術的変遷を知る貴重な資料18編が載る．

「漬かる」を基本にした漬物の分類[4]

動植物の細胞は細胞膜に囲まれ安定した組織構造になっている．これが食塩，砂糖などの溶液に触れるとその浸透圧で組織構造が攻撃を受け細胞膜の防圧機構が破壊され内からも外からも通じる膜に変化する．ハクサイ漬け，キュウリの浅漬けなどはこの膜を通して食塩が細胞内に入り込み，なかの糖，遊離アミノ酸，有機酸，AMP（核酸関連物質），香辛成分などと混和して内部で一種のスープを形成したものとみられ，野菜の歯ごたえとこのスープの風味を楽しむものが漬物といえる．このような漬物は「野菜の風味が主体の漬物・新漬け」に分類され梅干し類もこれに入る．似たようなものにすぐき，乳酸発酵しば漬けやぬか味噌漬けのような乳酸発酵漬物，米ぬかを使う干したくあんのようなアルコール発酵漬物がある．これら発酵漬物は前述のスープの糖が乳酸菌により乳酸に変わったり，スープの糖に加えて周囲の米ぬか由来の糖が酵母によってアルコールになったりしてスープ内容物が複雑になったものである．このような漬物は「野菜の味と発酵産物の味の混和した漬物・発酵漬物」に分類される．これに対し，福神漬けやすしの甘酢ショウガのような醤油漬けや酢漬けは強い食塩によって野菜の細胞膜を壊し高塩スープの状態で長く塩蔵した後，流水で高塩スープを流してしまい残った食物繊維を主体とする野菜組織に外部から醤油や甘酢調味液を浸み込ませたものである．「調味液の味が主体の漬物・古漬け」に分類されるが，ショウガ，ヤマゴボウの漬物のようにかなり野菜風味の残るものもある．また，味噌漬け，たまり漬け，かす漬けもこの分類に近い．

戦後の主要漬物製造技術

戦後，漬物が家庭漬けから漬物工業ともいうべき工場生産物に移るとともに流通上の日持ち向上，味覚・外観の向上と漬物製造法は大きく変化した．さらに労働環境の変化による低塩化はそれに拍車をかけた．多くの新技術が必要上誕生している．主要なものを表3.2に示す．このような技術でもって多くの新製品が発売されてきた．ただ漬物に対する消費者の要求から「濃厚調味，油脂過剰の現代食生活の疲れの癒し系食品」として位置づけられたので，美しく明るい外観，フレッシュアンドフルーティのお新香感覚に移ってきたのはやむを得まい．これにより，発酵臭，乳酸によるクロロフィルの変色，発酵を止められないことによる品質管理の難しさから発酵漬物の販売量が低下して発酵漬物を知らない消費者層が増加している．今後の課題は比較的色

3. 野菜類（漬物）

表 3.2 戦後の主要漬物製造技術

テーマ	技術の内容
プラスチック包装	強度・ガスバリアー・ヒートシールの3層ラミネート
加熱殺菌	連続式殺菌，冷却，乾燥機による日持ち向上
低塩化	厚生省10g答申，食塩要求量低下による減塩
低温利用の一般化	低温度変敗防止，鮮度保持の冷蔵庫・チラー使用
カリカリ梅漬け開発	カルシウム塩利用のペクチン硬化
塩蔵浅漬け・新ショウガ誕生	低温・低塩塩蔵による脱塩なき古漬けによる浅漬け化
無臭ニンニク漬物	90℃，4分処理で一部酵素不活性化
浅漬けの素	食塩10%，糖8%の強浸透圧で30分完成
エアプレスの発明	コンプレッサー圧搾装置で天秤の退潮
刻みナス調味浅漬け	色止め，果肉褐変防止，色流れ防止技術
森山式転動漬け込み法	野菜・食塩を転動し均一漬け込み

調のよいにおいの弱い発酵漬物を開発して消費者にそのよさを認識してもらうことに重点をおくべきであろう． 〔前田安彦〕

文　献
1) 西山式一，熊代幸雄訳：斉民要術，アジア経済出版会，1969．
2) 関根真隆：奈良朝食生活の研究，吉川弘文館，1969．
3) 前田安彦：漬物学，pp 1-9, 幸書房，2002．
4) 前田安彦：新つけもの考，pp 7-9, 岩波書店，1987．

3.1 塩漬け

概　要

　漬物の加工法は，大きく分けて一次加工と二次加工がある．一次加工は，漬物の基本となる塩漬けで，野菜の塩蔵，下漬け（塩漬け）や製品としての塩漬けがある．二次加工は，塩蔵野菜や下漬け野菜をさらに醤油漬けや酢漬けなどの調味漬けに仕上げるものである．一次加工が単純な塩漬けであるのに対し，二次加工は，整形，脱塩，圧搾，調味など，多くの工程を含むのが一般的である．塩蔵は，通常15%以上の食塩で野菜を塩漬けすることにより，微生物による変敗を防ぎ，二次加工に備えて保存するために行われる．塩蔵品は，細切，整形された後，水で脱塩され，低塩化した後に調味漬けの原料として利用される．

　外国からの輸入原料の多くは，このような塩蔵品として国内に持ち込まれ，脱塩後，調味漬けされ，製品となる．しかし，近年は，冷蔵技術の発達により，二次加工品においても原料野菜の風味を重視した漬物が好まれる傾向になっていることから，低塩のまま冷蔵する低塩度冷蔵法により，塩蔵されることが多くなった．

塩漬けの種類

　調味漬け原料として利用される塩蔵野菜は，長期保存が必要なため，15%以上の食塩濃度で漬けられている．このような塩蔵野菜の代表的なものとしては，ナス，キュウリ，ウリ類のほか，ショウガ，シソ（葉および実），きのこ類や山菜などがある．一方，製品としての塩漬けとしては，梅干し，梅漬け，ラッキョウ塩漬け，つぼ漬け，ショウガ塩漬けや野菜が有する本来の風味をいかしたハクサイ漬け，野沢菜漬け，広島菜漬け，高菜漬けなどの浅漬けがある．梅干し類は，1996年以降から漸増傾向が続いていたが，2002年からは，漸減傾向となっており，2003年には3万7000 tの生産量となった．また，浅漬け類は，1996年までは増加傾向が続き，一時期は，全漬物生産量の1/3に達していたが，1997年以降は減少傾向となり，2003年には，16.5万tまで減少している．その他の塩漬けは，11万tとなっており，塩漬け類の合計は，年間約31万tで，全漬物生産量の約1/3を占めている．

塩漬けの一般的な製造法

　塩漬けを行ううえで，重要なことの一つに食塩濃度がある．長期にわたって野菜原料を塩蔵するには，漬け上がりは，少なくとも15%以上の食塩濃度になることが必要で，一般的には，野菜に対し，20〜22%の食塩が添加される．また，品質の安定した野菜原料を塩蔵するには，食塩が野菜に均一に浸透していることが重要であるが，そのために行われるのが，「漬け換え」である．漬け換えなしに，1回の塩漬けによる場合もあるが，漬け換えしたほうが，均一に漬け上がるだけでなく，効率的で

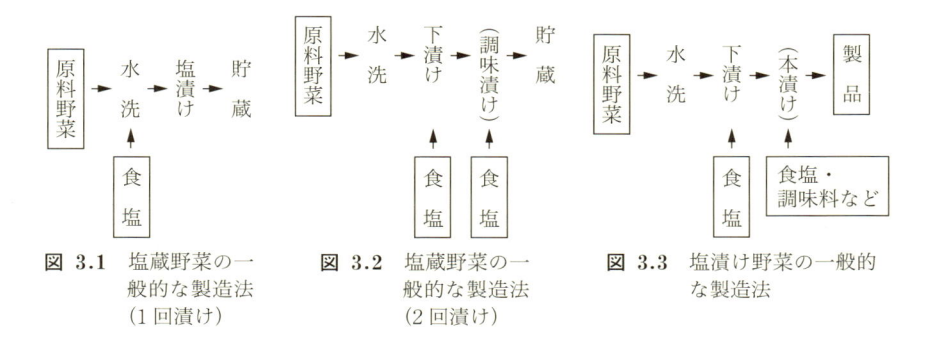

3.1 塩漬け

図 3.1 塩蔵野菜の一般的な製造法（1回漬け）

原料野菜 → 水洗 → 塩漬け → 貯蔵
　　　　　　↑
　　　　　食塩

図 3.2 塩蔵野菜の一般的な製造法（2回漬け）

原料野菜 → 水洗 → 下漬け → (調味漬け) → 貯蔵
　　　　　　↑　　　　↑
　　　　　食塩　　　食塩

図 3.3 塩漬け野菜の一般的な製造法

原料野菜 → 水洗 → 下漬け → (本漬け) → 製品
　　　　　　↑　　　　↑
　　　　　食塩　　　食塩・調味料など

もある．野菜は90％以上の水分を含んでいることから，塩漬けすることにより，水分が浸出し，野菜の容積は半分以下に減少する．そこで，1回目の塩漬けで浸出してきた余分の漬け液を除いて，新たに塩漬けを行うことにより，容器や食塩を経済的に利用することが可能となる．一方，大量に処理する目的から，1回目の漬け込みによって原料野菜が漬け込みタンクの中で半減したところに新たな原料野菜と塩を加えることが行われることがある．この場合は，漬け込みした上部が食塩濃度不足になり原料野菜の品質が低下することもある．このような場合は，上部に多めの塩を使用することが必要である．

　野菜を塩漬けする際は，漬け液の揚がりを早くすることも大切である．その方法の一つが「差し水」である．差し水は，野菜を漬け込んだ後，漬け込みタンクの縁から，食塩水を少量添加することで，タンクの下部にあった塩が溶解し，野菜からの水分の浸出を促す役割を有する．その結果，徐々に浸透圧の高い食塩水が揚がり始め，野菜の容積が減少することによって，さらに上部の野菜が食塩水に漬かるようになる．その結果，漬け揚がりは早められることになる．なお，その際，注意しなくてはならないことは，差し水を直接野菜にかからないようにすることである．これは，直接野菜にかかると野菜表面に付着している食塩がタンクの下部に流れ落ちるためで，それを防ぐには，差し水をタンクの縁に沿って入れることが大切である．

　塩蔵では，漬け込みタンクの液面に「白カビ」と呼ばれる微生物の増殖がみられることがあるが，実際には，カビではなく，産膜酵母と呼ばれるものである．産膜酵母は，漬け液の糖や酸などを消費するため，原料野菜の風味を損ねることになる．産膜酵母は酸素を好むので，生育を防止するには，空気を遮断できるような工夫が効果的である．

〔宮尾茂雄〕

3.1.1 野沢菜漬け

製品の概要

野沢菜漬けは，長野県の代表的な漬物で，高菜漬け，広島菜漬けとともに，日本三大菜漬けといわれる．野沢菜は，18世紀半ば，下高井郡野沢温泉村の健命寺の住職が京都遊学の際に持ち帰った天王寺カブが始まりと伝えられており，現在長野県の広い地域で栽培されている．野沢菜漬けは，乳酸発酵によりべっ甲色（黄褐色）になったものが，本来の形状であるが，市販されている野沢菜漬けは，緑色でみずみずしい浅漬けタイプとして知られている．

製　法

野沢菜漬けは，高菜漬けなどより水分保持量が多く，漬け菜を冷凍冷蔵することは難しい[1]．そのため，長野県内での栽培ができない季節は，県外で原料菜の契約栽培を行い，周年販売を行っている．

市販されている浅漬け製品の製造工程を図3.4[2]に示す．原料入荷後，3％程度の塩で塩漬けを行うが，最近は野沢菜の茎を圧しつぶさないように塩水漬けを行う企業が多くなった．塩漬け期間は，季節により異なるが12～48時間が一般的である．塩漬け終了後，漬け菜の洗浄を行う．バブリングによる自動洗浄機で洗浄後，人手により仕上げの洗浄と調製を行う．洗浄した野沢菜は，ただちに手搾りまたは水切り台で軽く脱水後，計量して小袋に詰め，調味液を注入して，真空包装して製品とする．製品は，微生物の増殖を抑えるため，ただちに冷水中で冷却され，冷蔵で流通販売される．

製造の特徴

市販の野沢菜漬けは，鮮やかな緑色と水持ちがよく歯切れのよい肉質が特徴である．漬け菜の緑色は，pHの低下によるクロロフィルの分解により褐変することから，緑色保持のためには，乳酸発酵を抑える必要がある．そのため，チラーによる塩漬け液の循環冷却[3]，塩漬け菜洗浄での次亜塩素酸ナトリウムや電解水などの使用による菌数の低減化，また注入調味液の加熱殺菌ならびに冷却により，製品の初発菌数

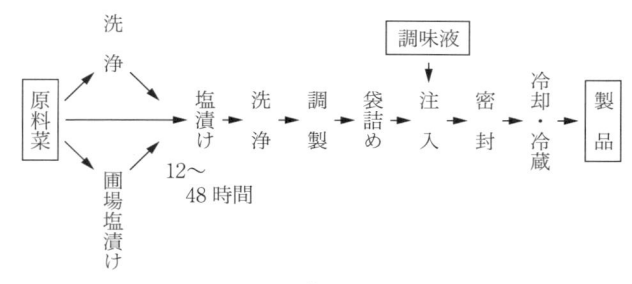

図 3.4　野沢菜漬けの製造工程

を極力抑える．調味液のpHについても，pH 5.0を切らないように調整する．
  生産の現状
   長野県内での生産は，南部と東部の地区に多い．また，長野県の隣県や野沢菜栽培地の一部でも生産が行われている．長野県における野沢菜漬けの生産額は，5万3000 t，205億円（1999年）で，長野県漬物生産額の50％以上を占めている[4]．近年は，ワサビやトウガラシを使った調味や刻み漬けなど，製品の多様化を図っている．また，乳酸菌の機能をいかした，本来の形状である発酵野沢菜漬けの製品化に取り組んでいる[5,6]．

〔桑原秀明〕

  文　献
  1) 中島富衛：長野食工試研報，**4**，50-55，1976．
  2) 高波修一：野沢菜（おはづけ）（銀河書房編），pp 58-59，銀河書房，1990．
  3) 南信漬物：昭和57年特許出願広告第14824号，特許第1125616号．
  4) 長野県の園芸特産2000，pp 154-155，長野県，2000．
  5) 大澤克巳ほか：長野県工技セ食品部報，**33**，9-13，2005．
  6) 金子昌二ほか：長野県工技セ食品部報，**33**，30-32，2005．

3.1.2　高菜漬け
  概　要
   高菜の在来品種は多くあるが，現在，全国的に知られている品種（葉の中肋が幅広・肉厚のもの）は明治に中国四川省から導入された青菜が各地で品種改良されたものといわれている．広義には山形青菜（蔵王菜）も高菜に分類されるが，ここでは九州特産の高菜漬けを中心に記述する．九州地方では三池高菜とちりめん高菜（山形青菜由来）が主に生産されている．三池高菜は福岡県の瀬高地方で改良されたやや紫色をおびた高菜であり，古漬けタイプの高菜漬けとして加工されている．最近では，緑色のちりめん高菜の栽培も多くなり，新高菜漬けとして加工されるようになってきている．高菜漬けはからし油独特の風味の強い特産漬物であり，「野沢菜漬け」「広島菜漬け」とともに日本三大菜漬けとして有名である．
  製造法
   古高菜漬けの製造法の一例を図3.5に示す．三池高菜を原料として，高菜を二つ割りにし，原料重量の6～10％の食塩で一次漬けを行う．水洗後，一次漬け菜重量に対して食塩6～8％，ウコン粉0.1～0.2％を混ぜたもので二次漬けし，最終塩分10～15％になるよう高塩分で塩蔵する．需要に応じて，べっ甲色になった塩漬け高菜をある程度まで脱塩（低塩製品で3％，高塩製品で10％）し，圧搾後，調味液に漬けて製品化する．古高菜漬け製品は，低塩，高旨味で古漬け臭の低いものと，高塩，低旨味で古漬け臭の強いものとがあり，商品のバラエティ化が図られている．また，最近で

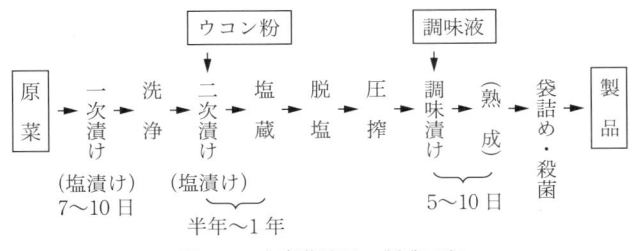

図 3.5 古高菜漬けの製造工程

原菜 → 一次漬け（塩漬け）7〜10日 → 洗浄 → 二次漬け（塩漬け）半年〜1年 ← ウコン粉 → 塩蔵 → 脱塩 → 圧搾 → 調味漬け 5〜10日 ← 調味液 → (熟成) → 袋詰め・殺菌 → 製品

は刻み高菜漬けも多くなり，ちりめん高菜にコンブ，シソの実，ショウガ，ゴマなどが添加された商品も販売されている．新高菜漬けはちりめん高菜を原料とし，最終塩分濃度3%前後の浅漬けタイプの製品である．新高菜漬けは緑色の色調と高菜特有の風味が特徴で最近は需要が多い．ちりめん高菜のシーズンは12〜1月であることから，新高菜漬けを長期保存するため，冷凍保存も行われている．

製品の特徴

高菜漬けの特徴はからし油およびその分解生成物の風味である．新高菜漬けのピリッとしたからし油の辛味と風味は三大菜漬けのなかでも最も個性豊かな漬物といえる．辛味の主体はアリルからし油である．古高菜漬けではからし油の分解生成物のフェノール類，スルフィド類など独特の古漬け臭が強い．この古漬け臭は嗜好面から好き嫌いがあり，地域性をもたせた商品化が図られている．高菜漬けのもう一つの特徴は組織が肉厚で硬いことである．このため，単に漬物だけではなく，油炒めして惣菜化したものやチャーハンやラーメン，風味野菜スープの食材として広く利用されている．

生産の状況

三池高菜，ちりめん高菜は福岡県を中心に九州全県で生産されており，高菜漬けとして年間1万4000〜1万8000tである．製造企業は福岡県40社，長崎県10社を中心に九州全県で併せて70社ほどで生産されている．

3.1.3 広島菜漬け

概　要

広島菜の起源は江戸時代の初期に京都でその種子を入手し，安芸（現在の広島県）へ持ち帰ったのが始まりと伝えられている．長年にわたる品種改良と広島の気候と肥沃な土壌にあったこの地域特産の野菜となり，漬物として加工されている．広島菜漬けは地域性の高い葉菜の漬物であるが，鮮やかな濃緑色の色調，菜に含まれるからし油の独特の風味と適度な歯切れが人気で，「野沢菜漬け」，「高菜漬け」とともに日本三大菜漬けの一つとして全国的にも知られている．野菜の旬は11月中旬から1月で

あり，製品である広島菜漬けは主に贈答品として関東，関西地域に出荷されている．

製造法

昔は乳酸発酵させて，べっ甲色になった古漬けタイプが多かったが，近年では緑色が鮮やかで，ピリッとした香味と歯切れのよい浅漬けタイプがよく売れている．現在，最も多く製造されている浅漬けタイプの広島菜漬けの製造法の一例を図 3.6 に示した．アブラナ科野菜である広島菜はあく成分が多いため，基本的には 2～3 度漬け換えを行うことが多い．漬け方として，広島菜に対して原菜重量の 5～6％ の食塩を散布して下漬けを行う（荒漬け）．荒漬け後は流水中でよく洗浄し，水切り後，荒漬け菜重量の 2～3％ の食塩で漬け込む（中漬け）．中漬けで 2～3 日後，水洗し，調味液と混合する（本漬け）．本漬けの際，コンブ，赤トウガラシ，米こうじなどを入れて色彩鮮やかに仕上げる．冷蔵庫内で調味バランスさせ，製品として出荷される．最近では高塩分で塩蔵した広島菜漬けを脱塩・圧搾して，調味漬けした二次加工品や乳酸発酵させた調味広島菜漬けの商品化も進められている．

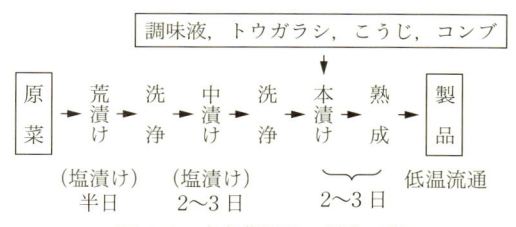

図 3.6 広島菜漬けの製造工程

製品の特徴

広島菜漬けの特徴は鮮やかな緑の色調とピリッとした独特の風味である．風味の主体は，3-ブテニル，4-ペンテニルからし油であり，同じアブラナ科の漬物である高菜漬けより温和な辛味である．歯切れのよさも特徴である．広島菜漬けの歯切れを食物繊維量で比較すると，野沢菜（2.2％），高菜（3.9％）のちょうど中間（2.7％）である．漬物の場合，おいしく食べるためには野菜組織の硬さにより，その切り方の工夫も大切で，広島漬けの場合，2 cm くらいに切った食感（歯切れ）がよい．

生産の現状

原料である広島菜の生産はそのほとんどが契約栽培であり，産地は県内および隣県（島根県）が主である．最近は，周年栽培体制をとり，県外においても栽培されてきている．広島菜漬けとしての年間生産高は 4000～6000 t であり，県内漬物企業 30 社により，そのほとんどが製造されている． 〔太田義雄〕

3.1.4 梅干し

概要

梅干しの起源は非常に古く，今から2100年前の中国馬王堆古墳から梅干しが出土している．現存する最古の中国の料理書，『斉民要術』は6世紀前半作といわれるが，そのなかに梅干しの作り方が述べられている．日本で梅干しの文字が出てくるのは平安時代中期の村上天皇（946年）のころであり，鎌倉時代から室町時代にかけて全国に広まったといわれている．特に，戦国時代には全国の武将がウメの栽培を奨励したので，各地に梅の名所として残っている．

従来の製法

梅干しは，熟したウメの実を塩漬けして数か月置いた後に天日などで干し上げて作られる．塩漬けにおける塩の使用量は，一般的に生ウメ重量の18〜20%である．塩漬け期間は，通常1か月であり，天日干しは土用のころになる．天日干しによって殺菌されるとともにウメの表皮は赤みを増す．これを白干しという．より赤くしたい場合は赤シソの色素が利用される．赤シソの葉を塩揉みして，最初のあくを除いた後，梅酢に入れて色素を溶出させて赤梅酢とし，干した梅を入れて着色する．乾燥した梅干しは，プラスチック袋などを用いて密閉貯蔵する．空気の進入を防止しないとしだいに褐変する．貯蔵梅干しは梅酢に戻して適度な軟らかさを与える．これが従来の梅干しであり，食塩18〜22%，酸分3〜5%である．熟成によって塩かどがとれてまろやかな味になるが，汗をかく機会の少ない現代日本人が日常摂取するレベルではない．そこで，梅酢に戻す段階で低塩化が行われ，市販梅干しの塩分は8〜12%が主流となっている．

低塩梅干しの製法

乾燥した梅干しを水または薄い食塩水を用いて脱塩する．漬けすぎると梅の風味も抜けてしまうので時間を決めて浸漬する．梅酢をベースに作っておいた調味液に脱塩梅を漬けて調味する．脱塩梅の食塩濃度から製品の目標食塩濃度にするために調味配合を行う．また，従来の梅干しはその高い食塩濃度と有機酸濃度で微生物の増殖を抑制していたが，低塩化された梅干しは抗菌性物質の添加によって保存性を高める必要がある[1]．さまざまな抗菌性物質のなかでは酢酸が最も有効であり，食味への影響が少ない．10%食塩濃度の梅干しならば0.3%の酢酸添加で有害酵母の増殖を抑えることが可能である．酢酸を0.3%も添加したくないと考えた場合は，チアミンラウリル硫酸塩（ビタミンB_1と表示される）の併用が有効である．チアミンラウリル硫酸塩は特有のにおいがあるが，酢酸0.1%と併用すると10万分の1の添加で有害酵母の増殖阻止効果を示す．その他，保存性向上物質としてエタノール，グリシン，ユッカ抽出物などが使用されるが，エタノールは塩化カリウムやソルビトールと同様に食塩の減少により低下した浸透圧を補う物質として作用し，有害酵母への直接的抗菌性

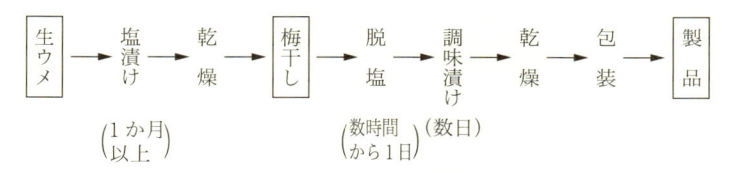

生ウメ → 塩漬け → 乾燥 → 梅干し → 脱塩 → 調味漬け → 乾燥 → 包装 → 製品

(1か月以上)　　　　　(数時間から1日)(数日)

図 3.7 低塩梅干しの製造工程

は期待できない（図 3.7）．

生産の現状

2004 年の梅干し・梅漬けの生産量は 3 万 6000 t であり，1999 年の 4 万 7000 t をピークに減少傾向にある．生ウメの主要産地は，和歌山県が群を抜いており，全国における年間生産量 12 万 t のうち，4～5 万 t が和歌山県産である．以下，群馬県，長野県が続いている．ウメの生産は台湾，中国で行われており，2000 年度には白干し梅として 3 万 t 以上が日本に輸入されており，今後は中国で製品化まで行われる傾向がある．

〔橋本俊郎〕

文　献

1) 橋本俊郎：*Pichia anomala* の増殖抑制と低塩梅干しの製造．日食工誌，**46**(6)，416-421，1999．

3.1.5　キクの花漬け

キクの花漬けはキクの花を利用したもので，江戸時代から始まったとされている．風雅な趣のある食用ギクの生産は山形県が多い．青森県，秋田県でも栽培がされている．東北人は，ほろ苦いキクの花の味わいを漬物にした．キクというと黄色の「安房の宮」という品種が有名であるが，現在は「寿」「岩風」などの品種を栽培している．山形県には「かしろ菊」という淡桃色系の品種もある．また，「延命楽」という品種で別名「もってのほか」という愛称名で広く知られている淡い紫色のキクが有名である．香り，風味，味のよさで食用ギクの横綱と評価されている．キクの花を食べるのはもってのほかであるとか食べたらもってのほかおいしかった，もったいなくて他人には食べさせたくないなど諸説あるようである．湯通しをして食したり，酢の物など料理することで食するのだが，漬物にしても非常においしい．主流は酢漬けだが，キクの花に他の山菜とか野菜を刻んで醤油漬けにし「晩菊」の名で商品化している企業もある．

〔菅原久春〕

3.1.6　桜の花漬け

概　要

桜の花漬けは，結婚式前の控えの間で出される「さくら湯」などに利用される．薄

桃色の花びらが開き，特有の香りを漂わせる．桜の花漬けは，江戸時代から生産されていたと伝えられている．桜の花漬けの原料としては，遅咲きの八重のぼたん桜が使われる．通常，七分咲き程度の桜花をていねいに摘み取り，梅酢を加えて塩漬けにする．酢を使うことにより，桜花の色はよりいっそう，鮮やかになる．塩漬けした桜花は陰干しされ，さらに食塩をまぶして保存しておく．

製造法

年一度の収穫で八重桜の花びらを収穫する．収穫時期は4月中旬の1週間から10日前後で行われる．摘み取る花は，3輪のものがよく，1輪は満開，他の2輪は3分から7分咲きのものを塩漬けにするのがよいといわれる．それは，さくら湯にしたときに花の開くバランスが取れるためである．桜の花は摘み取ったらなるべく早く塩漬けを行う必要がある．それは，時間が経過すると花弁が散ってしまったり，呼吸熱により蒸れてしまうからである．なお，花弁に，昆虫類やゴミが混入することがあるので，それらを取り除きながら摘み取ることが必要である．収穫した桜の花は，すばやく水を入れた容器に入れ，水洗した後，ザルですくい取り，水を切る．軽く遠心しながら水を切ることもある．生の桜の花1 kgに対し，食塩160 gを加え，さらに白梅酢を500 mlの割合で加える．白梅酢は，ウメを約18％の食塩で漬けた際に得られる梅酢を用いる．なお，赤梅酢は，桜の花の色合いを損ねるので，使用しないほうがよい．食塩と白梅酢を加えた後は，軽く重石をする．漬け上がったら，塩漬けした桜の花を取り出し，ていねいに圧搾した後，ザルの上に拡げて，陰干しを行う．陰干しを終えたら，その重量の20％の食塩をまぶし，容器に入れて冷暗所で保存する（図3.8）．

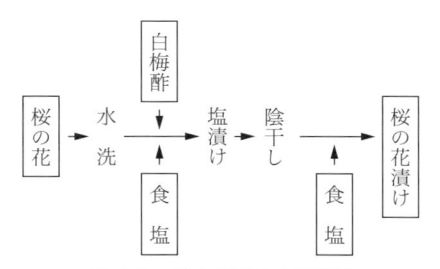

図 3.8 桜の花漬けの製造法

製品の特徴

桜の花漬けは，クマリンを主要成分とする特徴ある桜の香りを有しており，さくら湯や桜茶として利用されるほか，ダイコンやカブを薄切りしたものに添えて彩りを付けたり，パンや菓子などの材料としても利用される．

生産の状況

国内で加工されている桜の花漬けの8割は，神奈川県で生産されている．生の桜の花で約80 t，製品でその倍の160 t前後が生産されていると推定される．

〔宮尾茂雄〕

3.2 醬油漬け

概　要

漬物分類からいくと塩蔵野菜を脱塩・圧搾して醬油系調味液に浸漬して味つけをした漬物を一般に醬油漬けという．最近の漬物を食べる目的の一つに食膳が濃厚調味・油脂過剰に占められて食生活に疲れを覚えるので癒し系食品とすることが考慮され，調味液には明るい色調のうすくち醬油，うすくちアミノ酸液（以下，アミノ酸と略す）が使われることが多い．表3.3に醬油とアミノ酸液の使用特性評価を示す．香気は圧倒的に醬油がよいのでキュウリ刻み醬油漬けのように醬油香を売り物とする漬物は醬油が使われる．しかし，福神漬け，シソの実漬け，ダイコン調味キムチその他の多くの醬油漬けは色調が明るく浸漬後の浸透がよく復元しやすいアミノ酸が使われる．加えて最近の低塩化漬物の増加は旨味成分/食塩の低い醬油は十分に味を出そうとすると使用量が増え高塩になってしまううえに色も暗くなるので使用を避ける漬物も出てきた．シロウリの芯を抜いてトウガラシを挿入して強く圧搾した千葉県佐原，茨城県潮来の印籠漬けの1種である鉄砲漬けは，長い間，醬油に2度漬けしていたのが高塩で売れ行きが下がったので醬油，アミノ酸液の併用で低塩化を図っている．醬油漬けは塩蔵原料を使った古漬けが多いが，最近では野菜を塩漬け，袋詰めして加熱殺菌しない新漬けでも山形青菜（せいさい）を刻んで少量のダイコンを配した近江（おうみ）漬け，野沢菜漬け，ハクサイ漬けなどに醬油類を加えるものが増えている．

表3.3　醬油とアミノ酸液の使用特性評価

	香　気	色　調	味　覚	味覚/食塩	浸透性
うすくち醬油	◎	△	△	△	△
うすくちアミノ酸液	△	◎～○	◎	◎	○

醬油漬けの種類

醬油漬けには多くの種類がある．その代表的なものについて売れ筋製品を分析し，その値を使って製品を作り，よいと思われたものの呈味成分の数値化を行った[1]．その結果を表3.4に示す．このなかでつぼ漬けは刻み干したくあんの醬油漬けであるが

表 3.4 主要醤油漬けの呈味成分数値化 (%)

	固形物	食塩	醤油*	アミノ酸液*	旨味調味料	酸	全糖	アルコール*
キュウリ醤油漬け	75	4.0	25	—	1.5	0.2	—	0.5
キュウリ一本漬け	65	3.5	5	—	0.7	0.2	3	0.5
福神漬け	70	4.0	4	7	1.2	0.2	30	1.0
ダイコン調味キムチ**	85	4.0	—	5	1.5	0.4	3	1.0
シソの実漬け	65	8.0	—	15	2.0	0.2	3	0.5
ヤマゴボウ醤油漬け	70	5.0	—	6	1.0	0.2	3	0.5
つぼ漬け	75	5.0	—	10	1.5	0.8	10	1.0
古高菜漬け	75	4.0	3	6	2.0	0.5	—	1.0
鉄砲漬け***	85	4.5	5	7	0.8	0.4	5	0.5

* 醤油, アミノ酸液, アルコールは容量%.
** 魚醤1%を加える.
*** この成分の調味液で二回漬けする.

醤油漬けに分類されていることが多く, 古高菜漬けも菜漬けであるが醤油漬けに分類されるので表に加えた. この他, 醤油漬けには割り干し漬け, 山菜醤油漬け, キノコ醤油漬け, ニンニク醤油漬けがある. 割り干し関係の漬物は大幅に生産量が減った. 山菜やキノコ醤油漬けは食膳に供するものは味を強く, 麺類のトッピングにするものは味を弱くする. ワラビ, ゼンマイ, エノキタケ, シメジなどを適宜混合して製造する. ニンニク醤油漬けは最初は単純な醤油漬け, たまり漬けに始まり, 現在は砂糖と酸と旨味調味料の混合液で下味をつけてから味噌, アミノ酸液, 旨味調味料, 砂糖の混合液をカツオ節に加えて, でんぶ, そぼろ風のものをつくりそれと混ぜた味噌カツオニンニクがよく売れる.

全体を通じての製造方法

図3.9に一般的な醤油漬けの製造工程を示す. 塩度20%以上で塩蔵しておいた野菜を使って作るので, 塩蔵野菜の良否が品質を決定する. 塩蔵5原則は, ①適種選択, ②適期収穫, ③迅速漬け込み, ④迅速水揚げ, ⑤むらなく塩度20%にする, を指す. 製造の注意点は流水脱塩するとダイコン, キュウリ, ナス, シロウリは水ぶ

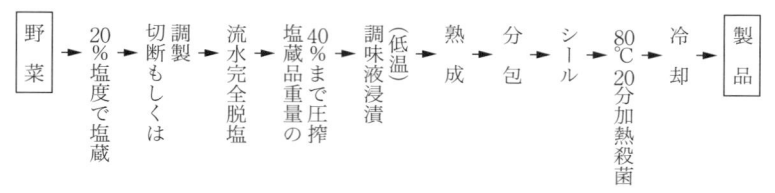

野菜 → 20%塩度で塩蔵 → 調製切断もしくは → 流水完全脱塩 → 40%まで重量を圧搾 → 調味液浸漬(低温) → 熟成 → 分包 → シール → 80℃20分加熱殺菌 → 冷却 → 製品

図 3.9 醤油漬けの製造工程

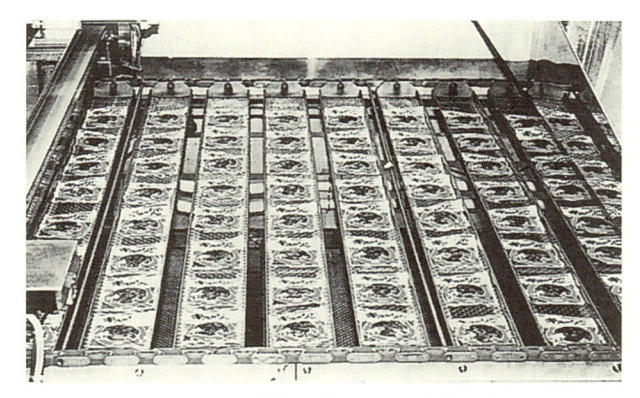

図 3.10 充填後の蒸気による加熱殺菌

くれするので脱塩時に計量した重量の40%まで圧搾機で搾る．ニンニク，ヤマゴボウ，ナタマメは水を切っただけで次の調味工程に進む．調味液は表3.4の値になるように作り，それに圧搾や水切り野菜を入れて低塩のため冷蔵庫中で復元させる．

発祥と古漬けの意義

醬油漬けは758（天平宝字2）年の『食料下充帳』の醬（ひしお）漬けに発しているが，現在の醬油漬けの形をとったものは江戸後期の1836（天保7）年の『漬物塩嘉言』の阿茶蘭（あちゃら）漬け，家多良（ヤタラ）漬け以降のこととなる．そしてこの本には同時に百味加薬漬け，べっ甲漬け，菜豆青漬けの項に初めて「塩出し」の言葉が出てきて塩蔵野菜を脱塩して作る古漬けが出てくる．これがさらに発展して明治以降の上野池の端の酒悦の福神漬けへとつながっていくのである．

醬油漬けや酢漬けのような古漬けは以後，野菜の出盛期に野菜を収穫して高塩で保存し需要に応じて脱塩して調味漬けを作ることが可能になり，漬物の周年供給，価格安定に大きく貢献することになる．同じ意味で塩蔵キュウリ5万t，塩蔵ショウガ4万t，塩蔵ラッキョウ3万tが中国，タイから輸入され，さらに海外工場の完成品の輸入まで実現し，日本の漬物市場で広く売られている．1836年の『漬物塩嘉言』からまだ170年しか経過していないのに脱塩工程を経る古漬けは漬物全生産量の半量を占めた．海外完成品，塩蔵品の大量輸入により2000年には加工食品で最初の原料・原産地表示が実施され，中国にはすでに4つの日本農林規格（JAS）認定工場が稼動している．伝統食品漬物も世界で唯一といえる塩蔵品の脱塩工程の開発で急速に大きく変わった．

〔前田安彦〕

文　献
1) 前田安彦：日本人と漬物，pp 141-144，全日本漬物協同組合連合会，1996．

3.2.1 福神漬け

概要

ダイコン,ナス,シロウリ,ナタ豆,レンコン,シソ,カブなどの野菜を小さく刻んで醬油や砂糖を用いて調製された調味液に漬けた刻み醬油漬けの1つで,7種類の野菜原料を使用することから,七福神にちなんで福神漬けと称されている.上記の野菜以外に,キュウリ,シイタケ,タケノコやショウガなども利用されることがある.本来,福神漬けという名は,明治初期に福神漬けを考案した「酒悦」の創業者野田清右衛門が,近くにあった上野不忍池の弁財天にちなみ福神漬けとして命名したとされている.したがって,福神漬けの発祥の地は,東京ということになる.なお,福神漬けは,カレーライスに添えられることが多いが,大正時代,日本郵船の欧州航路の一等船客で出されたカレーに添えられていたのが始まりとされており,当時においてはモダンなイメージがあったことから,それによって広く普及したといわれている.

製造法

福神漬けに用いる原料として,割り干しダイコン,ナス,キュウリ,シロウリ,ナタ豆,レンコン,シソ,ショウガなどが使われるが,シイタケやタケノコが使われる場合もある.塩蔵した原料をそれぞれ整形した後,流水で脱塩し,圧搾によって余分な水を除去してから調味液に浸漬する.整形は,塩蔵ダイコンの場合は,ダイコンを4〜6の縦割りにした後,細刻機でどの片にも皮が残るようにさらに横2mmの厚さで薄切りにする.割り干しダイコンの場合は,同様に細刻機で細切りにする.ナスは縦に4分割にした後,1cm幅で細かく切る.キュウリはそのまま幅3〜5cmに輪切りにする.レンコンは薄切りにしてから,90℃の湯に1分程度ブランチング(湯通し)してから漬け込む.また,シソ葉は,脱塩後細切りにする.シソの実はそのまま脱塩し水切りをした後,調味液に漬け込む.整形を終えた野菜材料は,流水にて脱塩を行った後,圧搾により,水分を減少させる.脱塩は,塩分がほとんど残らない程度にまで行う.このように十分な脱塩を行うことにより,いわゆる下漬け臭も除去される.圧搾は,油圧式の圧搾機が使用されるが,これにより,ダイコンやナスは下漬け原料のときの1/5程度まで重量が減少する.圧搾した野菜原料は,醬油を基本とした調味液に漬け込み,形状が復元すると製品となる.通常,夏季で3〜4日間,冬季で1週間ほど漬けることにより,復元が行われる.調味液は,醬油をベースとし,それに砂糖,糖類,醸造酢,クエン酸,アミノ酸系・核酸系調味料やアルコールを加えたものが使用される(図3.11).

製品の特徴

野菜原料の圧搾が不十分だと水分や微生物の汚染が残るため,品質の低下や小袋詰めで酵母の増殖による膨張やカビが発生することがある.これらの品質低下を防ぐために,食塩や砂糖を加えて浸透圧を高めることが行われるが,基本的には,加熱殺菌

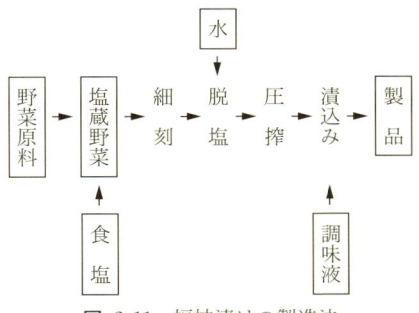

図 3.11 福神漬けの製造法

が行われる．一般的な小袋包装品の場合は，80℃達温後，10～15分の加熱によって酵母を殺菌することによって膨張による品質低下を防止することが可能である．また，酵母の増殖を防ぐ目的からソルビン酸カリウムなどの保存料が添加されることもある．

生産の状況

福神漬けは，東京特産の漬物であるが，東京以外の地方でも多く生産されている．漬物製造企業のなかでも比較的大規模な工場で製造されている場合が多い．福神漬けの生産量をみると，ここ15年間はあまり変動がなく，年生産量，5～6万t前後で推移している．2004年の生産量は約6万3000tで，醬油漬けのなかでは，比較的多いほうである．　　　　　　　　　　　　　　　　　　　　　　　　　〔宮尾茂雄〕

3.2.2 鉄砲漬け

概　要

成田，潮来名産の鉄砲漬けは，戦後生まれの漬物である．成田の新勝寺は，本尊の不動明王を江戸に運んで開帳したことから江戸市民に親しまれ，古くから訪れる人が多かった．戦後，新勝寺近くの料理屋，名取亭のおかみの名取いくは，近在で取れるシロウリを漬物として料理の付け合わせに出し，評判をとっていた．そのころ，成田名物の羊羹を製造していた芦田屋の2代目，芦田勝二は，手作業だったシロウリの芯抜きを機械化して量産可能とした．その結果，いくつかの鉄砲漬け製造企業が生まれたが，地元産のシロウリだけでは足りなくなり，塩漬けされた海外原料を輸入して調味加工を始め，現在に至っている．なお，名取亭では地元産のウリを原料にして「印籠漬け」という名称で製造販売している．

製　法

成田から東へおよそ30km離れた旭市に，鉄砲漬け生産量トップのちば醬油（株）がある．原料ウリのほとんどは海外産であり，台湾での開発輸入を始めて，今ではフ

ィリッピンが主力となっている．品種は台湾産の銀華という品種であり，長さ18～20 cm，幅7 cmのものを収穫する．穴をあけた生ウリに，重量の15％の食塩を加えて下漬けする．数日後に漬け換えをして最終的に23％の食塩濃度とする．現地で塩漬けされたシロウリは日本に輸入されて，国内で調味加工される．塩漬ウリは，流水による機械式脱塩機で残存食塩濃度1％以下まで脱塩される．脱塩されたウリは痛みやすいので素早く加工される．脱塩ウリの穴に塩漬けのシソ巻きトウガラシが詰められ，そのまま圧搾機にかけられる．所定まで圧搾されたウリは，冷蔵庫内で調味漬けされる．電気透析法で脱塩された醬油をベースとした調味液に3日間漬け込まれ，さらに別の調味液に換えて3日間調味される．調味されたウリは，真空包装後，加熱殺菌されて製品となる（図3.12）．賞味期限は6か月．ちば醬油では販売先の要望により国産シロウリを原料とした鉄砲漬けも製造しているが，価格面，品質面，量的供給面などから海外原料の重要性は変わらないとしている．

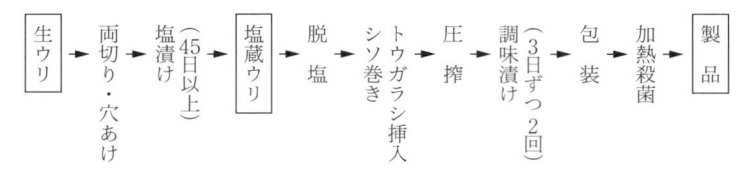

生ウリ → 両切り・穴あけ → 塩漬け（45日以上） → 塩蔵ウリ → 脱塩 → シソトウガラシ巻き挿入 → 圧搾 → 調味漬け（3日ずつ2回） → 包装 → 加熱殺菌 → 製品

図 3.12 鉄砲漬けの製造工程

生産の現況

鉄砲漬けの生産は，千葉県北東部と茨城県南東部で行われ，輸入ウリが300 t，国内ウリが100 t弱で合計でほぼ400 tと推定される．

表 3.5 シロウリの調味漬け類の性状，成分（2005年）

製品名	pH	水分(％)*	食塩(％)	酸分(％)**	ホルモール窒素(％)
印籠漬け（かす漬け）	5.3	54.9	5.2	0.5	0.4
養肝漬け（新味）	5.5	88.1	3.7	0.2	0.3
養肝漬け（昔味）	5.7	65.4	12.2	0.9	1.0
伊賀越漬け	4.9	83.1	3.8	0.3	0.3
小舟漬け（鉄砲漬け）	4.7	81.1	4.0	0.7	0.5

* 水分の数値にアルコール分も含む．
** 酸分は滴定酸度から乳酸換算で算出．

シロウリの調味漬け類の成分
　本文で取り上げた鉄砲漬け（3.2.2項），印籠漬け（3.2.3項）および養肝漬け（3.2.6項）について分析した結果を表3.5に示す．養肝漬け（昔味）の成分値から伝統的な食味が偲ばれる．

3.2.3　印籠漬け
概　要
　印籠漬けとは，ウリやキュウリを縦方向に穴をあけて，その中にトウガラシやシソなどを詰めてさまざまな調味料に漬けた漬物であり，その名前は輪切りとしたときに切断面が印籠のようにみえることに由来している．江戸時代の1836（天保7）年に出版された『漬物塩嘉言』の中で印籠漬けが紹介されているが，その作り方は今でいうところの浅漬けである．現在，日本各地でウリのワタを取り，そこに詰め物をして調味した漬物が作られており，金婚漬け，鉄砲漬け，養肝漬けなどの名称で販売されている．いずれも味噌や醬油，酒かすなどに漬け込んだ古漬けである．

『漬物塩嘉言』における印籠漬けの製法
　江戸の漬物問屋であった小田原屋の主人は諸国の漬物製造に精通し，64品の漬物の作り方を『漬物塩嘉言』として記録に残した．その中にはたくあん漬け，浅漬け，梅干し，こうじ漬け，かす漬け，タケノコ塩漬けなど四季折々の漬物の作り方が述べられており，昔から多種多様な漬物が作られ，食べられてきたことが理解できる．『漬物塩嘉言』に述べられている印籠漬けの製法を示す．
　『醬（まるづけ）瓜の跡先を切，中実をくりぬき，其中に穂蓼，紫蘇の葉，若生姜，青番椒等をおしいれ，甘塩加減にして圧強く漬けるなり．六，七日立てバ喰比なり．瓜へとうがらしのからミ移りて至極よし．輪切にしたる所印籠に似たるゆへ名づくるものか．又云，胡瓜もかくの如くするもよし．歯切ありてまるづけ瓜におとらず．』
　まるづけ瓜とは青瓜やあさ瓜を指していたようであり，その中に酸味のある野草のホデテ（スカンボの類），シソ，ショウガ，青トウガラシなどを入れて塩漬けしたものである．1週間ほどで食べごろになることから今でいえば浅漬けに分類される漬物である．

印籠かす漬けの製法
　上野駅から常磐線に乗り，北へ向かうと利根川を越える．そこが茨城県取手市で，新六本店（1868年創業）という奈良漬け屋があり，かす漬けの印籠漬けを作っている．印籠漬けは，2代目田中新次郎が明治時代に作り始め，1984年に商標登録されている．漬け換え回数が5回という本格かす漬けであり，漬物名称はなら漬けと表示されている．
　7月中旬から8月にかけて収穫された小ぶりのシロウリを原料とし，選別後，両切

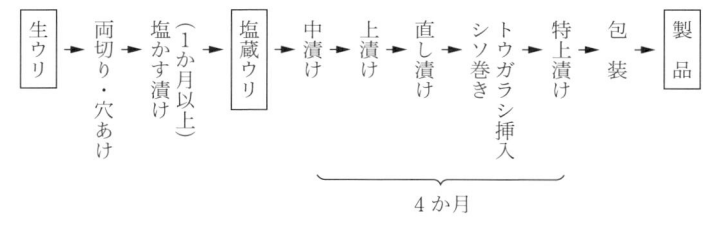

生ウリ → 両切り・穴あけ → (1か月以上)塩かす漬け → 塩蔵ウリ → 中漬け → 上漬け → 直し漬け → シソ巻きトウガラシ挿入 → 特上漬け → 包装 → 製品

中漬け～特上漬け：4か月

図 3.13 印籠かす漬けの製造工程

りし，種子部分のワタをくり抜く．塩かすに1か月以上漬け込み，下漬けウリとする．漬け上がり塩度は15～18％を目標として下漬けする．漬け始めの重石は強くして，その後，圧しすぎて形が崩れないように軽くする．下漬けウリは中漬け，上漬け，直し漬けと移し換えられる．各工程とも20～30日間であり，この間に少しずつ塩分が抜けてかすの旨味や風味が浸透する．最後に特上漬けが行われ，このときに別個にかす漬けされていたシソ巻きトウガラシがウリの穴に詰められる（図3.13）．したがって，夏場に収穫されたシロウリは，最低4か月間はかすに漬けられており，新物は11月中旬から売り出される．原料のシロウリをはじめとして，シソ巻きトウガラシは地元のものが使われている．中国産は香りがなく，使えないとの話であった．切ってみると，琥珀色したみずみずしいウリの中心部に香り豊かなシソ巻きトウガラシがのぞいており，ピリッとした辛味と奈良漬けの風味が調和した一品である．

生産の現状

近在の農家と契約栽培して原料を確保し，年間数tの生産である． 〔橋本俊郎〕

3.2.4 日光のたまり漬け

製品の概要

日光のたまり漬けは，戦前から栃木に伝わる「振り分けたまり」にその名を発する[1]．振り分けたまりは，ダイズと米こうじ・食塩，またはダイズと麦こうじ・食塩のいずれかを，味噌醸造に準じるが水を多くして仕込み，熟成後，上澄みは醬油，沈殿は味噌として使ったものである[1]．このたまりに漬けた漬物を日光市今市の味噌業者が，昭和30年ごろ販売したのが始まりで，今では栃木県の代表的な漬物であり，日光地方の特産品となっている．

製法

製造工程[1,2]の一例は図3.14のとおりである．

原料に用いられる野菜は，ラッキョウ・ダイコン・キュウリ・ショウガなどで，塩漬け脱塩後，醬油・味噌・砂糖・アミノ酸液・グルタミン酸ナトリウムなどを含んだたまり漬け調味液で1回または漬け換えて数回漬け込む．ただし，ラッキョウは脱塩

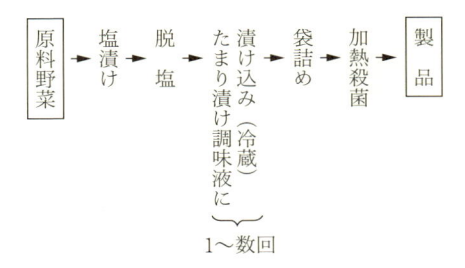

図 3.14 日光のたまり漬けの製造工程例

後甘酢ラッキョウとしたものを漬け込みに用いる．多くの製品は袋または瓶詰め殺菌されるが，未殺菌のまま販売される製品も一部ある．また，数種の野菜を刻んだ刻み製品も販売されている．

製品の特徴

2001年に行った栃木県産市販漬物の品質調査[3]では，ラッキョウを除くたまり漬け17点の平均成分値は，屈折糖度33.8％，pH 4.8，総酸（乳酸換算）0.49％，塩分5.6％，全糖14.8％，全窒素0.61％で，ラッキョウたまり漬け7点の平均値は，屈折糖度34.9％，pH 3.8，総酸（乳酸換算）0.84％，塩分2.8％，全糖25.9％，全窒素0.20％であった．通常の醤油漬けと比較すると，甘味や旨味が強く味噌などの醸造香があり風味がよいのが特徴である．

生産の現状

1999年に行ったアンケート調査では，栃木県内で製造を行っている企業は23社で，製造量は，ラッキョウたまり漬けが約1900 t，ラッキョウ以外のたまり漬けが約1400 tであった．また，たまり漬けは栃木県内のみでなく全国的にもかなりの生産量にのぼると考えられる．

文　献
1) 前田安彦：漬物学，pp 298-299，幸書房，2002．
2) 前田安彦：新つけもの考，pp 183-185，岩波書店，1987．
3) 伊藤和子ほか：栃木県食品工業指導所研究報告，**16**，26-27，2002．

3.2.5　日　光　巻　き

製品の概要

日光巻きは，塩漬け青トウガラシを塩漬けの青ジソで巻いたもので（図3.15），「シソ巻きとうがらし」，「日光とうがらし」とも呼ばれている．栃木県の日光ではほとんどが塩漬け製品で販売されているが，脱塩後醤油漬けなどとして販売される製品も現在一部にある．

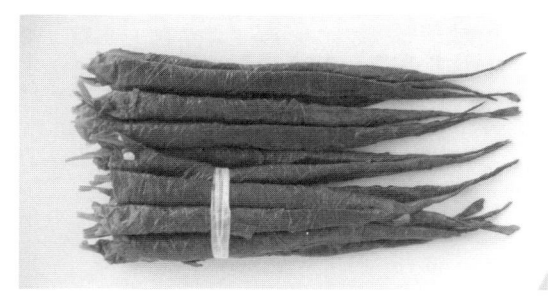

図 3.15 日光巻き

　歴史的には『延喜式』記載の漬物のうち「荏裹(えづつみ)」(エゴマの葉にウリなどを包んだ漬物)の伝統を残している[1]と考えられる．トウガラシは16世紀に伝来した[2]とされ，日光巻きは日光修験者が体を温める耐寒食として愛用したことから起こったといわれる[3]．その後，日光巻きが日光参拝のおみやげとして一般の人々に食され始めたのは明治以降のようである．

　製　法
　製法の一例は図3.16のとおりである．青トウガラシの品種は主に伏見群の日光が使われる．トウガラシもシソもそれぞれ1年以上塩で漬け込みべっ甲色となったものを用いる．洗浄後，シソの葉の中央に種抜きしたトウガラシをのせて巻き，製品とする．トウガラシの種を抜かない辛味が強い製品もある．

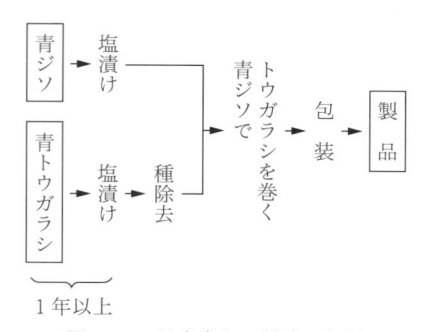

図 3.16　日光巻きの製造工程例

　製品の特徴
　日光巻きは，購入後好みにより，そのまま刻む，または脱塩後刻んで調味料や醬油を加え，これをご飯にかけたり，お茶漬け・おにぎり・かきあげの具などとして食す．

市販品5点の成分を分析したところ，その平均値は，屈折糖度25.2%，pH 5.0，塩分19.4%，総酸（乳酸換算）0.13%，水分69.5%であった．昔ながらの製法を守っているため塩分が高い．しかし，薬味のような食べ方やトウガラシの辛味などのためか，実際に食するときはそれほど塩味は強く感じない．ご飯の上に刻んだ日光巻きをのせて食すると青トウガラシと青ジソのよい香りが立つ．そして，トウガラシの辛味が食を進ませる．

生産の現状

戦前戦後は日光参拝のおみやげとして相当量販売されたと考えられるが，現在，栃木県内で製造を行っている企業は約7社，生産量は年間20t弱と考えられる．その他，農産加工所などでも製造されている．

国産原料が主に使用されているために原料確保に各社苦労している．また，1本1本手巻きで巻くために労力を要し，近年では，輸入品（中国産）も一部販売されている．

〔阿久津智美〕

文 献
1) 前田安彦：月刊食品，**211**，36-38，1975．
2) 谷澤 進：トウガラシ―辛味の科学，岩井和夫，渡辺達夫編，pp 8-11，幸書房，2000．
3) 内藤正敏：食品衛生，No 7，35，1995．

3.2.6 養肝漬け

概 要

京都を南下し，山城から笠置山を越えると伊賀盆地が広がっている．三重県伊賀上野は，伊賀流忍術の発祥地であり，また，俳人松尾芭蕉の生誕地である．この町に宮崎屋（1865年創業）と伊賀越（1873年創業）というウリの醬油漬けを作っている企業がある．シロウリの中実（ワタ）をくり抜き，シソの実などを詰めて味噌・醬油系の調味液に漬け込んだ古漬けであり，宮崎屋では「養肝漬」（昭和30年商標登録），伊賀越では「伊賀越漬」という名称で製造販売している．原料シロウリの種類，製品の形状，詰め物の種類，販売価格などは，まったく同じである．ただし，外観や食味の点では明確な違いが認められることから初期の製品コンセプトはほぼ同一だったにもかかわらず，歳月を経るにつれて製法が異なっていったようである．

この漬物の出現は，今からおよそ400年前の伊賀地域で玉味噌（味噌玉こうじを使用した豆味噌と推定される）造りが一般化したころにさかのぼり，地元で収穫された野菜を玉味噌に入れて貯蔵したことが始まりといわれ，詰め物をするようになってから「いんろう漬け」または「ようかん漬け」と呼んだようである．養肝漬け「昔味」は，伝統的な製法に近く，漬け込み期間2年で食塩12%という濃厚な風味の漬物で

ある．現在の国内漬物のなかでは，なかなか味わえない代物である．

製　法

　原料のシロウリは，地元の伊賀地方で栽培されたものであり，例年，4月に苗の定植が行われ，6月中旬から8月下旬にかけて収穫される．ウリの大きさは20～23 cmで，重量は200～250 gの真っ直ぐなものがよい．加工場に持ち込まれたウリは，ツル側の片端が切り落とされ，そこから電動くり抜き機を用いて，ワタの部分が掻き出される．トウガラシを詰める鉄砲漬けは両切りされるが，ここでは刻みの詰め物をするので，漬け込み時の脱落を防ぐ工夫である．

　ワタを抜かれたウリは，塩漬け・塩蔵される．塩蔵時の食塩濃度は20％であり，これで年間貯蔵が可能である．塩漬け作業は，夏季に行われるので，容易に乳酸発酵が起こり，翌日にはpH低下によってウリの淡緑色は退色し，全体が黄化する．緑色は少ないほうが，彩りのよいものができる．

　塩蔵ウリは，およそ3か月後から取り出され，調味工程に移される．以前は玉味噌が調味に使われていたが，今では醤油または豆味噌たまりを加えた醤油を主要調味としている．宮崎屋では，脱塩せずに少なくとも3回以上，漬け換えながら徐々に塩分を落として旨味分を浸透させている．伊賀越では，脱塩して2回の漬け換えを行っている．くり抜いた穴への詰め物は，最後の漬け換え時に行われる．シソの実，シソの葉（赤シソ），ショウガ，ダイコンおよびウリを，前もって刻んで調味したものが詰められる．調味されたウリは，真空包装され，加熱殺菌されて製品となる（図3.17）．

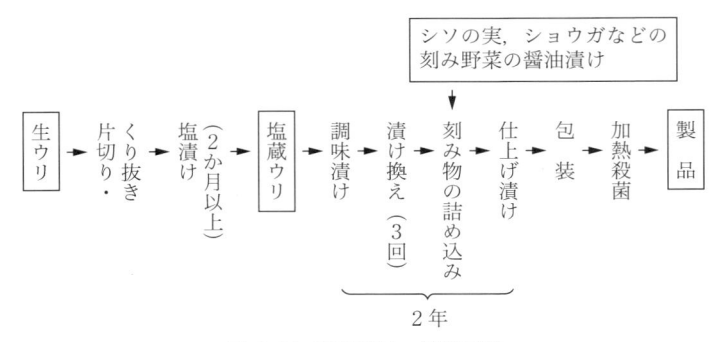

図 3.17　養肝漬けの製造工程

生産の現状

　原料ウリは伊賀盆地で生産されたものだけを用い，この地域でのシロウリの生産量は年間およそ130 tである．製品量は生ウリ量とほぼ同じで130 tである．産地の課

題は，原料シロウリの安定確保であり，各企業はシロウリを契約栽培で購入しているが，農業者の高齢化により栽培農家が減少している．地域の名産として，残しておきたい一品である．

〔橋本俊郎〕

3.3 味噌漬け（金婚漬け）

金婚漬けはかす漬けが最初で，その後味噌漬けが主体になった．明治末江刺の酒造家・柴田屋長二郎が土地の日本画家及川豪鳳とともに考え「金婚漬け」と命名した．熟成に長期間かかるということに由来する．したがって，金婚漬けは最初かす漬けであった．その後，なぜか味噌漬けにとって替わられた．現在ではかす漬けのほうは「銀婚漬け」で売られている．

カタウリ（越瓜）の胴をくり抜き，コンブで巻いたダイコン，ニンジンを詰め，味噌に長期間漬けた手の込んだ漬物である．漬け換えの回数や仕上げ味噌の品質などで値段が違ってくる．ナマコに似ているということで最初は「きんこ漬け」と呼ばれていた．きんことは陸中海岸などの浅瀬に棲む「ナマコ」のことで漬物の形が似ているということでそう呼ばれたらしい．

秋田県内でも同じような漬物が存在している．印籠に似ているので「印籠漬け」と称されている．赤トウガラシ，キク，ミョウガ，ニンジン，ワラビなどを入れて全体をシソの葉で包む．それをウリの中に詰めて味噌漬けにする．手の込んだ漬物で香ばしくおいしい漬物である．「千枚漬け」「あねっこ漬け」「はらみ漬け」などと呼ぶ地域もある．「きんこ漬け」と呼ぶ地域はシソの葉の上にコンブを巻いている．

このような漬物は北陸，新潟，東北の各地域に存在する．ほとんどが味噌漬けであるがかす漬けや，中身は味噌漬けでウリはかす漬けなど各地域で手の込んだ自慢の漬物になっている．藤堂高虎が作らせた漬物で伊賀上野の「養肝漬け」がある．それが，ショウガ，シソの葉などを細刻しウリに詰めた味噌漬けである．

〔菅原久春〕

3.4 かす漬け

概　要

かす（粕）漬けは酒かすを使った漬物で，塩蔵野菜を酒かす中に漬けてかす中に野菜の食塩を移し，かすの含んでいる糖類とアルコールを野菜に移す狭義のかす漬けと酒かすの糖類とアルコールの味覚をいかしてその中に野菜や水産物そしてイソチオシアナート（カラシ油）系の辛味を練り込んだワサビ漬け，山海漬けがある．狭義のか

す漬けには奈良漬け，守口漬けや高菜，辛子菜の全体をかすに漬ける漬け菜かす漬けがある．最近はワサビ漬けに数の子，クラゲ，ノリを混ぜたもの，山海漬けに数の子を多く加えた数の子山海漬けなど水産物混和やその量の多いものも増えているが，全体量の半量に水産物が達しないものは農産物かす漬け，半量を超えると水産物かす漬けに分類される．ただおもしろいことに佐賀県だけはクジラ軟骨をかすに混ぜた松浦漬けや，ウミタケかす漬けの生産者が水産加工業者でありながら全日本漬物協同組合連合会に加盟して会員になっている．このためか野菜かす漬け業者でありながら魚介類かす漬けの会社を併設し成功している例もある．要するに野菜のかす漬けでは商品の展開の幅が狭すぎるのである．

製品のポイント

すべてのかす漬けにいえることは清酒を搾った新かすは糖分とアルコールが少量でよい製品はできないということである．そのため清酒の搾りかすを踏み込みという工程を行って糖分，アルコールを十分に含む熟成かすにする必要がある．踏み込みは6か月を要し，この間に酒かすのデンプンを糖化して糖分を増加させるとともに焼酎も加えてアルコールも増やす．この熟成かすを使って奈良漬け，ワサビ漬け，山海漬けを作るのであるが，すべての製品について糖分がまだ不足なので使用前に15〜20％の砂糖をさらに加えている．

ワサビ漬け，山海漬けはこの糖分をさらに加えた熟成かすをそのまま使って，その他の材料を混合して製品にする．

図 3.18 酒かすの練り機

奈良漬けの伝統食品としての知恵

奈良漬けと他の漬物と異なる点は砂糖とアルコールは加えるが，着色料，保存料はもとより旨味調味料など食品添加物を一切使っていない点である．酒かすは表3.6に示すように遊離アミノ酸を 4000 mg/100 g 含有し，アミノ酸の種類は別としてその量は淡口醬油に匹敵するので旨味調味料，天然調味料は不要なのである．

そして奈良漬けでは最初の製造時には1番かすの熟成かすしかないが，次回の漬け込みからは前回使用した1番かす（2番かす）を，さらに次々回には前々回の1番かす（3番かす）と順次下げていくという知恵がある．奈良漬けの酒かす使用量は野菜の30〜50％とかなりの量を使い，最低でも3回の漬け換えをするので，奈良漬け製造には合計として野菜の120〜200％の酒かすが必要になる．そして酒かすの廃棄は

表 3.6 各種かす漬け類の分析値[1]

社 名	A	B	B	C	D	E	F	F
品 名	奈良漬け	奈良漬け	守口漬け	山海漬け	山海漬け	ワサビ漬け	ワサビ漬け	酒かす*
酒かす(g)	641	550	142	140	76	58	57	—
野 菜(g)	707	582	178	480	69	62	43	—
数の子(g)	—	—	—	380	85	—	—	—
固形物割合(%)	52	51	56	86	67	52	43	—
食 塩(%)	3.1	5.1	5.8	4.1	4.3	2.7	3.2	—
全窒素(%)	0.69	0.53	0.40	0.81	0.77	1.21	1.39	2.22
糖 分(%)	22.2	32.0	29.3	17.2	21.3	15.6	12.0	12.6
アルコール(%)	4.5	4.0	3.6	4.7	3.7	5.5	5.6	8.0
遊離アミノ酸 (mg/100 g)								
アスパラギン酸	210	172	124	139	65	153	225	413
スレオニン	81	71	50	85	54	125	181	248
セリン	105	90	68	74	39	93	127	228
グルタミン酸	216	140	106	313	474	279	440	568
プロリン	155	143	103	120	87	117	184	324
グリシン	95	78	57	65	130	448	102	190
アラニン	482	144	103	219	90	124	186	333
バリン	101	89	65	99	55	86	148	244
メチオニン	36	34	24	40	27	36	73	98
イソロイシン	70	61	43	65	40	65	106	190
ロイシン	134	113	81	102	60	143	180	328
チロシン	103	34	66	42	30	119	177	157
フェニールアラニン	85	81	57	95	52	122	137	232
ヒスチジン	16	11	9	24	24	33	49	73
リジン	71	59	41	83	51	108	140	234
アルギニン	90	70	53	83	44	154	193	249
合 計	2050	1390	1050	1648	1322	2205	2648	4109

*ワサビ漬け用熟成酒かす

結構たいへんである．酒かすの繰り返し使用は素晴らしい技術である．参考までにかす漬けの分析値を表3.6に示す．糖分とアルコールが味覚の中心と思えるかす漬けが意外に窒素系旨味の遊離アミノ酸含量が高いことがわかるであろう．

3.4.1 奈良漬け

概　要

平城宮跡出土木簡や 770 (神護景雲 4) 年の「奉写一切経所解案」に清酒が，酒滓が 734 (天平 6) 年の『尾張国正税帳』に，そして糖漬け瓜も 930 (延長 8) 年に進献された『延喜式』にみられ，いずれも古い．奈良漬けの名は天保年間 (1830) 年ころからで猿沢池畔に始まり現在は清酒の産地である兵庫の灘五郷や守口ダイコンの産地である名古屋の生産量が多い．奈良漬け生産量は年間 2.6 万 t と少ないが単価が高いので出荷金額は漬物全体の 5% を示す．

製　法

奈良漬けはかす漬けの一種で，高級品はシロウリ，守口ダイコン (別項参照)，その他，キュウリ，小型メロン，桜島ダイコン，梅，セロリー，ヒョウタンまである．製造原理は塩漬け野菜を酒かすに数回漬け換えることによって食塩を徐々に酒かす中に移し，逆に酒かすの糖分，アルコールを野菜に浸み込ませて風味を出すことである．

奈良漬けの日本農林規格は糖用屈折計示度 35 度以上，アルコール 3.5% 以上，食塩 8% 以下となっているが，市販品は食塩 3～5%，糖分 15～22%，アルコール 4～8% の成分値で甘さは缶ジュースの，アルコールはビールのそれぞれ 1.5 倍を示す．糖分とアルコールが多く浸透圧も高いので加熱処理をしなくても保存性は高い．また，酒かす自体の遊離アミノ酸は 100 g 中 4 g と個々のアミノ酸の旨味を議論しないなら醸造醬油と同量である．したがって，食品添加物も不要になる．

製造工程のフローシートを図 3.19 に示す．

製造の特徴

奈良漬けの良否は原料と漬け換え回数で決まるが，特に風味の良否は酒かすの処理

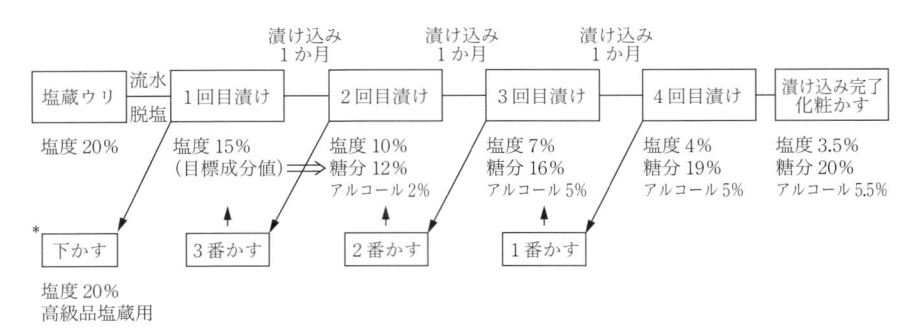

図 3.19 奈良漬けの製造工程図
* 使用した酒かすを順次，下げて使う状態を示している．
(品質管理基準「奈良漬け」農林規格検査所より一部改変)

いかんによる．冬仕込みの清酒の搾りかすを2月に桶に踏み込んで熟成する．熟成とは酒かすの10％のデンプンを6か月熟成により糖化し糖分6％までかすを甘くすることを指す．酒かすのアルコールは6～9％の間にあってやや不足なので，熟成前にアルコール10％を目標に焼酎を加える．熟成6か月の熟成かすはアルコールは十分だが糖分が現代嗜好からみて不足なので使用前にかす重量の15％の砂糖を加え糖分20％以上のかすにしておく．

漬け込む野菜はシロウリ，桜島ダイコンなどを腐敗軟化しないように20％塩度になるよう塩蔵しておいたものを使う．重量を秤って脱塩槽で流水脱塩し塩度15％まで落としておく．漬け込み槽を用意し脱塩後の野菜を脱塩前の重量まで圧搾して野菜重量の30％の熟成かすを使って槽の中に漬け込む．以降1か月ごとに3回漬け換えて最後に化粧かすを使って袋詰めもしくは樽詰めする．

製品の良否は美しいべっ甲色に仕上がり，歯切れよく甘味とアルコールのバランスのよいことが重要である．1回目の漬け込みは塩度15％の野菜をかすに漬けるので酸敗しやすい．冷蔵庫で漬けて酸を生成させないようにする．

文　献
1) 岡田俊樹，前田安彦：フードリサーチ，519号，26-35, 1998.

3.4.2　ワサビ漬け，山海漬け
概　要

宝暦年間（1760年）にワサビ産地の静岡県安倍川奥の有東木にワサビのぬか漬けがあって，それを駿府の商人がみて研究しかす漬けに置き換えたのがワサビ漬けの起源という．ワサビ漬けの製造は難しくなく葉柄を刻んで10％の食塩で1日漬け，翌日，根部を生のまま切断したものを合わせて酒かすと練り上げれば完成する．そのためワサビ漬けの主産地は静岡県，長野県穂高町，東京都奥多摩である．ワサビ漬けの生産量は7000～8000tであるが，最近，数の子の多く入った山海漬けに押されて若干減少傾向にある．ワサビ漬けには日本農林規格があって内容重量に対する固形物割合がワサビの根茎のみの使用で20％以上，根茎と葉柄の併用の場合は35％以上で根茎を5％含むとなっている．また，成分規格としてはアルコール2.5％以上が唯一のものである．

製　法

表3.7にワサビ漬けの配合例を示す[1]．

ワサビ漬けの製造ポイントは3つあって第1に酒かすとワサビの割合はどのくらいがよいかということでワサビが多いほど良心的だと誰でも思うが，葉柄，根茎が50％すなわち酒かすと半々になるとワサビがボソボソして口にうるさい．表3.7の配

3. 野菜類（漬物）

表 3.7 ワサビ漬けの配合（％）

内容物	JAS製品	並級品
塩漬けワサビ葉柄	33	10
細刻生ワサビ根茎	10	4
砂糖	6	6
アリルカラシ油	0.1	—
カラシ粉	—	3
旨味調味料	0.3	0.5
酒かす	50.6	76.5

酒かすとワサビを混合していく．　　　酒かすとワサビの混合が完了．

図 3.20　酒かすとワサビの混合

合あたりが適当であろう．第2に全体の明るさ．ホワイト志向でおいしい黄褐色の熟成かすは好まれない．そこで半分は熟成かす，半分は冷蔵した白いかすを混ぜる．第3には辛味が水によって分解してしまうことでカラシ粉やアリルカラシ油を加えて少しでも長くもたせようとしているが，要するに賞味期限内の早いうちに食べることである．現在の市販のワサビ漬けの成分は食塩2～3％，全糖12～17％，アルコール4～6％になっている．ワサビ漬けにはこの他，野菜ワサビ漬け，クラゲワサビ漬け，数の子ワサビ漬けも市販されている．ワサビ漬けは食欲を増進し，朝食にあると楽しい．そしてちくわ，かまぼこに塗って食べてもおいしい．

山海漬け

　山海漬けは昭和初期に長野県で開発され新潟県で育った漬物である．酒かすに奈良漬けの細刻と数の子を入れカラシ粉，アリルカラシ油で練ったものであるが，数の子が高いころはそれが少ししか入っていなくて不人気だったが数の子の輸入が増え安くなって30％も含まれるようになって市販量が増えた．現在，3000 t くらい売られていると推定される．おもしろいことに数の子が50％までは農産物漬物に属し，それを越えると水産物漬物になる．数の子山海漬けを名乗っているものは数の子35～75

%の間にあるので両者が混じっている.山海漬けの分析値[2]は食塩2.5～4.3%,全糖10～20%,アルコール3.5～5%の間である. 〔前田安彦〕

文 献
1) 岡田俊樹,前田安彦:フードリサーチ,510号,2-7,1997.
2) 岡田俊樹,前田安彦:フードリサーチ,530号,36-42,1999.

3.4.3 守口漬け

　長良川沿いの岐阜県と木曽川沿いの愛知県丹羽郡扶桑町で栽培されている守口ダイコンを利用したかす漬けで,特産品として高級贈答用を中心に需要がある.守口ダイコンは大阪府守口市が起源であるという説や,人名由来など諸説あるが,最大の特徴は細長いことであり,1mほどの長さのものが使用されている.扶桑町周辺地域は木曽川が運んだ砂が堆積しているため,ゴボウや守口ダイコンの栽培には好適である.守口ダイコンは毎年12月～翌年1月まで収穫を行っており,このうち優秀な形態のものを選び,再度植え直して開花させ,採種をする「母本選抜」を行っている.選抜された種子は各農家に分配される.守口ダイコンは宮重など生食用のダイコンと比較すると繊維質であり,辛味も強い.そのため青果として流通することはほとんどなく,漬物専用として契約栽培が行われている.

　丹羽郡扶桑町では漬物組合があり,組合員の農家が守口ダイコンに対し20%の食塩を加え,さらに漬け直して漬物製造業者に引き渡す.この塩蔵ダイコンを業者が酒かすを中心とした調味かすに漬け換え,ダイコン中の食塩をかすの風味成分と置き換えて製品とする.廉価品では脱塩した後に調味かすに漬けてすぐに出荷するが,高級品では3か月ごとに新しい調味かすに漬け直し,2年半ほどの期間をかけて製造する(図3.21).当初の塩漬けの段階で守口ダイコンを低食塩で漬け込み,調味かすに漬けることが可能であれば,短期間で製品に仕上げることができる.しかし,漬物の色が悪く(黒く)なるため,20%以上の塩蔵ののち,脱塩が行われている.これは守口ダイコンに含まれるポリフェノールオキシダーゼなどの酵素作用が強いことが考えられる.守口漬けは製品の形状が細長いため製造の自動化が難しく,漬け換えなどは手作業が中心である(図3.22).そのために冬季は厳しい作業が続く. 〔石川健一〕

図 3.21 守口漬けの製造工程

図 3.22 守口漬けの漬け換えの様子

3.5 こうじ（麴）漬け

概　要

　こうじ漬けは，野菜などを，そのままたは前処理した後，こうじあるいはこうじに糖類，みりんや香辛料を加えた材料に漬け込んで作られる漬物で野菜のほかに，ブリ，サケなどの魚介類を漬け込んだものもある．こうじ漬けは，漬物のなかでは食塩濃度が比較的低く，こうじに由来する甘味を有する．したがって，保存性に乏しく，過去においてはもっぱら冬季に作られていた．近年，低温流通や保存技術の進展により，1年中生産されるようになっている．

　こうじは，米や麦を蒸したものにこうじ菌を接種し，増殖させたものである．こうじは，清酒，焼酎，甘酒，味噌，醬油などの発酵食品に主に利用されているが，漬物では，こうじ漬けの材料として使われる．こうじ菌は，増殖の過程で，アミラーゼ，プロテアーゼ，セルラーゼなどの酵素を生産する．これらのこうじ菌が生産した酵素の働きにより，旨味や風味が形成される．また，こうじ漬けの材料としては，ダイコン，カブ，ナスが主に利用されているが，それ以外には，京菜，野沢菜，セロリ，ニンジンなどが使われることもある．

3.5 こうじ (麹) 漬け

種　類

　こうじ漬けの代表として知られているものに，東京特産のべったら漬けがある．べったら漬けは，江戸時代初期に始まったとされており，原料のダイコンを剝皮した後，塩漬けし，米こうじ，米飯，糖類を混合して作られた調味料に漬け込んで作られる．

　三五八漬けは，東北地方，特に福島県の家庭で漬けられている漬物で，塩 3，米こうじ 5，米 8 の割合で作った漬け床で漬けられることから，この名がついている．米を蒸すか炊いたものに米こうじを混合し，温水で練ってから保温し，やや固めのこうじ床を作る．こうじ床は，発酵により，甘酒のような風味を有する．このこうじ床に食塩を加えると三五八床が完成する．新鮮なキュウリ，ナス，ダイコン，カブなどの野菜を食べやすい大きさに切ったものを適当な容器に入れ，その上から三五八床をかけて混合する．

　かぶらずしは，石川，富山，福井県など，北陸地方で作られているこうじ漬けで，通常の漬物と異なり，魚介類を用いるところに特徴があり，そのために重厚な風味を有する高級漬物として位置づけられている．その作り方から，「なれずし」のなかの「いずし」に分類することもできる．青カブを 2〜3 cm の厚さで輪切りにして塩漬けしたものに，主に塩漬けしたブリやサバの切り身を挟み込み，これをニンジン，ユズなどと一緒に米こうじで本漬けしたものである．金沢近辺では，魚肉としては寒ブリが使われるが，福井県では，ニシンが主に利用される．また，岐阜県高山地方では，イカなども使用されることがある．

　ナスのこうじ漬けは，小ナスを原料として用い，醤油をベースにした漬け液に下漬けしておいたものに米こうじとみりんで調製したこうじ床に漬け込んだもので，トウガラシを加えたものに漬け込んで作られることもある．食塩 5〜7%，糖分 10% 以上を含んでいるものが多いことから，保存性は比較的良好であるが，夏季には，酵母や乳酸菌の生育により，ガス膨張を起こすこともある．

　カブやナスのほかに，京菜，野沢菜，セロリ，ニンジンなどを原料として用いたこうじ漬けもみられる．

生産状況

　こうじ漬けは，漬物生産量の統計では，その他の漬物に分類されており，正確な値

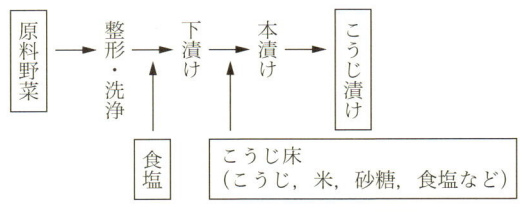

図 3.23　こうじ漬けの一般的な製造法

はわからないが，およそ9万t程度生産されているものと推定される．

3.5.1 べったら漬け
概　要

べったら漬けは，江戸時代から作られている東京名産の漬物で，浅漬けダイコンをこうじ漬けにしたものである．べったら漬けは，皮を剝いたダイコンを1～2日間，低塩で下漬けし，米こうじと砂糖で漬けたものである．

製造法

べったら漬けの原料には，白首ダイコンが用いられるが，下漬けの前に，あらかじめダイコンを剝皮する．剝皮の方法には2種類あり，一つは，手むき法で，高級品を製造する場合に用いられる．もう一つは，アルカリ処理による方法で，約3%の水酸化ナトリウム溶液を80℃前後に加熱したものに浸漬し，その後，3%のリンゴ酸で中和してから回転ブラシでダイコンの皮を除去するものである．皮をむいた後，ダイコン重量に対し，6%となるように食塩を撒き，5℃以下の冷蔵室内で4日間ほど下漬けを行う．下漬け後，食塩1～2%，砂糖10%で漬け換えし，2～3日間ほど中漬けを行う．次にこうじ床で，本漬けを行う．こうじ床は，食塩，砂糖，水あめ，ビタミンC，酢酸，水などを混合して調製したもので，重石をして，5℃以下の冷蔵室で約10日間本漬けを行う．製造業者によっては，2度漬けを行う場合もある．最後に，米こうじ，米飯，増粘多糖類を混合したものをダイコンに直接まぶして製品にする．また，包装製品の場合は，袋に調味漬けダイコンを入れた後，米こうじなどを入れて製品とする．増粘多糖類としては，一般的に，キサンタンガムやタマリンドガムなどが利用される．包装製品の場合は，このままでは，酵母の増殖によってガスが生成し，膨張を起こして商品性を損なうことになるので，80～85℃，20～30分の加熱殺菌を行う．殺菌後は，ダイコンの褐変化を防ぐためにただちに冷却水で急速冷却するとともに5℃以下で保存する（図3.24）．

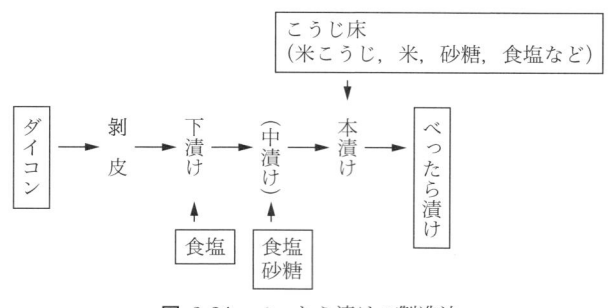

図 3.24　べったら漬けの製造法

製品の特徴

べったら漬けは，江戸時代にこうじ漬けの浅漬けダイコンとして，製造されていたものである．日本橋大伝馬町に宝田恵比寿神社という小さな神社があり，毎年10月19日，べったら市が開かれる．この市で売られるのがべったら漬けで，市に来た着物姿のお嬢さんに対して「べったら，べったら」とからかいながら販売したことに由来しているといわれている．砂糖を多く使用することから，菓子の感覚で食されることもある．

生産の状況

べったら漬けは，東京特産の漬物であるが，東京以外の地方でも生産されている．なかでも，紀州べったら漬けは，昭和20年代から作られ始めたもので，原料となる紀州ダイコンの皮をむき，紀州業界独自の加工方法で作り上げられている．べったら漬けの東京での生産量は年間約3000tであるが，全国的には約5000～6000t生産されているものと推定される．

〔宮尾茂雄〕

3.5.2 三五八漬け

塩3合，米こうじ5合，米8合の割合で漬け床を作り野菜などを入れ漬物にしたのが始まりといわれ，従来は野菜にまぶし，漬物にしていた．東北は会津地方が発祥とされている．ご飯を有効利用した漬物の素といえる．米こうじを利用することで米の「デンプン」に酵素が働きブドウ糖が生成する．しかし，食塩の存在は雑菌の増殖も遅らせるがブドウ糖の生成も遅れる．温度もかなり影響する．高いと微生物が増殖しやすいので必然的に秋から冬，春までの漬物ということに収まる．冬は休ませるぬか味噌床とは異なり，三五八漬けなど米こうじを直接利用する漬物は低温度で初めて誕生した漬物と思われる．

ナタ漬けは米こうじを用いた漬物で秋田県を代表する漬物の一つである．米の産地らしく米こうじをふんだんに使っている．塩分は3％前後で浅漬けタイプの漬物といえる．米こうじを多く用いても酵素が働くまで厳寒期は時間がかかる．したがって，漬け液上面は氷が薄く張る．氷を打ち砕いてダイコンを引き上げ，ブドウ糖の甘味を楽しんだ．ナタは鉈でダイコンを乱切りにしたことから由来している．いくら米こうじをふんだんに使っても糖化がうまく進まないと甘くはならない．近年，往時と比べ砂糖がたやすく手に入る時代である．米こうじで甘くならないと砂糖を加え甘くする．米こうじで糖化を先に行ってから野菜を漬け込むほうが利にかなっているのだが各家々の口伝がどこかで間違って伝わったと思われる．ある程度糖分が生成してから漬け込むあるいはまぶすほうがスピード化の時代には合っている．

ナタ漬けは広く秋田県で作られているが岩手県，青森県，山形県も同様で今も昔も作られている．奥羽一帯に流行した漬物と思われる．呼び名はさまざまでごっから漬

け（秋田県・角館），ぐっから漬け（岩手県），がっこら漬け（山形県）と称されている．いずれも，鉈でダイコンを斜めに割り裂き浅くひびが入り味の浸透が早くなる．これも工夫の一つ．青森県では米こうじに替わりダイズを入れて甘味をつけている漬物がある．また，ダイコンをさいの目にサイコロのように切り，塩と米こうじで漬けたものがある．さいの目漬けという．これも変形したナタ漬けの一つである．

〔菅原久春〕

3.6 酢漬け

概　要

酢漬けは6世紀中ごろに出た賈思勰の『斉民要術』に出ていて，現在の酢漬けの形である「調味酢漬け」と現在は塩漬けに分類されている「発酵酢漬け」の2つに判然と分けている．古さからいくと烏梅汁（梅酢）にウリ，ミョウガを漬けた「調味酢漬け」の酢漬け菜，次に野菜に発酵源として穀物を加えて塩漬けし乳酸を生成させた醃酢菜の菹，すなわち発酵漬物が出てくる．また，この醃酢菜が醸造酢発見以前の酸味料として使われたことも書かれている．今でも中国，台湾では乳酸発酵した高菜漬けが市場にたくさん売られていて中国スープや野菜炒めに酸味を付けるのに使われている．

わが国では奈良時代の758（天平宝字2）年の『食料下充帳』に酢漬冬瓜の文字，770（神護景雲4）年の「奉写一切経所解案」に酢糟3斗で茄子13斛4斗6升を漬けたと記されている．

現代の酢漬けは食品需給センターの統計ではショウガ漬け，ラッキョウ漬け，他酢漬けに分類されている．そして漬物のなかでは健康イメージからか生産量増加の傾向が強く，最近10年間で25％の伸びを示している．最近の統計ではショウガ漬け55％，ラッキョウ漬け40％，その他酢漬け5％で生産量は10.5万t，漬物全体の1割を占めている．

製造方法

ほとんどが塩蔵原料を脱塩して酸を含む調味液に浸して作る古漬けに属しているが，千枚漬けのように新鮮な大カブを軽く塩漬けした後に調味する新漬け（浅漬け）もある．酢漬けの日本農林規格や品質表示基準では食酢もしくは梅酢を必ず使うこととなっている．

酢漬けの種類

ショウガ，ラッキョウが主体であるが，他にダイコンや日野菜を使うさくら漬け，赤カブ漬け，しば漬け風調味酢漬け，はりはり漬けがある．酢漬けは市販製品の分析

表 3.8 主要酢漬けの呈味成分数値化（％）

	固形物	食塩	醤油*	アミノ酸液*	旨味調味料	酸	全糖	アルコール*
甘酢ショウガ	60	2.0	—	—	0.1	0.9	15	—
紅ショウガ	50	6.0	—	—	0.1	1.0	—	—
新ショウガ	50	5.0	—	—	0.8	0.9	—	1.0
甘酢ラッキョウ漬け	50	2.0	—	—	0.2	1.0	30	—
はりはり漬け	70	4.0	—	10	1.2	1.0	15	1.0
さくら漬け	55	4.0	—	—	1.5	1.0	—	—
しば漬け風調味酢漬け	80	4.0	10	—	1.0	0.8	3	0.5
赤カブ漬け[1]	55	2.5	—	—	—	0.5	14	—
千枚漬け[2]	85	2.0	—	—	0.5	0.4	12	—

* 醤油, アミノ酸液, アルコールは容量%.

およびそれを基礎として製造実験を行って，表 3.8 に示す呈味成分数値化が発表されている．

製造における最近の新技術

漬物には古漬けと新漬けがあるが，最近，冷蔵庫の発達で古漬けでありながら塩蔵を低温低塩で行って脱塩をしない野菜風味の強く残る漬物が開発された．塩蔵浅漬けともいうもので代表的なものは岩下食品の「新しょうが」である．平成に入って開発されたもので冷蔵庫中で 6% の塩度で軟白小ショウガを漬けて加工時の食酢，有機酸，旨味調味料，アルコールからなる同量の調味料に浸漬して作るというもので塩蔵品を使って浅漬け感覚の漬物が作れる．古漬けが野菜風味を欠くので新漬けに対抗するために開発された画期的製品である．

文献
1) 岡田俊樹，前田安彦：フードリサーチ，534 号，16-22，1999.
2) 岡田俊樹，前田安彦：フードリサーチ，527 号，20-29，1999.

3.6.1 ラッキョウ漬け

概要

中国の原産といわれ，紀元前 3 世紀の中国最古の辞書『爾雅』にすでに野菜として載っている．わが国では 737（天平 9）年の大政官符にそれらしいものが載っている．漬物としては 1836（天保 7）年の『漬物早指南・四季漬物塩嘉言』に薤（ラッキョウ）三杯漬けの記載があってラッキョウ 1 斗につき塩 2 升の割合で漬け押し，そして水が十分に上がったら水分を捨て砂糖蜜に漬けるとある．差し水をしないで漬けてい

るようで水が上がるのに時間がかかったと思う．また，酸味は乳酸発酵させた乳酸の酸味を期待しているようで不足の場合は酢を少し入れるとある．その後の文献は1936（昭和11）年の『実際園芸』増刊の漬物特集に薤漬があってここでは差し水をすることを勧めている．

ラッキョウは，生のものをエシャレットの代用として味噌を付けて食べる場合の他は，ほとんど漬物にする．それも収穫後すぐ浅漬けにして売ることは少なくたいていは塩蔵，脱塩，調味の工程を経る古漬けになる．酢漬けとして重要で年間4万tの生産量があってショウガ漬けに次いでその40%を占めている．

ラッキョウ漬けの特色は塩漬け原料の大部分が中国湖南省から輸入されていることで，なかには漬物完成品の輸入もみられる．国内産は福井県三里浜，鹿児島県都城，加世田両市の周辺で少量が作られているだけである．国内産の少ない理由は機械切りができずすべて包丁を使っての手切りのため人件費がかかり中国産の5倍以上の価格になってしまうためである．

栽　培

ラクダという品種が良好な歯切れで使われている．8月の植えつけ，翌年の6, 7月に1株に8g程度のものが7, 8球になったところで収穫する2年掘りの中玉と畑にもう1年置いてさらに分球させ1株20球にして3年目の6月に3gくらいのものを掘る花ラッキョウがある．端(ハナ)を切るから花ラッキョウと呼ぶというが，ラッキョウは植えて2年目の晩秋に紫紅色の美花を咲かせるので2年掘りの中玉には花がみられず花は3年掘りの小玉しかみられないので花ラッキョウと名づけたという説のほうがよさそうだ．

製造方法[1]

掘り上げたラッキョウは中心線に垂直に根元，首の部分を切り水洗した後ひたひたになるまで塩水を注ぎ放置する．全体の塩度が10〜12%だと泡を吹いて乳酸発酵をし2週間で終わるので冷蔵庫に収納する．乳酸発酵は糖の一部を消費して製品の褐変を防ぐとともにラッキョウ漬け特有の香りをつける．製品化にあたっては流水で1日半くらい脱塩する．ラッキョウは両端からしか塩が抜けず完全脱塩は難しい．甘酢ラッキョウ，たまりラッキョウ，ワインラッキョウ，塩ラッキョウなどがある．塩度4%まで脱塩したラッキョウをそれぞれの調味液に浸漬して味を浸み込ませたら漬物1

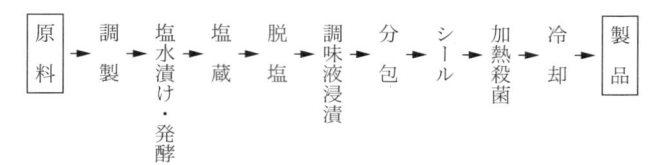

原料 → 調製 → 塩水漬け・発酵 → 塩蔵 → 脱塩 → 調味液浸漬 → 分包 → シール → 加熱殺菌 → 冷却 → 製品

図 3.25　ラッキョウ漬けの製造工程

に調味料1の割合で袋に入れシールして80℃, 20分の加熱殺菌をすると製品になる.

文　献
1)　前田安彦：月刊食品, **24**(6), 47-52, 1980.

3.6.2　ショウガ漬け
概　要

　冷奴, てんぷら, カツオの刺身とショウガは薬味によく香辛料の少ない日本人の食生活にうるおいを与えている. 漬物として甘酢ショウガ（ガリ), 紅ショウガ, 筆ショウガなどがあって最近の食品需給センターの統計では酢漬け類10.5万tの55%の5.8万tを占めている.

　ショウガは3世紀以前に日本に入り正倉院文書にも758（天平宝字2）年にショウガ塩漬けが記載されている.

　漬物原料のショウガの8割は中国, タイ, 台湾から入ってきて国産は高知, 長崎に少しあるだけ. 暑い国で作ったほうがふっくらとみずみずしくできるからである.

製造方法

　この筋っぽくない組織の軟らかさが生命のショウガの漬物がガリ, すなわちショウガ甘酢漬けである. 塩蔵ショウガを水の流れる切断機でスライスし（これで塩抜きも兼ねる), 水を切って8kgをあらかじめ調味液10kgを入れてある石油缶中のポリ袋に投入して口をゴムで締めれば完成, そのまま全国のすし屋に出荷する. 輸入原料を国内で加工するわけだが, 工場はほとんど栃木県と奈良県にある. 製品は食塩2%, 酸1%, サッカリン0.07%（砂糖換算15%の甘さ), 赤色102号0.001%の成分値になっている. サッカリンの軽い甘さと結晶のジンゲロン, 揮発性のショウガオールの両辛味成分の弱い辛さが調和してすしの脇役を果たす. 全漬物でただ1種, このガリだけがサッカリンを使っているという問題があるが, 砂糖で作るとすぐ発酵腐敗してしまうし加熱殺菌するとにおいが悪化するのが避けられない. それでもコンビニのなかには加熱してにおいの悪化しないショウガを選別し砂糖を使って加熱殺菌して店頭のすしに添付するところもみられる. この他, 合成着色料を使っていたのを天然着色料に切り替えたり, 白ガリといって無着色のものを作るなど安全性の配慮もされる. ショウガ漬けでガリ同様によく食べられるのは紅ショウガで稲荷ずし, ちらしずし, そして牛丼, ソース焼きそば, 冷やし中華, お好み焼きと広く使われている. 18%の塩度で入ってくる輸入塩蔵ショウガを千切りして10%塩度まで脱塩して着色した有機酸の液に浸したもので製造はきわめて簡単, 食塩5%, 酸1%, 合成着色料赤色102号0.05%が製品の成分値になっている.

最近の新製品[1]

ショウガは古文書にはハジカミもしくはクレノハジカミとある.「端赤み」の意で現在のハジカミは小ショウガを横に張らせて栽培し頭の部分を整形し軸つきで甘酢に漬ける. 筆ショウガ, 棒ショウガ, 谷中ショウガとも呼ばれる.「全身これハジカミ」という軟白小ショウガ酢漬けが戦後, 開発された. 台湾で深さ 80 cm の穴を掘り小ショウガを植え芽が伸びると土を掛けることを繰り返すと 80 cm 以上の径 1 cm の軟白小ショウガが得られる. これを酢漬けにしたのが通称「新ショウガ」と呼ばれるもので軟らかくフレッシュ感あふれる風味で人気がある.

軟白した小ショウガを掘り上げた原形を図 3.26 に示す. 大きなものは 1 m にも達する.

図 3.26 珍しい新ショウガ全体像

文 献
1) 岡田俊樹, 前田安彦：フードリサーチ, 507 号, 2-7, 1997.

3.6.3 千枚漬け

概 要

酢漬けはショウガ酢漬けとラッキョウ酢漬けが生産量の 95% にも達するが, 高級漬物として知られる酢漬けは千枚漬けである. 千枚漬けは京都新京極にある漬物店「大藤」の先祖が 1865（慶応元）年に御所の大膳寮の料理方として聖護院カブを使った漬物を供したのが初めてといわれる. したがって, 1836（天保 7）年発行の『漬物塩嘉言』には間に合わず, そこにはシソの葉千枚漬けが載っている.

かつてこのカブの千枚漬けは塩漬けに分類されていた. カブをスライスして荒漬けしたものを 5% 重のコンブを使って本漬けして 2 週間置くと乳酸が 0.8% 程度生成してコンブの粘りも出て熟成する. しかし, この発酵法は風味はよいがカブの美しい白が淡黄色になって明るさが減るうえに製造日数がかかるなどの難点があって, カブの白さの保てる調味酢漬け法に切り替わっている. 1936（昭和 11）年の『実際園芸』

増刊の漬物特集の千枚漬けには荒漬け2日で砂糖，コンブを使って本漬け8日で食すとあって，短期間で食用に供する場合は食酢，みりんを加えるとなっている．発酵とはまったく書いてないが，本漬け8日では発酵するのと早漬けは食酢を加えるとあるので，すでに戦前に発酵法と調味酢漬け法が併せて行われたことがわかる．現在，発酵法を行っているのは知る範囲では村上重本店だけになった．

製造方法[1]

聖護院カブを使った製造は10月下旬の出荷になるので，早出しは聖護院ダイコンに頼っていたが，タキイ種苗の早生大カブが発売されて栽培地移動により9月中旬からの出荷も可能になった．製造工程図を図3.27に示す．カブの皮をむきカンナというスライサーで厚さ3 mmに薄切りし，下漬け樽に底から花形にカブを並べ，1段ごとに塩を撒く．4斗樽に1 kgのカブ70個，1個のカブから30枚の薄切りとして2000〜2400枚が漬かる．食塩はカブ重量の2.5%，重石をして下漬け2日で漬け上がる．下漬けカブを作業台の上に倒立してピラミッドを作り，本漬けに移る．本漬けには布で磨いた上質のコンブを5×5 cmに切ったものを荒漬けカブの5%重量，調味液を30%重量用意する．2斗または4斗樽を用意し下漬け同様にカブを花形に並べコンブを各段2，3枚，調味液を撒いてまたカブを並べ，これを繰り返す．終わったら落とし蓋をして軽く重石をして冷蔵庫中で3〜5日熟成する．コンブのぬめりがでたら袋詰もしくは小型の樽に包装する．樽詰めの場合は壬生菜の塩漬けが添付されているので芯に使って千枚漬けでくるくる巻いたり，巻いた千枚漬けを壬生菜で縛ると美しく食べられる．

成分分析値

味覚には京都の店によって酸が0.3%のものと0.5%のものの2通りがあり，食塩2.3%，全糖10%，旨味調味料0.5%が平均分析値である．食感が軟らかくなめらかでコンブのぬめりの適当に出たものがよいとされる． 〔前田安彦〕

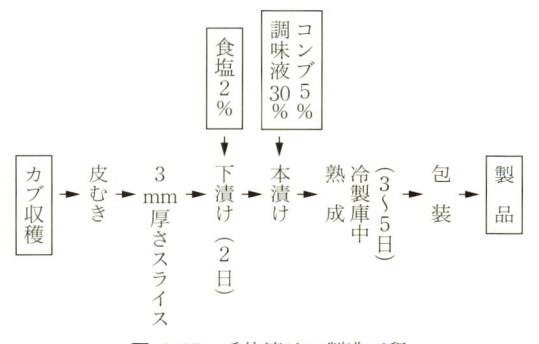

図 3.27 千枚漬けの製造工程

文 献

1) 岡田俊樹, 前田安彦:フードリサーチ, 527号, 20-29, 1999.

3.7 ぬか(糠)漬け

概 要

奈良時代の762(天平宝字6)年の『食物用帳』に白米の字がみえ,搗精度は米ぬか1割とあって今の白米の搗精で出る米ぬかは玄米の9%であるから,当時の白米も現在と同様である.米ぬかはすでに734(天平6)年の『尾張国正税帳』にぬか米の記載があり馬糧に使われたとある.ただ道鏡が権力を振るったこの時代にはぬか漬けはなく菅原道真が大宰府に流された後に作られた930(延長8)年の『延喜式』にもまだないが,そのなかに楡の木の皮と食塩の床を使った漬物の菹や米,ダイズ,アワなどの穀類を粉にしたものと食塩を混ぜた床に漬ける須々保利というたくあんの原型らしきものはみられる.ダイコンも712(和銅5)年の古事記にみられるが漬物の記録は遅れて1050年代の藤原明衡の日記に「香疾大根」が現れるまでない.たくあんは品川東海寺の落成の1639(寛永16)年の家光の「たくあえ漬けではなく沢庵漬けなり」との沢庵宗彰への家光の上意が最初である.

ぬか漬けを代表とするたくあんの歴史は以上のとおりで,これから江戸時代の1836(天保7)年の『漬物塩嘉言』のころは,この本の第1項目から第3項目にかけて沢庵漬,三年沢庵,たくあん百一漬と詳述されていて重要漬物になっていることがわかる.その後,大正年間に塩押したくあんというこれまでダイコンを干して塩ぬかに漬ける干したくあんだけだったところに新しいたくあんが誕生,その後,袋詰め,低温下漬けたくあんといろいろのたくあんが生まれる.表3.9にたくあん製造技術の変遷を,表3.10に戦前のたくあんが干しダイコン70kgを漬ける一丁漬けで食塩・米ぬかの合計1斗,食塩を可食期に合わせて酸生成を防ぐため月の升,すなわち3月なら食塩3升,米ぬか7升,7月以降は食塩7升,米ぬか3升の配合の塩ぬかを使った表を示す.

製造方法

干したくあん[1]は低塩にする際に脱塩そして風味が抜けるのを防ぐため低温下漬けという戦前の一丁漬けの3月出しの配合に統一されているので,冷蔵庫の占拠は長くなるがきわめて風味豊かな製品が出荷されている.

これにならって塩押したくあん[2]も,理想系ダイコンを冷蔵庫中で6%の塩度で周年貯蔵するようになって,こちらも風味はきわめて向上した.

図 3.28 見事な景観でもある「はざ掛け」の様子（南九州）

図 3.29 密封包装後，80℃の湯で20分加熱殺菌する

製造方法の問題点

　たくあん製造のポイントは色調，歯切れ，味覚である．最も大切なのは色調でこれはカラシ油（4-メチル-3-ブテニルイソチオシアネート）の分解が関与する黄色色素の生成はやむをえないが，ダイコンポリフェノールの酸化によるダイコンの肌の灰・褐・黒色化は極力防ぎたい．黄変も含めてほとんどのたくあんが冷蔵庫漬け込みになったのでポリフェノールの酸化も遅れてはいるが，重要なことは大型容器にたくあんを漬け込む際に空気をいかに遮断できるかである．

　干したくあんはよく干して（曲げ具合つの字，対原料割合6割減），すき間なく漬けること，塩押したくあんではダイコンの塩押しを普通2回するところを3回にしてしなしなにしてこれもすき間なく漬けることである．歯切れは変色防止と同様にていねいに漬けることで特に塩押したくあんでは3回漬けにすることでダイコンがよくこなれて硬さがとれてよい物性になる．味覚はダイコンのもつ呈味成分を大切にしたいので低塩冷蔵庫漬け込みで脱塩工程を省略している．

　たくあん風味は干したくあんでは漬け込み熟成中生成のアルコール1%に負うこと

表 3.9 たくあん製造技術の変遷

名　称	開発時期	特　徴
干したくあん	徳川初期	連掛け・高架はぜ掛け乾燥
塩押したくあん	大正初期	みの早生の秋期塩押しぬか漬け
塩押し早漬け樽詰め	1955 年	紀の川漬け（和歌山），早漬け（みの早生）
干したくあん袋詰め	1960 年	プラスチック袋開発，加熱殺菌
塩押し本漬け	1963 年	理想などの秋ダイコンの塩押し周年供給
液漬けたくあん	1965 年	調味液入り干したくあんの樽詰め
塩押し本漬け袋詰め	1965 年	3層ラミネートフィルム，加熱殺菌
変り種たくあん	1967 年	梅酢，カツオ節，醤油漬けたくあん
低温下漬けたくあん	1975 年	冷蔵庫低塩漬け込みによる脱塩回避
砂糖しぼりダイコン	1985 年	塩漬けダイコンを液糖浸透圧で脱水
個食用たくあん	2000 年	100 g 程度の袋詰め

表 3.10 戦前の一丁漬けの配合割合（4斗樽分）

食用適期	干しダイコン (kg)	食　塩*	米ぬか**	トウガラシ (g)	ウコン粉 (g)	漬け上がりの食塩含有量（％）
3 月	70	3 升 (4.5 kg)	7 升 (3.3 kg)	50	30	5.8
4 月	70	4 升 (6 kg)	6 升 (2.8 kg)	50	30	7.6
5 月	70	5 升 (7.5 kg)	5 升 (2.4 kg)	50	30	9.4
6 月	75	6 升 (9 kg)	4 升 (1.9 kg)	50	30	10.5
7 月以降	75	7 升 (10.5 kg)	3 升 (1.4 kg)	50	30	12.1

* 戦前の食塩：1 升が 1.5 kg（現在は 1.95 kg）．
** 戦前の米ぬか：1 升が 0.47 kg（現在は 0.53 kg）．
　したがって，現在はこの表は適用できない．

が多いのでアルコール添加が重要になる．

　ぬか漬けでたくあんと並んで重要なのはぬか味噌漬けである．天保 7 年の『漬物塩嘉言』にすでに「どこの家でもぬかみそ漬けのないところはない」とあるので相当に普及していたことがわかる．ぬか味噌漬けは野菜を漬け込んで漬かったら掘り出して食べるのであるが掘り出したときの風味が大切で，この風味は急速に劣化する．したがって，漬物工業の市販品にはなりにくい．製造ポイントは 4 つあって[3]，第 1 には

よい配合の漬け床を作る．第2に攪拌することにより嫌気性の悪いにおいを作る酪酸菌を抑え嫌気性だが空気にも耐える乳酸菌の生育を旺盛にする．第3によい漬け床でよい風味になったとき平均して野菜に2％の食塩が吸収され，ぬか床に10％前後の水が放出されるので，最初に決めた漬け床の食塩と水分をいかに維持するか．第4に長期旅行する場合に食塩を多く散布し蓋塩もする．以上の4つを守れば安定してぬか味噌漬けが食べられる．要するにぬか味噌漬けはその床の水分，塩分で牽制し多くの微生物のなかからぬか味噌漬けに有益な菌を選択するところがポイントになる．表3.11に水分55％，食塩8％のぬか床の処方を示す．この床に夏場8時間，冬場12時間，野菜を漬けると食塩2％になる．

表 3.11 水分55％，食塩8％のぬか床

		水　分	食　塩
米ぬか	1 kg	140 g	
食　塩	190 g		190 g
水	1160 ml	1160 g	
合　計	2350 g	1300 g	190 g
		55％	8％

ぬか漬けにはこのほか，京都の京水菜ぬか漬け，滋賀の日の菜ぬか漬け，島根の津田カブぬか漬けが名産ぬか漬けとして知られている．　　　　　　　　　　〔前田安彦〕

文　献
1) 岡田俊樹，前田安彦：フードリサーチ，522号，40-46，1998.
2) 岡田俊樹，前田安彦：フードリサーチ，521号，36-44，1998.
3) 前田安彦：漬物学，pp 306-308，2002.

3.7.1　たくあん漬け
製品の概要
たくあん漬けの発祥は諸説あるが，江戸初期から中期にかけて，江戸の品川東海寺の沢庵和尚が広めたとされている．たくあん漬けはわが国の代表的な漬物で，1980年代はじめごろまでは，全漬物生産量の約25％を占めていたが，年々減少傾向にあり，最近では10％を大きく割っているといわれている．

たくあん漬けは，干しダイコンを原料とするものと塩押しダイコンを原料とするものとの2つに大別される．古くから，秋ダイコンを原料とした干したくあんが主流であったが，現在では通年で生産可能かつ生産管理しやすい塩押したくあんが主流となった．風味の点からみれば，干したくあんも根強い人気があるようで，インターネッ

トを利用した通信販売で地域の「こだわりの製品」として売られている．

製　法[1,2]

図3.30に示したように，たくあん漬けはダイコン中の水分の乾燥方法により，干したくあんと塩押したくあんに分類される．干したくあんではその地方の気候に合わせて天日干しされる．一方，塩押したくあんでは，内部まで塩を浸透させるため，塩分濃度を変えながら2～3回の塩押し工程が行われる．干したくあんでは強い歯切れに，塩押したくあんでは軽い歯切れになる．従来は，どちらも塩ぬかに漬け，熟成させたものを製品としていた．現在では，業界で「原木」と呼んでいる熟成後の従来の「たくあん」に，さらに調味液漬けを行い，袋詰めして製品となる．

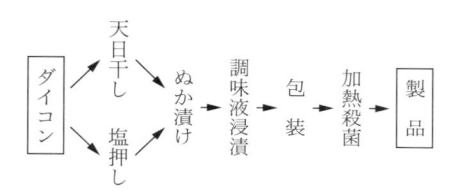

図 3.30　たくあん漬けの製造工程

製品の特徴

たくあん漬けはそのほとんどが一本漬けで製造・市販されている．以前は，店頭で樽売りするスタイルであったが，最近ではまったくといってよいほどみられなくなった．包装容器の技術革新と消費者の食に対する簡便化指向とともに，一本ものだけでなくスライスしたものなど，手軽に食することができるようにと食べ切りサイズ程度の小さいパッケージの製品が増え始めている．一方，味に変化をもたせるために，カツオ節，梅シソ，キムチなどの風味を付与した製品も出回っている．

たくあん漬け製品の最大の特徴は，そのにおいと黄変である．どちらも科学的にほぼ解明されており，これらはダイコンの辛味成分である 4-methylthio-3-butenyl isothiocyanate（MTBI）に由来することが知られている．この辛味成分は漬け込み初期に酵素的に生成されるが，独特のたくあん臭の元となる揮発性含硫化合物を放出しながら，徐々に分解されていく．辛味成分の分解産物と微生物由来のアミノ酸の1つであるトリプトファンとが化学反応を起こし，主要な黄色色素である 2-[3-(thioxopyrrolidine-3-ylidene) methyl]-tryptophan（TPMT）を生成する[3]．図3.31に一連の反応経路を示した．

生産の現状

塩押したくあんが全国的に生産されているのに対して，干したくあんは関東，静岡，東海，南九州などの一部の地域に限られる．現在では，メーカーの寡占化と生産規模の拡大に伴い，生産管理のしやすい塩押したくあんが主流になりつつある．その

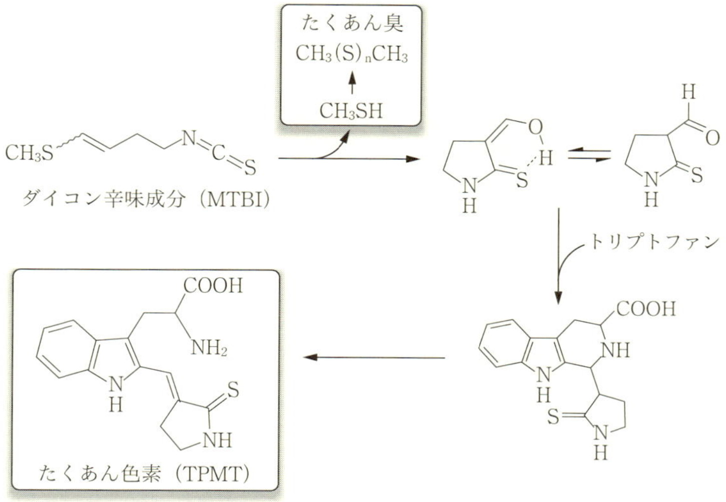

図 3.31 タクアン漬けのにおいと色素の生成

　一方で，最近のインターネットの普及のおかげで，店頭ではほとんどみられなくなった伝統製法を守ったいぶりたくあんや寒漬けが入手しやすくなっているのも事実である．

　消費者の健康志向の高まりにより，現在のたくあん漬けの塩分は企業努力によって，3％前後まで下がっている．そのため，従来の製造法ではぬか漬け後に脱塩工程が必要となり，せっかくの熟成した風味が失われてしまう．そこで，冷蔵庫やチラーを用いて低塩下で下漬けやぬか漬けを行うことで素材の味をいかした製品作りが可能になっている．また，このような方法をとることで，図3.31で示した化学反応はかなり抑制される．しかしながら，コンビニ弁当でみられるようにたくあん漬けが高温加熱されることも考慮する必要性が生じてきているため，それを解決するため，白コショウ抽出物[4]や発酵法[5]を利用した方法などが提案されているが，最低でも脱気工程を入れるなどして，いわゆるたくあん臭のしないたくあん漬けの開発が今後の課題といえる．

〔松岡寛樹〕

文　献
1) 前田安彦：漬物学　その化学と製造技術, pp 226-258, 幸書房, 2002.
2) 小川敏男：光琳テクノブックス8 漬物製造学, pp 165-174, 光琳, 1988.
3) Matsuoka H, et al: *Biosci Biol Biochem*, **66**(7), 1450-1454, 2002.
4) 坂上和之, 松尾知晴：公開特許公報 (A) 特許公開 2003-245037.
5) 西脇俊和, 吉水　聡：公開特許公報 (A) 特許公開 2004-49040.

3.7.2 いぶりがっこ（いぶりたくあん漬け）

　東北・秋田の冬は駆け足でやってくる．晴天は続かず，屋外でダイコンを干すのは困難である．このため，晩秋に収穫されたダイコンは，室内での乾燥を余儀なくされる．「囲炉裏」の上に吊り下げられたダイコンは，燃える薪の煙と熱によって，くん（燻）煙乾燥される．表面に付着した「煤」を洗い落とし，たくあんと同じような方法で製造したものが「いぶりがっこ」である．くん煙の薫りとぬか漬け風味のおいしさを醸し出す漬物の誕生である．この漬物は，もともとは農家の自家用漬物であった．歯応えや風味のよさから販売用として本格的に生産を開始したのは昭和50年代のことである．現在，十数社で，1500t前後のいぶりたくあん漬けが製造・販売されている．

　南九州のような天日乾燥法による干しダイコンの製造に適していないことがスモーク風味の「いぶり漬け」を誕生させた．農家で実際にいぶり漬けに供されてきたダイコンには以下の品種がある．宮重系（大蔵，三八，赤すじ，聖護院，方領，青かしら），練馬系（秋づまり，理想）．また，四ツ小屋，秋田（川尻）など地ダイコンが多く用いられてきた経緯がある．肉質が硬いということで消費者から敬遠され姿を消している．農業試験場では1950年から秋田ダイコンと練馬1号ダイコンとで交配，選抜をし1956年にいぶり漬け用のダイコンとして改良秋田ダイコンを育成している．自家生産，自家消費が主だったが，樽取りの形態で販売したところ口コミやメディアでたびたび紹介された．これがきっかけで，1975年ころ2，3の企業でプラスチックの包装形態で商品として「いぶり漬け」の販売を開始した．

　一般的にくん煙乾燥ダイコン80，食塩4，米ぬか4，砂糖12を基本にして漬け込みをする．冬期間の漬け込みということで，一丁漬けタイプが多い．そのときの温度にもよるが，漬け込み期間はおおむね60〜90日間である．漬け込み初期の品温が10〜15℃の場合，乳酸発酵が効果的に進行するが，10〜7.5℃以下だと60日後も酸度が0.2％と低く乳酸発酵が緩慢である．酸味不足と指摘される要因の一つといえる（キムチの発酵と相似している）．いぶり漬けの場合，漬け込んで50日目前後になるとぬか床と漬け液が「ぬるぬる」「どろどろ」と変化する．pHの低下はまだ認められないがそろそろ「いぶり漬け」ができたとの合図と解釈する．このときの乳酸菌は *Leuconostoc mesenteroides* である．砂糖業界からは嫌われている微生物であるが，いぶり漬けでは主役の乳酸菌である．春が近づき品温が上昇すると，*Lactobacillus plantarum* が取って代わり酸を生成し，pHが低下する．しかし，*Lactobacillus brevis* が活動すると酸敗につながる．したがって，貯蔵温度に注意が必要で，冷蔵庫は必需品である．

3.7.3 柿漬けダイコン

カキ（柿）とダイコンが出会い新しい漬物が誕生する．大正の末ころ（1925年前後）生産されるようになったといわれている．現在の田沢湖線が奥羽線の大曲から生保内（現在の田沢湖）まで開通し物資が鉄道で入ってくるようになり，他産地のカキも入ってきた．この地帯は古くからのカキの産地である．

地カキの商品価値が下がり値段も安くなり，廃棄物のように扱われた渋カキがダイコンと一緒に漬けることでよみがえった．再生法の一つが漬物にすることであった．食するとたいへんにおいしい漬物である．砂糖が珍しい時代，カキは貴重な甘味であった．今も受け継がれている基本的な漬け方は，ダイコンと渋ガキを1：1の割合で用いつぶしたカキを漬け床にし，その上にダイコンをすき間なく並べる．ダイコンの上につぶしたカキを並べその上にダイコンと交互に繰り返し，最後はカキをまぶし，空気と遮断する．塩は4％前後用いており，正月から春まで食している．

空気（酸素）と遮断することで，カキの脱渋がスムーズに運ぶ．カキの上品な果糖の甘味がダイコンに浸透し味わい深い漬物が誕生する．このとき，カキ渋のポリフェノールが漬け液に溶け込み黒く被ることになるが，雑菌の生育を阻止する働きがある．乳酸菌も増殖しない．ダイコンも白い状態を保っている．低塩分でありながら保存性は抜群である．

基本的な製造方法は上記のとおりであるが，米こうじを用い甘酒を活用する方法も存在する．生ダイコンと渋ガキを一緒に漬ける方法のほかに塩漬けしたダイコンを用いたり，外干ししたダイコンを用いるなど製法は少しずつ進化している．「柿たくあん」なるものも存在し広がりをみせている．カキとダイコンのあるところには，「柿漬けダイコン」があるが，それ以外に，体菜（シャクシナ），高菜などの柿漬けもある．

〔菅原久春〕

3.7.4 伊勢たくあん

伊勢たくあんとは，三重県伊勢地方の櫛田川から宮川にかけて栽培されたダイコンを用い，生産されている干し（乾燥）たくあんである（表3.12）．適合品種である「阿波晩生」のほか，地場特産の「御園」が原料として用いられている．「御園」は「宮重」と「練馬」の自然交雑によって成立[1]したものである．この地域では冬季に鈴鹿山脈より強風が吹くが，温暖であるため，干したダイコンが凍結する心配が少なく，干したくあんの製造には適していると考えられる．伊勢たくあんは伊勢神宮に参拝した折りの土産品として名高いが，近年のたくあん離れの影響で生産量は減少した．しかし，根強い人気があり，専門業者もある．

表 3.12 日本の代表的な干し（乾燥）たくあん

製品名	主産地	特徴，現状
いぶりがっこ	秋田県	囲炉裏でダイコンをいぶし，これを塩ぬかで漬ける
七尾たくあん	静岡県	熱海の名産．2年以上漬け込む製品もある
渥美たくあん	愛知県	風が強く風は温暖な気候を利用．ダイコン栽培農家が減少
伊勢たくあん	三重県	生産量は減少した
山川漬け	鹿児島県	干す期間が長い

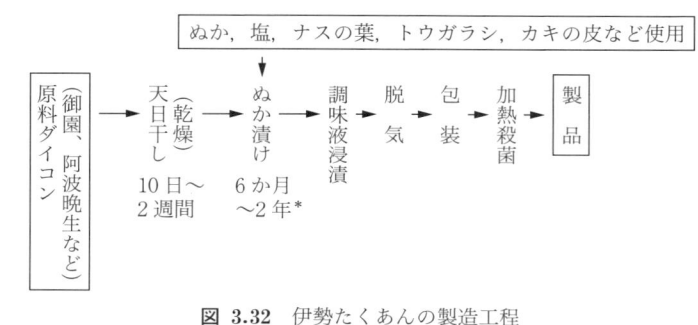

図 3.32 伊勢たくあんの製造工程
* 食塩含量によって変動．

文　献
1) 松本正雄ほか：野菜園芸大百科第2版10　ダイコンカブ，農山漁村文化協会，2004．

3.7.5 日の菜漬け

日の菜漬けは滋賀県，奈良県，三重県などで栽培されている細長いカブ（日の菜）を原料としている．日の菜は滋賀県日野町で江戸時代より栽培されており，根の地上部，および葉柄は赤紫色で，地下部は白色である．根が硬いため，漬物専用品種であり，塩漬けした後にぬかに漬け直して製品としている．日の菜は赤カブの一種であり，飛騨紅カブ，津田カブと同様に漬け込みによって乳酸発酵が進行するとアントシアニンに基づく鮮やかな赤紫色となる．そして特有の香りが生成し，食欲を増す．筆者の行った日の菜を用いた実験では，日の菜を洗浄して3％ほどの食塩で塩漬けし，乳業用乳酸菌を接種して低温発酵させたところ，7日以内に良好に発酵が完了した．日の菜に多く含まれるカラシ油配糖体がミロシナーゼによりイソチオシアネートが徐々に生成され，これが産膜酵母などの腐敗微生物の生育を阻止していると考えられる．同時にこの配糖体の適度な存在が日の菜漬け特有のほろ苦さに関与しているものと考えられる．前田らの報告[1]によれば，日の菜から生成するイソチオシアネート

図 3.33 日の菜漬けの製造工程
原料 → 洗浄 → 塩漬け* → ぬか漬け → 製品 → 調味液浸漬 → 包装 → 加熱殺菌 → 製品
＊塩漬する代わりに，干す方法がある．

表 3.13 日本の代表的な赤カブの品種

品種名	主産地	特　徴
日の菜	滋賀県	日の菜漬けの原料
津　田	島根県	葉は緑，根地上部は紫，根地下は白
飛騨紅	岐阜県	発酵・熟成させた漬物が特産品となっている
伊予緋	愛媛県	ダイダイ酢漬けの原料
温　海	山形県	焼き畑で栽培させてきた歴史あり．甘酢漬けに好適
開　田	長野県	カブは紫色．葉を「すんき漬け」の原料として代用する場合がある（通常は木曽菜を使用する）

は，主に 3-ブテニル，4-ペンテニル，2-フェネチルであり，特に 2-フェネチルイソチオシアネートは塩蔵しても安定であった．これらの成分が日の菜漬け特有の香り形成に大きく関与していると考えられる．これらのことは発酵工学的，食文化的にたいへん興味ある現象であり，先人の知恵に敬服する． 〔石川健一〕

文　献
1) 前田安彦，小沢好夫，宇田　靖：農化，**53**, 261, 1979.

3.7.6 寒　漬　け
概　要

　瀬戸内海に面した山口県宇部近郊に，古くから伝わっている干しダイコンの漬物がある．11月末から1月にかけて厳寒のころに漬けられることから，「寒漬け」という名がつけられた．寒漬けは，近郊で作られたダイコンの長期保存法として，この地域で発展した製法であり，干しダイコンにした後，醤油と食酢をベースとした調味液に漬け込まれ，発酵・熟成された特産漬物である．その昔は，乾燥前のダイコンを瀬戸内海の海水につけて，塩分を含ませながら乾燥させていたという歴史がある．遠い昔，大陸か東南アジア地方から渡来した海水漬けの伝統手法は，食塩を利用する以前の漬け方であり，その伝統手法の歴史とロマンが感じられる伝統漬物といえる．

製造法

その昔はダイコンの乾燥効率を高めるため，ダイコンを海水で洗い，半干しダイコンを何度か海水漬けで塩分を含ませながらよく乾燥した干しダイコンに仕上げていた．最近の製造では海水は使わず，低塩で塩漬けしたダイコンをよく乾燥させている．その一例を図3.34に示した．収穫されたダイコンを低塩で2～3週間塩漬けした後，棚田に掛けて乾燥させる．乾燥途中に半干しダイコンを叩いて伸ばし，ダイコンの繊維をほぐし柔軟にする工程がある．この工程を1～2度繰り返し，約1か月間寒風にさらしてダイコンをよく乾燥させる．干しダイコンを醬油，みりん，砂糖，食酢をベースとした調味液に漬け込んで本漬けし，発酵・熟成させる．この本漬けの工程で寒漬け特有の風味が醸成される．本漬け工程は長期のものもあるが，干しダイコンを薄く刻んで本漬けしたものは1～2か月で製品化できる．本漬けの調味配合と熟成期間とにより，バラエティ化が図られている．出荷前には袋詰めされ，低温殺菌して製品化される．最近では，刻んだ商品が多くなってきている．

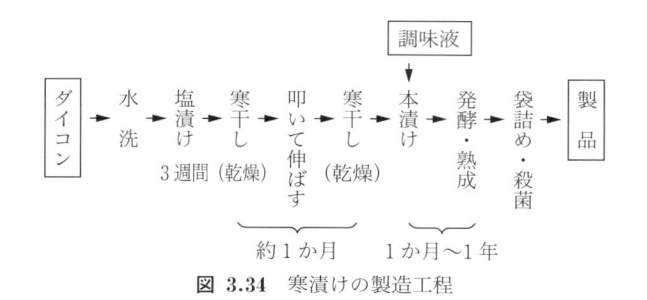

図 3.34 寒漬けの製造工程

製品の特徴

長時間かけてよく乾燥させたダイコンは甘酸っぱい香りがし，ダイコンの古漬け特有の風味がある．昔は，家の軒下に干しダイコンを吊しておき，食べるときには，薄く刻んで湯戻した後，みりんなどで調味した甘醬油や三杯酢につけて食していた保存食である．干しダイコンの風味と歯切れのよさが大きな特徴の1つである．熟成期間の長いものには発酵した風味も加わり，酒のつまみ，お茶づけに合う他にない珍味な漬物といえる．

生産の状況

昔は保存食として，各家庭で寒漬けが作られていたが，現在，寒漬けを製造している企業は山口県内の2社のみである．生産量も年間6tと少ないが，山口県の特産品としてお土産として販売されている．

〔太田義雄〕

文　献
1)　小川敏男：漬物と日本人，日本放送出版協会，1996.

3.7.7　山川漬け
概　要
　鹿児島県の薩摩半島の山川港に伝わる簀のこを敷いた壺に極端に干したダイコンを塩漬けし茶褐色にしたたくあんである．山川港はかつて薩摩藩と明との密貿易港として栄え，壺も唐人により持ち込まれたという．乾物たくあんともいうべきもので，カツオ漁港でもある山川の人たちの遠洋漁業の副食として役立ったと伝えられる．

製　法[1]
　物性の硬い練馬ダイコンを晴天3週間天日乾燥し，歩留まり2割の結べる状態にしてそれを海水で洗い，次いで西式という杵つき機を使って根体を叩いて軟らかくして再び乾燥して，簀のこを敷いた壺に食塩だけを使って漬け込む．壺の大きさは直径1m以上の人の入れるものから2斗入りの小型のものまである．暖地であるので1月にダイコンを処理していねいに並べて漬け込み壺の口を覆って熟成する．3～6か月で簀のこからの空気の流通もあって強く褐変しチョコレート色のたくあんになる．山川港周辺の人はこれをスライスして甘酢醬油に漬けて食べる．

山川漬けの特徴[2]
　壺に密封してあるが，簀のこを敷いてあるので好気的発酵が行われ，ダイコンのもつ辛味成分4-メチルチオ-3-ブテニルイソチオシアネートが複雑に分解しスルフィネート，スルフィドのようなたくあん香気を作るとともに山川漬け特有のスルフィニルスルホン，トリスルフィドモノスルホキシドなど低分子硫黄化合物を作り強烈なにおいになる．遊離アミノ酸分析ではダイコンを強く乾燥したときに野菜が乾燥耐性を得るためにできるのか，プロリンが500 mg/100 gも生成する．そして熟成発酵時にγ-アミノ酪酸200 mg/100 g前後も生じる．山川漬けの壺出しの分析値は食塩5％，全窒素0.6％，全糖10％であった．

つぼ漬け[3][4]
　山川漬けは壺に漬けるところからつぼ漬けというが，昭和40年はじめには，このチョコレート色のたくあんの食べ方がわからず全国的にはまったく売れなかった．そこで鹿児島県の漬物業者が地元特産の孟宗竹の太い茎で円筒形の容器を作り山川漬けのスライスの甘酢醬油漬けを包装，加熱殺菌したものを入れて「つぼ漬け」の名称で売って成功した．したがって，開発初期は袋に茶色の風味の強いスライスたくあん醬油漬けが包まれていたが，徐々にこの茶色，風味が嫌われ，時あたかも他の野菜，花に畑を奪われて移ってきた愛知県渥美のたくあん業者，宮崎のデンプン工業転業業者の作る黄色の上干したくあんスライスに切り替わっていった．現在の市販つぼ漬けは，

袋に黄色のやや穏健な風味のスライスたくあん醬油漬けになって全国的によく売れている．分析値の1例は食塩5%，醬油類5%，酸0.8%，糖分10%，旨味調味料1.5%，乾燥の目安のプロリンは200 mg/100 g（山川漬け500 mg/100 g）である．上干したくあんのほうが山川漬けより乾燥度が低いからプロリンは低い．ちなみに塩押したくあんのプロリンは普通50 mg/100 g以下である． 〔前田安彦〕

文 献
1) 前田安彦：月刊食品，**25**(10)，18-27，1983．
2) Maeda Y, et al : *Agric Biol Chem*, **42**(9), 1715-1722, 1978.
3) 岡田俊樹，前田安彦：フードリサーチ，522号，40-46，1998．
4) 映像記録 日本の味・伝統食品，前田安彦解説：南蛮渡来のたくあん「山川漬」，(財)味の素食の文化センター・農文協．

3.8 からし漬け（こなす漬けなど）

小ナスとかキュウリが出回るころ鼻にツーンとくるからし漬けは，ついつい手が伸び食欲をそそる．黄色に着色されたマスタードの辛味が練った酒かすの風味とともに心地よいハーモニーを奏でる．現代的な漬物の誕生である．米こうじを糖化した甘酒にからし粉（和辛子）を溶かす方法もあるが，酒かすで練るほうが風味がよいようで

表 3.14 辛味物質の系統

系 統		野 菜	辛味物質
ツーン（シャープ）↑↓ピリッ（ホット）	からし油系	ワサビ	アリルイソチオシアナート
		ダイコン	4-メチルチオ-3-ブテニルイソチオシアナート
		和がらし	アリルイソチオシアナート
		洋がらし	p-ヒドロキシベンジルイソチオシアナート
	チオエーテル系	ニンニク	ジアリルジスルフィド
		タマネギ	ジプロピルジスルフィド
		ラッキョウ	ジメチルジスルフィド
	カルボニル系	ショウガ	ショウガオール
	酸アミド系	コショウ	ピペリン
		サンショウ	サンショオール
		トウガラシ	カプサイシン

ある．

「山海漬け」はワサビを使う．野菜（キュウリ，シロウリ（越瓜），ダイコン），山菜などと一緒に，数の子など海のものが入る．新潟県の特産漬物として有名である．キーワードは北前船，酒造地，野菜産地と考えられモダンな風味が酒飲み人にも受け入れられ現在に至っている．

辛味は従来はからし粉を使っていたが変色しやすいということでからし油（アリルイソチオシアネート）を使う．また，色合いは用いる酒かすで調整することになる．

〔菅原久春〕

3.9 もろみ漬け

概　要

もろみ漬けは，いわゆる調味漬けに分類されるもので，農産物をもろみまたはこれに砂糖類，醬油などを加えたものに漬けた漬物で，キュウリ，小ナス，ダイコン，山菜などさまざまな野菜が使用される．また，野菜のほかに，シイタケなどのキノコ類を漬けたものやイカなどの魚介類や豚肉，コンニャク，豆腐をもろみ漬けにしたものもある．

種　類

もろみは，もともとは醬油の元になるもので，醬油こうじを塩水に仕込んだ後，熟成させたものである．このもろみを圧搾すると生醬油が得られる．もろみは食欲をそそる香りやもろみ特有の風味を有しており，このもろみに野菜原料となる小ナスやキュウリを漬け込むことにより，もろみ漬けを製造することができる．もろみ漬けに分類される漬物は多種類あるが，よく知られているものに小ナスもろみ漬けやキュウリもろみ漬けがある．また，地域性があるものとしては，大分県の吉四六漬けがある．小ナスもろみ漬けは，下漬けした小ナスを水に浸漬して脱塩し，一定程度圧搾したものをもろみに漬けたものである．キュウリもろみ漬けは，小ナスもろみ漬けと同様

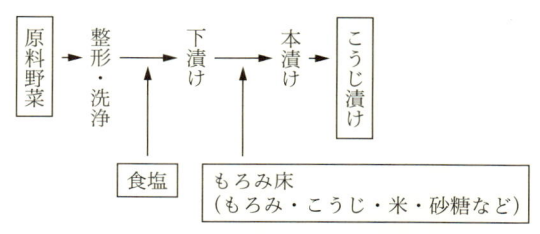

原料野菜 → 整形・洗浄 → 下漬け → 本漬け → こうじ漬け

食塩　　　もろみ床（もろみ・こうじ・米・砂糖など）

図 3.35　もろみ漬けの一般的な製造法

に，キュウリを原料としてもろみに漬け込んだものである．

吉四六漬けは，豊後の名物男である吉四六さんから名づけられたもろみ漬けの1つで，大分県の特産物である．吉四六漬けは，1978（昭和53）年，地域づくり運動の原点となった「一村一品運動」から生まれた漬物で，大分県玖珠町の名物となっている．吉四六漬けは，ダイコン，ニンジン，キュウリを原料野菜として利用したものやセロリ，ユズ，ギンナンなどを独特のもろみに漬け込んだものがある．

鉄砲漬けは，千葉県成田市近辺で作られている漬物で，シロウリのワタを取り除いたところに，シソの葉で包んだトウガラシを詰め，もろみ漬けにしたものである．トウガラシの辛味が全体に広がり独特の風味を醸し出している．シロウリは鉄砲の筒に相当し，トウガラシは弾丸のようにみえることから，この名がついた．成田のお土産としては，栗ようかんがよく知られているが，鉄砲漬けも土産として名高い．成田山までの沿道には，樽で漬けられた鉄砲漬けが数多く並べられている． 〔宮尾茂雄〕

3.10 その他の漬物

概 要

その他の漬物は，塩漬け類や酢漬け類などに分類されない漬物群の総称で，そのなかの多くのものは，発酵漬物である．発酵漬物は，乳酸発酵を利用した漬物で，そのままで食するだけでなく，調理に利用されることが多いのが特徴である．発酵漬物はさまざまな機能を有している．発酵漬物は，さまざまな発酵風味成分を生成するが，それらの主要成分である乳酸は漬物の保存性を高める機能を有する．また，野菜がもつ食物繊維は漬物の味覚に大きな影響を及ぼす歯切れを形成するだけでなく，よく知られているように食物繊維としての健康機能も併せもつ．これらの食物繊維に乳酸菌が加わることによって，発酵漬物が有する健康維持機能が強化される．また，発酵風味は発酵漬物に調理性や調味料としての機能も付与している．

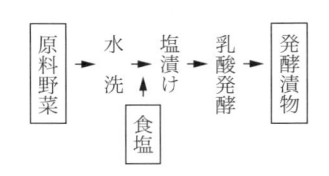

図 3.36 発酵漬物の一般的な製造法

その他の漬物（発酵漬物）の種類

発酵漬物の多くは，古代から製造されていたことと考えられており，現在は，伝統食品として知られているものが多い．発酵漬物として，よく知られているものには，京都のすぐき漬け，しば漬け，木曽のすんき漬け，飛騨の赤カブ漬けなどがある．また，現在市販されている酢漬けの多くは，以前は乳酸発酵によって製造されていたものと考えられるが，それらのなかには，千枚漬け，温海赤カブ漬け，伊予の緋のカブ

漬けなどがある．また，国外では，キムチ，ザワークラウト，泡菜（パオツァイ），搾菜（ザーツァイ）などがある．

　すぐき漬けは，京都上賀茂で作られている漬物で，平安時代にはすでに作られていたと考えられる．製造は，すぐき菜の皮をむいて，樽で荒漬け，追漬け（塩漬け）をするが，その際，天秤を用いた独特の方法で，重石をかける．塩漬けを終えた樽は，1坪ほどの発酵室と呼ばれる小屋に入れて，室漬け（発酵）を行う．室は40℃ほどに加温されているので，乳酸発酵が盛んに進行し，酸味の強い発酵漬物ができる．

　飛騨赤カブ漬けは，飛騨高山の名産品で，葉のついたまま薄塩で漬けられる．梅酢を少し加えることにより，赤カブに含まれているアントシアン系色素の変色を抑え，きれいな赤色が保持される．同じような製法でできた赤カブ漬けで，山形県の名産である温海カブ漬けがある．以前は，乳酸発酵で作られていたが，現在は，酢漬けによって作られるのが主流となっている．

　しば漬けは，京都，大原の里で作られている発酵漬物で，しば漬けには，ちりめんジソが使われる．しば漬けの原料は，シソの葉，ナス，キュウリ，ミョウガで，それらを薄く切った後，大きな樽の中に薄塩で漬け込み，夏場の気温を利用した乳酸発酵により製造される．乳酸発酵による酸味とアントシアン系色素の赤，シソの香りがうまくマッチした漬物である．現在は，発酵法よりも調味漬けによる方法で大量生産されるものが多くなった．

　キムチは，韓国の漬物で600年以上の歴史を有している．材料は豊富で，主要野菜として，ハクサイ，ダイコン，キュウリが使われるほか，香辛料ではニンニク，トウガラシ，ショウガなどを使う．キムチの特徴は野菜だけでなく，魚肉類，海藻，果実，マツの実が使われたり，魚肉類でも塩辛，魚醤の形でも使われる．乳酸発酵によって製造されることから，非常に栄養価が高く，機能性を有した風味豊かな漬物である．最も一般的なハクサイキムチ（ペチュキムチ）は，4つ割りにし，下漬けしたハクサイの葉の間に薬味（ヤンニョム）を挟み込み，地面に埋めたかめの中に漬け込んで，低温で自然発酵させて作る．薬味は千切りにしたダイコンに塩を振り，粉トウガラシをまぶして赤く染め，しんなりしたところに，ニラ，ニンニク，砂糖，塩辛などの副原料をよく混合して作ったものである．そのまま食べてもよいが，調理素材としてもよく利用される．参考として，国外の発酵漬物をあげると，ザワークラウトや中国の泡菜，搾菜などが知られている．ザワークラウトは，現在は主にドイツを中心とした欧米で製造されているが，キャベツを細切にしてから，漬け込みタンクに入れ，押し蓋と重石をして，20℃前後で乳酸発酵させて作る．調理用として使用されることが多い．また，泡菜は，中国，四川省で多く漬けられている乳酸発酵漬物で，泡菜専用の壺を使って漬けられる．漬け込む野菜と香辛料の組み合わせによって100種類以上の泡菜があるといわれている．搾菜は，中国を代表する漬物で，原料はカラシナ

の茎瘤(茎にできた瘤状の部分)を使用する．茎瘤部分を切り分けたものを天日でさらし，7%前後の塩で漬ける．本漬けは，トウガラシ，八角，桂皮，甘草などの香辛料のほか，砂糖，白酒などを加えてかめの中で漬ける．熟成は約6～9か月間行われ，搾菜特有の歯切れと風味が醸し出される．搾菜は中国料理，特に四川料理でよく使用される．すんき漬けは，食塩をまったく使わずに製造する漬物で，国内ではすんき漬けの他に，新潟県長岡の「ゆでこみ菜」がある．外国では，中国の「酸菜」，ネパールの「グンドルック」などが知られている．すんき漬けの原料となる野菜は，カブの仲間である王滝かぶらで，沸騰水に葉をざっと浸し，まだ熱いままの状態ですんき漬け専用の木桶に移す．次に湯通しした原料の葉を交互に漬け込んで発酵させる．漬け種を用いる点がすんき漬けの最も大きな特徴である．漬け種は前年に製造されたすんき漬けを乾燥させたもので，「すんき干し」と呼ばれている．通常，完成するまでは約2か月間かかるといわれているが，1週間もすれば食べられる．すんき漬けは漬物としてそのまま食べることもできるが，むしろ調理素材としてさまざまな料理に利用される．

3.10.1 飛騨の赤カブ漬け

概　要

飛騨の赤カブ漬けは，岐阜県高山地方で生産されている赤カブ漬けの一つで，雪深い冬季における貴重な保存野菜として親しまれてきた．飛騨の赤カブ漬けは，薄塩で漬けられることから，乳酸菌が増殖し，乳酸発酵によって生産された乳酸により赤カブが有するアントシアン系色素が鮮やかな赤色となる．また，同時に発酵によって生産されたエステル類の香りが付与されることにより風味高い漬物となる．

製造法

飛騨の赤カブ漬けの原料として使われている赤カブは，岐阜県の旧高山市・丹生川村を中心に栽培されている品種である．丹生川村は，古くから八賀郷と呼ばれ，八賀

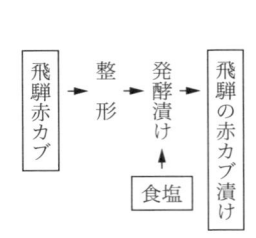

図 3.37　飛騨の赤カブ漬けの製造法（乳酸発酵法）

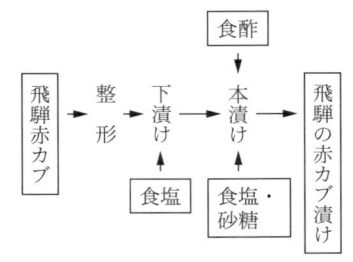

図 3.38　飛騨の赤カブ漬けの製造法（甘酢漬け法）

カブと呼ばれる赤紫色の丸カブを以前から作付けしていたが，1918年に，この八賀カブから突然変異で紅色のカブが発見され，その紅色のカブから，形が丸く色鮮やかなものを選抜し，飛騨赤カブが生まれたとされている．もともとは，同系統の温海カブを上杉謙信が出羽国を領していたころに移入したものとされている．飛騨の赤カブ漬けは，昔ながらの乳酸発酵による本来の製造法のほかに，酢漬けタイプのものや食塩濃度が1.5％程度の浅漬けタイプの製品が見かけられるようになっているが，ここでは，乳酸発酵の製造法について述べる（図3.37, 38）．

11月ごろ，収穫した飛騨赤カブの葉柄と根部を切り落とし，漬け込み容器にすき間ができないように食塩と飛騨赤カブが交互になるように漬け込む．食塩は，最終濃度として約3～5％となるように加え，漬け込みの最後に約3％の食塩水を差し水として加える．その後，赤カブ重量と同重量の重石をして，乳酸発酵を行わせることにより，アントシアニンが鮮やかに赤色を呈するとともに特有の発酵風味が醸し出される．

製品の特徴
飛騨赤カブ漬けは，漬け込んでいる間に，カブの表面に含まれているアントシアン系色素が漬け液全体に広がるため，カブ全体が鮮やかな赤色に染まる．また，低塩で漬けられているため，乳酸菌による乳酸発酵が行われ，赤色の呈色の大きな要因となっている．また，乳酸発酵によってさまざまな香気成分が生成される．

生産の状況
岐阜県の旧高山市・丹生川村を中心に栽培されている飛騨赤カブを原料として生産される．収穫時期は10月上旬から12月上旬で，市場出荷のほかに漬物加工向けに出荷される．飛騨赤カブの収穫量は2500～3000 t（2003年）で，そのうち漬物メーカー向けに1500 tが出荷されている．現在のところ，作付けは横ばい傾向とみられる．

〔宮尾茂雄〕

3.10.2 すぐき漬け
概　要
「都よりすいな（酸菜）女を下されて東おとこの妻（菜，サイ）とこそすめ」．江戸の狂歌師太田蜀山人（1749～1823）が贈られたすぐき漬けの礼として送った歌があるほど歴史は古く，慶長（1600年ころ）時代，京都・上賀茂神社の神官が栽培し門外不出の神社贈答品にしていたという．京都洛北，深泥池（みどろがいけ）周辺で8月中旬から9月中旬にかけて種を播き11月上旬に600 g前後になった紡錘形のカブのすぐき菜を収穫し面取りという皮むきをした根と葉茎の両者を大きな樽に荒漬けした後，小樽に本漬けする．

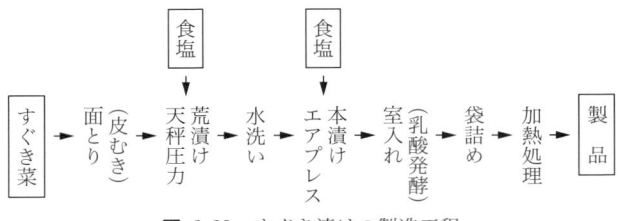

図 3.39 すぐき漬けの製造工程

(工程図: すぐき菜 → 面とり(皮むき) → 天秤圧力 → 荒漬け(食塩) → 水洗い → 本漬けエアプレス(食塩) → 室入れ(乳酸発酵) → 袋詰め → 加熱処理 → 製品)

製法の特徴[1]

すぐき漬けの製法には伝統食品としての知恵が2つある．その1つは荒漬け，本漬けの2回，塩を撒いて水を上げるのに重石でなく天秤を使って強い圧力をかけ野菜の水分を搾り出して内容成分の糖を濃縮して乳酸発酵で乳酸菌の資化する量を上げるとともに嫌気条件を強圧で作り乳酸菌の生育を助ける．荒漬けの1石樽や本漬けの4斗樽1本につき30 kgの重石を天秤の棹の先端に吊すことにより180 kg内外の荷重にする．他の1つは成分濃縮した塩漬けすぐきを38～40℃に調節した発酵室（むろ）に入れ乳酸発酵を促進させることである．これにより5～10日の乳酸発酵で乳酸1%以上が生成し発酵特有の風味も生まれる．室入れは正月可食に間に合わせる工夫である．正月以後の出荷の樽は冷所の自然発酵を行う．

製品の特徴

現在のすぐき漬けはプラスチック小袋に真空包装し80℃，20分の加熱処理をして遠隔地への輸送に耐えるようにした製品と，京都の店頭などで非殺菌のすぐき漬けを樽から対面販売する2つの方法がとられている．

有力な京漬物企業6社の袋詰めすぐき漬けの分析結果は食塩2.5%，乳酸0.9～1.6%，全糖1～3%であったが，すべてに旨味調味料の添加は認められなかった．市販漬物ではこれはきわめて珍しい．

食べ方，その他

京都の人々はすぐき漬けの根茎をたくあんのように厚切りして食べることが多いが，他の地方の人々は乳酸発酵だけの単純酸味に慣れていないので根茎，菜茎とも細刻して少量の醬油をかけて食べると急に乳酸の酸味が生き生きとして俗に「飯泥棒」といわれるほどの米飯に最適の漬物になる．この食べ方がよくわからないためかすぐき漬けの年間生産量は500 t以下である．打開策として「刻みすぐき」の名で細刻して調味，袋詰めした製品も作られている．

すぐき漬けは日本を代表する伝統漬物であるが，天秤で圧力をかけることは重労働でたいへん，このためコンプレッサーで圧力をかけるエアプレスという機械が開発され，荒漬けは天秤，本漬けはエアプレスと重石のかけ方が変化している．エアプレス

図 3.40　天秤の圧す部分
テコの応用で 180 kg に匹敵する圧力をかける

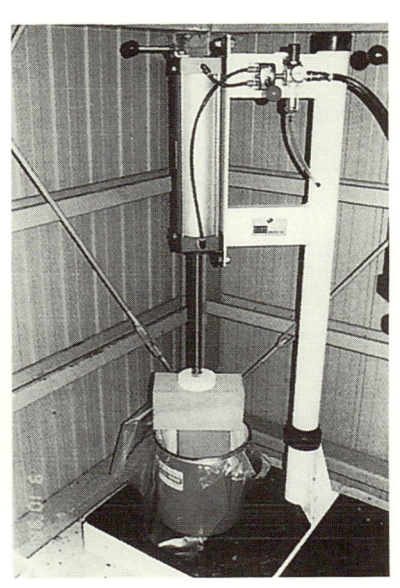

図 3.41　すぐきづくりに欠かせなかった天秤の重石

図 3.42　コンプレッサー「エアプレス」

は最大 210 kg の重石と同等の圧を示す．

〔前田安彦〕

文　献
1)　前田安彦：伝統食品の知恵，藤井建夫編，pp 213-224，柴田書店，1993.

3.10.3 すんき漬け

概要

　すんき漬けは，食塩をまったく使わずに製造される無塩乳酸発酵漬物である．無塩漬物は，国内では，新潟県の「ゆでこみ菜」，国外では，中国の「北方酸菜」，ネパールの「グンドルック」などが知られている．すんき漬けは，木曽福島からさらに奥に入った木曽御岳山の麓にある開田高原の開田村，王滝村，三岳村などで古くから作られている漬物である．すんき漬けは，そのまま食されるよりむしろ調理素材として利用される場合が多く，地元では，味噌汁の具や「すんきそば」として利用されている．

製造法

　すんき漬けの原料となる野菜は，カブの仲間である王滝カブラで，根部は紫がかった紅色をしている．王滝カブラは，晩秋のころが収穫期で，すんき漬けもこのころに作られる．すんき漬けに用いられるのは葉部で，根部は塩漬けにして食べたり，料理に用いる．沸騰水に葉をざっと湯通しし，まだ熱の残っている状態ですんき漬け専用の木桶に移す．次に「すんき干し」と呼ばれる漬け種を水に戻したものと湯通しした原料の葉を交互に木桶の中で漬け込んでいく．このすんき干しと呼ばれる漬け種を用いる点が，他の漬物と異なるところである．すんき干しは前年に製造されたすんき漬けを冬の期間に乾燥させたもので，一種の凍結乾燥の状態になっている．したがって，乳酸菌が付着していることと乳酸が残存していることから，すんき干しは乳酸菌スターターであると同時に，pH調整剤としての役割を果たしている．漬け込んだ後は，漬け込み量の約2倍の重石をのせ，1晩家の中に置いてから，翌朝，物置に場所を移し，木曽の低温下で乳酸発酵を行う．通常，熟成するまでは約2か月間かかるといわれているが，1週間もすれば食べられる．

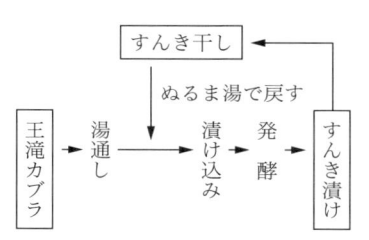

図 3.43 すんき漬けの製造法

製品の特徴

　すんき漬けは，他の発酵漬物と同様，乳酸発酵によってできる漬物で，発酵初期は，主に，球状乳酸菌の *Leuconostoc* 属菌の増殖に伴う乳酸の生成により，雑菌の増殖が抑制される．発酵の中期から後期にかけては，球状乳酸菌の *Tetragenococcus* 属菌や桿状乳酸菌の *Lactobacillus* 属菌の増殖により，さらに乳酸が製造されるので保存性が向上する．すんき漬けは，味噌汁，そば汁やスープなどに使われるとさわやかな酸味を呈する．また，そのまま刻んで，チャーハンなどにも利用される．最近は，おにぎりの具としても使用されるようになった．

生産の状況

すんき漬けは，木曽御岳山の麓にある開田高原の開田村，王滝村，三岳村などで栽培されている王滝カブ（木曽赤カブ）を原料として生産されている．すんき漬けとしての生産量は正確な値はわからないが，王滝カブの生産量が年間約50 t 前後であることから，すんき漬けとしては，それよりも下回る生産量であることが推定される．

〔宮尾茂雄〕

3.10.4 しば漬け

概　要

1185（寿永4）年，壇ノ浦で生き残った建礼門院が京都大原の寂光院に隠棲した際，村人がおなぐさめするため献上したことに発すると伝えられる．大原女の「柴」にちなんでしば漬けと呼ばれた．寂光院や三千院のある大原の里の川沿いにはしば漬けを売る店が並んでいる．

製造方法[1]

ナス 50％，キュウリ 30％，赤シソの葉 10％，ミョウガ，青トウガラシをそれぞれ5％の配合で適宜切断したものを野菜の7％の食塩を使って大樽に漬け込む．野菜は3週間でなかの糖分が発酵し1.5％程度の乳酸を生じて完成する．乳酸菌は空気を嫌う弱い嫌気性菌に属するのでよく踏み込んで重石をして空気をいかに上手に遮断できるかが製品良否のカギになる．この乳酸発酵したしば漬けの商品登録権をもっていたのは八瀬の土井志ば漬本舗でこの工場裏手のシソ畑のシソは評価試験で最も美しい色調だと薬学関係の学会誌に出ている．9月のシソの盛りに漬けるしば漬けはシソの香りがよく刻んで食べるとうまい．ただし，この乳酸発酵をした「生しば漬け（発酵したことを示す名称）」は乳酸発酵で生じる香りと歯切れの劣化を嫌う消費者が増え生産量は500 t 前後ときわめて少ない．最近では製品の低塩化と周年供給のためナスと赤シソの葉だけで漬け込み発酵終了後，取り出して急速冷凍して蓄え，出荷時に細刻して醤油などで調味，袋詰めして加熱処理して販売することが多い．製品分析値の一例を示すと，食塩 3.7％，pH 3.4，酸 1.5％，旨味調味料 0.45％ である．

問題点

今，消費者がしば漬けとして食べているのは発酵漬物でなく「しば漬け風調味酢漬け」ともいうべきものが大部分である．塩蔵した野菜を切断・調製，脱塩，圧搾，冷蔵庫中で調味液浸漬，復元，分包，加熱処理した古漬けに分類される漬物に属する．一般市販品の復元後の配合の1例はキュウリ 60％，ナス 17％，ミョウガ 14％，ショウガ 5％，シソの葉 4％ である．塩蔵したシソの葉を脱塩して使うので生しば漬けのようにシソの色素で染まることは無理なので天然着色料の赤キャベツ色素 0.25％ もしくは合成着色料赤色106号 0.01％（いずれも製造総量あたり）を添加して紫赤色

にしている．このしば漬風調味酢漬けともいうべき戦後開発の製品は全国で生産され少なくとも生しば漬けの10倍の5000 tは作られていて海苔巻きやおむすびの芯，弁当に使われる．おもしろいことに京都にはこのタイプのしば漬けで名声をはせている店も存在する．調味は2系統があって酸0.8％，旨味調味料1.0％添加は同じであるが，醬油類を10％加える醬油漬け表示と醬油類をまったく加えない酢漬け表示のものがある．古漬けのしば漬け風調味酢漬けが売れるのはキュウリ，ミョウガの歯切れ，物性のよいこと，細刻して食べれば結構美味であることによると思われる．

〔前田安彦〕

文　献
1) 前田安彦：漬物学，pp 305-306，196-199，幸書房，2002．

3.10.5　温海の赤カブ漬け

概　要

　温海カブは，山形県鶴岡市温海地区で加工されている漬物で，焼畑農法によって山間部の急斜面で栽培された赤カブを使用する．温海の赤カブ漬けは，400年前から作られていたものと推定されており，1785（天明5）年には，温海カブ100個を漬物用として徳川将軍に献上されたという記録が残っている．温海の赤カブ漬けは，乳酸発酵を利用して作られていたことから鮮明なアントシアンによる赤色を有する漬物となるが，現在は，ほとんどのものが甘酢を利用して作られている．

製造法

　温海の赤カブ漬けに用いられる温海カブは，『松竹往来』（1672年）に庄内の産物の一つとして紹介されているのが最古の記録といわれている．温海カブは，山形県温海温泉の一霞地区の山間部で栽培されている赤カブで，外皮は濃紫紅色をしているが，内部は白色をしている偏球形のカブである．焼畑農法で栽培されていることで知られている．一般的に，毎年7月ころ，山の急斜面の草木を払った後，8月に焼畑を行い，また土地が暖かいうちに種子を蒔いて栽培する．収穫は10～11月に行われ，その後漬け込みとなる．収穫した赤カブの葉柄と根部を切り落とし，漬け込み容器にすき間ができないように塩と赤カブを交互になるように漬け込む．最後に，約3.5％の食塩水を差し水として加え，赤カブ重量と同重量の重石をして，3～4日間下漬けを行う．本漬けは，下漬けした赤カブ1 kgに対し，砂糖を約120

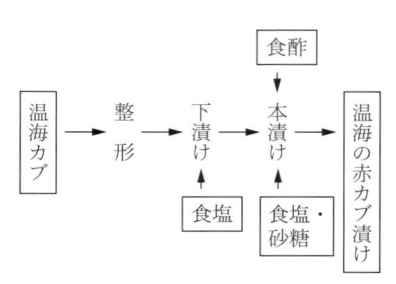

図 3.44　温海カブの甘酢漬けの製造法

g，食酢（酸度4.5％）を80g加え，下漬けした赤カブ重量と同量の重石をし，5日間ほど漬け込む．なお，近年は，本漬けの調味液に，クエン酸，リンゴ酸，エタノールなどを加える場合が増加している．

製品の特徴

赤カブの紅色色素は，アントシアン色素の一種であることから，食酢などを加えることによって鮮やかな紅色を呈する．現在，赤カブは，温海地方だけでなく，全国でも販売されるようなった．なお，赤カブは，焼畑農法で栽培されるため連作ができない．

生産の状況

温海カブは，温海町で約200t出荷されている．また，山形県内では，鶴岡市，羽黒町，藤井町を合わせて約3000tの温海カブが栽培されている．

3.10.6 伊予の緋のかぶら漬け

概　要

伊予の緋のかぶら漬けは，愛媛県松山近辺で生産されている漬物で，歴史は古く，1627（寛永4）年，松山城主に転封された蒲生忠知が，近江日野（滋賀県）にあった赤カブ（日野菜カブ）を移植した「伊予緋カブ」を原料とし，漬物としたものである．伊予緋カブを塩漬けした後，ダイダイ酢と砂糖で本漬けを行うことにより，鮮やかな赤みを有する漬物となる．

製造法

伊予の緋のかぶら漬けの原料である伊予緋カブは，根の表面および茎が赤いのが特徴で，飛騨高山や秋田の赤カブよりもアントシアン色素を多く含んでいる．伊予緋カブの生育適温が15～20℃であることから，主に秋作として栽培されている．伊予緋カブの直径が8cm前後になる10月ころから収穫を行い，11月から漬け込みを行う．収穫された伊予緋カブの葉を落とし，輪切りにしたものを1晩水につけ，重石をして

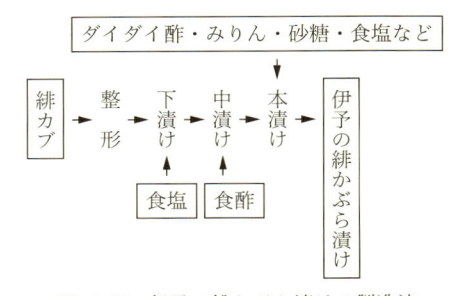

図 3.45　伊予の緋かぶら漬けの製造法

あくを取り除く。よく水を切ってから、伊予緋カブ1kgに対し80gの割合で塩を散布し、重石をして下漬けする。1週間下漬した後、カブを取り出し、下漬けの食塩水でよく洗浄してから、ザルに入れ、水切りする。次に、下漬けした伊予緋カブに酢をまぶし、再度重石をして、2～3日間中漬けを行う。中漬けした伊予緋カブは樽に漬け込み、それにダイダイ酢の調味液を加え、軽く重石をして2週間本漬けを行うと緋のかぶら漬けができ上がる。なお、ダイダイ酢の調味液は、ダイダイ酢200mlに対し、砂糖100g、みりん50g、食塩、コンブ、トウガラシを適量入れ、いったん加熱して十分に溶解させ、冷却しておいたものである。本漬けを行うことにより、鮮やかな紅色を有する緋のかぶら漬けができるが、これは、伊予緋カブのアントシアン色素が、ダイダイ酢によって鮮紅色となるためである。

特　徴

伊予の緋のかぶら漬けに用いられる伊予緋カブは、アントシアニン色素の量が多いことから、色も鮮やかとなる。一般的に、赤カブを用いた漬物の多くは、乳酸発酵による乳酸や酢を利用して発色させているが、伊予緋カブは、愛媛県特産のダイダイ酢を利用して鮮やかな緋色（最も鮮やかな赤色）を出しているのも特徴で、甘酸っぱい香味を楽しむことができる。

生産の状況

伊予の緋のかぶら漬けは、地域性の高い漬物で、昔は、松山城を望見できる土地でなければ、このような鮮やかな緋色が出ないといわれ、松山市西南の竹原町近辺が主産地であったが、現在は、松山市北方で多く生産されている。生産量は推定であるが、年間約30～40tと思われる。

3.10.7　津田カブ漬け

概　要

津田カブ漬けは、島根県で栽培されている津田カブを原料に用いてぬか漬けにより製造される漬物である。宍道湖（松江市）の汽水域の塩分が染み出した土壌で栽培されることで、独特の紅色をしている。斜めに育ち、その形状が古代の装身具として知られている「勾玉（まがたま）」に似ていることから、神話の国・出雲にふさわしい特産漬物として注目されている。天日で生干ししてからぬか漬けにするため、カブ特有の甘味が残っている。津田カブ漬けは、ぬか漬けが主であるが、現在では、ぬか漬けのほかに、浅漬け・酢漬け・干しぬか漬けなど4タイプに商品化されている。

製造法

津田カブ漬けに用いる津田カブは、主に島根県松江市の朝酌町近辺で栽培されている赤い長カブの一種で、かつては、大橋川の沿岸に位置する津田町で栽培されていたことから、その名が付いている。津田カブは、9月上旬に植えつけを行い、11～12月

に収穫される．特徴は，その形状で，古代の勾玉のような格好をしており，長さは約20 cm前後である．カブの上部表面はアントシアニン色素に基づく鮮やかな赤紫色をしていて，下部は白い．津田カブを利用した漬物の代表的なものはぬか漬けであるが，近年は，ぬか漬けのほかに，浅漬けや甘酢漬けタイプの漬物も作られるようになった．ぬか漬けは，原料の津田カブを洗浄した後，1週間ほど天日で干し，その後，ぬかと食塩でぬか漬けしたもので，干し工程があるため，甘味や野菜の旨味成分が濃縮される．天日干しをしないでそのままぬか漬けされる場合もある．浅漬けタイプのものは，洗浄後，津田カブの先端を整形し，約3.5％の食塩水で下漬けを行い，その後，調味液で調味漬けする．また，甘酢漬けタイプは，浅漬けと同様に下漬けした後，薄くスライスし，甘酢で漬け込んだもので，津田カブのアントシアン色素により，きれいな紅色に染まる．

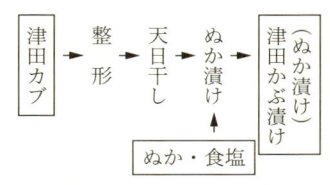

図 3.46　津田カブ漬け（ぬか漬け）の製造法

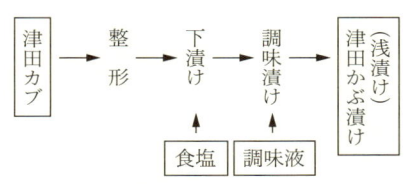

図 3.47　津田カブ漬け（浅漬け）の製造法

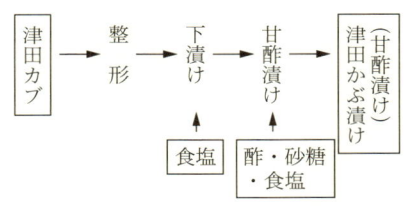

図 3.48　津田カブ漬け（甘酢漬け）の製造法

生産状況

漬物は浅漬け・ぬか漬け・酢漬け・干しぬか漬けの4タイプに商品化されている．津田カブの収穫量は，約2000 tで，出荷量は，約1000 tである．そのうち，500〜700 tが漬物製造業者向けに出荷されているものと推定される．近年，津田カブの作付け面積は，微減傾向がみられる．　　　　　　　　　　　　　　　　　　〔宮尾茂雄〕

3.10.8　キムチ

概　要

朝鮮半島のキムチの歴史[1]をみると朝鮮中期の『辟瘟方(ピョゴンバン)』に中国の「菹」をテイムチエと呼んだとあって，塩を振った野菜を漬けると野菜自体が塩水に漬かっている「沈漬(チムジ)」の状態になるからそういったという．このためこれが「沈菜(チムチエ)」になり，さらにキムチになっていく．トウガラシは1592年，文禄の役前後に九州の大友氏から韓国に入り倭蕃椒(ばんしょう)と呼んだとあるが，キムチのトウガラシを使った記録は『増補山林経済』(1766年)にはじめて現れて174年の時間差がある．

3. 野菜類（漬物）

現在，食品需給センターの統計をみると，キムチは30万t程度食べられていて，全漬物生産量100万tの約30％を占め最大の需要を誇る漬物になっている．わが国の文献に系統的解説が載ったのは1936（昭和11）年の「実際園芸」21巻7号の漬物特集の朝鮮慶尚南道農試高橋光造が「朝鮮の漬物の話」を4頁にわたって書いているのが初めてのものである．ここでペチュキムチ（ハクサイ漬け），ナバクキムチ（漬け汁を主体に飲むキムチ），カクトギー（ダイコン切漬け）の3つを紹介するとともに冬の韓国の一大行事キムジャンや最近は東京の三越でも売られていると書かれている．それから50年後の1985年のキムチの日本における生産量は年間4～5万tであったが，1997年にそれまで第1位のぬか漬け11.3万tを抜いて12.1万tになるや，18，25，32，35万tと年々増加しわずか5年後の2002年には39万tに達している．

製造原理

朝鮮半島の漬物を総括してキムチと呼ぶが「野菜および薬味（薬念，ヤンニョン）を魚醬油を使って漬け込んだ弱い呈味の調味漬け」という一つの定義に帰結する．漬物としての分類では新漬けに属し，古漬けと違って野菜の風味が強く押し出されている．一般の野菜を塩漬けし他の野菜の刻み，水産物，魚醬油（塩辛汁），ニンニク，ショウガ，トウガラシ粉からなる薬味を混合もしくは挟んだものである．

種　類

韓国ではペチュキムチ系，カクトウギ系，トンチミー系の3つに大別できる[2]．ペチュキムチ系はハクサイキムチに代表され，他に漬け菜，ネギ類，セリなどで作ったキムチを指す．ハクサイキムチ類似のものには高級キムチであるハクサイの大葉数枚で薬味にタコ，マツの実，クリなどをトッピングしたものを包みソフトボール大の球

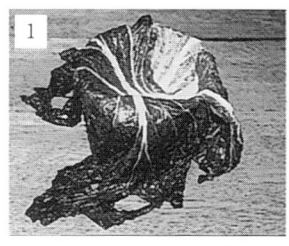

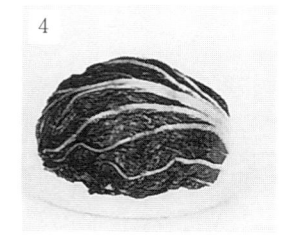

図 3.50　ポサムキムチの作り方
1. ドンブリにハクサイの大葉5枚を広げる．
2. 中心にペチュキムチの輪切りか本格キムチを入れる．この上にトッピングをのせる．
3. 包み込んだところ．
4. 完成品．

形にしたポサム（包み）キムチ，ハクサイキムチでありながらトウガラシ粉を使わずショウガの辛味に頼るペク（白）キムチがある．このほか，韓国のデパートにずらりと並ぶ薬味液の赤，野菜の緑色の混合した一群のパキムチ（若ネギ），カトキムチ（辛子菜），ミナリキムチ（セリ），プッコチュキムチ（青トウガラシ），プチュキムチ（ニラ）などがある．これら赤と緑のキムチはたいそう美味だが，日本人には配色を嫌うらしくまったく売れない．カクトウギ系はダイコンを 1.5 cm 立方体に切りトウガラシ粉にまぶして赤色を浸み込ませた後，食塩，薬味，塩辛汁で漬けたカクトウギが代表的である．この系統には葉付きの小ダイコンを食塩，薬味，塩辛汁で漬けたチョンガキムチ（アルタルキムチ），夏にわずかに食べるオイソバキ（キュウリ），カジキムチ（ナス）がある．トンチミー系[3]は韓国の家庭で最初に食べるものとして必ず出る一群の汁を飲むキムチである．トンチミー，ムルキムチ，ナバクキムチなどがこれに属する．この区別は冬（トン）に野菜を塩漬けし青トウガラシ，ネギ，ナシなどを加え，3％の塩水に沈めニンニク，ショウガを布にくるんだものを入れ，じっくり発酵させ順次食べていくものをトンチミー，季節を問わずダイコン，ハクサイ，ネギ，ニンニク，ショウガなどの塩漬けに3％の食塩水にわずかの砂糖を溶かしたものを注ぎ 2, 3 日の軽い発酵で味が調和したら容器に野菜・液をとって糸トウガラシを浮かべて汁に重点をおいて食べるのがムルキムチ，ナバクキムチである．このぜいたくなものが宮廷料理の豊富な材料に醸造醤油を使った醤（ジャン）キムチがある．このトンチミー系は北朝鮮で非常にたくさん食べられていて，そこではメインのキムチの感もする．

日本のキムチ

戦前三越でキムチを売った歴史はあるが本格的にわが国で食べられたのは朝鮮戦争で韓国兵の訓練基地になって店数が増えた韓国料理店で出すようになってからであり，普通に日本人が口にしだしたのは 1965（昭和 40）年の日韓国交回復以後になる．最初はハクサイ漬けにトマトピューレー，醤油，ニンニク，ショウガ，トウガラシ粉，砂糖，片栗粉で粘りをもたせた赤いキムチだれを掛けたものが料理店，店頭で売られていたが，そのうちダイコン，ネギ，ナシなどの薬味をキムチだれに混ぜた本格キムチと呼ばれるものが増えた．現在はハクサイ漬けにキムチだれを混ぜた浅漬けキムチ，和風キムチと本格キムチの2本立てになっている．日本のキムチ製造法も 40 年の歴史を経て，ハクサイの洗浄，歩留まりを下げることで保存性を増し，キムチだれも辛味に旨味・甘味を併せもつ韓国産トウガラシの使用，日本人に合った生臭ささを抑えた魚醤油の開発，イカゴロ，水産物エキス使用と大幅に品質は向上した．時々，衛生面，安全面の問題は起こるがこのまま食べ続けられていくと思われる．

なお韓国で冬に漬けられるキムチはハクサイ漬けの葉の間に野菜，水産物，塩辛汁，スパイスなどの薬味を挟み込む豪華なものであるが，水産物の鮮度の問題で韓国

から日本への輸入はないが，昭和20年代から宇都宮大学では学生の農産加工実習で作られていたし，同じころから長野県の大町や飯山にはやはり同じような韓国家庭漬けキムチが食べられていた．在留韓国人によって広く紹介されていたことを思わせる．

キムチの成分[4]

市販キムチの分析の1例を示すと食塩2.5%，糖分4%，酸0.5%，旨味調味料1.2%であり，試作の結果ではトウガラシ粉1〜2%，ニンニク，ショウガ各0.5%が日本人の適量であった．

わが国のキムチはそのほとんどがハクサイキムチであって，その他のキムチはごくわずかのカクトウギとキュウリのオイソバキがみられるだけである．　　〔前田安彦〕

文　献
1)　家永泰光，盧　宇炯：キムチ文化と風土，pp 28-33，古今書院，1987.
2)　前田安彦：宇大学術報告，**9**(2)，99-112，1971.
3)　韓　福麗：キムチ百科，平凡社，2005.
4)　前田安彦：キムチ，pp 79-97，食品研究社，1999.

4 茶　　類

■ 総　説

　雲南省双江県に根元近くの周囲が4.5mもある大茶樹があり，樹齢3200年，世界最古の茶樹とされ，「香竹箐大茶樹」という愛称で親しまれている．本草学の始祖と伝えられる神農帝が山野を駆け巡り，薬となる野草や樹木の葉などの良否をテストするために，1日に72回も毒にあたりながら，そのたびに茶の葉を用いて解毒したという逸話は，お茶の効能を知る上で重要である．「お茶を一服」という言葉は，こうしたことに由来するとみられる．紀元前59年に書かれた王褒の「僮約」に，飲料として茶が用いられたという一文がある．中国では，茶は当初は薬，特に解毒剤として飲まれていたらしく，唐時代（659年）に書かれた「新州本草」には，薬としての茶の記録がある．吉川英治の三国志の冒頭に，お茶を携えた劉備玄徳が川辺に立つ姿が描かれていたように記憶しているが，茶が嗜好品として飲まれるようになったのは，宋時代以降からという．日本ではすでに奈良時代には茶が飲まれており，「公事根源」（729年）には朝廷で茶を賜るという記述がみられるが，当時茶は大変な貴重品であった．鎌倉時代（1191年）に，臨済宗の開祖・栄西が宋から茶の種と呑み方を持ち帰ったのを契機にして，茶の普及が始まった．当時の茶は抹茶に近く，江戸時代にはいってからは，煎茶が茶の中心となり，庶民の口にも入るようになった．茶は中国から世界中に広まったが，ヨーロッパに伝わったのは大航海時代にはいる16世紀で，中国広東にやって来たポルトガル人が西洋人として初めて茶を味わった．17世紀にはいると，新たにアジア交易の覇権を握ったオランダによって，茶がイギリスに輸出されるようになり，19世紀半ばには，インドとセイロンで生産が始まった．20世紀にはいると茶は世界中に普及し，現在では，アフリカや南米でも茶葉が生産されている．

　茶は，ツバキ科の常緑樹であるチャ（*Camellia sinensis* (L.) O. Kuntze）の葉を加工したもので，摘葉後の扱い方によって3つに大別される．2002年の統計によると，

世界の茶の生産量は約306万tであるが、最も多いのは、発酵茶である紅茶で、210万t、半発酵茶の代表であるウーロン茶は15万t、不発酵茶である緑茶の生産量は約74万tで、緑茶はそのほとんどがわが国で生産されている。

　緑茶の甘味・旨味成分は、チャの葉にだけ存在するテアニンで、カフェインの作用を穏やかにし、脳の神経細胞に作用してリラックスさせる「ヒーリング（癒し）効果」がある。茶の苦味は、カフェインとカテキンが作り出しているが、前者は、疲労回復、覚醒効果、大脳刺激、強心作用、利尿作用等を有し、被覆茶である玉露が最も含量が高い。ポリフェノールの一種であるカテキンは、茶に苦味とともに渋みをもたらす成分で、エピカテキン、エピガロカテキン、エピカテキンガレート、エピガロカテキンガレートの4種が含まれている。カテキンは強い殺菌効果を示し、インフルエンザウィルスの働きも弱め、食中毒菌の殺菌効果も有す。その他、癌抑制作用、血中のLDL（悪玉）コレステロール抑制効果、血糖上昇抑制効果等の生理作用が次々に解明されつつある。熱に強い性質をもつビタミンCのほか、カロテン（ビタミンAの前駆体）やビタミンEの含量も多いが、ともに脂溶性のため、お茶には抽出されない。そのために、それらを生かすためには、抹茶や、お茶の葉を食べることが必要である。各成分は、茶の製法によっても大きく異なる。表4.1に茶の種類ごとの各成分の概数を示す。本章では、緑茶を中心としながらも、チャ葉由来の狭義のお茶のほかに、穀物茶や、茶の生活の中における活用法にまで言及する。　　　　〔堀井正治〕

表 4.1　緑茶の主要成分含量

茶　種	総アミノ酸 (mg%)	テアニン (mg%)	カフェイン (%)	総カテキン (%)	ビタミンC (mg%)	ビタミンE (mg%)
玉　露	5,360	2,650	4.04	10.04	110	24
煎　茶	2,700	1,280	2.87	14.14	250	64
番　茶	700	443	2.02	14.56	150	
ほうじ茶	200	14	1.93	6.40	44	

4.1 緑茶（不発酵茶）

チャの分類

　チャ（*Camellia Sinensis*）という植物がもともと日本に存在したのか，あるいは大陸からもたらされたものなのか，長年にわたる論争がある．記録だけに頼ればチャは中国からもたらされたものであるが，西日本一帯の山地に"自生"しているヤマチャの存在を元に日本在来の植物とする説も根強かった．しかし，近年の遺伝子解析によってある時期に中国大陸から移入されたものであり，ヤマチャは栽培種のエスケープであるとする考えが主流になりつつある．また原産地は，中国西南部の雲南省あたりと考えられているが，そのあたりには現在最も一般的な飲用という利用法とともに，茶葉を食用とする習慣も一部に存在する．茶葉は摘採されると同時に葉中の酸化酵素が活性化して変色するとともに独自の香りを発するようになる．これを一般には発酵と称しており，その程度によって茶の種類を分類するのが普通である．すなわち発酵させないものを不発酵茶，じゅうぶん発酵させたものを発酵茶，その中間にあたるものを半発酵茶というように区分する．日本の伝統的な製茶法には発酵茶は存在しないが，いったん熱加工して酵素の活動を停止（このことを殺青（さっせい）という）させた後，改めて外部のバクテリアの活動によって本来の意味での発酵をさせる茶も一部に作られており，これを後発酵茶と称している．これらのなかで，不発酵茶の総称が緑茶である．ただしチャは先に述べたように摘採直後から酸化し始めるため，殺青までの時間的経過のなかで徐々に発酵していく．このことを萎凋（いちょう）といって，どの段階で殺青するかによって，でき上がった茶の性質や商品価値が大きく異なってくる．中国茶の場合には萎凋の程度や茶葉の形状などによって各地独特の名茶が作られているが，日本で商品として製造される緑茶においては，この萎凋香は評価を下げるのが普通である．したがって，その場合にはできるだけすみやかに殺青を行うのが原則とされる．しかし，自家用をもっぱらとし伝統的な製法によって作られる各地の多様な番茶には，結果的に発酵しかけているものもあるが，意図的ではないために緑茶のなかに含めてよい．商品か自家用茶かにこだわらず，世界の茶を分類すると日本の緑茶の位置づけは，図4.1のようになる．

　なお，同じチャから製茶法の違いによって多様な種類の茶を作ることができるわけだが，たとえば香り，味，色合いなど，緑茶や紅茶などに適した品種がある．現在，全国の茶園において圧倒的シェアを誇るやきぶたもそうした品種の1つであり，明治末年に静岡の育種茶園内の藪の北側で発見されたことにちなんで命名されたものである．やきぶたは緑茶生産において求められるさまざまな面に卓越した性質をもち，総

4. 茶　類

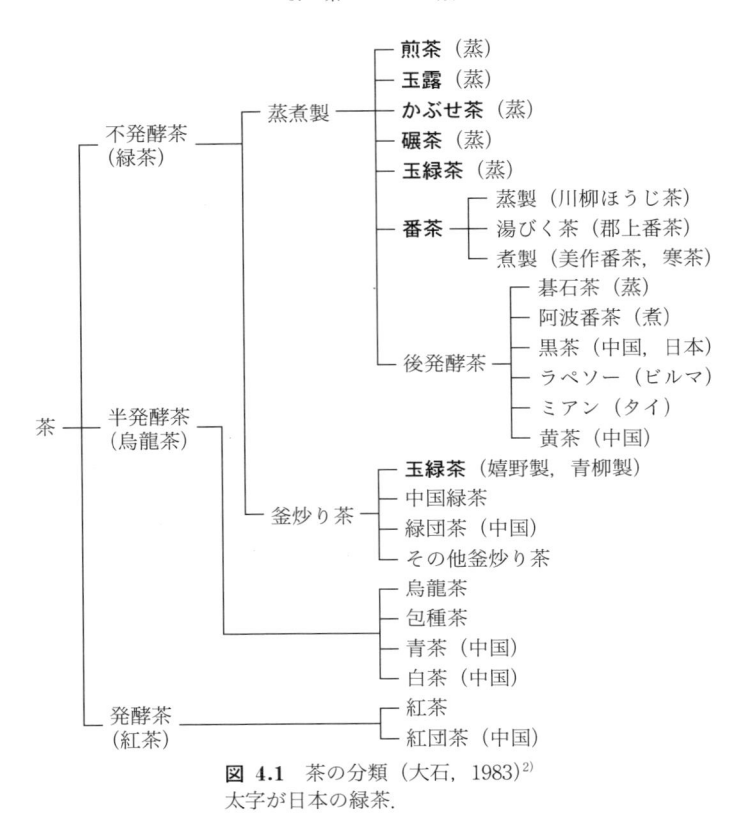

```
茶 ─┬─ 不発酵茶 ─┬─ 蒸煮製 ─┬─ **煎茶**（蒸）
　　│ （緑茶）   │          ├─ **玉露**（蒸）
　　│            │          ├─ **かぶせ茶**（蒸）
　　│            │          ├─ **碾茶**（蒸）
　　│            │          ├─ **玉緑茶**（蒸）
　　│            │          └─ **番茶** ─┬─ 蒸製（川柳ほうじ茶）
　　│            │                       ├─ 湯びく茶（郡上番茶）
　　│            │                       └─ 煮製（美作番茶，寒茶）
　　│            ├─ 後発酵茶 ─┬─ 碁石茶（蒸）
　　│            │            ├─ 阿波番茶（煮）
　　│            │            ├─ 黒茶（中国，日本）
　　│            │            ├─ ラペソー（ビルマ）
　　│            │            ├─ ミアン（タイ）
　　│            │            └─ 黄茶（中国）
　　│            └─ 釜炒り茶 ─┬─ **玉緑茶**（嬉野製，青柳製）
　　│                         ├─ 中国緑茶
　　│                         ├─ 緑団茶（中国）
　　│                         └─ その他釜炒り茶
　　├─ 半発酵茶 ─┬─ 烏龍茶
　　│ （烏龍茶） ├─ 包種茶
　　│            ├─ 青茶（中国）
　　│            └─ 白茶（中国）
　　└─ 発酵茶 ──┬─ 紅茶
　　  （紅茶）  └─ 紅団茶（中国）
```

図 4.1　茶の分類（大石，1983）[2)]
太字が日本の緑茶．

合的にこれに勝る品種は出ていない．

日本伝来と普及

　植物としての茶が日本に伝来した時期と，日本で利用され始めた時期は必ずしも一致しないと考えられるが，いずれについても確実な記録はない．そのなかで，奈良時代の正倉院文書や平城京跡から出土する木簡に「茶」という文字がみえ，これが茶ではないかという見解もあるが，定説にはなっていない（中国でも古代には茶の文字はなく，荼と書かれていたことがこの混乱の原因である）．したがって，確実な史料では，815（弘仁6）年4月に，中国留学経験のある僧永忠が嵯峨天皇に茶を煎じて献じたと『日本後紀』にあるのが初見である．唐の時代の茶は「餅茶」，すなわち茶葉を蒸して突き固め乾燥させたものを焙って粉末にし，熱湯に溶かして塩を加えて飲用するものであったから，日本の朝廷の茶もこれに類したものではなかったかと推定されるが，葉茶が存在した可能性も高い．日本伝来の第1波ともいうべきこの茶は，そ

4.1 緑　　茶

の後も季御読経などの宮中の行事に使われていたが，一般の文学作品などにはほとんど現れてこない．今日の茶に直接つながる第2波となったのが，鎌倉時代に宋から帰国した栄西（1141～1215年）が持ち帰った「抹茶」である．栄西が茶の効用や製茶法を記した『喫茶養生記』（1211年？）はその後，日本の茶の聖典となった．

栄西に引き続き宋から帰国した僧たちも茶を愛好した結果，特に禅寺での厳しい修行や儀礼に欠かせないものとなり，寺院を拠点としてしだいに各地に普及していき，南北朝時代になると全国に有名産地が形成されるほどになった．特に栄西から明恵上人に贈られた茶種子に由来する京都栂尾の茶は「本茶」，その他の産地で作られた茶は「非茶」と称され，大勢が集まって茶を飲み比べて本・非を飲み当てる闘茶という集いも盛んになった．こうして茶は薬用の域を超え，人々の集いの核となる役割を担うようになり，周辺にさまざまなしつらえや工夫がこらされるとともに，精神的な深みが付加されることで，茶の湯が成立する背景が整っていった．そして精神性と芸術性とが融合した総合文化が形成され，戦国時代，千利休（1522～91年）によって侘び茶として大成されたのである．しかし，その中心になっていた茶は，あくまでも高級な抹茶であり，庶民の日常とは無縁のものであった．

一方，利休が活躍したのと同じ時代，庶民の間には茶葉を煎じで飲むという素朴な茶が普及していたことが，日本にやってきたポルトガル人宣教師の記録や，庶民感覚の演劇である狂言にもみられる．この粗放な日用の茶こそ，暮らしに息づく伝統食品としての番茶である．しかも，番茶は単に飲むだけでなく，茶粥などの調理素材としても使用された．茶をこのように調理のベースとして使うことは，日本だけでなく，中国の少数民族の間で今もみられ，茶本来の利用法の1つであったと考えられる．

現在最も一般的な茶である煎茶の製法は，江戸時代の中ごろに至って宇治の永谷三之丞＝宗円（1681～1778年）によって大成されたもので，高級な碾茶生産の技術である「蒸し」と「焙炉乾燥」に，番茶製法の技術である「揉む」工程を複合させたものといえる．これによって，抹茶のように粉末にしたり，番茶のように煮出す必要はなくなり，急須を用いて「淹す」という飲み方が一般化していく．当時，茶は商品作物として重視されていたため，高付加価値が可能となるこの製法は各茶産地に普及していった．おりしも日本の開国と同時に始まった貿易のなかで，対外輸出品として生糸に次ぐ第2位の地位を占めたのがこの煎茶すなわち緑茶（日本茶）である．当時の主要輸入国であるアメリカでは，紅茶と同様に砂糖やミルク・レモンを入れて緑茶を飲んでいた．統計上では大正期に国内生産量の実に90％が輸出された年もある．ただしこの数値はあくまでも統計上のものであって，国民の茶消費量がきわめて少なかったことを示すわけではない．一般人は統計に表れない番茶を飲んでいたのである．

国内の茶（紅茶も含む）生産高は戦前の1942年において61000tとなったが，戦後の1946年には21000tに落ち込み，2005年には約10万tとなっている．戦後から

しばらくの間，緑茶はアフリカや中東にも輸出されていたが，現在では大部分が国内で消費されている．近年に至って，急須を用いて飲むという本来の味わい方（これを紅茶の表現にならい，リーフとしての飲み方というようになっている）に加えて，簡便なペットボトル入りの緑茶が人気を博すようになった．ただし市場調査の結果では，ペットボトルの茶がリーフを駆逐しているわけではなく，両者は共存しているという見方もある．

今，緑茶に含まれる各種の薬効成分が注目され，特に緑茶から抽出されたカテキンは『喫茶養生記』がいうところの「養生の仙薬」としての飲用法だけでなく，さまざまな工業製品にも活用されている．同時に，緑茶にまつわる「和み」「もてなし」といった精神性にかかわる付加価値を基軸にすえた文化面での再評価や，東南アジアの漬物茶にみられるような，茶の葉そのものを食するという新しい利用法の工夫もなされるようになっている．

4.1.1 抹茶（碾茶）

抹茶の抹は粉末という意味であり，文字どおり粉末を湯に溶いて味わう茶を指し，粉末にする前の葉茶の段階は碾茶と呼ばれる．歴史的にみれば，中国唐代に陸羽が著した『茶経』に出ている茶の用法から発達したものと推定される．当時の茶は，①茶の新芽を蒸す，②臼でついてもち状に固める（この形状から餅茶と称した），③乾燥させて保存する，④飲用前に焙ってから薬研で粉末とする，⑤粉末をさじですくって碗に汲んだ熱湯のなかに投じ，少量の塩を加えて匙で攪拌する，というものである．現代日本の抹茶の飲用法では，茶の粉末を先に茶碗に入れたところに熱湯を注ぐことと，塩を用いないという点で大きく異なっている．宋代に至ると，旧来の餅茶に代わって散茶，すなわち蒸して葉の形のまま乾燥させた茶を，石臼で挽き微細な粉末にして飲用する方法に変化した．それを栄西ら留学僧が持ち帰り，茶の薬効の1つである覚醒作用が重視され，特に禅宗寺院で用いられるようになった．これが日本の抹茶の始まりである．

碾茶の製造工程は，要素に分解すれば，きわめて単純で，茶葉を蒸して乾燥させるだけである．しかしそれゆえに，使用する茶葉の品質，蒸し方，乾燥方法など長年にわたる技術的蓄積がものをいう．早くから茶園を整備し，茶を愛好する貴顕の信頼を得た宇治（京都府宇治市）が圧倒的ブランド力を誇る国内唯一の産地としての地位を

蒸熱 → 荒乾燥 → ひだし → 選別 → 仕上げ乾燥 → 練り乾燥 → 蔓切り → 上げ練り → 碾茶

図 4.2 碾茶の手作りによる製茶法

確立した．宇治における碾茶の製法は戦国時代には現在とほとんど同じレベルになっていたと思われる．良質な新芽を育てるには，摘採の1か月ほど前に覆下といって，葦簾でもって茶園全体を覆って日光の95%以上を遮断し，茶葉中のタンニンの造成を抑制する．この大規模な覆下こそ碾茶生産の鍵になるものであり，確実な資料はないが，覆下の設置は宇治だけに認められた特権であると伝承されている．現在は寒冷紗に代わっているが，一部では琵琶湖周辺から葦を取り寄せ，竹で支柱を組み立てる昔ながらの方法をとっている茶園もある．また，肥培管理も重要であって，かつては下肥が最も重要な肥料とされていた．

手作業の時代の製法を述べると，まず5月中旬にていねいに手摘みをし，できるだけすみやかに数秒程度蒸した後，和紙を張った焙炉にかけて炭火で熱し，ネンと呼ぶ小型の熊手のようなもので形を崩さぬようにていねいに動かしながら乾燥させる．それを，ひだして焦げ葉や古葉などを除く．この後，再び焙炉にかけて仕上げ乾燥を行い，次いで棚助炭に広げ数時間かけて乾燥度を高め，最後に蔓切りを行って茎を分離し，もう一度乾燥してから収納する．こうしてでき上がったのが碾茶である．

でき上がった碾茶はそのまま茶壷に収めるが，特に極上の茶については，20匁（約75 g）ごとに和紙の袋にいれて一袋と呼んだ．しかし，一度に用いるには量が多すぎるということで，利休のときに半分の10匁に改めた．これを半袋ないし半という．これらを茶壷に詰める際には袋のまわりに葉茶を詰めて，封印をする．どの内容の茶をどれほど入れたかは，「入日記」に記された．なお，茶の品質を示す呼称として，極上，別儀，極揃などがあった．また，近世初期以降には，初昔，後昔など多様な茶銘が出現する．

壷に入れられた茶は冷暗所に保管して夏を越させる．その間に熟成が進み，味わいが向上する．旧暦の10月に行われる炉開きという行事に際して，茶壷の封印を解くことを口切りといい，その年の新茶を初めて飲むことになる．碾茶を抹茶すなわち粉末にするには目の細かい専用の石臼を用い，熱をもたないように時間をかけて挽く．

徳川家康が駿府城にあって大御所政治を行っていた17世紀初頭には，宇治で名物茶壷に詰められた茶が駿府まで運ばれ，標高1000 mの大日峠（静岡市北郊）に設置された専用のお茶蔵で保管されていた．なお，お茶壷道中は1632（寛永9）年に正式に開始されたもので，江戸の将軍家から空の茶壷が宇治に送られ，宇治の茶師上林家で詰められた茶壷が江戸に運ばれる行列をいう．この行列は高い格式を誇り沿道の住民にとって傍若無人の振る舞いがあったというので，わらべ歌の「ずいずいずっころばし，ごまみそずい，茶壷に追われてトッピンシャン」が歌われたといわれている．しかしこの歌は，お茶壷道中には関係ない遊びの歌であって，行列を避けるために戸をピシャンと閉めたことを示すという解釈は，「茶壷」という文言に引かれた牽強付会の説である．

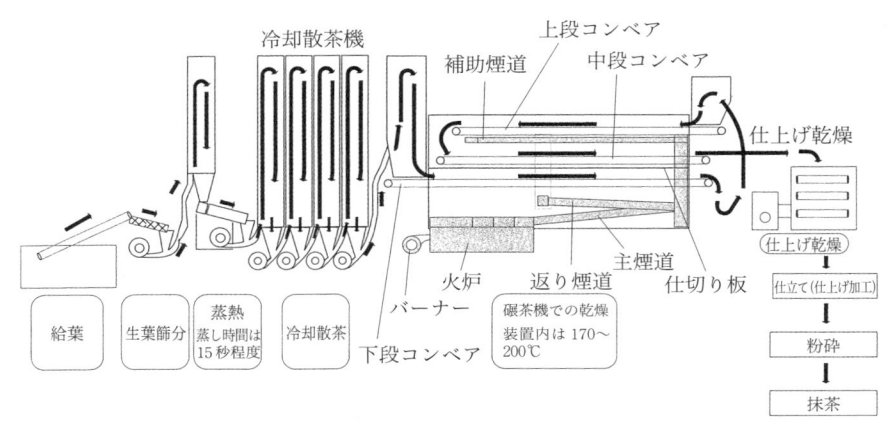

図 4.3 碾茶の製造工程（茶葉の流れと火炉などの配置）
（村上宏亮：てん茶（抹茶），緑茶通信，5号，2002）

現在における抹茶の一般的な点て方を薄茶というが，茶の湯における本来の点て方は，抹茶を泡が立たないほどに濃くしたもので，一碗を回し飲みする．なお茶の湯に使用される茶筌は精緻な竹細工で独特の形態をとっているが，中国において使用され始めた茶筅は細竹の先端を細かく裂いたササラ状のものであり，日本の茶筌がなぜ現在のような形をとるに至ったかは明確ではない．

手製の碾茶は伝統技術保存や研修の際にみられるだけとなり，すべて機械化されている．その仕組みと工程は，図4.3のとおりである．現在の主要産地は，伝統的な宇治のほかに，明治になってから生産を始めた西尾（愛知県西尾市）である．抹茶は茶の湯で使用されるだけでなく，近年は食品加工の素材としての用途が拡大しており，和洋菓子やアイスクリームなどに盛んに使われている．全国年間生産量はおおよそ1600 t．

4.1.2 煎 茶

緑茶を代表する煎茶は，蒸した茶葉を焙炉上で揉みながら乾燥させたもので，針のように細く伸びた形状をもつため，丸まった形で仕上がる釜炒り茶との比較において，伸び茶ともいわれる．煎茶は，元来は急須使用以前の一般的な庶民の茶で，煎じないとエキスの抽出ができなかった「せんじ茶」であった．しかし新しい製法によって，煎じ出す必要がなくなり急須を用いて淹すようになっても表記は継承されて「せんちゃ」になったと推定される．

現在店頭で販売している茶といえば煎茶を指すのが普通であるが，この製法が確立したのは18世紀の前半であり，開発地の地名をとって宇治製といわれた．これが同

4.1 緑　　茶

時に青製とも呼ばれるのは，従来の番茶が黒みをおびていたことから黒製として区別されたことによる．なお，茶碗に汲んだお茶は黄金色から緑色に至る色合いである．なおチャの葉の色が緑色であるにもかかわらず，いわゆるブラウンを茶色というのは，茶汁で染めた色が茶色になったことによると思われる．

煎茶の製法が開発されるには，それなりの時代背景があった．1つは江戸時代の1654年に来日して黄檗宗を伝えた隠元（1592〜1673年）が当時中国南部で一般的であった茶の飲用法を伝えたことで，隠元将来の遺物にも急須の原型を示すような茶器がある．また，近世文人の間には，茶の湯が形式にとらわれて権威的になっていることに反発し，中国で茶を愛した文人たちへのあこがれもあって，清らかに澄んだ茶を自らの生き方に重ね，濁りのない釜炒り茶を味わう風潮があった．高遊外（1675〜1763年）は自ら淹した茶を人々に売り歩き，売茶翁として知られたが，宇治の永谷宗円開発の新製法による茶を絶賛したことから，新しい煎茶に対する評判が高まった．彼らの大切にしたキーワードが青，澄であり，それにこたえる高価な煎茶が市場に進出していくことになる．江戸時代も中期を過ぎると国内経済の規模も拡大し，全国の大名たちも財政難を救うための商品作物の生産に力を入れていた．また，一般農民のなかにも高付加価値を可能とする新製法の導入を図る篤農家が現れ，宇治の新製法はしだいに全国に普及していく．現在，北限の茶として知られる新潟県の村上よりも，さらに北になる秋田県能代市の檜山においても茶が導入され，明治期には近隣の茶需要を賄ったほどだが，現在檜山にわずかに残る手揉み技術は，まさに初期の宇治製法を伝えるものである．また，太平洋側における北限の茶として知られる岩手県陸前高田市の「けせん茶」も，江戸時代に宇治から導入された茶から始まった．

このように茶業界が活性化していくなかで，江戸日本橋の茶問屋，山本屋（現在の山本山）が果たした役割は大きい．すなわち店に集まる全国の茶生産者に対して，新しい製法を紹介し技術指導を行ったからである．これは市場独占を狙う戦略でもあったが，狭山，猿島，駿河などの篤農家がこの店で新しい情報を得て自らの技術向上に役立てていた．たとえば，駿河国志太郡伊久美（静岡県島田市）の坂本藤吉は，天保年間に山本屋で新しい茶を見るや，宇治から製茶師と茶摘み女を呼び寄せて地元で講習会を開催した．これが静岡県において宇治製法が体系的に導入された最初とされている．

その後，幕末の開港を期に，輸出商品として茶生産は拡大を続け，宇治をはじめ，近江の朝宮，政所，信楽，伊勢の水沢などで製茶技術の発展がみられた．現在，茶生産地の代表とされる静岡県では，こうした先進地から製茶時期に職人を招いて生産に従事させるとともに，その技術を基にそれぞれの産地の茶葉の性質にあった製茶技術の開発にしのぎを削った．そして明治10年代になると，独自の技術を誇る職人（静岡県では彼らのことを茶師と呼ぶ）が続出し，多くの後継者を養成していくなかで技

4. 茶　　類

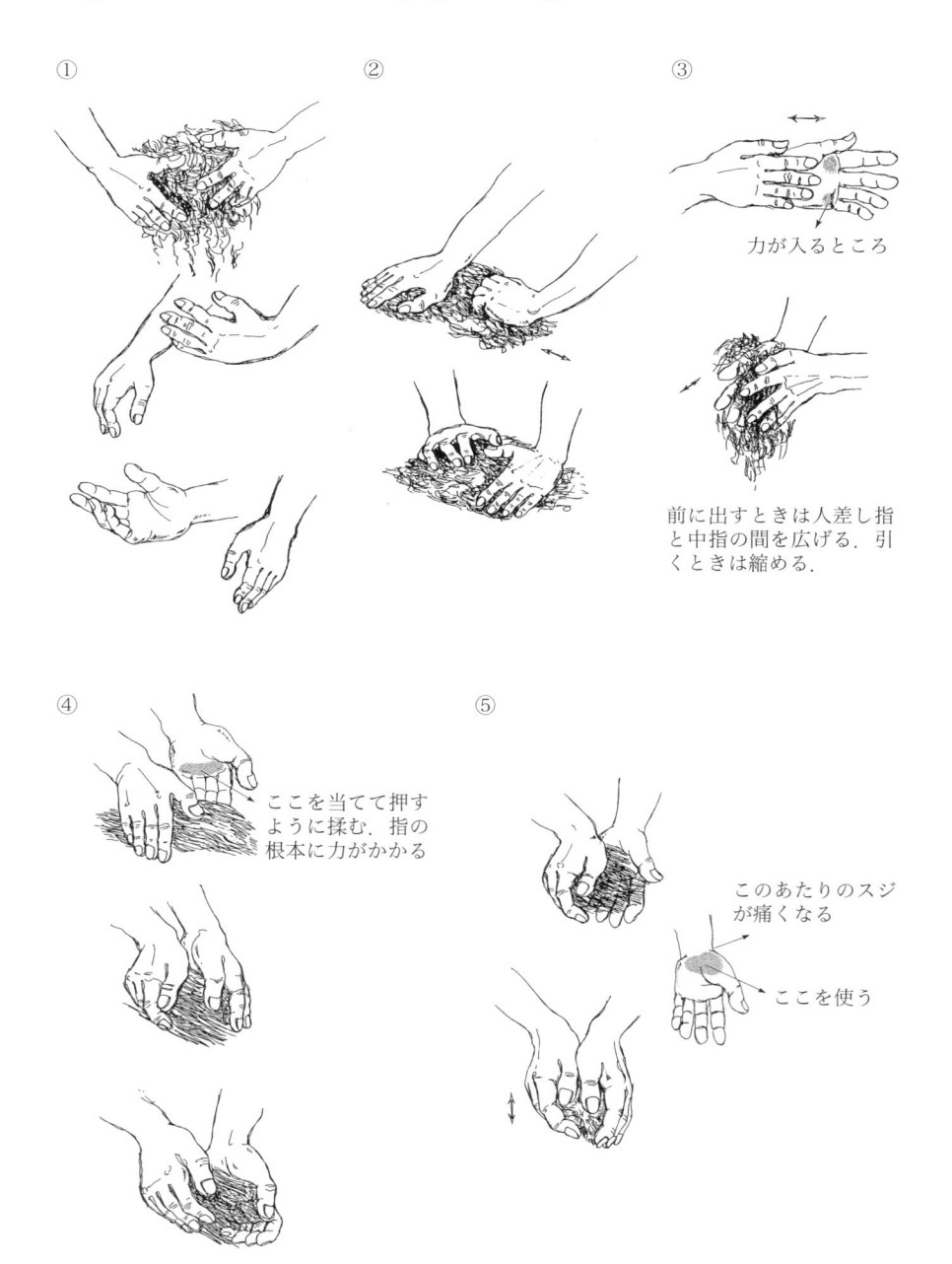

①

②

③

力が入るところ

前に出すときは人差し指と中指の間を広げる．引くときは縮める．

④

ここを当てて押すように揉む．指の根本に力がかかる

⑤

このあたりのスジが痛くなる

ここを使う

術の独自性を主張する流派をたてるようになった．たとえば，青透流，青澄流，国益流，小笠流，鳳明流など，30 あまりが知られる．静岡県では多様な流派を比較して優れた点を総合した新しい技術基準を定めた．これが明治 38 年製法と呼ばれるもので，今静岡県の無形文化財に指定されている茶手揉み技術の原型となったものである．

次に，茶手揉み技術を伝承している静岡県茶手揉み技術保存会が定めた標準製法を紹介する（図 4.4 参照）．

5 月はじめの八十八夜ころに新芽を摘み，蒸篭で 20 秒ほど手早く蒸す．青臭さが消えて甘涼しいにおいが出たときに蒸篭から冷まし台に移し団扇で冷ます．次いで適温に熱した焙炉に移し，木枠に厚手の和紙を貼った助炭の上で次のような順序で乾燥度を高めていく．① 葉振るい（茶葉を両手で空中に持ち上げつつ助炭面に振るい落とす），② 回転揉み（助炭面で茶葉を 1 分間に 80 回ほどの速さで左右に動かし，さらに前後の動きを加える．力を徐々にかけていく過程を，軽回転，重回転，突き練りという），③ 玉解き，中揚げ（団子状に固まってきた茶葉を解きほぐし，いったん焙炉から下ろす），④ 中揉み（茶葉を両手でたばさんで指をうまく使いながら揉み落と

図 4.4 揉み方の基本（イラストは外立ますみ氏，解説は静岡県茶手揉保存会理事の青木勝雄氏の御教示による）

① ハウチ（葉打ち）：助炭面の茶葉を掻き寄せるのではなく，左手を敏速に操作して迎え手を使って手前に茶葉を寄せ，右手先で丸めるようにして拾い上げて，次いでお手玉のような手さばきで交互に目の高さくらいにパラパラと葉振るいをする．最初は助炭面から 50 cm ほど上で行い，徐々に下げる．葉が蒸し露で重ならないように注意．人差し指を敏速に動かして振るい分け，助炭面の中心部と周辺部の葉がよく混ざるようにする．
② 軽回転から重回転へ：最初は無理に水分を絞り出さず，軽重自在に操作する．そして葉が急に水分をおびるように感じたときには風を入れながら玉をほぐし，また指の節々に力を入れて捻転を繰り返し，葉茎を十分に揉んで水分を絞り出す．蒸れることのないよう，転がしたり，練ったりする．
③ 揉み切り：揉み切り上手は小指が強いといわれる．小指に力を入れて掌を擦り合わせ，親指同士も力を入れて擦り合わせ，人差し指は親指とそろえて，ちょうど縄をなう手使いで交互に動かす．小指の腹はしっかり合わせ，中 2 本の指にはあまり力を入れない．人差し指は前に出るときは他方の人差し指の上辺をこするようにし，引くときにはその下辺つまり中指との間を引く．これを繰り返す．
④ デングリ（転操）：押し手と受け手を交互に斜めに動かしながら，押し手のときに指を伸ばし掌中でグリグリと丸くころがし，受け手を適当に添えて離さず，必ず手首を一度合わせて方向転換をして，再び繰り返す．突き手の指先はピンと反り返るように伸ばして，返る手で茶葉を拾って，まとめるときにまた掌中で擦り合わせる．葉はきちんとそろえ，しっとりとした肌ざわりのうちに行う．
⑤ コクリ：必ず手首を合わせて揉み込む．指の節ごとに屈伸して揉む．指を伸ばしたり，そり返るような手さばきではお茶がさわぐ．しっとりと，頭髪のような柔らかさを保つ．これをやっている最中は親の死目にも会えないといわれる大切な工程である．

蒸熱 → 冷却 → 葉打ち → 軽回転 → 重回転 → 玉解き → 中火 → 転繰(デングリ) → コクリ → 乾燥

図 4.5　煎茶の手作りによる製茶法

すことで，茶葉を細長く伸びた形状に整えていく），⑤デングリ（茶葉を両手でたばさみ，交互に手の甲を助炭面に接する形で形状を整える大量処理に適した合理的方法で，明治10年代に静岡県の茶師が開発した），⑥コクリ（手遣いはデングリと同様だが，茶葉を擦れ合わさせることで光沢を出す作業で，仕上げ揉みともいう），⑦乾燥（別に用意した70℃ほどの低温の焙炉で乾燥度を高め保存に耐えるようにする）．でき上がりの煎茶は生葉と比較して重量はおおよそ25〜20%に減少する．なお製茶機械は，上記の工程ごとに開発され，蒸機に始まって，①が粗揉機，②が揉捻機，④が中揉機，⑤が精揉機に対応する．工程が進むにつれて機械の仕組みも精密さを加えていく．また，摘採はすべて手作業であったのが，大正中期ころより平地の茶園を中心に鋏が導入され始め，戦後になって傾斜地にも導入されるようになった．その結果，茶園の景観は，従来の饅頭型の茶樹が重なり合う形態から，摘採しやすい畝型へと大きく変化した．さらには鹿児島県など新規に造成された平坦地の広大な茶園においては巨大な乗用型の摘採機が採用され，各地に広まりつつある．当然ながら製茶機の改良も大幅に進み，現在は完全自動化されるに至っている．ただし少量生産の場合は，旧来の工程ごとの機械を組み合わせて利用している農家もある．

　現在，一般消費者が購入している煎茶は，特徴の異なる茶を消費地の好みや価格調整を目的に，問屋が経験によってブレンドした（このことを「ごうする」という）ものが多い．また「深蒸し」というのは，製茶の初期段階にあたる蒸しの時間を若干長くした製法で，水質にあまりこだわらずに濃厚な色と味わいが出るため，都市部の消費者に受け入れられている．

4.1.3　玉露

　玉露とは，本来は草木についた自然の露を美しい玉に見立てた言葉であるが，美味な高級茶の代名詞としても使用されるようになった．製茶の工程は普通の煎茶と基本的に同じである．新芽を育てるときに碾茶と同様に茶園に覆いをすることで日光を遮断し，渋みの元であるカテキンの含有量を減らし，旨味の元となるテアニン量を相対的に増やす．飲用にあたっては煎茶よりもはるかに低温（50〜60℃）の湯を用いてじっくり成分を抽出し，小型の茶碗で少量を味わう．玉露製法の創始者には各説あって，江戸日本橋の山本屋6代目徳翁という説[11]，上坂清一が煎茶宗匠の小川可進の求めに応じて開発した[12]，あるいは1872年に辻利右衛門による[12]などであるが，いず

れの説にしろ,発明されたのは幕末から明治初年にかけてのころで,煎茶の高級志向が強まるなかで,高付加価値茶の開発にしのぎを削った時期にあたる.現在の主要産地は八女を中心とする福岡県が一番多く,次いで伝統的な宇治,さらに静岡県の岡部町でも本格的な覆下のもとで玉露生産に力を入れている.全国総生産量はおおよそ220 t である.

製茶法は普通煎茶と大差ないが,その特徴は手揉みの場合,煎茶製造よりも強力な蒸気で10～20秒蒸し,煎茶よりも小型の焙炉を用い,助炭面の温度は煎茶よりも低めとする.使用する葉の関係から粘着力が強いことと葉肉が薄いために作業には熟練を要する.最初の蒸しから,仕上げまでの所要時間はおおよそ3時間,乾燥に1時間.1920年ころより機械揉みが導入され始めた[13].

なお,煎茶と玉露の中間にあたるのものに「かぶせ茶」がある.これは茶園に覆いをかける点は碾茶や玉露と同様であるが,碾茶がほぼ1か月,玉露が2～3週間にわたるのに対して,7日間から10日間という短期間しか被覆しないものをいう.水色は玉露に近く,味わいは煎茶に近いという,まさに中間的な茶といってよい.なお碾茶や玉露園のように大がかりな被覆施設を設けず,寒冷紗を直接茶樹にかける方法も行なわれている.

4.1.4 釜炒り茶

製茶の第1段階は茶葉のもつ酸化酵素を不活性にするために加熱することで,大きく分けて,蒸しと炒りがあり,日本の煎茶は原則として蒸しによっているが,九州では釜炒りによる商品生産が行われている.釜炒り茶も急須を使用して淹すという点で,広い意味での煎茶の一種である.葉茶の形状は蒸し製煎茶と異なって丸まった感じであるので,玉緑茶とも呼ばれる.なお,蒸し製煎茶であっても最終段階で伸びた形にしないものをグリ茶と呼び,形状は釜炒り茶に酷似しているので,これを蒸製玉緑茶といい,釜炒り茶は釜炒り玉緑茶といって区分している.

チャは商品作物であるから,栽培・加工については茶産地の茶業試験場において品質向上や品種改良がなされてきた.しかし,チャ樹が自生できる西日本各地の農村では,現在でも自家用茶として多様な番茶が作られていて,その多くは釜炒り茶である.しかも,ほとんどは各家に伝わる経験を元に製茶しているため,細部においては千差万別の製法によっている.そうしたなかで共通する点は,茶葉を熱した釜(実際には鍋を使うことが多い)に入れ,攪拌しながら乾燥度を高める.そしてわらむしろの上に広げ,目に逆らうように力をかけながら揉む.その後,数回にわたってこの作業を繰り返して仕上げるということである.以下に紹介するのは,森薗市二氏らによる九州において商品として販売するために最も品質を高めるよう工夫された手炒りの方法と,その技術の上にたった機械製法である[14].

九州の釜炒り茶

九州山地では焼畑のために樹木を伐ると，チャが真っ先に芽を出す．これをヤボチャとかヤマチャといい，このチャを残したまま豆や穀類を栽培する．草刈り程度の世話をするだけで，3年後には摘むことができるので，このチャを元に自家用の釜炒り茶を作ってきた．やがて種子を自宅近くの畔畔に播いて小規模な茶園を造成するようになり，その製品を商人が買い集めに来ることで，産地が形成されていった．九州では，その製法を大きく2つに分けることができる．1つは熊本県や宮崎県を中心に普及している青柳製，もう1つは佐賀県から大分県にかけてみられる嬉野製である．青柳製と嬉野製を区分する最大の特徴は釜の形態である．青柳製は普段には豆を煮たりする汎用の平釜を用い，嬉野製は斜めに傾けた専用の釜を用いる．なお，現在はすべて機械化されているので，図4.6において，その工程を示した．

青柳製：まず青柳製から紹介する．青柳という名称の由来は，元禄年間（17世紀末）に肥後熊本藩の役人が現在の蘇陽町で作られた茶を精製して青柳茶と名づけ，藩主細川氏に献じたのが始まり，とする説がある．あるいは朝鮮出兵に際して加藤清正が連れ帰った朝鮮人陶工がヤマチャを利用して作り始めたともされる．青柳とは柳の青々とした様，あるいは濃い青色のことを指すから，でき上がった茶が粗放な製法による黒色の茶とは異なることを表現したと考えられる．なお蘇陽町では現在でも山中

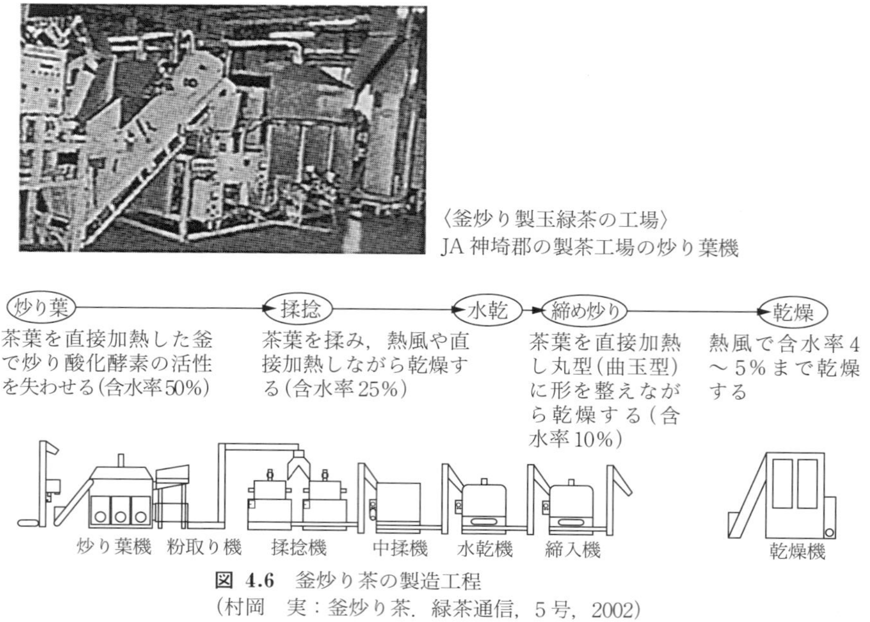

〈釜炒り製玉緑茶の工場〉
JA神埼郡の製茶工場の炒り葉機

炒り葉	揉捻	水乾	締め炒り	乾燥
茶葉を直接加熱した釜で炒り酸化酵素の活性を失わせる（含水率50%）	茶葉を揉み，熱風や直接加熱しながら乾燥する（含水率25%）	茶葉を直接加熱し丸型（曲玉型）に形を整えながら乾燥する（含水率10%）		熱風で含水率4〜5%まで乾燥する

炒り葉機　粉取り機　揉捻機　中揉機　水乾機　締入機　乾燥機

図 4.6 釜炒り茶の製造工程
（村岡　実：釜炒り茶．緑茶通信，5号，2002）

炒り葉（一番炒り）→ 揉捻 → 第1水乾（二番炒り）→ 第2水乾（三番炒り）→ ひだし → 締め炒り（四番炒り）→ ひだし → 仕上げ炒り（五番炒り）→ 製品

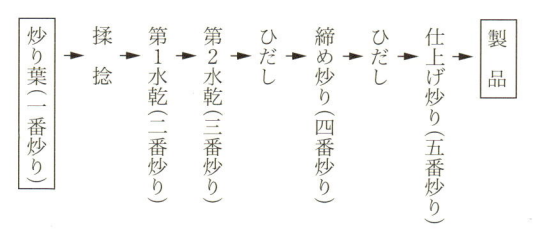

図 4.7 釜炒り茶（青柳製）手作りによる製茶法

の自然に生えているヤマチャを摘んで製茶している農家がある．

生葉は新葉3, 4枚のこき摘みとし，1回に1kgを200度以上に熱した釜に投入する．これを①炒り葉といい，操作は3段階に分かれる．最初は「葉温（はぬくめ）」といい，茶葉がパリパリと激しい音を立てるのを手袋をした手でかき揚げつつ動かす．やがて青臭いにおいを発したころを「包熱（ほけつみ）」という．次いで釜温150℃ほどにして「葉振（はぶるい）」といって，茶葉をかき集めてはすくい上げ，風を通して乾燥度を高める．この段階で茶葉の重量は半分ほどになる．次いで②揉捻となる．炒ってきた茶葉を2分し，2人で手分けしてネコブクという小縄で編んだむしろの上で前後に転がしながら揉む．固まりをほぐしながら蒸れないように注意して8～10分ほど揉む．③第1水乾（二番炒り）は，改めて150～160℃くらいの釜に移してすくい上げるようにしながら乾燥度を高める．この段階で，これまでの粘り気が消えてさらさらした感じになってくるので，いったん取り出す．なお釜を用いずに，バスケと呼ぶ竹製のあぶり籠の上に薄く広げて時々かき混ぜることで乾燥させることもある．④第2水乾（三番炒り）では，釜温は100～110℃とし，第1水乾と同様な操作を10～15分ほど行ってから取り出し，篩を使って粉を抜く．⑤締め炒り（四番炒り）では，釜温を100℃以下にし，青柳の特徴である手ぬぐいを絞ったような捻れた形にする．茶葉の心に残っている水分をとることに重点をおき，30分ほど繰り返すと青柳特有の香りがでてきて，集めた茶葉に指を差し込むと楽に通るようになる．⑥仕上げ炒り（五番炒り）はさらに釜の温度を下げて80～90℃程度とし，30～40分ほどかけると，茶に白い粉が吹くようになる．でき上がった茶の重量は生葉の1/4くらいとなる．

嬉野製：次に嬉野製の製法を紹介する．嬉野は鎌倉時代に中国から茶をもたらした栄西が茶園を開いたという背振山に近く，また不動谷には国指定天然記念物の「嬉野大茶樹」がある．嬉野では中国から渡ってきた陶工が陶器を作るかたわら自家用の茶を栽培したのが始まりと伝え，その後，16世紀初め，明から来た陶工，紅令民が南京釜を持ってきて始めたという．嬉野で使用される釜は製茶専用のもので，薪の焚口が背後にあり，作業する人は斜めに設置した釜に正対できるという，効率のよい釜を用いる．これは伝承を裏づけるように中国で広く用いられた形式であり，この製品が

江戸時代に唐茶と呼ばれたものである．1697年刊行の「農業全書」にはすでにこの形式が記載されている．製茶の手順と作業名称は青柳製とほぼ同じだが，一度に処理する生葉の量は4kgほどで，この方式の効率のよさを示している．現在もこのような手炒りで自家用茶を作っている家もあるが，商品としての生産は機械に代わっている．

4.1.5 番茶
番茶の定義

　番茶という言葉には若干の注釈が必要である．現在一般に店頭で販売されたり，茶業者間で取り引きされる場合には，製法としては煎茶と同じであるが硬い葉を素材にしたりして品質が劣るものをいうのが普通である．だが，ここでいう番茶とは，庶民が日用とした茶の総称であり，具体的にいえば商品として開発された碾茶（抹茶）・煎茶以外の多種多様な自家用茶の総称である．

　番茶という語が初めてみえるのは，江戸時代のごく初期に成立した『日葡辞書』にある"banch"で，上等なものではない普通の茶，という訳がついている．この場合の上等の茶が抹茶であることは疑いない．そして同時代に成立した『日本教会史』には，庶民は煮出した茶を飲んでいるという記述があり，さらに狂言にも，「天道干しのいとまこわず」という，おそらく天日乾燥による粗放な茶のことが出ている．これらの要素をもつのが番茶であり，少なくとも中世末期には近畿地方における庶民の飲料として普及していたと推定される．漢字での表記は，番茶・晩茶の2通りがある．前者は一番茶，二番茶など摘採時期が早いほど上質の茶を作ることができるために，○番といわれるほど茶葉が硬化した時期のもの，ないし番外の茶といった意味がこめられている．また後者の場合は，季節的に遅い時期，すなわち「晩」の茶という意味になる．いずれにしろ，新茶を珍重する風潮とは縁遠い，いつでも作り，食の一環として利用される庶民の日用茶である．なお，常茶という表現もあるが，これは肩肘張らない茶の味わい方についての表現であって，茶の製法などを示すものではない．

　日本で最も広くみられた番茶は釜炒り・むしろ揉み・天日乾燥によるもので，現在の有名産地においても近年まで作られていた．近世において都市部で庶民相手に売られた茶のほとんどは，この粗放な製法による番茶であった．現在でも地域によっては，高級な煎茶は商品であり，家庭においても来客用のいわゆるよそ行きの茶としていて，普段は蒸し製の番茶を愛飲している人も多い．たとえば滋賀県の信楽では，高級煎茶を生産する一方，秋口の硬化した茶葉を刈り取ってボイラーで蒸し，揉むことなくそのまま乾燥させた番茶（これを手作業で行えば旧来の一般的な番茶製法となる）を日用の茶として飲用しており，この番茶のほうが腹にもたれない，寝る前に飲んでも睡眠に支障がないなどといっている．

番茶の製法を具体的に示す記録はすべて江戸時代以降のものであるが，全国各地で近年まで作られていた自家用茶の現地調査によれば，実際の茶利用は記録が残る時期よりもかなり古くから行われていたと推定できる．たとえば，現在でも山仕事をする人の間では，山林に生えている茶の枝を折り取り，焚き火で焙ってから茶葉を煮出している．九州高千穂の茶として知られるカッポ茶もやかんではなく竹筒に入れて煮出すもので，これと原理は同じである．これらは中国の少数民族の間にもみられるもので，茶利用の原始的形態と考えてよい．このことは，チャの原産地とされる中国大陸から，植物としてのチャがその単純な利用法とともにかなり早い時期に日本に伝来した可能性を示すものである．また，釜炒りではなく，茶葉を蒸し，揉んでから天日で乾燥させる蒸し製番茶も日本だけでなくミャンマーなどではごく一般的な製法であるし，番茶の煎じ汁を食物の調理に利用するなど，茶が飲用だけでなく，調理素材として利用されていることも東アジア各地に類例をみることができる．さらにいえば，九州では結納に茶を贈ることが一般的であるが，婚姻に際して茶が贈答品として象徴的な意味をもつ例も，中国から東南アジア各地の少数民族の間にみられる．つまり，多様な番茶は，人間とチャとのかかわり方を示す重要な意味をもっている．

煎茶の製法が確立する前，その技術的な基盤をなしたさまざまな製茶法が近世の農書などにみられる．それらから製法を抜粋して比較したのが表4.2であるが，上茶を除けばすべて番茶の範疇に入るものである．次に各地にみられた特色ある番茶を紹介しておく（後発酵茶の項参照）．

陰干し番茶

岡山県から島根県にかけての山沿いの地帯に広く分布し，四国や福井県の一部にもみられた．日本海側では現在でも少量ながら作られている．秋口に鎌で茶の枝を刈り取り，枝の中央を縄でくくり簾のようにして軒先に吊る．数か月後，カリカリに乾燥した葉を紙袋などに入れて保存し，飲むときには焙烙や鍋で軽く煎ってから煮出す．この番茶は飲むだけでなく別項の振り茶に使われる．

寒　茶

年間を通じて最も寒いとされる寒中に作られる茶で，愛知県の足助町（現在は豊田市）のものを「足助の寒茶」と呼んでいるが，四国の一部にも同様な茶がある．足助の例を示すと，時には雪のなかで鎌を用いて茶の枝を切り取り，大型の蒸篭で蒸してから，陰干しないし天日で乾燥させる．茶葉はそのまま煮出して飲む．茶といえば八十八夜の新茶，というイメージが強いが，こうした寒茶の存在は，茶が必要に応じて季節を問わず摘採され製茶されていたことを示している．

美作番茶

全国でも旧美作国だけで作られていることからこの呼称がある．岡山県英田郡美作町海田では，6月の終わりごろから8月初旬くらいまでを適期とし，摘採鋏で刈りと

表 4.2 近世における製茶法の記録 (中村, 2000)[15]

※碾茶は除く

No.	出典(年代)	地域	呼称	時期	殺青法 蒸す	殺青法 煮る	殺青法 炒る	殺青法 蒸炒	殺青法 その他	乾燥法 工程	揉み	仕上げ	備考
1	農業全書 元禄10 (1697)	上方	上茶(碾茶)	新芽	○					蒸す→冷ます→焙炉	×	ねり焙炉	「本朝食鑑」も同じ．下等品が煎茶となる
		〃	湯びく茶	新芽		○				熱湯で湯びく→清水にて冷す→絞る→自然干燥→焙炉	×	焙炉乾燥	
		〃	煎じ茶	新・古葉		○				湯がく→冷水にて冷す→絞る→むしろで乾燥→むしろまたは縄で揉む	○		俵=タテ1本
		〃	唐茶	若葉				○		鍋炒り→むしろ，ござの上で揉む(炒り・揉み5〜6回反復)	○		壺にて保管 現行の嬉野製と同形式の釜を使用
2	耕稼春秋 宝永7(1707)	加賀		新葉				○		かごに入れゆでる→簀の上で干す→翌日揉んで戸外のむしろで干す	○		
3	万金産業袋 享保17 (1732)ごろ	京周辺	煎じ茶		○					蒸す→揉み盤(竹に縄を編みかけたもの)で揉む→天日	○	焙炉	
4	[永谷宗円] 元文3(1738)	山城	(青茶)	新芽	○					蒸す→焙炉上で揉む	○	焙炉	
5	私家農業談 寛政1(1789)	越中	雑茶	夏至のあと	○					蒸す→蒸したときの湯で揉む→むしろで陰干し		炒り鍋で焙じる	6貫目でタテ1本 (200匁=1斤)
6	年内神事祭事私記 文化10(1813)	遠江(引佐)	葉茶	4月					○	水をかけて炒る→陰干して揉む(炒り・揉み4回反復) 水かけは初回のみ	○		
7	駿国雑志 天保14(1843)	駿河	青茶				○			湯がく→絞る・畳表でよる→焙炉乾燥(3回反復)	○		
			いびり茶						○	葉を洗って平釜でいびる→	×		
			番茶(引こき茶)	三番	○					蒸す→日なたで干す→釜で炒る	×		

4.1 緑　　茶

No.	出典(年代)	地域	呼称	時期	殺青法					乾燥法		揉み	仕上げ	備考
					蒸す	煮る	炒る	蒸炒	その他	工程			
			湯びく茶			○				湯びく→絞る→むしろの上にて手のひらでする→焙炉		○		両手ですり合わせるのか, むしろに押しつけて揉むのか 不明
8	広益国産考 安政6(1859)	日向 伊勢	刈茶 (A)	3,4月			○	○		枝刈り→水洗い→裁断→鍋炒り→むしろで包み揉み→鍋炒り・さまし (5〜6回)		○		
			刈茶 (B)	3,4月			○			葉を刻む→湯がく→(以後は同上) ※揉み板使用の場合あり		○	渋紙の上で1日さます	俵詰め
		宇治	番茶	一番の後						上茶摘採後に手ですごいた葉を用いる				
			唐茶	3,4月			○			水洗い→ほうろくで乾燥・さまし (5回くり返す)		×		

った茶葉を大釜に入れて40分ほど煮る．次にひっくり返して先が二股になった棒で押し付けて再び40分ほど煮る．次にむしろの上に広げ，汁気がなくなるほど乾燥したところで，先ほどの大釜から煮汁をくみ出してじょうろで満遍なくその上に振りかけ，よくかき混ぜる．これが乾燥したとき，2度目の煮汁をうって同様にかき混ぜ，翌日の午前中くらいまでかけて乾燥度を高める．そして混入している軸（茎部）を選りだしてカッターで裁断し，茶葉と混ぜる．3日目に至って俵に詰めて出荷する．これを地名をとって美作番茶と呼ぶ．そのまま熱湯で淹すこともあるが，その前に焙じるのがよい．

薩摩ハンズ茶

鹿児島市の旧松元町で，水瓶を用いて作る釜炒り茶の変形である．松元町一帯はシラス台地で水が乏しいため，水源から汲んできた水や天水をためるために多くの水瓶が使われた．ハンズというのは，この瓶のことである．ひびが入って使用できなくなった瓶を針金で補強し，土で築いたかまどにはめこんで加熱する．瓶の口から生葉を入れ，正面に座って棒でかき混ぜながら炒る．それを焙り籠に載せて乾燥するというもので，飲み方などに特に変わりはない．

〔中村羊一郎〕

文　献

1) 梅棹忠夫監修，守屋　毅編：茶の文化―その総合的研究（第一―二部），淡交社，1981.
2) 大石貞男：日本茶業史，農山漁村文化協会，1983.
3) 熊倉功夫：茶の湯の歴史，朝日選書，1990.
4) 中村羊一郎：茶の民俗学，名著出版，1992.
5) 千　宗室監修，谷端昭夫編：茶道の歴史（茶道学術大系第2巻），淡交社，1999.
6) 世界緑茶協会編：緑茶通信「特集・日本のお茶の成り立ちと将来」，2002.
7) 角山　栄：茶ともてなしの文化，NTT出版，2005.
8) 宇治市歴史資料館：宇治茶の文化史，宇治市教育委員会，1993.
9) 小川後楽：煎茶への招待，NHK出版，1998.
10) 煎茶の起源と発展シンポジュウム組織委員会：煎茶の起源と発展，2000.
11) 横田幸哉：山本山の歴史，p. 78，山本山，1976.
12) 京都府茶行会議所：京都府茶業百年史，p. 649, 656, 1994.
13) 静岡県茶業協議会：茶業宝典，pp. 175-178, 1950.
14) 森薗市二ほか：釜炒り茶，関東書籍，2002.
15) 中村羊一郎：番茶から煎茶へ．前掲書10).
16) 中村羊一郎：番茶と日本人，吉川弘文館，1998.

4.2　後発酵茶[1,2]

概　要

　後発酵茶とは，好気的カビづけ茶と嫌気的バクテリア発酵茶とこの両方を行う2段階発酵茶の3種類がある．好気的カビづけ茶の富山の黒茶は，バタバタ茶として用いられている．阿波番茶は，嫌気的バクテリア発酵茶に分類される．これは製造段階で桶に茶葉を詰め込み上部をしっかり蓋で密閉し，上から重石をすることにより桶内部を嫌気的に行うものである．同じ製造方法は，タイ・ラオスのミヤンやミャンマーのラペソー，中国の竹筒酸茶である．これらの茶と阿波番茶の違いは，阿波番茶は飲む茶でありミヤンやラペソーは食べる茶である．また，ミヤンやラペソーは，茶の新芽を使うが，阿波番茶はすべての茶葉を用いる点も異なっている．2段階発酵茶は，碁石茶・石鎚黒茶で，碁石茶は茶粥の原料や飲用にされ，石鎚黒茶は飲用される．食べる茶は，ミヤンは塩や辛いものを一緒に茶で包み主にかみ物として使われ，ラペソーは，揚げたニンニクやピーナッツと一緒にサラダのようにして食べる．竹筒酸茶は，そのままかみ，その後タバコを吸うとタバコのニコチンが強く感じられるといわれる．

製造原理

　後発酵茶は，茶葉を摘採した後に茶葉中の酵素を"煮る"か"蒸す"操作で失活さ

せる．その後この茶葉をカビづけか，桶に漬け込む操作をして嫌気状態を保ち製造する．その後，天日で乾燥するか，桶だしのまま食べる．茶葉は，カビづけや嫌気状態に保たれることにより各種微生物が増殖し，風味成分が生成する．他の茶と異なる点は，カビづけや桶漬けの工程での微生物の関与である．

後発酵茶の種類

後発酵茶は，表4.3に示すように3つに分類される．

表 4.3 後発酵茶の種類

後発酵茶の種類	名　　称
好気的カビづけ茶	富山の黒茶，プアール茶，中国の黒茶
嫌気的バクテリア発酵茶	阿波番茶，タイ・ラオスのミヤン，ミャンマーのラペソー，中国の竹筒酸茶
好気的カビづけ後嫌気的バクテリア発酵の2段階発酵茶	碁石茶，石鎚黒茶

問題点と今後の課題

国内の後発酵茶は，多くは生産者の高齢化などにより生産量が減少している．特に石鎚黒茶は生産者が1人であるためこの方がいなくなると消滅する茶である．また，食文化の変化により若者の嗜好が変化していることによる生産量の減少がある．今後は，若い生産者の育成や新たな消費拡大が課題であろう．

4.2.1　阿波番茶

概　要[3,4]

主な産地は那賀川流域で，なかでも丹生谷地方（旧相生町）の茶が始まりといわれている．製造している地域は，以前は那賀川の流域の木頭村や木沢村，上那賀，鷲敷，阿南でも作られていたようであるが，現在は旧相生町と上勝町である．なぜ生産地が那賀川流域に集中していたか．この地方は，かなり以前は道路と交通の便が悪く山間部から物産品を運び出すことは簡単ではなく，水運によってものを運ぶしかなかった．そのために川の流域に産地が多くなったのが理由であろう．

阿波番茶の製法

原料は，ヤマチャといわれる在来種の茶葉を用いる．摘採方法は，茶樹から茶葉をしごきとる方法である．このときに指には，シュロで作った紐を巻いたり，軍手を用いたりして指を守る．これを茶樹の1枝ごとに根元から先に向かってしごき取る．採った茶葉をゆでる．このときに酸化酵素を失活させる．"ゆで"は茶葉の色が変化するところを終点としている．約10分程度である．その後"すり"の操作をすり船や

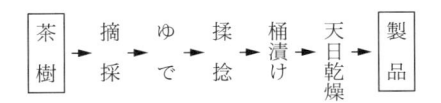

```
茶樹 → 摘採 → ゆで → 揉捻 → 桶漬け → 天日乾燥 → 製品
```

図 4.8 阿波番茶の製造工程

揉捻機を用いて行う．"すり"を行った茶葉は，桶に漬け込む．桶に漬け込むときに中の空気をしっかり抜いて嫌気状態に保つことが一番重要である．桶に入れるときに茶汁を一緒に入れる．桶の上まで茶葉を詰めた後は，バショウの葉などで上部を覆い，木の蓋をして上から重石を載せる．最近は，重さを確認しやすくするためコンクリートのブロックなどを使っている．最後に茶汁を上からしっかり入れる．桶漬け期間は，約 2 週間行う．その後，上部を取り除き茶葉をばらばらにして乾燥する．乾燥は，むしろの上に 1 枚 1 枚ばらばらになるようにして，天日で乾燥する．約 2 日間行い，完全に乾燥した後は 1 夜夜露に触れさせる．これで製品となる．

製造の特徴[5]

阿波番茶は，浸出したときの色はほのかに黄色みをおび，飲んだときに酸味を感じすっきりしたのど越しである．先に示したように嫌気的バクテリア発酵といわれ，桶に漬けることで製造される．製造中に多くの微生物が関与している．なかでも一番多い微生物は，ラクトバティルス プランタラムやペントーサスという好気性菌の乳酸菌である[6]．色素成分は，製品そのものは後発酵茶特有の枯れ葉のような形状で色は茶色である．浸出液の色は，後発酵茶のなかでは一番緑茶に近い色をしている．呈味成分は，茶特有のアミノ酸であるテアニンが少ない．特に阿波番茶は，茶摘みの時期が 7 月と遅く，また古葉までしごきとるためテアニンの含量が少ないと考えられる．桶漬けで嫌気状態にするため，γ-アミノ酪酸が 8.2 mg/100 g 存在している．阿波番茶はゆで時間も長く，桶漬けにより嫌気的バクテリア発酵させて製造するため，微生物により資化されるのかカテキンの含量は少ない．しかし，他の後発酵茶に比べると，総カテキン含量は 3.5% と若干多く存在している．酸味を示す有機酸は，乳酸が 3.48%，クエン酸が 0.62%，酢酸が 0.28% である．これらは酸味を有し，飲んだときに酸味を感じるのはこのためではないかと考えられる．川上ら[7]は，阿波番茶の香気成分の特徴として，低沸点部分の比率が高く，不発酵茶に近い香気パターンを示し，漬物茶特有の酸類やフェノール化合物はともに碁石茶に比較して少なかったと報告している．

生産の現状

阿波番茶製造者の減少は，食生活の変化や蒸し製緑茶の小規模の工場ができたことが原因であろうと考えられた．緑茶の場合は，機械化が進み省力化して製造することができる．最近は，コンピュータで制御できる製茶機も多く普及している．そのため

にあまり人手をかけないで茶を製造することができる．また，茶摘みも機械によって簡単に摘み取ることができるようになっている．工場は，冷暖房が完備して労働条件もよくなってきている．しかし，阿波番茶の場合は，先に示したように茶摘みがたいへんな重労働である．また，茶の乾燥も天日乾燥で行わないと阿波番茶独特の風味が消失してしまう．茶摘みや乾燥にかける手間もたいへんである．このような条件が重なり，生産農家が減少してきている．

表 4.4　後発酵茶のアミノ酸含量（mg/100 g）

	阿波番茶	碁石茶	石鎚黒茶	富山黒茶
アスパラギン酸	30.2	169.0	44.6	2.6
スレオニン	1.3	93.5	34.6	0.6
セリン	2.1	138.2	53.1	1.1
テアニン	14.7	437.2	219.5	6.4
グルタミン酸	49.6	142.7	71.4	2.7
イソロイシン	―	38.0	5.3	―
ロイシン	―	127.2	24.9	―
フェニールアラニン	trace	89.2	16.5	8.3
γ-アミノ酪酸	8.2	79.9	16.5	―

表 4.5　後発酵茶のカテキン含量（%）

	阿波番茶	碁石茶	石鎚黒茶	富山黒茶
(−)-エピガロカテキン	1.01	0.87	1.62	―
(−)-エピカテキン	0.83	0.41	1.19	―
(−)-エピガロカテキンガレート	1.09	trace	0.23	trace
(−)-エピカテキンガレート	0.58	trace	trace	―
総量	3.51	1.28	3.04	trace

表 4.6　後発酵茶の有機酸含量（%）

	阿波番茶	碁石茶	石鎚黒茶	富山黒茶
シュウ酸	1.05	1.16	1.09	1.91
クエン酸	0.63	―	―	―
酒石酸	―	0.23	0.37	―
コハク酸	―	―	0.10	0.59
乳酸	3.48	4.75	2.44	―
酢酸	0.28	―	―	―

4.2.2 碁石茶

概要

碁石茶は，高知県長岡郡大豊町で主に製造されている．茶葉を摘採した後に"蒸し"を行い，その後カビづけをして桶漬けを行う．その後，切り出して天日乾燥を行う．他の後発酵茶との違いは茶葉の摘採が枝ごと切り出す方法である．また，桶漬けは，重石の重さが一番重い．そのために葉を1枚1枚ばらばらにすることができないために"切り出し"という操作を行っているものと考える．

碁石茶の製法[1,8]

原材料は，ヤマチャといわれる在来種を用いている．この茶樹を枝ごと切り出す方法をとり，これを小さな束にして蒸しを行う．蒸しのときは，ミツマタを蒸すときに用いていた桶で蒸しを行う．このとき，茶の束をしっかり上から詰め込む．大釜に湯を沸かしてその上に桶を載せて約2時間蒸しを行う．その後茶葉を枝から振り落として，枝を取り除く．蒸した茶葉は，カビづけ室に高さ50 cmくらいに積み上げてカビづけを行う．上にはむしろを置き，時々上から踏みつけたりして温度と湿度調整を行う．10日間くらいカビづけを行った後に桶漬けを行う．桶漬けはカビづけした茶葉を桶の中に入れながら，蒸した蒸し汁を入れ，また桶の中に入り足で踏みつけながらしっかり嫌気状態を保つ．桶漬けを2週間ほどした後に桶出しを行う．このときは，桶の中に入り大きな包丁で板を使ってブロック状に切り出す．それを次にまな板の上に置き，なたでたたき切る．このときには，5 cmほどの大きさにする．これを1個1個別々にしながら3日間くらいむしろの上で天日乾燥を行う．これが製品である．

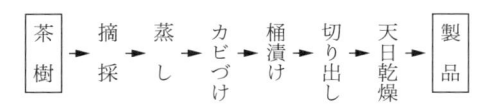

茶樹 → 摘採 → 蒸し → カビづけ → 桶漬け → 切り出し → 天日乾燥 → 製品

図 4.9 碁石茶の製造工程

製法の特徴

他の後発酵茶に比べて，大きさが5 cm厚さ5 mmで形状は厚い．これは桶漬けの後の切り出しによって碁板状にするためである．また，桶漬けのときの重石の重さが一番重く，飲んだときの酸味が強い．岡田ら[9]は，カビづけ中には，主なカビはアスペルギルスであり，リゾプスもわずかに検出され，酵母は楕円形の細胞が多く認められ，細菌はすべてグラム陽性桿菌で，球菌はまったくみられなかった．漬け込み中の微生物は，好気性桿菌の菌塊であり，液汁からは酵母が分離された．一方細菌は，グラム陽性桿菌（乳酸菌）のみであったと報告している．桶漬けで茶汁を入れて他の後発酵茶に比べて重い重石を使うため，茶葉が接着した状態になるためか呈味成分のア

ミノ酸が多くなっているのが特徴である．イソロイシンやロイシンの含量の高いのも特徴である．カテキンは，カビづけや桶漬けによりほとんど分解されている．有機酸は，乳酸の含量が高い．川上ら[7]は，香気成分について，酢酸およびプロピオン酸などの揮発性酸の含有量が高く，香気成分の 13.2% を占め，漬物特有の酸臭の要因になっていた．また，発酵食品に特徴的なエステル類が多く認められ，特に酢酸エステルやメチルエステル類が後発酵茶特有の発酵臭の要因物質と考えられていると報告している．

生産の現状

主な生産地域は，高知県長岡郡大豊町が産地である．生産農家は，以前は 1 軒であったが最近は 3 軒ほどが製造している．生産規模は家内工業的であり，販売経路も個人が販売しているのみである．非常に小さい製造規模である．

4.2.3 石鎚黒茶

以前は，石鎚黒茶は愛媛県周桑郡小松町石鎚地区およびその周辺で盛んに製造されていたが，今では曽我部家 1 軒しか作っていない．村上[10]は，石鎚黒茶の製造地の分布について小松町石鎚地区で 16 集落，西条市大保木地区で 10 集落，西条市加茂地区およびその周辺で 3 集落，丹原町で 1 集落作っていたと報告している．以前は，ウマクソ茶とかクサラシ茶とか呼ばれ，瀬戸内海沿岸の人々によって親しまれていた茶である．現在は，曽我部家の家族しか使用していない．

石鎚黒茶の製法[1,11]

原料は，ヤマチャの在来種を用いて製造している．茶樹は，段々畑の石垣や山道のかたわらに自生している茶を用いる．製造時期は，7 月中旬から下旬に製造する．茶樹を阿波番茶と同様に茶樹からしごくように採る．その後に蒸し器に入れて蒸す．そのとき，蒸し器の真ん中に竹を置いておき，空気のとおり道を作っておく．その周囲に茶葉を置き，最後に竹を抜いて蓋をする．約 1 時間蒸す．蒸した葉を広げて，水をかけながら冷却する．次に桶に入れて約 7 日間カビづけを行う．この後，むしろの上で手を使って揉捻する．揉捻後茶葉を桶に入れてビニールで密閉し，蓋をした後上から重石を載せて 10 日間桶漬けを行う．茶葉を桶から取り出し茶葉をバラバラにほぐしてむしろの上で天日乾燥し，製品とした．

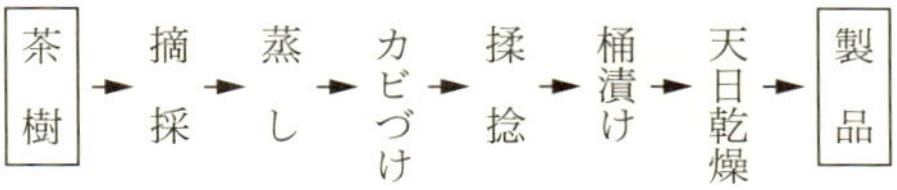

茶樹 → 摘採 → 蒸し → カビづけ → 揉捻 → 桶漬け → 天日乾燥 → 製品

図 4.10 石鎚黒茶の製造工程

製法の特徴

形態的特徴は，阿波番茶と同じで枯葉状で，浸出液の色はあまり濃くなく，黄色みがかったものである．これに関する微生物は，好気性菌としてバチルス属やラクトバティルス プランタラムやペントーサスなどの存在が明らかである[6]．また，カビとしてムコール属の存在がみられる．茶成分は，呈味成分のアミノ酸は，茶特有のテアニンが一番多く，カビづけ茶特有のフェニールアラニンもみられる．イソロイシンやロイシンも存在し，嫌気処理することにより γ-アミノ酪酸の増加がみられた．カテキン類は，(−)-エピガロカテキンや (−)-エピカテキンが多く，有機酸は，後発酵茶特有の乳酸や酒石酸，コハク酸の存在がある．香気成分は，リナロールやそのオキサイド類やゲラニオールが多く，また後発酵茶特有の酢酸も多くなっている．

生産の現状

今は，曽我部家1軒しか製造していなく，曽我部さんも高齢になっているので存続が危ぶまれる茶である．

4.2.4 富山黒茶

概　要

好気的カビづけ茶として唯一日本で作られているのが富山の黒茶である．この茶は，富山県朝日町の蛭谷地区の聖人命日のお茶請けの講にバタバタ茶として使われている茶である．茶袋に入れた黒茶をやかんに入れて煮出し，バタバタ茶を用いる五郎八茶碗などに夫婦茶筅を使って茶筅を左右に倒すように振ると茶碗の口縁にあたって，ガチャガチャと音がする．しばらく振っているうちに泡が立ってくる．用意された漬物などを食べながら茶を飲み，世間話をする．好き好きに飲んで楽しむ茶である．

黒茶の製法[1]

真夏に刈り取った茶葉を製茶の蒸し機で蒸し，生葉の水分含量まで乾燥させて，カビづけ槽に入れる．カビづけ槽は，$150 \times 200 \times 100$ cm ほどの木枠の周囲をわらでできたこもで囲って，上も同じくこもをかぶせて保温する．カビの発生と一緒に温度も上昇するので，もう1つの発酵槽に切り返しをかねて茶葉を移し変える．この切り替えしを数回行い，約20〜25日くらいでカビづけを行う．その後，天日で乾燥して黒茶になる．

茶樹 → 摘採 → 蒸し → カビづけ → 天日乾燥 → 製品

図 4.11　富山黒茶の製造工程

製法の特徴

　形態的には，枯葉のような茶で，浸出液の色は他の後発酵茶に比べて濃い色をしている．微生物は，岡田ら[9]によると糸状菌は黒色または灰色の分生子を着生するアスペルギルスがほとんどであり，酵母は存在していない．クロストリジウム様の棍棒状の形態をとる有胞子細菌が多く認められたと報告している．呈味成分のアミノ酸は非常に少なく，ほとんど微生物により資化されたと考えられる．カテキンもほとんどなくなっている．有機酸は，コハク酸のみ認められる．官能的な香気成分としては，カビづけ臭のある少し酸味のある香気である．

生産の現状

　生産農家も少なく，かつては福井県三潟町江崎地方でかなりの規模で作られていたが，現在では，富山県小杉町の荻原家が作っているのみである．ほとんど消費も富山県旭町の蛭谷地区の人が使用するだけにとどまっている．　　　　　〔加藤みゆき〕

文　献

1) 宮川金二郎編：日本の後発酵茶―中国・東南アジアとの関連―，さんえい出版，1994.
2) 加藤みゆき：健康を食べるお茶，保育社，1996.
3) 徳島県郷土文化会館民俗文化財集編集委員会編：民族文化財集第11集　相生の民俗，徳島，1990.
4) 山内賀和太：阿波の茶，原田印刷出版，徳島，1980.
5) 加藤みゆきほか：日本家政学会誌，**44**，561，1993.
6) 田村朝子ほか：日本家政学会誌，**45**，1095，1994.
7) 川上美智子，小林彰男，山西　貞：農化，**61**，350，1987.
8) 加藤みゆきほか：日本家政学会誌，**45**，527，1994.
9) 岡田早苗，小崎道雄：東京農業大学農学集報，276，1983.
10) 村上　徹：伊豫史談227号，愛媛県立図書館内伊豫史談会33，愛媛，1992.
11) 加藤みゆきほか：日本家政学会誌，**46**，525，1995.

4.3　特殊加工茶

4.3.1　玄　米　茶

　炒った玄米を煎茶と混ぜたもので，香ばしい香りが好まれる．茶は飲用に供されるだけでなく食素材としても利用されているが，特に米との結びつきには深いものがある．たとえば，日本での伝統的な米作りにおいては，八十八夜前後に苗代に籾をまくが，そのとき余った籾を鍋などで炒って焼米（ヤコメなどという）とし，茶を注いで食べるという例がある．焼米のもつ香ばしさと茶の味わいが適合しておいしいとされる．中国の少数民族の間にも，もち米のハザシを茶と混ぜて飲む（食べる）習俗があ

ることから，米とチャとは食素材として相性のよいものと考えられる．玄米茶はこのような伝統的な食習慣のなかから生み出された組み合わせであろう．

4.3.2 ほうじ茶

煎茶を振るい分けた茶葉の大きな部分および番茶などを約200℃で数分間焙(あぶ)ったもの[1]．強い炒(い)り香が香ばしく，淹(だ)したときの色も茶色に近い．高温で処理するためにカテキンが減少し苦味が減って飲みやすくなる．関東地方で広く愛飲されており，食堂で出される茶もこのほうじ茶である場合が多い．全国各地の番茶飲用地帯では，茶を淹す前に焙烙で炒るという例が多く，また湿気をおびてしまった茶を炒ることで香りをつけることも広く行われていた．ほうじ茶が広まった背景にはこうした習俗の存在も関係していよう．なお商品としてのほうじ茶の普及は大正期に入ってからで，茶商の積極的なマーケティング戦略が大きな効果をあげたとされている[3]．

〔中村羊一郎〕

文　献
1) 村松敬一郎編：茶の科学，p 97，朝倉書店，1991．
2) 中村羊一郎：番茶と日本人，1998．
3) 大山泰成：自家用茶の商品化―「ほうじ茶」登場の意義―，齋田茶文化振興財団紀要第6集，2006．

4.4　チャでない「茶」

Camellia Sinensis から作られるのが真正の「茶」であるが，それ以外の植物のエキスを飲用するために若干の加工を施して，何々茶と称することが広く行われている．また，漢方薬あるいは民間薬として機能評価が定まっているさまざまな植物も，乾燥させた葉を煎じて飲用するという意味で，チャと同様に扱われることがある．チャも元来はそのような種々の植物の1つであったのが，その効用が際立っていたために全体の代表のような地位を確立したと考えられる．ここでみるように薬用としてではなく，いわゆるお茶として飲用する真正のチャ以外の「茶」のことを代用茶と呼ぶ場合もある．次に一般に日用の「茶」として自家で製されるものについていくつかふれることにする．

4.4.1　穀類から作る「茶」

麦茶その他

オオムギを殻のまま炒(い)り，熱湯で煮出したものを麦茶という．冷やして飲むことが

夏の飲料の定番である．江戸時代には麦湯と呼ばれ，夏の季語となっていた．現在でも手炒りで生産している山形県庄内町の跡という集落では，底の浅い平鍋に5合ほどを入れ，先がT字型の棒でかき混ぜながら炒り上げる．1日で130 kg程度の生産量である．以前は21人いた生産者も現在は6軒だけになったという[1]．「そば茶」は，殻のまま炒ったソバを煮出したものをいう．ただしそば湯とは，ソバ粉を湯で溶いたものやソバをゆでた汁のことをいう．「はと麦茶」も製法は同様である．なお，ハトムギは，そのままゆでて食べることができる．

　これらの穀類を炒って煮出した飲み物は，本来のチャはまったく使用されていない．茶と同じように煎じ汁を飲むという点から，素材名を冠して○○茶と呼ばれるようになったものである．

4.4.2　葉から作る「茶」

　栄西の『喫茶養生記』には茶と並んでクワの効用が強調されており，その用法の1つに，クワの夏葉と冬葉をそれぞれ陰干しにして半分ずつ混ぜ，粉末にして茶と同様に喫すると腹の病によいという箇条がある．また，江戸時代においてもクコ，ウコギなどとともにクワ茶があげられている．また，ドクダミ，センブリ，オオバコ，ハブソウなどの葉を陰干しとし，特に病気でなくても体によいとして日常的に飲用することは多い．土地によって，これをドクダミ茶などと称している．

豆茶

　チャではない茶としてもっとも広く利用されているのが，カワラケツメイである．これは豆科の一年草で，長さ3〜4 cmの小さな鞘をつける．コウボウチャ，ネムチャ，マメチャ，ハマチャなどの異称がある．鞘をつけたまま陰干しとし使用前に焙烙で炒ったりして煮出す．西日本で広く愛好され現在でも真正の茶と併用している地域もある．広島県では「豆茶」という名で，いわゆる缶入り茶として販売されたこともあるほど一般的である．また，これを用いて茶粥を作ることも広く行われていた．

　三重県南牟婁郡紀和町では弘法茶といい，番茶の製法と同じ方法で蒸して揉み，乾燥させて茶粥に入れる．伝説によれば，弘法大師が通られて，白い粥しか食べてなかった人々に，この草を入れることを勧めたのが茶粥の始まりとされ，弘法茶の由来となっている[2]．

藤茶

　兵庫県香住町では春にフジの若芽を摘み，蒸してから揉んで陰干しにしたものを藤茶といった．番茶と同様に煮出して飲んだ．兵庫県から鳥取県にかけての日本海沿いの集落では，この藤茶を日用の番茶と併用していた．また，広島県山県郡芸北町[3]では，フジの葉を鍋に入れ番茶を注いで蒸し炒りしたものをむしろの上で揉みながら乾燥させ藤茶とする．同様に作ったアケビ茶と混ぜて飲用する．

甘 茶

4月8日の釈迦誕生日には寺院において，花で飾った小さな釈迦誕生仏に甘茶をかける儀式が行われ，参拝者にも配られる．たとえば神奈川県の三浦半島のあたりでは，一般家庭でも甘茶の木の葉（ユキノシタ科の落葉低木，アジサイに似た葉っぱでヤマアジサイの一変種とされる）を塩で揉んで洗い，乾燥させて，布の袋の中に入れてやかんや釜の中で煮出したものを飲用している[4]．あるいは米のとぎ汁で若い葉を揉み，汁が暗緑色に変わるまでていねいに揉んで洗ってから天日干しする[5]．主成分のフィロズルチンはショ糖の600〜800倍の甘さをもつ．タンニンは含むがカフェインは含まれない．

〔中村羊一郎〕

文 献
1) 中日新聞，2006年6月17日付．
2) 日本の食生活全集24, 聞き書 三重の食事, pp 207-207, 農山漁村文化協会, 1987.
3) 日本の食生活全集34, 聞き書 広島の食事, pp 293-293, 農山漁村文化協会, 1987.
4) 日本の食生活全集14, 聞き書 神奈川の食事, p 104, 農山漁村文化協会, 1992.
5) 松下 智：お茶の百科, p 96, 同成社, 1981.

4.5 調理素材としての利用法

　茶を食素材として利用することは，人類がチャを生活に取り入れた最初からの習慣であった．日本では茶葉を直接食することは，たとえば，新茶の淹し殻を「おひたし」やつくだ煮にするなど，まったくなかったわけではない．新芽をてんぷらにすることもあるがこれは新しい料理法であろう．しかし，以下に示すように主食に準じる食物を調理するときのベースとして多様に利用されてきたことに注意をはらうべきである．たとえば，朝茶は起きがけにとる軽い食事，午後3時ごろの休憩を兼ねてとる軽食を夕茶，就寝前に腹に入れるものを寝茶という表現でわかるように，茶が軽い食事と同義に使われている．図4.12にみるように，主として西日本に濃厚に分布するこれらの習慣は，日常の茶である番茶の生産地帯でもあり，そこからも茶が食と深いかかわりをもっていたことがみえてくる．

4.5.1 茶 粥

　番茶の煮汁を用いて作った粥を茶粥と呼ぶ．江戸時代の大阪の商家の朝食は茶粥が普通であった．近畿地方を中心に，愛知県から西の本州と北九州の一部で広く愛好されてきたが，特に熊野地方では3度の食事すべてが茶粥であったという地区もある．一般的な作り方は，まず木綿の小さな袋に番茶を入れて口を締め，熱湯で煮出す．そ

4.5 調理素材としての利用法　　　　　　　　　　　　　　　　　183

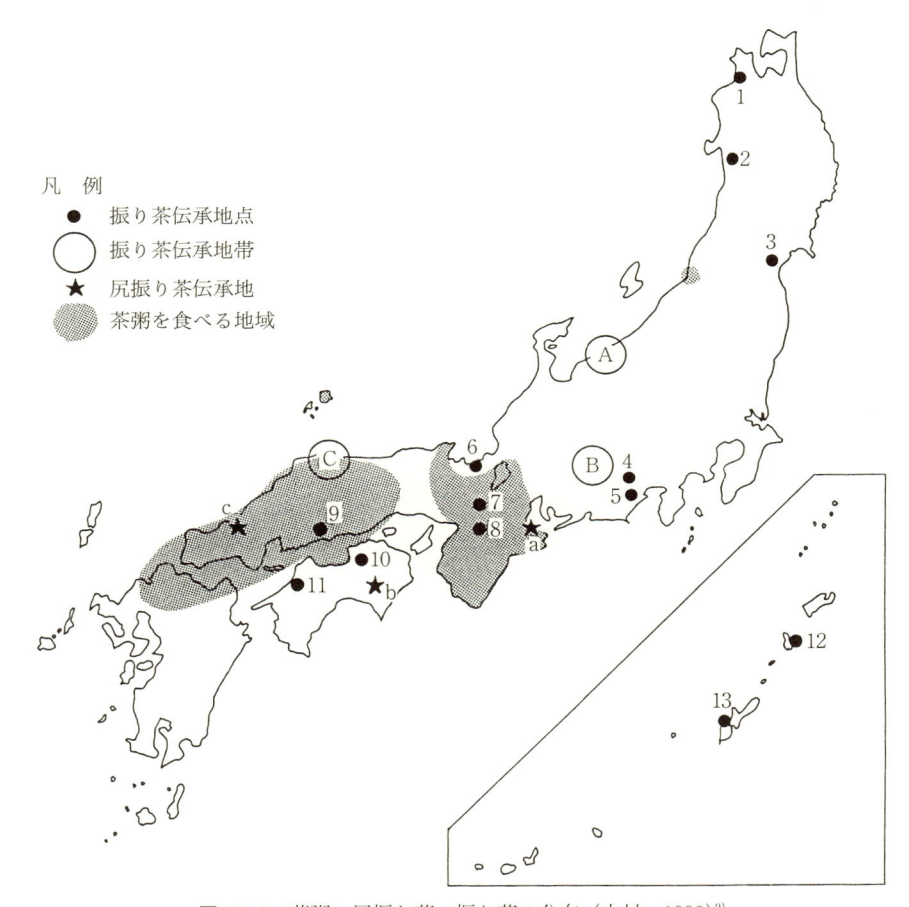

凡　例
● 振り茶伝承地点
○ 振り茶伝承地帯
★ 尻振り茶伝承地
▨ 茶粥を食べる地域

図 4.12 茶粥・尻振り茶・振り茶の分布（中村，1998）[2]
1. 青森県西津軽郡木造町館岡，2. 秋田，3. 宮城県仙台市，4. 静岡県静岡市旧玉川村，5. 静岡市（駿府），6. 福井県小浜市，7. 京都市中京区蛸薬師，8. 奈良県橿原市中曽司，9. 広島県（備後国福山領），10. 香川県仲多度郡琴南町，11. 愛媛県松山市，12. 鹿児島県大島郡徳之島町，13. 沖縄県那覇市（以上のうち，1・2・3・5・6・7・9は近世以前の文献にのみ残るもの）
A. 新潟県糸魚川市から富山県下新川郡朝日町・入善町にかけての地域
B. 長野県上伊那郡・下伊那郡から愛知県北設楽郡にかけての地域
C. 島根県の旧出雲国
a. 三重県伊勢市，b. 徳島県那賀郡木頭村，c. 山口県阿武郡阿東町
（文化庁編『日本民俗地図』IX「食生活」，農山漁村文化協会『日本の食生活全集』各巻などより作成）

こに白米(研ぐ地方と研がない地方がある)を入れ,強火で2,30分煮立て,勢いよく吹き上がったところで茶碗にすくう.塩気の利いた漬物や干物などをおかずに熱い茶粥をフーフー吹きながら何杯でもおかわりをして食べるのが本来だが,冷えたご飯にかけたり,夏場にはあえて冷やして食べたりすることもある.また,各種の混ぜ物をすることも多い.サツマイモを入れたものを芋茶粥というが,サツマイモの乾燥粉を団子にした,かんころ団子を入れることもあるし,ソラマメを入れた豆茶粥を好む地区もある.茶粥で知られた山口県の周防大島では,貧しい農民が食物を食い延ばす方法として領主が教えたという,茶粥の起源についての伝承がある.しかし,茶汁を調理のベースに用いることは,本来的な茶利用方法であった.たとえば,中国の陸羽が『茶経』において茶にナツメやショウガなどの混ぜ物をすることを廃し,純粋に茶を味わうことを勧めているのは,そのような利用の仕方がむしろ一般で行われていたことを示すもので,この茶粥や振り茶などは,このような古くからの利用法が残ったものとみることができる.

　文献上の古い例では近世初期に成立したレシピ集である『料理物語』に奈良茶とあるのが,茶粥に類する食べ物である.すなわち,まず茶を炒ってから煮出し,そこに炒ったダイズと炒り米を入れ,クワイやササゲ,焼きグリなどを入れて塩とサンショで味をつける.これは江戸で大流行し専門の看板を掲げた店もできた.一方,これとよく似た郷土食が香川県引田町にあって茶米飯と呼ばれる.炒ったダイズ1合と同じく焦げ目がつくくらいに炒った白米4合に水であく抜きしたサツマイモを加えて番茶湯で炊くと香ばしい[1].このように茶粥のバリエーションが多様であることも,古くから茶が食の構成要素であったことを示している.

4.5.2　振　り　茶

　番茶の煮汁を抹茶茶碗よりは一回り小さな茶碗に入れ,手製の茶筅でかき混ぜて泡を立てる.この行為を「振る」ということから,これに類する茶の飲み方を総称して振り茶という.地域によって用いる番茶の製法は異なるが,用いる茶筅は茶の湯で使われる精巧なものと違って,細い竹の先端を細かく裂いたササラ状のものを使うことが共通している.ただし茶筅の形状や大きさは地域によって大きく異なっている.茶筅を使って茶を点てるときの音にちなんで,さまざまな呼称が生まれたが,最も広範囲にわたって近年まで普通に行われていた出雲地方(島根県)ではボテボテ茶といい,大型の木椀に大型の茶筅で点てる沖縄県那覇市ではブクブク茶といった.また,富山県ではバタバタ茶,香川県ではボテ茶といい,茶を小型の桶の中で点てる愛知県の三河地方では桶茶といった.振り茶の起源については,茶筅で泡を立てることから抹茶の変形であるという考えと,逆に振り茶が抹茶の原型とみる向きもある.ただし香川県のボテ茶などをみると,たてた泡にオチラシ(香煎)をくるむようにして食べ

ており，食べにくい穀物の粉を随時食するための工夫ではなかったかとも考えられる．たとえば，チベット族が麦焦がしをバター茶でこねたものを朝食としている事例などとも比較することが必要だろう．また，事例の大部分が塩を加えていることも，茶利用の古風を伝えている．もう一点，大正時代以前における静岡市の事例で，ある家が嫁をもらうと，茶振りをもらっておめでとう，と祝福されたという．これは茶を振ることが，その家の主婦の職掌であったことを暗示しており，茶と食とが不可分の関係にあったことを物語っている．たとえば起き抜けに一仕事する前の軽い食事を「朝茶」，午後の休憩時間にとる場合を「昼から茶」などと呼んでいるが，これらはかつて軽い食事のことを茶と呼んでいた名残りであり，具体的には茶粥や振り茶などを指していたのではなかったろうか．

4.5.3 尻振り茶

徳島県の山間部で明治期までは普通に行われていた．飯（稗飯のこともある）を盛った碗に茶を注ぎ，茶碗をゆっくり回しながら中身を口に放り込む．茶碗の尻を回すことからの命名であろう．なお山口県の場合は，豆とダイコンの煮物をご飯の上にのせて茶をかけ，一本箸で食べた残りを，茶碗を回しながら口に放り込む．このようにみてくると，いわゆるお茶漬けという食べ物も，古代から記録に残る湯漬けの変形というよりは，茶湯を使った調理法の即席版ではなかったかとも考えられる．

4.5.4 食品加工素材

茶の湯で使用される抹茶は，宇治の銘柄が生産者・茶商ともに一定の評価を得ているブランド品であるのに対して，食品加工原料としての抹茶は美しい緑色をいかして和菓子や洋菓子，あるいはソフトクリームなどにも使われる．また，煎茶のペットボトルにも抹茶入りを標榜するものがあるなど用途は広い．緑茶に含まれるさまざまな薬効が喧伝されるにつれ，煎茶を粉砕したふりかけや，ソーセージやクッキーに混ぜるなど，健康志向に合わせた利用法の開発も研究されている． 〔中村羊一郎〕

文　献
1) 日本の食生活全集 37，聞き書 香川の食事，p 33，農山漁村文化協会，1990．

4.6　茶の現代的利用法

茶はヤカンで煮出したり，急須で淹すにしても，それなりに面倒なことであり，若年層から敬遠される傾向があった．しかし，缶入りのお茶の開発に続いてペットボト

ルが容器として普及することで，緑茶飲料が各種飲料を陵駕して一大ジャンルを形成するに至った．また，茶に含まれる薬効成分，特にカテキンの効能が次々に明らかになって，緑茶の意義が再評価されている．さらに独特の香り成分が人に安らぎを与える効果も評価されるなど，現代において茶はさまざまな面からの利用法が研究され，実際に活用されるようになった．

4.6.1 ペットボトル茶

宵越しのお茶は健康によくないといわれた時代が長く続いた．結果的には決して毒ではないが，カテキンが酸化して苦くなったり，急須の中に雑菌が繁殖することから経験的に生まれた言い習わしである．確かにいったん淹したお茶は，しだいに苦くなったり色が濁ったりしてくる．缶入りのお茶を作るには，この課題の解決が不可欠だった．しかし1985年，緑茶の酸化を防ぐとともに緑色を保つ方法が伊藤園によって解決され，日本最初の缶入り緑茶が発売された．具体的には，浸出工程でのビタミンCの添加と充填工程での窒素封入である．これによって不可能の壁が破られ，自動販売機の普及と健康志向から無糖の飲料の需要が高まっていくなかで，缶入り緑茶は急速に普及していく．その流れを受けてペットボトル入りの緑茶が開発され，コンビニエンスストアの普及を背景に，弁当やむすびの売り上げが伸びるのと並行して緑茶のペットボトルの売り上げも急増した．メーカーは原料の確保のために特定の生産者と契約するなど，需要増大に対応しているが，こうした新規需要は茶生産地域や市場構造にとっても大きな影響を与えつつある．

4.6.2 機能性の活用

1924年，緑茶にビタミンCが含まれていることが発見された．茶業界はそのころ最大の緑茶輸出先であったアメリカへの売り込みに際して，緑茶は健康によいと宣伝したことがある．緑茶にはこれ以外にカフェイン，アミノ酸類（テアニンなど），カテキンなど各種の薬効成分が含まれている．たとえば，カテキンは渋みの成分であり，カフェインは寝る前に飲むと眠れなくなるという効果が知られていた．ところが，上等な緑茶を毎日大量に飲む習慣がある地域において胃がんの発生率が低いことから，茶に含まれるカテキンの効果が注目され，抗がん・発がん抑制効果が確認されたことにより，緑茶の抽出液から精製されるカテキンがにわかに注目されるようになった．さらに動脈硬化抑制や血圧上昇抑制，肥満防止，抗菌作用，防臭効果など，驚くほど多様な薬効が次々に確認されたことで，さまざまな分野で活用されるようになった．ペットボトル入りの緑茶においてもカテキン入りがうたわれ，茶とは関係ないカテキン飲料まで発売されている．その他，冷蔵庫や空調機の脱臭，養豚業への応用，繊維に使用しての防臭，猫砂への利用など，生活のあらゆる面に応用されてい

る. 〔中村羊一郎〕

文　献
1) O-CHA 学構想会編：お茶のなんでも小事典, 講談社, 2000.
2) 村松敬一郎ほか：茶の機能, 学会出版センター, 2002.

5 酒　　類

■ 総　説
日本の酒類の歴史

　日本国内における酒類製造の歴史は，日本固有の伝統的酒類である清酒に始まり，穀物を原料として巧みな微生物管理によって，古の時代より行われて来た．また，泡盛，焼酎は，タイ国から琉球を経て16世紀ころから製造飲用されるようになった．さらに開国後の明治時代には，ビールや果実酒，ウイスキー，ブランデーなど諸外国によってすでに製法が確立された酒類，いわゆる洋酒が国内へも導入，製造され，食生活の欧米化やさらに近年の多国籍化によって，古来の日本独自の酒類とともに開発・洗練されて来た．このように各酒類によって，国内導入，一般化の時代は異なるものの，この間，さまざまな独自の変遷を遂げ現在に至っている．

　酒類は，果実，穀類，芋類など農産物の加工品の一つであり，その代表でもある米は主食作物でもある．これらの原料作物はいずれもが，気候や病害などに作柄が左右され，その栽培特性を中心に新品種が開発されたり，また酒類醸造用に適した特性をもつ原料品種が新規に開発されたりするたびにその製造技術も合わせて発展して来た．

　また，科学的観点では，明治期に諸外国から近代科学が導入され，その進展に伴い製造方法のメカニズム解析が進み，安全醸造・品質向上のために生産の大規模化，機械化が行われた．その一方で，近年は嗜好品としての手造り回帰やまた途絶えかけた旧来製造技術が，新たな解釈で復刻されたりしながら，日本の風土と日本人の感覚，食生活の変遷に伴い洗練したりされながら，時代を追って独自の発展を遂げている．また，最近の生物工学的開発技法の導入によって新たなる発展を続けている．

酒類の醸造学的分類とその定義

　酒類はその原料や製法により，いくつかの分類方法がある．

　製造方法による分類としては，蒸留工程の有無により醸造酒，蒸留酒に分類され

る.また,それらの酒類の製成後に草木果実などの浸出工程を有する混成酒が存在する.

また,原料成分と糖化およびアルコール発酵の形態により,果実を原料とするため糖化工程を経ずに直接アルコール発酵工程をとる単発酵酒と,穀物のデンプン質を原料として糖化工程の後,アルコール発酵工程をそれぞれ単独に行うビールなどの単行複発酵酒,さらにこの糖化と発酵の工程が発酵槽内で同時進行する清酒に代表される並行複発酵酒がある.

一方,製品として出荷される酒類の分類は,すべて酒税法に従って区分されている.

酒税法上の酒類の種類とその定義

現代における酒類の定義とその種類は,酒税法で規定されている.

酒類全般については,酒税法第2条で「この法律において「酒類」とは,アルコール分1度以上の飲料をいう」と定義されている.さらに2006年5月の酒税法改正により,先にあげた醸造学上の3分類,すなわち醸造酒類,蒸留酒類,混成酒類に加えて,新区分として「発泡性酒類」が設けられ,4分類されることになった.この区分に属するのはビール,発泡酒およびビール風味飲料などである.

従来の酒税法では「酒類は,清酒,合成清酒,しようちゆう,みりん,ビール,果実酒類,ウイスキー類,スピリッツ類,リキュール類及び雑酒の10種類に分類する」と規定されていた.現在では,この分類は同第3条で表5.1のように定義されており,各区分ごとに酒税額が決定される.

さらに施行令などにより,その区分として使用できる原料やその割合などが詳細に規定されていることは変わりない.

これら各酒類の2003年の課税数量を表5.2に示した.最も数量の多いビールは約400万 kl であり,次いで清酒の約86万 kl,焼酎甲類50万 kl,乙類45万 kl となっている.これらの酒類の数量変化は,食生活やライフスタイルの変化,関連法令の改正により,以降の各項目で示されるように種々の影響を受けて親しまれ愛飲されてきた.

それらの各酒類商品のラベル表示は,関連する各種の法律や自主基準などにより,それぞれその産地,原料やその配合などの製造方法に由来する項目や語句などが個別に規定されている.さらに各メーカーが独自に提唱する事柄や商標名なども渾然と記載されている.これらの詳細に関しては,以降の各酒類の項目で詳説する.

本章では,なかでも日本の伝統的酒類として親しまれている,清酒,ビール(発泡酒を含む),果実酒,焼酎について解説する.　　　〔小泉幸道〕

表 5.1 酒税法における各種酒類の定義（抜粋）

種類（第3条）	主な製造方法
清酒	米・米こうじ・水を原料として発酵させてこしたもの
合成清酒	アルコール・しょうちゅう・ブドウ糖などを原料として製造した酒類で清酒に類似するもの
連続式蒸留しょうちゅう	アルコール含有物を連続式蒸留機で蒸留したものでアルコール分36度未満のもの（旧甲類）
単式蒸留しょうちゅう	アルコール含有物を上記以外の蒸留機で蒸留したものでアルコール分45度以下のもの（旧乙類）
みりん	米・米こうじにしょうちゅう又はアルコール・その他政令で定める物品を加えてこしたもの
ビール	麦芽・ホップ・水及び麦を原料として発酵させたもの
果実酒	果実を原料として発酵させたもの
甘味果実酒	果実酒に糖類・ブランデーなどを混和したもの
ウイスキー	発芽させた穀類・水を原料として糖化させて発酵させたアルコール含有物を蒸留したもの
ブランデー	果実・水を原料として発酵させたアルコール含有物を蒸留したもの
スピリッツ	清酒からウイスキー類までのいずれにも該当しない酒類でエキス分が2度未満のもの
原料用アルコール	アルコール含有物を蒸留したものでアルコール分45度を超えるもの
リキュール	酒類と糖類等を原料とした酒類でエキス分が2度以上のもの
雑酒	上掲の酒類以外の酒類

表 5.2 2003 年度課税移出数量および構成比

酒　　類		課税数量(kl)	数量構成比(%)
清酒		856376	8.9
合成清酒		65579	0.7
しょうちゅう	甲類	501473	5.2
	乙類	449350	4.7
みりん		107879	1.1
ビール		3982913	41.5
果実酒類	果実酒	250999	2.6
	甘味果実酒	8331	0.1
ウイスキー類	ウイスキー	97778	1.0
	ブランデー	13332	0.1
スピリッツ類		44599	0.5
リキュール類		605750	6.3
雑酒		2607903	27.2
合　計		9592262	100.0

5.1 清　　酒

清酒および合成清酒の概要

酒税法上の定義：清酒は 2006 年 5 月改正の酒税法により新たに設けられた「醸造酒類」に含まれ次のように定義されている（『　』は条文）．

酒税法第 3 条七

『「清酒」次に掲げる酒類でアルコール分が二十二度未満のものをいう．』

『イ　米，米こうじ及び水を原料として発酵させて，こしたもの』

『ロ　米，水及び清酒かす，米こうじその他政令で定める物品を原料として発酵させて，こしたもの．その原料中当該政令で定める物品の重量の合計が米（こうじ米を含む）の重量の百分の五十ををこえないものに限る』

『ハ　清酒に清酒かすを加えて，こしたもの』

また，酒税法施行令第 2 条での政令に定める物品を抜粋列記すると以下のようになる．

アルコール，焼酎，ブドウ糖，水あめ，有機酸，アミノ酸塩または清酒

改正前の酒税法施行令で定められていた以下の物品は除外された．

麦，アワ，トウモロコシ，コウリャン，キビ，ヒエ，もしくはデンプンまたはこれらのこうじ

さらに改正では，アルコール分が 22 度未満のものに限ること．米，米こうじ，水，酒かす以外の物品の重量の合計が米（米こうじ含む）の 100 分の 50 を超えるものを除外することが定められた．

清酒の製造場数：「平成 14 酒造年度の清酒の製造状況について（平成 15 年 11 月発表，国税庁鑑定企画官室調べ）」では，清酒の製造場は 1491 場（前年比 38 場減）であり，清酒の製造数量（アルコール分 20 度換算数量）は，約 63 万 kl で対前年度比約 8% 減である．課税数量ベースでは清酒全体で約 90 万 kl（2002 年）であり，約 504 万石（1 石＝180 l＝1 升瓶 100 本）に相当し，ビール，発泡酒，焼酎に次いで多く，酒類消費の 10% 程度を占める．

清酒に関する国内の統計資料は，課税移出数量については，国税庁より，また出荷量などについては全国のメーカーにより組織されている日本酒造組合中央会のまとめなどで発表される．また，酒類の成分分析は国税庁所定分析法注解に定められた方法で分析される．

清酒の歴史－近代科学導入以前：日本における酒造りは稲作の成立と同期して，文字成立以前より存在していたとも考えられているが，本項では醸造科学的にまたは技術史上重要な項目に限って解説する．

かつて清酒は，いったん製造した酒を再び仕込み水代わりに使用し，これを何度か繰り返して仕込みが行われていた．これを「醞；しおり」方式といい，平安時代まではこの方法であった．現代のように何回かに分けて仕込みを行う「酘；とう」による段仕込方式は，このころ始まった．また原料米は，室町時代ころまでは，こうじには玄米，掛け米には精白米が用いられており，これを「片白」と称する．両方とも白米で仕込みを行う「諸白」になったのは，水車精米機が発達した室町から江戸時代のことである．また，同時期には三段仕込みも始まった．

また，室町時代（1400年代）には，搾った酒を貯蔵前に65度程度に加熱，殺菌し，酵素の動きを止めて香味の熟成を図る「火入れ」が，パスツールの1800年代半ばの"殺菌法"に先立って行われていた記録が残っている．

清酒の歴史－近代科学導入以降：開国後の明治期には，近代科学が導入され酒造りの科学的解析が進んだ．このころ，こうじ菌や酵母菌の頒布，開発が始まった．

清酒用のこうじ菌関連では，明治初期にすでに自家製の種こうじが酒造期の終わりにツバキなどの木灰を混合して製造され，次の製造期まで保存されていたことが1878（明治11）年のアトキンソン著の『日本の醸造』に記されている．以降，杜氏たちが副業による粒状種こうじの製造を行うとともに専業者も登場し，明治40年代には京阪中心の製造者の種こうじが全国的に普及した．1940年代になると製麴機械の登場により粉状種こうじが開発された．1970年代以降には酒質向上，さらに1980年代に入り吟醸酒が一般化し始めると高香気生産に寄与できる菌株が開発された．また，1990年代になると大規模清酒工場で液化仕込みが行われるようになり，高グルコアミラーゼ生産株が求められ次々と実用化された．

また，酒母製造は，それまでの生酛から1909（明治42）年に山廃酛が開発され，さらに1910（明治43）年江田鎌治郎により速醸酒母が発明され，これが現在の主流となっている．

純粋培養された清酒酵母の利用は，明治末期に日本醸造協会から協会1号酵母が頒布開始され，大正年間までに協会5号までが頒布され利用された．2006年現在でも用いられている協会6号酵母は1935（昭和10）年頒布である．近年，生産およびタンク洗浄効率のよさから，好んで用いられるようになった，もろみ（醪）の表面に高泡を形成しない「泡なし酵母」は，昭和40年代以降順次実用化され普及している．この泡なし酵母は，協会6号の泡なし株は601号，同様に7号の泡なし株は701号と付番され，現在1801号までが頒布されている．協会酵母の代表を表5.3に示した．

また，最近の動向としては，1992年には，清酒の級別制度が廃止され，同時期に精米歩合，アルコール添加量などの製法により区分される「特定名称酒」として大吟醸，吟醸酒，純米酒，本醸造酒が定められ，後に詳説するようにさらに2004年に改訂された．

5.1 清酒

表 5.3 代表的な清酒酵母（日本醸造協会頒布）

No（号）	分離または実用年度	備考，特徴；協会の資料より抜粋
K-6	1935 年	おだやかな澄んだ香，酒質淡麗
K-7	1946 年	華やかな香，吟醸普通酒用
K-9	1953 年ごろ	短期もろみで華やかな香
K-10	1952 年	低温長期もろみで酸少，吟醸香
K-11	1975 年	低温もろみで切れ良，アミノ酸少
K-14	1995 年	酸少，低温中期型もろみ，特定名称用
K-1501	1996 年	低温長期もろみ，含醸香高（旧 15 号）
K-1601	2001 年	少酸性，カプロン酸エチル高生成
K-1701	2001 年	酢酸イソアミルおよびカプロン酸エチル高生成

酒税法における合成清酒の定義：一方，合成清酒は，2006 年酒税法改正により，清酒（醸造酒類）とは別に「混成酒類」として取り扱われることとなり，酒税法第 3 条八により次のように定義されている．

『「合成清酒」アルコール，しようちゆう，又は清酒とぶどう糖，その他政令で定める物品を原料として製造した酒類で，その香味，色沢その他の性状が清酒に類似するものをいう．』

また，酒税法施行令第 2 条での政令に定める物品を抜粋列記すると以下のようになる．

ブドウ糖以外の糖類，デンプン質物分解物，タンパク質物

もしくはその分解物，アミノ酸，もしくはその塩類，有機酸

もしくはその塩類，無機酸，無機塩類，色素，香料，粘稠剤，酒類のかすまたは酒類

また，清酒と同様に改正以前の酒税法施行令で定められていた以下の物品は除外された．

米，麦，アワ，トウモロコシ，コウリャン，キビ，ヒエ

もしくはデンプンまたはこれらのこうじ

前二号に掲げる物品を除くほか，財務省令で定める物品

この 3 項に該当する物品を酒税法施行規則第 2 条から抜粋列記すると「ビタミン類，核酸分解物またはその塩類」となる．

さらに改正により「アルコール分が 16 度未満，エキス分 5 度以上で酸度が一定以上のもの」以外を除外することが定められた．

合成清酒の成立と歴史：「合成清酒」は，1940（昭和 15）年実施の酒税法で独立して定義された．その開発は，1920（大正 9）年に特許の理研の鈴木梅太郎までさかの

ぼる．この当時は，著名な化学者たちが種々の方法を提唱し，米をまったく使用しないで清酒の風味を「合成」するという，米不足を憂いた純粋な志の基に研究されたものだという．

その生産量は，昭和20～30年代がピークであり約14万kl/年であったが，順次減少し昭和50年代～平成初期では約2万klで推移したが，1991（平成3）年以降順次増加に転じ，2003年度の課税移出数量は6万6000klと純米酒と同レベルであり，なおも微増している．

その製法には，「純合成法」といわれるまったく発酵を伴わず混合のみで製造して，別途，香味液（清酒）を混合する方法と，「理研式発酵法」に代表されるアラニン含有タンパクと糖液を酵母で発酵させて新鮮酒かすで風味増強する製法．ほかに精製ダイズカゼイン（KCP）を用いる「KCP酵素剤仕込法」といわれるKCPを酵素分解し，糖液，酸，塩を加えて発酵させ，KCP原酒を製造し，純合成清酒に10～30%加える方法，「香味液法」といわれる通常の清酒醸造に準ずる米原料での製法がある．

清酒の製造原理

蒸し米中のデンプンを米こうじの酵素で分解，糖化しつつ，これを酵母菌でアルコール発酵させる．この糖化と発酵の工程が同時に発酵槽内で進行する並行複発酵が清酒製造の特徴である．

製造方法の概略：清酒は，先に示した酒税法で指定された原料のみを用いて製造される．製造方法のフローシートを図5.1に示す．精米，蒸し米などの原料処理工程に続き，まず，米こうじが製造される．このこうじと蒸し米を仕込みに用いる．一般的な仕込み配合を表5.4に示す．清酒製造の特徴は，三段仕込みと並行複発酵である．まず第一に酒母では乳酸存在下で健全に清酒酵母を大量に培養し，これがもろみで急激に希釈されずに安全醸造できるように，段階的にスケールアップするために3回に分けて仕込みを行うものである．発酵中は，こうじ菌が米こうじ中に生産した各種酵素により，蒸し米から糖をはじめとする各種成分が徐々に溶出・供給され，これを酵母が資化して増殖しアルコール発酵する．これが同時並行して行われるため，もろみ中には最終的に20%近い高濃度アルコールが生産されるものの，糖濃度は常に10%以下で推移する．これが並行複発酵である．

表5.4 仕込み配合の一例

	酒母	添	仲	留	計
総　　米	70	140	280	510	1000
蒸 し 米	50	100	215	405	770
こうじ米	20	40	65	105	230
汲　　水	75	130	335	760	1300

5.1 清酒

【精米・蒸米工程】

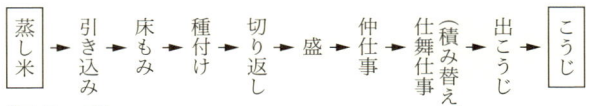

玄米 → 精米 → 白米 → 洗米 → 浸漬 → 水切り → 蒸煮 → 蒸し米

【製麹工程】

蒸し米 → 引き込み → 床もみ → 種付け → 切り返し → 盛 → 仲仕事 → 仕舞仕事（積み替え）→ 出こうじ → こうじ

【酒母工程】

仕込み水 ＋ こうじ → 水こうじ → 蒸米投入 → 酛立 → 初暖気 → 湧き付き → ふくれ → 枯らし → 酒母

山廃酒母　　（仕込温度　　　 6℃，育成期間 30 日間）
速醸酒母　　（仕込温度　　　20℃，育成期間 14 日間）
高温糖化酒母（仕込温度　55，30℃，育成期間　7 日間）

【もろみ工程】

添（初添）→ 仲（仲添）→ 留（留添）──────────→（アル添）上槽

普通酒（留仕込温度 8〜10℃，最高品温 15〜18℃，もろみ期間 15〜25 日）
吟醸酒（留仕込温度 8〜 7℃，最高品温 10〜12℃，もろみ期間 25〜40 日）

【貯蔵工程】

貯蔵 → 火入 → タンク貯蔵 → 濾過 → 調合割水 → 火入瓶詰め → 出荷

図 5.1 清酒製造工程の概略

原料米：前出の 2002 年清酒課税数量である 504 万石の酒造りに対して，国税庁鑑定企画官室調べでは，原料玄米 32.8 万 t，白米で 22.5 万 t が使用される．平均精米歩合 67% であり，約 1/3 はぬかとして処理される．精米歩合は，玄米を精米した後に生成した白米の重量の割合で示される．

品種別では「平成 15 年産米の検査結果速報；(2004 年 9 月発表，農林水産省総合食料局調べ)」によると，醸造用玄米約 7.5 万 t であり，その主力品種である「五百万石」「山田錦」がおのおの約 2.3 万 t ずつ，次いで「美山錦」が約 0.7 万 t である．以下この統計で 1000 t 超は，「雄町」「出羽燦々」「八反錦 1 号」「兵庫夢錦」などで

上位3品種に長年変化はない．清酒鑑評会への出品酒はかつて「YK 35」に象徴される山田錦の35%精白米が主流であった．しかし，地場米での酒造りへの思いから上掲の統計中には，「吟」の字が冠された醸造用玄米品種，「吟ぎんが；岩手県」「吟の精；秋田県」「吟の夢；高知県」「吟風；北海道」「吟吹雪；滋賀県」などがみられる．これらは1990年代に入ってから開発された品種である．以上のように酒造好適米以外の米も酒造原料となっている．

酒造好適米は，栽培特性が良好であることとともに，原料米の性質としては，大粒で低タンパク質の心白米が好まれる．その大きさは一般的に千粒重（せんりゅうじゅう）と呼ばれる米粒1000粒の重さで示す．食用玄米（コシヒカリ，あきたこまちなど）は20g前半，これに対し酒造好適米は，30g弱またはこれを超える．精米の目的は米粒表層に偏在する脂質とタンパク質の除去であり，淡麗な酒質を求めるためにこれを削り取る．

水：一方，水は国税庁所定分析法の定めに従い，その硬度は，水100 ml中のカルシウム，マグネシウムイオンなどを酸化カルシウムのmg数で示したドイツ硬度で示される．日本国内の水は一般に軟水で，硬水の代表である「灘の宮水」でも硬度7～10程度である．

鉄とマンガンは製品清酒の着色の原因となるために嫌われ，いずれも酒造用水として備えるべき条件としては0.02 ppm以下とされている．近年では水濾過技術が発達したことにより，仕込みおよび割水用の水にも主として濾過水を用いたり，また原水と適宜混合したりして用いる．

こうじ：こうじは一般に「米，麦，豆などの穀類，それに穀物調製の際にできる副産物であるフスマ，ぬかなどにカビを繁殖させたもの」と定義されており，清酒の場合はもちろん米こうじを使用する．酒造業者は，専業種こうじ製造社から「種こうじ」を購入し，製麹に用いる．各社ごとに酵素生産性や増殖速度など目的とされる酒質に応じた種々の特性を有する種こうじ商品が存在している．

製麹は，蒸し米に種こうじを接種して，30℃前半から40℃に徐々に昇温させながら行われるが，普通酒用のこうじで40～46時間，吟醸酒用のこうじでは，70時間もの長時間製麹を行う例もある．

酒母：酒母工程は，もろみでの安全醸造のために水，米こうじ，蒸し米を用いて仕込む最初の工程であり，十分量の酸を含み，もろみで旺盛に増殖可能な大量の酵母を含むように製造されるものである．

現在の製法の主流は，乳酸を0.5～0.7%程度仕込み水に添加して用いる速醸酒母である．一方，酒母中に自然に硝酸還元菌，乳酸菌などを順次育成し，乳酸生成させることにより安全醸造条件を確保する生酛や山廃酒母も一部差別化商品用として用いられている．また酒母省略による酵母仕込も行われている．

もろみ：三段仕込により行われる清酒の仕込みの特徴的方法である．各段は順に，

初添（添と略されることもある），仲添（仲），留添（留）と呼ばれ，添の翌日の踊りを含めて，4日間に3回に分けて仕込まれる．仕込み温度は，添の12～15℃程度から，順次温度を下げながら6～8℃で留仕込みを行い，以降は徐々に品温を上げ，最高品温を10～18℃程度に取る．これを数日維持し，もろみ末期では再び降下させる．普通酒では，もろみ期間は14日程度であり，低温長期の吟醸もろみでは25～35日に達することもある．

　もろみ末期では，製法区分に従い純米酒以外ではアルコール添加される．アルコールは30％濃度に希釈調製されて添加されるのが一般的である．また，普通酒では，この他に政令で定める物品がアルコールに溶解されて添加されることもある．これらの添加は，いずれの場合でも上槽直前に行い，添加後はすみやかに上槽される．

　上槽：もろみを搾って酒と酒かすに分ける操作を上槽（じょうそう）という．酒袋を使用した旧来の酒槽式と自動圧搾機の2種類に大別され，前者では「かすはがし」まで含めた1バッチの作業所要時間は72時間程度，後者では24時間サイクルで処理が可能である．

　製成酒：製成酒は，酸度，アミノ酸度，アルコールなどいくつかの数値が測定される．酸度は，清酒10 ml中の有機酸を0.1 mol/lの水酸化ナトリウム溶液を用いた滴定値で示され，乳酸，コハク酸，リンゴ酸が主体である．また，アミノ酸度は，ホルモール滴定法での滴定値である．また，日本酒度は，清酒の比重を測定するのに設けられた単位で表示される．これは15℃における4℃の純水との比で示される．日本酒度と比重との関係について表5.5に示す．発酵が進んで，糖が少なくなって，アルコールが生成されてくると発酵液の比重は小さくなっていく．すなわち，日本酒度は－から＋の方向へ進む．

　たとえば2004年の市販酒調査では，平均値としての一般酒のアルコールは15.16％，日本酒度は＋2.7，酸度は1.22，アミノ酸度1.27でこの数値はここ数年ほとんど変化はない．

　吟醸香などといわれる香気成分などについては，特定名称酒の特徴として後述する．

　酒かす：仕込みに使用した白米重量に対して製成されたかすの重量の割合を「かす歩合」というが，これが普通酒で20％台，純米酒で30％程度，大吟醸などでは50％を超える．

　酒かすの一般成分は，揮発性成分55％（ア

表 5.5　日本酒度・比重の関係表

日本酒度	比重（15/4℃）
＋20	0.9863
＋10	0.9931
＋4	0.9972
＋3	0.9979
＋2	0.9986
＋1.26	0.999126
＋1	0.9993
±0	1.000000
－1	1.0007
－2	1.0014
－3	1.0021
－4	1.0028
－10	1.0070
－20	1.0141
－30	1.0212

ルコール8～10％），固形物45％（デンプン20％，タンパク質15％）である．また酒かす中の重量の15～20％程度，乾物中では30～40％は酵母菌体であるとされている．酒かすは，酒税法上は，清酒醸造の原料として使用してよいことになっている．実際には，ワサビ漬けなどの漬物や畜肉魚肉の漬け床として活用されるほか，焼酎原料としても用いられている．

清酒の官能評価と利き猪口：利き酒には専用の容器を使用する．これは，国税庁所定分析法注解の中に「ききちょこ」として記載されており，内部底部に藍色の蛇の目模様のある約200 ml容の磁製のもので，胴直径が8 cm，高さ7.3 cmと規定されている．その手順は，まず「猪口へ酒を8分目ほど入れ，まず濁り沈殿を調べて，色調を判定する」．これにより白磁と藍のコントラストのなかで酒の色調外観をみる．「次に香りをかぐ」．このとき，室温で液面から香り立ってくる「上立ち香」を評価する．「それから酒を3～5 ml口中に含み舌の上を転がすようにして舌中にまんべんなくゆきわたらせて味わう．吐き出すとき，口中から鼻に抜ける香りを確かめ吐き出してからさらに口中に残る後味をきいて香味を鑑定する」．そこで感じるのが「含み香」である．このほかに舌触りなどの物理的感覚も総合的に酒質を判断する．

この結果を利き酒用語に置き換えて共通の認識として意見交換する．

また，あえてアンバーグラスと呼ばれる着色グラスを用い，色による評価を加味しない方法もある．各県の酒造組合や各地の国税局鑑定官室，独立法人酒類総合研究所による清酒鑑評会などが開催されている．

5.1.1 特定名称酒

製品の概要としては，1989年11月22日付け国税庁訓令第8号"清酒の品質表示基準"において『次の表の要件を満たしている清酒については，吟醸酒，純米酒，および本醸造酒などの名称を容器に記載して販売することを認めています』として以下の純米酒，本醸造酒とともに定められているもので，2003年10月に改正され，2004年1月から適用され現在に至っている．その基準表では，たとえば吟醸酒では，使用原料は，「米，米こうじ，醸造アルコール」，精米歩合は「60％以下」，こうじ米使用割合は「15％以上」，香味などの要件としては「吟醸造り，固有の香味，色沢が良好」などと列記されている．大吟醸酒では，このうち精米歩合が「50％以下」に香味などの要件では「色沢が特に良好」と追記されている．

これらの特定名称酒の表示基準のうち，数値で規定される項目，すなわち精米歩合とアルコールの添加の有無とその量で決定される箇所に特化して図5.2に抜粋して掲出した．アルコールの添加量は，特定名称酒では，原料白米重量の10％以内とされており，白米のtあたりの純アルコールに換算すると約116 lとなる．

この図を基にそれぞれの製法から一般的酒質傾向を概説すると，精米歩合の低い吟

5.1 清　酒

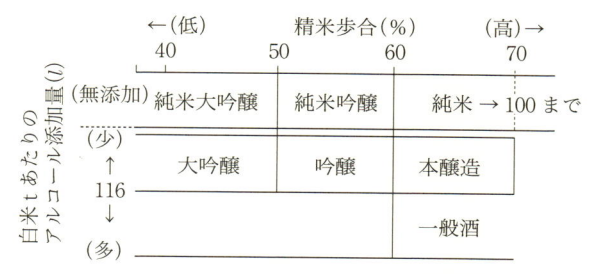

	←(低)	精米歩合(%)	(高)→	
	40	50	60	70
(無添加)	純米大吟醸	純米吟醸	純米 → 100 まで	
(少)↑ 116 ↓ (多)	大吟醸	吟醸	本醸造	
			一般酒	

（白米 t あたりのアルコール添加量(l)）

図 5.2　製法別による特定名称酒表示区分(抜粋)
　　　　（2003.10 表示基準の改正による改訂版）
こうじ歩合 15% 以上．

醸酒は，低温長期の発酵を行うことが多くさらに酒質設計として高香気生産性の酵母を使用することが多いことから，これに伴い酢酸イソアミル，カプロン酸エチルなどの特徴的な吟醸香を有し，大吟醸酒では特にその傾向が顕著である．また，純米酒では，米由来の旨味がアルコール添加で希釈されることなくそのまま清酒中に移行するので本醸造などに比べ風味が濃醇な酒が多く，精米歩合が高いほどその傾向は顕著となる．純米吟醸酒，純米大吟醸酒は，それぞれその特徴の双方を有することになる．

　これらの各区分の 2003 年の課税移出量の数量比では，吟醸酒（大吟醸酒を含む）3.6%，純米酒 6.7%，純米吟醸酒（純米大吟醸酒を含む）3.3%，本醸造 12.0% であり，以上の特定名称酒の合計は 26.1% である．その他のいわゆる普通酒また一般酒と呼ばれる区分が 73.9% と大半を占めている．

5.1.2 増醸酒

　上記の特定名称酒に該当しない，いわゆる普通酒の主をなすものである．すなわち精米歩合が高いか，アルコールの添加量が多いか，または前掲のその他政令で定める糖類や酸味料などを添加した酒である．

5.1.3 生酒

　狭義では，上槽後の火入れ殺菌工程 2 回（タンク貯蔵前と瓶詰め前）の両方ともまったく火入れをしないもの生酒という．広義にはこのうち 1 工程のみを火入れしない酒も指す．タンク貯蔵前の火入れを行わず，瓶詰め時のみ火入れをしたものを「生貯蔵酒」．逆にタンク貯蔵前には火入れをし，瓶詰め時に火入れをしなかったものを「生詰酒」という．このため狭義の生酒を区別するために通称本生，または生生ということがある．

5.1.4 貴醸酒

仕込み水の一部を清酒で置き換えて仕込む酒で，実際には留の汲み水の一部を酒で置き換えることが多い．留後のアルコール濃度が高いとアルコール発酵が緩慢になることがある．平安時代の「醞(しおり)」方式にヒントを得て開発された，アルコール存在下で糖化を進める製法で，国税庁長官の特許であった．製品は，その製法に由来し，色も濃く，すっきりとした甘さを呈し，リンゴ酸が多いことを特徴とする．

5.1.5 にごり酒

清酒もろみを粗くこして，米粒や酵母の濁りを意図的に製成酒に残した酒である．一般的な商品解釈としては，にごりを特徴とする清酒のうち，火入れ殺菌をしていない生のものが「活性清酒」，火入れ殺菌をしてあるものを「にごり酒」と称して区別しているようである．酒税法の定義上，これらのにごり酒もその素材や目の間隔を問わず，必ず「こして」製造されている．

5.1.6 長期貯蔵酒

3年以上，熟成させた清酒で，その貯蔵温度によって変化が楽しまれる酒である．低温で貯蔵されたものは，その経時変化も緩やかに風味に丸みが増すといわれる一方，常温で熟成されたものでは，アミノカルボニル反応などにより着色が進み風味も濃醇化する．

〔進藤 斉〕

文献
1) 増補改訂清酒製造技術，日本醸造協会，1997．
2) 大森大陸：合成清酒の歴史．酒史研究，**18**，45-64，2002．
3) 第四回改訂国税庁所定分析法注解，日本醸造協会，1993．
4) 醸造物の成分，日本醸造協会，1999．

5.2 ビール

概要

日本のビールの歴史：日本で初めてビールを醸造したのは，幕末の蘭医である川本幸民とされている．工場規模での生産は横浜の天沼にアメリカ人ウィリアム・コープランドが1870（明治3）年に設立，また1876（明治9）年には北海道に開拓使ビール工場が設立され，その後，明治期には100を越える銘柄が売られるようになったが，その後合併，吸収，分裂など幾多の変遷を経て今日に至っている．

明治期に導入されたビールの製造方法は，現在でも国内主力商品のほとんどを占め

る最も一般的な下面発酵の淡色タイプのピルスナービール（ピルスと略されることもある）であり，低温長期間発酵が特徴である．この下面発酵ビールの成立は16世紀であり，冷凍機，冷蔵設備の普及とともに世界的に広まり，19世紀には世界のビールの主流となり，今日に至っている．つまり日本には，製法がほぼ完成された形で導入されたのであり，他の酒類よりも歴史は比較的新しい．

世界的歴史でのビールの成立に関して抜粋すると，現代ではホップ抜きのビールは考えられないが，その始まりは8世紀ドイツであったとされ，大陸においてホップ使用が一般的になったのは，14，15世紀，イギリスでは16世紀後半といわれている．それまでのビールいわゆる修道院ビールには，香味づけにグルートといわれる，各種のハーブ，スパイスを調合したものが用いられていた．

この他に醸造学的な発酵法の区分としては，上面発酵，自然発酵の各製法があるが，現代の日本国内では，主流のピルスナー以外のビールは，小規模醸造所の一部で差別化商品として生産されてその場で供されてはいるが，ごく少数である．また，地元の農産加工品を活用したビール風飲料（後述の酒税法区分では「発泡酒」に相当する）もあり独自の発展を遂げている．

酒税法上のビールの定義：ビールは，2006年5月改正の酒税法により新たに設けられた「発泡性酒類」に区分され，その定義は酒税法第3条十二において定められている（以下『　』は条文）．

「ビール」次に掲げる酒類で，アルコール分が二十度未満のものをいう．

『イ　麦芽，ホップ及び水を原料として発酵させたもの』

『ロ　麦芽，ホップ，水及び麦，その他政令で定める物品を原料として発酵させたもの．（その重量中，当該政令で定める物品の重量の合計が，麦芽の百分の五十を超えないものに限る）』

と規定されている．

また，その他政令で定める物品（ビールの原料）には，

第六条　法第三条第十二号ロに規定するビールの原料として政令で定める物品は，

『麦，米，とうもろこし，こうりゃん，ばれいしょ，でんぷん，糖類又は，財務省令で定める苦味料若しくは着色料とする』

と規定されている．

また，改正により，「アルコール分20度以上のものを除外する」ことが定められた．

酒税法上の発泡酒の定義：発泡酒は，酒税法改正以前は「雑酒」のなかの1ジャンルとして酒税法第4条；品目等において『雑酒；発泡酒；麦芽又は麦を原料の一部とした酒類で発泡性を有する雑酒』と規定されていた．改正によりビールと同様に「発泡性酒類」に区分され，またビールと同様に「アルコール分20度以上のものを除外

する」ことが定められた．

ビール風飲料の酒税法上の位置づけと定義：ここ数年増加し続けているビール風アルコール飲料商品が，改正前酒税法上の定義では「リキュール類」に分類されていた発泡酒とスピリッツを混合した商品や，「雑酒」区分のさらなる細分である「その他の雑酒」に属し，麦芽をまったく使用しない商品とが混在していた．

現代のビールおよびビール風飲料の販売状況：ビール風飲料としての発泡酒が本格的に市場に登場するのは，1994（平成6）年であった．この後，追従商品が登場し一般化し始めた．これは麦芽以外の副原料を著量に使用する．すなわちビールの定義の「ロ」に記載に準じて当てはめれば，「当該政令で定める物品の重量の合計が，麦芽の百分の五十を超える」ものであり，当初はその規定をわずかに超える程度であったが，麦芽の使用比率は税額の低減メリットを求めて下がり，副原料との比は，麦芽25，副原料75の割合で使用するものが主流となった．このビール風味発泡酒は，価格（酒税）の安さから人気を得て，最大時の2003年には，ビール393万 kl，発泡酒255万 kl と合計市場の約40％を占めるまでに至り，特に家庭需要を中心に増加した．これを受けて2003年に発泡酒の酒税法の定義が部分改正され，ビールの原料として使用できる物品に麦が追加され，さらに発泡酒の範囲に「麦を原料の一部とした酒類で発泡性を有するもの」が追加された．さらにこれに合わせてスピリッツ類およびリキュール類の定義も一部改正となった．この改正とともに発泡酒税額のビール並みへの引き上げが実施されると，2004年から2005年にかけては，発泡酒よりも税額の安い，「第三カテゴリー」と称されるビール風でかつ発泡酒でもないアルコール飲料，すなわち酒税法上の分類では，その他の雑酒やリキュールに区分される新ジャンルのビール風味飲料が相次いで出現した．これは350 ml あたりでの税額が，当時ビールでは77.7円なのに対し，発泡酒では46.99円，その他の雑酒，リキュール類では24.2円，27.78円と約50円の差があるためである．2005年には，ビールと発泡酒とそれ以外のジャンルのビール風飲料の合算区分の15％をも占めるほどになった．

このように現在では，ビールおよびビール風味飲料の合算市場におけるビールの割合は，6割程度しかなく，生産量も最大時のほぼ6割であり，酒類のなかでも特にこのジャンルの変遷は，酒税法と密接に関連している．

ビールの製造所数

ビール醸造所数は，1994年4月に製造免許の年間最低製造数量が2000 kl から，60 kl に引き下げられたいわゆる規制緩和以前は，大手5社の計36工場であり，1994年度製造量約750万 kl は，これらですべて製造されていた．それ以降，全国に新規小規模醸造所が増えたが，それまでも大手工場敷地内には開放された小規模ブルワリーパブが，工場自体の免許に包括される形で存在してきた．現在の小規模醸造所いわゆる地ビールは200社を超える製造元があるが，1醸造所あたりの規模が大きく

違うことから生産量は全体の1%に満たない．

ビールの原料

麦芽：ビール原料として国内で使用されるのは二条大麦であり，その麦芽の大半は，麦芽の状態で主としてカナダ，オーストラリア，イギリス，ドイツなどから輸入される．

麦芽は製法名，使用目的，産地などによって呼び名は慣用的に細かく使い分けられている．ピルスナー麦芽（pilsner malt）を主に使用する．また，着色麦芽は加熱して作られるものでクリスタルモルト（crystal malt），カラモルト（cara malt），ブラウンモルト（braun malt）などがある．いずれも強加熱された着色麦芽は，酵素が失活しているので多量には使用できない．小麦麦芽は，ごく一部の限定商品や地ビールなどに大麦麦芽と併用されるのみである．

副原料：先の政令で定める物品のうち，国産主力商品の多くには，「米，スターチ」などの副原料が使用されている．副原料使用の目的は，香味に軽快感をもたらすことにある．これは，麦よりも米，さらにスターチのほうが，味成分となるタンパク質含量が低いため，相対的に味が希釈されることによる．これとは逆にこの原料穀物特性を利用して発泡酒および新ジャンルのビール風飲料では，風味の強化のために未発芽麦が用いられることもある．

ホップ：ホップ（hops）は，アサ科に属し，和名を「からはなそう」といい，学名は，*Humules lupulus L.* という．添加の目的は，ビールに苦味と芳香を付与すること，ホップ中のポリフェノール類と麦汁中のタンパク質の結合により沈殿を生じさせ除去をすること，有害な雑菌の生育を阻止または阻害し，ビールの泡立ちをよくすることがあげられる．

最もよく用いられるのは円筒状に整形したホップペレット（pellet）であり，麦芽と同様にほとんどが輸入による．

また，用途によって，主として芳香づけを目的とするアロマホップ（aroma hops）と苦味づけを目的とするビターホップ（bitter hops）に大別される．

水：仕込み水の硬度は，国内では慣例的に「ドイツ硬度」で表示され，数値が大きいほど硬水であることを示す．ビールの酒質と水については，かつては硬水仕水からミュンヘン型の濃色ビールが，ピルゼン地方の軟水からピルスナータイプの淡色ビールが生まれた．日本の水は，硬度3~5と軟水であり，また現在では処理で濾過，加工が任意に可能であるため，かつてほどには硬度は重要視されなくなった．淡色ビール醸造用水に求められる条件は，各工程での着色を避ける理由が主であるが，軟水で重炭酸塩や炭酸塩が少ないことがあげられる．

ビールの製造法

ビールの製造方法は，麦芽から麦汁を製造する工程とアルコール発酵工程の2つに

大別される．この「糖化」と「発酵」の2工程が，それぞれ独立して順次行われるためこの発酵方法を単行複発酵方式という．以下に国内主力商品のほとんどを占める淡色ピルスナービールの製法について主体的に解説する．このうち最もシンプルな例として副原料を使用せず，後述のインフュージョン法によるフローシートを図5.3に示す．

麦汁製造工程：糖化工程：麦芽の糖化工程を温度工程から大別するとインフュージョン法（infusion method）とデコクション法（decoction method）の2種がある．一般には，これまで上面発酵系の麦汁には前者，下面発酵系のピルスナーには後者を用いるといわれてきたが，近年では必ずしも合致せず，国産のピルスナーでも両法がメーカーによって共在している．

また，小規模ブルワリーでは，設備装置，操作が簡単であること，多くは上面下面両方の麦汁を同じ釜で製造することなどからインフュージョン法を採用している．

一例をあげると，インフュージョン法の1バリエーションで徐々に昇温させるステップインフュージョン法では，マイシェ全体を穏和に加熱することで温度を上げていくのが特徴で，まず40～60℃でタンパク休止期（protein rest）と呼ばれる麦芽のポリペプチド分解工程を約15～30分，次に65～68℃のアミラーゼ作用による麦芽デンプンの糖化工程を80～120分程度，続いて75～80℃，10分の麦芽由来酵素の失活工程からなる．この後，濾過工程，煮沸工程を経る．

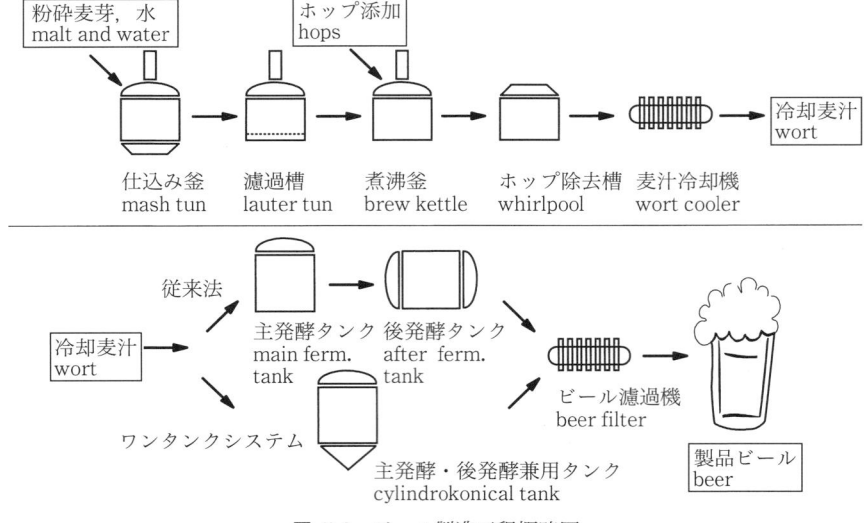

図 5.3 ビール製造工程概略図
上段：麦汁製造工程，下段：発酵工程．

これに対しデコクション法は，マイシェの一部を別釜に移し替えて煮沸し，これを元に戻すことによって全体の温度を上昇させる方法でこの回数により2回デコクション，3回デコクションなどと呼ばれる．

副原料使用の場合には，別の釜であらかじめ蒸煮してから混合することが多い．

麦汁濾過工程：麦汁工程では，圧力によらない自然濾過法が普及している．マイシェを搾るのではなく，濾紙や濾布を使わずにロイタータン（lauter tun，濾過槽）内の金属板のスリットから自然濾過する．この際，麦芽殻（麦皮）がまず自然沈降し，濾過層を形成する．最初に流出してくる麦汁を1番麦汁という．2，3番麦汁は，温湯を濾過層の上からシャワー上に散水（スパージ）し，これを別に受け1番麦汁と適宜混合する．残査がビールかすである．

ホップ煮沸および除去工程：麦汁には次いでホップを投入し，煮沸する．煮沸開始時に1回目，以降沸騰直後に2回目，終了直前に3回目を投入するのが常法で，苦味づけを主とするビターホップは抽出時間を長くとるため煮沸の前半を主体に添加し，一方芳香付与を主目的とするアロマホップは後半を主体に添加する．ホップ除去は，ワールプール（whirlpool，ホップ除去槽）で行われる．これは旋回分離式の除去槽で丸形タンクの円周に沿うように煮沸麦汁が流入し，一方向の渦巻き状に回転する．底部は円錐状に中央部がやや高くなっており，この中央部にホップかすが堆積する．結果清澄化した麦汁は周縁下部から流出させ麦汁冷却器（wort cooler）を経て発酵タンクへと送られる．麦汁糖度は，一般に11〜14程度の間に調製される．

これらの装置は，以前は手近でかつ加工性，熱伝導に優れる銅を用いたが，最近の大型機などではステンレス製も多い．

発酵工程

ビール酵母：実用上の分類では，上面発酵酵母と下面発酵酵母がある．これらは分類学的には，かつては別種に分類されていたこともあった．いずれも *Saccharomyces* 属であるが，糖の資化性などに差があるものの，実用上の分類では，近年明確に区別せず商品品質設計に合わせて使い分けるほうが重要視される．

ピルスナー製造に用いられる下面酵母は，発酵終了後沈殿するので，これが下面といわれる由来であり，発酵タンクの下方から回収可能である．これに対し，上面酵母は発酵終了時に表面に浮いてくるので掻き取って回収する．しかし，後述の主発酵後発酵兼用型の縦型タンクでは，タンク内を冷却またはガス圧を掛けることにより酵母が沈殿することから，上面酵母でもタンク下から酵母を抜き取ることが可能である．

いずれも回収した酵母は繰り返し使用するが，その回数は3回とも7〜8回ともいわれており，仕込み間隔と頻度などに応じて判断される．

発酵タンク：下面発酵ビールの発酵は5〜10℃以下でいずれも1週間程度で行われる主発酵（main fermentation または primary fermentation）とほぼ0℃の後発酵

(after fermentation または second fermentation) が行われる．従来法では，主発酵は角形槽または開放タンクで，後発酵，貯酒は横型俵積みにされたタンクを使用した．これらのタンクを使い分けていた理由は，長期にわたる後発酵中に酵母が死滅して異臭味がつくため酵母の除去操作が主発酵と後発酵の間に必要であったこと，またそれぞれの温度が異なるために，庫を移動する必要があったためである．

現在では，それぞれのタンクに独立に冷却ジャケットがついた円筒形の縦型で底が下方向きの逆円錐型のシリンドロコニカルタンク（cylindrokonical tank）が用いられる．これは1タンクごとの温度管理が可能で，さらに下部の逆円錐部から酵母の取り出しが随時でき，酵母数を調節できることから普及している．また，洗浄も内部にシャワー弁がつき容易で水使用量も少なくて済み，主発酵と後発酵が同一タンク内でも可能となった．これを一般にワンタンクシステムと呼んでおり，500〜1200 kl など屋外タンクの大型化も可能となった．一方，発酵期間の異なる少量多品種生産の場合でも，このシステムはタンク間の移動を考えなくてよいというメリットもある．

主発酵：主発酵の主目的はアルコール生産である．冷却後，タンク内へ移送された麦汁には，回収されたペースト状の酵母が添加（piching yeast）される．主発酵温度は，下面で5〜10℃程度，上面ではこれよりもやや高い．発酵中には酵母は麦汁中の糖を取り込んで，アルコールに変換するが，各糖の取り込みに順位があり，麦汁中の糖組成の約半量を占めるマルトースは，グルコースが消費されるまで利用されない．これはグルコースリプレッションと呼ばれ，発酵遅延の原因となる．また，酵母のアミノ酸の取り込みにも順位があり，酵母や発酵温度でやや異なるが，Aグループ；リジン，スレオニン，セリン，アスパラギン酸，グルタミン酸，ロイシン，メチオニンなどは取り込まれやすく，以下B；アルギニン，イソロイシン，ヒスチジン，トリプトファン，C；アスパラギン，グルタミン，バリン，アラニン，グリシン，フェニルアラニン，チロシンであり，D；プロリンは取り込まれずビールへ移行する．主発酵が終わると，若ビールといわれ，後発酵工程へ移行する．

後発酵：後発酵の主たる目的はピルスナービールでは，混濁の除去による清澄化，炭酸ガス溶存による発泡性の付与，酵母などの懸濁物沈降，若ビールの香味の調整などで今でも1〜数か月を掛けている．

しかしこれらは，濾過助剤の開発，カーボネーターによる炭酸ガスの付与，自然沈降に頼らぬ懸濁物除去装置の開発などにより，香味の熟成を除けば後発酵の短期化が可能であることはすでに1960年代に明らかになっていた．後発酵の香味の熟成については，未熟臭，若臭のなかで最も特徴的なダイアセチル臭の生成メカニズムが解明されることにより，発酵がほぼ終了し，まだ酵母が浮遊している主発酵後期に一般にダイアセチルレスト（diacetyl rest）と呼ばれる操作（温度を15℃程度とやや高めにとること）により，これを防止でき，若臭に寄与する物質全般の分解を促進するの

で後発酵期間の短縮に役立っている．また，硫化水素臭などの未熟臭の除去も後発酵の重要な役割である．

一方，ワンタンクシステムの普及から現在では主発酵後発酵の区別が曖昧となり，ダイアセチルレスト終了，酵母抜き取り後，0°C程度までの品温降下到達時をもって後発酵と認識するのが一般的であり，現在ではコンディショニング発酵などともいわれている．

製品

ビールの一般成分（食品成分表による例）は，水分 92.8%，炭水化物 3.1%，タンパク質 0.4%，脂質 0%，灰分 0.1%，アルコール 4.5%(v/v) である（アルコールは酒税法により容量% で表記されるため合計が 100 を超える）．炭水化物は，マルトース，デキストリンが 1% 程度である．炭酸ガスは過飽和として，$5\,g/l$（常温で 2.5 気圧）程度含まれている．

各種成分は，国税庁所定分析法注解や BCOJ ビール分析法に定められた方法で分析される．有機酸中，含有量の多いものは，乳酸，クエン酸，リンゴ酸などであり，数十～百数十 ppm 程度含まれ，酸味に寄与する．アミノ酸は，一般に食品の呈味に関与するが，ビール中には，先述の取り込み下位のアミノ酸が中心に存在する．しかし，その濃度が低いため単独ではほとんど味に寄与しない．また，香気成分としては，イソブチルアルコール，イソアミルアルコール，フェネチルアルコールをはじめとする高級アルコール類，酢酸エチル，酢酸イソアミル，カプロン酸エチル，カプリル酸エチルなどのエステル類ほか多種の成分が含まれるが，ほとんどが官能閾値以下で，ビールの味，香りとも複合成分由来であり単独の特徴成分は特定できず評価も官能によるものが主であり，苦味以外は主だってビールの特徴的成分はないともいわれている．

ビールの味のなかで最も特徴的な苦味は，苦味価（bitter unit：BU）で表示される．これはホップ中の α 酸（フムロン）が煮沸中にイソ α 酸（イソフムロン）に変換されたものの濃度で表され，BU は数値が大きいほど苦味が強いことを示す．苦味価は日本の大手ピルスナータイプで 20 台前半くらいである．一方，日本のビールも明治大正期には苦味価が 30 台であったとされる．近年の苦味を抑えた製品では，10 台前半のものもある．

副産物

麦汁製造工程で生じる麦芽かす（ビールかす）は，飼料やキノコ栽培床などに用いられる．また，余剰酵母はタンパク質に富み，栄養剤，調味料原料，飼料などに活用されている．なかでも酵母錠剤利用は昭和初期から行われており，近年では，食物繊維，グルタチオンなどに富むことが知られサプリメントとして利用されている．

ビールのテイスティング方法

日本醸造協会発行のBCOJビール官能評価法によれば，円柱形250 mlのグラスが適切で，すべての香味を関知するには12℃，口当たりや嗜好性は8℃程度．1試料は，50～100 ml程度とされている．

5.2.1 生ビールと熱処理ビール

酒類業組合法の定めにより，生ビール（ドラフトビール）は熱による処理，パストリゼーションをしていないビールでなければいけないことになっている．非熱処理と表示されることもある．現行の商品で，「生ビール」ではない，熱処理ビールは昭和時代の再現商品を除けば，ほとんど現存しない．

一方，飲食店における「生ビール」という語は，事実上，慣用的に客前にジョッキで供される形態を指し，「瓶ビール（非熱処理）」と対義語化している．これは，もともとの「draftbeer」は「樽から直接注がれた」という意味合いであるためと考えられている．そのため間違いとはいいがたいが，現代の法律に照らし合わせた表示として，また醸造学的製法からの判断では，和訳された「生ビール」は，上述の加熱処理の有無によるものとなる．

5.2.2 下面発酵ビールと上面発酵ビール

下面発酵ビールの代表がピルスナーであり，上面発酵の代表はエールである．エールは，イギリスなどを中心とした常温で楽しまれるビールであり，国産商品では期間限定や事前予約の頒布会特別商品，地ビールのごく一部のみである．

5.2.3 ビール風味飲料としての発泡酒および新ジャンル飲料

先述の改正以前の旧酒税法で定められた製法規定と税額規定に基づいて，より安価で提供できる商品として各メーカーにより開発されたもののうち，一般的な認知としては，ホップを原料の一部として使用し，かつ黄金色で風味がビール類似のものを指していた．改正酒税法により，新設定の「発泡性酒類」にまとめて区分されることとなった．

〔進藤　斉〕

文　献（いずれも全般的に）
1) ビール酒造組合国際技術委員会（BCOJ）編：ビールの基本技術，日本醸造協会，2002.
2) ビール酒造組合国際技術委員会（分析委員会）編：BCOJ官能評価法，日本醸造協会，2002.
3) 醸造物の成分，日本醸造協会，1999.
4) ビール酒造組合国際技術委員会（分析委員会）編：BCOJビール分析法，日本醸造協

会, 1996.

5.3 果 実 酒

概　要[1-3]

　果実酒とは，ブドウ，リンゴ，ナシなどの果実を原料とした醸造酒で，果実（果汁）を発酵し製造する場合と，発酵中や発酵後にブランデーなどを添加して製造する場合とがある．日本の酒税法においては，果実酒類は果実酒と甘味果実酒に分けられ，その製造法が定義されている（表5.6）．果実酒のなかでは，ブドウを原料としたブドウ酒（ワイン）が，世界中で最も多く生産され，その種類も多く，製造法も多岐にわたっている．ブドウ以外の果実酒では，リンゴ酒，ナシ酒，その他さまざまな果実からのフルーツワインなどがある．日本においてもリンゴ，ナシ，モモなどさまざまな果実より造られているが，生産量はわずかである．なお，いずれの果実酒も製造の基本はワインに準じている．ワインは，その歴史，製造技術，生産国，生産量など，すべてにおいて他の果実酒とは別格の存在であり，果実酒すなわちワインといっても過言ではない．そこで，本節では，ワインを中心に記述する．

　ワインの起源については定かではないが，最古の資料としては紀元前1800年ころのバビロン王朝のハムラビ法典やエジプト第18王朝の墓の壁画などにワイン醸造の様子が示されている．しかし，旧約聖書の一節や紀元前3500年ころのエジプト王朝の壁画や遺跡にもブドウやワインの存在が示されていることから推定すると，偶発的結果としてのワイン醸造の起源は，おそらく紀元前6000年ころまでさかのぼるかもしれない．一方，意図的に技術としてワイン醸造を始めたのはシュメール人で，メソ

表 5.6　日本の酒税法による果実酒類の定義

品　目	定　　義
果実酒	1. 果実または果実および水を原料として発酵させたもの 2. 果実または果実および水に糖類を加えて発酵させたもの 3. 1または2に掲げる酒類に糖類を加えて発酵させたもの 4. 1から3までに掲げる酒類にブランデー，アルコールもしくは政令で定めるスピリッツ，または糖類，香味料，色素もしくは水を加えたもの 5. 1から4までに掲げる酒類に植物を浸してその成分を浸出させたものもしくは薬剤を加えたものまたはこれらの酒類にブランデーなど，糖類，香味料，色素もしくは水を加えたもの
甘味果実酒	上記果実酒以外の果実酒

ポタミア文明のころといわれ，その後，エジプト，ギリシア，ローマに伝わったと考えられている．また，ワイン醸造は，キリストが「パンはわが肉，ワインはわが血」という言葉を残したと伝えられたことから，キリスト教の布教に伴いヨーロッパ全土へと広がり，15世紀に南北アメリカ，17世紀半ばに南アフリカ，18世紀にオーストラリアにまで広がった．

日本には戦国時代にポルトガルの宣教師たちによりチンタ酒（ポルトガル語で赤ワインを意味する）として持ち込まれ，武将，大名らに献上されたと記録されている．なお，実際に日本でワインが製造されたのは1870年以降と考えられている[4]．日本において果実酒が広く知られるようになったのは，1907年に発売された甘味酒としての「赤玉ポートワイン」であり，その後の果実酒生産も甘味果実酒が主流であった．ヨーロッパタイプの本格的なワインの生産は，1970年代以降に顕著になり急速な技術発展も図られた．その結果，国産ワインは，わずか30年ほどでワイン先進国からも高い評価を得られるまでになった．

ワインは世界の酒のなかで最も種類が多く多様性に富んだ酒であるが，その理由は原料であるブドウの品種と醸造法の多様さに起因している．特にブドウにおいては，ブドウ品種の違いはもとより，同一のブドウ品種でも，栽培地域の気候や土壌の違い，収穫年や収穫時期の違いによってもその特性が異なる．ブドウの特性は当然ワインに反映するので，多様性はさらに広がる結果となる．また，高品質のブドウの収穫年をヴィンテージイヤーといい，ワインの価格にも反映する．現在，世界におけるワイン用ブドウの栽培は，北緯30～50度，南緯30～40度，等温線10～20度の間に位置する国・地域で行われており，ワインの生産も，当然それらと重なる国・地域で活発に行われている．日本もこの条件に含まれる地域であり，山梨県，長野県，山形県，北海道などでワイン生産が行われている．

ワイン製造は，いずれの国においても法律によりさまざまな規制が行われているが，特にフランス，ドイツ，イタリアなどでは厳格なワイン法が整備され，それに基づく明確なワインの格づけがなされている．日本でも，酒税法のほか，ラベル表示などいくつかの規定が整備されているが，製造法については，日本のワイン産業の現状から，諸外国に比べかなり緩やかである．

製造の原理

ブドウ果汁の糖分は，主にグルコースとフラクトース（果糖）であることから，アルコール発酵酵母は，これらの糖を直接利用してアルコールを生成することができる．したがって，理論的には，ブドウ果汁に酵母を添加し発酵するか，あるいは果皮に付着した酵母を含む果汁を発酵させることによりワインを製造することができる．しかし，実際には，原料ブドウの収穫から商品としてのワインが完成するまでには，大別すると①原料ブドウの除梗・破砕工程，②仕込み・発酵工程，③おり引き・熟

成工程があり,いずれの工程においても,厳密な管理と熟練した技術が必要である.特にワインの酒質は,原料ブドウの特性と品質に大きく影響されるので,栽培管理に十分な配慮が必要とされる.製造法は多様であるがその基本は赤・白ワインの製造法(5.3.1および5.3.2参照)であり,赤ワインは黒色系ブドウの果皮,果肉,果汁,種子を一緒に発酵させたもの,白ワインは緑色系ブドウ(まれに黒色ブドウを使う場合もある)を圧搾し,果皮と種子を取り除いた果汁を発酵させたものである.ワインでは,発酵後に適当な期間,タンクやオークの木樽などに貯蔵し熟成を行うことが必要である.

種類と特徴

ワインは非常に多様性に富んでいるので種々の分類法があるが,醸造法による分類が一般によく用いられている.この分類法によるワインの種類と特徴を表5.7に示す.いずれのワインも,製造の基本はテーブルワインに準じている.

一般に,テーブルワインに含まれる成分[5]は,ブドウの成分,発酵中や熟成中に生

表5.7 醸造法によるワインの分類・種類と特徴

分類	種類と主な生産国	特徴
非発泡性ワイン(スティルワイン)	白ワイン (世界各国) 赤ワイン (世界各国) ロゼワイン (世界各国)	テーブルワインといい世界中で最も多く生産されている.ロゼワインはピンクワインともいい,黒色系ブドウから造る方法,黒色系と緑色系ブドウを混ぜて造る方法があり,製造の基本は赤ワインに準じている
発泡性ワイン(スパークリングワイン)	シャンパン(フランス) バンムスー(フランス) ゼクト (ドイツ) スプマンテ(イタリア)	二酸化炭素を含むワインで,テーブルワインを密閉した耐圧瓶またはタンクに入れ砂糖と酵母を加え二次発酵して造る.ガス圧は5〜6気圧程度であるが,低ガス圧のものも多い.フランスのシャンパーニュ地方で造られるものを特にシャンパンという
酒精強化ワイン(フォーティファイドワイン)	シェリー (スペイン) ポート (ポルトガル) マディラ(ポルトガル)	食前・食後に飲まれるデザートワイン.発酵の途中あるいは発酵後にブランデーなどを添加するので,一般にアルコール度はテーブルワインより高い.醸造方法はかなり特徴的である
混成ワイン(アロマティックワイン)	ベルモット(フランス・イタリアなど)	テーブルワインをベースに,薬草・香料・色素などを加えて造る.淡色辛口タイプや濃色甘口タイプなどがあるが,その種類は非常に多い

成した成分，亜硫酸や濾過剤などワイン製造プロセス中に添加された成分などである．その構成は，水分80〜90％，アルコール10〜12％，そのほかワインの味，香り，色に関係する成分である．ワインの甘味成分としては糖分，グリセリン，アルコールなどであり，酸味成分としては酒石酸，リンゴ酸，乳酸などである．渋味成分としてはタンニンやアントシアニンなどのフェノール化合物があり，その他の味の成分として各種ミネラルやアミノ酸などがある．ワインの香りは，基本的にはブドウに由来する香り（アロマ）と発酵・熟成中に生じた香り（ブーケ）とがあり，ブドウ品種により特徴的な香りを示す．代表的な香りの成分はテルペン類，高級アルコール類，各種エステル類，カルボニル化合物などであるが，それらは数千種もあるといわれ分析はかなり困難である．ワインの色の成分のほとんどはフェノール化合物で，黒色系ブドウの赤色の成分もアントシアニンと呼ばれるフェノール化合物である．なお，ワインの熟成とは，ワイン中のさまざまな物質の酸素による化学的変化と物理的変化によるものであるが，そのメカニズムは複雑で不明な点も多い．

伝統食品としてのワインの意義と特徴

ワインは，その国の歴史，文化，風土に深く関係し，国や地域の特色，個性，食習慣などを色濃く反映した伝統的な酒である．特に生産技術や消費形態は，時代の変遷とともに大きく変化してきた歴史をもつ酒でもある．醸造的観点からの特筆すべき技術革新は，① ローマ時代における貯蔵容器としてのオーク樽の使用，② 10〜13世紀における農具の普及によるブドウ生産の増大，③ 15〜16世紀における赤・白ワイン製造法の確立，亜硫酸利用技術の定着，④ 17〜18世紀におけるガラス瓶およびコルク栓の利用技術，シャンパン製造技術，⑤ 19〜20世紀におけるワイン科学の進展に伴う優良酵母（純粋酵母）の利用技術，装置・設備（ブドウ圧搾機，発酵タンク，濾過機，遠心分離機など）の充実，発酵・熟成管理技術の確立，などである．これらの技術的歴史を経て，現在の製造技術が確立されている．日本におけるワイン醸造は，諸外国の近代技術を導入し始まったもので，その歴史は浅く，伝統食品としての位置づけも明確ではない．しかし，食事情の変化や多様化を考慮すれば，ワインが日本の食文化のなかで，その存在価値を認められる可能性は十分あると思われる．

問題点と課題

日本のワイン造りにおいては，① ブドウ栽培と連携した本来のワイン製造，② 生食用ブドウの買い入れによるワイン製造，③ 輸入原料（生果汁，濃縮果汁など）によるワイン製造，④ バルクワインの輸入によるブレンドワイン製造の4つの形態がある．しかし，本来はブドウ栽培とワイン醸造が一体化することが望ましい．したがって，日本の食文化の1つとしてワインが定着するためには，日本におけるワイン造りのポリシーを明確にすること，そして産地固有の特徴をもったワインを造ることが重要であると思われる．特に，日本のワイン醸造技術は世界的水準にあるので，ま

ず，日本の気候，土壌にあったブドウ品種の選択や育種・育成を図ることが重要な課題であろう．

5.3.1 赤ワイン
製造原料

代表的な赤ワイン用ブドウ品種としては，カベルネ・ソービニヨン (*Cabernet Sauvignon*)，メルロー (*Merlot*)，カベルネ・フラン (*Cabernet Franc*)，ピノ・ノアール (*Pinot Noir*) などがある．日本で育種した交配品種であるマスカットベリーA (*Muscat Bailey A*) も山梨県を中心に用いられている．日本では，ヨーロッパ系ブドウ品種の栽培面積や生産量は少なく，輸入ブドウ原料も用いられている．

製造工程と特徴

赤ワイン製造では，果皮，種子を含む果汁を発酵させることに特徴がある（図5.4）．一次発酵では，主に果皮の赤色色素や果皮・種子の渋味成分としてのタンニンなどを抽出することを目的としている．二次発酵では，果皮と種子を取り除いた後，糖分がほとんどなくなるまで発酵させる．赤ワインでは，この発酵に引き続きワインの酸味低減とまろやかさを加味するためにマロラクティック発酵（乳酸菌の働きによりワイン中のリンゴ酸を乳酸に変換する発酵）を行う．おり引きが終了したワインは，通常オークの樽に入れ熟成した後，瓶詰めし貯蔵・熟成する．数か月から数年の熟成期間中に，アントシアニン色素やタンニンなどのフェノール化合物などがおのおのの酸化・重合反応して赤ワイン特有の色調を呈するとともに，まろやかで豊かな香味をもったワインとなる．なお，ワイン製造において重要な亜硫酸添加とワイン酵母については，「白ワイン」の項を参照されたい．

生産・消費動向

日本におけるワインの総出荷量は約25万klであるが，その内訳は国産ワインが

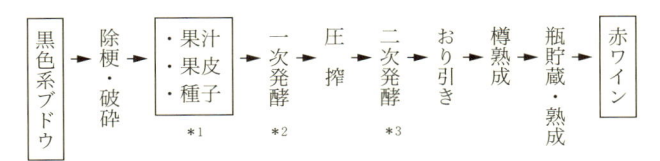

黒色系ブドウ → 除梗・破砕 → 果汁・果皮・種子 → 一次発酵 → 圧搾 → 二次発酵 → おり引き → 樽熟成 → 瓶貯蔵・熟成 → 赤ワイン
　　　　　　　　　　　　　　　　　*1　　　　　　*2　　　　　　*3

図 5.4 赤ワインの製造工程

*1 日本ではブドウ糖度が低いときは糖分を加え24〜26％糖度とする．亜硫酸50〜100 mg/kgを添加する．
*2 主発酵，かもし発酵ともいう．20〜30℃で約1週間発酵する．酵母添加量は白ワインと同様．
*3 種子や果皮を除いた発酵液をさらに発酵し（後発酵），引き続きマロラクティック発酵を行う．

約9万kl(36%), 輸入ワインが約16万kl(64%) である. 消費量は国民1人あたり1年に1.3 l で, フランスの1/60 である (2003 年国税庁統計). また, 1998 年の赤ワインブーム以降, 出荷量の約60% は赤ワインである (2004 年ワインメーカー推定).

5.3.2 白ワイン

製造原料

代表的な白ワイン用ブドウ品種としては, シャルドネ (*Chardonnay*), セミヨン (*Semillon*), リースリング (*Riesling*) などがある. 日本の代表的品種として, 700年ほど前に中国より伝えられたといわれる甲州種が山梨県を中心に多く栽培されている. 甲州種を除き, ヨーロッパ系品種の栽培面積や収穫量は少なく, 輸入原料(果汁や濃縮果汁)が広く用いられている.

製造工程と特徴

白ワインでは, 除梗・破砕したブドウを圧搾機に入れ果皮と種子を取り除いた果汁のみを用いて発酵させることが特徴である (図5.5). なお, 高品質酒として, 圧搾しない自然流下液(フリーランという)を用いることもある. 亜硫酸添加は, ブドウ果実や製造工程に由来する雑菌(乳酸菌, 酢酸菌, 野生酵母など)の生育抑制, 果汁に存在する酸化酵素(ポリフェノールオキシダーゼ)の活性阻害, 果汁やワインの酸化防止などを目的に行われる. 日本での亜硫酸使用量は食品衛生法により, 最大許容量350 mg/kg と決められている. ワイン酵母(学名サッカロミセス・セレヴィシエ ⟨*Saccharomyces cerevisiae*⟩)には, さまざまな特性をもった多くの菌株があり, 各ワイナリーにおいて, 使用するブドウ品種と品質, 目的とするワインの酒質などを考慮して選択, 利用している. 最近では, 市販の顆粒状乾燥酵母も広く使われている. 製造管理や熟成方法などは赤ワインと少し異なっているが製造の基本は同様である.

生産規模の現状

ワイン生産量は, 山梨, 神奈川, 大阪, 長野, 北海道, 岡山, 山形の順であり, この7府県で全体の93%, 山梨県が全体の44% を占めている. なお, ワイン生産はか

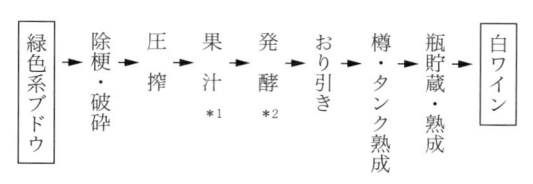

緑色系ブドウ → 除梗・破砕 → 圧搾 → 果汁 → 発酵 → おり引き → 樽・タンク熟成 → 瓶貯蔵・熟成 → 白ワイン
                                    *1   *2

図 5.5 白ワインの製造工程
*1 糖分の添加, 亜硫酸添加は赤ワインと同様.
*2 培養酵母を仕込み量に対し3〜5% 加える. 12〜20℃で1〜3週間発酵する.

ならずしもブドウ生産地域と連動していない．果実酒製造場は 247 あるが，大手 5 社で，全生産量の約 70% を占めることから，多くの製造場は小規模な生産形態である．

〔中西載慶〕

文　献
1) 大塚謙一：醸造学，pp 117-148, 養賢堂，1981.
2) ワイン学編集委員会：ワイン学，産調出版，1992.
3) 横塚弘毅：ワイン製造技術，山梨日日新聞社，1994.
4) 麻井宇介：日本のワイン・誕生と揺籃時代，日本経済評論社，1992.
5) 日本醸造協会：醸造成分一覧，pp 279-325, 日本醸造協会，1977.

5.4　焼　　酎

概　要

　焼酎の「焼」の文字は，酒を加熱すること，すなわち蒸留を意味し，「酎」の文字は，強い酒を意味する．したがって，焼酎とはアルコールを含むものを蒸留して得られるアルコール度数の高い酒（蒸留酒）を表す[1]．

焼酎の分類：平成 18 年度の酒税法改正によって焼酎は，蒸留方式およびアルコール度数に基づいて，次の 2 種類に分類される[2]．

① 単式蒸留焼酎：アルコール含有物を単式蒸留器で蒸留したアルコール分 45 度以下の蒸留酒（本格焼酎・泡盛）

② 連続式蒸留焼酎：アルコール含有物を連続式蒸留機で蒸留したアルコール分 36 度未満かつエキス分 2 度未満の蒸留酒（焼酎甲類）

　ただし，ウイスキー，ブランデーおよびスピリッツ（ラムやウオツカ，ジンなど）に該当する蒸留酒を除く（表 5.8）．

本格焼酎と泡盛の定義：改正前の酒税法の規定による本格焼酎と泡盛とは，蒸留酒のなかから消去法により最後に残った「その他の蒸留酒」に位置づけられていた[3]．今回の酒税法改正により，本格焼酎と泡盛は表 5.9 の「定義」が制定された．本格焼酎は，イ号からホ号の 5 種類の製法から定義づけられ，それまでに製造されていたほとんどの種類の本格焼酎が包含されることとなった．一方，泡盛は原料米のすべてを黒こうじ菌による米こうじとして使う独特の製法「全黒こうじ仕込み」による従前どおりの定義が保持された．なお，上記イ号からホ号以外の製法で造られるヘ号焼酎は「焼酎乙類」に分類された[2,4]．

泡盛と本格焼酎のルーツ[5]：焼酎の原型は，13〜14 世紀ころにはすでにアジア大陸の南方諸国で製造されていたようである．わが国への焼酎の伝来については，① 琉

表 5.8 改正酒税法による本格焼酎・泡盛の位置づけ

酒類の分類 (法第2条　第2項)	蒸留酒の分類 (法第3条　第五号)	単式蒸留しようちゅうの定義 (法第3条　第十号)
酒類 ─┬─ 発泡性酒類 　　　├─ 醸造酒類 　　　├─ 蒸留酒類 　　　└─ 混成酒類	┬─ 連続式蒸留しようちゅう ├─ 単式蒸留しようちゅう ├─ ウイスキー ├─ ブランデー ├─ 原料用アルコール └─ スピリッツ	・製法規定 ① イ〜ホ：本格焼酎・泡盛 ② ヘ：しようちゅう乙類 ・除外規定 ウイスキー，ブランデー及びスピリッツ（ラム，ウオツカ，ジン）に該当するものを除く ・成分規定 ① イ〜ホ：アルコール分45度以下 ② ヘ：エキス分2度未満

表 5.9 本格焼酎・泡盛の定義

表示	記号	原料	こうじ	もろみ（発酵）	蒸留	本格焼酎・泡盛の種類
本格焼酎	イ	穀類 芋類	穀類こうじ 芋こうじ	液体もろみ	単式蒸留	穀類焼酎 芋焼酎
	ロ	―	穀類こうじ	液体もろみ	単式蒸留	全こうじ穀類焼酎
	ハ	清酒かす 清酒かす・米 清酒かす	― 米こうじ ―	液体もろみ 液体もろみ 固体もろみ	単式蒸留	酒かす焼酎 米焼酎 かす取り焼酎
	ニ	黒糖	米こうじ	液体もろみ	単式蒸留	黒糖焼酎
	ホ	その他の原料(注) 穀類 芋類	穀類こうじ 芋こうじ	液体もろみ	単式蒸留	その他原料焼酎 多様化穀類焼酎 多様化芋焼酎
泡盛		―	黒こうじ菌の米こうじ	液体もろみ	単式蒸留	泡盛

(注)　ホ号本格焼酎に使う「その他の原料」（49種類）の使用重量は，穀類または芋類およびこれらのこうじの合計重量の50％以下でなければならない．

球経路，②南海諸国経路および③朝鮮半島経路の3経路が提唱されている（図5.6）．特に，14世紀ころの琉球王国と交易の盛んであったシャム国（現在のタイ国）から沖縄に伝来したという説が有力である．

図 5.6 焼酎のルーツ

南九州の焼酎の誕生[5]：発祥：沖縄に泡盛が定着してから約半世紀の歳月を経た16世紀初葉には焼酎の原型が鹿児島に上陸し，16世紀末葉までに宮崎県南部（宮崎・日南）地域や熊本県球磨地域へ伝播し，さらに宮崎県北部地域（日向地方）へ広がったといわれる．

地域性：鹿児島県（奄美諸島を含む），宮崎県，熊本県および大分県の4県から成る南九州は，全国の本格焼酎の実に85％を生産する最大の主産地である．鹿児島県は芋（カンショ〈サツマイモ〉）焼酎の王国であり，離島の奄美諸島は黒糖焼酎の唯一の生産地である．また，宮崎県は平野部が芋焼酎，山間部が麦，ソバ，トウモロコシ，ヒエ，アワなど雑穀焼酎の一大生産地である．熊本県の球磨盆地は米焼酎のメッカであり，大分県は新しいタイプの麦焼酎最大の生産地である．なお，熊本県と大分

県は清酒の生産県でもある．

焼酎の製造原理[6]

原料特性：焼酎の原料には米や麦をはじめとする穀類，サツマイモやバレイショ（ジャガイモ）のような芋類，清酒製造の副産物である酒かすや米粉のような加工原料，黒糖のような糖質原料，種実，その他の多様化原料が使用される．

これらの原料は，製造場の地域で穫れる代表的な農作物であるため，原料に基づく焼酎の風味特徴が現れるとともに，これが焼酎の地域特性（ローカルカラー）ともなっている．

製造工程：穀類，芋類などのデンプン質原料から焼酎を造る場合は，まず原料中のデンプンをこうじの糖化酵素の作用で糖分に変え，次いで糖分を焼酎酵母の作用でアルコールに変える．すなわち，糖化と発酵の2つの工程が必要であり，こうじが糖化工程を，酵母が発酵工程を分担している．清酒や焼酎の醸造は，これら2つの工程を1つの系（容器）内で並行して進めるため，このような発酵型式を「並行複発酵」と呼ぶ．

本格焼酎と泡盛は，図5.7に示す流れに沿って製造される．なお，同図中の③かす取り焼酎は，固体発酵で造られる伝統的な「本格焼酎」である（5.4.7項参照）．

種類

本格焼酎の種類は，産地別，原料別，製法別など実に多種多様に分けることができるが，ここでは原料による種類を表5.10に示す．

焼酎の原料はこうじ原料と主原料に分けられ，主原料によって焼酎の種類が決まる．たとえば主原料に米を使うと米焼酎，芋（サツマイモ）を使うと芋焼酎になる．

焼酎の特徴

風味特徴[6]：本格焼酎と泡盛の風味は，原料の種類による特徴のほかに，こうじ菌や酵母など微生物の種類，単式蒸留器（ポット・スチル）の性能，製品の精製および熟成方法など製法上の相違により風味が多様化するため，蒸留酒のなかでも風味の種類が非常に豊かな酒といえる．

製法と品質の特徴[7,8]：本格焼酎と泡盛は，伝統的に表5.11に示す製法上の特徴とそれに対応する品質上の特徴を有する．これらの製法と品質の特徴は，本格焼酎と泡盛の香味バラエティの幅を拡げる要件となっている．

将来に向けて，本格焼酎と泡盛のグローバルスタンダードを考えるうえで，これらの歴史に基づく伝統的な製法と品質の特徴は重要な構成要素となる．

地理的表示の保護：世界貿易機関（WTO）加盟国の協定に基づいて，1995年から琉球泡盛の産地「琉球」，球磨焼酎の産地「球磨」および壱岐焼酎の産地「壱岐」，さらに2005年から薩摩焼酎の産地「薩摩」が指定され，これらの産地を表示する地理的表示は，国際的保護を受ける[9]．

5.4 焼酎

① 泡盛

米 → 原料処理 → 製麹 → 黒こうじ（黒こうじ菌）→ 仕込み・発酵（仕込み水、泡盛酵母）→ もろみ → 単式蒸留 → 原酒 → 濾過・熟成 → 泡盛

② 本格焼酎

米・大麦 → 原料処理 → 製麹 → 焼酎こうじ（焼酎こうじ菌）→ 仕込み・増殖（酒母水、焼酎酵母）→ 酒母

主原料 → 原料処理 → 仕込み・発酵（仕込み水、酒母）→ もろみ → 単式蒸留 → 原酒 → 精製・熟成 → 本格焼酎

③ かす取り焼酎

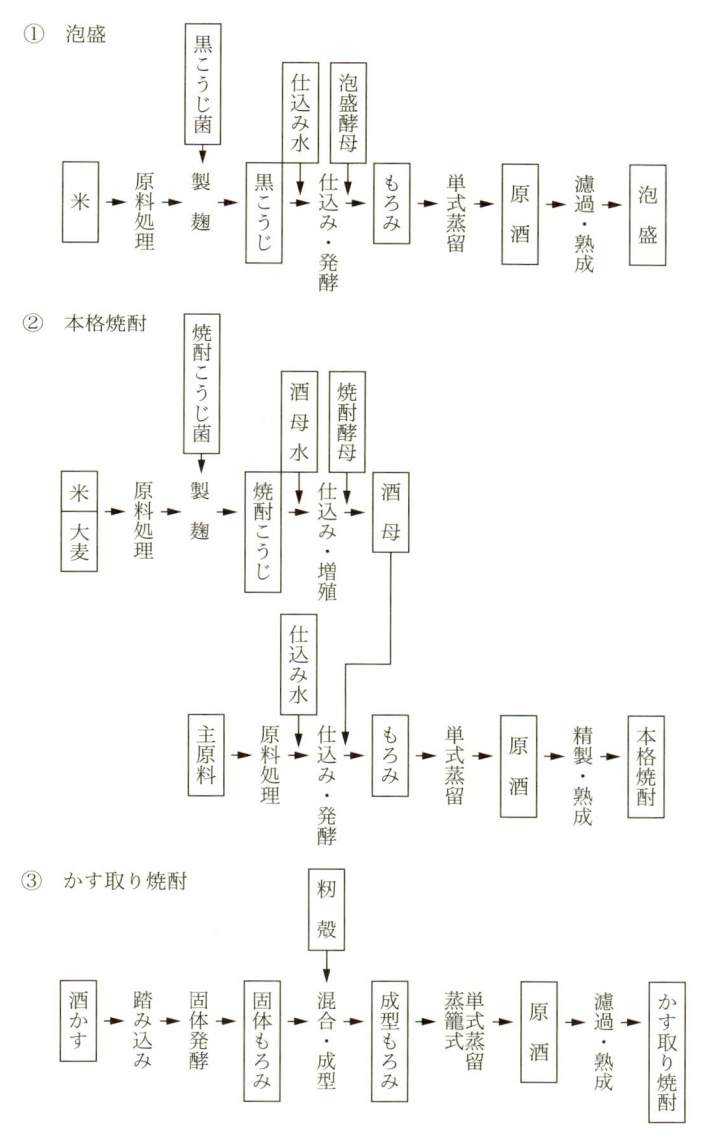

酒かす → 踏み込み → 固体発酵 → 固体もろみ → 混合・成型（籾殻）→ 成型もろみ → 単式蒸籠式蒸留 → 原酒 → 濾過・熟成 → かす取り焼酎

図 5.7　本格焼酎・泡盛の製造工程

表 5.10 本格焼酎・泡盛の種類と主な産地

区分	焼酎の種類	原料 こうじ原料	原料 主原料	主な産地
主要焼酎	泡盛	米(黒こうじ)	—	沖縄県
	芋焼酎	米	サツマイモ	鹿児島県・宮崎県(平野部) 東京都(伊豆諸島)
	米焼酎	米	米	熊本県(球磨地方)
	麦焼酎	米 麦	麦	長崎県(壱岐) 大分県・宮崎県
	ソバ焼酎	麦 米	ソバ	宮崎県(全域) 長野県・北海道
	黒糖焼酎	米	黒糖	鹿児島県(奄美諸島)
清酒副産物焼酎	かす取り焼酎	—	酒かす	全国の清酒産地
	酒かす焼酎	米 (黄・白こうじ)	酒かす	同 上
	米焼酎	米 (黄・白こうじ)	米粉	同 上
	清酒焼酎	—	清酒	同 上
多様化焼酎	ヒエ・アワ・キビ焼酎	麦 米	ヒエ, アワ, キビ	宮崎県(山間部) 熊本県(阿蘇山地)
	ハトムギ焼酎	麦	ハトムギ	大分県
	バレイショ焼酎	麦	ジャガイモ	北海道 長崎県・宮崎県
	カボチャ焼酎	麦	カボチャ	北海道 宮崎県
	ナガイモ焼酎	米	ナガイモ	青森県
	クリ焼酎	米 麦	クリ	四国(愛媛県・高知県) 宮崎県(山間部)
	ゴマ・ニンジン・アズキ焼酎	麦	麦 ゴマ, ニンジン, アズキ	北九州地域
	アシタバ焼酎	米	麦・アシタバ	東京都(八丈島) 宮崎県

表 5.11 本格焼酎・泡盛の製法と品質の特徴

製法	品質
イ. 原料の種類の多様性	原料由来の多様な香味の形成
ロ. こうじの使用	麦芽にない複雑な香味の形成
ハ. 濃厚仕込みの並行複発酵	濃醇な香味の形成
ニ. 単式蒸留の1回蒸留	香味成分の種類と含量の豊富さ
ホ. 陶器(かめ)による熟成	泡盛の古酒に代表される独特の香味の形成

生産の現状

製造企業数[10]：全国の本格焼酎および泡盛の製造企業数は，沖縄県が50社，南九州4県が247社，北九州3県が77社および沖縄・九州以外の諸県が468社の計840社である．

なお，本格焼酎の主産地である南九州4県における製造企業を製造規模別にみると，年間200 kl以下の小規模企業が全体の約半数を占める反面，企業数でわずか16％の2000 kl以上の大規模企業が出荷量の90％を占める寡占型の業界である．

出荷動向[11,12]

本格焼酎と泡盛の出荷量（消費量）は，過去10年間で約2倍に増加した．特に，直近の3年間は，"焼酎ブーム"の活況を呈し，焼酎全体の伸び率が年間2桁（約10％）の増加を示した（図5.8）．

今後の課題[8]

21世紀は，国際化と個性化の時代であるといわれており，酒類全体にとって「個性」の確立が大きな課題であり，ひとり本格焼酎・泡盛とて例外ではない．

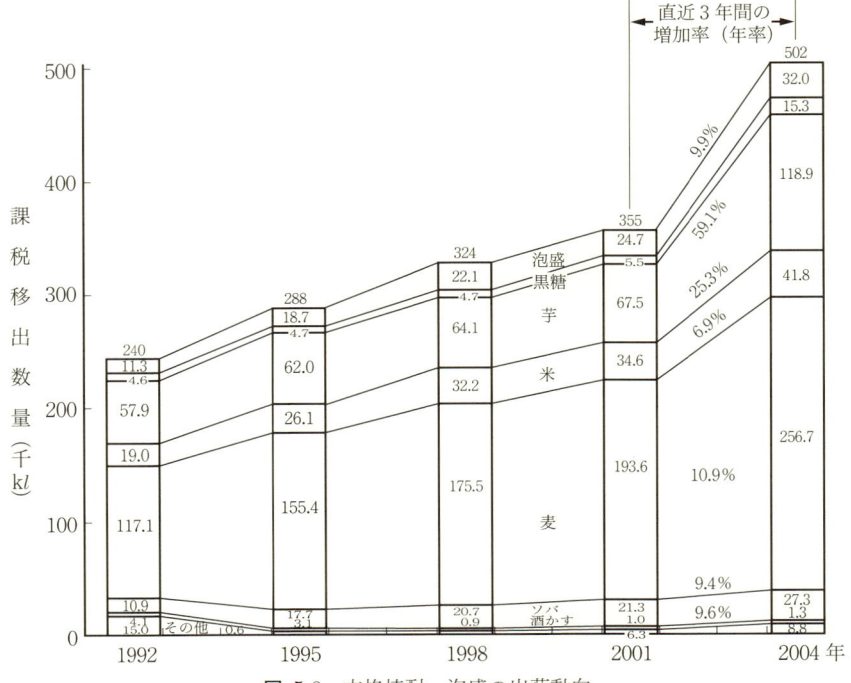

図 5.8 本格焼酎・泡盛の出荷動向

そのための具体的内容として，次のような品質課題があげられる．

① 原料別品質の明確化，② 同一原料による地域別特徴の確立，③ 長期熟成による品質およびイメージの高級化，④ 象徴的役割を担うシンボル品質の創出，などの課題である．

5.4.1 泡　盛

製品の概要

焼酎の元祖・泡盛は，沖縄県で造られる米焼酎の一種であるが，原料米の種類が異なる．今から500年あまり前に，泡盛の醸造法の原型がタイ国から沖縄に渡来して以来，現在も硬質の外米種（インディカ系品種）であるタイ米を使い継いでいる．

泡盛は，沖縄県内の北端は伊平屋島から南端は与那国島や波照間島にかけて50場の泡盛製造場で造られている．

製　法

製法の特徴：泡盛は，図5.7①の流れで製造され，他の米焼酎とは製法上，次の点が異なる[13]．

① 原料米にタイ産米を使うこと，② こうじ菌の種類が黒こうじ菌であること，③ 原料米のすべてをこうじにして使うこと，④ 全こうじの一段仕込もろみを発酵，蒸留すること．

伝統的蒸留法：泡盛に使われている伝統的な蒸留器は，銅または鉄製の直釜の上に木桶を逆さにして置き，木桶の上部（本来の底部）を通して錫製の立上り管，わたり管および冷却管を連結した構造のものであり，この方式を「直火式蒸留器」といい，現在でも古酒用の泡盛の蒸留に活用されている（図5.9参照）．

図 5.9　直火式蒸留器

製品の特徴

焼酎（蒸留酒）を長期間熟成させて「古酒」にする伝統は，中国の白酒（バイチュウ）から沖縄の泡盛に受け継がれている．

表 5.12 泡盛の伝統的熟成法の意義

伝統的熟成法	意 義
地中に埋蔵	一定温度の保持 低温の保持 成分の揮散防止 人為的欠減の防止
素焼き陶器	通気性 触媒金属の溶出 pH の上昇
古い熟成用陶器	金属酸化物の付着 油脂酸化物の付着
仕次ぎ	揮散アルコール分の補充 揮散香気成分の補充 熟度の急激な若返りの防止

泡盛は，その製法のため特有の風味を形成し，特に伝統的な熟成法によって造られる泡盛「古酒(クース)」は独特の風格がある．

泡盛の伝統的な熟成法の要点は，① 地中に埋める点，② 素焼きかめを使う点，③ 使い古したかめを使う点，④ 仕次ぎ法による点，などを特徴とする．これら伝統的熟成法の科学的な意義は表 5.12 のように解釈できる[14]．

泡盛の伝統的熟成法を今日の科学の視点から「温故知新」することによって，本格焼酎の新しい熟成法の展開が期待される（図 5.10 参照）．

図 5.10 超古酒熟成用の南蛮かめ
この南蛮かめの中には 100 年もの超古酒が眠っている（沖縄県識名酒造場の秘蔵品）．

生産の現状

沖縄県全域の 50 製造場によって，年間約 3 万 2000 kl の泡盛が出荷されており，特に最近の「泡盛ブーム」の波に乗って，直近 3 年間の出荷量が年率約 10% の伸び率で全国市場に展開している（図 5.8 参照）．

5.4.2 芋焼酎

製品の概要

サツマイモが中国南部より沖縄を経て鹿児島に渡ったのは 1700 年前後であるから，芋焼酎が鹿児島で造られるようになったのは 18 世紀中期以降であったと推定される[1]．

芋焼酎は，サツマイモの主産地である鹿児島県の全域と宮崎県の平野部で造られるほか，南九州から地理的に離れた東京都下の伊豆諸島の 9 製造場で造られている（表 5.10 参照）．

伊豆諸島で芋焼酎が造られるようになった歴史的背景は，江戸時代の末期（19 世紀中期）に鹿児島県阿久根出身の貿易商，丹宗庄右衛門(たんそうしょうえもん)が八丈島で救荒作物としてサツマイモの栽培を普及させ，さらに故郷の鹿児島から焼酎の製造設備一式を取り寄せて，芋焼酎の醸造法を島民に伝授したのがその始まりである[15]．

製法

通常は，蒸し米に白こうじ菌（河内菌）を繁殖させた米こうじで酒母を造り，これに蒸したサツマイモを仕込んだもろみを 7～10 日間発酵させ，蒸留して製造される（図 5.7② 参照）．

製品の特徴

風　味：芋焼酎は，焼き芋の香りと甘味のある独特の風味を有する．この特徴成分は，サツマイモに存在する配糖体の構成成分であるテルペン類であり，焼き芋の芳香と甘味に寄与している[16]．なお，本成分は香味の感覚閾値が非常に低いので芋焼酎の割り幅を広くしており，お湯または水の割り量が変化しても焼酎の香味バランスは崩れずに保たれる[17]．

飲み方：芋焼酎の主産地では，主に「湯割り」で飲まれる．「湯割り」焼酎の作り方は，グラスにまずお湯を入れ，次いで芋焼酎の必要量を加えておくと自然に対流が起こってお湯と焼酎がよく混合されて均一になる．他方，「水割り」焼酎を作る場合は，湯割りとは逆にまずグラスに芋焼酎を入れ，後から水を加えて作るとよい．

また，あらかじめ飲用の数日前に焼酎を割水しておくと，アルコールと水の分子が会合して，口当たりがソフトになる[18]（図 5.11 参照）．

生産の現状

最近の「芋焼酎ブーム」によって，直近 3 年間の出荷量が年率 25% の増加率で伸

5.4 焼酎

【コップ上部と底部の対流】

(a) 湯割り

25度焼酎
温度 15℃
比重 0.970

お湯 → 対流 → 焼酎 重い / お湯 軽い
温度 90℃
比重 0.965

(b) 水割り

水
温度 15℃
比重 0.999

焼酎 → 対流 → 水 重い / 焼酎 軽い
温度 15℃
比重 0.970

【アルコールと水のなじみ（分子会合）】

(a) 割水直後　　　(b) 割水数日後

● エチルアルコール　○ 水

分子会合
（なじみ）

図 5.11 湯割りと水割りの順序

びた結果，年間約 12 万 kl の芋焼酎が出荷され，本格焼酎の第 2 位にランクされている[12]（図 5.8 参照）．

5.4.3 米焼酎

製品の概要

南九州の穀類焼酎は，泡盛が沖縄に定着してから約半世紀の歳月を経た 16 世紀初葉には鹿児島に上陸し，以降，宮崎県南部地域や熊本県球磨地域へ伝播し，さらに宮崎県北部地域（日向地方）から山間部の高千穂地方にかけて広がったと考えられている．当時の南九州で造られていた焼酎は，主に米以外の雑穀焼酎であったと考えられる[5]．したがって，米焼酎は，熊本県の山間部に広がる球磨盆地で造られる「球磨焼酎」に代表される．

焼酎こうじ菌

日本のこうじ菌：沖縄の泡盛こうじ菌は，泡盛の発祥以来，現在まで黒こうじ菌が

使われ続けているが，九州の焼酎こうじ菌は，明治末期（1911年）まではもっぱら清酒用の黄こうじ菌が使用されていた．大正中期（1918年）に鹿児島の河内源一郎によって，黒こうじ菌から白色変異株の白こうじ菌が分離されたが，1950（昭和25）年ころまでは黄こうじ菌に代わって泡盛こうじ菌の黒こうじ菌が使われるようになり，焼酎こうじ菌の白こうじ菌は1955年以後に九州で普及，定着するようになった[3]．

中国のこうじ菌：最近，浙江工業大学の周立平教授は，次の注目すべき説を発表した[19]．

「中国南部には，1000年以前から蒸した米粒に紅こうじ菌（*Monascus* sp.）を繁殖させて造る紅曲（こうぎょく）という"散麴（ばらこうじ）"があり，現在，浙江省や福建省で造られる紅曲は，紅こうじ菌と黒こうじ菌（*Asp. awamori* sp.）が共生して表面が黒い散こうじであり，"烏衣紅曲（ういこうぎょく）"と称している」．

これらの事実を地理的に近い沖縄の泡盛黒こうじ菌との関係に言及しているが，現

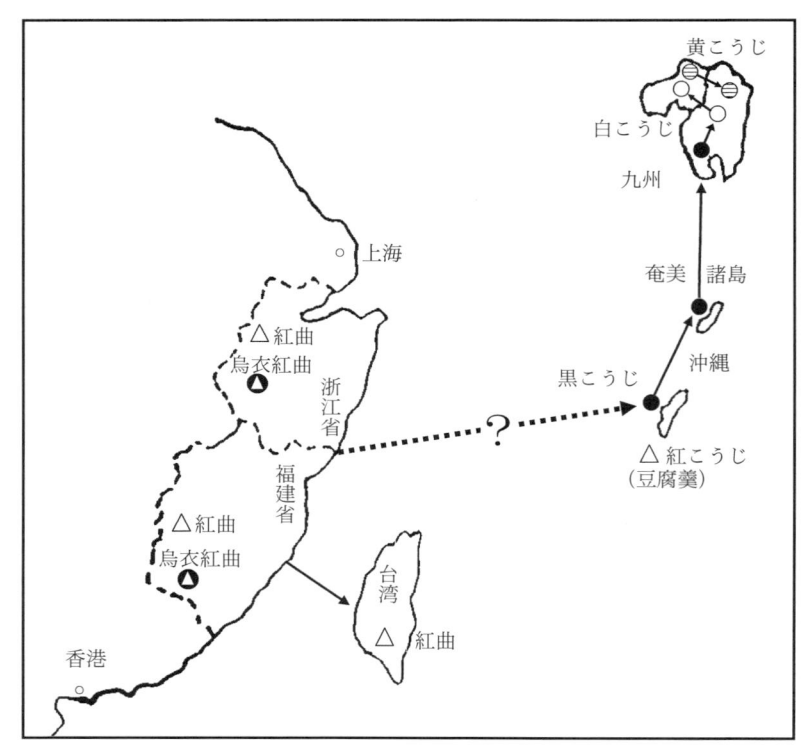

図 5.12 焼酎こうじ菌の流れ

在のところ「黒こうじ菌の中国伝来説」は，立証する文献などの記録がないため不明である（図5.12参照）．

製　法
米の白こうじで酒母を造り，これに蒸し米を仕込んだもろみを15～20日間発酵させ，蒸留して製造される（図5.7②参照）．

製品の特徴
伝統的な製法による米焼酎の風味は濃醇で丸味と旨味が特徴であるが，最近のソフト化嗜好に対応して軽快な風味に変化している．

生産の現状
年間約4万2000 kl の米焼酎が出荷され，本格焼酎の第3位にランクされている（図5.8参照）．

5.4.4　麦　焼　酎

製品の概要
麦焼酎は，昔から長崎県壱岐地域および宮崎県山間部の高千穂地域，また最近では大分県をはじめとする全国各地で造られている．

壱岐の麦焼酎：麦焼酎で有名な長崎県の離島・壱岐で焼酎が造られ始めたのは，江戸時代の末期（19世紀初葉ころ）である．壱岐は米作の豊かな島であり元来は清酒が造られていたが，幕府の参勤交代制が施かれて米の供出が厳しくなったため，清酒の不足分を麦焼酎で賄うようになり，現在では麦焼酎が島の主産品になっている[5]．

九州の麦焼酎：宮崎県の山間部は五穀の里であり，特に高千穂地域で造られた麦焼酎が都会市場に進出し，さらに近年，大分県産の新しいタイプの麦焼酎が登場して，今や壱岐地域とともにこれらの地域の麦焼酎に人気が集中している．

製　法

麦焼酎のこうじ原料：壱岐の麦焼酎はこうじ原料に米を使うのに対して，九州各県の麦焼酎は麦を使う点が異なっている（表5.10参照）．

新しい蒸留法：昭和40年代に入って新しい蒸留法として「減圧蒸留法」が導入され[13]，大分県産の麦焼酎を中心とする風味のライト化現象が起こり，1980年から1985年にかけて世にいう"焼酎ブーム"を誘発し，本格焼酎の市場が一気に全国に広まった．

製品の特徴
麦焼酎の風味は麦特有の甘い香りがあり，丸やかな味わいが特徴である．特に，減圧蒸留による麦焼酎は，特有の芳香とライトな切れ味が特徴である．

表 5.13 本格焼酎・泡盛の飲み方の多様性

飲み方	飲み方の特徴	原料別に合う飲み方
湯割り	香味豊かな焼酎の香りと味を引き立たせて楽しむ.	伝統的製法による焼酎（芋焼酎・穀類焼酎）
水割り	個性的風味の香りと味をやわらかにして楽しむ.	個性的風味の焼酎（泡盛・黒糖焼酎・かす取り焼酎）
ストレート	長期熟成「古酒」の香りと丸味を楽しむ	長期熟成酒（泡盛古酒）
オンザロック	香りの高いライトタイプの焼酎の香りを楽しむ．樽貯蔵した焼酎の色調や香りを楽しむ	新しい製法による穀類焼酎（米・麦・ソバ焼酎・樽貯蔵焼酎）

飲み方の多様性

　本格焼酎と泡盛は，湯割り，水割り，ストレート，オンザロックと実に多様なスタイルで飲まれている．それぞれの飲み方の特徴と焼酎の種類（原料）別に合う飲み方を表5.13に示す．この表から，麦焼酎の飲み方は，伝統的製法の製品は「湯割り」が，また新しい製法の製品は「オンザロック」が望ましいことがわかる．

生産の現状

　最近の「焼酎ブーム」によって，直近3年間の出荷量が年率11%の増加率で伸びた結果，年間約26万klとなり，本格焼酎のなかで断然トップの座に君臨している（図5.8参照）．

5.4.5 ソバ焼酎

製品の概要

　ソバ焼酎は，1973（昭和48）年に宮崎県の焼酎メーカーで開発され，多様化原料の先駆けとなった．歴史は浅いが新しいタイプの焼酎として，蒸留酒の世界的な「ホワイト革命」の時流に乗って，都会市場を中心に広がった[1]．

　主産地は宮崎県の山間部を中心に県内の各地域をはじめ，ソバの産地として有名な信州（長野県）や北海道などである（表5.10参照）．日本人にとってソバは米と同様に長い付き合いの歴史があるだけに，そのイメージは親しみやすく好感がもたれている．

製法

　原料としてのソバは，ソバの実を熱処理して外皮を取り除いた「ソバ米」，ソバの実を荒く挽き割って外皮の一部を取り除いた「挽き割りソバ」などがある．

　製法は，米または麦の白こうじで酒母を造り，これに蒸したソバを仕込んだもろみ

を10～15日間発酵させ，蒸留して製造される（図5.7②参照）．

蒸留器の改良

図5.13(a)に示す「古来法」の蒸留器は，広くアジアの諸地域に分布するものであり，わが国でも昭和年代の初期までは泡盛をはじめ九州各地の焼酎の蒸留に使われていた．本法では冷却効率が悪いため焼酎の回収がわるく，数回の蒸留を繰り返す必要があった．

その後，蒸留釜から立ち上がるアルコール蒸気を錫製の蛇管に導き，その外側を流水で冷却する現在の蒸留器へと改良された[20]（図5.13(b)）．

さらに，昭和40年代に新しい蒸留器として「減圧蒸留器」が登場して，米や麦，ソバ焼酎など穀類焼酎の風味のライト化をもたらした[1]．

製品の特徴

ソバ焼酎の香味特徴は，ソバ原料の種類（形態），蒸留方法（常圧/減圧蒸留），ブレンド方法などによって形成される．通常は，ソバ焼酎特有の青葉様のフレッシュな香りと軽快な味わいを特徴とし，若者や女性に好まれるタイプである．

生産の現状

最近の「焼酎ブーム」によって，直近3年間の出荷量が年率9%の増加率で伸びた結果，年間約2万7000 klのソバ焼酎が出荷され，本格焼酎の第4位にランクされている（図5.8参照）．

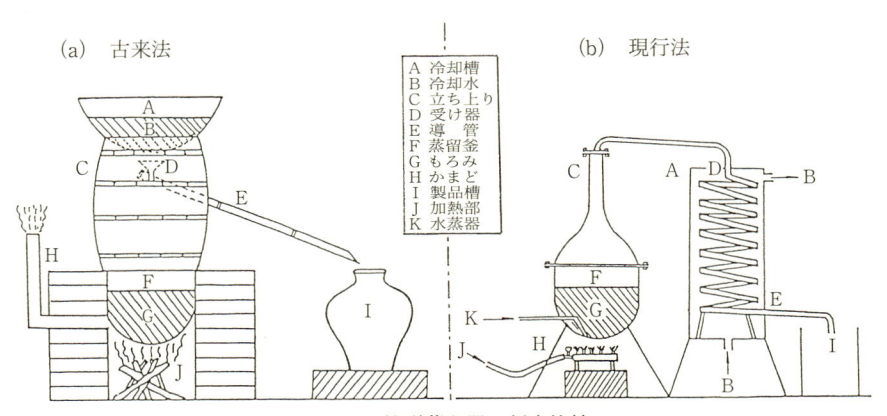

図 5.13 焼酎蒸留器の新古比較

5.4.6 黒糖焼酎

製品の概要

和製のラム酒と称される黒糖焼酎は奄美諸島の特産品であるが，同諸島が1953（昭和28）年に本土復帰した折に，それまでの島民の飲酒習慣を遵守して，島民の酒である黒糖焼酎は酒税法上ラム（スピリッツ）に分類されずに本格焼酎の仲間入りをした[21]．

製 法

米に白または黒こうじ菌を繁殖させた米こうじを原料として酒母を造り，これに水で溶解した黒糖を仕込んだもろみを10～15日間発酵させ，蒸留して製造される（図5.7② 参照）．

黒糖は糖質原料であるから，こうじを使わなくても黒糖を水に溶かして酵母を入れるだけでアルコール発酵はするが，あえて米こうじを使う理由は次の点にある[22]．

① 黒糖もろみが雑菌の侵入を防ぐために必要な酸類をこうじ菌の生産するクエン酸によって供給する必要がある．

② もろみ初期の立ち上りに必要な酵母数を酒母（こうじと汲水と酵母）によって増殖させる必要がある．

③ 黒糖には酵母の増殖，発酵に必要な栄養分が不足しているため，こうじを使用して栄養分を補う必要がある．

④ わが国の酒税法では黒糖だけで製造した蒸留酒はラム（スピリッツ）に分類されるので，本格焼酎にするためにはこうじが必要である．

製品の特徴

黒糖焼酎とラム酒は，穀類原料に由来する「β-フェネチルアルコール」と蒸留酒のボディ成分である「酸度」の組み合わせにより，類別することができる（図5.14）．

穀類原料に由来する「β-フェネチルアルコール」は，蒸留酒の「濃醇味」の代用指標成分とされているので，黒糖焼酎はラム酒に比べて「濃醇味」が強く，この点が米こうじ使用の意義といえる．

なお，黒糖焼酎の糖蜜様の特徴香は，「ソトロン」という化合物が本体であり，中国の老酒や清酒の熟成酒にも存在する香気成分である[23,24]．

生産の現状

奄美諸島全域の25製造場によって，年間約1万5000 klの黒糖焼酎が出荷されており，特に最近の「離島ブーム」と黒糖不足によって，年率約60％という驚異的な伸び率で全国展開している（図5.8参照）．

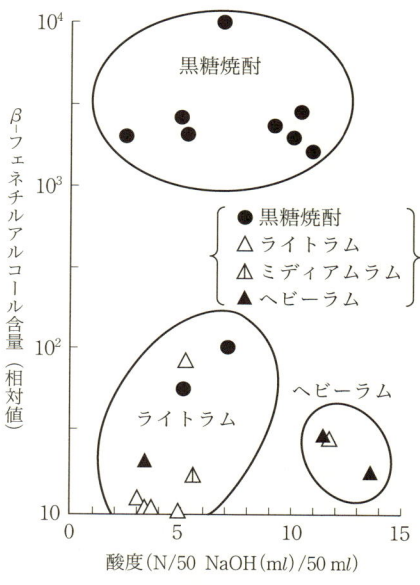

図 5.14 黒糖焼酎とラムの類別

5.4.7 酒かす焼酎
製品の概要

かす取り焼酎は，北九州の清酒どころ福岡県を中心に，17世紀ころから造られていた．当時，かす取り焼酎は，稲作に欠かせない祭り行事の祝い酒として，また蒸留かすは貴重な肥料として，農民にとって重要な役割を果たしていた．そのためかす取り焼酎は，別名「早苗饗焼酎(さなぶりしょうちゅう)」と呼ばれ，また九州の方言で晩酌のことを「だりやみ」（疲れをいやす意味）といい，いずれの呼称も農業に密着した実感がにじみ出ている[21]．

製法

かす取り焼酎：伝統的製法によるかす取り焼酎は，新鮮な酒かすを桶に踏み込んで数か月間発酵させると，かすが軟化して淡褐色を呈する．この熟成かすを籾殻(もみがら)と混ぜ合わせてだんご状に成型し，蒸籠型(せいろ)の蒸留器（図5.15参照）で蒸留して製造される．このかす取り焼酎は汲み水をまったく使わずに固体発酵させる点が他の本格焼酎と異なっている（図5.7③参照）．

一方，近代的製法によるかす取り焼酎は，製造直後の新鮮な板かすをそのまま減圧蒸留して，アルコール分や香気成分を低温で回収する新しいタイプのかす取り焼酎で

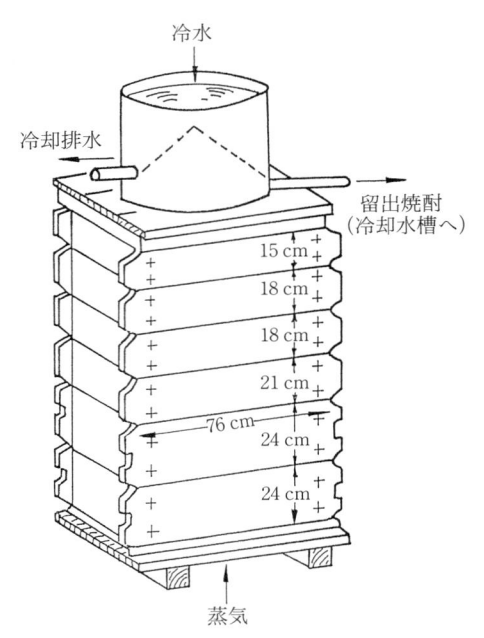

図 5.15 かす取り焼酎に使われた蒸籠型蒸留器
（長屋悦蔵：醸造雑誌，477号，17，1915より）

ある．

かすもろみ取り焼酎：米の清酒こうじまたは焼酎こうじで酒母を造り，これに温湯で溶いた酒かすを仕込んだもろみを約1週間発酵させた後に蒸留して製造される（図5.7②参照）．

製品の特徴[6]

かす取り焼酎：伝統的製法で造られるかす取り焼酎は，中国の蒸留酒（白酒(バイチュウ)）のような複雑な風味があり，特に長期熟成酒は特有の芳香と濃醇な旨味を特徴とする．

一方，近代的製法で造られる新しいタイプのかす取り焼酎は，吟醸清酒の芳香とソフトな甘味を特徴とする．

かすもろみ取り焼酎：清酒かすという特殊な原料を使い，米の黄こうじと清酒酵母（または焼酎こうじと焼酎酵母）によって醸されるもろみ取り焼酎は，当然ながら他の本格焼酎とは異なる豊潤な風味を特徴とする．

生産の現状

酒かす焼酎のなかでもかす取り焼酎は，歴史的にも古い本格焼酎であり，アジア大陸の流れをくむ固体発酵法とともに独特の風味形成の点でも，わが国とアジア諸国の

醸造学的架け橋役を担っている．

最近の「焼酎ブーム」によって増加傾向にあり，年間約1万3000 klの出荷量に達している（図5.8参照）．

5.4.8 多様化焼酎

製品の概要

本格焼酎および泡盛の主要な原料は，穀類，芋類およびこれらのこうじならびに清酒かすおよび黒糖であるが，さらに，2002年10月の法令改正により表5.14に示す49種類の多様化原料が規定され[4]，これで焼酎の原料はほぼ出尽くした観がある．

製　法

米または麦のこうじを原料として酒母を造り，これに蒸した穀類などのデンプン質原料を仕込んだもろみを発酵させてアルコールが十分に生成した時点で，表5.14に示す多様化原料を適宜な処理をして仕込み，原料の香味成分が十分に溶解，発酵した

表 5.14　財務大臣の定める「その他の原料」

食品分類*		原料の種類	原料数
デンプン類		クズ粉	1
種実類	油料種実	ゴマ，ヒマワリの種，ラッカセイ	3
	堅果実	ウメの種，ギンナン，クリ，コナラの実，トチノキの実，ヒシの実，マテバシイの実	7
豆　類		アズキ	1
乳　類		牛乳，脱脂粉乳，ホエイパウダー	3
野菜類	野菜	アシタバ，カボチャ，グリンピース，シソ，ダイコン，タマネギ，トマト，ニンジン，ネギ，ピーマン，フキノトウ，ユリネ，ヨモギ，レンコン	14
	薬草	アマチャヅル，アロエ，オタネニンジン，クマザサ，サフラン，サボテン，ツルツル，ベニバナ，ホテイアオイ，マタタビ	10
果実類		ナツメヤシの実（デーツ）	1
きのこ類		エノキタケ，シイタケ	2
藻　類		コンブ，ツノマタ，ノリ，ワカメ	4
嗜好飲料類		ウーロン茶，抹茶，緑茶	3
計			49

＊香川芳子(監修)：五訂食品成分表，女子栄養大学出版部，2003.

時点で蒸留して「多様化焼酎」が製造される．なお，多様化原料の使用重量は，穀類および芋類の重量の50%以下でなければならない（表5.9のホ号製法の（注）を参照）．

製品の特徴

各地域の本格焼酎および泡盛の品質特徴を「新しいタイプ」と「伝統タイプ」に分けて表5.15にまとめた．

生産の現状

多様化焼酎は，ハーブの香りや原料の風味イメージを特徴としており，全国の各地

表 5.15 各地域の本格焼酎・泡盛の品質特徴

焼酎の種類	主な産地	品質の特徴	
		新しいタイプ	伝統タイプ
泡盛	沖縄県	泡盛特有の香りと濃醇でキレのよい香味	長期熟成した古酒は独特の芳香と濃醇な丸味，旨味
芋焼酎	鹿児島県 宮崎県 東京都伊豆諸島	ほのかなサツマイモの芳香とソフトな甘味	蒸し焼き芋の芳香とまろやかな甘味
米焼酎	熊本県 全国の各地	吟醸香様の芳香と淡麗な味わい	米特有の香りと濃醇な丸味
麦焼酎	九州各地 特に大分県 長崎県壱岐島	上品な芳香と軽快な甘味	麦特有の芳ばしい香りと濃醇な旨味
ソバ焼酎	宮崎県 長野県 北海道	ソバ特有のフレッシュな香りとさわやかな味わい	ソバ特有の香りとさわやかな丸味
黒糖焼酎	鹿児島県の奄美諸島	黒糖特有の芳香とソフトな甘味	ラム酒風の芳香とまろやかな甘味
酒かす焼酎	全国の清酒生産県	吟醸香様の芳香と淡麗な旨味	古酒は複雑な芳香と濃醇な旨味
多様化焼酎	全国の各県	各原料固有の香りと淡麗な味わい	
樽熟成焼酎	全国の各県	淡い黄褐色の色調とほのかなカシ樽の香りと各原料由来の香味を背景とする丸味	

域で造られている．いずれも生産量は少ないが希少価値があり，地域の特産品として人気を呼んでいる．

これまでに商品化された主な多様化焼酎と生産地域を北から順に紹介する．

バレイショ（ジャガイモ）焼酎（北海道，長崎県，宮崎県），カボチャ焼酎（北海道，宮崎県），花の球根（ユリ，サフラン）焼酎（北海道，大分県），ナガイモ焼酎（青森県），トマト焼酎（長野県），サトイモ焼酎（八丈島），クリ焼酎（愛媛県，高知県，宮崎県），アマチャヅル焼酎（徳島県），ゴマ焼酎，ニンジン焼酎，アズキ焼酎，緑茶焼酎，（以上，福岡県），ヒシ焼酎（佐賀県），ヒエ焼酎，アワ焼酎，キビ焼酎（以上，宮崎県，熊本県），ハトムギ焼酎（大分県），ヤマイモ焼酎（鹿児島県），アシタバ焼酎（伊豆諸島，宮崎県）などである[7]．

5.4.9 連続式蒸留焼酎（旧甲類焼酎）

製品の概要

甲類焼酎の製造要件である「連続式蒸留機」は，1893（明治26）年にヨーロッパより輸入したのが最初であり，1899（明治32）年には連続式蒸留機を備えた大規模なアルコール工場が建設された．以後，北海道や四国，九州など焼酎原料（ジャガイモやサツマイモ）の生産地に続々とアルコール工場が建設され，わが国のアルコール生産が開始された[25]．なお，連続式蒸留機で製造した原料用アルコールの規定が酒税法上に現れたのが1940（昭和15）年であった[3]．

甲類焼酎と本格焼酎・泡盛を定義，発祥（伝統），製法および品質などの面から比較して表5.16に示した．

製　法

連続式蒸留機は，今から約170年前（西暦1830年）にアイルランドで誕生した．そこで，以前から蒸留酒に使用されていた単式蒸留器をポット・スチルと呼ぶのに対して，新しく開発された連続式蒸留機はパテント・スチルと呼ばれた[22]（図5.16参照）．

製品の特徴

甲類焼酎の品質要件は，無色透明でアルコールのにおいが感じられないことであり，いわば「没個性」を最大の特徴とする蒸留酒といえる．

飲み方としては，ストレート，オンザロック，水割りなどで爽快な風味を楽しむ飲み方のほかに，果汁や他の酒類とブレンドすることによりカクテル風の飲み方もされる．

生産の現状

甲類焼酎製造業は，他の酒類と異なり誕生の歴史が比較的浅いため，大型装置を備えた近代的産業として発達した関係で，大量生産・広域販売の道を歩んだ[25]．

表 5.16 本格焼酎・泡盛と甲類焼酎の比較

比較項目		本格焼酎・泡盛[*1]	甲類焼酎[*2]
定義	蒸留方式	単式蒸留	連続式蒸留
	アルコール度数	45度以下	36度未満
	エキス分	—	2度未満
伝統	誕生年代	15世紀中期	19世紀末期（明治32年ころ）
	主産地	九州・沖縄	全国
製法	原料	穀類, 芋類, 黒糖 酒かす, その他の原料	粗留アルコール[*3]
	糖化	黒こうじ・白こうじ	なし[*3]
	発酵	並行複発酵	なし[*3]
	蒸留	単式蒸留	連続式蒸留
	熟成	かめ熟成 タンク熟成 樽熟成	タンク調熟 樽熟成
品質	品質特徴	・原料の特徴 ・濃醇な味わい ・熟成の特徴 ・ローカル・カラー	・無色透明 ・淡白な味わい ・ほのかな甘味 ・没個性で相手を引き立てる
	飲み方	・お湯割り ・ストレート（古酒） ・水割り ・オンザロック	・酎ハイ ・オンザロック ・カクテル ・冷凍ストレート
	保管	① 温度：極端な高温, 低温は避ける ② 光線：直射日光に当てない ③ 振動：運搬, 取り扱いはていねいに	

[*1] 現在の「単式蒸留焼酎」
[*2] 現在の「連続式蒸留焼酎」
[*3] 現在は粗留アルコールを海外から輸入して原料とし, これを連続式蒸留機にかけて精製している.

　甲類焼酎の消費動向は, 1985年をピークとする「酎ハイブーム」以降も, 現在まで順調に伸びて2002年度の年間消費量は約47万 kl であり, 甲類焼酎の全国的な勢力分布は「東高西低型」の消費配置を示す. 〔西谷尚道〕

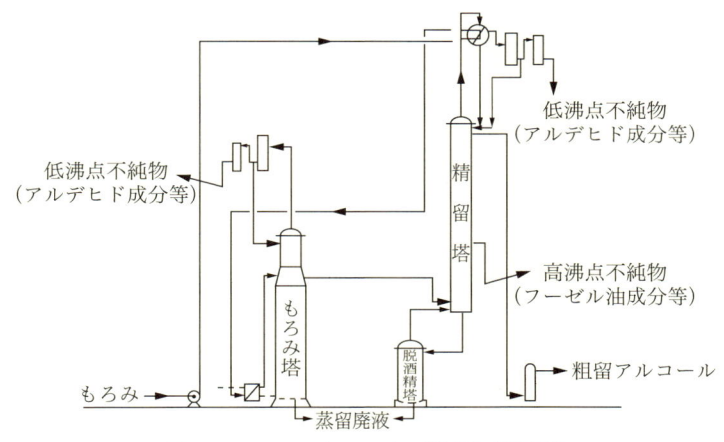

図 5.16 パテント・スチル型連続式蒸留機

文 献

1) 菅間誠之助（編著），西谷尚道，鮫島吉広，金丸一平（分筆）：焼酎の事典，三省堂，1985．
2) 酒税法：第3条第9号および第10号（用語の定義），平成18年5月1日改正．
3) 西谷尚道：本格焼酎と泡盛の21世紀展望（Ⅰ）酒税制度における位置づけ，醸協誌，**97**，106-113，2002．
4) 酒税の保全及び酒類業組合等に関する法律：施行規則，第11条の5，改正2002．
5) 西谷尚道（編著）ほか：本格焼酎製造技術，日本醸造協会，1991．
6) 西谷尚道：焼酎の商品知識（Ⅱ），醸協誌，**89**，330-340，1994．
7) 西谷尚道：本格焼酎と泡盛の21世紀展望（Ⅱ）定義の確立に向けて，醸協誌，**97**，489-500，2002．
8) 西谷尚道：技術者から見た本格焼酎の魅力，鹿児島県本格焼酎技術研究会15周年記念講演集，2005．
9) 酒税の保全及び酒類業組合等に関する法律：第86条の6　第1項の規定に基づく「地理的表示に関する表示基準」（国税庁告示第6号）1995，（国税庁告示第31号）2005．
10) 熊本国税局：しようちゆう乙類製造業の概要，2001．
11) 国税庁課税部酒税課：酒のしおり，2005．
12) 日本酒造組合中央会：しようちゆう乙類課税移出数量表，2005．
13) 西谷尚道（監修・著）：酒類の商品知識（1）・（2），全国小売酒販組合中央会，1995．
14) 佐藤　信（監修），西谷尚道（分筆）：食品の熟成，焼酎，光琳，1984．
15) 菅間誠之助：第三の酒，朝日ソノラマ，1975．
16) 太田剛雄：甘藷焼酎の香気，醸協誌，**86**，250-254，1991．
17) 西谷尚道：世界の中の薩摩焼酎，"焼酎"アジアフォーラム in かごしま　講演集，1996．
18) 西谷尚道，鬼丸博章（分筆）：鹿児島の本格焼酎，鹿児島県本格焼酎技術研究会，春

苑堂出版，2000．
19) 周　立平：中国の米曲・烏衣紅曲，第2回国際酒文化学術研討会，論文集，1994．
20) 佐藤　信，田中利雄（監修），西谷尚道（著）：清酒醸造と焼酎の知識，日本酒造組合中央会，2000．
21) 西谷尚道：焼酎の商品知識（I），醸協誌，**89**，250-255，1994．
22) 野白喜久雄ほか（編），西谷尚道，花井四郎（分筆）：醸造の事典，朝倉書店，1988．
23) Takahashi K, et al: A burnt flavoring compound from aged Sake. *Agr Biol Chem*, **40**, 325-330, 1976.
24) 磯谷敦子ほか：清酒の熟成によるソトロンおよびフルフラールの変化，醸協誌，**99**，374-380，2004．
25) 坂口謹一郎（監修），加藤辨三郎（編），鈴木貞治（分筆）：日本のアルコールの歴史，協和醱酵工業，1974．

6 調味料類

■ 総　説

塩

　人類最初の調味料として登場した塩は，塩揉み，塩煮などの調理に使われ，また，食材の防腐，保存のために塩干物，塩漬けに使われた．さらに塩蔵食品，発酵食品，調味料が数多く作り出された．古代中国では梅酢，梅干しが塩に次ぐ第2の調味料として重用され，そこから生まれた塩梅（あんばい）は，日常の用語として現代でも使われている．また，塩は古代より神聖，清浄で貴重な物とされ，わが国では神事に塩は必須であり，浄め塩，盛塩などの風習は現代も伝わっている．1995年度末をもって92年間続いてきた塩専売制度が廃止され，1996年4月から塩事業法の下で塩の製造，販売，輸入が自由にできるようになり，従来からの生産者に加え，海洋深層水からの製塩も含め，地場産業振興策の一つとして各地でさまざまな食塩が製造されるようになった．

味噌

　日本の味噌は，わが国が誇る独自の塩蔵型発酵食品で，各地の気候風土や原料事情，食習慣のなかでそれぞれの地域に適した味噌が考案され，1300年の歳月を経て育成されてきた．鎌倉時代から昭和30年代まで続いた一汁一菜（ご飯と味噌汁，漬け物）の質素な食事にもかかわらず，日本人が世界に冠たる長寿をもちえたのは，味噌汁を基本とする日本型食事の食形態の賜である．ダイズの栄養成分や機能成分に，発酵により新たに生成した味噌成分が加わった味噌はそれ自体が多種の生体調整機能を有しているが，味噌汁はどのような食材でも具として利用できる優れた調理機能を持ち合わせていることが大きく貢献している．これにより質素な食事にもかかわらず，日本人の健康維持に必要な栄養が満たされてきた．伝統的食品が過去のものとして忘れ去られていく風潮のなかで，伝統的発酵食品の素晴らしさを啓蒙する必要が感じられる．

6. 調味料類

醬油

醬油のルーツは中国の「醬（ひしお）」がその原型のようで，中国から朝鮮半島を経由して日本に伝わったという説が最も有力である．日本において「醬」は，飛鳥時代の「大宝律令（701年）」に宮内省の大膳職に属する醬院で，ダイズを原料とする各種の「醬」が造られたという記述がある．また，鎌倉時代（1254年）には今の「溜（たまり）」に近いものが現れてくる．温暖で適度な湿度があり，豊かな水に恵まれたわが国で，ダイズと小麦を等量使用してこうじ（麹）を造る製法を確立するなど，日本人の知恵による伝統発酵調味料の醬油は独自の発展を遂げ，今や日本にとどまらず世界の調味料としての地位を築いたといえる．現在の醬油の種類は，原料の配合比率や仕込み方法などの違いから「こいくち」「うすくち」「たまり」「さいしこみ」および「しろ」の5種類がある．そのうち製造方式別には，製麹・もろみ発酵・熟成を行う「本醸造」方式，発酵途中のもろみにアミノ酸液などを加えて熟成する「混合醸造」方式，およびでき上がった生揚げとアミノ酸液などを混合して造る「混合」の3製造方式があり，日本農林規格（JAS）では，主に旨味成分の指標として表現される「全窒素分」の値を基準に，「特級」「上級」および「標準」の3等級が醬油の種類ごとにある．

食酢

食酢は塩と並ぶ人類最古の調味料である．人類は食料を生産することで定住できるようになる以前から，収穫した穀物や果実が長く貯蔵しておくと発酵してお酒になり，さらに保存しておくと酸っぱくなることを知っていた．そうしてできた食酢を，食生活をより豊かなものにする基本的な調味料として，今日まで愛用してきている．食酢は酸性調味料で，その主成分は酢酸である．世界には数多くの食酢があるが，稲作文化圏に属する日本の伝統的な食酢は，米から作るお酒を原料にする米酢である．17世紀中ごろ（江戸時代）には，かす（粕）酢が造られた．戦後，麦芽酢，穀物酢，果実酢などが造られるようになった．

みりん

みりんは室町時代末期に，蜜が淋（したた）るような甘い酒として飲まれていた蜜淋酎（みりんちゅう）が，みりんの始まりとされている．江戸時代に入り，焼酎を用いた糖分の多いみりんの製造技術が確立されたことから，しだいに調味料として使われるようになり，江戸前の食文化の発展とともに甘味調味料としてのみりんが完成した．かつてみりんには飲料用の本直しがあったが，現在のみりんは調味料用の本みりんである．みりんには，甘味の付与のみならず調味成分の浸透性向上，てり・つやの付与，煮崩れ防止，消臭効果などの調理効果があり，日本料理にはなくてはならない調味料である．1947年に登場したみりん風調味料は，安価で酒販店以外でも販売できることから急速に消費量が伸びたが，現在では本みりんがスーパーで販売されるようになり，本みりんの消費が増える傾向にある．

砂　糖

　砂糖は甘味料としての用途だけでなく，古くは薬として用いられていたという記録があるように，健康維持や栄養的にもきわめて重要な調味料である．わが国では江戸時代，茶の湯の流行とともに和菓子も発展し，その甘味料として砂糖の需要が高まった．また，一般に甘味に対する嗜好はきわめて高く，砂糖は高級な食材として贈答品の人気商品となっていった．さらに，食品加工上の用途も多く，各種製品の副原料として用いられるとともに，保存性の付与などにも役立っている．しかし，最近は低カロリー食品のブームもあり，わが国における消費は減少傾向にある．

ソース

　ウスターソースの発祥の地はイギリスで，19世紀のはじめにある家庭において偶然の出来事がきっかけで誕生したといわれている．1840年ころヒンズー料理のソースの依頼がイギリスのリー・ペリン社にあり，同社はこれに取り組み調合の研究を重ねた末に新しいタイプのソースを誕生させ，世界初のソースメーカーとして成功を収めた．日本では明治維新後，西洋料理が特定階層の人たちに広まるとともに，ソースの存在も広く知られるようになった．コロッケやとんかつが庶民の人気を集めた大正時代にはソースの製造業者も増加し，食の欧米化とともに家庭の食卓に定着した．広く好まれるようになったとんかつソースと中濃ソースは，第二次世界大戦後に発売された製品である．

〔小泉幸道〕

6.1 塩

概要

塩は塩味料として代替性のない調味料であり，食生活で不可欠である．日本には岩塩としての資源はないが，周囲を海に囲まれているので，海水を原料として全国の沿岸各地でいろいろな方法で製塩が行われた．特に江戸時代には入浜塩田法が開発され，干満差が大きく降雨量の少ない瀬戸内沿岸で盛んに製塩が行われた．1905（明治38）年に日露戦争の戦費調達のため専売制となり，1919（大正8）年からは公益専売となって，需給・価格の安定，国内塩業の育成・発展，コスト低減に向けた技術開発が行われてきた．入浜塩田は戦後の昭和20年代末まで続いて，生産性の高い流下塩田に換わった．その後，1972（昭和47）年には画期的な工業的生産方式であるイオン交換膜製塩法に全面転換し，計画生産とコスト低減が図られ，1997（平成9）年には専売制度が廃止された．これを機に従来からあった特殊製法塩に加えて，さまざまな塩が製造，輸入，販売されるようになった．

かつての専売塩は現在では塩事業センターの生活用塩と呼ばれており，家庭用の小物商品が中心となっている．食品工業用に使用される塩は大部分，イオン交換膜製塩法による塩であるが，一部，輸入天日塩を溶解再製した塩が使われている．最近では輸入塩を粉砕・洗浄した塩も使われるようになってきた．

食用に使用される塩量は年間約130万tである．この量は国内で生産され自給は確保されているが，他にソーダ工業用が700万t，一般工業用他が80万tほど必要であり，これらは輸入されている．

製造原理[1]

現在の製塩法であるイオン交換膜製塩法の原理は，図6.1に示すように陽イオン交換膜と陰イオン交換膜を交互に並べた電気透析槽に直流電流を流し，まず海水中の陽イオン（Na^+，K^+，Ca^{2+}，Mg^{2+}）を陽イオン交換膜（陽イオンだけを通す）で，陰イオン（Cl^-，SO_4^{2-}）を陰イオン交換膜（陰イオンだけを通す）で電気的に篩い分けてかん水（濃い塩水）を製造する採かん工程と，次にそれを真空式蒸発缶で煮詰めて塩を析出させるせんごう（煎熬）工程から成っている．後で乾燥工程がある場合とない場合があり，それにより製品の水分含有量が異なってくる．

この製造法では採かんに電気エネルギー，せんごうに熱エネルギーを使用するので，自家発電設備をもつことにより図6.2に示すように熱電併給のコゼネレーションが図られ[2]，高効率の生産設備となっている．

図6.3に流下塩田製塩法とイオン交換膜製塩法の食塩と天日塩田製塩法の輸入天日塩の化学組成を示す[3]．天日塩田製塩法と流下塩田製塩法の製品組成は似ているがイ

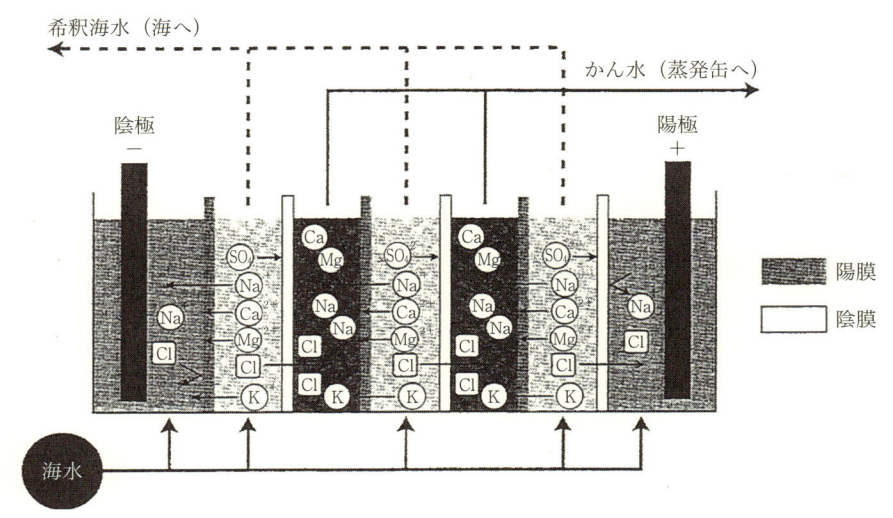

図 6.1 イオン交換膜法の原理

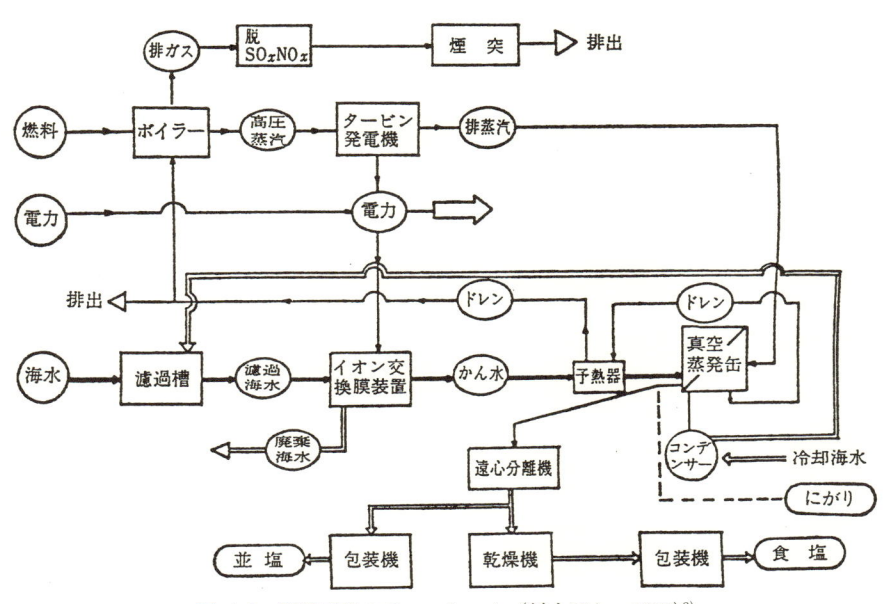

図 6.2 製塩工場のフローシート（村上ほか，1980）[2]

図 6.3 食塩品質の推移[3]

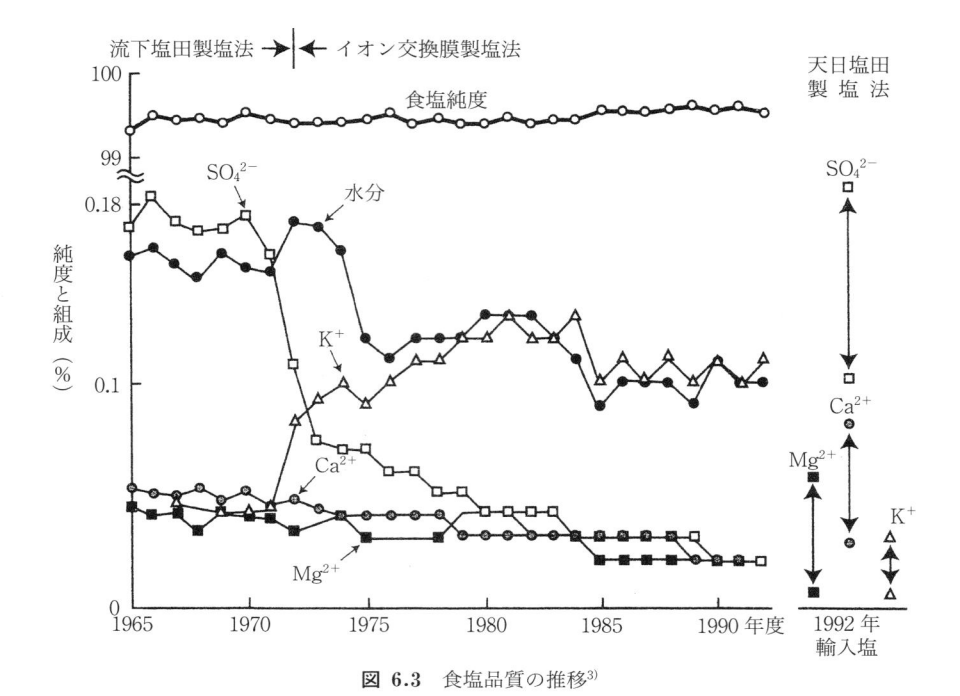

オン交換膜製塩法の製品組成の特徴はカリウムが多く,硫酸イオンが少ないことである.

種　類

塩には多種多様な種類があり,分類法との組み合わせで示すと表 6.1[1] のようになる.

伝統食品としての特徴・意義

塩は塩味料として,あるいはその生理学的機能から生命維持に不可欠な物である.また,果実,野菜,魚,肉などの塩蔵による食品保存剤としても昔から使われてきた.近年,冷凍・冷蔵技術の発展,食品添加物の使用により塩蔵としての塩の役割は健康問題とも併せて小さくなってきている.

味噌,醤油などの発酵調味料の製造には塩が不可欠であり,食品加工では魚肉練製品,ハム・ソーセージなどの肉製品,うどん・パンなどの小麦粉製品,調味料のソース・マヨネーズ・ケチャップ・酢などにも塩は欠かせない.

問題点と課題

塩の摂り過ぎが健康に悪いとの問題があまりにも極端に報道され,減塩至上主義が

表 6.1 塩製品の分類と種類 (橋本, 2003)[1]

分 類	種 類	備 考
資源による分類	岩 塩	岩塩を原料とした塩.粉砕品か岩塩を溶解し煮詰めて得られた塩
	海 塩	海水を原料とした塩.天日塩粉砕品か天日塩を溶解し煮詰めて得られた塩
	湖 塩	塩湖水を原料とした塩
	土 塩	土壌から塩分を抽出し,煮詰めて得られた塩
	かん水塩	かん水状態の塩
製法による分類	天日塩	天日塩田で作られた塩
	せんごう塩	かん水を平釜や真空蒸発缶で煮詰めて得られた塩
	非乾燥塩	結晶装置から出して水切り,または遠心分離した塩
	乾燥塩	遠心分離した後で乾燥した塩
	焼 塩	せんごう塩などを焼いて潮解性をなくした塩
	粉砕塩	岩塩,天日塩,圧縮成型塩などを粉砕した塩
	造粒・成型塩	せんごう塩,粉砕塩などを圧縮して成型した塩.タブレット,ペレット,ブロック塩
形状による分類	立方晶体塩	せんごう塩で立方体の塩
	無定形塩	岩塩,天日塩,圧縮成型塩を粉砕した定形でない塩
	球形塩	立方体の角が取れて球形となった塩
	フレーク塩（トレミー塩）	表面蒸発でできたホッパー型の塩が壊れた薄片状の塩.薄片に成型した塩
	樹枝状塩	媒晶剤のフェロシアン化物を入れて作った金平糖のような塩
	顆粒塩	顆粒状に成型した塩.ゴマ塩などに入っている塩
	塊状塩	動物に舐めさせるように塊状に成型した塩
粒状による分類	粉末塩	粉砕されて粉状になった塩.噴霧乾燥塩
	微粒塩	粉砕されて微粒になった塩
	中粒塩	通常粒度（粒径 300～500 nm）の塩
	粗粒塩	大粒の塩
添加物による分類	無添加塩	添加物を加えてない塩
	栄養強化塩	ヨード,ビタミン,ミネラルなどの栄養物を加えた塩
	風味強化塩	ゴマ,コショウ,調味料などを加えた塩
法律による分類	生活用塩（センター塩）	塩事業センターが販売している小物商品の塩.イオン交換膜製塩法による塩や天日塩を溶解再製した塩
	特殊製法塩	真空蒸発缶を使わないで製造された塩.または真空蒸発缶で作られた塩を加工した塩.平釜塩
	特殊用塩	試薬塩とか局方塩のような特殊な用途の塩

はびこっているが，その根拠は必ずしも明確ではなく論争が続いている[4,5]．20, 30％いるといわれている塩感受性の人や腎機能障害の人は減塩したほうがよいが，大部分の人は減塩しても効果はない．しかし，減塩対象となる塩感受性者を簡易に判別する技術がないので，その早急な開発が望まれる．　　　　　　　　　　〔橋本壽夫〕

文献
1) 橋本壽夫，村上正祥：塩の科学，朝倉書店，2003．
2) 村上正祥，藤原　滋：海水誌，**34**，49-58，1980．
3) 橋本壽夫：食科工，**49**，437-446，2002．
4) Taubes G: *Science*, **281**, 898-907, 1998.
5) 橋本壽夫：海水誌，**54**，366-371，2000．

6.2 味噌

概要

わが国における味噌の起源は定かではないが，その素地は縄文時代に発明された塩蔵発酵食品に由来すると推定されている[1]．一方，書物に登場する塩蔵発酵食品としては古代中国春秋時代の「周礼（しゅらい）」や「論語」に「醬（肉醬（ししびしお））」が，紀元100年ころ（後漢）の「説文解字（せつもんかいじ）」には，はじめてダイズを用いた「豉（し）」が登場している[2]．「豆醬」は消化・分解してダイズの形がなくなったもの，「豉」はダイズが粒状に残っているものである．

大和朝廷時代に隋や唐，高句麗との交流を通して大陸の文化が伝来し，日本においても各種のダイズ発酵食品が造られるようになった．唐の律令制度をまねたとされる大宝律令（701年）では，宮内省の大膳職に属する醬院で各種のダイズ発酵食品が造られていた．そのなかには「醬」，「豉」のほかに「未醬」という用語がみられ，これが味噌の起源ではないかと推測されている[3]．これらの調味食品は当初は公家や貴族階級に愛用されたが，鎌倉・室町時代には寺院の精進料理に使われ，常食の必需品として庶民の間にも普及した．味噌をおかずや調味料としてそのまま食するほか，味噌汁としての利用が考案され，米や雑穀の飯に味噌汁，漬け物の一汁一菜の食膳の構成が日本人の食習慣となり，味噌汁の常用が定着した．味噌は保存性が高く，優れた栄養をもつことから戦国時代には各地の武将が兵糧として味噌を育成し，地域の農作物事情や気候，風土に適した味噌が全国各地で造られるようになった．味噌醸造が工業化されたのは江戸時代である[3]．

製造原理

味噌は，蒸煮ダイズに米（麦）こうじと食塩を加え，熟成させた半固体状の塩蔵型

の発酵調味料である．食塩存在下で雑菌の生育を防止しながらこうじ菌の生産した加水分解酵素群による原料成分の分解，耐塩性乳酸菌・耐塩性酵母による発酵と成分間反応を経て製品化される発酵型味噌（辛味噌）と，50℃程度の高温で仕込み，主として米こうじ由来の糖化酵素により米デンプンの分解を行う分解型味噌（米甘味噌）とがある．発酵型味噌では発酵・熟成期間中に主に ① こうじ菌の生産したタンパク質分解酵素，糖化酵素，脂肪分解酵素などによる原料成分の低分子化，② 耐塩性乳酸菌による有機酸類の生成，③ 耐塩性酵母による香気成分の生成，④ 各種成分間反応による香味色の醸成が行われる．

味噌の種類と分類

全国各地には原料や製造法の異なる多種類の味噌が存在している．「みその品質表示基準」，および「みその表示に関する公正競争規約」ではこれらの味噌を，使用するこうじ原料により米味噌，麦味噌（大麦こうじまたは裸麦こうじが使用される）および豆味噌（蒸煮ダイズに直接こうじ菌の胞子を接種してダイズこうじを造り，食塩と水を加えて熟成させたもの）の3種に分類している．また，2種類以上の味噌を混合したもの，2種類以上のこうじ原料を用いたものなど，米味噌，麦味噌および豆味噌以外のものは「調合味噌」として別に扱われている．しかしながら，味噌の香味や色は原料配合や製造条件によって異なり，こうじ原料による分類のみでは十分ではないため，米味噌と麦味噌については通常，味（甘，甘口，辛）と色（白，淡，赤）によって細区分化された分類表（表6.2）が用いられている．一般的には伝統的な生産地名を冠した呼称が広く浸透し，使用されている．

表 6.2 味噌の分類と主な銘柄・産地

原料による分類	味・色による区分		こうじ歩合	食塩(%)	醸造期間	主な銘柄	主な産地
米味噌	甘	白	20～30	5～7	5～20日	西京，讃岐，府中	近畿，香川，広島
		赤	12～20	5～7	5～20日	江戸甘	東京
	甘口	淡	8～15	7～11	5～20日	相白，中甘	静岡，九州
		赤	10～20	10～12	3～6か月	中，御膳	徳島，瀬戸内海沿
	辛	淡	5～12	11～13	2～6か月	信州，白辛	関東，甲信越
		赤	5～12	12～13	3～12か月	仙台，佐渡，越後津軽，秋田，加賀	関東，甲信越，東北北海道
麦味噌	甘口	淡	15～30	9～11	1～3か月	長崎，薩摩，肥後	九州，中国，四国
	辛	赤	10～15	11～12	3～12か月	大分，薩摩，田舎	九州，北関東
豆味噌	辛	赤	全こうじ	10～12	5～20か月	八丁，名古屋，三州	愛知，岐阜，三重

伝統食品としての特徴・意義

日本の味噌は，各地の農作物事情や気候風土，食習慣などの諸条件の下で1300年にわたり育まれてきたきわめて地域性の強い伝統的発酵調味料であり，全国各地に特徴的な味噌が点在している．その分布は，米辛味噌地域（北海道，東北，関東，北陸，山陰地方），豆味噌地域（愛知，岐阜，三重），米甘〜甘口味噌地域（近畿，瀬戸内海沿岸地域），麦味噌地域（四国，山口，九州地方）に大別される（図6.4）．特に米辛味噌地域と米甘〜甘口味噌地域の嗜好性の違いを色濃く残す東西境界領域に豆味噌地域が分布しているのは，味噌醸造技術の伝来や伝承に地域性や歴史が影響した結果と推測され，興味ある事象である．

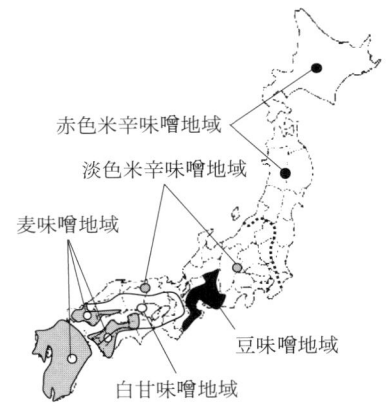

図 6.4 味噌の地域別分布図

味噌は調味料であるとともに，タンパク質・ビタミン・ミネラルの補給源として日本人の健康を支えて来た．ご飯と味噌汁の組み合わせは日本型食事の基本であって，昭和30年代まで続いた日本人の質素な食事にもかかわらず，世界に誇る長寿をもたらしたのは味噌汁のお蔭であったといっても過言ではない．味噌汁は味噌に含まれる栄養のほかに，具として肉類，魚介類，芋類，豆類，葉菜類，根菜類，きのこ類，海藻類などどのような具材とでも合う性質をもっており，ご飯と味噌汁の組み合わせを基本とする食形態が日本人の健康を支えて来たものと考えられる．

近年ではダイズの優れた生体調節機能に加え，味噌発酵熟成中に新たな機能性成分が合成され，抗がん作用，抗酸化作用，放射性物質の体外排除作用，コレステロール低下作用，血圧抑制作用など，味噌の機能性[4]が明確となり，日本型食事が高く評価されるようになった．

問題点と今後の課題

自家醸味噌を除く全国の味噌の生産量は45.7万t（2005年）で，種類別内訳は米味噌が約78％，麦味噌が約7％，豆味噌が約5％，調合味噌が約10％である．味噌の生産量は年々わずかずつ減少傾向にあるが，2005年の輸出実績[5]は7754tで，10年前の2.1倍となっており，近年海外において味噌が急速に評価される傾向がうかがえる．主な輸出先はアメリカ，韓国，台湾，カナダ，香港，オーストラリアの順で，アメリカが全輸出量の41％を占めている．日本人1人あたりの味噌年間消費量[6]は，1985年3.0kg，1990年2.7kg，1995年2.6kg，2000年2.5kg，2005年2.3kgと漸減しており，味噌汁の飲用頻度[7]は若年層ほど低くなっている．日本人の食生活の

あり方として，食事の洋風化のなかで日本型食事形態を見失ってしまった若い世代に，いかにして日本の誇る伝統食品「味噌」の素晴らしさを啓蒙するか，それらの人々の嗜好や食形態にマッチした味噌を開発することができるかが今後の課題である．

6.2.1 米味噌

種類

米味噌はダイズ，米，食塩の使用割合により，甘，甘口，辛の3種に種別され，味噌の甘辛は，こうじ歩合（ダイズに対する精米の重量比率に10を掛けた値，（精米kg÷ダイズkg）×10）と食塩濃度により決定づけられる．

甘味噌：甘味噌は，こうじ歩合15～30，食塩5～7%の多糖少塩型の味噌で，色の淡い「白味噌」と赤褐色の「江戸味噌」に分けられる．白味噌は，煮熟したダイズの熱を利用して仕込み，50～55℃の高温で米こうじによる糖化を促進し，1昼夜から数日間のきわめて短時間の熟成を経て造られるクリーム状の味噌で，上品な甘味とこうじ香を特徴としている．生産地域は，関西～瀬戸内海沿岸地方で，京都の西京味噌，香川の讃岐味噌，広島の府中味噌がよく知られている．江戸味噌は，加圧蒸熟し，脱圧後翌日まで留釜したダイズを使用することにより生成する風味を特徴としている．その名のとおり戦前までは東京を代表する味噌であったが，物資難にあえいだ戦中・戦後の国政策により激減し，現在は加工味噌原料として年間1000 t程度が生産されているにすぎない．甘味噌は味噌汁としての利用は少なく，その大部分が味噌料理や練り味噌，味噌漬けなど加工用味噌として利用されている．

甘口味噌：甘味噌と辛味噌の中間に位置する中味噌で，こうじ歩合は10～15，食塩は7～11%である．静岡の相白味噌（淡色）や徳島の御膳味噌（赤色）が有名である．辛味噌に比べて糖分が多く，穏やかな味わいを特徴としている．食塩が少ないため熟成が速い反面，貯蔵性は低い．

辛味噌：こうじ歩合は5～10，食塩は11～13%の発酵型の味噌で，東日本で多く生産され，山陰，北陸，その他の地域でも造られる一般的な味噌である．主に味噌汁として利用されるほか，味噌料理などにも広く利用される．信州味噌に代表される淡色味噌と，仙台味噌，越後味噌，秋田味噌，津軽味噌，北海道味噌など主に東北地方で造られる赤色味噌に大別される．原料配合はほとんど変わらないが，前者では特に色を淡くする場合はダイズの処理に煮熟法が用いられ，着色を抑制するための種々の原料処理技術と発酵管理技術が開発されている．淡色味噌の代表は信州味噌で，長野県を中心に主に関東地方で造られる明るい淡黄色（山吹き色）の味噌で，酸味と旨味が調和した癖のない柔らかな味覚と軽い発酵香を特徴としている．

赤色味噌は地域によりこうじ歩合が異なるが，いずれも十分な発酵を行わせた長期

熟成型の味噌で，光沢のある赤褐色の色調と発酵香，濃醇味が特徴的である．食塩がやや高く，発酵成分や着色反応物質などを含み貯蔵性に優れている．

製造法

伝統的な技術を基礎とする味噌醸造では原料配合における精米重量と食塩重量の間に一定の法則性があり，通常はこうじ歩合が高くなるほど塩切り歩合（精米に対する食塩の重量比率に 10 を掛けた値，（食塩 kg÷精米 kg）×10）が低くなり，味噌は甘く，熟成期間も短くなる．逆に米（こうじ）の使用量が少ない味噌では食塩は多くなり，味噌は辛く，熟成期間も長くなる．これは味噌を変敗させることなく，正常に熟成させるために必要な経験的伝承技術に基づく仕込み配合の原則であるので，これを基準とする．すなわち，ダイズ，精米，食塩の配合比率は次式と近似的な関係になければならない[8]．

$$ダイズ＝（食塩×10＋精米）÷5$$
$$精米＝ダイズ×5－食塩×10$$
$$食塩＝（ダイズ×5－精米）÷10$$

この近似関係の許容範囲は味噌の種類によって異なるが，白味噌系統では精米量は変えてもよいが，食塩は変えないこと，仙台味噌系統では食塩量は変えてもよいが，精米量は変えないこととされている[9]．

分解型の甘味噌と発酵型の辛味噌では製造法が異なるが，ここでは最も生産量が多く，用途性の広い一般的な辛味噌製造法の概要について述べる．

図 6.5 に米味噌の製造工程図を示した．ダイズは味噌用に適した黄色種が使用される．味噌原料用ダイズとしての好適条件は，炭水化物含量および吸水率が高く，蒸煮ダイズは軟らかく，色が美しいことである．脱皮しないで使用する場合は臍の色の淡い白目ダイズが用いられる．この条件に合致するのは国産ダイズであるが，生産量が少なく，入手が困難で，輸入ダイズに頼らなければならないのが実情である．

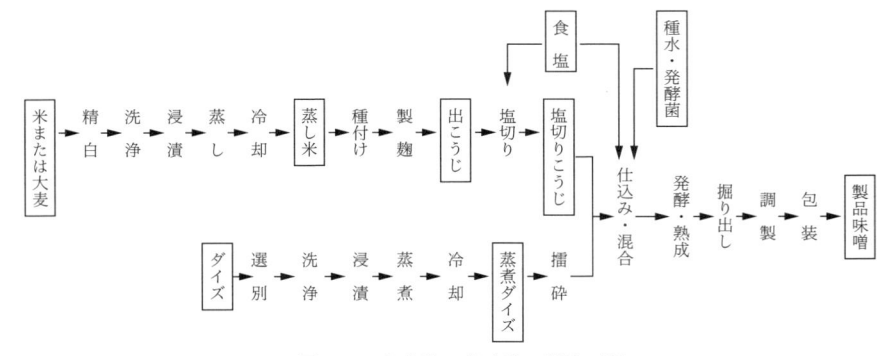

図 **6.5** 米味噌・麦味噌の製造工程

製麹：日本のこうじ造りの伝統的手法として製麹はこうじ蓋法で行われてきたが，現在ではすべて自動製麹機で行われている．粳精米を使用し，洗米，浸漬，水切り後，無圧で40分程度蒸す．蒸し米の水分は36～38％が標準である．蒸し米は35～36℃まで冷却し，デンプンなどで増量した味噌用種こうじ（Aspergillus oryzae の分生胞子を乾燥させたもの）を均一に散布，混合し，湿度95％以上，温度27～30℃のこうじ室中で培養する．途中2～3回手入れを行いながら40時間培養を続ける．室から取り出したこうじはそのまま放置するとこうじ菌の生育が続いて発熱するので，味噌の仕込みに使用する食塩量の1/3程度の食塩を混合して生育を停止させる（塩切り）．

ダイズの処理：通常は丸ダイズが使用されるが，近年では脱皮ダイズも使用されるようになった．脱皮ダイズを使用して造った味噌は色もきれいできめが細かく滑らかであるが，欠減が生じるとともに浸漬および蒸煮中の成分の溶出が多くなる．白味噌や淡色味噌では1夜（16時間程度）浸漬し，蒸煮ダイズの色を淡く仕上げるために，浸漬途中で1～2回換水する．赤色味噌では浸漬時間が長いと蒸煮ダイズが褐変しにくくなることから，3～5時間程度とすることもあるが，浸漬途中の換水は行わない．煮る場合は換水後そのまま加熱処理する．蒸す場合（特に短時間浸漬の場合）は十分な水切りを行い，ダイズ粒内部の水分の均等を図るようにする．

吸水ダイズの蒸煮には蒸熟法と煮熟法があり，両方法とも加圧処理が行われる．蒸熟法に比べて煮熟法のほうが成分の溶出は多いが，ダイズが軟らかく色も淡くなるため，白味噌や淡色味噌では煮熟法が多く用いられる．加圧煮熟では0.5～1.0 kg/cm^2 で40～10分，加圧蒸熟では0.5～1.0 kg/cm^2 で10分の処理が一般的である．

仕込み：蒸煮ダイズは冷却し，5～6 mm目のこし網で擂砕する．擂砕ダイズ，塩切りこうじ，食塩を均一に混合し，仕込み容器に空気が入らないように硬く詰め込む．仕込みに際し，水を加えて硬さを調節する（種水という）．仕込み後，原料成分の分解が進むに従って発酵が始まるが，順調な発酵を導くために従来は仕込み時に5％程度の種味噌を添加する方法が行われた．現在では味噌用の優良酵母および乳酸菌の添加が行われている．酵母は味噌香気醸成の主役として重要であり，Zygosaccharomyces rouxii 3～5×10^5/g の培養菌体を仕込み時に種水に懸濁して添加する．また，乳酸菌は乳酸を生成することにより味噌のpHを下げて酵母の生育環境を整えるとともに，原料臭を消して塩馴れをよくし，味噌の着色を抑制する．乳酸菌を併用添加する場合は四球乳酸菌 Tetragenococcus halophilus 5×10^6/g の培養菌体を種水に懸濁し，仕込み時に添加する[10]．仕込み後は表面を平にしてプラスチックシートを密着させ，その上から押し蓋をして重石を載せ，25～30℃で発酵・熟成させる．

発酵・熟成：原料中の高分子成分はこうじ酵素の作用を受けて低分子化し，可溶化する．米デンプンはこうじのアミラーゼによってブドウ糖に分解され，ダイズに含ま

れるタンパク質はプロテアーゼによりペプチド，アミノ酸に分解される．同時にアラビノガラクタンなどの多糖類は，ヘミセルラーゼによってアラビノース，キシロース，ガラクトースなどに分解され，脂質はリパーゼによりグリセリンと脂肪酸に分解される．糖類やアミノ酸類は酵母や乳酸菌の栄養となり，発酵基質となる．味噌酵母はブドウ糖を発酵してエタノールを生成するが，アミノ酸からはイソアミルアルコール，イソブチルアルコール，活性アミルアルコールなどの高級アルコールを生成する．これらのアルコール類は，味噌の香気成分として重要な役割を果たしている．アラビノースやキシロース，ガラクトースなどの糖類はアミノ酸との褐変反応によってメラノイジンを合成し，味噌の着色が進行する．発酵により生成された有機酸類はアルコールと結合してエステルとなり，香気成分となる．発酵・熟成過程ではこれらの諸反応により味噌らしい色味香が醸し出される．

　仕込み後1か月のころ，仕込み容器内の品温や成分を均一化するとともに，酸素を供給して酵母の生育を促進する目的で味噌の上下の詰め替え作業（天地返し）が行われる．熟成の進行に伴ってタンパク質はペプチドとなり，水溶性窒素が増加する．同時にアミノ酸の遊離化が進み，旨味が増強される．熟成の程度は色，味，香りなどの官能面や成分など総合的に判断されるが，タンパク溶解率（全窒素に対する水溶性窒素の比率）が60％，タンパク分解率（全窒素に対するフォルモール窒素の比率）が20％程度に達することが一つの目安となる．熟成期間は夏場を挟んで淡色味噌で2～6か月，赤色味噌では3～12か月が一般的である．

　製品調整：官能検査や成分分析により，発酵・熟成が完了したと判定された味噌は，残存酵母による二次発酵（湧き）を防止する目的で，2～2.5％の食添用アルコールが添加される．加熱殺菌を行う場合，小規模的には小袋詰め味噌を熱湯中に浸漬して，中心部を65℃に加温してから冷却水で冷却する方法が，大量の味噌を連続的に殺菌する場合は，加熱冷却装置が使用される．こし味噌の場合は，味噌こし機（網の目0.8～1.2 mm）を通して均一化される．

6.2.2　麦　味　噌

　麦味噌は主として九州および四国（愛媛，香川の一部），中国（山口，広島）地方で生産されているが，関東北部（埼玉，群馬，栃木，茨城の一部）でも少量ながら造られている．全工業生産量の75％前後が九州産である．麦味噌は農家の自家用として造られることから田舎味噌の愛称をもつ．西日本では裸麦が，関東では大麦が使用されるが，麦は種子の中央に黒条線（通常フンドシ）があり，通常の搗精ではこれを除去することができないため，黒条線が味噌中に移行する．一般にこうじ歩合が高く，その配合割合において地域の特徴がみられる．

種類

こうじ歩合は10～25と米味噌に比べて高く，食塩は10～11%程度で低い．色調により淡色と赤色に分けられるが，こうじ歩合や塩分から辛口と甘口に分けることもある．熊本県や鹿児島県産の味噌は，比較的熟成期間の短い甘口で淡色のものが多い．これに対して北関東の麦味噌は，比較的こうじ歩合が低く，辛口で十分に熟成させた光沢のある赤褐色を呈し，特有の香りと旨味がある．近年では粒味噌が減少し，こし味噌が増加する傾向にある．

製造法

基本的には米味噌と同様である（図6.5参照）．主な違いは米こうじの代わりに麦こうじを使うことで，大麦こうじまたは裸麦こうじが使われる．精麦歩合（%）は(精麦kg÷玄麦kg)×100で表され，通常，60～70%の大麦または70～85%の裸麦が使用される[11]．精麦の浸漬時間は1時間程度，水切りは2時間程度行う．吸水した麦は粒が膨張するとともに団結化するので，塊をほぐす．水切り後の水分は35～38%を目標とする．吸水麦の蒸しは無圧で30～60分，加圧蒸熟する場合は0.2～0.4 kg/cm^2 で30分間行う．製麹方法は米こうじと同様である．ただし，蒸し麦は蒸し米に比べて表面水分が蒸発しやすいので製麹初期の温・湿度管理に留意する必要がある．熟成は，酵素分解が主体となるこうじ歩合15以上・食塩9～11%の淡色系では30～35℃で30日，こうじ歩合8～12・食塩10～12%の赤色系は30℃前後で60日程度行われる．

6.2.3 豆味噌

愛知，岐阜，三重で生産されるきわめて地域性の強い味噌である．原料はダイズと食塩のみであり，ダイズの全量を味噌玉こうじにして生産されたこうじ菌酵素によりダイズ成分を分解するという製造上の特徴をもっている．

豆味噌は味噌の原型とみなされ，中国大陸から朝鮮半島を経て日本に伝えられたとされる味噌玉こうじを用いた味噌製造技術が用いられている．濃尾平野という米麦の大産地を抱えながら，米味噌・麦味噌が定着しなかった理由として，この地方は高温多湿で酸敗が起こりやすいため，米こうじや麦こうじを使わずにダイズにこうじ菌を直接かつ安全に生育させる味噌玉製麹という伝統的な技法が守り続けられ，発展してきたといわれている[12]．製法の違いや生産地域などにより八丁味噌，三州味噌，三河味噌，名古屋味噌，溜（たまり）味噌などの多くの呼び名がある．

豆味噌はダイズとごく少量の香煎以外の原料を使用しないため，色は濃褐色で原料配合に基づく種類は存在しないが，他の味噌と同様にこし味噌と粒味噌がある．

製造法

ダイズ処理：豆味噌の製造工程を図6.6に示す．ダイズは精選・洗浄後浸漬し，吸

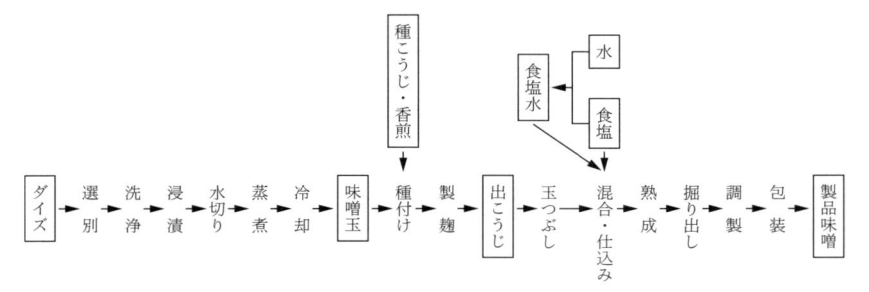

図 6.6 豆味噌の製造工程

水させる．蒸煮ダイズは幼児の握り拳程度の塊（味噌玉）にして直接こうじ菌を培養するため，味噌玉こうじ造りを考慮した限定吸水が行われる．吸水は浸漬・水切り後のダイズ容量が元原料ダイズに対して1.5～1.6倍が適当とされ，水温15℃では60～180分の浸漬が目安となる．水切り中に表面付着水のダイズ内部への均一浸透を図るため，2～5時間以上放置した後蒸熟する．

一般的には加圧蒸熟法が行われており，一例として最初に 0.35 kg/cm^2 で20～40分蒸した後，0.75 kg/cm^2 で90～120分程度蒸す[13]．蒸熟中はダイズ粒のつぶれを防止するため，缶は回転させない．蒸気の吹き込みは缶体の上部から行い，下部から熱水溶出物（アメ）を含むドレインを排出させる．蒸熟ダイズは冷却機で60℃前後まで冷却し，味噌玉成型機を使って味噌玉を造る．味噌玉成型機は肉ひき機様の回転螺旋方式の押し出し装置で，前板の穴の径によって大小の味噌玉を造ることができる．味噌玉の大きさは，直径15～40 mmの範囲で，平均的には直径30 mm，長さは40 mmが標準である[13]．

製麹：30℃付近まで冷却した味噌玉に種こうじを混合した香煎（使用量は原料ダイズ重量に対して0.8～2%程度）を均一に散布し，混合する．種こうじにはプロテアーゼの強力な中毛あるいは短毛の *Aspergillus oryzae* または *A. sojae* が使用される．

味噌玉こうじ製麹の要点は *Bacillus* などの雑菌類の増殖を抑制しつつ，こうじ菌を味噌玉の内部にまでよく破精込ませ，プロテアーゼの強力なこうじを得ることにある．味噌玉こうじは蒸熟ダイズを直接玉にするため，引き込み時の水分が多いうえに，製麹中の水分の蒸発が少なく，出こうじの水分も多い．このため，玉の内部には通性嫌気性の *Enterococcus faecalis* などの乳酸菌が多量に増殖する．これらの乳酸菌はpHを低下させ，*Bacillus* の侵害を抑えてダイズ基質を安全にこうじ化するような役割を担っている[14]．

品温経過は，製麹の初期（引込み後10～12時間程度）を27～28℃のやや低温とし，最高品温は35～37℃前後，後半の温度経過は33～35℃が適当とされる．製麹の

後半は乾湿差を大きくして排気をさせながらこうじの乾燥を促進する．こうじの手入れは，こうじ菌が味噌玉の表面に破精回った時点（引込み後20時間前後）と，その5～6時間後の2回行う．製麹時間は42時間くらいが適当である．

仕込み：味噌玉こうじは，圧さ10 mm程度の押圧ローラー（玉つぶし機）にかけて崩壊する（玉崩し）．押圧ローラーにかけた豆こうじに飽和食塩水と追塩を混合するが，熟成容器に仕込む際には豆こうじと食塩水との混合物の均一化を図るために踏み込み作業が行われる．仕込み後は表面を平にして少量の塩を振り，プラスチックシートを密着させて内蓋を置き，その上から味噌重量の1/3程度の重石で加圧する．重石重量の目安は味噌の表面に数cmのたまりが浮く程度とする．水分の少ない八丁味噌では味噌重量の1/2以上の重石を載せることもある．

熟成：豆味噌は米や麦を使用せず，ダイズ中には糖などの発酵基質が少量しか含まれないので，耐塩性酵母 *Zygosaccharomyces rouxii* の増殖やアルコール発酵が微弱であるとともに，味噌玉製麹中での乳酸菌の生育により出こうじのpHが低くなっているために，仕込み後の耐塩性乳酸菌 *Tetragenococcus halophilus* の増殖もごくわずかである．したがって，豆味噌は発酵微生物の作用によって香味を醸す発酵型味噌ではなく，こうじ菌酵素によるダイズタンパク質の分解を主体とする酵素分解型の味噌ということができる．

豆味噌の熟成期間は，天然醸造では春仕込みで6か月，秋～冬仕込みでは約1年間が一般的である．硬く仕込まれる八丁味噌では2夏以上熟成される．温醸法における熟成期間は4～6か月間程度である．熟成味噌のpHは5.1～4.9，タンパク溶解率は約70%，タンパク分解率は約35%に達する．

製品調整：官能検査および成分分析などの結果から，熟成が完了したと判定された豆味噌は，表面の10 cmくらいの味噌（蓋味噌）には産膜酵母の菌塊が多量に含まれているため，これを取り除いた後，掘り出す．こし味噌の場合は掘り出した味噌を味噌こし機にかける．　　　　　　　　　　　　　　　　　　　〔山本　泰〕

文　献
1) 川村　渉，辰巳浜子：みその本，pp 17-26，柴田書店，1972．
2) 海老根英雄：味噌・醤油入門，pp 25-26，日本食糧新聞社，1981．
3) みそ健康づくり委員会編：みそ文化誌，pp 24-58，全国味噌工業協同組合連合会・（社）中央味噌研究所，2001．
4) 海老根英雄：味噌の科学と技術，**43**, 339-361, 1995．
5) 全国味噌工業協同組合資料：みそ輸出実績（財務省貿易統計）
6) 全国味噌工業協同組合資料：1世帯当たり年間みそ支出金額（総務省家計調査）
7) みそ健康づくり委員会資料：味噌の科学と技術，**48**, 316-326, 2000．
8) 中野政弘：味噌の醸造技術，pp 1-11，日本醸造協会，1982．
9) 中野政弘：醸造工業，味噌の部，pp 101-103，光琳書院，1960．

10) 今井誠一：味噌の科学と技術, **52**, 256-268, 2004.
11) 堂本康彦：味噌の醸造技術, pp 143-151, 日本醸造協会, 1982.
12) みそ健康づくり委員会編：みそ文化誌, pp 270-303, 全国味噌工業協同組合連合会・(社) 中央味噌研究所, 2001.
13) 伊藤明徳：味噌の科学と技術, **52**, 347-355, 2004.
14) 好井久雄：味噌の醸造技術, pp 182-208, 日本醸造協会, 1982.

6.3 醬　　油

概　要

醬油は中国大陸の「醬(ひしお)」がその原型とされ，日本には朝鮮半島を経由して伝わったとされている．醬は「肉醬（現在の塩辛のようなもの）」「穀醬（現在の漬け物のようなもの）」が主なものといわれている．また，禅僧の覚心が大陸の「径山寺味噌(きんざんじみそ)」の製法を持ち帰り，紀州の湯浅で村人たちに教えたとされ，発酵の過程で味噌の上に浮いた清澄な液（今日のたまり醬油の原型とされる）のおいしさを発見したことの始まりとされている．

醬油の製法は，室町時代（1597年）の易林の書いた日常用語辞典『易林本節用集』に「醬油」という字があるが，その造り方を詳しく記してあるのはその100年後の「雍州府志」（1686年）に「まず大豆と小麦を1対1で麹を造り，食塩水で仕込んで，発酵させながら醬油にしていく．そして造る時期は6月頃が一番いい．またかびは黄褐色が良くて白や黒いものは良くない」と残されているという．このようにダイズと小麦をしかも等量を混ぜ，ばらこうじにするというのは日本人の発明である[1]．

江戸時代初期のころは上方（関西）から来た醬油が主体であったものが，野田で醬油造りが開始されたのは，1561年，銚子のヒゲタ（田中玄播）では1616年の創業．関西の龍野の淡口（うすくち）醬油は1666年の創業といわれている．また，各地で豪農・庄屋を中心に穀類の主産地や輸送の便利な地域に醬油屋ができ，多いときには全国に約12000軒（1914年，大正3年）の醬油屋があったという．製造方法もこうじ菌の純粋分離技術，原料処理技術の開発，代用原料の利用法，圧搾方法の改良，原料利用率の向上などへと進み今日の製造技術へと進んでいる．

製造原理

醬油の主原料はダイズ，小麦および食塩で，いたってシンプルである．その割合は最も一般的なこいくち醬油では，ほぼ等量のダイズと小麦を使い，ダイズは蒸気で「蒸し（蒸煮）」小麦は「炒って割砕」し，そこに種こうじ *Aspergillus sojae* または *Aspergillus oryzae* の胞子を撒布して，高温多湿（約30℃，ほぼ100％）の条件のこうじ室(むろ)で醬油こうじを造る．食塩は溶解して食塩水とする．でき上がったこうじに食

塩水を混合して発酵タンクに仕込みもろみとする。仕込まれたもろみは，並行複発酵（こうじ菌が生産する酵素により分解され，耐塩性酵母（*Zygosacchromyces rouxxi*），後熟酵母（*Candida versatilis*）・耐塩性乳酸菌（*Tetragenococcus halophilus*）によって各種の香気成分 HEMF（本醸造醤油の特香成分）や有機酸・エステルが醸成して熟成もろみができる。そのもろみを搾って生醤油（生揚）ができる。生揚を成分調整後，火入れ殺菌・おり引き・濾過などを行って容器詰めして製品とする。以上が本醸造方式による醤油の製造方法である（図6.7参照）。

　混合醸造方式は，本醸造方式でできた「もろみ」にアミノ酸液（脱脂加工ダイズや小麦グルテンなどを塩酸で分解し，炭酸ナトリウムなどで中和後，圧搾して得られた醤油に類似した調味料），または酵素分解調味液（ダイズなどの植物性タンパク質をタンパク分解酵素により分解した調味液），あるいは発酵分解調味液（小麦グルテンを発酵させ分解した調味液）を加え，発酵・熟成して造る。

　混合方式は，本醸造方式によってできた生揚に，アミノ酸液，酵素分解調味液または発酵分解調味液を加えて攪拌調合して造る。以上，製造方式は3通りである。

種　類

　醤油の日本農林規格（JAS）が制定された1963（昭和38）年当時は「こいくち醤油」「うすくち醤油」および「たまり醤油」の3種類で，その後，1972年に「さいしこみ醤油」，1973年に「しろ醤油」が加わって現在の5種類となっている。醤油の種類と特徴を一覧表にまとめたので表6.3を参照されたい。

　また，JAS規格では種類ごとに「特級」「上級」「標準」の3等級がある[2]。

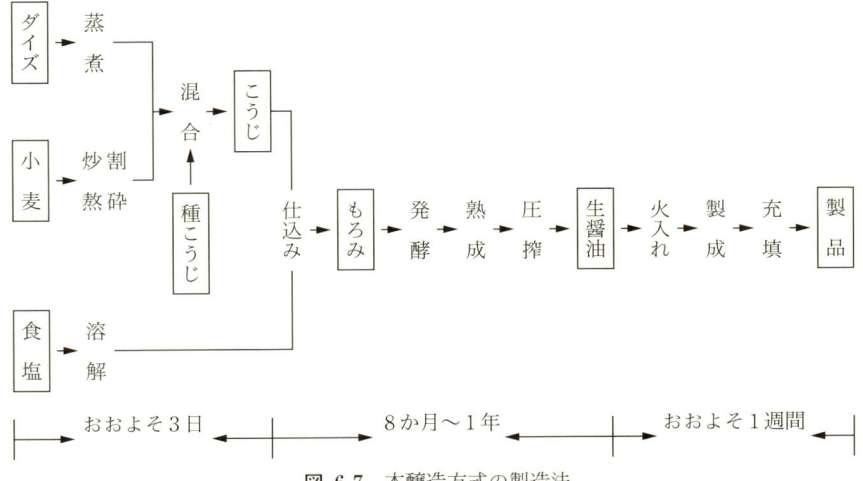

図 6.7 本醸造方式の製造法

表 6.3 醤油の種類と生産（出荷）比率

種類	原料配合と製造法の特徴	生産(出荷)比率(%)
こいくち醤油	ダイズと小麦がほぼ等量の割合のこうじを造り，食塩水で仕込む．約8か月かけて発酵・熟成させた後搾る．「ダイズ：小麦＝1：1」	83.0
うすくち醤油	こうじを仕込む際，こいくち醤油よりも濃度の高い食塩水を多めに使用し，約6か月かけて発酵・熟成させる．本場では，味をまろやかにするため搾る前に甘酒を加える．「ダイズ：小麦＝1：1」	13.9
たまり醤油	原料のほとんどはダイズで小麦はごくわずかしか使わない．味噌玉こうじを造り食塩水で仕込む．本格的にはもろみの上に重石を載せ，くみかけなどを行って，約8か月から1年かけて発酵・熟成させ，呑み口から引いたものが生引き溜（たまり）である。「ダイズがほとんど，小麦は少量」	1.5
さいしこみ醤油	こうじを食塩水の代わりに生揚で仕込むため再仕込（さいしこみ）という名がある．生揚の醸造と2度目の仕込みを併せると1.5～2年以上の長期間を要する．「ダイズ：小麦＝1：1」	0.8
しろ醤油	小麦は精白しダイズは炒って脱皮してこうじを造り，食塩水で仕込む．低温で約3か月かけて発酵・熟成させた後搾る．「小麦がほとんど，ダイズは少量」	0.8

問題点と課題

昭和初期ごろまでは醤油はたいへん貴重な調味料であり，一般家庭では今日のような「どこの家庭の食卓にあって当たり前の時代」の状況ではなかった．原料の物資不足はダイズだけではなかったが，ダイズを有効利用する観点から「ダイズ」の油を搾り（当時はしめかすといっていた）残った脱脂ダイズを醤油原料にしたのである．日本のダイズの自給率は今日でも約4％と低いが，戦前戦後を通じて研究開発された脱脂加工ダイズ（醤油醸造用に脱皮してから油を抽出し，粒度とタンパク質含量をそろえたもの）をタンパク質原料として使用して醸造した醤油は，現在でも全生産量の約90％を占める．このことは，古来から丸のままのダイズを使用してきた醤油と脱脂加工ダイズを使用した醤油と何ら遜色のない今日の「醤油」に仕上げたことは原料および資源の有効利用の面から賞賛されるものである．

それと相まって近年の本物志向や高付加価値商品として，先の丸のままダイズを使

用して仕込んだ醬油を「丸大豆醬油」といった商品名で売られている．丸大豆醬油の製造で大量に出る「醬油油」の処理の問題（脱脂加工ダイズを使用した場合も油は残されている）と醬油醸造過程（もろみを圧搾した後の残渣）で発生する「醬油かす」をいかに有効利用するかの問題が解決しなければならない課題である．

6.3.1 こいくち醬油

製品の概要

幕府が江戸に移ったころより，いわゆるこのこいくち醬油の生産が関東以北で行われ，現在では全国で生産されている．最も一般的な醬油で，その生産量は792000 kl（2004年の出荷実績）で，全生産量の約83.0%を占める．醬油といえばこの「こいくち醬油」を指す．卓上用のテーブル醬油としてつけ・かけ用から料理の味つけとして煮物・焼き物などあらゆる料理に合う醬油である．

製　法

6.3の製造原理の項に示すとおり（図6.7を参照されたい）．

製品の特徴

塩味のほかに，深い旨味，まろやかな甘味，さわやかな酸味，味をひきしめる苦味を併せもち，透明感のある明るい赤橙色を呈する．色度（醬油標準色の色番）10～13が一般的である．

生産の状況

醬油を製造する企業（1509社，2004年現在）は，すべての都道府県にあり，前述のようにこいくち醬油は最も一般的な醬油であるので，全国すべてが産地ともいえるが，極論からいうと関東以北はほとんどこのこいくち醬油の生産であり，家庭で使用される醬油もこのこいくち醬油がどんな料理にも使われる．

6.3.2 うすくち醬油

製品の概要

うすくち醬油は兵庫県龍野で生まれたが，現在ではほとんどの県で造られている．その生産量は132000 kl（2004年の出荷実績）で，全生産量の約13.9%を占める．その名に示すとおり，色が淡く鮮やかな赤みのある醬油である．

製　法

こいくち醬油とダイズおよび小麦原料の使用比率は変わらないが，製品の特徴である色を淡く鮮やかに仕上げる工夫が行われている．その1つはこいくち醬油よりやや濃い目の食塩濃度で仕込み，発酵と色の生成を抑制すること．発酵の後半に甘酒または蒸した米を加え，甘味の付与と塩かどを和らげる方法がとられている．

製品の特徴

色が淡く（こいくちと比較して約1/3の淡さ），香りのおとなしい醬油で，食塩の量はこいくち醬油よりも1割程度多めである．色や香りが抑えてあるので，素材の持ち味をいかす炊き合わせや，ふくめ煮などの調理に最適である．

生産の状況

素材の色や風味をいかす料理に適する醬油で，宮中で発達した有職料理や茶道から生まれた懐石料理，寺院の精進料理などの伝統的な日本料理とともに深く結びついて発展した．

6.3.3 たまり醬油

製品の概要

古来「豆味噌」を造る過程で生れた醬油である．生産量は14000 kl（2004年の出荷実績）で，全生産量の約1.5%を占める．色が濃く，とろ味があって旨味が強く，独特の香り（こいくちに比較してやや弱い）がある．

製　法

原料のほとんどはダイズで，本格的なたまり醬油は，味噌玉こうじ（ダイズを蒸して棒状にし，こうじ菌を生やしたものをいう）を造り食塩水に仕込む．濃厚な味に仕上げるため，こいくち醬油より約4割程度少ない食塩水を使用する．桶の底にたまった液をくみ，もろみの上からくみかけながら約半年から1年かけて発酵・熟成して造る．

製品の特徴

濃厚な香りととろみのある醬油で，こいくち醬油よりかなり黒みがかっている（こいくち醬油と比較して倍濃い）．ダイズが主体の醬油であるため，乳酸や酢酸などの有機酸の量が少ない．

生産の状況

東海地方で主に造られているが，すしや，刺身につけたり，加熱すると赤みがかった色が出るので，照り焼き，せんべい，つくだ煮などの加工用に使われている．

6.3.4 さいしこみ醬油

製品の概要

発祥地は山口県柳井といわれている．生産量は8000 kl（2004年の出荷実績）で，全生産量の約0.8%とごくわずかであるが，今日では全国で造られている．色・味・香りともに濃厚な醬油である．

製　法

別名，二段仕込みといわれるように，一段目では通常のこいくち醬油（この場合は

製品ではなく生揚を使用する）を造り，二段目として別に造った醬油こうじに食塩水の代わりに一段目で造った生揚を用いて再び仕込むことから，この名がある．

製品の特徴

たまりと同程度の色度を示す（こいくち醬油と比較して倍濃い）．色，味，香りともに濃厚で別名「甘露しょうゆ」ともいわれ，刺身，すし，冷奴などの卓上用として，つけたり，かけたりして使われる．

生産の状況

全国で生産されるようになったが，生産量の多い県は島根県と熊本県である．発祥の地山口県の柳井では，生揚の窒素濃度（旨味成分の指標に用いられる）を約1/2に下げて仕込む（発酵を活発に導く）のに対し，島根県のものは，生揚を薄めずにそのまま使用して仕込むため醸造期間が長く，成分は特に濃厚である．

6.3.5 しろ醬油

製品の概要

愛知県碧南地方で生れた醬油で，その生産量は，8000 kl（2004年の出荷実績）で，全生産量の約0.8%とごくわずかであるが，今日ではわずかではあるが増加傾向を示している．色の淡さと香りをいかした吸い物や茶碗蒸しなどの料理のほか，せんべい，漬け物などにも使われている．

製法

原料配合はたまり醬油とは正反対のほとんどが小麦である．小麦を蒸してから割砕し，ダイズは脱皮した後，炒ってから割砕した小麦と混ぜ，醬油こうじを造り，できたこうじに食塩水を加えて仕込む．色の生成と発酵を抑制するために低温で仕込む．醸造期間も約3〜4か月と短期間である．

製品の特徴

うすくちよりさらに色の淡い琥珀色をしている．味は淡白であるが，甘味，塩味が強く，独特の香りがある．5種類のなかで最も淡い（こいくち醬油と比較して約1/5の淡さ）．

生産の状況

しろ醬油を造る工場は，愛知県の碧南市に集中しているが，関東や関西でも数社造る工場はある．本場碧南のものは，どちらかというとこうじ臭の残るものが主体で，そのことが好まれている．他の地域のものは，火入れの温度をやや強くし，こうじ臭を抑え気味にしている特徴がある．加工品の用途に多く使われるようになってきている．

〔田中秀夫〕

文献

1) 横塚　保：日本の醤油「その源流と近代工業化の研究」，pp 15-28，ライフリサーチプレス編，2004．
2) 日本醤油協会：しょうゆの不思議，pp 10-20，日本醤油協会編，2005．

6.4　食　　　酢

概要

太古の日本人は，古くなった酒が自然発酵してできる食酢を知っていた．日本の代表的な米酢は，応神天皇（369～404年）の時代に酒の醸造法と相前後して，和泉の国（現在の大阪南部）に伝えられた．ここで造られた食酢は，「いずみ酢」とも呼ばれた．

奈良時代には特に魚介類を保存するために食酢が使われた．平安時代になると米酢に酒を加えた酒酢，酢に梅の実や香草を浸し漬けした梅酢，柑橘の搾り酢や柿酢のように果肉や果汁をそのまま利用した食酢が出回った．江戸時代の元禄のころ，日本酒の副産物である酒かすから酢を造る新しい技術が，愛知県半田の醸造元で開発された．

大正時代末期には化学合成してできた合成酢が登場した．敗戦後の食料不足の時代に流通していた食酢のほとんどは合成酢であったが，1970年に醸造酢と合成酢を区別した食酢の規約により，醸造酢の品質は大きく向上し，市販の食酢のほとんどが醸造酢という時代を迎えた．

麦芽酢がわが国で製造されるようになったのは，昭和30年代半ばからで，マヨネーズ製造業社からの需要が大きかった．穀物酢は1979年に食酢の日本農林規格（JAS）制定により登場した名称であり，酒かすや米，麦，トウモロコシなどの複数の穀物を原料としている．リンゴ酢は戦後，食の洋風化と多様化に伴い，生産量が一段と増加した．

壷酢は黒酢ともいわれ，鹿児島県霧島市福山町に古くから伝わり，現在でもその技術が受け継がれている．この地で壷を用いて酢造りが始まったのは，1829（文政12）年である．壷酢の項で詳細に説明するが，壷酢は世界でも類をみない発酵形式をとっている．昭和60年代に健康飲料として注目され，今日に至っている．

製造原理

種酢：食酢の製造には，原料に適した優良な酢酸菌を多量に培養した種酢を造らなければならない．種酢には発酵経過の良好なもろみを使うか，あるいは順調な発酵をたどっている酢酸菌の菌膜を，仕込み液の表面に浮かすように移植することで酢酸発

発酵法：わが国の食酢製法の発酵法を大別すると，表面発酵法と深部発酵法がある．表面発酵法は静置法とも呼ばれる日本の伝統的な製法である．発酵槽に入れたアルコールの液面に酢酸菌を繁殖させる方法であり，古くは木桶が使われていたが，現在では耐酸性の箱型金属槽が使われている．一方，深部発酵法は通気攪拌培養法や全面発酵法とも呼ばれ，アルコール液に空気を送り込み，攪拌しながら効率的に食酢を生産する発酵法である．短時間で多量のしかも高酸度の食酢が均一に製造されるが，表面発酵法の製品に比べると味やこくの点で劣る．高酸度酢として需要のあるものはそのまま使われるが，一般には表面発酵法の発酵液とブレンドして製品化される．

製　法

デンプン質原料と果実を原料とした食酢の製法を図6.8に示した．まずデンプン質が原料である食酢の製法は，米や穀類を蒸した後，米こうじ，酵素剤，麦芽などで糖化後，酵母を加えてアルコール発酵を行う．このアルコール液に種酢を加えて酢酸発酵を経て熟成後，製品とする．一方，果実を原料とした場合は，果実の原料は完熟した糖分含量の多いものがよい．果実は破砕後濾過して清澄果汁にして，酵母を加えてアルコール発酵を行い，種酢を加えて酢酸発酵を経て熟成後，製品とする．

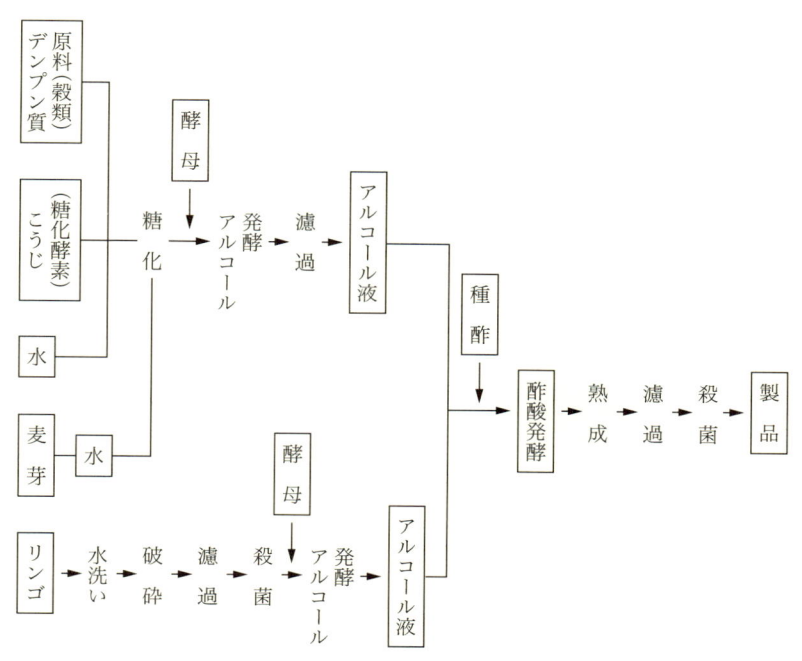

図 6.8 デンプン質原料とリンゴを用いた食酢製造工程

表 6.4　2002年食酢の種類別生産量（単位：kl）

	醸造酢	(米酢)	(かす酢)	(麦芽酢)	(その他の穀物酢)	(果実酢)	(その他の醸造酢)	合成酢	合　計
数　量	422100	68900	5000	700	136200	19000	192300	2400	424500
構成比(％)	99.4	16.2	1.2	0.2	32.1	4.5	45.3	0.6	100

(農林水産省ホームページ)

食酢の種類別生産量

醸造酢の日本農林規格では，醸造酢は穀物酢，果実酢，その他の醸造酢に分けられる．その他の醸造酢とは，穀物・果汁・アルコールを原料としながら，穀物酢・果実酢の規定に含まれない醸造酢を指している．2002年の食酢の種類別生産量（表6.4）は，醸造酢は増加する反面，合成酢は徐々に減少している．種類別では米酢の生産量が伸びており，純米酢や純玄米酢などの高品質志向を反映している．

食酢製造業社数

食酢製造業の現状は，100 kl 未満の工場が全体の7割を占める中小企業の形態をとり，専業が少なく，ソースや醤油との兼業が多い．なかには委託製造をしてもらい，販売だけを行っている業社もある．全生産量の7割は大手5社（ミツカン，キューピー醸造，マルカン，タマノイ，内堀醸造）が占めている．2002年の全国食酢製造業社数は269社であり，1989年の350社と比較して23％の減少である．

伝統食品としての特徴と今後の課題

食酢は爽快な酸味と芳香をもつとともに，素材の旨味を引き出し，まろやかな味に整えてくれる調味料として，食卓にさまざまな料理を提供し，食文化の形成に大いに貢献してきた．食酢はいつの時代にも欠くことのできない調味料であり，今後もこのような安定需要を続けていくと思われる．近年，食酢は生理的機能の調整を行い，生活習慣病の予防[1]にも効果があることがわかりつつあり，業界の今後の研究に期待がもたれている．食酢は単なる調味料ではなく，体によい調味料として積極的に活用したい．

6.4.1　米　酢

製　法

米酢の原料は米とこうじ以外に，酒かす，雑穀類，アルコールなどを混合する．日本農林規格でいう米酢は，製品1 l 中に米40 g以上を含むことが定められている．

図6.8の製法により標準仕込みとして，蒸し米に対しこうじは30％使用し，汲水量は総米量（蒸し米とこうじ量）に対して2～3倍とし，50℃前後で糖化する．糖化液を20℃前後に調整し酵母を加えてアルコール発酵後，種酢と水を加えて酢酸酸度

が約1.5％，アルコール濃度が4％程度になるように調整し，30～35℃に温度を上げ酢酸発酵を行う．発酵後，2～3か月熟成させることにより円熟した米酢になる．熟成後，濾過，殺菌して製品とする．一方，作業の簡略化のために，こうじの代わりに糖化酵素剤を使用して糖化工程を行い，蒸し米の代わりにα米（蒸し米をアルコールで脱水または熱風乾燥して作る米で，蒸さないで原料として使える）を使用して製造している．

製品の特徴

米酢は一般に糖分が多く，原料の米に含まれているタンパク質が微生物によって分解され，アミノ酸などの味に関係する物質も豊富に含まれている．すし飯，酢の物などの和風料理に適している．また，精白米だけを原料にした純米酢はこうじの強い香りがあり，この米酢独特のにおいとこくが，サバなどの青魚のすしネタのおいしさを引き立てる．

6.4.2 か す 酢

製 法

日本農林規格の分類でいえば醸造酢にあたる．原料の酒かすは，日本酒を圧搾機にて搾ったかすを使っている．これを1年以上，長くて3年間密閉して貯蔵・熟成する．これを「踏み込み」といい，踏み込んだ酒かすを「踏み込みかす」と呼んでいる．この間に酒かすに残っている酵母などの微生物や酵素の働きで，残留していたデンプンや糖，タンパク質からアミノ酸，アルコール，有機酸が作られ，酒かすはあめ色に変化する．酒かすと水の割合は，酒かすの成分や目的とする製品の品質により算出するが，酒かす1kgに対して高級品では汲水1.9 l，中級品2.2 l，並品2.4 lが標準である．この熟成酒かすの泥状液を袋に入れて圧搾して，濾液とする．この液に変性アルコール（不可飲処理として90％アルコールを食酢で変成）を加えて調整し，ここに種酢を加えて酢酸発酵を行う．発酵後は米酢と同様に熟成させて製品とする．

製品の特徴

米酢に比べてこうじの香りが少なく，まろやかな酸味と甘味と旨味が巧みに調和したこくのある味で，すし飯や和風料理に適している．時には，数年間貯蔵・熟成して黒褐色の酒かすになるまで踏み込み，水で溶解して黒褐色の「すまし」を作り，酢酸発酵を行い褐色のかす酢を製造する．このかす酢は関東地方で金正または赤酢と呼ばれ，金舎利と呼ばれる江戸前ずしのすし飯を作るのに欠くことのできない食酢である．

6.4.3 麦芽酢

製 法

麦芽酢を造るには麦汁を造る必要がある．一般に乾燥麦芽重量に対して，65℃の湯4倍量を加えて1昼夜置き，麦芽中のデンプンを完全に糖化し，いわゆる水あめ溶液を作る．糖化の終点はヨウ素デンプン反応で判定する．糖化後，濾過して濾液とかすに分け，かすはさらに水洗いして濾液を合わせる．25℃まで品温を下げ，酵母を加えて数日間アルコール発酵を行う．アルコール含有量が約5～8％の麦芽酒ができる．これに種酢を加えて酢酸発酵を行う．発酵後は米酢と同様に熟成させて製品とする．

製品の特徴

大麦を原料としているため，それに含まれるタンパク質からアミノ酸を生じる．このアミノ酸が醸し出すビールのような独特の香ばしい甘い香りと，まろやかでこくのある旨味に特徴がある．マヨネーズ，ドレッシング，ソースなどの加工食品の原料として需要が伸びている．

6.4.4 穀物酢

製 法

穀物酢は，日本農林規格により新しく登場した名称である．米，麦，トウモロコシ，酒かすなどを，1種類ではなく複数の原料を合わせて，製品1ℓ中に穀物含量が40g以上含有している酢を穀物酢と定義している．

米，麦，トウモロコシなどの穀類は加圧蒸煮し，冷却後適宜加水し，こうじまたは糖化酵素剤を加え，55～60℃で糖化し，必要に応じてアルコール発酵を行った後に，自動圧搾装置で固液を分離する．酒かす抽出については先に述べた．これら2種以上の穀物の配合比は，味と香りを決定する要素なので各社のノウハウになっている．これらの糖化液にアルコールを加えたり，アルコール発酵後種酢を加えたりして酢酸発酵を行う．発酵後は米酢と同様に熟成させて製品とする．

製品の特徴

すっきりとした癖のない味わいが特徴である．この味の丸みには，旨味成分のアミノ酸や酸味を和らげる働きももつリン酸塩類が大きな働きをするが，これらの含量は穀物を多く使うほど多くなる．それぞれの穀物の特徴をいかしているため，どの料理にも調和する．また，低価格で広く流通し，食酢の中心的な存在になっている．

6.4.5 リンゴ酢

製 法

原料のリンゴはなるべく完熟した糖分の多いものがよい．わが国では紅玉（糖分も

酸量も最適），国光（糖分は多いが酸量が少ない）などを原料とする．図6.8の製法より果実を選別し，十二分に水洗いしハンマーミル型破砕機または適当な破砕機で破砕後，圧搾して搾汁する．搾汁液にペクチンが多くて清澄が困難な場合は，市販のペクチン分解酵素を対液0.02〜0.05%加え，pHを3.0〜3.5，40℃で3〜4時間反応分解させる．搾汁した果汁は95〜98℃で殺菌して使用する．未殺菌の果汁を用いるとアルコール発酵末期にリンゴ酸が著しく減少し，乳酸が増加する．殺菌果汁の場合にはリンゴ酸もコハク酸も比較的増加し，乳酸の増加がない．酢酸発酵に移った場合には，リンゴ酸は比較的安定であるが乳酸は著しく減少する．

リンゴ酢の原料にリンゴ果汁を使う場合は，リンゴ果汁を所定量に薄めて用いる．リンゴ酒の仕込みには，あらかじめ糖分を8〜13%程度に調整し，加熱殺菌した後に酵母を加えてアルコール発酵を行う．一般に低温で時間をかけて発酵させるほうがよい結果が得られる．発酵は数日で終了し，5.0〜6.0%のアルコールが生成する．主発酵が完了する少し前に糖分を少し残して終了させる．発酵液に糖分を残留させることは酢酸菌の栄養になるとともに，食酢に良好な風味を付与することができる．時には同様な目的のためにアルコール発酵が終了してから，再度リンゴ果汁を添加して酢酸発酵に入る場合もある．発酵後は米酢と同様に熟成して製品とする．

製品の特徴

さっぱりとした酸味に特徴がある．マリネや生野菜サラダへの手作りドレッシングとして利用されている．アメリカのバーモント州はリンゴの特産地として知られており，リンゴ酢に蜂蜜を混ぜたバーモントドリンクを飲む習慣がある．地元の人たちの寿命が他の地域に比べて高いことから，このバーモントドリンクが健康ドリンクとして注目されている．

6.4.6 壺酢

概要

鹿児島市から湾沿いにぐるりと廻って約40 km，錦江湾の一番奥まったところに酢の町，霧島市福山町がある．南向きの斜面に人家が散在し，気候としては冬季に北風の当たらない降霜の少ない温暖な地帯である．山あいから湧き出る天然の地下水は非常に良質で，醸造に必須の条件を備えている．この地で壺を用いた酢造りが始まったのは1829（文政12）年ころといわれている．現在でもその技術が受け継がれており，世界でも類をみない発酵形式である．黒酢や壺酢などの商品名で市販されている．

製法

容器は薩摩焼の壺で直径42 cm，高さ60 cm，口径14 cm，内容量は54 lである．仕込みは春と秋に行われるが，それはこの時季が壺酢造りの自然発酵条件に適しているからである．図6.9の製法より，野立ての壺に蒸し米8 kg，こうじ3 kg，水30 l

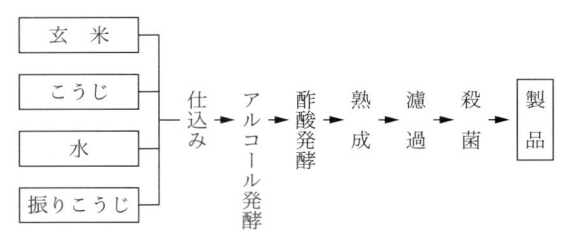

```
玄米 ─┐
こうじ ─┤
水 ─────┤→ 仕込み → アルコール発酵 → 酢酸発酵 → 熟成 → 濾過 → 殺菌 → 製品
振りこうじ ─┘
```

図 6.9 壷酢の製造工程

を加えた後，こうじの10%にあたる0.3 kgの老ねた乾燥こうじを壷のなかの液面に浮かせるように撒く工程がある．これを振りこうじという．酵母と種酢は一切加えていないが，壷自身のセラミック効果により，その壷肌に種々の微生物が固定化されている．発酵状態と微生物菌叢の変化[2]をみると，発酵の初期にはこうじ菌の糖化作用により，糖分の生成と同時に乳酸菌が増殖し，1%前後の乳酸が生成される．これが雑菌の増殖を抑えている．乳酸が生成されると酵母が増殖をはじめ，アルコール発酵が行われる．気候に左右されるが約1か月で7～8%のアルコールを生成する．アルコール生成が終了すると，振りこうじは壷との接触面より徐々に沈下し始め，液面が現れた部分より酢酸菌が増殖し，約2か月間を要して酢酸発酵は終了し，以後約1年間熟成に入る．熟成期間が長いほど円熟度は増し，壷酢特有の香味が醸し出される．

製法の特徴

伝統的製法で行われている壷酢造りの特徴は，まず容量54 lの壷の大きさにある．畑のなかに放置され，自然の陽光，風雨にさらされるわけであるが，昼間は太陽の熱で壷中が温められ，夜は少し下がるということが繰り返され，発酵がほどよく行われる．つまり壷の大きさが発酵に適しているのである．2つ目の特徴は，振りこうじ[3]により雑菌の混入を防ぎながら，乳酸菌群から酵母菌群，さらに酢酸菌群へと微生物群を順調に移行させている点である．3つ目の特徴は，アルコール発酵と酢酸発酵が同一の壷のなかで行われている点である．日本はもとより世界の食酢製造技術をみても，アルコール発酵と酢酸発酵はまったく異質で相反する発酵なので，完全に分けて行っている．壷酢の例は世界にも類をみない．

製品の特徴

壷酢の窒素分の大部分はアミノ酸由来であるが，アミノ酸の総量は1 l中6 g以上と高く，そのうち必須アミノ酸は40%以上を占め，他の食酢より量が多い．またアミノ酸の総量が遊離アミノ酸量に比べると多いことから，種々のペプチド類が存在しているものと推定される．このペプチド類の存在が壷酢の大きな特徴であり，機能性に関係しているものと考えられている．近年，壷酢は調味料だけでなく健康維持や健康回復に役立つ，いわゆる機能性食品[4,5]として注目されている．

生産の現状

壺を用いた食酢造りは,鹿児島県福山町以外でもわずかに行われているが,ほとんどが福山町とその周辺地域で行われている.現在,この地域で8社が壺酢造りを行っている.近年,食酢ブームで酢の消費量が増えているが,この造りでは大量生産ができず,需要に追いつかないのが現状である. 〔小泉幸道〕

文 献
1) 多山賢二:醸協誌,**97**,693-699,2002.
2) 小泉幸道ほか:日食工誌,**43**,347-356,1996.
3) 小泉幸道ほか:日食工誌,**36**,237-244,1989.
4) 大倉洋甫:発明,(2),34-40,発明協会,2005.
5) 中山武吉編:酢とすしの話,pp 62-82,学会センター関西,2000.

6.5 み り ん

概 要[1-3]

みりんは糖分とアルコール分を多く含んだ甘いお酒である.しかし現在では,飲料用のみりんである本直しは姿を消し,調味料用の本みりんだけがみりんとして販売されている.

戦国時代のみりんは甘味が薄く飲用に供されていたが,江戸時代末期になって,糯米と米こうじを焼酎に仕込む甘みの強いみりんの製造方法が確立されると,江戸前の食文化の発展に伴ってしだいに甘味調味料として使われるようになった.

みりんは糖分45%とアルコール分14%を含むほか,アミノ酸やペプチド,有機酸および香気成分を含むことから,甘味の付与のみならず調味成分の浸透性向上,てり・つやの付与,煮崩れ防止,消臭効果などの調理効果があり,日本料理にはなくてはならない調味料である.

製 法

みりんは,蒸し米(糯米)と米こうじ(粳米)を焼酎(アルコール分約40%)に仕込み,20〜30℃で40〜60日間の糖化・熟成後,圧搾し,澱下げ・濾過後,さらに数か月間貯蔵を行うことにより醸造される(図6.10).代表的なみりんの仕込み配合を表6.5に示したが,この場合,こうじ歩合(糯米に対する米こうじの割合)は20%,アルコール歩合(総米に対するアルコールの割合)は60%である.糯米のデンプンは大部分がアミロペクチンで構成されており老化しにくく,粳米よりも米こうじのアミラーゼで糖化されやすいことから,みりんにおける掛け米として使用される.

みりんに使用されるこうじ菌は,*Aspergillus oryzae*でアミラーゼやプロテアーゼが

図 6.10 みりんの製造工程

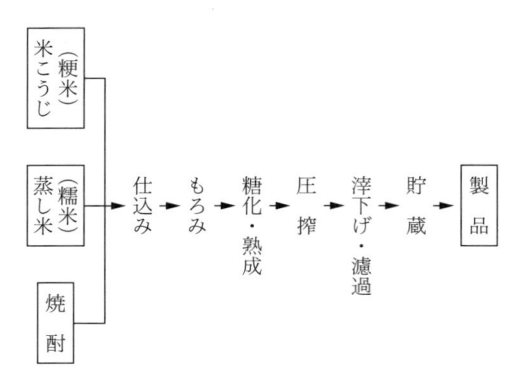

米こうじ（粳米）→ 仕込み
蒸し米（糯米）→ 仕込み → もろみ → 糖化・熟成 → 圧搾 → 澱下げ・濾過 → 貯蔵 → 製品
焼酎 →

表 6.5 みりんの仕込み配合

糯米	2500 kg
米こうじ	500 kg
焼酎(40%)	1800 l

強いみりん用の株が用いられる．焼酎としては，甲類焼酎（新式焼酎）も乙類焼酎（旧式焼酎）も使用されるが，使用する焼酎により新式みりんや旧式みりんと呼ばれることもある．

製造原理

みりんは，仕込み水の代わりにアルコール分約40%の焼酎を用いることから，微生物による発酵過程はない．仕込み後，米こうじの酵素により蒸し米が分解され，糖，アミノ酸および有機酸などが生成される．糖化は20日程度で終了するが，アミノ酸は20日目以降も徐々に増加する．さらに，糯米の分解によって生じた物質が熟成中に反応し合って，みりん独特の香気成分が形成される．また熟成中に，糖とアミノ酸からアミノカルボニル反応により褐色色素が生成され，みりんは琥珀色となる．焼酎のなかに糯米や米こうじの分解物である糖，アミノ酸および有機酸などが溶け込んでくることから，みりんのアルコール濃度は14%程度となる．

伝統食品としての意義と特徴

みりんは，江戸時代末期の食文化の発展に伴って，醬油やカツオ節などとともに調味料として使われるようになり，ウナギの蒲焼きのたれやそばつゆなどの甘味づけに使われた．明治以降は，煮物，照り焼きなどの家庭料理に使われるようになり，日本料理にはなくてはならない調味料となった．

みりんの糖分は，甘味のみならずてり・つやの付与や，アルコール分とともに煮崩れを防ぐ働きがある．また，アルコール分は，食材への調味料の浸透性をよくしたり，肉の保水性を高める働きもある．さらにみりんは魚の生臭みを消す働きもあり，水産練り製品などにも利用されている．みりんは醸造物であり複雑な調味料であることから，多くの調理効果を発揮する．

生産の現状

みりん業界は，甲類焼酎を原料とする新式みりんを製造しているみりん1種の業界

と，乙類焼酎を原料とする旧式みりんを製造しているみりん2種の業界に分けられ，それぞれ，全国みりん協会と全国旧式みりん協議会を組織している．新式みりんを醸造している酒類や調味料の大手メーカーは，全国みりん協会に属している．全国旧式みりん協議会には愛知県下のメーカーが多い．大手メーカーや中規模メーカーは，みりんの生産コスト削減のために中国に生産拠点を移す傾向にある．

みりんは，酒税法に規程されている酒類であることから酒販店で販売されていたが，規制緩和によりスーパーで販売されるようになり，消費量が増加した．2003年度のみりんの生産量は107879 kl で，全酒類の1.1% であった．

問題点と今後の課題

1947（昭和22）年に登場したみりん風調味料は，糖分が主成分でアルコール分が1%未満であることから酒類ではなく，安価で酒販店以外でも販売できることから急速に消費量が伸び，現在，家庭用の甘味調味料としては本みりんと同等の消費量になっている．一般の消費者で，みりん風調味料を本みりんと誤認している人も少なくないことから，本みりんの調理効果や料理法など一般消費者への啓蒙が必要と思われる．

〔舘　博〕

文　献

1) 森田日出男：みりんの知識，幸書房，2003．
2) 野白喜久雄ほか：改訂醸造学，pp 87-92，講談社サイエンティフィク，2002．
3) みりん研究会：みりん研究会講演要旨集5周年記念誌，みりん研究会・全国旧式みりん協議会，2002．

6.6　砂　　糖

概　要

砂糖はショ糖を主成分とする甘味食品で，工業的にはカンショ（サトウキビ）を原料とするカンショ糖（cane sugar），テンサイ（ビート）を原料として製造されるテンサイ糖（beet sugar）がある．サトウキビは茎部に10〜20%のショ糖を含み，主に熱帯，亜熱帯地方で栽培されるイネ科の植物で，わが国では沖縄県，鹿児島県などで栽培されている．また，テンサイ（ビート）は別名サトウダイコンと呼ばれ，根部に12〜18%のショ糖を含有するアカザ科の植物で，冷涼な気候を好み，わが国では北海道で栽培されている．砂糖はこのほかサトウヤシ，サトウカエデ，ソルガム（サトウモロコシ）などを原料として製造されるが，その量はわずかである．

現在，わが国における砂糖の生産量は180万tあまりで（図6.11），そのうちの約半数は輸入原料を用いて製造されている．

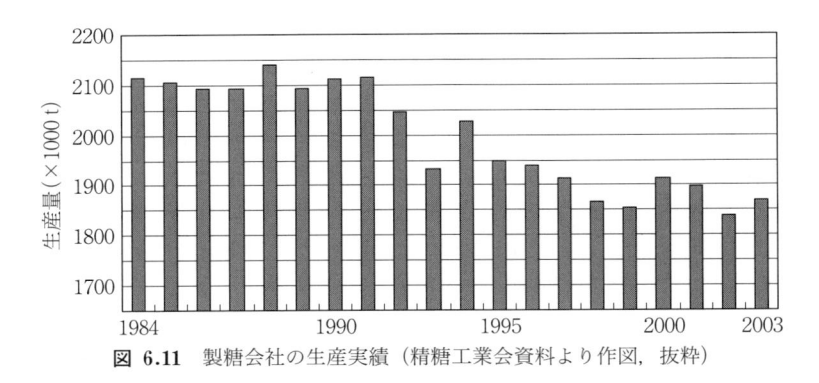

図 6.11 製糖会社の生産実績（精糖工業会資料より作図，抜粋）

製造原理

原料より圧搾または抽出により，糖分を分離して粗糖液を得る．このなかには多くの不純物を含んでおり，これを洗浄，脱色，脱塩などの工程により精製したものが砂糖である．原料の特性から，カンショ糖は圧搾，テンサイ糖は抽出による場合が多い．また，製造工程で結晶と糖蜜を分けずに製品としたものを含蜜糖，遠心分離により結晶のみに分けたものを分蜜糖という．含蜜糖の代表的製品として黒糖があり，分蜜糖には一般的に用いられている上白糖やグラニュー糖などがある．

砂糖の種類

製品の種類は図 6.12 に示したように，製造法による分類では，大きく含蜜糖と分蜜糖に分けられ，分蜜糖は原料処理から精製糖まで一貫して作られる場合の耕地白糖と，原料糖（粗糖）を精製して製品にする場合とに分けられる．製品はいずれもショ糖を主成分とし，その純度，水分量などから各種製品がある．ハードシュガーに分類されるのは，グラニュー糖や双目糖で，水分含量が最も低い．また，日本で最も一般的に用いられている上白糖は車糖（ソフトシュガー）に分類される．

伝統食品としての特徴・意義

日本に伝来した当初はたいへん貴重なものとされ，薬として用いられていたという記録がある[1]．その後，茶の湯の流行とともに和菓子の消費が増え，食品の甘味料と

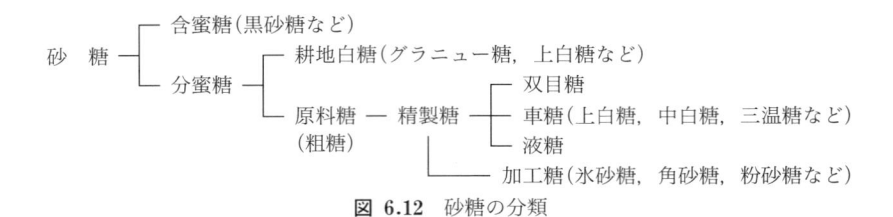

```
砂 糖 ─┬─ 含蜜糖（黒砂糖など）
       └─ 分蜜糖 ─┬─ 耕地白糖（グラニュー糖，上白糖など）
                  └─ 原料糖 ─ 精製糖 ─┬─ 双目糖
                     （粗糖）          ├─ 車糖（上白糖，中白糖，三温糖など）
                                      ├─ 液糖
                                      └─ 加工糖（氷砂糖，角砂糖，粉砂糖など）
```

図 6.12 砂糖の分類

しての役割が高まった．砂糖は貴重で高価な贈答品などとしても利用されるようになり，甘味は高級な食材であった．また，水によく溶け糖度が増して水分活性が低下することから，古くから各種食品の保蔵のため，果実の砂糖漬けやジャム類など，糖蔵食品の製造，パンや菓子類など各種加工食品の副原料としても広い用途がある．

問題点と今後の課題

図6.11においても明らかなように，最近のカロリー過剰摂取の傾向から，砂糖離れが進んでいる．低カロリー甘味料も質のよい製品が多く開発され，これも砂糖の消費減少傾向に大きく関係している．また，加工食品においても低糖度の食品が多くみられるようになったこともあげられる．しかし，本来食品の保存を目的として用いられてきた製品は，保存性の低下ということを考慮しなくてはならない．また，砂糖は味覚だけではなく，多くの調理加工への利用特性があることや，栄養源としても重要な役割がある[2]．

6.6.1 カンショ（甘蔗）糖

製品の概要

カンショ（サトウキビ）の原産地は南太平洋の島々といわれており，これが紀元前2000年ころ，東南アジアを経てインドへ伝わり，この汁を煮詰めて甘味料として利用していたという記録がある．日本へは奈良時代に鑑真が唐から持ち込んだといわれており，黒砂糖が朝廷へ献上されたという記録もある[1]．現在，広く一般に用いられているのは上白糖であるが，讃岐地方の和三盆は高級和菓子の原料として珍重されている．

製　法[3]

原料となるカンショ（サトウキビ）の茎部を小片に切断した後，圧搾または抽出により搾汁液を得る．これに石灰を加えて加熱洗浄することにより，酵素の失活や殺菌

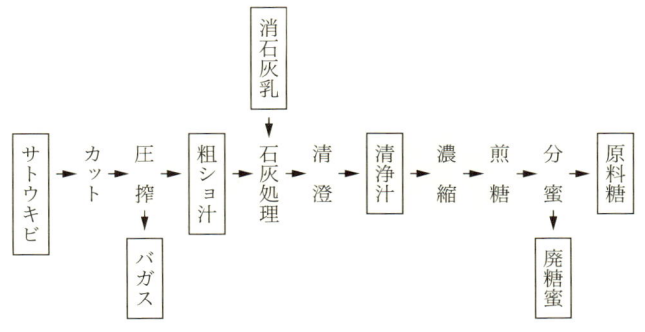

図6.13　原料糖の製造工程

とともに不純物が除去され，これを濃縮して結晶化し，遠心分離により分蜜して原料糖が得られる（図6.13）．

精製工程は原料糖を濃厚糖液により洗浄した後，石灰乳と炭酸ガスにより不純物を炭酸石灰として除去する炭酸飽和法や，石灰乳とリン酸を加えて生じる沈殿に不純物を吸着除去するリン酸法などにより，できるだけ不純物を除く．そして活性炭，イオン交換樹脂による脱色，脱臭，脱塩を行い，精製糖液とし，これを濃縮，結晶化させて分蜜し，精製糖を得る（図6.14）．

製品の特徴

カンショ糖の製品としては多くの種類があるが，なかでも上白糖が最も多い．上白糖は車糖（ソフトシュガー）に分類され，砂糖の結晶に転化糖液を加えることにより，しっとりとした感じになり，水分がやや多いのが特徴である．

生産の現状

原料糖はカンショの産地である沖縄，鹿児島などで製造されるが，精製工場はこれとは別に，輸入原料も含め原料糖を受け入れやすい地域に立地している．国産原料からの製造量は図6.15に示したようにやや減少傾向がみられ，現在は16万tあまりで，その他は輸入原料に依存している．

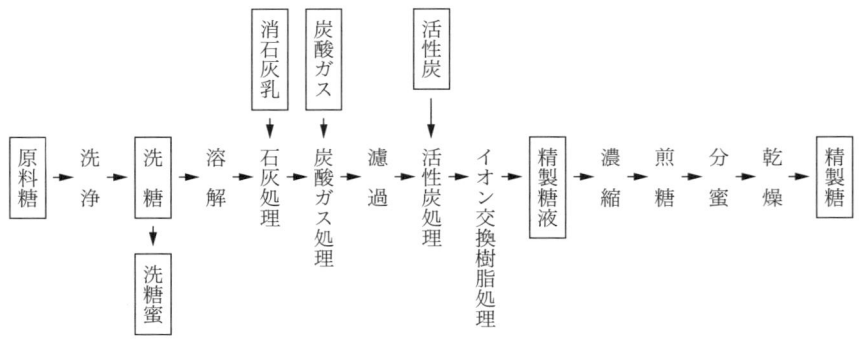

図6.14 精製糖の製造工程

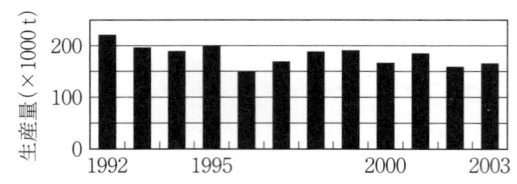

図6.15 カンショ糖生産量の推移(鹿児島県・沖縄県庁資料より作図)

6.6.2 テンサイ（甜菜）糖

製品の概要

　テンサイ糖の歴史は比較的新しく，1747年，プロシアの学者が初めてテンサイから砂糖がとれることを発見，その後ヨーロッパを中心に栽培され，テンサイを原料とする製糖業が発展した[1]．日本では1879（明治12）年，北海道において初めてのテンサイ糖工場が創設，操業が開始され発展してきた．そして現在は北海道において，3社8事業所でテンサイ糖の製造を行っている[4]．

製　法[4]

　テンサイは根部を工場に搬入し，水洗後裁断して短冊状の切片（コセット）とし，これを70～75℃の温水で糖分を抽出する．この温度は，テンサイに含まれる各種酵素を失活させることと，ペクチン質などの糖以外の成分が抽出されるのを防ぐために設定されている．得られた糖液はカンショ糖の精製工程と同様，石灰処理，炭酸ガス処理，イオン交換樹脂処理などにより精製し，濃縮，分蜜工程を経て精製糖を得る（図6.16）．このようにテンサイ糖は原料処理から最終製品まで一括して製造しており，このような工程で作られるものを耕地白糖（プランテーションホワイト）という．

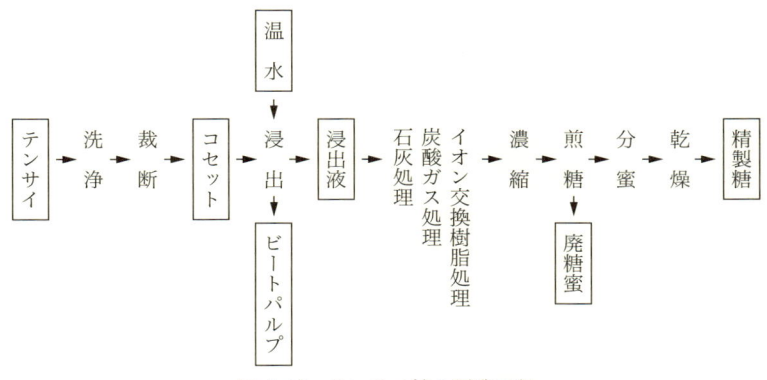

図 6.16　テンサイ糖の製造工程

製品の特徴

　製品のほとんどがグラニュー糖である．これはショ糖の純度が高く，白色で光沢のあるさらさらとした砂糖で，コーヒーや紅茶などの飲料や料理などに加えても素材の風味を損なわないことから，幅広い用途がある．

生産の現状

　テンサイ糖の生産量は原料であるテンサイの出来に左右される（図6.17）．原料中の糖度が高く，高収量である年は生産量も多くなる．北海道におけるテンサイの収穫

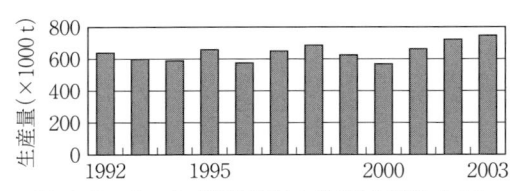

図 6.17 テンサイ糖生産量の推移（北海道「てん菜・砂糖便覧」より作図）

時期は，10～12月上旬であり，テンサイ糖の製造はこの収穫時期に合わせて始まる．収穫したテンサイは根部を堆積貯蔵しておき，これを順次工場に運び，翌年3月末ころまで工場では24時間操業が行われ，1年分の砂糖をこの時期に製造する．その後は製品サイロに貯蔵し，包装，出荷の作業のみとなる．したがって，北海道のテンサイ産地には地域ごとに規模の大きい製糖工場が稼働している．　　　〔永島俊夫〕

文　献
1) 吉積智司ほか：甘味の系譜とその科学，pp 12-22，光琳，1986．
2) 高田明和ほか：砂糖百科，pp 264-317，糖業協会・精糖工業会，2003．
3) 藤巻正生ほか：食料工業，pp 94-113，恒星社厚生閣，1985．
4) 北海道農政部畑作園芸課：てん菜・砂糖便覧，pp 134-135，北海道農政部，1994．

6.7　ソース

概　要

ソースは英語，フランス語，ドイツ語もともに「SAUCE」で，ノルマン系の言葉であるが，さらにたどっていくとラテン語の「SAL」に至りつく．この「SAL」は給料を意味するサラリーも同根の言葉で，"塩の支給"を意味する．ヨーロッパの原始狩猟民族は，獲物の肉を塩漬けにして保存を図り，香りの高い草の葉で包んでいた．その葉から肉に芳香がつき，多少腐っていた肉もスパイスの香りでうまく食べられることがわかった．ここから肉・塩・スパイスの結びつきが始まり，塩とスパイスの汁がソースと呼ばれるようになった．現在では食塩を使用して造られた液体調味料をすべてソースと呼んでおり，日本においては特に野菜・果実・香辛料の煮汁に醸造酢・食塩・砂糖を加えて造ったウスターソースを指している．ウスターソースは1810年ごろイングランドのウスターシャで初めて造られたものでこの名称がついた．ウスターシャ地方に住むある主婦が余ったリンゴの一片と野菜の切れ端を捨てずに，コショウや辛子などの香辛料を振りかけ，腐らせないためにさらに塩と酢を混ぜ壺に入れて貯蔵したのが初まりである．ある日主婦が壺のふたを取ってみると，貯蔵物が

自然に溶解して発酵していたが，においを嗅ぐと食欲をそそる芳香を漂わしていた．これを料理に応用したところ，肉や魚，野菜などいろいろな料理によく調和し，これが評判となって家庭でもまねて造られるようになった．1840年ごろ市内で薬局を営んでいたジョン・リー氏とウィリアム・ペリンス氏にインド・ベンガル州総督だったマーカスサンデー氏がヒンズー料理用のソースのレシピを持ち込み，その製造を依頼した．2人は研究を重ねた末に新しいタイプのソースを誕生させ，リー・ペリン社はウスター市最古のソース会社として知られるようになった．

わが国では初めてソースを製造されたのは1887（明治20）年前後とされているが，当時はまだソース自体が一般的ではなく，市販されるまでには至らなかった．1907（明治40）年ごろにはウスターソースの製造が試みられ，一般に発売されるようになった．ウスターソース本来の使用法はスープやシチューなどに数滴落として風味をつけるものであったが，日本には同じ色をした醬油（ソイソース）があり，これを副食物にかけて食べる習慣があった．明治期の"洋食"の代表と思われるカツレツやコロッケには輸入されたソースをかけて使用されたが，酸味や香辛料が強すぎるので評判が悪く，これに手を加えて日本人の口に合うソースが作られ，以後現在の味が定着したのである．広く好まれる濃厚ソース・中濃ソースは，第2次世界大戦後に発表された製品である．

製造原理

1974（昭和49）年にウスターソース類の日本農林規格が制定され，そのなかでの定義は「野菜若しくは果実の搾汁，煮出汁，ピューレー若しくはこれらを濃縮したものに糖類，食酢，食塩及び香辛料を加えて調整したもの又はこれにカラメル，酸味料，アミノ酸液，糊料等を加えて調整したものであって，茶色又は茶黒色をした液体調味料をいう」とある．ソースの主原料はトマト，リンゴ，ニンジン，タマネギ，ニンニク，セルリーなどの野菜・果実類であり，新鮮なものを使用することが基本となる．そのなかでも特にタマネギ，トマト，リンゴはソースの母体となるものでマイルドな酸味とボディ感を出すのに役立っており，これに砂糖，醸造酢，食塩を加え，香辛料を加えてバランスを取るのがおいしいウスターソースの秘訣である．このうちのどれが欠除してもウスターソース類とはいえない．ウスターソースのバリエーションは大きく分けるとウスターソース，中濃ソース，濃厚ソースとなっており，ソースのとろみの具合によって分類されている．

生産の現状

日本国内においてウスターソースを販売している企業（ソース工業会会員）は約100社ある．ウスターソース，中濃ソース，濃厚ソースは年々生産量が減少傾向にあり，お好みソース，焼そばソースが増加している．農林水産省食品流通局調べでは1975年には125222 klを生産しており，1996年は156701 klと最も多く生産された

年であり，その後は減少傾向となっている．近年ではメニューに合ったソースの開発が進み，市販されるようになってきている．

問題点と今後の課題

近年ウスターソース類の生産量は減少傾向にある．調味料の種類も多くなり，ソースに変わってドレッシングやマヨネーズなどが使用されるようになった．野菜や果実に含まれる栄養成分や，薬効のあるスパイスを手軽においしく取ることができる健康調味料として，いろいろなメニューに使用でき，おいしく便利な調味料としての汎用性を提案していくことが必要である．ソースに使用されている調味料や香辛料には防菌効果があり，保存性の高い調味料である．最近ではマイルド化の波に乗って酸度の低いソースなども発売されてきており，消費者の開封後における保管方法についても，告知が必要となる．また，原料としてのリンゴはウスターソースにはなくてはならない原料であるが，アレルギー表示に対しても配慮が必要であり，原料としての見直しも今後においては要検討課題となる．

6.7.1 ウスターソース

元来，ウスターソースの使用法は，スープやシチューなどに数滴落として風味づけとして使用されていたが，日本人の口に合うソースとなったのは明治末期である．

製　法

ウスターソースの主原料は野菜・果実類を蒸煮し搾汁（濾過）して母液を作る．これに砂糖，食塩，調味料，カラメルなどを加え，さらに香辛料，醸造酢をブレンドして調整する．これを貯蔵・熟成し，殺菌を行い，衛生的なラインで充填・密封され製品化される．一般的な製造方法は次のとおりである（図6.18）．

野菜・果実：新鮮な生野菜を使用することがおいしさの基本とされているが，近年

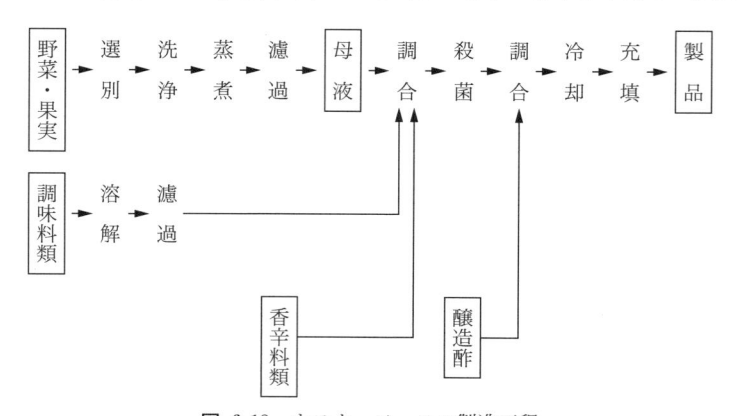

図 6.18 ウスターソースの製造工程

は加工技術が進み野菜エキス，ペースト，パウダーなどの形態のものも使用されている．タマネギの香りと甘味はソースの味をひきたてるものでより厳選して使用する．トマトはペースト状で使用することが多くソースの粘性を出すのに有効で，マイルドな酸味を出すのに役立っている．

リンゴはトマトとともにソースの粘度を出すのに有効で，ピューレー状で使用される．日本農林規格では野菜および果実の含有量は10%以上のものをいう．

調味料：使用される調味料は，糖類，食酢，食塩，香辛料，アミノ酸類などである．

- ソースのこくづけには糖類が用いられる．砂糖が主流で使用されるが，ブドウ糖果糖液糖も使用されている．
- ソースの風味は使用する酸で決まるといわれるほど食酢は主要な原料であり，香りも味もよい醸造酢が主に使われ，防腐効果がある．
- 食塩は辛味や旨味の成分によってソースの味を整える重要な調味料で，塩分の濃度によっては保存性を高める効果がある．
- クローブ，タイムなど十数種類の香辛料をブレンドして使用される．香辛料にはおのおののもっている基本作用（矯臭，賦香，辛味，着色）があり，メーカー独自のブレンド技術がいかされている．
- カラメルはソース，醬油，洋酒などに使用され，食欲をそそるおいしさを醸し出すのに使用される．

6.7.2 中濃ソース

ウスターソースのピリッとした風味と，とんかつソースの甘くソフトなタッチという2つの持ち味を兼ね備えており，適度なとろ味がある．日本農林規格では粘度が0.2 Pa·s以上2.0 Pa·s未満のものをいう．1965（昭和40）年前後とんかつソースの後に発売されたソースである．

製　造

基本的にはウスターソースの製法に準ずる．
- ウスターソースは野菜・果実類を蒸煮し絞汁するのに対し，中濃ソースはミキサーでペースト状に微細化し母液を作る．トマト，リンゴはソースの粘性を出すのに有効な原料で微細化してそのまま使用する．日本農林規格では野菜および果実の含有量は15%以上のものをいう．
- パルプ質の沈殿防止のためにコーンスターチなど糊料を使用する場合もある．

6.7.3 濃厚ソース

野菜・果実をベースにした甘くてソフトなタッチの味のソースで，通常とんかつソ

ースのことを指す．お好みソースは濃厚ソース項に分類される．日本農林規格では野菜および果実の含有量は20%以上のものをいい，粘度2.0 Pa·s以上のものをいう．とろりとした粘性があり，1950年ごろに発売された製品である．

製　法

基本的には中濃ソースと同じ製法で作られるので，中濃ソースの項を参照されたい．

野菜・果実のパルプの量は中濃ソースよりも多く使用され，粘性の高い製品である．
〔吉本詩朗〕

II──水　産

1
乾 製 品

■ 総　説
概　要
　水産物は一般に水分が多く，組織的に脆弱であるため自己消化酵素や細菌の作用によってすみやかに変質・腐敗する．しかし，水産物の水分を減らすと，これらの作用が抑制されて保存性が高まる．乾製品はこの原理を利用した加工品で，原料をそのまま，あるいは内臓やえらを除くなどの調理後，乾燥して作られるが，調理後の処理や乾燥方法の違いなどで表1.1に示したように大別できる．しかし，塩漬，煮熟，焙乾などの複数の行程を組み合わせた加工方法で製造される乾製品も多い．また，保存性を目的に加工された伝統的な乾製品のなかには身欠きニシン，するめ，干しナマコなど生鮮時とはまったく異なった風味・食感を呈する加工品があり，これらの利用に際してはさまざまな工夫が凝らされて特徴的な食文化が形成されている．一方，冷凍・冷蔵や包装などの技術が発達した近年は，原料や製品の保存が容易に行えるので，保存性よりも原料の持ち味をいかすために，これらの技術を併用したいわゆる一夜干し製品のように低塩分・高水分の乾製品が多く作られるようになった．また，乾燥方法も機械乾燥を用いることで，乾燥の迅速化や乾燥過程における原料成分の変質を極力抑制した製造方法が普及してきた．このため，外観的には類似した製品でも昔日の加工方法で作られたものとは風味・食感が異なる製品も見受けられる．

乾燥機構
　水産物の乾燥方法には自然環境を利用する天日乾燥と，機械や吸湿物を用いる乾燥法があるが，いずれも次の機序に基づいて行われる．すなわち，原料を湿度が低い環境中に置くと，表面の水分が蒸発して表面と内部の水分に密度差が生じ，水分は内部から表面へ拡散して表面からの蒸発が連続的に進む．しかし，表面の乾燥が急激に進む環境では表面からの蒸発に対して，内部拡散による表面への水分の移動が追いつかずに表面が固化してしまう上乾きの状態になる．このような場合は乾燥が阻害される

表 1.1 乾製品の種類と製造方法および主な製品

種 類	製 造 方 法	主 な 製 品
素干し	原料を水洗したのち乾燥したもの	田作り,身欠きニシン,するめ,フカヒレ,くちこ,干しノリなど
塩干し	原料を塩漬したのち乾燥したもの	ウルメ丸干し,アジ開き干し,剝き身ダラ,イナダ,カラスミなど
調味干し	原料を調味したのち乾燥したもの	フグみりん干し,イワシ桜干し,エイのひれなど
煮干し	原料を煮熟したのち乾燥したもの	煮干しイワシ,干しエビ,干し貝柱,干しアワビ,干しナマコなど
焼干し	原料を炭火などで焼いたのち乾燥したもの	焼きアゴ,焼干しイワシ,焼きアユ,焼きエビなど
くん製	原料を調味したのち煙でいぶして乾燥したもの	スモークサーモン,イカのくん製,タコ珍,ホタテのくん製など
凍乾	原料を凍結・融解を繰り返して乾燥したもの	めんたい,寒天など

注) 原料:ここではそのまま,あるいはうろこ・内臓を除去するなど適宜に調理し,汚物などを洗浄したものとする.

だけでなく,内部から腐敗することもある.したがって,上乾きを起こした場合は乾燥を中断して乾燥対象物をむしろなどで覆い,水分の内部拡散を促して水分の均一化を図るあん蒸処理を行った後に乾燥を再開しなければならない.

乾燥方法

水産物の乾燥にはよく使われる天日乾燥,機械乾燥および吸湿物を用いた乾燥が行われている.

天日乾燥は太陽の輻射熱により乾燥対象物の温度を高めて水分の蒸発を促し,表面の高湿度の空気層を風で除去する乾燥法である.この方法は自然を利用するために経済的には有利であるが,雨天には乾燥できないこと,品温上昇や紫外線による鮮度低下,脂質や色素の酸化などの品質低下を招きやすい.したがって,晩秋から初春にかけた低温・低湿期の乾燥には適しているが,初夏から初秋にかけた高温・多湿期には焙乾を併用したり,風通しがよい日陰に干すなどの工夫が必要である.

機械乾燥には温風乾燥,冷風乾燥,熱風乾燥,減圧乾燥,真空凍結乾燥,マイクロ波乾燥など多くの方法があるが,これらの方法は天候に左右されずに迅速に乾燥が行える利点がある反面,設備や運転に経費を要する.このため,水産物の乾燥には設備や運転経費が比較的安価で,操作が簡単な温風乾燥や冷風乾燥がよく使われる.温風

乾燥は乾燥対象物を乾燥機内に収容し，室温から50℃くらいまでに加温した空気を循環送風して乾燥する方法で，煮干しなど多くの乾製品の乾燥に用いられている．しかし，品温上昇による鮮度低下，脂質や色素の酸化，メイラード反応による褐変などの品質低下を生じやすい．一方，冷風乾燥は冷凍機で冷却・除湿した15～25℃くらいの空気を循環送風して乾燥する方法で，乾燥中の鮮度低下，脂質や色素の酸化が比較的少なく，褐変も起こりにくい．近年は低塩分・高水分の製品が好まれるため冷風乾燥機で乾燥し，冷凍貯蔵する製品が増えている．

　吸湿物を用いた乾燥は原料を紙やセロファンなどに包み，吸湿性が高い火山灰や草木灰などに埋め込んで水分を除去する方法である．類似した方法に多糖類など親水性高分子重合体を水分透過性の合成樹脂膜に封入したいわゆる脱水シートで包んで脱水する方法がある．これらの方法は原料が空気と遮断した状態で乾燥されるので，脂質の酸化や色素の褪色，褐変などが防げ，魚臭などが吸着除去されるなどの利点がある．

〔黒川孝雄〕

1.1 素干し

概 要

　素干しは水産物の加工方法のなかでは最も簡単な方法で，原料をそのまま，あるいは内臓やえらなどを除くなど適宜に調理したのち洗浄し，天日などで乾燥した製品である．特段の加工設備を必要としないので，漁家による自家加工生産が多いが，流通機構が整備されるのに伴って生鮮状態での出荷が増大し，素干し製品の経営体数および生産量は減少傾向にある．また，食に対する嗜好の変化の影響で，冷凍貯蔵を前提にした高水分の製品が増えている．

製造原理

　素干しは原料を乾燥して水分を減らし，付着している細菌の増殖を抑制して保存性を高めた製品である．迅速に乾燥しないと腐敗・変質するため，高温・多湿期には焙乾を行うなどの苦労があったが，近年は天候に左右されない機械乾燥が普及して品質の向上が図られた．

素干し製品の種類

　生産量が多い素干し製品にはするめ，ニシン，イワシなどがある．表 1.2 に主な素干し製品と，その原料を示した．

伝統食品としての特徴

　素干し製品にはするめ，畳イワシ，干しノリなどのように製造されたそのままの状態で食べるものと，身欠きニシン，棒ダラ，揉みワカメなどのように一度水戻しして調理素材として利用されるものの2種類がある．後者については特徴的な郷土料理の素材として用いられるものが多いが，食嗜好の変化や調理の煩雑さなどが影響して生産量は減少している．また，一般家庭から火鉢などの利用がなくなり，するめなど焙って食べる食材の需要も減少している．

問題点と課題

　素干し製品は塩干品などに比べて乾燥に時間を要するので，乾燥中に細菌が増殖して品質低下を起こしやすい．

1.1.1 するめ

概 要

　するめはイカの胴（外套部）を截割し，内臓・眼球などを除いて乾燥したもので，江戸時代から近年まで中国への輸出海産物の重要な一品であった．するめは原料イカの種類や製法などの違いで名称が異なり，日本水産製品誌[1]にはケンサキイカ，ヤリイカを原料とする磨上々番鯣（みがきじょうじょうばんするめ），磨剣先鯣（みがきけんさきするめ），一番鯣（いちばんするめ）（剣先鯣（けんさきするめ）），白鯣（しろするめ），葡萄鯣（ぶどうするめ），

1.1 素干し

表 1.2 主な素干し製品とその原料

名称（主な産地）	主 な 原 料
田作り，ごまめ（各地）	カタクチイワシなど
たたみイワシ（静岡県）	カタクチイワシなど
身欠きニシン（北海道）	ニシン
棒ダラ，開きタラ（北海道）	マダラ，スケトウダラ
でびら（岡山県）	タマガンゾウビラメ
するめ（各地） 　一番するめ 　二番するめ 　袋するめ 　甲付きするめ	 ケンサキイカ，ヤリイカ スルメイカ アオリイカ モンゴウイカなど
干しタコ（各地）	マダコ，イイダコ
フカヒレ（宮城県，千葉県） 　白翅 　黒翅	 メジロザメ，シマグロザメ，シュモクザメなどのひれ アオザメ，ヨシキリザメ，ネコザメ，ネズミザメなどのひれ
干しカスベ（北海道，秋田県）	メガネカスベ，ガンギエイ
くちこ（石川県）	ナマコの生殖腺
干し数の子（北海道）	ニシンの卵巣
姫貝（愛媛県，大分県）	バカガイ，シオフキ
コンブ（北海道）	マコンブ，ラウスコンブ，リシリコンブ，ナガコンブなど
干しノリ（各地）	スサビノリ，アサクサノリ，オニアマノリ，マルバアマノリなど
板ワカメ（島根県）	ワカメ

笹鯣（ささするめ），スルメイカを原料とする二番鯣（にばんするめ），尾吼鯣（びこうするめ），二番丸形鯣，アオリイカが原料の水鯣（みずするめ），袋鯣（ふくろするめ），コウイカ類を用いた甲付鯣（こうつきするめ），甲除鯣（こうのけするめ），トビイカを用いた飛鯣（とびするめ）などが示されている．現在よく見かけるするめは一番するめと二番するめである．一番するめは西日本地区，特に肥前（長崎県）での生産が多く，俗に五島するめとも呼ばれた．本品は，明治末から大正期にかけて磨鯣（みがきするめ）に加工されるようになった．また，二番するめは北海道，東北，北陸地方での生産が多く，長崎県では大正後期ごろから表皮とひれを除いた松白するめと呼ばれる二番磨鯣（にばんみがきするめ）が作られるようになった[2]．

1. 乾 製 品

製　法

一番するめ（剣先するめ）の製法：原料には新鮮なケンサキイカ，ヤリイカを用いる．まずイカの胴部の腹側を上に向けて持ち，中央下端から庖丁を入れて耳（ひれ）に向けて先端から 1〜3 cm 手前まで真っ直ぐに截割，次に頭脚部を切り開いて口吻，内臓，眼球などを取り去り海水でていねいに洗浄し，淡水ですすぐ．洗浄時に胴部の表皮を剥皮するが，このとき，先端部の表皮を胴長の約 10% くらい残す．また，耳は取り除いてしまう．乾燥は乾し場に張った縄へぶら下げた S 字型の針金に胴部の先端を引っかけ，胴部の中央付近を竹串で貫いて広げる．また，軟甲の下端に竹串などで小さい孔を開け，肉部分と軟甲の間にたまった水滴を抜く．7〜8 割方乾燥したら縄から外してコロ（一升瓶に鉛を詰めたものなどが用いられる）で伸ばし，手で左右に引っ張って整形したのち縄へ頭脚部の付け根で二つ折りにかけて乾燥する．この整形作業は乾燥終了までの間に 2〜3 回繰り返す．製品の水分は 18% 以下，歩留まりは 18〜20% である．乾燥を終えたするめは 5 枚を 1 組として，表裏とも背側が表面になるように重ね，外側のするめの長脚でくくって束ねる．

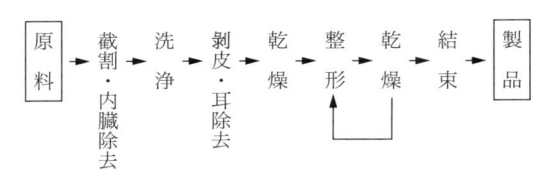

原料 → 截割・内臓除去 → 洗浄 → 剥皮・耳除去 → 乾燥 → 整形 → 乾燥 → 結束 → 製品

図 1.1　一番するめの製造工程

松白するめの製法：原料には新鮮なスルメイカを用いる．まずイカの胴部の中央下端から先端まで截割，次に頭脚部を切り開いて内臓，口吻，眼球などを除き，胴部の表皮を剥ぎ，付着した汚物や墨を海水でていねいに洗浄し，淡水ですすぐ．乾燥は乾し場に張った縄に腹側を上にして耳と胴部の先端で縄を挟むように竹串で止めて行い，半乾き状態になったら頭脚部の付け根で二つ折りに縄へ掛けて乾燥する．7〜8 割方乾燥したら縄から外して耳を除き，胴部を木箱の角でこすって上下に伸ばし，手で左右に引っ張って整形する．この整形作業は乾燥終了までの間に数回繰り返す．製

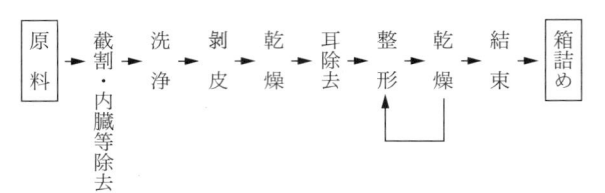

原料 → 截割・内臓等除去 → 洗浄 → 剥皮 → 乾燥 → 耳除去 → 整形 → 乾燥 → 結束 → 箱詰め

図 1.2　松白するめの製造工程

品の水分は26%以下，歩留まりは20〜22%である．乾燥を終えたするめは一番するめと同様に5枚1組に束ねる．

なお，二番するめの製法は松白するめとほぼ同様であるが，胴部の表皮と耳を残し，製品の結束を10枚1組とする点が異なる．

特　徴

するめはそのまま火で焙って醬油やマヨネーズを付けて食べるほか，巻きするめや松前漬けなどの郷土料理，のしイカ，裂きイカなどの珍味，刻みするめなどのつくだ煮原料として利用される．

生産の現状

ここ数年のするめの生産量は1.2〜1.3万tの横ばい状態にあるが，国産原料を用いた一番するめの生産は著しく減少している．また，伝統的な上乾ものは減少し，高水分の一夜干し製品の生産が増えているようである．　　　　　　　　〔黒川孝雄〕

文　献
1) 農商務省水産局：日本水産製品誌，pp 4-29, 1935.
2) 片岡千賀之：長崎大水研報，**82**, 147-169, 2001.

1.1.2　身欠きニシン

概　要

北海道の松前でニシンを漁獲していた当時（1400年代）から"干しからサケ，串貝（アワビを串に刺したもの）塩引き（塩サケ）"などとともに数の子や身欠きニシンが蝦夷地の名産品として記されている．当時は背割りした背の部分を乾燥した一本採り身欠き（腹肉部を切り取る）を身欠きニシンと呼び，他の部分は肥料として利用されていた．北前船でコンブとともに日本海側の港や大阪，鹿児島に運ばれるようになり，日本各地で保存食として食べられるようになった．近年ではニシンがほとんど漁獲されないことから，アメリカ，カナダ，ノルウェー，オランダ産の冷凍ニシンを原料とし，二本採り身欠き（腹肉部を切り取らないもの）になっている．また，嗜好の変化から，最近は乾燥度合いを少なくした生干し身欠きニシンが売られるようになった．

製　法

生・冷凍ニシンの頭・内臓・えらを除去し清水で洗浄後乾燥した製品．図1.3に製造工程を示す．

製造の特徴

現在作られている身欠きニシンは昔の一本採り身欠きと異なり，二本採り身欠きがほとんどで腹肉部も残している．本州（青森，富山など）では尾びれを保持したまま

292   1. 乾 製 品

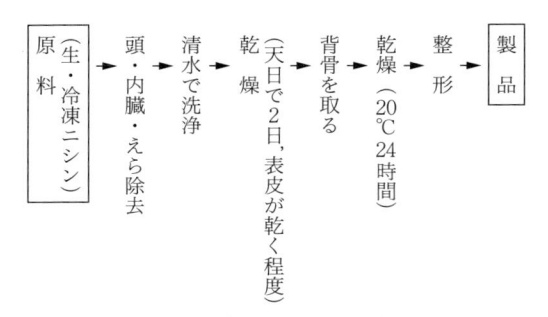

原料（生・冷凍ニシン） → 頭・内臓・えら除去 → 清水で洗浄 → 乾燥（天日で2日，表皮が乾く程度） → 背骨を取る → 乾燥（20℃24時間） → 整形 → 製品

図 1.3 身欠きニシンの製造工程

　三枚におろし，清水で洗浄後，乾燥して，尾びれを切り離し整形後，製品とする製法もある．最終製品は乾燥機により水分20%になるまで乾燥する．最近では需要時期や仕向けに応じて乾燥度合いを変えている（本乾，八分乾，生身欠き，ソフト）．生身欠きの場合，清水洗浄の替わりに薄い食塩水に5分ほど浸けた後，表面の水分が飛ぶ程度の乾燥で製品としているものもある．流通は油焼けを防ぐため，凍結保存し，解凍後，本乾で防湿すれば常温で1年程度は保存できるが，生身欠きの場合，冷蔵で2〜3日程度である．生身欠きニシンの栄養成分は水分60.6%，タンパク質20.9%，脂質16.7%，炭水化物0.2%，灰分1.6%である．機能成分としてEPAやDHAを含む高度不飽和脂肪酸が2.17%と多量に含まれた優れた栄養食品である．

生産の現状

　生産は年間1万1000t程度で，北海道が圧倒的に多く青森，富山などでも作られている． 〔川﨑賢一〕

文　献
1) 富山県水産加工業協同組合連合会ほか：とやまの水産加工品，2002．
2) 青森県水産物加工研究所：魚類加工製造マニュアル（I），1997．
3) 富山県食品研究所：とやまの特産物機能成分データ集，2005．
4) 福田　裕ほか：全国水産加工品総覧，光琳，2005．
5) 三輪勝利監修：水産加工品総覧，光琳，1983．
6) 香川芳子監修：5訂食品成分表，女子栄養大学出版部，2001．
7) 農林水産省統計情報部：平成12年水産加工品生産量．

1.1.3　く　ち　こ

製品の概要

　くちこは，ナマコの生殖巣を乾燥したもので，近年は原料となるナマコの漁獲量自体の減少に伴い，生産量は伸び悩んでいる．

くちこの生産については，いつから製造されたのか，その起源は不明であるが，石川県では富山湾に面した，七尾湾および穴水湾近辺で生産されている．

製　法

このわた製造の際に取り出される，生殖巣が原料となる．3～5% の食塩水に，採取した生殖巣を入れて洗浄し，これを別の容器に移し替えて水切りを行う．

次に幅 30～50 cm の昇隔の枠を組み，この間にミゴ縄を張る．洗浄，水切りした生殖巣を箸で少しずつすくい上げてミゴ縄に掛ける．

この作業を繰り返して行い，1 枚の大きさが幅 15 cm 前後の逆三角形状に成型する．成型の終わったものは，天日で乾燥するが，乾燥が進むにつれて製品に隙間が生じるため，この隙間を埋めるために，新しい生殖巣を貼り合わせて成型する．乾燥には 7～10 日前後を要する．

ナマコ → 腹開き → 生殖巣採取 → 洗浄 → 縄掛け整形 → 乾燥 → 包装

図 1.4　くちこの製造工程

製品の特徴

この製品は独特の形状をもち，三角錐の形をしている．特に贈答用として用いられ，そのまま軽く火に焙り，細く裂いて食する．

生産の現状

七尾湾に面した七尾市および穴水湾では穴水町で生産されている．他の加工品に比べて特殊な製品であり，近年は石川県全体で 5000～10000 枚の生産量と聞いている．

最高級珍味として，一般向けではないが，愛好者向けとして根強い需要があるものの，生産量ならびに需要の増加の望めない隠れた一製品であろう．　　〔神崎和豊〕

1.1.4　田　作　り

概　要

田作りとは，カタクチイワシ（ヒシコイワシとも称す）を生から干しあげた素干し品で，「ごまめ」ともいう．田作りの呼び名は稲田の肥料として用いたところ豊作になったので天照皇太神が命名したとも伝えられており，古くから正月料理に用いられている．

製　法

乾製品のなかで一番簡単で，ただ干しただけのものであるが，魚の鮮度，乾燥温度や時間の調整など技術が必要である．

沿岸で漁獲された新鮮なカタクチイワシをそのまま乾燥させる．

原料 → 洗浄 → 取り上げ → 乾燥 → 選別包装 → 出荷

図 1.5　田作りの製造工程

製造の特徴

　原料となるカタクチイワシは，シラス漁が終了したころに近海で漁獲され大きさのそろった鮮度のよいものを選ぶ．その際，大きさ，鮮度，体色などをみて 5 cm 程度のカタクチイワシを買いつける．魚体は真水で洗うが，気温が高い時期は冷水を用いる．洗浄後取り上げて人手により簀に魚体を広げる．乾燥は天日乾燥，または機械乾燥（冷風または熱風）によって行う．製造時期・乾燥度合いに応じて乾燥時間は調整する．気温の高いときは乾燥中に油焼けを起こすので注意が必要である．製品歩留まりは 20% 程度になる．乾燥の終わった製品は，人手により大きさをそろえ，袋詰めや段ボール（田作り専用）に入れて包装する．

　五訂食品成分表によると水分 14.9%，タンパク質 66.6%，脂質 6.7%，灰分 12.5% を含む．機能成分として，カルシウム 2500 mg，カリウム 1000 mg，葉酸 230 μg が含まれる．

生産の現状

　素干し（イワシ）品の生産は 2002 年に約 3000 t で，全国の 69% が茨城県で生産され，次いで山口県の 13%，北海道 4%，大分県 4% となっている．山口県の 2002 年の素干し（イワシ）生産量は 459 t で 8 割程度が長門市で生産されている．

〔田中良治〕

1.1.5　サクラエビ素干し

概　要

　駿河湾特産のサクラエビ（*Sergia lucens* HANSEN）は，体長 4~5 cm の淡紅色のエビで，明治以前から漁獲されていたが，本格的な漁業が行われたのは 1894（明治 27）年からである．サクラエビの名の起こりは，1897（明治 30）年に開催された共進会で，乾燥したサクラエビの色が淡紅色でサクラの花に似ていたため「櫻蝦」と命名されたのがはじめ[1]といわれる．サクラエビは主として素干しにして出荷され「桜エビ」として販売されていた．その商品名がサクラエビの標準和名ともなっている[2]．サクラエビ漁が漁業として成り立っているのは，わが国では駿河湾だけであるが，台湾南部にも産出がみられる[3]．このため静岡県桜海老加工組合連合会では，国産桜エビ加工品には水域名「駿河湾」を併記するなどの取り決めを行い表示の適正化を図っている．

製 法

夜間操業により漁獲・水揚げされたサクラエビは，鮮度保持のため翌早朝の入札まで市場内の冷蔵庫で保管される．入札された原料を，そのまま黒ナイロン網（5 mmメッシュ）の上に薄く広げて天日で乾燥させる．乾燥のための広い敷地が必要となり，富士川の河川敷を利用している場合もある．朝7時半ごろに乾燥を開始し，午後1時ごろに網をたたきながらサクラエビを一方に寄せた後，再び広げ，表裏が均一の乾燥度となるようにし，午後2時ごろには乾燥工程を終了する．春季では1日で乾燥できるが，秋季は気温が低いため乾燥が2日間に及ぶ場合があり，このときは，夜間は冷蔵庫に保管して品質の低下を防ぐ．

乾燥終了後，振動するステンレス網セイロ（除塵機）の上でサクラエビを振動させ，ひげを除去し，続くベルトコンベア上を流れる間に目視により夾雑物を除き製品とする．

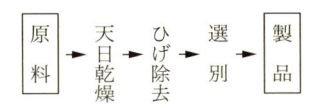

原料 → 天日乾燥 → ひげ除去 → 選別 → 製品

図 1.6 サクラエビ素干しの製造工程

製造の特徴

原料鮮度のよいもの，夾雑物の少ないものが用いられる．最近では水揚げ後からセリまでの間，原料を保管する冷蔵庫が各市場に整備されたこともあり，全体的に原料の品質は向上している．

天日干しにより素干しエビに仕上げる．元来，透明に近い魚体であるが乾燥すると天日照射熱により淡紅色を呈する．また，秋季はエビが小型のため桜色が薄くなりやすく，天日にて予備乾燥後，60～70℃で2時間熱風乾燥を行うところもある．水分が多いと流通過程での品質の劣化が起こりやすいが，最終的に水分は20%前後に調整する．歩留まりは，生の原料に対して25～27%である[4]．

サクラエビはカルシウムなどのミネラルが豊富な健康食品であるが，タウリン，アスタキサンチン[5]などの健康機能性成分も多く含まれている．特に素干しサクラエビ

表 1.3 サクラエビのタウリン含量

魚　種	タウリン含量(mg/100 g)
サクラエビ春漁	800
〃　　秋漁	760
〃　　素干し	2860
〃　　釜揚げ	710

のタウリンは水分の減少に従って多く蓄積される[6,7]．

そのまま食べてもおいしいが，かき揚げ，お吸い物のほか，焼きそばのトッピング，あえ物，酢の物など用途は広い．最近ではピザにも利用される．

生産の現状

サクラエビの漁獲が駿河湾に限られ，漁業許可が静岡県由比町，大井川町，静岡市蒲原の漁業者に与えられているため，素干しサクラエビの生産もこの3地区に限られ，2004年の生産量は245 t[8]である．3地区の加工業者で組織する静岡県桜海老加工組合連合会の構成員は，2005年6月末で84人である．平均従業員は，4～10人程度である．　　　　　　　　　　　　　　　　　　　　　　　　　　〔和田　卓〕

文　献
1) 静岡県内務部：静岡縣之産業，**2**，449-451，1913．
2) 池松正人編著：駿河湾からの贈り物サクラエビ，pp 5-9，黒船印刷，1999．
3) 大森信他：日本海洋学会誌，**44**(6)，261-267，1988．
4) 山内　悟：全国水産加工品総覧，pp 18-19，光琳，2005．
5) 沢田敏雄他：昭和53年度静岡水試事報，pp 120-121，1979．
6) 沢田敏雄：碧水（静岡県水産試験場），**47**，4-7，1988．
7) 静岡県環境衛生科学研究所：商品テスト情報，**99**，2000．
8) 関東農政局静岡統計・情報センター：農林水産統計，2005．

1.1.6　シラエビ素干し

概　要

富山湾では薄紅色で透明なシラエビと呼ばれる小型エビが漁獲される．このシラエビは，富山湾以外に駿河湾，相模湾，糸魚川沖などでも漁獲されるが，このエビを商業的に漁獲しているのは富山湾だけであり，日本はもとより世界中でも類をみない特産品で富山湾の貴重な資源でもある．

この漁業は江戸時代から営まれていたとされるが，定かではない．昔はシラエビを食べなくても新鮮な魚が十分にあること，鮮度落ちが早いため，輸送や保存が難しかったことから，「そうめんのだし」「ナスと煮る」「味噌汁の具」などに使われる程度で加工品もわずかに煮干しや素干しが作られていた．このように，シラエビの消費はそれほど多くなかったようである．昭和のはじめころの加工品は煮干しが圧倒的に多く，つい20年ほど前まで，全国に出荷していた．煮干しは赤い色素を入れた3％程度の塩水でゆで上げた後，乾燥して製品としたもので，鼈甲エビとして出荷され，かき揚げの具に使われていたが，最近ではその生産量は激減した．素干しも昔から煮干し同様に製造されていたが，その量はわずかで数％程度である．その需要は県内での「そうめんのだし」「酒のつまみ」として，量は少ないが根強い人気があり，注文による生産を行っている．

製法

シラエビの素干しは生鮮シラエビをそのまま乾燥した製品である．昔は天日干しであったが，現在では温風乾燥による．

新鮮な原料を使用し，5℃以下の冷却海水で十分洗浄し異物を除く．蒸籠に2kg入れ，重ならないように広げる．55～60℃で温風乾燥（1日）し，包装する．製品の歩留まりは20～25％である．

原料 → 流水洗浄 → 水切り → 乾燥 → 計量 → 包装 → 製品

図1.7 シラエビ素干しの製造工程

製造の特徴

煮干しと違って乾燥中に黒変を起こしやすいことから短時間に乾燥させる必要がある．煮干しに比べて歩留まりが悪い．保存は冷凍して保存後，解凍して店頭に並べるが，細菌による腐敗はない．しかし，黒変が早く，商品価値が落ちるため，解凍後の賞味期限は常温で1週間が限度である．

シラエビ素干しの栄養成分のデータはないが，生シラエビの一般成分はタンパク質18.3％，脂質2.4％，炭水化物0.1％，灰分3.4％である．カルシウム430 mg，リン370 mg，遊離アミノ酸ではグリシン，アラニン，プロリンが多い．また，機能成分としてタウリン，ベタイン，チロシン，キチン，グルコサミン，セレンなどが多く含まれている．

生産の現状

シラエビの漁獲量は富山湾だけであり年200～400t程度と非常に少ない．昔はほとんどが煮干し製品であったが，ここ数年，加工品は大きく様変わりし，むき身50％，釜揚げ5％，生鮮30％，煮干し5％，その他5％（素干し，浜焼き，つくだ煮，お菓子の具）の割合となっている．

〔川﨑賢一〕

文献

1) 富山県水産加工業協同組合連合会ほか：とやまの水産加工品，2002．
2) 富山県食品研究所：富山の特産物，2003．
3) 富山県食品研究所：とやまの特産物機能成分データ集，2005．
4) 富山県水産試験場：富山湾の魚たちは今，桂書房，1998．

1.1.7 バカガイ肉の干物（姫貝）

バカガイ（アオヤギ）のむき身を針金に吊し，乾燥させた素干し品[1]を「姫貝」と称し，愛媛県西条地域の特産品として販売されている．原料のバカガイは生きている

図 1.8 バカガイ肉の干物　　　**図 1.9** 吊す前のバカガイ肉

ことが必要条件で，むき身の斧足筋（足）先端に針金を通し，吊すことで鮮紅色（カロチノイド色素）の斧足筋が自然に伸び，図1.8のような独特の形となる．すなわち，一般の貝肉加工品（つくだ煮など）と異なり，図1.9のようにむき身を針金に通し吊す前と図1.8の形状では明らかに変わっており，斧足筋がよく伸びていることがわかる．軽く焙り，酒やビールのつまみに最適で，かんでいるうちに貝独特の旨味が感じられ，土産品として人気がある．

姫貝の種類

　原料のバカガイは，愛媛県西条市の沿岸（砂浜）で，船上から熊手の付いた長い貝かき竿で大量に獲られていた．そのため，姫貝生産の産地を形成し，バカガイの漁獲が解禁になる12～3月には赤絨毯を干しているような冬の風物詩があちらこちらでみられた．昭和の初期に生産が始められ，当初は現地のバカガイだけで十分間に合っており，15軒ほどの企業が1か月で30tの姫貝を生産していたが，近年，この地区の砂浜が埋め立てられ，バカガイの漁獲が激減した．今では，県外や海外のバカガイに依存しており，3軒の企業が1年で3tほどを細々と伝統技法を守りながら製造しているにすぎない．

製　法

　姫貝の製法を図1.10に示す．バカガイの殻を開け，小さな包丁で貝肉（むき身）を取り出し，次いで内臓（糞と称する）を除き，むき身を海水または貝内液汁でよく洗い，砂などを落とす．この洗浄したむき身（斧足筋）20個ほどの先端2～3 mmの

バカガイ → むき身 → 糞抜き → 洗浄 → 斧足筋先端に針金通し → 吊す → 陰干し → 乾燥品（姫貝） → 包装

図 1.10 姫貝の製法

ところに針金（20番線，1m）を通し，両端をぴんと張り，風通しのよいところで2～3日陰干しをする．針金上で乾燥した姫貝（水分15％）を集め，セロハンなどで包装し，出荷している．

製法の特徴

姫貝の製法は生きたバカガイ筋肉（斧足筋）を針金に吊し，自然に伸ばすことを特徴としている．すなわち，筋肉の収縮と弛緩を利用したきわめて珍しい技法といえる．斧足筋を吊し，しばらくして筋肉に触れると縮むことが観察できる．

また，原料に冷凍バカガイを用いることがあるが，姫貝はひも状に長く伸び，生きたバカガイを用いた場合と形が明らかに異なる[2]．この現象は斧足筋を針金に吊したとき，斧足筋の下側に付いている外套膜などの重さで一方的に伸びるだけで，収縮しないためと推定した．

姫貝の品質について特に規格はないが，筋肉がほどよく伸び（図1.8のように長い菱形状），きれいな鮮紅色を呈し，風味，味がよいものが良品といわれている．姫貝の歩留まりは，水分によって多少異なるが，通常は20％前後である[3]．原料貝（バカガイ）とオオアサリ，ハマグリの部位の割合を表1.4に示したが，バカガイにおいてむき身が他の貝よりも多く，むき身に対する斧足筋の割合も多いことから，バカガイは姫貝の加工に適した原料貝といえる．

表 1.4 原料貝の部位別割合

原料貝		殻付き重量に対する割合			むき身に対する割合			
種類	貝高(cm)	むき身(％)	貝殻(％)	貝内液(％)	斧足筋(％)	内臓(％)	閉殻筋(％)	外套膜(％)
バカガイ	2.9～3.3	37.65	33.47	28.88	17.34	23.98	16.52	42.16
大アサリ	5.1～5.5	25.49	56.15	18.34	4.57	4.36	20.55	60.32
ハマグリ	2.9～3.2	15.10	59.18	22.69	14.72	4.44	10.00	61.00

また，この姫貝は，販売中表面に白い粉が生成し，カビと間違えられ，返品の対象とされていた．この白粉を調べたところカビではなくタウリン，グリシン，アラニンなどのアミノ酸の結晶であることがわかった[4]．この姫貝のユニークな加工技術を使い，他の貝類（オオアサリ，ハマグリなど）から姫貝と似た製品ができるかどうかを検討した．その結果，似たような製品はできたが，形，色，味の面でバカガイには及ばず，今後，世界的に原料貝の検索ができれば興味ある新製品開発ができる可能性があると思われる．

〔岡　弘康〕

文　献

1) 岡　弘康：伝統食品の研究，No 20, 1-7, 1999.
2) 岡　弘康，上岡康達：愛媛工試報告，No 18, 51-58, 1980.
3) 三輪勝利：水産加工品総覧，pp 71-73, 光琳, 1983.
4) 岡　弘康ほか：愛媛県総合化学技術指導所研究報告，No 3, 30-35, 1965.

1.1.8　たたみイワシ

概　要

たたみイワシは，イグサの畳表を使用して天日干ししたことから，その名称がたたみイワシと呼ばれるようになったといわれている[1]．古くから漁業者の家庭で地元消費者向けに自家加工していたのが起こりとされている．その後時代とともに生産が伸び，加工専業者も現れ，高級珍味として全国的に知られるようになったが，生産の主力は静岡県で主な出荷先は関東方面である．

製　法

原料は特に厳選される．鮮度のよいことはもちろんであるが，1.5〜2 cm 程度の中細の脂肪の少ないカタクチシラスが用いられる．静岡では4〜11月いっぱいが製造の主時期であるが，9〜10月の脂質含量の少ない秋シラスの製品が好まれる．

用具の材質は変化したが製法の基本は以前[2]と変わっていない．水槽で水洗いし，夾雑物を除いた原料を水氷で約30分晒す．ステンレス製の網を張った木製型枠（標準内法：21×28×1.5 cm）にシラスを載せ，これを水中で型枠全体に均一に広げる．この広げ方に熟練を要する．この型枠を水中から静かに取り出して5〜6分間水切りを行う．水切りを終わった型枠を合成樹脂製の網を張ったすだれに伏せ，原料を移し，すだれを蒸籠に並べて機械乾燥を行う．乾燥は50〜70℃の温度で約3時間行い，乾燥終了後に1枚ずつはがして製品とする．

製造の特徴

原料の鮮度が低下すると，シラスの形状が崩れのり状となり，商品価値がなくなる．網張りの型枠に並べる場合は，シラスを格子状に薄く均一に並べることが必要で，これに熟練を要する．生原料1 kgで製品（20〜25 cm）7〜8枚が製造されるが，製品の水分量は11〜13%が適当とされる．

製品のサイズは大判（20〜25 cm），中判（大判の半分），小判（中判の半分）とあ

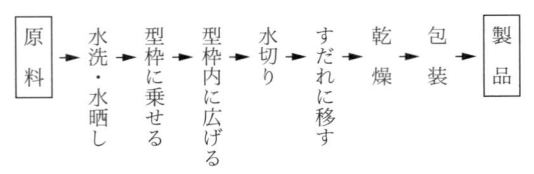

原料 → 水洗・水晒し → 型枠に乗せる → 型枠内に広げる → 水切り → すだれに移す → 乾燥 → 包装 → 製品

図 1.11　たたみイワシの製造工程

り，大判は主として業務用に，中判，小判は小売りに向けられる．これらの版は2枚，3枚，5枚など適宜重ね合わせて下に台紙を置き，ポリエチレンフィルムで包装する．

製造後の製品は白色であるが保管中黄変が発生しやすい．このため，脱酸素剤を封入して，脂質の酸化・黄変を防止する場合が多い．なお，家庭用冷蔵庫や冷凍庫に保管すれば長期間の貯蔵が可能である．

食べるときには，香ばしさを出すため軽く火で焙ることがポイントである．小さくきざんで醬油・砂糖醬油・マヨネーズ・カラシマヨネーズなどを少しつけ，惣菜・つまみに利用される．その他，熱湯と醬油を注いでお吸い物に，バターで炒めてもよく，利用範囲が広い．

最近ではたたみイワシに板ノリやチーズを貼りつけたりした新製品も種々工夫されている．

生産の現状

静岡県が主産地で全国の90%以上を占めるが，神奈川，茨城県でも生産される．地元のシラス水揚げ量に左右されるため年変動はあるものの，堅調な需要に支えられ，生産は安定している．2004年の静岡県の生産量は42 t[3]であるが，静岡県のなかでは静岡市用宗地区の生産が多い．シラス加工業者のなかでもたたみイワシを製造する業者は少なく，静岡県で約20軒であり，1軒あたりの従業員数は平均7人程度である．

〔和田　卓〕

文　献

1) 山内　悟：全国水産加工品総覧，pp 21-22，光琳，2005.
2) 和田　卓：水産加工品総覧，pp 17-18，光琳，1983.
3) 関東農政局静岡統計・情報センター：農林水産統計，2005.

1.1.9　干しダコ

製品の概要

干しダコは，マダコの内臓を除去して乾燥した素干し製品である．300年ほど前から漁師の保存食として作られてきたといわれている．主に瀬戸内海沿岸から九州にかけて作られており，8本の足を扇形に広げて潮風に吹かれている姿は夏の風物詩になっている．

製　法

兵庫県における干しダコの製造工程を図1.12に示した．原料魚は300～1000 gまでの活きたマダコを用いる．洗浄工程では，原料魚を真水で洗い表面の粘液やそれに付着している微生物や異物を除去する．調理工程は墨抜きともいわれ，外套を切らずに墨袋や内臓を除去する．成形工程では図1.13に示した"わっか"と呼ばれる竹で

| 原料 | 調理 | 乾燥 |

原料 → 洗浄 → 調理 → 成形 → 乾燥 → 製品

図 1.12 干しダコの製造工程

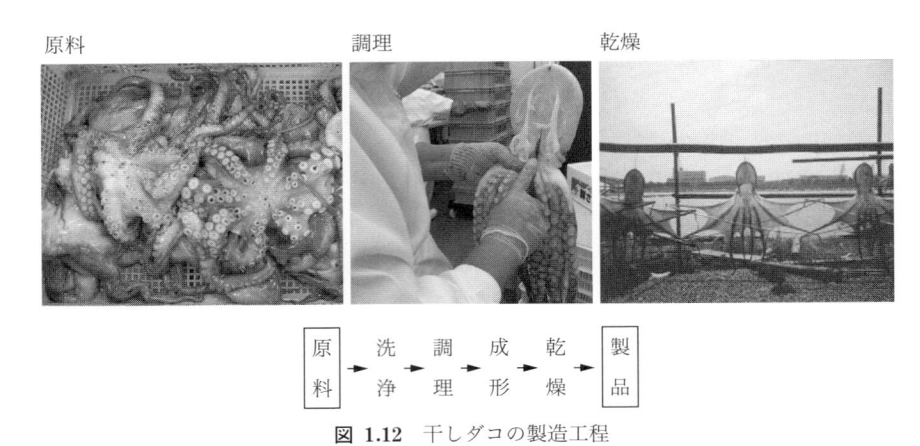

図 1.13 外套内に入れる"わっか"

できた U 字の型の成形器具を外套内に入れるとともに，頭部から足の付け根にかけて切り込みを入れ，竹の棒を X 字型に組み合わせて足にかけ扇形に開く．これは，そのままでは乾燥しにくい外套内部や互いに付着しやすい足と足の間を広げることで風通しをよくし乾燥しやすくするためである．乾燥工程は天日干しで 2〜3 日程度行われ，水分を蒸発させることで水分活性を下げ製品の保存性を高めている．また，水分の蒸発により旨味成分が濃縮するとともに，歯ごたえのある食感になる．

製品の特徴

図 1.14 に示したように，ユニークな形をしているため土産物としても好評である．常温で長期間保存できるように，水分を少なくし水分活性を 0.8 以下まで下げてあ

図 1.14 干しダコの外観

る．兵庫県では，細かく切った干しダコを米と一緒に炊いてタコ飯にしたり，醤油につけて酒の肴にして食べることが多い．これらは干しダコ特有の風味と歯ごたえがあり，最近ではタコ飯の素として商品化されるようになってきた．

兵庫県で製産されている干しダコの一般成分を以下に示した．水分 28.1%，粗灰分 7.1%，粗脂肪 0.8%，粗タンパク 54.9%，塩分 4.9%．

生産の現状

主に夏場に兵庫県の明石から姫路にかけての瀬戸内海沿岸や九州などで作られている．土産用や保存食として作られているものは，すべての工程を手作業で行い天日干しを行っているが，タコ飯の素や調味加工品の原料にするものは乾燥機を用いる場合もある．

〔森　俊郎〕

文　献
1) 福田　裕ほか監修：全国水産加工品総覧，pp 11-14，光琳，2005.
2) 日本の食生活全集 28，聞き書 兵庫の食事，p 91，農山漁村文化協会，1992.

1.2　塩　干　し

概　要

塩干しは原料をそのまま，あるいは適宜に調理して洗浄したのち塩漬し，食塩を浸透させてから乾燥した製品である．比較的簡易な加工法であるため多くの水産物の加工に用いられている．従来は保存を主目的に作られたため高塩分・低水分の製品が多かったが，冷凍・冷蔵や包装技術が発達した近年は，これらの技術を併用することで

保存性を高めた低塩分・高水分のいわゆる一夜干し製品が多く作られるようになった．

製造原理

塩干しは原料への食塩の浸透によりタンパク質が変成して脱水し，その後の乾燥が容易になる．また，乾燥過程や保存中の細菌の増殖による品質低下が抑制され，食味や食感の向上が図られる．食塩を浸透させるための塩漬法にはふり塩（まき塩）法とたて塩（塩水）法があるが，伝統的な塩干品にはふり塩法でしばらく塩漬したのち適度に塩抜きをして乾燥するものが多い．この場合，塩漬中に熟成が進み独特の風味が醸成される．一方，近年は低塩分・高水分の製品が好まれるので，冷却した塩水に短時間浸漬するたて塩法が普及している．魚体への食塩の浸透はいずれの方法でも用塩量，塩漬の温度や時間，原料魚の鮮度，大きさ，脂肪含量，調理の状態，塩漬後の水洗などに大きく影響される．

表 1.5 主な塩干品とその原料

名　称（主な産地）	主　な　原　料
丸干し（各地） 　　目刺し 　　ほほ刺し，えら刺し 　　その他	カタクチイワシ，マイワシ，ウルメイワシ，キビナゴなど ウルメイワシ，マアジ，シシャモ，サヨリ，サンマなど ハタハタ，ササガレイ，コマイなど
開き干し（各地）	マアジ，サバ，サンマ，ホッケ，カマス，アマダイ，トビウオなど
剝き身ダラ，干しダラ（北海道）	スケトウダラ，マダラ
興津鯛（静岡県）	シロアマダイ，アカアマダイ
くさや（東京都）	クサヤモロ，ハマアオトビ，ムロアジ
菊ガレイ，よろいガレイ（福井県）	カレイ
塩アゴ（長崎県）	ツクシトビウオ，ホトソビウオ，ホソアオトビウオなどの未成魚
塩引きサケ，酒びたし（新潟県）	シロザケ
イナダ，わら巻きブリ （石川県，富山県）	ブリ
あいぎょう（高知県）	アユ
エイのひれ（長崎県）	ガンギエイ，コモンカスベなどのひれ
カラスミ（長崎県）	ボラの卵巣

塩干品の種類

生産量が多い塩干品にはイワシ，アジ，サンマ，サバ，カレイ，ホッケなどがある．比較的小型の魚類は目刺しやほほ刺しなどの丸干しに，中型の魚類は開き干しに加工されるものが多い．表 1.5 に主な塩干品と，その原料を示した．

伝統食品としての特徴

伝統的な製法で作られた塩干品は高塩分・低水分の製品が多く，調理に際しては塩抜きや水戻しなどの前処理を必要とするものが一般的である．これらの製品は食嗜好の変化や調理の煩雑さなどが影響して生産量は減少している．また，塩干品の約 40% を占めるアジ，サバ製品は，国産原料の減少に伴って原料の大部分が高脂肪の輸入品に代替したため昔日の製品とは風味・食感が異なったものになった．

問題点と今後の課題

近年，塩干しの特徴である塩漬処理の目的が乾燥の促進，保存性の付与から呈味や食感の向上へと変化し，塩漬の塩分濃度の低下，時間の短縮とともに乾燥も軽減される傾向にある．このため塩漬過程での熟成やタンパク質の変性程度が不十分な製品も散見される．　〔黒川孝雄〕

1.2.1　イカ丸干し

製品の概要

石川県で生産されるイカ丸干しの原料は，沿岸から日本海沖合いで漁獲されるスルメイカを使用する．近年，原料となるスルメイカの漁獲量が不安定で，価格の高騰も伴って生産量も増減を繰り返している．

生産量は，全体で 70～80 t の生産量であり，その 50% が土産品として，残り 50% が小売される．

製　法

原料となる船凍イカを流水中で解凍し洗浄する．この際，傷物や大小の選別も行う．洗浄したイカは水切りし，調味液に漬け込みする．

イカ丸干し製造の一番の特徴であるこの調味浸漬が最終製品の品質を左右する．現在でも，単に食塩水に軽く漬け込み乾燥の工程に入る業者もいるが，乾燥が甘く，品

スルメイカ → 解凍 → 洗浄 → 水切り → 調味浸漬 → 流水洗浄 → 水切り → 網のせ → 乾燥 → 網はずし → 包装 → 製品

図 1.15　イカ丸干しの製造工程

質の良好な物ができにくい．近年は，8～10％の食塩水に10時間以上漬け込み，これを流水中で再度塩抜きを行って乾燥する傾向にある．こうして得られた製品は肉質の締まりがよい．さらに乾燥工程では，22～25℃の冷風乾燥機で，45～50時間乾燥するのが特徴である．

製品の特徴

強めの食塩水に漬け込み，肉質全体を締めるため，製造工程中に内臓の破損などによる汚れの発生がみられない．また，冷風による乾燥のため，仕上がり製品に光沢がある．一般に製造されるイカ製品は，内臓を除去したつぼ抜き製品が多いが，近年は内臓を抜かずに干し上げた丸干し品の需要が強まっている．

生産の現状

石川県でイカ丸干しの製造を行っているのは3～4軒であり，すべて能登方面で生産されている．これはイカの水揚げが能登に集中しているためである．生産量は70～80 t と見込まれるが，製品自体の需要は強く，原料事情さえよくなれば，生産量は増加するものと思われる． 〔神崎和豊〕

1.2.2 アジ開き

概　要

アジ開きは，旧来堅干しと呼ばれる乾燥の強い，保蔵性に重点をおいた製品であったが，最近は他魚種の塩干品と同様に比較的薄塩で水分の多い味を重視した製品となっている．製造面では1965（昭和40）年ころの乾燥機の導入により，天候に左右されないコンスタントな操業が可能となり，また，1970（昭和45）年ころより製品を冷凍して出荷することも始まり，薄塩で水分量の多い製品でも食品衛生面での安全性が確保されている．

製　法

原料は，九州地区に水揚げされる東シナ海・五島列島・対馬近海産のものや日本海の境港・浜田，千葉県の銚子などに水揚げされたマアジが主に用いられる[1]．国内産アジの漁獲変動に対応するため，品質が国内産マアジに近いヨーロッパマアジも使用されているが，原料魚の主体は4～8月の旬の時期に水揚げされる品質良好な国内産マアジである．ヨーロッパマアジも，鮮度保持，冷凍貯蔵条件の改善により品質が向上しており[2]，その製品は農林水産祭参加の品評会でも評価されている[3]．なお，ムロアジとマルアジは原料としての使用が減少している．

冷凍原料は，清水・塩水による水解凍あるいは空気解凍により解凍するが，解凍終了は庖丁が入る程度の半解凍状態とする．出刃を用い腹側からていねいに手開きするが，手開き製品は口吻が切れていないことが特徴である．開切アジは，水洗後たて塩により塩漬けするが，使用する塩汁の食塩濃度は15～18％，浸漬時間は15～30分

1.2 塩干し

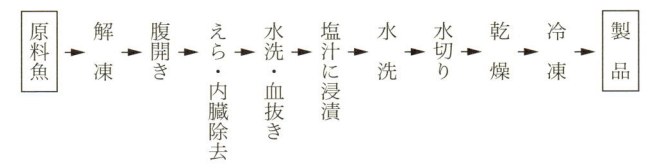

原料魚 → 解凍 → 腹開き → えら・内臓除去 → 水洗・血抜き → 塩汁に浸漬 → 水洗 → 水切り → 乾燥 → 冷凍 → 製品

図 1.16 アジ開きの製造工程

で，原料の鮮度・大小・脂肪量・季節により調節する．浸漬後水洗を行い，蒸籠に並べて水切り後乾燥する．乾燥温度は 30～35℃ の温風乾燥が主体で，乾燥時間は 30～120 分の範囲で調節する．放冷後ただちに －35℃ 以下でエアーブラスト凍結し，－30℃ 以下の冷蔵庫に保管する．

製造の特徴

塩干品は，塩汁に浸漬することにより塩分で魚肉タンパクが凝固するため肉の弾力が増し，生魚の塩焼きとは異なる独特の食感を呈する．また，乾燥により旨味成分が濃縮されるので，生魚より旨味が増す．マアジの食べ方では干物が一番おいしく，また，ムロアジは焼いても煮てもあまりおいしくない魚だが，干物にすると非常においしくなるといわれ[3]，干物のなかでアジの干物の生産が最も多い理由と考えられる．

塩汁は，漬け込み回数が多いほど味がよくなり，また，古い塩汁は酸化防止の効果も認められるため，冷蔵して長期間使用する場合が多い．静岡特産の茶葉は，アジ開きの品質向上に役立つ[4]ことから，塩汁に茶粉末を添加したり，味の改善のため駿河湾深層水を利用する場合もある．

天日乾燥と機械乾燥を比較した試験結果[5] では，天日乾燥製品は光沢に優れイノシン酸の残存量は多いが，若干黄変し，塩溶性タンパク質の抽出量は低い傾向を示した．

生産の現状

アジ塩干品の 2003 年の全国生産量は約 54000 t で，塩干品のなかでは最も多く 24 % を占める．地区別では静岡県が主産地で 45% を占め，以下千葉・神奈川・三重・

表 1.6 アジ開きの品質比較

項　目	機械乾燥	天日乾燥
IMP 比(%)	60.7	68.8
塩溶性タンパク質抽出量(N-mg/100 g)	990	770
肉面の色差計測定値(a/b)	0.8	0.5
POV(meq/kg)	13	18

佐賀の順となっているが，各地とも10%未満である．静岡県のなかでは沼津市が主産地で生産量の大部分を占める．業者数は，沼津市だけで約140企業，1企業あたりの平均的な従業員は10人で，1日あたり8000～10000枚を開く． 〔和田　卓〕

文　献
1) 山内　悟：全国水産加工品総覧，pp 24-26，光琳，2005．
2) 和田　卓ほか：静岡水試研報，**21**，41-51，1986．
3) 鈴木たね子：猫も知りたい魚の味─水産食品を科学する─，成山堂書店，2002．
4) 和田　卓ほか：静岡水試研報，**23**，59-70，1988．
5) 昭和57，58，59年度指定調査研究総合助成事業「利用加工研究」総合報告書，静岡県水産試験場，1985．

1.2.3　甘鯛塩干品

概　要

アマダイは本州中部以南の砂泥底に生息するが，特に東シナ海に多く分布し，主に底曳網や延縄で漁獲される．アマダイは水分が多く，身が軟らかいので干物や漬け物に加工される．徳川家康が賞味したとして知られる興津鯛はアマダイの塩干品である．また，古くから京都で賞味された若狭ぐじは，若狭湾で漁獲されたアマダイを背割りにして塩を施したものである．なお，長崎における甘鯛塩干品の本格的な生産は1980年前後から始まった．

製　法

長崎県における甘鯛塩干品は原料をそのまま，またはうろこを除いたのち背開きにして頭部も截割し，えら・内臓を除く．このとき角膜を破らないように眼球を取り除くことが多い．次に付着した内臓や汚物を淡水で洗い落とし，氷冷した希薄塩水に10～30分間浸漬して血抜き後，冷却した塩漬水に所定時間漬け込む．また，塩漬水の濃度と浸漬時間は原料魚の鮮度や大きさなどで加減し，低塩水（ボーメ3～8度）を使用したり，高塩水（ボーメ18～20度）を使用するなど業者で異なる．塩漬後は淡水に10～30分間浸漬して塩抜きしたのち20～25℃で1～3時間乾燥後，冷凍保存する．市販品の塩分は1.0～1.7%，水分は76～79%である[2]．また褪色防止のためにビタミンCやポリフェノールなどの天然系抗酸化剤を用いる業者もある．

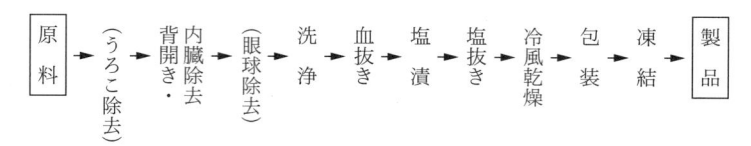

原料 →（うろこ除去）→ 背開き・内臓除去 →（眼球除去）→ 洗浄 → 血抜き → 塩漬 → 塩抜き → 冷風乾燥 → 包装 → 凍結 → 製品

図 1.17　甘鯛開き塩干品の製造工程

特　徴

甘鯛塩干品は主に京阪神へ出荷され，そのまま焼いて食べるほか，揚げ物，あんかけなど多様な調理素材として用いられる．

生産の現状

長崎県内の甘鯛塩干品の加工業者数は約20，生産量は1500 t 前後と推定される．長崎魚市㈱のアマダイ取り扱い量は4700 t（2000〜2004年平均）であるが，以西底曳網漁業の衰退や資源の減少の影響で，近年は国産原料に代わって中国からの輸入原料が主体を成している．

〔黒川孝雄〕

文　献

1) 清原　満ほか：平成11年度長崎水試事業報告, pp 146-151, 2000.

1.2.4 カレイ干物

概　要

1895（明治28）年に農商務省が編纂した『日本水産製品誌』によると，カレイの干物（乾鰈）として素干品（淡乾鰈），塩干品（鹽乾鰈），焼干品（焼乾鰈）の3種に区別してその製法を記している．現在，カレイの干物として全国的に流通しているのは塩干品であり，素干品としては主として瀬戸内海地方で伝統的に生産・消費されている小形カレイを上乾した「でびら（出平）」または「はくれん（白連）」と呼称される製品がある．また，焼干品は土産品として生産されているが量的には少ない．したがって，この項では塩干品について記述する．

産地と原料

明治時代までは「若狭カレイ」の呼称で福井県（若狭・越前）が産地として著名であった．しかし，大正時代に入り機船底曳漁業の発展に伴いカレイの水揚げが増大し，但馬，山陰，九州，北海道などのカレイ産地で塩干し加工が盛んになり，昭和40年代までは兵庫県（香住町）が量的に最大の産地となっていた．一方，島根県（浜田市）でも大正時代にカレイの水揚げが増加し，兵庫県から加工技術の導入を図るなど製法の改善や販路拡大に努め，昭和30年代にはムシガレイを主原料とする浜田産とソウハチを主原料とする香住産は，主要な消費地である京阪神市場で質と量を競うライバル関係になった．そして，昭和50年代以降は輸入原料の導入などにより生産量が増大し，島根県が全国トップの産地となった．

2003（平成15）年の全国総生産量は1万4241 t で，そのうち島根県6843 t（48%），兵庫県2379 t（17%），鳥取県1719 t（12%），北海道1459 t（10%）であり，この4県で総量の87%を占めている．

製　法

基本的な製造工程は以下のとおりである．

① 鰓弓と内臓の除去（庖丁で腹部と鰓蓋部を割裁するか，指や鉤状の道具を鰓腔内に差し入れて鰓弓と内臓をつかんで引き出す）
② 水洗い，血抜き，除鱗（産地または加工場により各様の撹拌魚洗機を用いて，魚種や鮮度など原料条件に応じた処理を行う）
③ 塩漬け（主としてたて塩漬け法が採用され，塩分濃度や塩漬時間は経験的に各様の処方がなされるが，その調整は味に影響する）
④ 水洗い，塩抜き，串差し（清水で汚物や表面の塩分を除去したのち，尾部または眼球部に串を差す）
⑤ 乾燥（天日のほか温風または冷風乾燥機で乾燥させる）

原料 → えらと内臓除去 → 水洗い・血抜き → 塩漬け → 水洗い・塩抜き → 串刺し → 乾燥 → 製品

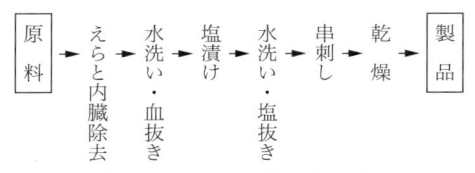

図 **1.18**　カレイ干物の製造工程

製品の特徴

現在流通している塩干カレイの主たる原料はムシガレイ，ソウハチ，ヤナギムシガレイで，量的には前2魚種の比率が高い．製品の市場評価としては，ヤナギムシガレイは「笹ガレイ」と呼称され姿・形がスマートかつ上品で，旨味成分であるイノシン酸の含量も他種に比べて多く味もよいので干物の最高級品として賞味されている．ムシガレイは無眼側の白身に透明感があり，みずみずしいところから「ミズガレイ」と呼称され，ヤナギムシガレイに次ぐ評価を得ている．ソウハチは「エテガレイ」と呼称され姿・形は前2魚種に劣り，無眼側の白身に透明感はないが，「血ばしり」と呼ばれる鮮紅色を呈する特徴があり，発色の強弱が製品評価の対象とされている．

〔岩本宗昭〕

1.2.5　ハタハタの干物（一夜干し）

製品の概要

ハタハタの干物（一夜干し）は，日本海で獲れるハタハタの内臓を除去し，塩漬けした後，乾燥した塩干品である．昔は軒下に吊り1晩かけて干していたことから一夜干しと呼ばれている．

製　法

兵庫県におけるハタハタ一夜干しの製造工程を図1.19に示した．原料魚は9月か

ハタハタ 　塩漬け
乾燥 　製品

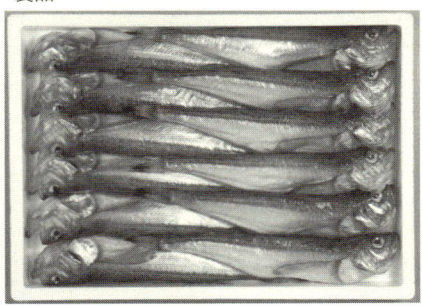

原料 → 調理 → 洗浄 → 塩漬け → 串刺し → 水洗い → 乾燥 → 計量・包装 → 製品

図 1.19 ハタハタ一夜干しの製造工程

ら 5 月にかけて沖合底曳網漁業で漁獲された 16〜20 cm 程度の卵が熟していないものを用いる．春に獲れるものは明るい黄金色で皮が軟らかく味もよいといわれている．調理工程では，魚体の腹部左側に肛門の後方から胸びれあたりまで庖丁を入れ内臓を取り出す．洗浄工程では，原料魚を氷水中で撹拌し，表面の粘液と腹腔内の内臓片を洗い流すとともに血抜きを行う．これにより，生臭さを低減させるとともに，製品の色つやがよくなる．塩漬け工程は次の 2 種類の方法がある．

　まぶり塩漬け：昔からの伝統的な方法で，調理・洗浄した魚体に直接塩と氷をまぶして桶に入れ，重石をのせて 1 晩漬け込む．この方法で漬けたものは，魚の表面から中心まで均一に塩分が浸透しており，保存性がよく生臭さが少ないといわれている．

　たて塩漬け：現在多くの加工業者が行っている方法で，原料を調理・洗浄した後，7〜10％ の冷塩水に 1 時間程度漬ける．この方法で漬けたものは，ハタハタ特有の色

合いが鮮魚に近い状態で残っておりきれいな外観になる．
　いずれの方法も原料の獲れた時期や大きさ，鮮度によって，塩分濃度と漬け込み時間を微調整している．
　串刺し工程では，鰓蓋の後方から口に向かって串を通すえら刺しにする．これは鰓蓋と口を開けることで風通しをよくし，傷みやすいえらを早く乾燥させるためである．水洗い工程では，表面の塩水を洗い流すため真水中で数秒振り洗いする．これにより，製品の色つやがよくなる．乾燥工程では，冷風乾燥機を用いて 20～25℃ で 5 時間程度乾燥する．昔は天日乾燥することが多かったが，現在では，衛生面や天候に左右されず 1 年を通じて均一な製品を作れる点で優れている冷風乾燥が主流になっている．

製品の特徴

　干物ではあるが，現在の一夜干しは可食部の水分量が鮮魚より 3～5% 少ない程度であるため，昔の干物に比べると保存性は低く，外観も図 1.20 に示したように鮮魚に近い色合いをしている．したがって，冷凍流通，冷蔵保存が必要である．白身の魚で脂がよくのっており，そのまま焼いて食べるのがハタハタのおいしさを最もよく味わえるが，乾燥程度が低いため調理済みの鮮魚として煮つけや唐揚げとして利用することも多くなっている．兵庫県で生産されているハタハタ一夜干しの一般成分を以下に示した．水分 68.9%，粗灰分 3.0%，粗脂肪 12.3%，粗タンパク 13.3%，塩分 2.3%．

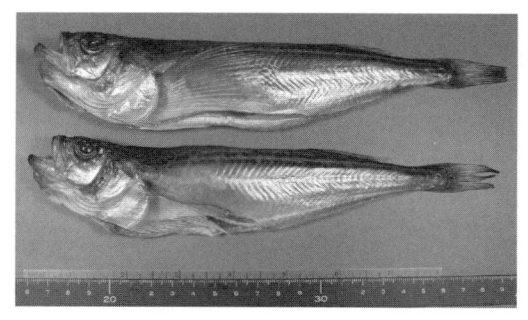

図 1.20　ハタハタ一夜干しの外観

生産の現状

　図 1.21 に示したように，最近では一夜干しの原料となるハタハタは兵庫県で最も多く漁獲されており，製品は主に兵庫県から鳥取県を中心とした山陰地方で作られている．魚洗機や冷風乾燥機などの機械化が進む一方で，内臓の除去や串刺し作業は現在でも手作業で行われている．　　　　　　　　　　　　　　　　　〔森　俊郎〕

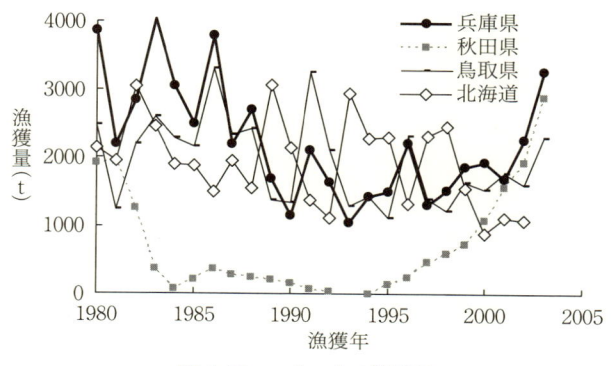

図 1.21 ハタハタの漁獲量

文 献
1) 福田　裕ほか監修：全国水産加工品総覧，pp 38-41，光琳，2005.

1.2.6 ブリ塩乾品（イナダ，わら巻きブリ）

製品の概要

ブリを塩漬けして乾燥したものを，別名イナダとも呼ぶ．その製造の起源は定かではないが，前田家三代目の加賀藩前田利常の時代に製造されたとの言い伝えがある．そもそもは，大量に漁獲された夏ブリの保存食として製造されたのが始まりである．

生産量は不明であるが，近年は石川県で生産される量はきわめて少なく，富山県で製造されるほうが多いと聞く．お中元の一つとして利用されるが，一般向けの製品ではない．

一方，わら巻きブリは三枚におろしたブリを，イナダ同様塩漬けし乾燥して真空包装したものを，わら縄で巻いたものである．

製　法

原料のブリは，5月から7月にかけて大型巻き網漁業によって漁獲される大型の夏ブリを使う．この大型ブリを頭を付けた状態で2つ割りし，頭部を残す表皮をはぐ．皮を除去したものは血抜きを行う．血合いに添って庖丁を入れて切り目をつけ，さらに背部と腹部に切り目を入れ流水中で血抜きを行う．血抜きの完了したものは，次のふり塩による塩漬け工程に入る．以前は 20% 以上の用塩量で塩漬けを行っていたが，近年は甘塩傾向にあって 15% 前後の食塩で，3日から5日間塩蔵する．塩蔵の終わったものは，流水中で塩抜きを行い水切りした後，網に並べて天日で7～10日間乾燥して仕上げる．

わら巻きブリに使用するブリは，以前は秋から冬場にかけて漁獲される能登ブリを

ブリ → 2つ割り → 血抜き → 洗浄 → 塩漬け → 塩抜き → 水切り → 乾燥 → 包装 → 製品

図 1.22 イナダの製造工程

ブリ → 三枚おろし → 塩漬け → 塩抜き → 冷風乾燥 → 真空包装 → わら縄で巻く → 製品

図 1.23 わら巻きブリの製造工程

使用していたが，漁獲の減少に伴いイナダの原料同様，単価の安い夏ブリや移入原料を使用することが多い．製法もイナダと同様であるが，三枚におろし冷蔵庫内で20日前後塩蔵する．これを流水で塩抜きして冷風乾燥機で2日前後乾燥する．乾燥の終わったものは真空包装し，これをわら縄で巻き上げ製品とする．

製品の特徴と現状

イナダはお中元商品として利用される程度である．また，わら巻きブリは通年の土産品として製造されているが，以前のような需要は望めず衰退する傾向にある．いずれにしても伝統食品の一つとして残していくためには，ニーズに合った改良が必要であろう．

〔神崎和豊〕

1.2.7 イワシ丸干し

概　要

イワシ丸干しは，イワシを調理しないでそのまま塩漬し，乾燥した塩干品である．原料には，主にマイワシ，カタクチイワシ，ウルメイワシが用いられる．従来のイワシ丸干しは，塩の添加および乾燥により水分活性を低くした上干品で，室温で貯蔵可能な保存食品として生産されていた．近年は，低塩分であまり乾燥しない半干品が多く製造され，長期間の貯蔵に際しては冷凍される．

イワシは，季節および海域によって脂質含量が大きく異なり，一般には脂質の少ないものは乾燥度合いの高い上干品に，脂質の多いものは乾燥度合いの低い半干品に加工される．イワシ類は日本近海で比較的多く漁獲されてきたため，丸干し原料のほとんどは国内で水揚げされたものを用いてきたが，近年はマイワシが不漁のため，アメリカ西海岸に水揚げされたものなどの輸入魚を用いることがある．

イワシ丸干しの主な生産地は，イワシの水揚げ港のある千葉県，鹿児島県，大分県，高知県などである．

製法

イワシ丸干しは，乾燥度合い，魚種，大きさなどの違いにより，やや製造方法が異なるため，ここでは半干品の製造工程について以下に述べる．

原料の解凍は，真水に浸漬して行う．塩漬けは，原料の大きさおよび脂質含量などによって，塩水の濃度および塩漬時間を調整するが，おおむね 5～10% の塩水に 30 分程度行う．水洗いは，真水によって魚体表面の汚れおよび血液を洗い取るために行う．串刺し部位は，えら部から口もしくは両方の目で，乾燥時の作業を容易にするために行う．乾燥は，ほとんどが機械乾燥で，串刺しした原料を乾燥器の中に吊して行う．乾燥は，温風によって生産されるものが多かったが，近年は冷風乾燥（20～25℃）によるものが増加している．包装は，乾燥後の魚体から串を抜いて行うものと，串を刺したまま行うものがある．一般的には，大型のイワシは串から外して，小型のものは串を残したまま製品とすることが多い．

原料 → 解凍 → 塩漬け → 水洗い → 串刺し → 乾燥 → 包装 → 製品

図 1.24 イワシ丸干しの製造工程

製造の特徴

原料には，ほとんどの場合凍結魚が用いられ，脂質含量の多いものを用いたものほど商品価値の高い製品のできる傾向がある．近年の消費者は，低塩分の製品への志向が強いため，食塩濃度が 2% 以下となるよう塩漬水の塩分および浸漬時間を調整することが多い．丸干しの品質には，外観が大きな要因となるため，水洗いによる汚れの除去および低温乾燥による油焼け防止が重要である．

五訂食品成分表によると水分 54.6%，タンパク質 32.8%，脂質 5.5%，灰分 6.4% を含む．機能成分として，カルシウム 2500 mg，カリウム 1000 mg，レチノール 400 μg，ビタミン D 90 μg が含まれ，脂肪酸では DHA，EPA が多量に含まれる．

伝統食品としての意義と特徴

イワシ丸干しの消費量は，節分のころに多く，夏季には少ないという季節的な偏りがある．習慣によること以外に，従来の上干品が室温では変質しやすかったことも大きな原因と考えられる．しかし，近年の丸干しは，低温によって品質が保持され，低塩分のため焙焼以外の料理素材として利用でき，今後は夏季においても消費量を多くできる可能性がある．

生産の現状

主な生産地は，千葉県，鹿児島県，大分県，高知県などであるが，全国の各地で生産されている製品である．マイワシの漁獲量の多かった，1985 年ころには丸干しの

生産量も多かったが，マイワシの漁獲量の減少および消費者の嗜好の変化により，生産量は減少傾向にある．

問題点と今後の課題

イワシ類の加工品は，特有の臭気をもつが，この原因の一つに脂質の酸化臭がある．イワシの脂質は，EPAおよびDHAなどの有効成分を多く含むため，丸干しの栄養評価を高めている．しかし，これらの脂肪酸は，酸化しやすく，色，におい，味などの官能面での品質低下原因となる．このため，いわし丸干しでは，脂質酸化を防止するための包装および貯蔵法を確立し，高品質化することが今後の課題である．

〔滝口明秀〕

1.2.8 サヨリ，カマスの干物

製品の概要

日本にはアカカマスとヤマトカマスの2種類がおり，主に沿岸での定置網にて漁獲される．両種とも，関東および北陸以南に生息し，晩夏から初冬の間に漁獲されたものが脂ののりがよく，漁獲量も多い．カマスの干物原料としては，体長が15 cmほどの小型のものと，20〜25 cmほどの大きなものが用いられ，それ以上の大きさは加工原料としては使われていない．「本カマス」と呼ばれるアカカマスに対し，ヤマトカマスの別名である「水カマス」の名称があるように，鮮度低下が比較的速く，短時間で身が軟らかくなる特徴がある．また，カマス自身の鋭い牙などで表皮が傷つきやすいことから，漁獲時に十分冷却されていることが重要である．

サヨリは北海道南部以南に生息し，刺し網やたも網，二船曳きなどで漁獲されるが，地域によっては禁漁時期が設定されている．サヨリの旬は春で，全国的に生産が行われている．干物原料として12 cmほどの小型のものを丸干しに，15〜20 cmのものを一般的な一夜干しなどの干物に，さらに25 cmの大型のものは，高級干物として加工されている．

製法

製法として，塩水に漬け込むたて塩を行っている．多くは高濃度の冷却塩水に短時間漬け込み，洗浄と表面部の脱塩を兼ねて水洗いを行っている．さらに多くの干物工場では，低温乾燥機によって製造を行っており，一部ではアレルギー対策として，脱水シートによる生産もみられる．

日本各地のカマスの干物は，その多くは頭を残した背開きであるが，頭を割った背開きや，小型魚の丸干しもみられる．サヨリは丸干しや一夜干しがほとんどである．ただし，小田原開きにしても魚の左側を開いた製品がほとんどであるが，右側を開いている製品もまれにみられる．

$$\boxed{原料} \rightarrow \boxed{背開き} \rightarrow \boxed{塩漬け} \rightarrow \boxed{水洗} \rightarrow \boxed{冷風乾燥} \rightarrow \boxed{製品}$$

図 1.25 サヨリ，カマスの干物の製造工程

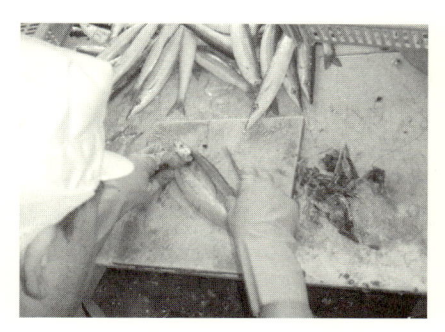

図 1.26 カマスの開き工程　　　図 1.27 腎臓の洗浄工程

製品の特徴

　干物が登場する記録としては，奈良時代までさかのぼり，当時の食生活や税制である租庸調での納めものとして登場する．現在の干物は，そのほとんどが腹開きとなっているが，カマスやサヨリは昔ながらの頭を残した背開きにする．これは特に「小田原開き」と称されている．

　この開き方は，日本の武家社会の繁栄にかかわりをもち，特に縁起を担ぐ武家の風習に関係が深い．食べ物に関しても縁起を担いでおり，切腹につながる腹を切ること

図 1.28 網並べ　　　図 1.29 低温乾燥機による乾燥

図 1.30 サヨリの干物

や, 戦で負ける兜割りに通じる頭を割ることは, 禁句とされていた. 城下町であった新潟県村上の塩引きサケなども, 腹の裂き方が二つ割りとなっており, これも武家社会の面影を残している.
〔臼井一茂〕

1.2.9 カラスミ

概　要

　カラスミはボラやメナダの卵巣を塩漬け後, 淡水で塩抜きして乾燥した魚卵の塩干品で, 江戸期には肥前野母のカラスミが越前のウニ, 尾張のこのわたとともに「天下の三珍」と称されて珍重された. カラスミの長崎への伝来は 1652（承応元）年にサワラの卵巣で製造する方法が中国から伝わり, その後, 1675（延宝 3）年にボラの卵で作られ始めた[1]. また, 当初のカラスミの製法は単に塩干しするだけであったが, 文化年間の末ころに河原公次が細粒にした食塩を卵にすりつけて樽に漬け込み, 次に水に浸して塩分を抜き, むしろにくるんで重しをかけて水分を絞ったのち乾燥するように改良した. さらに内野喜兵衛が 1864（元治元）年に改良して現在とほぼ同様の製法が行われるようになった[2].

製　法

　漁獲直後のボラから生殖孔周辺の皮肉をつけた状態で卵巣を摘出し, ただちに淡水中で卵巣の血管を軽くしごいて血液を排出したのち水切りする. 次に卵巣の全面に食塩をまぶして十分な食塩とともに桶に漬け込み, 気温が下がり北西から北北東の風が吹く時期に塩蔵卵を取り出して淡水中で塩抜きを行う. 淡水に入れた塩蔵卵ははじめは硬く凝固しているが, しだいに表面のほうから軟化してくるので, 卵膜を破らないように注意しながら卵巣を手で揉みほぐして塩抜きを早める. 卵粒が分離して均一化し, 卵巣全体が塩漬前の状態にまで軟らかくなったときを目処に塩抜きを終了する. 塩抜きした卵巣は手で軽く押して水切りし, 干し板に挟んで軽圧をかけて脱水後, 干し板に並べて天日乾燥するが, 夜間は室内に取り込んで干し板に挟み, その上に重しを載せて成形・脱水し, 翌日は天日で乾燥する. 天日乾燥中は時々裏返しを行うほ

か，水や焼酎などで湿らせた布で卵巣の表面に滲み出てくる液汁を拭き取る．また，乾燥が進むにつれて夜間の加重を増やす．乾燥には10日前後を要し，塩蔵卵からの歩留まりは50～60％である．乾燥が終わると生殖孔周辺部の肉片を切除して形を整え，表面に魚油（ボラの脂），椿油，オリーブオイルなどを塗布して真空包装する．

特　徴

カラスミは扁平な長楕円形で，黄橙色や鼈甲色を呈する．表面の薄皮をはいで薄く切り，そのままか炭火で少し焙って食べる．

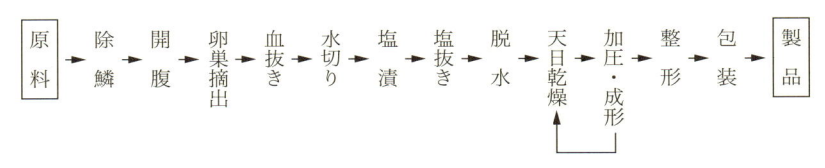

原料 → 除鱗 → 開腹 → 卵巣摘出 → 血抜き → 水切り → 塩漬 → 塩抜き → 脱水 → 天日乾燥 → 加圧・成形 → 整形 → 包装 → 製品

図 1.31　カラスミの製造工程

生産の現状

ボラは北海道以南の沿岸域に生息するが，発達した卵巣をもったボラは長崎，熊本，鹿児島，和歌山などの限られた水域でしか漁獲されず，漁獲変動が大きい．近年はオーストラリアなどからの輸入卵も使われている．カラスミの約90％は長崎産と推定されるが，2000～2004年の平均生産量は約18（17～19）tである．〔黒川孝雄〕

文　献
1) 永島正一：続長崎ものしり手帳，pp 178-181, 長崎新聞社，1977.
2) 水野正連：大日本水産會報告，**56**, pp 39-49, 1886.

1.2.10　サンマ干物

概　要

サンマ干物には，サンマをそのまま塩漬けにした後乾燥する丸干しと背開きにした後塩漬けにして乾燥する開き干しがある．丸干しには，乾燥度合いの高い上干品および乾燥度合いの低い半干品があり，製造方法はイワシ丸干しなどとほぼ同様である．

サンマ開き干しは，脂質含量の多い原料を用い，高水分で低塩分のものが多く生産されている．このような製品は，流通および貯蔵中において冷凍することが必要で，冷凍技術の発達によって生産量が増加した．サンマ開き干しの主な生産地は，サンマの水揚げ量の多い港のある房総半島以北で，地域としては千葉県銚子市における生産量が最も多い．なお，サンマ丸干しの上干品は，脂質含量の少ない原料が漁獲される，房総半島から紀伊半島にかけて多く生産されている．

製 法

サンマ開き干しの製造工程は，図 1.32 のとおりである．

原料には，ほとんどの場合凍結魚が用いられるため，解凍して加工される．解凍方法は，工場によって異なるが，5℃程度の冷蔵庫に 1～2 日間置いて解凍および解凍器を用いて水中で解凍などが行われている．いずれの解凍方法でも，解凍終了の目安は表面が解凍され，内部に凍結状態が残る，一般に半解凍と呼ばれる状態としている．身開きは，頭をそのままにして背中から庖丁を入れて切り，背開きにする．内臓は，ヘラを用いて取り出し，腎臓をブラシで除去する．洗浄は，腹腔部分および体表に付着している血液および内臓などの汚れを洗い落とす．塩漬け方法は，原料の大きさおよび脂質含量などの性状によって異なるが，高濃度の食塩水に短時間浸漬して行うことが多く，20% 前後の塩水に 10～15 分浸漬する．塩漬け後は，真水を用いて魚体表面を簡単に水洗いして，表面の塩水を洗い流す．乾燥は，乾燥機を用い魚肉表面の水がなくなる程度まで行い，冷風乾燥機では 1 時間程度の乾燥である．乾燥終了後は，トレーなどに並べ凍結してから出荷する．

原料 → 解凍 → 身開き → 内臓除去 → 洗浄 → 塩漬け → 洗浄 → 乾燥 → 包装 → 製品

図 1.32 サンマ開き干しの製造工程

製造の特徴

原料のサンマは，よく太った脂質含量の多いものを用いたほど，製品としたときの商品価値が高い．身開きは，半解凍とした原料を釘の出たまな板（木製）の釘に原料の目を通して頭を固定し，刃の短い庖丁を用いて背開きにする．庖丁は，サンマの頭の後ろから斜めに入れ，肋骨を切断しつつ背骨の上に肉を残しつつ切る．背骨に沿って身を開くと，血液が乾燥中に染み出し，肉表面が汚れ，商品価値が低下する．また，製品の外観をよくするためには，身開き後の水洗いによる血液および内臓の切れ端の除去は重要な工程である．塩漬けに用いる塩水は，繰り返して使用することが多い．このため，夏季などには異臭を発生することがあるため，このような塩水は冷却機を用いて低温で使用することがある．塩漬け中には，魚肉から旨味成分が溶出するため，高濃度の塩水に短時間浸漬することにより成分の溶出を抑制する．乾燥は，ほとんどが冷風乾燥で，表面の水が切れる程度に軽く行う．また，関西で多く用いられている乾燥法として灰干しがある．灰干しは，魚体をセロファン（透水性）で包み，それを布などで包んで，乾燥した灰でまぶし，魚肉の水分を灰に吸収させる乾燥法である．サンマの開いた肉面は，乾燥直後までは赤味のあるものが多いが，貯蔵中には比較的急激に変色し，薄い灰色になる．

伝統食品としての意義と特徴

現在のサンマ開き干しは，冷蔵庫が普及して以降に多く生産されるようになった塩干品である．近年，塩分の非常に低いもの（1% 前後）が多く生産されており，塩の添加は保存性を高めるためより，調味としての役割が大きい．サンマ開き干しは，家庭での調理が比較的簡単で，扱いやすいため安定した消費がある．

五訂食品成分表によると，サンマ開き干しの栄養成分は水分 59.7%，タンパク質 19.3%，脂質 19.0%，灰分 1.9% を含む．機能成分として DHA，EPA などの脂肪酸が多量に含まれる．

生産の現状

サンマは，漁獲量が比較的安定しているため，開き干し原料のほとんどは国内で水揚げされたものを用いている．脂質含量の多い原料が望まれることから，北海道沖で水揚げされたものの評価が高い．生産量は，2万t程度で千葉県，三重県，兵庫県などで多く生産されているが，減少傾向にある．

問題点と今後の課題

比較的安定した消費のある製品であるが，水産物全体の消費量の減少に伴って，生産量は減少傾向にある．サンマ開き干しでは，脂質含量の多いことが旨味の大きな要因となっているが，家庭での焙焼時に脂質酸化に伴うにおいが発生する．このため，消費拡大には煙の出ない魚焼き器の開発や工場で焙焼までした製品の開発が望まれる．

〔滝口明秀〕

1.2.11 フカひれ

製品の概要

フカひれはサメ類のひれを乾燥したもので，食用とする部分はひれから皮および軟骨を除去した角質鰭条である．これは一般に「筋糸」と呼ばれている．

昔ながらの素干し品は，調理の前処理に手間を要することから近年減少し，現在の主流は冷凍品，レトルト品である．製品の形態は，ひれの姿をそのまま保持したもの（主として姿煮用）と筋糸をほぐしたもの（「金糸」と呼ばれ主としてスープに利用）に大別される．

製　法

原料として主に利用されるのは，近海マグロ延縄船による水揚げ量の多いヨシキリザメであるが，ネズミザメ，アオザメをはじめ，ほとんどのサメが利用される．ひれは背びれ，胸びれ，尾びれのほか，腹びれなど小型のひれもすべて利用される．

素干し品は，1昼夜塩漬けして血抜きしたひれを洗浄後天日または乾燥機で水分10%以下まで乾燥する（図1.33）．素むき品は，洗浄したひれを温湯に漬け皮および軟骨を庖丁で削り取った後乾燥する．冷凍品およびレトルト品は，素むき品を成形後脱

```
原料 → 塩漬け → 洗浄 → 乾燥 → 箱詰め → 製品
```

図 1.33 素干しの製造工程

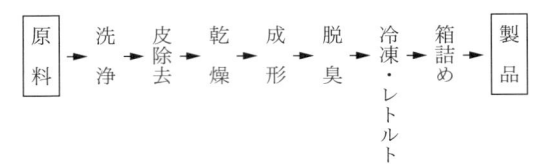

```
原料 → 洗浄 → 皮除去 → 乾燥 → 成形 → 脱臭 → 冷凍・レトルト → 箱詰め → 製品
```

図 1.34 冷凍・レトルトの製造工程

臭（温湯による加熱と水晒しによる）を経て製品とする（図1.34）．

製品の特徴

フカひれ自体には味はほとんどなく，スープで調味し料理に使用する．製品の多くは業務用で，主として中華料理用高級食材として利用される．一般向けの製品は昭和40年代後半にフカひれスープ缶詰めが販売されたのが最初とされ，現在はフカひれラーメン用セットや姿煮製品なども販売されている．

五訂食品成分表によると，フカひれの栄養成分は水分13.0%，タンパク質83.9%，脂質1.6%，灰分1.5%を含む．機能成分としてコラーゲンが多量に含まれる．

生産の現状

フカひれの生産は，過去には西日本を中心にほぼ全国で行われていたが，各地でサメ漁業が衰退した結果，現在は近海マグロ延縄船により全国サメ水揚げの7割を占める宮城県気仙沼市およびその隣接地域が主産地となっている． 〔藤原 健〕

1.2.12 剝き身スケトウダラ

概　要

昭和のはじめ北海道で考案されたといわれている．第2次世界大戦後，網走地方にその生産技術が導入されて，生産は伸び，稚内，道南でも作られるようになった．また，北海道以外にも青森，富山でも作られている．近年，大型スケトウダラの激減により生産量は落ち込んだが，船内凍結の大型スケトウダラを用いて，生産は続いている．

製　法

生・冷凍スケトウダラの内臓，えらを除去し塩漬け後，乾燥した製品．大型のスケトウダラの魚体の軟化してないものを原料とし，ハラスの黒膜を取り，三枚おろしにする．血抜き・洗浄のため流水で6時間（色調を高める）水に晒す．さらに塩を敷き

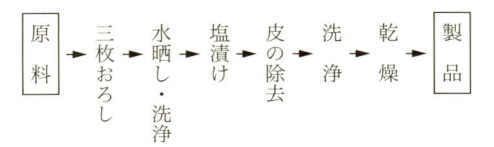

原料 → 三枚おろし → 水晒し・洗浄 → 塩漬け → 皮の除去 → 洗浄 → 乾燥 → 製品

図 1.35 剥き身スケトウダラの製造工程

魚体を並べさらに塩をふり塩漬けする（12時間）．皮を除去し，洗浄，乾燥して製品とする．

製造の特徴

大型スケトウダラを使用し，頭，内臓を除去した（400〜600 g）ものを用いる．本州の青森では塩漬け前に，富山では乾燥後に皮の除去を行っている．また，塩漬けは青森では5〜12%食塩水に1晩浸漬するが，北海道，富山では漬け塩しながらタンクに漬け込む方法を採っている．塩漬行程はこの時点で整形されるので十分注意を要する．乾燥は水分量30〜40%になるまで行う．流通は，冷蔵0〜10℃で3〜6か月間，保存可能である．剥き身スケトウダラの栄養成分は水分38.2%，タンパク質40.5%，脂質0.3%，炭水化物0.1%，灰分20.9%である．塩分が18.8%と多めであるが高タンパク質であり，すぐれた栄養食品である．

生産の現状

生産は年間3000 t程度で，北海道が圧倒的に多く青森，富山などでも作られている．

〔川崎賢一〕

文 献
1) 富山県水産加工業協同組合連合会ほか：とやまの水産加工品，2002.
2) 青森県水産物加工研究所：魚類加工製造マニュアル（II），1998.
3) 富山県食品研究所：とやまの特産物機能成分データ集，2005.
4) 香川芳子監修：5訂食品成分表，女子栄養大学出版部，2001.
5) 三輪勝利監修：水産加工品総覧，光琳，1983.
6) 農林水産省統計情報部：平成12年水産加工品生産量.

1.2.13 サケ干物（塩引き，酒びたし）

概 要

新潟県の村上地方では，昔からサケを特に珍重しさまざまな料理方法により余すところなく利用している．そのようななかで代表的な伝統的加工品に塩引きサケ，酒びたしがある．塩引きサケは，産卵のために回帰したサケを用い，保存性と調味の両面から塩漬け，乾燥，熟成を行った加工品である．一方，酒びたしは長期熟成を加えた塩蔵風乾食品である．どちらも村上の風土にあった加工法で作られおいしく食べる工

夫がされている．

製法

竹べらなど利用して魚体からぬめりやひれ，内臓をていねいに取り除くが，このとき，腹を一部残して切る．これは村上地方では村上藩に敬意を示し「切腹」のイメージをサケに与えないためである．十分洗浄したサケに対して食塩を尾から頭の方向に強くすり込む．同様に内臓を除去した腹腔内にも十分な食塩をすり込んで，1週間程度桶などに漬け込む．漬け込みの終了したサケから余分な塩分を除くために，流水で脱塩を行い，寒風で乾燥する．乾燥では頭を下にし，塩引きサケで2週間程度，その後，半年程度乾燥を続けると独特な味わいのある酒びたしになる．

製品の特徴

塩引きサケは，塩蔵したのち風乾を行うことで，サケの身が自己消化による旨味成分の増加と乾燥による濃縮などにより，深い味わいをもつものに変化する．それは脂ののりからくる旨味ではなく，サケの淡白な旨味といえる．新巻きサケと成分を比較してもやや水分が少なく，タンパク質が濃縮されていることがわかる．さらに乾燥した酒びたしは湿潤な梅雨時期を経ることにより，独特な風味が加わった加工品であるが，透明感のある身質や硬い食感は生サケの身からは想像できない．

生産の現状

新潟県においては，主に北部で生産されているが，岩手県などでも同様な製品が生産されている．原料については新潟県産のほか，北海道，青森県，岩手県などのもの

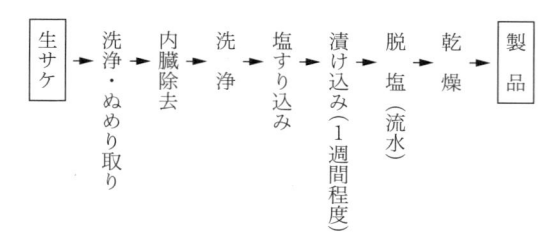

生サケ → 洗浄・ぬめり取り → 内臓除去 → 洗浄 → 塩すり込み → 漬け込み（1週間程度）→ 脱塩（流水）→ 乾燥 → 製品

図 1.36 サケ干物の製造工程

表 1.7 塩引き，酒びたしの一般成分（％）

	水分	タンパク質	脂質	灰分
塩引き	57.1	30.4	7.4	7.1
酒びたし	30.1	52.6	6.4	11.5
新巻きサケ*	67.0	22.8	6.1	4.0

新潟県水産海洋研究所調べ．
* は五訂食品成分表．

も使われるようになった． 〔海老名　秀〕

1.2.14　シシャモ干物
概　要

シシャモ干物は北海道のアイヌの人たちが冬の食料として乾燥・貯蔵した保存食であった．昭和20年代にシシャモ干物のおいしさが知られ，北海道の名物として珍重されるようになり，非常に高価な干物であった．しかし，1967（昭和42）年ころ，アイスランドから2 tのカラフトシシャモの輸入をきっかけに，1973（昭和48）年には輸入量が5万tまで増加した．このころより，一般家庭でも食べられる大衆魚として定着した．しかし，北海道で漁獲されるシシャモは1500 t程度であり，味もよく数量が限られていることもあって高価である．カラフトシシャモはアイスランド，ノルウェー，ロシア，カナダから輸入されており，北海道以外では茨城県など多くの県で加工されている．

製　法

生・冷凍シシャモを塩漬け後，乾燥した製品．製造工程を図1.37に示す．

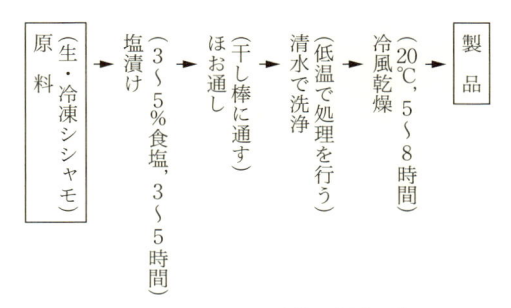

原料（生・冷凍シシャモ）→ 塩漬け（3〜5%食塩，3〜5時間）→ ほお通し（干し棒に通す）→ 清水で洗浄（低温で処理を行う）→ 冷風乾燥（20℃，5〜8時間）→ 製品

図 1.37　シシャモ干物の製造工程

製造の特徴

ほお通しは昔は枯れたヨモギの茎をえらから口に通したが，現在では干し棒に通している．昔は北海道11月の気温（10℃以下）で天日乾燥し，乾燥度合いは高かったが，現在生産されているシシャモ干物は水が切れる程度から20℃の冷風乾燥機で3〜5時間乾燥する生干しシシャモの生産がほとんどである．各県で生産されているシシャモはカラフトシシャモを原料とし，ほとんどが生干し製品である．製品は冷凍で保管し，解凍後も低温で流通する．シシャモ干物（シシャモ）の栄養成分は水分67.6%，タンパク質21.0%，脂質8.1%，炭水化物0.2%，灰分2.1%である．丸ごと食べることからカルシウム（330 mg）や，レチノール（100 μg）の量が多い．カラフトシシャモの栄養成分は水分69.3%，タンパク質15.6%，脂質11.6%，炭水化

物0.5％，灰分3％で，カルシウム（350 mg）や，レチノール（120 μg）と脂質の量がシシャモと比べて多いが他はほとんど差がなく，シシャモと同程度である．

〔川﨑賢一〕

文　献
1)　香川芳子監修：5訂食品成分表，女子栄養大学出版部，2001．
2)　三輪勝利監修：水産加工品総覧，光琳，1983．
3)　福田　裕ほか：全国水産加工品総覧，光琳，2005．

1.2.15　塩アゴ
概　要

長崎県の平戸・生月島および五島有川湾の沿岸では，北西の風が吹く初秋ころに体長15 cm前後のツクシトビウオ，ホソトビウオ，ホソアオトビウオなどの未成魚が定置網や船曳網で漁獲される．これらのトビウオを地元では「アゴ」と呼ぶ．この時期はまだ残暑が残り，天候も不順な時期であるので漁獲したアゴはただちに地域の漁家が総出で塩干しや焼干しに加工する．塩干ししたものを「塩アゴ」といい，この地域の古くからの特産品である．

製　法

アゴを海水で洗浄し，水切りしたのち魚体重の10～13％の食塩をふり塩しながら桶に入れ，1夜から数日間漬け込み，乾燥に適した天候の日を選んで，淡水中で揉み洗いして体表のぬめりや腸管中の残餌を除くとともに過剰な塩分を除去した後，よしずに並べて天日乾燥する．冷蔵庫や乾燥機が普及した近年は5～10％のふり塩，またはボーメ15～20度の塩水中に3～15時間漬け込み，淡水で洗浄したのち機械乾燥することが多い．従来は水分28％前後にまで乾燥したが，近年は40～60％で製了して冷凍保存する生干し製品が多い．なお，乾燥した塩アゴは1尾ずつ腹部を稲わらで編んで15匹を連ねそれを2本束ねたが，近年はポリエチレン袋や段ボール箱に入れて販売される．高水分製品は急速凍結する．

特　徴

塩アゴは背側が濃青色と，腹側は銀白色を呈し，身肉が硬いが，炭火で焙って金槌で叩くと背骨が外れ，身がほぐれて食べやすくなる．独特の風味があるが，酒の肴や

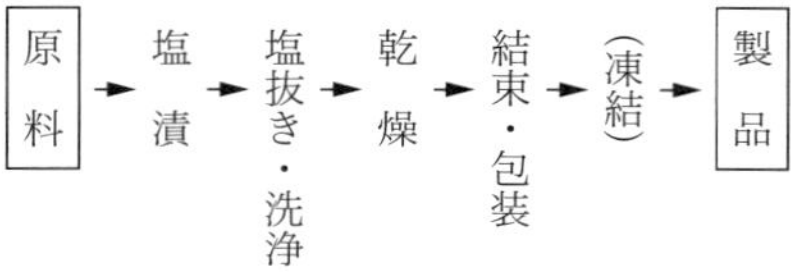

原料 → 塩漬 → 塩抜き・洗浄 → 乾燥 → 結束・包装 → (凍結) → 製品

図 1.38　塩アゴの製造工程

お茶漬けなどによく合う．

生産の現状

アゴの漁獲変動が大きく，漁期も短いので加工業者数，生産量とも一定しない．2000～2004年の平均生産量は約172（110～210）tである． 〔黒川孝雄〕

1.3 煮干し

概要

煮干しは水産物を塩水，または淡水で煮熟したのち乾燥したもので，一時に多獲されて鮮度低下がすみやかな比較的小型の魚介類の加工に用いられることが多い．特にイワシ類を原料とした煮干イワシと，シラス干しの生産量は煮干し製品全体の78％（2000～2002年の平均）を占めている．

製造原理

煮干しは原料を煮熟することで，自己消化酵素と付着している細菌を失活させ，乾燥中にこれらの作用で変質することを防ぐ．また，タンパク質が熱変成して離水し，

表 1.8 主な煮干し製品とその原料

名称（主な産地）	主な原料
煮干し（各地） 　イワシ 　その他	 カタクチイワシ，マイワシ，ウルメイワシ マアジ，イカナゴなど
シラス干し（各地）	カタクチイワシなど
干しエビ（静岡県，愛媛県） 　皮付きエビ 　すりエビ 　むきエビ	 シバエビ，サクラエビ，クルマエビ，テナガエビなど アカエビ，サルエビ，トラエビなど クルマエビなど
干しアワビ 　明鮑（長崎県） 　灰鮑（北海道，岩手県）	 マダカアワビ，メガイアワビなど クロアワビ，エゾアワビなど
干しナマコ（石川県，北海道）	マナマコ，キンコなど
䱊翅（宮城県，茨城県，千葉県）	フカヒレ
煮干し貝柱（北海道）	ホタテガイなどの貝柱
煮ヒジキ（三重県，長崎県，大分県）	ヒジキ

その後の乾燥が容易になる．しかし，過度に煮熟するとエキスなどの呈味成分の溶出，身割れなどが生じて食味や外観を損ねる．一方，煮熟が不足すると乾燥が不均一になり，異味・異臭を生じやすい．したがって，原料の種類，鮮度，大きさなどにより煮熟の温度，時間を調節する必要がある．また，原料によっては煮熟水の水質や煮熟容器の材質が製品の品質に影響を及ぼすことがある．

煮干しの種類

生産量が多い煮干し製品にはイワシ，シラス干し，イカナゴ・コウナゴ，貝柱などがある．表1.8に主な煮干し製品と，その原料を示した．

伝統食品としての特徴

煮干し製品のなかで生産量が多い煮干しイワシ，シラス干しは堅調な需要があり，製造工程の機械化が進み，漁家加工が減少して企業加工の割合が増加している．一方，生産量がもともと少なかった干しアワビや干しナマコなどは資源の減少と活魚出荷の普及などでさらに生産量が減少し，伝統的な製造方法の継承も難しい状況にある．

問題点と課題

煮干しの煮熟処理にあたっては原料をよく選別して種類，鮮度，大きさなどをできるだけそろえて行わなければならない．また，煮熟水の硬度が高いとカルシウムが沈着して外観を損ねることがある．

〔黒川孝雄〕

1.3.1　煮干しイワシ

概　要

煮干しイワシ（以後煮干しと書く）は，イワシを煮熟後乾燥した煮乾品で，原料には主にカタクチイワシおよびマイワシが用いられる．原料は，脂質含量の少ないイワシが適しているため，このようなイワシが多く水揚げされる関東以南および日本海側で生産量が多い．煮干しイワシは，水分が15％前後まで乾燥され，従来は室温で流通していたが，近年は長期間の貯蔵に際し，油焼けなどの変色を防止するため，冷蔵されることが多い．

製　法

煮干しの製造工程を図1.39に示す．

煮干しの原料には，水揚げ後数時間の鮮度のよい生鮮魚が用いられる．加工までの原料鮮度を保持するため，漁獲後から砕氷などにより冷却しながら工場に搬入する．工場では，イワシを氷などで冷却した真水を用いて洗い，汚れおよびうろこを除去する．水洗いした原料は，干し簀（90×150 cm程度のものが多い）の上に魚体が重ならないように薄く広げる（原料は3 kg前後）．煮熟は，原料を干し簀にのせたまま熱水を満たした釜に入れ行う．一般的な煮熟は，干し簀を20枚程度重ね，食塩濃度約

1.3 煮干し

原料の搬入 → 洗浄 → 簀に広げる → 煮熟 → 乾燥 → 包装 → 製品

図 1.39 煮干しイワシの製造工程

3%の90℃前後の熱水に5〜10分間程度浸漬して行う．従来の乾燥は，天日によって行うことが多かったが，近年は冷風乾燥機によるものが多くなっている．乾燥の終了は，魚体の水分が15%前後になったときで，乾燥時間は大きさおよび脂質含量などによって異なる．製品は，15 kg程度をダンボールに詰め出荷されることが多い．

製造原理

煮干しの品質には，原料の鮮度が大きく影響し，よい製品を作るためには鮮度のよい原料が必要である．鮮度の悪い原料を使用すると，煮熟時に腹部が身割れなどを起こし外観の悪い製品となる．このため，漁獲から煮熟までを砕氷などを使用して魚体を低温に保持する．煮熟工程では，煮熟水が沸騰していると，原料が簀の上で動かされ，肉が崩れるため，外観の悪い製品となる．また，煮熟水の温度が低いときは，魚体が伸びた製品となる．このため，原料を浸漬した後の煮熟水は，加熱を調節しながら90℃前後に保つ必要がある．

煮干しは，だし素材として用いられることが多く，呈味成分として最も重要なものはイノシン酸で，次に遊離アミノ酸である．イノシン酸は，生の魚肉では酵素作用によって分解され減少するが，煮熟によって酵素が失活すると変化しない．遊離アミノ酸は，鮮度による変化は比較的少ないが，一部は脂質酸化の生成物と反応して減少する．また，脂質含量の多い煮干しは酸化しやすく，製造および貯蔵中に油焼けおよび酸敗臭を生じる．このため，高品質な煮干しを作るには，脂質含量の少ない原料を鮮度のよいうちに煮熟して加工することが重要である．

伝統食品としての意義と特徴

煮干しは，味噌汁のだしなど多くの日本料理に使用されてきたが，近年は家庭での消費量が減少している．しかし，煮干しは，天然調味料として化学調味料にない旨味があるため，現在もなお根強い人気がある．

五訂食品成分表によると，煮干しイワシ（カタクチイワシ）の栄養成分は水分15.7%，タンパク質64.5%，脂質6.2%，灰分13.3%を含む．機能成分としてカリウム1200 mg，カルシウム2200 mgが多量に含まれる．

生産の現状

煮干しの生産量は，4万t前後で，比較的安定しているが，生産者数は，減少しており，1工場あたりの生産が増加している．生産量を多くするため，製造工程の大部

分を機械化し，煮熟釜などを大型化している．また，輸送手段の発達により，遠隔地からも比較的鮮度のよい原料の入手が可能なことから，地元に水揚げがなくても生産ができるようになり，工場の稼動日数が多くなっている．

また，近年は，煮干しのペットフードとしての消費量が増加しており，この消費は生産量に対する割合が大きくなっている．

問題点と今後の課題

煮干しは，主にだし素材として使用されてきたが，家庭での消費量が減少している．この原因として，他の調味料に比べ使用に手間のかかることがあげられる．このため，簡便にだしを取れる形態の煮干し加工品の開発が望まれる．また，だし素材以外での消費が比較的少ないため，さらに加工するなどして新たな食べ方を開発し消費の拡大を図る必要がある．また，煮干し原料は，生鮮の鮮度のよいものだけを使用するため，生産は漁獲の影響を大きく受ける．年間を通して安定した生産を行うため，凍結原料を用いた煮干しなど，従来と品質基準の異なる煮干しの開発も望まれる．

〔滝口明秀〕

1.3.2 シラス干し，ちりめん

製品の概要

シラス干し・ちりめんは，カタクチイワシ，マイワシ，イカナゴなどの稚魚を塩水で煮熟したのち乾燥した煮干し製品である．主に関東方面ではシラス干し，関西方面ではちりめんと呼ばれることが多い．兵庫県ではこのうちイカナゴを原料としたものを"かなぎちりめん"と呼んでいる．

製　法

兵庫県におけるちりめんの製造工程を図1.40に示した．原料は主に3cm以下のカタクチイワシの稚魚を用いる．洗浄工程では，原料魚を真水中で撹拌し魚体表面の粘液やそれに付着している微生物や異物を除去する．これにより，煮熟水の劣化が軽減されるとともに製品の色つやがよくなる．煮熟工程では，沸騰した2～4％の塩水で2分程度加熱する．塩水で加熱することで塩味をつけ，酵素や微生物の働きを止めるとともにタンパク質を熱凝固させて乾燥しやすくする．煮熟は，原料魚を目の細かい網蒸籠に載せ，ステンレス製の角釜で行う方法と，熱塩水が循環している自動釜に原料魚を直接投入する方法がある．前者は比較的小規模で行う場合，後者は大規模に行う場合に用いる．水切り工程では，風を当てて煮熟水をとばし，乾燥工程での負荷を少なくする．乾燥工程では，乾燥機や天日により水分を蒸発させ，水分活性を低下させるとともに塩分を濃縮させ製品の保存性を高める．乾燥は，乾燥機では40～60℃で15分程度，天日干しの場合は3～4時間程度行う．異物除去工程では，風や振動，静電気などを使ってちりめんから異物（エビやカニの幼生，昆虫や毛髪など）を

原料　　　　　　　　　乾燥　　　　　　　　　製品

図 1.40　シラス干し・ちりめんの製造工程

原料 → 洗浄 → 煮熟 → 水切り → 乾燥 → 異物除去 → 計量・包装 → 製品

除去する．これはちりめん（重い）と異物（軽い）の比重差を利用している．これら以外の異物については目視観察を行い手作業で除去せざるをえないのが現状である．計量・包装工程では，保管用や中央市場向けは 5 kg ずつ樹脂製の袋に入れ段ボール箱に収容するが，最近では出荷先のニーズに合わせた個包装（50〜500 g）を行うことが多くなってきている．

製品の特徴

　図 1.41 に示したように，ちりめんは色が白く魚体の大きさがそろっており，折れや異魚種（エビやカニの幼生，イワシやイカナゴ以外の稚魚など）の少ないものがよいものとされている．太白ちりめんと呼ばれる関東向けのシラス干しは比較的水分が多く 60〜70% 程度，関西向けのちりめんは比較的水分が少なく 45% 程度のものが多

図 1.41　カタクチイワシを原料としたちりめんの外観

い．兵庫県で生産されているちりめんの一般成分を以下に示した．水分 40～50%，粗灰分 8%，粗脂肪 1～2%，粗たんぱく 40%，塩分 4～6%．

生産の現状

生産量の多い地域は，兵庫県，静岡県，和歌山県，愛知県，茨城県である．兵庫県では，原料魚を目の細かい網蒸籠に載せ，50～200 l 程度の角釜でゆでて天日干しする1日あたりの生産量が100 kg 程度の業者から，原料を全自動洗浄機に投入した後，熱水が循環している自動釜から乾燥機にコンベアで運ばれて乾燥する1日あたりの生産量が3 t 以上の業者まである． 〔森　俊郎〕

文　献
1) 福田　裕ほか監修：全国水産加工品総覧，pp 77-79，光琳，2005．
2) 藤井　豊ほか：水産加工業体質強化マニュアル，pp 207-214，大日本水産会，全水加工連，1991．

1.3.3　煮干しサクラエビ

概　要

「サクラエビ素干し」の項で示したように，素干しは明治時代から作られていたが，煮干しサクラエビは大正初期から製造されるようになり[1]，かきもち，あられなどエビ味の米菓用や中華料理店向けに盛んに作られたが，現在は極端に少なくなった．これに対し，戦後の家庭用冷蔵庫の普及に伴い煮上げたままの釜あげ製品[2]の生産が増加してきた．最近のサクラエビの利用比率は，素干し約50%，煮干し（釜あげ）約30%，生冷凍約20%である．

製　法

原料はサクラエビ素干しと同様であるが，秋漁（10～12月）の場合はその年の夏生まれのため小型で，春漁（3～6月）はそれが成長して大型となり，製品の品質にも影響し，原料単価は概して春漁が高い．

煮熟および冷却は，ステンレス製の煮籠つき自動釜および網ベルトコンベア式の自動冷却機が用いられる．標準的な製法は，沸騰塩水 800 l にサクラエビ約 30 kg を投入し，よく攪拌し1～2分煮熟する．煮熟後煮籠を回転させてすくい上げ，振動しているステンレス製の網蒸籠の上に載せひげ取りを行う．その後，コンベア式の網ベルト（約20 m）上を5分間流れ，下からの送風により冷却される．こうして仕上がったものを釜あげ製品と称し，以後，−40℃でエアーブラスト凍結される．

これを天日により十分に乾燥したものが煮干し製品で，篩上で振動させひげを除いたものをむきエビ，さらに回転式ドラムにより頭部，殻を除いたものを本むきエビと称している．

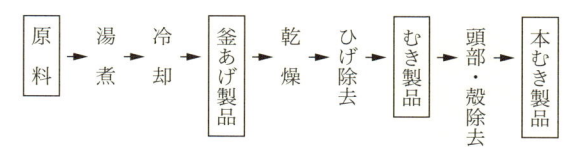

原料 → 湯煮 → 冷却 → 釜あげ製品 → 乾燥 → ひげ除去 → むき製品 → 頭部・殻除去 → 本むき製品

図 1.42 煮干しサクラエビの製造工程

製造の特徴

かつては 10% 以上の塩水で煮熟していた[1]が，最近は 8～10% と低くなっているといわれる[2]．しかし，健康志向で薄味が好まれるため，さらに薄くなり現在では約 3～5% の塩水により煮熟する場合が多い．また，駿河湾深層水（水深 680 m から取水）を使用することにより味がまろやかになるといわれ，この場合は深層水 500 l に水道水 300 l を混合し，反復使用により薄くなった分は天日塩を補給する．煮すぎると硬くなり旨味がなくなること，秋エビは小型のため塩分が入りやすいことなどのため，塩分や煮熟温度・時間などの調節・操作に熟練を要する．

また，サクラエビは鮮度低下がきわめて早いため[3,4]，迅速処理が求められる．このため，釜あげの場合も製造されたらただちに凍結し，後ほど小売用の小分け包装を行う．

釜あげを長期保存する場合は密封してフリーザーで冷凍保存する．そのまま食べてもおいしいが，かき揚げ，お吸い物のほか，卵とじ，オムライス，お好み焼きやちらしずしなど用途は広い．最近ではシュウマイ，コロッケなどにも利用される．

むき製品は，高級品としてスープや炊き込みご飯などに利用される．

生産の現状

煮干し製品（むき）はサクラエビ製品の主流を占めていたこともあったが，小エビ類，オキアミ製品の出回りなどによって極端に少なくなり，最近は一部の高級店からの注文のみで，年間 300～500 kg 程度の生産である．釜あげ製品は徐々に増加して，2004 年の生産量は 426 t である[5]．生産業者数などは「素干しサクラエビ」の項と同様である．

〔和田 卓〕

文 献

1) 長谷川薫：水産加工品総覧，pp 54-56，光琳，1983．
2) 山内 悟：全国水産加工品総覧，pp 84-85，光琳，2005．
3) 和田 卓ほか：静岡水試研報，**3**，97-106，1969．
4) 静岡県環境衛生科学研究所：商品テスト情報，**99**，2000．
5) 関東農政局静岡統計・情報センター：農林水産統計，2005．

1.3.4 干しナマコ，キンコ

製品の概要

石川県七尾湾で漁獲，水揚げされるクロナマコを主原料に生産される．近年は中国からの引き合いが多いが，漁獲量の関係から地元消費および金沢を中心とした，県内消費が主となっている．製造時期は12月から3月ころまでである．

漁獲されたナマコは，1晩生簀かごに入れて泥吐きさせたものを使用する．完全に泥吐きの終わったものは，庖丁で腹側を4～5 cm前後縦に割いてていねいに内臓を取り出す．

内臓除去したものはきれいに洗浄し，水切りしたのち2～3%の食塩水に入れ，ゆっくりと食塩水を加温して行き，攪拌しながら煮熟する．

煮熟の終わったものは，釜から取り出し，水切り後ざるに移し変え，十分水切りを行う．煮熟時間は原料ナマコの大きさおよび漁獲時期によって多少変わるが，沸騰後40～60分が目安である．

水切り，冷却したナマコは乾燥網に並べ天日で乾燥する．天日乾燥の場合はおよそ1か月を要する．最近は乾燥機での乾燥が主流となり，3～5日間乾燥して仕上げ包装する．

原料 → 泥吐き → 内臓除去 → 煮熟 → 乾燥 → 製品

図1.43 干しナマコの製造工程

製品の特徴

石川県の七尾湾で水揚げされるナマコは，もともと肉質が軟らかいため製造工程において煮熟時間と温度管理がきわめて難しい．このため製造者は長年の経験で現場作業に携わっている．

生産の現状

生産量は減少傾向にある．漁獲量の激減による価格の高騰と，12月一杯は生食用としての需要が高いため加工原料に仕向けられない状況である．

また，近年は中国からの引き合いが多くなっているが，生産量が限られており，対応が難しい面もある．生産規模は小さく，1軒あたり3～5人前後で作業に従事しているのが現状である．

〔神崎和豊〕

1.3.5 ホタルイカ煮干し

概　要

ホタルイカは毎年春になると富山湾沿岸に来遊し，「富山県の特産品」として知ら

れていた．ホタルイカが富山湾で古くから漁獲されてきたのは，産卵場としての好条件が備わっていたことがあげられる．すなわち，湾が急深であるために，昼夜の深浅移動を行うホタルイカが，岸近くまで来て産卵できたからである．しかし，最近になって，日本海の中層底曳きの技術が発達し，兵庫県から石川県沖合で漁獲するようになり，「富山県特産」の座から追われてしまった．昔から富山では，釜揚げしたホタルイカ（桜煮）を天日で干した煮干しが加工品の主体であった．4月から6月に集中的に水揚げされ，鮮度落ちの早いホタルイカの保存法として，当時は最もよい方法であった．これらは，つくだ煮や，甘露煮の原料として，また，海のない岐阜県，長野県へ海産タンパク源として出荷されていた．最近は流通網の発達により，全国どこへでもホタルイカ桜煮が出荷され，これに加えて，生ホタルイカの出荷と素干しが人気を呼び，煮干しの生産は少なくなった．

製法

ホタルイカ煮干しは生鮮ホタルイカを塩ゆでした後，乾燥させた製品で，昔は天日乾燥であったが，現在は冷風乾燥が主体である．

原料は湾内の新鮮なホタルイカを使用する．食塩3～4％，95～98℃で3～5分煮熟後，真水洗浄し，冷風乾燥（23～24℃）する．天日干しの場合は乾燥は2～3日．整品の歩留まりは30％である．

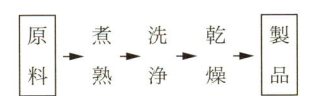

図 **1.44** ホタルイカ煮干しの製造工程

製造の特徴

煮熟する際，仕上がりの色を気にする場合は，少ない量でゆで揚げるほうがよい．乾燥はほとんどが冷風乾燥であるが，一部天日干しにこだわる業者もあり，天日干しの製品はつやがよい．現在では6か月から1年間，冷凍保存して加工原料としている．小売りもわずかであるが袋詰めで流通している．賞味期限は解凍後，真空包装したもので，1か月（常温）が賞味期限となっている．

ホタルイカ煮干しの栄養成分の分析値はないが，生ホタルイカの成分は水分79.5％，タンパク質13.0％，脂質6.1％，灰分1.4％であり，機能成分として，ビタミンA（レチノール当量）2200，タウリン，EPA，DHAを多く含んでいるが，これらは甘露煮の成分に含まれないことから，煮干しにもほとんど残っていないと思われる．

生産の現状

ホタルイカは富山湾で年間500～4000tの漁獲がある．定置網漁業のため沿岸に接岸するホタルイカを待って漁獲する方法のため年変動が激しい．20年ほど前から日

本海でホタルイカの中層曳きが始まり，兵庫，福井，石川県で4000～4500 t の漁獲がある．最近では冷凍技術が確立され，桜煮の冷凍品が，二次加工品への原料として大部分を占めるが，煮干し原料にこだわる一部業者もあり，煮干しは細々と生産されている．
〔川﨑賢一〕

文　献
1) 富山県水産加工業協同組合連合会ほか：とやまの水産加工品，2002．
2) 富山県食品研究所：富山の特産物，2003．
3) 富山県食品研究所：とやまの特産物機能成分データ集，2005．
4) 富山県水産試験場：富山湾の魚たちは今，桂書房，1998．

1.3.6　エビせんべい

製品の概要

エビせんべいとは，エビを主原料とし，これにジャガイモ（バレイショ）デンプンを加え，焼き上げたものの総称である．明治の中ごろ，三河湾で漁獲されるが食用としてはあまり利用されていなかった体長数 cm の「アカシエビ」は，乾燥加工され中国に輸出され，これを水戻ししてトウモロコシデンプンに入れ，せんべいに加工したものが高価なエビせんべいとして日本に輸入されていた．当時，かまぼこを製造していた「文吉」という人物が，地元で生産可能な製品の開発に努め，生エビをミンチにし，ジャガイモデンプンと混ぜ合わせ，2枚の鉄板で押して焼いたのがはじまりといわれている．

製　法

エビせんべいはデンプンの膨化力を利用した特徴あるお菓子である．一度焼き製品は，エビをデンプンで練り上げたものを2枚の鉄板に挟んで圧縮しながら加熱し，デンプンの糊化と膨化を同時に行わせる．2度焼き製品は，糊化，乾燥，膨化の3工程を経て作られる．製品の品質は，デンプンの膨化力と生地の水分量に大きく影響されるため，デンプンには膨化力の大きいジャガイモデンプンが使用される[1]．原材料に占めるエビの割合はさまざまであり，原料配合の一例をあげると，エビ10%，デン

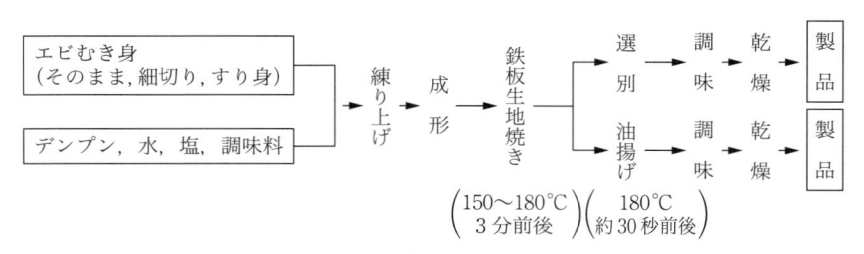

図 1.45　一度焼きの製造工程

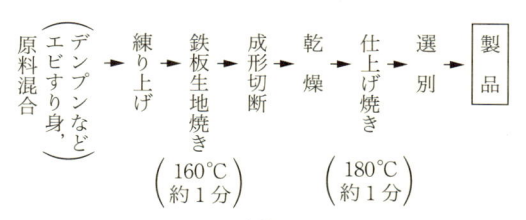

図 1.46 二度焼きの製造工程

プン60%，水27%，食塩・調味料3%である．高級品には，生エビをそのまま使用する「姿焼き」やエビの割合が9割ほどに達する製品もある．

一度焼き：新鮮なエビだけを用いて数枚ずつ焼き上げる伝統的な手法の「手焼き」と，手焼き工程をできるだけ自動機械化し，均一化と量産化を図った「自動機械焼き」とがある．焼き上げた生地をさらに油揚げした製品も生産されている．

二度焼き：一度焼いて生地を作り，成形後，再び焼き上げ加工する製法．

製品の特徴

エビの旨さをそのまま封じ込めた素朴な味わいと，ほんのりとした薄紅色をしたような色合いが特徴である．特に新鮮なエビをデンプンとともに焼くことにより生まれる独特の香ばしさが魅力である．伝統的な手焼き製品には，練り加減，火加減，焼き時間など長年の経験と熟練した技術が要求され，それぞれの老舗の風味が受け継がれている．製品の種類は，エビ，デンプンおよび食塩だけの伝統的な製品から，エビ以外の副原料（アーモンド，ノリ，ワカメ，青ジソ，ゴマなど）を加えたエビせんべいなど多様である．

生産の現状

愛知県三河地方の一色町と知多半島の南知多町を中心とした地域で主に生産されており，その生産額は愛知県が全国一を誇っている．業者数や生産額の正確な統計はないが，三河地区では48社，生産額約110億円，その他に南知多地区，さらには大手製造業者併せて生産額は300億円以上と推定されている．生産規模は売り上げ高100億円以上という大規模自動機械焼き工場から地元の家内工業的な「手焼き」工場までさまざまであるが，業者数は年々減少傾向といわれている．また，原料面では，三河湾におけるアカシエビの漁獲量が減少しており，瀬戸内海や房総方面からも入荷している．

〔山澤正勝〕

文　献
1) 杉本勝之：日食工誌，**27**, 635-647, 1980.

1.3.7 魚せんべい

概　要

　魚せんべいは，エビ，イカ，タコなど魚を乾燥させ，焼き上げることから，魚そのものの味を菓子として賞味するために作られたもので，エビなどの魚のすり身とデンプンを混ぜ，型に入れて焼き上げるもの，前処理したエビ，シャコなどの形をいかし，焼き上げたものに大別される．さらに，後者のなかには，せんべい生地を使用しないで，エビを生のまま焼き上げるあいむす焼きのせんべいもある．焼き上げる際の形には，俵型または小判型，丸型，角型と多種多様であるが，消費者嗜好の多様化に合わせて，ノリ，チーズなどのトッピングも行われている．各地に生産販売されている伝統的な魚せんべいに対して，魚の機能成分が再認識され，市販のスナックタイプの魚介せんべいも種類が豊富になっている．

製　法

　他の魚に比べ，エビは日本人に好まれ，焼き物，フライ，煮物によく利用されている．地元近海で獲れる小型のエビを脱殻または剝皮後，エビのすり身を調製してから小麦粉，デンプン，他の調味料を混合し，成形および焼成を行う．トッピングを行う場合には，焼成工程でノリ，乾燥した小エビ，車エビ，シャコなどの魚をトッピング（せんべいの生地に載せる）する．チーズなど溶けやすいものを挟む場合には，いったん冷却したせんべいの間にチーズを載せてから再度，短時間焼成を行う．あいむす焼きなどせんべい生地を使用しない場合には，エビを生のまま，または蒸したエビを手焼き焼成機で焼き上げる．生地を使用しない魚せんべいは，手焼き機焼成中に，圧力と温度により，短時間に，エビが伸ばされると同時に焼き上げが行われる．焼き上げたせんべいは冷却，乾燥および選別を行い，包装する．

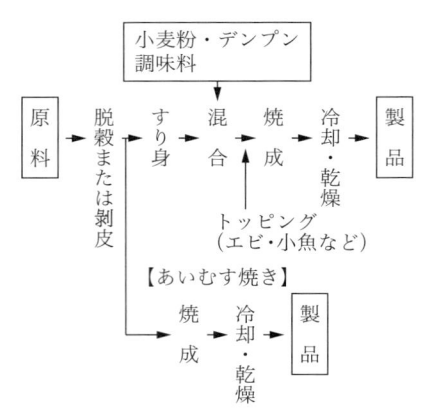

図 1.47 魚せんべいの製造工程

問題点と今後の課題

地元の近海で獲れた魚を利用してせんべいが作られ,そこに特有の技術と特産品が作られることにより,魚せんべいの製造が発展している.利用されている魚の種類は多いが,従来使用している魚の漁獲減少により,せんべいの原料確保が困難になっている.従来の原料が確保できない場合を想定し,代替原料でも味などの品質を低下させない工夫が必要となっている.

消費者の嗜好は多様化し,目新しさという変化と従来と変わらないものというこだわりがあり,嗜好の変化に対応するには,従来の製品だけではなく新製品を追加して,品ぞろえ(アイテム)を増やしていく必要がある.　　〔白川武志〕

1.3.8 煮干しアゴ

製品の概要

石川県能登地方に,古くから製造されてきた製品の一つである.製造の始まりおよび生産量は不明であるが,6月から7月にかけての夏場に,大中型定置網で大量に漁獲されるトビウオの活用として製造されてきたものである.近年は大幅な漁獲減で生産量もわずかとなっている.市場では中国からの製品が大量に輸入されている.

能登で生産される煮干しアゴの生産地は,奥能登の輪島市および珠洲市に限られており,そのほとんどが金沢に出荷されている.

製　法

煮干しアゴを製造するための一番のポイントは,冷凍原料を使わないことである.冷凍原料からの製品は,身割れが著しく発生し,肉質が硬く黒変しやすいためである.このため,能登で製造される煮干しアゴは,漁期の期間中,毎日朝漁獲された鮮魚を使用して製造する.

新鮮なトビウオの頭部・内臓を除き,十分洗浄した後水切りして,かごに並べて煮沸する.煮沸の条件は,一度沸騰した釜の中にきれいに並べたトビウオの入ったかごを入れ,再沸騰した湯浴中で魚体の大きさにより,5〜10分間煮熟する.

煮熟後,尾部を持ち上げて中骨を取り除く.こうして処理した後網に並べ,25〜28℃の乾燥機で24〜30時間乾燥して仕上がる.

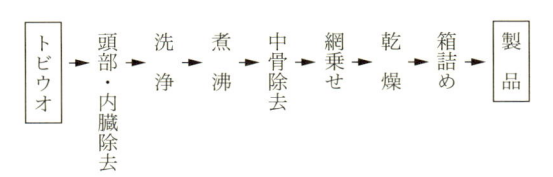

トビウオ → 頭部・内臓除去 → 洗浄 → 煮沸 → 中骨除去 → 網乗せ → 乾燥 → 箱詰め → 製品

図 1.48　煮干しアゴの製造工程

製品の特徴

石川県能登地方で漁獲,製造される煮干しアゴに使用する原料のトビウオは鮮魚を使用することが大きな特徴である.

このため製品は色が白く,上乾にするものの肉質にソフト感がある.

生産の現状

先にも述べたように,生産地としては輪島市および珠洲市で4～5軒で生産されている現状である.以前にはこの2倍近い数で生産されていたが,漁獲量の減少に伴って生産量の落ち込みも顕著である.価格帯では,卸しで2000円から2500円/kg前後である.

〔神崎和豊〕

1.3.9 干しアワビ

概　要

干しアワビはアワビの肉を煮熟後,乾燥したものでほしこ,むしこ,むしあわび,むしかなどとも呼ばれ,明鮑と灰鮑の2種がある.前者は西日本地方で,後者は東北・北海道地方で作られる.両者ともに江戸期から近年まで中国への輸出海産物の重要な一品であった.しかし,アワビ資源の減少と,活貝出荷の普及などの影響で,干しアワビの生産は現在はほとんど行われなくなった.

製　法

明鮑の製法:原料には殻付き重量が500g以上のマダカアワビ,メガイアワビの活貝を用いる.まず貝起こし(磯がね)で貝肉を傷つけないように貝柱を殻から切り離し,貝肉を手で持ってくるくる回して貝殻と内臓を引き離して貝肉のみを取り出す.これを種類,大小等に分けて,楕円形の半切桶(混ぜ桶)に貝柱を上向きに35～40個並べて食塩1.2～1.4kgを散布し,2名が向き合って立って両手で貝肉を押さえながら時計回りに40,50回激しくかき混ぜる.次に貝肉と滲出した液汁を四斗樽に移し,最上段の貝肉は貝柱を上向けに並べて食塩一握りを散布,蓋をして1晩(約10時間)放置するが,途中1回,桶に櫂を突っ込んでイモを洗うように攪拌する.翌早朝,四斗樽中に滲出した液汁を捨てて40～45℃の温湯を入れ,桶に櫂を突っ込んで50回くらい攪拌・洗浄したのち貝肉のみを洗浄機(直径95cm,深さ65cmの円筒

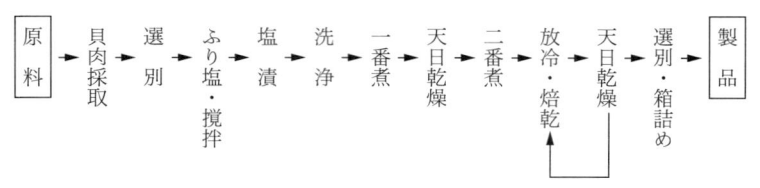

原料 → 貝肉採取 → 選別 → ふり塩・攪拌 → 塩漬 → 洗浄 → 一番煮 → 天日乾燥 → 二番煮 → 放冷・焙乾 → 天日乾燥 → 選別・箱詰め → 製品

図 1.49 明鮑の製造工程

状で，底部に荒縄を巻いた長さ 40 cm，幅 15 cm の攪拌翼を T 字状に設置したもの，少量の場合は電気洗濯機を利用）に移し，40～45℃の温湯を加えて約 5 分間洗浄後，竹籠に移して水を切る．洗浄機の導入は 1972 年ころで，それ以前は桶に入れた貝肉を新しい草鞋を履いた足で踏みつけて洗った．次に一番煮を行う．すなわち，あらかじめ 40～45℃ に加温しておいた煮熟釜へ貝肉を入れて，時々攪拌しながら約 1 時間かけて 80℃ まで昇温するが，この間に貝肉を手で整形（貝柱を押し込んで表面が膨らむようにする）したり，黒膜などが残存付着しているものがあれば，たわしで取り除く．80℃ に昇温度，40～60 分間煮熟したら取り出して簀の子の上に貝柱を下に向けて並べて干し，午後には裏返して干す．この天日乾燥は日の出から始め，夕方日が陰ると竹籠に入れて取り込む．翌日二番煮を行う．すなわち，約 45℃ の温湯に貝肉を入れて約 1 時間でメガイアワビは 80℃，マダカアワビ，クロアワビは 100℃ まで昇温し，約 10 分間煮熟して取り出し，貝柱を下にして簀の子に並べて約 1 時間放冷後，焙乾する．焙乾は 1 斗缶を縦に切断した火床に硬炭を熾して入れ，これを焙乾箱に置き，貝柱を下向きにして並べた簀の子を 5 枚重ね，一番上の簀の子に木蓋を被せて焙乾箱の上に置いて焙乾する．焙乾は 5 分経過ごとに一番下の簀の子を一番上に移動する操作を順次行うが，移動するときに貝肉を裏返して並べ替え表裏 1 回ずつ焙乾する．焙乾を終えた貝肉はただちに天日乾燥し，夜間はそのまま取り込むが，ある程度乾燥が進むとむしろに並べて干し，夜間はそのままむしろを 3 つ折りにして取り込んで積み重ねる．天候や大きさなどで異なるが約 30 日前後で乾燥（水分 22% 以下）が終わる．乾燥が終了したものは大きさ別に選別し，50 斤（30 kg）入りの木箱に横向きに詰め込む．なお，明鮑の大きさは「粒（1 斤あたりの数）」で示され，500 g（殻付け活貝時）の貝が 13 粒に相当するという．歩留まりは貝の種類や大きさで異なるが 9～11% である．

灰鮑の製法[1]：灰鮑は明鮑と類似した製法で作られるが，原料にクロアワビやエゾアワビを用い，一番煮の煮熟温度がやや高く，一般に二番煮は行わない．また，7～8 割方乾燥したところでかますなどに入れてカビつけを行うなどの点が異なる．製品歩留まりも明鮑よりやや高めである．

特　徴

明鮑は一般に大型で光沢があり鼈甲色を呈し，灰鮑は小型で灰白色を呈する．両者とも石のように硬いので，差し水をしながら数日間煮込んで軟らかくし，中華料理などの調理素材に用いる．

生産の現状

長崎県の小値賀島は明鮑の一大産地であったが，1989 年以降はほぼ全量が活貝出荷に変わった．千葉県，岩手県，北海道などでは干しアワビがまだ少量生産されているようであるが，1980 年以降は統計がないので詳細は不明である． 〔黒川孝雄〕

文 献
1) 谷川英一：水産食品製造加工, pp 52-57, 丸善, 1954.

1.4 焼 干 し

概 要

焼干しはトビウオ, イワシ, ハゼ, アユ, エビなど小型の魚介類をそのまま, あるいは内臓を除くなど適宜に調理し, 洗浄したのち金串などに刺して, または金網に載せて七輪や囲炉裏などで焙焼後, 乾燥した製品である. これらの製品は汁物のだしなどとして使われるものが多いが, 甘露煮, コンブ巻きなどの郷土料理の素材として用いられるものもある.

製造原理

焼干しは原料を焙焼することで, 自己消化酵素や付着していた細菌が失活し, 乾燥中にこれらの作用で変質することを防ぐ. また, タンパク質が熱変成して離水し, その後の乾燥が容易になる. さらに, 焼くことで魚特有の生臭い臭気が消失し, 香味が付与される利点もある.

表 1.9 主な焼干し製品とその原料

名称（主な産地）	主 な 原 料
焼きアゴ（長崎県）	ホソトビウオ, ホソアオトビウオ, ツクシトビウオなどの未成魚
焼干しイワシ（青森県）	カタクチイワシ, マイワシなど
小鯛の串干し（愛媛県）	タイ
ハタハタ火焙り（秋田県）	ハタハタ
火ぼかし（宮崎県）	イワシ, アジ, タイ, アマダイなどの小魚
火ぼかしゅう（鹿児島県）	アジ, キンメダイ, タカサゴ, ベラなど
焼きエビ（熊本県）	クマエビ, クルマエビなど
アユ焼干し, アユ串焼き（各地）	アユ
焼きハゼ（岡山県）	ハゼ
干しごず（鳥取県）	ハゼ
焼きはえ（静岡県）	オイカワ
川魚の焼干し（徳島県）	ナマズ, フナなど

焼干しの種類
焼干しは比較的加工が簡単で，貯蔵も容易であるため各地で多様な製品が作られているが，個々の生産量は少ない．表1.9に主な焼干し製品と，その原料を示した．

伝統食品としての特徴
焼干し製品は漁家が自家加工し，その地域で消費される特産品的なものが多い．しかし，生活環境や食習慣の変化が進み生産量は減少している．

問題点と課題
焼干しの原料には鮮度低下がすみやかな小型の魚介類が用いられるので，迅速に焙焼しなければならない．また，ひれや足などを焼失しないように，しかも芯まで火が通るように焼かねばならない．このためには原料の選定と，串打ちや火力の調節が重要である．

〔黒川孝雄〕

1.4.1 焼きエビ（干しエビ）
製品の概要
「焼きエビ」は主に八代海で打瀬網により漁獲される小型のアカヤマエビ（トラエビ *Metapenaeopsis acclivis* やサルエビ *Trachypenaeus curvirostris* などの混獲）や大型のクマエビを焼いて保存可能な状態にしたもので，主に正月用の雑煮に用いる．

「干しエビ」は焼いたクマエビ20尾をわらでまとめて縛り，吊して乾燥保存することから特にこう呼ばれている．

いずれも主な出荷先は鹿児島県で，鹿児島では古くから雑煮にこれらのエビを入れる習慣があり，その大小により家の格式が決められたといわれている．「焼きエビ」「干しエビ」とも熊本県と同様に鹿児島県出水市周辺でも11月から12月にかけて製造され，年末に贈答品として出荷されている．

製　法
漁獲後のエビ類は酵素（エビの体液中にあるフェノラーゼがアミノ酸の1種のチロシンを酸化して黒色色素のメラニンを生成する）により黒くなることや，頭胸部が脱落し，商品価値が落ちることから，水揚げ後の鮮度保持が重要である．

「焼きエビ」の原料は，熊本県八代海周辺の打瀬網で漁獲されたアカヤマエビ，クマエビを用いる．それらがない場合，長崎県から冷蔵品を調達したり，台湾，中国から輸入される冷凍品を用いたりしているが，鮮度のよいものを原料としている．

「干しエビ」は水揚げ時に生きている「クマエビ」のみを原料としている．

「焼きエビ」および「干しエビ」の製造方法は次のとおりである（図1.50, 51）．

アカヤマエビは手作業で脚を向かい合わせに角網（縦1m，横0.5m，目合い1cm）に並べて，ガスや赤外線を用いて45〜50℃で6〜8時間加熱する．クマエビは向かい合わせに串を刺し，松の木の炭火の周囲にそれらを立てて，焼きの状態を見

1. 乾製品

```
原料 → 手並べ → 焼き → 熱風乾燥 → 製品
```

図 1.50 焼きエビの製造工程

```
原料 → 氷締め → 串打ち → 焼き → 縛り → 吊し → 製品
```

図 1.51 干しエビの製造工程

て，向きなどを変えたりしながら手作業で1.5時間焼く．

乾燥させた後，「焼きエビ」は袋や箱詰めにする．「干しエビ」は稲刈りが済んだ後の稲わらを使用し，10尾ずつ縛ったもの2組を結び，吊して保存する．稲わらを用いることでカビの繁殖を防止する．

図 1.52 焼きエビ(写真提供：みやもと海産物)

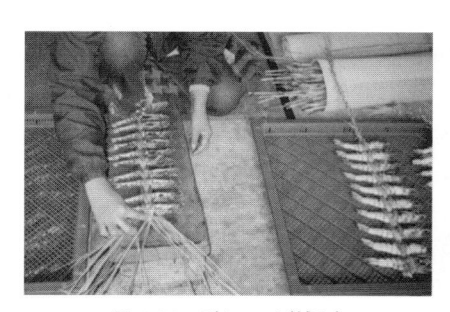

図 1.53 干しエビ(縛り)
(写真提供：みやもと海産物)

図 1.54 干しエビ(焼き)
(写真提供：みやもと海産物)

製造の特徴

「焼きエビ」はおみやげ用にトレーに入れ箱詰めされたもののほか，地元用の小袋包装もある．

「干しエビ」は縄に吊した状態で出荷・販売される．

製造後は湿気に注意すれば，賞味期間は常温で2か月可能である．

また，いずれも主に正月用の雑煮やそうめんなどのだしに使用する．

生産の現状

「焼きエビ」は芦北周辺の4業者が，100t以上の地元原材料を用いて生産している．

「干しエビ」は，打瀬網で漁獲された生きたクマエビのみを使用し，年間1500t程度が地元の(株)みやもと海産物で手作業により生産されている． 〔國武浩美〕

1.4.2 焼きアゴ

概　要

長崎県の平戸・生月島および五島有川湾の沿岸では北西の風が吹く初秋ころに体長15cm前後のアゴ（トビウオの地方名）が定置網や船曳網で漁獲される．これを焼干しにしたものが「焼きアゴ」である．焼干しの焙焼は七輪の炭火で行うのが一般的であるが，1965年ころから専業加工場への自動式焙焼機や冷風乾燥機の導入が始まった．また，1984年に北魚目第一漁業協同組合（現新魚目町漁業協同組合）が焼きアゴを微粉化して和紙包装したいわゆる「だしパック」製品を開発して需要が拡大した．

製　法

焼きアゴには塩アゴよりもやや小型の魚体を原料に用い，淡水で洗浄後，胸びれの下辺りを金串で刺して10～20尾を1串に貫き，角形の七輪（2×1.5尺）の炭火にかざして，まず腹側から，次に背側へと反転しながら胸びれ，尾びれを焼き焦がさないように焼き上げる．焼き終えたアゴはただちに身を崩さないように金串を抜き去り簣の子の上で放冷し，冷えたら1尾ずつ並べてカラカラに乾燥する．乾燥したアゴは，塩アゴと同じように稲わらで編んで束ねたが，近年はポリエチレン袋や段ボール箱に入れて販売される．

原料 → 洗浄 → 串打ち → 水洗 → 焙焼 → 串抜き → 放冷 → 乾燥 → 結束・包装 → 製品

図 1.55　焼きアゴの製造工程

特　徴

焼きアゴを裂いて1晩水に浸したのちとろ火で煮出すと，やや黄色をおびたこくのある独特の風味の「だし」が得られる．めん類や雑煮，煮物のだしとして西九州一円に根強い人気がある．

生産の現状

アゴの漁獲変動が大きく，漁期も短いので加工業者数，生産量ともに一定しないが，2000～2004年の平均生産量は約144（128～153）tである．　　　〔黒川孝雄〕

1.4.3　焼きアユ

概　要

アユが漁獲される多くの地域で，アユの保存食として作られている．炭火などでじっくりと焼いて水分を飛ばして乾燥させるために，長期保存が可能である．でき上がった焼きアユは酒のつまみなどとしてそのまま食したり，コンブ巻き，甘露煮として調理したり，雑煮のだしとして用いたり，雑煮に入れて食する．

図 1.56　焼きアユ

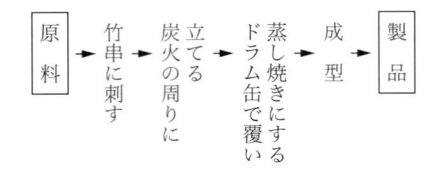

原料 → 竹串に刺す → 立てる炭火の周りに → 蒸し焼きにするドラム缶で覆う → 成型 → 製品

図 1.57　焼きアユの製造工程

製法

　四万十川流域の高知県幡多郡十和村で作られている方法を例にあげる．庭で地面に炭火を起こし，竹串に刺したアユを周りに立てる．一斗缶やドラム缶などを用いて蒸し焼きにすると，水分が中に残って魚体が膨張してしまう．まず，強火でアユの脂肪を出す．脂肪が落ちたら，火を弱めて遠火でじっくり均等に焼けるように時々回し，しわが横に入るように指で軽くしごく．仕上がり前に串を回して，身が串にひっつかないように注意する．でき上がった焼きアユは，横向きにしてわらで結わえ，いろりの上に引っかける．いろりの煙でくん製が進む．

用途

① 甘露煮：水から焼きアユを炊き出す．これを2回繰り返すことによってえぐみがとれる．鍋に焼きアユ，水，酒を入れ，30分間くらい水炊きする．その後砂糖，醬油を入れ，汁気がなくなるまで煮詰める．

② コンブ巻き：焼きアユを1晩水に漬けるか，とろ火で1時間程度水炊きして冷ましたものにコンブを巻いてかんぴょうで結ぶ．みりんまたは酒・醬油・砂糖を入れたたっぷりの煮汁に入れ，とろ火で気長に煮込む．

③ だし：雑煮やそうめん，味噌汁のだしとして用いる地域もある．また，雑煮にそのまま入れて食する地域もある．

〔望月　聡〕

1.5　そ の 他

1.5.1　サメ干物

概要

　3億5000万年前より生き続けているサメは，世界中で250種類ほど存在し，魚類のなかでは最大に達し，その体長は20mにも及ぶ種類もある．西日本各地で干物の原料として利用されるサメは，10種類以上あり，主に塩干品や調味加工品（みりん干し）として加工される．

　サメの干物は地域によって呼び名が異なり，和歌山では「カツラ干し」，三重では「タレ」，高知では「フカ鉄干し」と呼ばれている．伊勢志摩地方ではサメの干物は「サメダレ」と称して伊勢神宮へ奉納されてきた．この原料にはサメ特有のにおいの少ないオナガザメが用いられていた．

製法

　原料魚にはアオザメ，ツマグロ，ネズミザメ，シュモクザメ，ヒラガシラ，オナガザメ，メジロザメ，シロザメ，ホシザメなどが用いられる．これらのサメは主に延縄で漁獲され，中華料理用高級食材であるフカヒレの原料となる背びれ，尾びれが優先

的に除去され，残りの身が干物に利用される．干物は縦5 cm×横10 cm×高さ2 cm程度の切り身に成形され，塩水またはみりん干し用の調味液に所定時間浸漬するたて塩漬けまたは直接塩をふりかけるふり塩漬けにし，脱塩して，天日または乾燥機で乾燥して仕上げる．サメによっては肉を咀嚼したとき，口の中が泡だってくる場合があるので，地域によって泡立ちを防ぐためにふり塩後，脱塩を兼ねて流水に数時間浸漬してから乾燥する．定期的に漁獲されない場合，冷凍した原料魚が用いられるが，ネズミザメに限って冷凍後解凍すると脱水してゴムのように身が硬くなり，干物に適さないため，生の物が用いられる．一般的な製造工程を下記に示した．

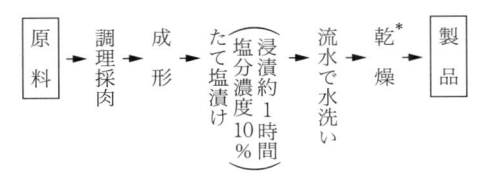

原料 → 調理採肉 → 成形 → たて塩漬け → 浸漬 塩分濃度約10% 1時間 → 流水で水洗い → 乾燥* → 製品

*天日の場合は乾燥した好天時で7～8時間，乾燥機では冷風20～22℃で6～7時間．ふり塩漬けの場合は成形した肉の重量に対し，15～20%の食塩を魚肉にすり込んで，重石をして1晩漬け込む．漬け込み後，半日ほど流水で脱塩し，乾燥する．乾燥方法はたて塩の場合と同様．
　みりん干しは調味液に2～3日漬け込み，乾燥機で乾燥する．なお毎日，調味液を追加する．調味液配合の一例を示すと，砂糖30%，食塩2%，みりん5%，うすくち醤油15%，液糖10%，化学調味料0.5%，水37.5%である．薄くスライスした切り身が浸かる程度の割合で用いる．

図 1.58　サメ干物の製造工程

製品の特徴

高知で鉄干しといわれるようになった所以は，形が鉄板に似ていることから当初，鉄板干しと呼ばれ，それが詰まって鉄干しになったとされているが，鉄のように硬いのでそう呼ばれるようになったともされ，その語源には2, 3の説がある．また，原料として用いるサメの種類によっても呼び名が異なり，大型のサメであるアオザメ，オナガザメ，シュモクザメ，ネズミザメ，ヒラガシラで製造した干物は鉄干しと呼ばれ，小型のサメであるシロザメやホシザメで製造されたものは，その形態が細長いことからサヤ干しとかステッキ干しと呼ばれている．魚臭の少ないネズミザメ，アオザメ，オナガザメを原料に用いた干物が高級品とされている．

硬く干し上がった製品を焙り，噛みしめるほどに旨味が滲み出るサメ干物は酒肴として好まれ，土産品としても販売されている．図1.59に示したアオザメとネズミザメの食味試験では後者のほうが旨味が濃く，人気があった．みりん干しを食べても原料がサメであることがわかる人は少なく，いずれの干物もサメ特有の強いアミン臭は

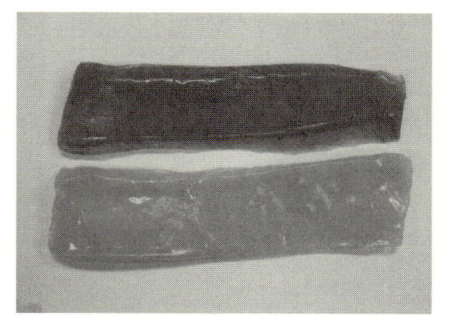

図 1.59　サメ塩干品
上：アオザメ，下：ネズミザメ．

図 1.60　オナガザメみりん干し

感じなかった．　　　　　　　　　　　　　　　　　　　　　　　　　　　〔野村　明〕

1.5.2　ニギス干物
概　要
　ニギスは，体色や体型がシロギスに似ていることから「似鱚」という和名がつけられている．富山県内ではミギス，メギスと呼ばれる．富山湾では八艘張り漁業による漁獲物が 70% を占める．ごく近い漁場での漁獲のため鮮度がよいうえに，魚体の損傷も少ないことから，大型魚は鮮魚として取り扱われることが多い．このような鮮度のよい中・小型ニギスが加工品として利用される．主な加工品は干物，調味すり身，落とし身（かまぼこの味をよくするため）などに使われる．ニギスの干物は富山県以外では高知県でも作られているが，日本海では 6000 t が漁獲されているにもかかわらず，日本海側の県ではあまり干物は作られていない．現在では八艘張り漁業の操業が少なくなったため，原料は富山県以外の石川産（金沢），新潟産（能生）も使用さ

れている．ニギス干物は漁港のすぐ近くで（富山湾の急深）漁場が形成され，鮮度のよいニギスが水揚げされることにより，古くから作られてきたと思われる．

製　法

富山湾内で漁獲される新鮮なニギスを 13～15％ 食塩水に 1 時間塩漬けした後，洗浄し，蒸籠に並べて水切りし，冷風乾燥（22～23℃）させた製品．歩留まりは 50％．

原料 → 塩水漬け → 洗浄 → 水切り → 乾燥 → 製品

図 1.61　ニギス干物の製造工程

製造の特徴

原料は胃にアミ類があると乾燥後，腹部が赤変するので使用しない．昔の乾燥は上干物が多く，目刺しもあったが，現在は蒸籠に並べて，水分 60％ 程度に乾燥する生干しが主体となっている．甘塩で，生干しに近い状態で販売されている．保存は凍結して 6 か月，賞味期限はチルド流通で 1 週間程度の保存期間である．

栄養成分は水分 59.3％，タンパク質 33.8％，脂質 3.3％，灰分 3.5％ を含む．機能成分として，カルシウム 400 mg，ビタミン A（レチノール値）440 μg が含まれ，脂質成分として EPA，DHA も多い．

生産の現状

富山県ではニギスは 240 t の漁獲があり，鮮度のよい物は生鮮と加工にしむけられている．加工品のうちほとんどが練り製品にまわされ，残り 50 t 程度が塩干品として流通している．　　　　　　　　　　　　　　　　　　　　　　　　〔川﨑賢一〕

文　献
1)　富山県水産加工業協同組合連合会ほか：とやまの水産加工品，2002．
2)　富山県食品研究所：富山の特産物，2003．
3)　富山県食品研究所：とやまの特産物機能成分データ集，2005．
4)　富山県水産試験場，富山湾の魚たちは今，桂書房，1998．

1.5.3　フグ干物

概　要

トラフグ，カラス，シマフグ，マフグなどはほとんどが刺身用に，加工用にはシロサバフグ，クロサバフグなどが用いられる．フグ加工品は，昭和の初期から機船底曳き網漁獲のフグを原料に塩乾品が製造されていたといわれている．近年，消費者の嗜好が低塩分・高水分の製品を好むようになり，一夜干しが増加している．

製　法

原料のフグは頭部，内臓，皮を除去し，よく洗浄した後三枚におろし，さらに二枚に開き，これを塩分3〜7％の食塩水に30分から1昼夜漬け込む．水切り後，天日干しまたは冷風乾燥機で2〜3時間乾燥し，製品とする．

原料 → 除頭・内臓除去・剝皮 → 洗浄 → 三枚おろし → 開き → 塩水調味漬け → 乾燥 → 包装 → 出荷

図 1.62　フグ干物の製造工程

製造の特徴

原料のサバフグやカナフグの可食部位は筋肉（骨を含む），皮（ひれを含む），精巣のみである．残りの他の部位は致死性の高いテトロドトキシンを多量に含有することから，他の食品や廃棄物に混入しないように施錠できる容器に保管し，焼却処理など確実な処分が義務づけられている．

フグには普通の魚のような肋骨や筋肉内の小骨がないため，二枚または三枚におろした身をさらに二枚に開く（開き），また，漬け込み液の塩分濃度や塩漬け時間は業者によりまちまちで，季節や，肉質に応じて加減している．乾燥度合いが低いため，含気または真空包装しチルドまたは冷凍で出荷する．

生産の現状

山口県の2003年のフグ製品生産量は3916 tで9割以上が下関市で生産されている．

〔田中良治〕

2 塩蔵品

■ 総　説

　塩蔵品とは，原料に食塩をふりかけたり，または食塩水に浸漬して貯蔵性を高めた食品のことで，乾燥品とともに簡便な加工法であるため，最も古くから生産されてきた．人類の食塩の使用は有史以前にもさかのぼり，日本においても弥生期の古代末期には塩田製塩法があったといわれている．中世初頭までは塩の生産量は少なく，製塩法の改良が進んだ中世末期から江戸時代にかけて，徐々に食塩の供給量も高まり，塩蔵品は各地に広まったが，本格的に量産されるようになったのは明治以降である．また，これらの塩蔵技術は，塩蔵品のみならず，塩辛や魚醬油などの発酵食品といわれるものに発展し，塩干品やくん製品の一次処理としても用いられている．

　現在，水産塩蔵品として分類される加工品には，サケ，マス，サバ，タラ，サンマなどの魚類塩蔵品，イクラ，筋子，塩蔵タラコ，数の子などの魚卵塩蔵品，ワカメ，クラゲなどその他の塩蔵品がある．2003年の日本における水産塩蔵品の生産量は，20.9万 t（水産食用加工品生産量の9.8％）であるが，1989年の35万 t（同13.2％）をピークに減少傾向にある．

　塩蔵品の生産は，多獲される漁獲物の一時処理的性格をもつため，原料漁獲地での生産量が多く，生産量の約50％は北海道となっている．また，漁獲量の多少によりその年の生産量は変動するが，近年はサバ，タラ，数の子，塩蔵タラコなどは輸入原料を用いる場合が多く，これらは原料漁獲地に限らず，これまでの伝統的な技術と生産の歴史をもった特定の地域で生産されている．

　塩蔵品は，かつては，貯蔵性を高めるために多量の食塩が必要であったが，冷蔵，冷凍による貯蔵・流通技術が発達し，施設が整備された現在では，消費者の健康指向とも相まって塩分含量の少ない製品が多く，冷蔵や冷凍で貯蔵，流通されている．したがって，現在の塩蔵品の貯蔵性は冷蔵，冷凍技術とともに付与されているといえる．

2. 塩蔵品

塩蔵品には全国的に流通しているものや特定の地域で特産的に生産, 流通しているものなど多岐にわたるが, 近年では定塩サケといわれる塩分の均一な製品や食塩の代わりに醤油などを用いた製品も増加するなど, さらに多様化が進んでいる.

製造の原理と貯蔵性

塩蔵品の製造は, 食塩を用いて原料を脱水し, 貯蔵性を高めることを主目的としているが, さらに, 食塩を浸透させて塩味を付与し, 塩蔵中に自己消化作用や微生物の働きで適度な熟成を進め, 好ましい風味や食感の品質を得ることにある.

食塩による食品の貯蔵性の向上は, 主に浸透圧的脱水（水分活性の低下）による微生物の発育の抑制にあるといわれており, その他に食塩の高い浸透圧による細菌原形質の破壊, 酵素活性の抑制, 溶存酸素の減少などが考えられている. 食塩そのものにはほとんど防腐作用はない. 一般に微生物は, 水分の減少とともにその増殖は抑制されるが, 食塩の脱水作用のみではすべての微生物の発育を阻止することはできず, 塩蔵品の貯蔵条件によっては特殊な好塩菌が増殖したり, 自己消化酵素の働きによって肉質が軟化するなど品質が劣化する. また, 低温に貯蔵しても空気との接触により脂質の酸化が徐々に進行する.

製造方法

塩蔵の方法としては, ふり塩漬け（散塩漬け）とたて塩漬け（塩水漬け）の2つの方法があり, それぞれ, 一長一短がある.

ふり塩漬けは原料に直接食塩をふりかけて塩漬けされ, 原料の表面が常に飽和塩水によって覆われる状態にあるので, 脱水効果が大きく, また, 食塩の浸透速度が速いので塩蔵初期の品質劣化が起こりにくいが, 食塩の浸透が部位により不均一になりやすく, 空気との接触もあるため脂質の酸化が進みやすい.

たて塩漬けは原料が食塩水中に浸漬されて塩漬けされるので, 食塩の浸透が均一で, 製品の外観がきれいに仕上がり, 脂質も酸化されにくいが, 大型の容器が必要なことや塩水の食塩濃度を保つために攪拌や補塩（食塩を追加すること）などが必要になる.

その他にこれらの短所を補う方法として, 水の漏れない容器に散塩しながら原料を積み重ね, 原料から浸出した水分で食塩を溶かし, 飽和塩水状態でのたて塩漬けとする改良たて塩漬け法がある.

一般にサケ, マス, タラなどの大型魚にはふり塩漬けが用いられ, 小型魚や薄塩品を目的とする場合, または魚卵などにはたて塩漬けが用いられる. 〔坂本正勝〕

2.1 魚類塩蔵品

概　要

　魚類塩蔵品は，サケ・マス類，タラ・スケトウダラ，サバ，サンマなどを塩漬けした製品で，塩蔵サケは奈良時代以前から，塩蔵タラは江戸時代以前から製造されており，その他の魚種もかなり古くから塩蔵品として加工されてきたと思われる．

　原料魚としては，上記の魚種のほか，イワシ，ホッケ，ニシン，ブリ，イカ，アイゴ，タチウオ，カレイ類，シイラ，グチ，エソ，アゴ，アジ，サメ，カスベ，コマイなど多くの魚種が用いられてきた．

　魚類塩蔵品の製品形態は，内臓とえらを除いたラウンド状のもの，頭部と内臓を除去したもの，背または腹を割裁した開き，フィレー，切り身などさまざまである．サケの塩引きや新巻きのようにその形態を保って，伝統技術が継承されているものもあるが，時代の変化とともにラウンド状からフィレーや切り身などへと形態も変化し，現在ではほとんど生産されていないか，また，ひと塩干し製品として塩蔵品の範疇から外れるものも多い．さらに，製品の低塩分化が進み，従来の貯蔵の目的から風味やテクスチャーの改善に重きがおかれるようになった．

　魚類塩蔵品に使用される原料は，輸入原料への依存度が高まっている．最も生産量の多いサケ・マス塩蔵品の原料は，国内漁獲量が20～25万tであるのに対して，輸入量は25～30万tであり，これらからも塩蔵品が生産されている．また，サバにおいても，かつては国内のマサバを原料としていたが，現在はほとんどがノルウェーやアイルランドからの輸入原料といわれている．

製造のポイントと品質

　原料は，いずれも鮮度の良好なものが好ましく，また漁獲される時期によって水分量や脂質含量，あるいは肉質，肉色が異なるため，目的とする製品品質を得るためにはこれらの選択が重要である．

　魚類塩蔵品の塩漬け方法は，ふり塩漬け，たて塩漬け，あるいはこれらの併用で行われている．製造のポイントは，魚肉を変質させず，できるだけ速く水分を除き，目的とする食塩量をいかに均一に浸透させるかにある．そのためには塩蔵条件による魚肉成分の変化を把握し，適切な塩蔵法を用いることが必要となる．

　塩蔵の初期における魚肉成分の変化は，一般的には水分の減少と食塩量の増加であるが，両者の関係は塩分濃度や塩蔵法の違いにより多少異なる．たて塩漬けでは食塩濃度が高いほど食塩の浸透量は大きいが，水分量は塩分の濃度が10～15%以下では増加し，15～18%以上になって減少がみられるようになる．しかし，塩蔵の後期では水の再吸収が起こり水分は増加する．ふり塩漬けでは用塩量の多いものほど食塩の

浸透量が大きく，浸透速度も速い．また，塩漬け時間が長くなるほど食塩量は増加し，水分量が減少して，水の再吸収は起こらない．

魚肉中の食塩の浸透に影響を与える諸要素として，塩蔵方法の違いや食塩濃度，塩漬時間のほか，塩漬温度，原料魚の形状，鮮度，脂質含量，食塩の純度などがある．塩漬温度は高いほうが，原料魚の形状ではラウンドより開きのほうが，また，脂質含量の少ないものほど，食塩の浸透量が多く，浸透速度が速い．

塩蔵に使用される食塩は，塩分の浸透性から純度の高いものほど好ましく，硫酸マグネシウム，硫酸カルシウム，塩化マグネシウムなどのにがり成分は食塩の浸透を妨げるのと同時に，魚肉タンパク質に影響を与えるといわれている．

製造工程と製品貯蔵を通して，魚肉の自己消化酵素の作用や脂質の酸化が徐々に進行する．また，低塩分製品は常温では容易に腐敗するので，低温で管理するなどこれらの変質，変敗に対処することも重要である．

製品の種類と生産量

2003年の魚類塩蔵品の生産量は，約16.5万tである．主要な魚種についての生産量を表2.1に示した．2003年では，サケ・マスが約10万tで60％を占め，次いでサバの3.7万t，サンマ，タラ・スケトウダラがそれぞれ約1.4万tほどとなっている．水産塩蔵品の生産量が一番多かった1989年と比べてみると，ほとんどの魚種で生産量は減少している．これらはその時々の漁獲量の増減を反映しており，また，輸入原料の増減にも影響を受けているが，塩蔵品の生産量は明らかに低下傾向にある．

2003年の魚類塩蔵品を生産地別にみると（水産物流通統計年報），サケ・マスは北海道が60％を占め，次いで宮城県，青森県となっている．サバは宮城県で60％を占め，次いで青森，茨城県などが多い．タラ・スケトウダラでは宮城県が78％，サンマは北海道で95％と特定の地域で生産されている．

表 2.1　魚類塩蔵品の生産量 (t)

年	サケ・マス	サバ	サンマ	タラ類	イワシ	ホッケ
1989	155412	71406	21645	14622	4195	6471
1999	96570	41068	16015	12004	1216	3729
2000	119216	43202	18966	10641	904	2438
2001	102153	77311	20961	9075	1002	—
2002	102817	38409	19526	11126	1707	—
2003	95971	36606	14267	13671	1341	—

（資料：水産物流通統計年報）

表 2.2 魚類塩蔵品の成分（可食部100gあたり）

製 品	エネルギー (kcal)	水分 (g)	タンパク質 (g)	脂質 (g)	炭水化物 (g)	灰分 (g)	食塩相当量 (g)
塩サケ	199	63.6	22.4	11.1	0.1	2.8	1.8
サケ新巻き	154	67.0	22.8	6.1	0.1	4.0	3.0
塩マス	166	64.4	20.9	7.4	0.6	6.5	5.8
塩サバ	298	52.1	26.2	19.1	0.1	2.5	1.8
塩タラ	65	82.1	15.2	0.1	—	2.6	2.0
イワシ	163	66.3	16.8	9.6	0.4	6.9	6.1
ホッケ	123	72.4	18.1	4.9	0.1	4.5	3.6

（資料：五訂日本食品標準成分表）

主な魚類塩蔵品の成分を表2.2に示した．水分量は製品により大きく異なるが，脂質含量と食塩量に影響を受けている．脂質含量の多いサバで52%と低く，脂質含量の少ないタラで82%と高い．食塩量は2～6%であり，魚種によって多少異なるが，製造時の食塩使用量によって大きく異なる．一部にこれらより塩分量の高い製品もみられるが，最近は薄塩製品が多く，2～3%のものが主流と思われる．

伝統食品としての意義と特徴

魚類塩蔵品は，米飯を主食とする日本食の惣菜の一翼を担い，その技術を継承，発展させてきた．漁獲物の貯蔵の観点から，魚種に応じて，個々の製品をどんな形態にするか，製造時の季節による用塩量の多少，塩漬け時間の長短を含めてどんな塩蔵方法を採用するかなど，経験と知識の集積を重ねて技術の確立を図り，さらには，単に貯蔵性のみならず，おいしさへの追求も行われてきた．需要や原料事情の変化により，消費形態の簡便化や低塩分化などの変化が進んでいるが，昔ながらの食嗜好の回帰も根強くあり，日本食にとっての重要な位置づけは変わらないと思われる．

問題点と課題

塩蔵に使用される食塩は，純度の高いものがよいとされているが，一方で，にがり成分は味に刺激を与え，身が締まり，歯ざわりがよくなるともいわれている．近年，塩の専売制が廃止されたため，さまざまな成分の塩が製造されるようになり，食塩の成分にこだわりをもった製品も見受けられるが，科学的な解明が必要となっている．塩蔵品には一般的に脂肪分の多い魚が使用され，また，食塩は脂質の酸化を促進することが知られており，長期間の貯蔵では，低温に保存されていても脂質の酸化による油焼けが徐々に進行する．このため，酸化防止剤の使用が認められているが，なおいっそうの酸化防止法が求められている．

2.1.1 塩蔵タラ

タラの塩蔵品は，『本朝食監』（1692年）に「塩に宜しく，生に宜しからず，鮮より塩蔵の味優れたるにして…」と記載されており，古くから塩蔵品が好まれ，貯蔵性の高い製品として製造されてきた．

2003年の全国生産量（スケトウダラを含む）は，1万3700tで，そのうち宮城県では1万750tと全体の78%を生産し，次いで北海道となっている．

タラの塩蔵品は，地域によって処理法や形態が異なり，有頭背開き，無頭背開きなど開き形態のものは，乾燥して塩干品に向けられるものが多く，頭部と内臓を除去して腹部を開かない形状のものは新鱈と称して，主に北海道で生産されていたが，現在はあまりみられない．宮城県ではタラの塩蔵品を「ぶあたら」とも称し，フィレー形態で生産されている．かつては，15～20%の食塩を用いて製造されていたが，現在は1～3%の低塩製品が多く，冷凍，冷蔵で流通されている．ここでは，生産量の多い宮城県での製法について記述する．

原料 → 解凍 → 洗浄 → 調理 → 三枚おろし → 塩水漬け → 水切り → 整形 → 製品

図2.1 塩蔵タラの製造工程

原料は，従来は近海マダラや北洋マダラが多く用いられたが，現在は生原料のほか，アラスカ，ロシアからの輸入原料が多く，船上でドレスに処理し，脱血，凍結した船凍マダラが使用されている．

原料は自然解凍，または水漬け解凍し，洗浄して皮のぬめりを落とした後，三枚におろし，ひれ，中骨を除きフィレーとする．魚体の調理には技術を要するため，最近はタラ用に開発されたフィレーマシンの使用が多くなってきている．

塩漬けは，ボーメ3～5度の塩水に数時間漬け込み，製品で1～3%の塩分量になるよう調節する．製品歩留まりは冷凍ドレスから約80～85%，生原料から65%前後である．

製品は，発泡スチロール箱に並べて出荷されるほか，80～100g程度の切り身として発泡スチロール箱やラップ包装で出荷されている．用途は主に鍋物用であるが，焼き魚やフライなどにも利用されている．製品の塩分量は少なく，貯蔵性は，冷蔵庫でも4～5日で，製造にあたっては，厳しい衛生管理と品質管理が求められる．

2.1.2 塩蔵サケ（塩引き，新巻き）

塩蔵サケは，7世紀後半から租税の1つとして朝廷に献上されており，『漢語抄』

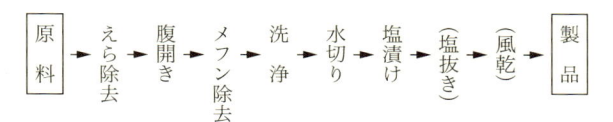

原料 → えら除去 → 腹開き → メフン除去 → 洗浄 → 水切り → 塩漬け → (塩抜き) → (風乾) → 製品

図 2.2 塩蔵サケの製造工程

（平安時代），『新選字鏡』（898～901 年）などに「一千有余年の昔より世上一般に趣好せり」とあり，古い歴史がある．

現在，わが国で塩蔵されるサケは，シロサケ，ベニサケ，ギンザケなどであるが，シロサケが圧倒的に多い．2003 年の全国陸上生産量は 9 万 5971 t で，その 62% は北海道で生産されており，次いで宮城県，青森県，千葉県などである．そのほか洋上で生産されるものが 6000 t ほどある．

サケ塩蔵品には，塩分量の多い「塩引きサケ」と塩分量の少ない「新巻きサケ」，フィレー形態の定塩サケなどがある．

えらを除去し，肛門部から胸びれまで腹を割り内臓を取り出し，腎臓部（メフン）に切れ目を入れ，頭部側からかき取る．流水中で十分洗浄し，体表面の粘出物も洗い落として水を切る．塩漬けは頭腔部と腹腔部に食塩を詰め，眼球，ひれおよび魚体表面にも尾部から頭部に向けて食塩を強くすり込む．これを容器やむしろを敷いた土間に合い塩をしながら 10～20 層に積み上げ，重しを載せて加圧する．この方法を「山漬け」といい，用塩量は裁割原料の 30% 前後である．山漬けの期間は，1～3 日の短いものから 1～2 週間漬け込むものもあり，塩蔵期間の長いものを一般に「塩引き」という．なお，塩引きには山漬けの後，真水または塩水で適宜塩を抜き，1～2 週間ほど外気で乾燥して製品とする伝統的な方法もある．また，漁獲後の船上で 1～2 日山漬けする方法を新巻改良漬けと称し，製品は塩分が比較的少なく，新巻きタイプのものである．

山漬けの特徴は，用塩量を一定とし，漬け時間によって塩分量を調節できることと身締まりがよく，旨味を増強できることである．

「新巻きサケ」は，製造工程のうち原料の調理，洗浄までは塩引きと同様に処理したあとサケの頭腔部と腹腔部にあらかじめ秤量した食塩を振り，合い塩しながら箱詰めし，ただちに凍結保管する．用塩量は，かつては 20% 前後使用されていたが，現在は 5～6% である．

新巻きは，塩蔵期間が短いので，部位により塩分量の差が大きいが，全体的には薄塩で，貯蔵には冷凍保管が必要である．

〔坂本正勝〕

2.1.3 塩蔵サバ

概　要

　塩蔵サバは，従来から各地で生産されてきた保存食品で，焼き魚やすしの原料などに用いられてきた．近年は，冷凍技術の発達により，塩蔵サバにおいても保存を低温に依存する低塩分のものが多く生産されている．塩蔵サバの主な生産地は，サバの漁獲地である千葉，青森，茨城などであるが，近年はサバの不漁が続きノルウェーなどからの輸入魚を原料とすることが多い．ノルウェー産のサバは，日本近海で獲れるものに比べ一般に脂質含量は多いが，焼き魚用の塩蔵サバの原料などとして，消費者の嗜好性は高い．

製　法

　サバを背開きにして塩漬けする青切りと呼ばれる塩蔵サバの製法を図2.3に示す．

　塩蔵サバの原料は，凍結品が用いられることが多く，薄い塩水（3％程度）中で中心部に凍った状態の残る程度（半解凍）に解凍する．調理は，サバを背開きにし，内臓およびえらを除去する．水洗いは，薄い塩水を用いて魚体から肉片や血液などの汚れを洗い取る．塩漬け法はふり塩漬けで，開いた肉面に均一に塩を振りかけたのち，皮面に塩を振る．用塩量は，工場および原料の性状によって異なるが，多くの製品の塩分は2％前後に仕上げられている．出荷状態は，工場によって異なるが，発泡スチロールのトレーに並べた後，段ボール箱に詰め，凍結されていることが多い．

解凍 → 調理 → 水洗い → 塩漬け → 箱詰め → 凍結

図 2.3　塩蔵サバの製造工程

製造原理

　塩蔵サバは，皮面のつやと銀色が商品価値に大きな影響を及ぼすため，原料の解凍および水洗いを3％程度の塩水で行うことが多い．近年は，塩蔵サバにおいても細菌数の少ない製品が求められるため，加工工程を通して原料を低温下で処理し，清潔な塩水で洗浄することが多い．解凍を半解凍で止めるのは，調理を容易にするだけでなく，魚肉を低温に保つためにも重要である．塩漬けをふり塩で行うため，魚肉の部位によって塩濃度に違いが生じやすいため，ふるいなどを用いて均等になるように行う．

伝統食品としての意義と特徴

　現在の塩蔵サバは，塩の添加により水分活性を低くした室温貯蔵可能なものより，脂質含量の多い輸入原料を用いた低塩分のものが多く生産されている．しかし，塩分の高い塩蔵サバは，サバずし原料などに利用されるのに対し，塩分の少ないものは焼き魚などで消費され，両者の用途は異なる．塩分の少ない塩蔵サバでは，塩の役割が

従来と異なり，貯蔵性を向上させるより消費者の嗜好性を満たすために添加されている．このため，近年は塩分が1～2%程度の製品が多く製造されている．

生産の現状

2004年におけるサバの輸入量は，約10万tで，輸入サバのうち塩蔵サバに加工されるものは比較的大きな割合を占めている．生産量は，輸入量に影響を受け，近年は減少傾向にある．

問題点と今後の課題

近年の塩蔵サバは，低塩分なため，生の切り身などと同様に細菌数の少ないものが要求される．このため，工場設備を衛生的なものとし，加工および貯蔵中における取り扱いに注意を払うことが求められている．原料の大部分を輸入に頼っているため，安定した輸入量の確保が大きな課題である．　　　　　　　〔滝口明秀〕

2.2　魚卵塩蔵品

概　要

魚卵塩蔵品は魚の卵巣を塩蔵したもので，サケ・マス卵を原料としてそのまま塩漬けした筋子や分離卵として塩水漬けしたイクラ，スケトウダラの卵を原料とする塩蔵タラコやニシン卵を原料とする塩数の子などがよく知られている．筋子は平安時代から，また，数の子は室町時代から珍重されており，イクラは明治末期にロシアからその製法が伝えられ，塩蔵タラコは大正時代から一般の市場にみられている．

日本人は，これまでの食習慣のなかで，魚卵に対する嗜好性が特に強く，これらの塩蔵品のほかに，近年，開発されたスケトウダラ卵を調味漬けした明太子やニシン卵を醬油とみりんなどで調味した味付け数の子，醬油漬けのイクラなどが一般に定着している．

魚卵製品は価格も比較的高く，高級品的なイメージがあり，従来から贈答品，お土産品としての消費が多かったが，最近ではこれらの消費に加え，日常的な総菜としての消費も広まってきた．

魚卵塩蔵品に使用される原料は，現在，ほとんどが輸入品で，スケトウダラ卵は，国内原料が4000～5000tであるのに対し，3万8000tが輸入されている．サケ・マス卵では，冷凍筋子が数千t輸入されており，製品としても筋子，イクラがそれぞれ4000t前後が輸入されている．ニシン卵は，ほとんど全量が輸入である．

製造のポイントと品質

魚卵の塩漬けにはふり塩漬け，またはたて塩漬けが用いられているが，原料卵の特性や得ようとする製品の品質に応じて塩漬け方法が選択されている．

筋子，イクラでは両方の塩漬け法が用いられてきたが，現在では飽和塩水によるたて塩漬けが多い．塩蔵タラコでも両者が用いられるが，原料重量に対して10％ほどの塩水を用いて攪拌しながら漬け込む方法が一般的である．数の子では，製造工程中で両者が併用されており，最終製品前の貯蔵は飽和塩水漬けとされている．

魚類塩蔵品の品質は，原料の種類により異なるが，魚卵独特の卵粒感やさらさら感，身締まり，色調などが重要な要素となっている．

原料は，いずれも鮮度の良好なことが必須であり，また，魚卵は成熟程度により品質が異なるため，成熟度の選択や魚卵の大小を含めた選別が重要で，これらは製品の品質に直接影響する．

良質なタラコ原料としては，中程度に熟成した成子と呼ばれるものがよいとされ，これよりさらに成熟が進み，産卵が始まった水子と呼ばれるものは，水分含量が多く，身締まりが悪いためよい製品とはならない．また，鮮度の落ちたものは胆汁の付着によって卵の一部が緑色に染色する．筋子には未熟卵の比較的多いものが適しており，イクラにはある程度成熟したものがよいとされている．また，完熟卵は卵膜が硬く，ピンポン玉と称してよい製品とはならない．イクラの原料は鮮度が特に重要で，漁獲後6時間以内のものが好ましいとされている．数の子は成熟した卵が適しており，若子と称する未熟卵や排卵された振り子と称するものからはよい製品ができない．

製品の製造にあたっては，原料卵に付着している内臓塊や血液はできるだけ洗浄除去することが必要である．魚卵の血液中には血液色素であるヘモグロビンが含まれており，鮮度が落ちたり，空気中にさらされるとメト化し，色調が黒ずむ．これを防止するために筋子，イクラ，塩蔵タラコにあっては発色剤として亜硝酸ナトリウムの使用が認められている．亜硝酸ナトリウムはヘモグロビンと反応し，ニトロソヘモグロビンを生成し，安定的な赤色を呈する．数の子では血液やその他の着色物質を漂白するため，過酸化水素が用いられている．

魚卵は一般に脂質含量が高いため，脂質の酸化が進みやすく，油焼けや変色の原因となるので，製品は低温で保管し，空気との接触を避けることが重要である．

製品の種類と生産量

主な魚卵塩蔵品の生産量を表2.3に示した．2003年の生産量は，約4万tで，そのうち塩蔵タラコが最も多く1万6000tで，次いでサケ・マス卵が1万1400tである．サケ・マス卵のうち筋子が約6000t，イクラが約5000tほど生産されている．数の子は，1万300tである．明太子はカラシ明太子として統計上，塩蔵品ではなくて調味加工品に分類されているが，2万6000tほど生産されており，醤油漬けイクラが1万5000～2万5000t，味付け数の子が6000tほど生産されている．

1989年の生産量と比較してみるとスケトウダラの漁獲量の減少を反映して，塩蔵

表 2.3 魚卵塩蔵品の生産量 (t)

年	塩蔵タラコ	サケ・マス卵	数の子	からし明太子
1989	44531	9636	15106	21742
1999	29352	11382	12660	24447
2000	24189	11390	12200	21470
2001	23693	8829	11642	22985
2002	20256	8974	10994	23696
2003	16396	11431	10258	25766

(資料：水産物流通統計年報)

表 2.4 魚卵塩蔵品の成分 (可食部100gあたり)

製 品	エネルギー(kcal)	水分(g)	タンパク質(g)	脂質(g)	炭水化物(g)	灰分(g)	食塩相当量(g)
筋子	282	45.7	30.5	17.4	0.9	5.5	4.8
塩蔵イクラ	272	49.4	32.6	15.6	0.2	3.2	2.3
塩タラコ	140	65.2	24.0	4.7	0.4	5.7	4.6
からし明太子	126	66.6	21.0	3.3	3.0	6.1	5.6
数の子(生)	162	66.1	25.2	6.3	0.2	1.8	0.8

(資料：五訂日本食品標準成分表)

タラコの生産量が大きく低下しているが，その他では大きな変化がみられない．2003年の魚卵塩蔵品を生産地別にみると（水産物流通統計年報），塩蔵タラコは北海道で66％が生産されており，次いで宮城県，青森県である．サケ・マス卵は，北海道で80％が生産されており，次いで岩手県，宮城県となっている．塩数の子は北海道で83％，明太子については，福岡県で76％が生産されている．

主な魚卵塩蔵品の成分を表2.4に示した．筋子，イクラの脂質含量が高く，水分量は少ない．食塩量は製品の種類によっても多少異なるが，2.5～5.5％の範囲にある．塩数の子の分析値はないが，一般に塩分が17～18％，水分が62～64％である．

伝統食品としての意義と特徴

魚卵塩蔵品は，日本人独特の食嗜好やそのおいしさから嗜好品として食膳を飾り，珍重されてきた．原料は，特定の地域や時期のものが用いられ，生鮮物から製造されるのが一般的であったが，原料事情の変化から，輸入品や冷凍品の使用に対応して，従来の技術を基礎に，発色技術や漂白技術を開発しながら発展してきた．魚卵製品

は，すでに地元で原料が漁獲されていないにもかかわらず，かつての製造の歴史と技術をもつ地域で生産されているものも多い．今後，原料の大幅な増加は見込めないが，新しい形態の製品も開発されており，新たな発展が続くものと思われる．

問題点と課題

　筋子，イクラ，塩蔵タラコにあっては発色剤として亜硝酸ナトリウムの使用が認められているが，製品中の残存量は，亜硝酸根として 5 ppm 以下に規制されている．数の子には過酸化水素が使用されているが，製品段階では完全に分解，除去することとなっている．食品の安全性の面から，これらは厳重な管理のもとに使用しなければならない．また，魚卵製品は工程中に加熱工程を含まないことから大腸菌や腸炎ビブリオ菌などに汚染されやすい．したがって，製造工程中や製品貯蔵中の衛生管理や品質管理が特に重要である．　　　　　　　　　　　　　　　　　〔坂本正勝〕

2.2.1 タラコ，からし明太子

概　説

　大正から昭和の初期にマダラが不漁の際，スケトウダラを代替えに漁獲し始め，魚卵を塩漬けして利用するようになったのが始まりという説もある．からし明太子は朝鮮半島でスケトウダラを明太（ミョンテ）と呼び，その卵で作られたことから明太子と呼ばれるようになった．明太を塩蔵後，さらに辛子調味液で調味したものを「からし明太子」と呼んでいる．塩蔵タラコは紅葉子などの呼び名で売られる場合もある．また，現在の塩蔵タラコやからし明太子はイクラや筋子と違って，塩漬け液は食塩だけでなく調味されたもの，もしくは塩漬け後，調味液で二次漬け込みを行っており，調味加工品に近い製法である．塩蔵タラコ，からし明太子の原料は北海道近海，アラスカ，ロシア，韓国などの船上で急速凍結された卵巣を解凍して用いる．

製　法

　北海道近海の生卵・冷凍輸入の卵を使用し，切り子や水子の選別後 3% 食塩水中で洗浄をする．水切り後，5～12% の食塩水に 10 時間～1 昼夜塩漬け（調味液漬け）し（現在では食塩の他色素・調味料を加える），洗浄，水切り・整形をして製品とする．すべて低温で処理を行う．

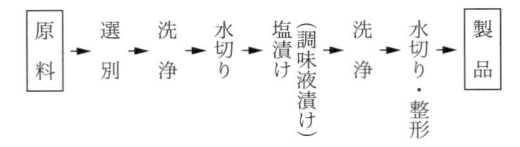

原料 → 選別 → 洗浄 → 水切り → 塩漬け（調味液漬け）→ 洗浄 → 水切り・整形 → 製品

図 2.4　タラコ・からし明太子の製造工程

製造の特徴

現在作られているタラコ原料は船上で水切りまで加工された凍結ものを使用することが多い．塩漬けは本来食塩水で行っていたが現在では食塩水に色素・発色料や調味料を混入したものを使用している．からし明太子の場合は一次塩漬後に，トウガラシ・調味料からなる二次塩漬で独特の風味を出している．整形前の水切りには少量の有機酸を使用することもあるが，脱水シートを利用することもある．流通は凍結保存し，解凍後，冷蔵で14日程度である．タラコの栄養成分は水分65.2%，タンパク質24.0%，脂質4.7%，炭水化物0.4%，灰分5.7%で，ナイアシン49.5 mg，ビタミンB_{12} 18.1 μg，パントテン酸3.68 mgである．からし明太子では水分66.6%，タンパク質21.0%，脂質3.3%，炭水化物3.0%，灰分6.1%で，ナイアシン19.9 mg，ビタミンB_{12} 11.3 μg，パントテン酸2.16 mgである．

生産の現状

タラコ生産は年間2万t程度で，北海道が圧倒的に多く東北地方などでも作られている．からし明太子は年間2万5000t程度で7～8割を福岡県で生産されている．

文　献
1) 福田　裕ほか：全国水産加工品総覧，光琳，2005．
2) 三輪勝利監修：水産加工品総覧，光琳，1983．
3) 香川芳子監修：5訂食品成分表，女子栄養大学出版部，2001．
4) 農林水産省統計情報部：平成12年水産加工品生産量．

2.2.2 イクラ

概　要

イクラはロシア語で魚卵を意味する．1900年代はじめに沿海州地域の漁業者や近辺住民の自家消費としてイクラは作られていたが，北洋におけるサケ・マス漁業の発展とともに，その製法がロシアより伝えられたといわれている．イクラの原料はほとんどが国内産のシロサケ卵である．栽培漁業の成功例の1つであるサケの孵化事業の成果により，沿岸でのシロサケ漁獲が安定していることから，ほとんどの原料を国内産のみでも賄える加工品である．シロサケ卵巣は未成熟卵の多い前期は筋子として加工し，ある程度成熟した卵が多い中期（北海道では10月中旬～11月中旬）をイクラに使用する．完熟卵は卵粒が肥大し，卵膜も硬くなることから良質の製品が得られないこともある．

製　法

沿岸で漁獲されたシロサケ卵巣を原料に用いる．2～3%の食塩水中で血液などを除去し洗浄・水切りする．分離器の網の上に卵巣を載せ軽く押し当てて，分離した卵を塩水に落とし卵粒分離を行う．2～3%の食塩水中で血液などを洗浄除去し，水切

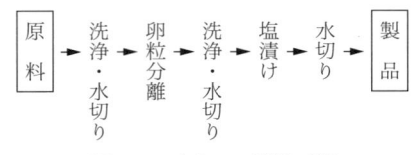

原料 → 洗浄・水切り → 卵粒分離 → 洗浄・水切り → 塩漬け → 水切り → 製品

図 2.5 イクラの製造工程

り後，飽和食塩水に 5～15 分間塩漬けする．水切りして製品とする．すべて低温で処理を行う．

製造の特徴

漁獲直後の新鮮なシロサケ卵巣を用いる．鮮度低下した原料を用いると卵粒がつぶれやすく，粘り気が多くなる．採卵した卵に真水が触れると卵膜が硬くなるので，2～3％の食塩水を用いて，洗浄する．塩漬けは卵巣の成熟度などにより時間を調節し，塩味をつける．発色剤として亜硝酸ナトリウムを使用する場合もあるが，ほとんど使用してない．製品は塩分が 2～3％ 程度であり，冷凍して保管し，解凍後は低温で流通する．脂質が多いので包装を完全にしないと脂質酸化が生じやすい．イクラの栄養成分は水分 48.4％，タンパク質 32.6％，脂質 15.6％，炭水化物 0.2％，灰分 3.2％ である．レチノール 330 μg，ビタミン E 9.1 mg，ビタミン B_{12} 47.3 μg，パントテン酸 2.36 mg や EPA，DHA などの多価不飽和脂肪酸を多く含む機能性に富んだ食品である．

生産の現状

イクラ生産は年間 7500 t 程度で，北海道，東北地方などで加工されており，そのうち 7 割が北海道で加工されている．

文献

1) 福田　裕ほか：全国水産加工品総覧，光琳，2005．
2) 三輪勝利監修：水産加工品総覧，光琳，1983．
3) 香川芳子監修：5訂食品成分表，女子栄養大学出版部，2001．
4) 農林水産省統計情報部：平成 12 年水産加工品生産量．

2.2.3 筋子

概要

筋子は平安時代の「延喜式」に記載されており，当時の貴族に珍重されたと伝えられている．昭和の初期ころから国内産原料を用いて本格的な加工が行われるようになったが，1975（昭和 50）年ころから国内産サケ卵巣はイクラの原料にまわり，筋子はカナダ，アメリカ，北欧などで現地生産されたものを輸入している．国内産の良質な筋子の原料は未成熟卵の多い前期（北海道では 9 月ころ）卵が用いられる．

製　法

シロサケ卵巣を塩漬けした魚卵塩蔵品．沿岸で漁獲されたシロサケ卵巣を原料に用いる．2～3％の食塩水中で血液などを洗浄除去し，水切りする．飽和食塩水に10～15分間塩漬けし，筋子に1～2％の散塩後，晒し布を巻いて箱に並べる．重しを掛け3～7日間，加圧脱水して水切りし，製品とする．すべて低温で処理を行う．

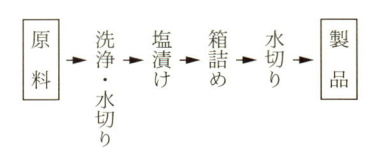

原料 → 洗浄・水切り → 塩漬け → 箱詰め → 水切り → 製品

図 2.6　筋子の製造工程

製造の特徴

漁獲直後の新鮮なシロサケ卵巣を用いる．鮮度低下した原料では卵膜が破れてペースト状になるので使用しない．採卵した卵巣は真水が触れると卵膜が硬くなるので，2～3％の食塩水を用いて血抜き・洗浄を行う．塩漬けは卵巣の成熟度などにより時間を調節し，塩味をつける．発色剤として亜硝酸ナトリウムを使用するが，残留亜硝酸根が5 ppmを超えないように調整する．筋子は長時間空気に触れたり，血抜きが不十分な場合，表面が硬くなり，色調が紅赤色から暗赤色に変化する．製品は塩分が4～6％程度で，ほとんどが冷凍で保管され，解凍後は低温で流通する．脂質が多いので包装を完全にしないと脂質酸化が生じやすい．筋子の栄養成分は水分45.7％，タンパク質30.5％，脂質17.4％，炭水化物0.9％，灰分5.5％である．レチノール670 μg，ビタミンE 10.6 mg，ビタミンB_{12} 53.9 μg，パントテン酸2.40 mgやEPA，DHAなどの多価不飽和脂肪酸を多く含む機能性に富んだ食品である．

生産の現状

筋子生産は年間3800 t程度で，北海道，東北地方などで加工されており，そのうち7割が北海道で加工されている．　　　　　　　　　　　　　　〔川﨑賢一〕

文　献
1) 福田　裕ほか：全国水産加工品総覧，光琳，2005．
2) 三輪勝利監修：水産加工品総覧，光琳，1983．
3) 香川芳子監修：5訂食品成分表，女子栄養大学出版部，2001．
4) 農林水産省統計情報部：平成12年水産加工品生産量．

2.2.4　数　の　子

数の子は室町時代の終わりころから裏日本の海上交通を通じて京都に入り，幕府や宮中の料理人に知られるようになったといわれており，『日本水産製造誌』（1913～

原料腹出し → 血抜き → 洗浄 → 塩固め → 漂白処理 → 酵素処理 → 塩固め → 飽和塩水漬け → 塩水切り → 選別 → 製品

図 2.7 数の子の製造工程

1916年）には江戸時代，京都祇園の料亭では1皿金2朱とたいへん高価なものであったことが記述されている．

　数の子はニシンの卵巣を指すが，その呼び名は，「数が多い子」の意味だとか，かつて北海道や東北ではニシンのことを「かど」と呼んでおり，「かどの子」に由来するともいわれている．

　北海道沿岸でニシンが大量に漁獲されていた時代の数の子は，干し数の子が主流であったが，ニシン漁の衰退とともにほとんど生産されなくなり，1972年ころからカナダ，アメリカなどの太平洋沿岸で漁獲される輸入原料を用いて塩数の子が生産されている．生産量は1万1000 t前後で，そのうち80％が北海道である．カナダ東岸や北欧の大西洋産ニシンの輸入冷凍卵からは醬油調味を主体とする味付け数の子が約6000 tほど生産されている．

　塩数の子の原料は，輸入したニシンから腹出しする場合と漁獲地で塩蔵した卵を使用する場合がある．腹出し卵は5％ほどの塩水で換水しながら2日ほど血抜きをし，次いでふり塩した後，飽和塩水に漬けて固める．塩で固めた卵（輸入塩蔵卵の場合も）を過酸化水素（0.5〜1.5％）を溶かした塩水（10％前後）中で3〜5日漂白処理を行う．次いで洗浄したあと所要量のカタラーゼ酵素を含む塩水（10％前後）中で過酸化水素を分解除去する．過酸化水素は完全に除去することが義務づけられている．上記の卵を飽和塩水で塩固めし，凍結の起こらない−15℃で保存する．製品とする場合は塩水を切り，形状，品質別に選別し，プラスチック容器や化粧木箱に詰めて凍結保存する．

　数の子は黄色のきれいな色調とパリパリとした食感に特徴があり，黄色成分は，カロチノイド系色素のルテインであるが，血抜きや保存条件が悪いと脂質の酸化などにより褐変するので注意が必要である．また，弾力のない未熟卵や凍結損傷を受けた卵はパリパリとした卵粒感がないので，良質な数の子とはならない． 〔坂本正勝〕

2.3 塩蔵クラゲ

概　要

　塩蔵クラゲは食用クラゲの主に傘の部分をみょうばんと食塩に漬け込んで脱水したもので，中華料理の素材として使われる．原料には東南アジアから東アジアにかけて漁獲される鉢クラゲ綱の根口クラゲ目原管亜目に属する8種のクラゲが用いられ東南アジア，中国などで生産されている[1]．わが国でも「延喜式」に備前よりの貢物との記述があり，江戸時代には肥前，備前，筑後，肥後の諸藩から幕府へ献上されている[2]ところから古くから食用に供されていたことが推測される．有明海の沿岸では初夏から初秋にかけた時期にたも網やくらげ網（固定式刺網）などでビゼンクラゲ（地方名：あかくらげ）やヒゼンクラゲ（地方名：しろくらげ）を漁獲[3]して塩蔵クラゲに加工して消費されている．

製　法

　クラゲを冷水に8～10時間浸漬して口腕および表面の粘液を除き，淡水で洗浄する．また，クラゲの口腕部を切除して傘の部分を2～3%みょうばん水で洗浄する業者もある．いずれの場合も洗浄したクラゲは笊に入れて水切後，みょうばん5～7%含有食塩をクラゲに対して約20%をすりつけて2～3日間塩漬したのち淡水で洗浄して水切りする．次にみょうばん約4%含有食塩をクラゲに対して約10%をすりつけて再度塩漬する．なお，2度目の塩漬に用いるみょうばん含有食塩の量やみょうばん濃度はクラゲの脱水状態などで増減することがある．傘部分を原料としたときの歩留まりは7～8%である．最近は，冷蔵保存するので軽度の脱水で止めた製品も多い．

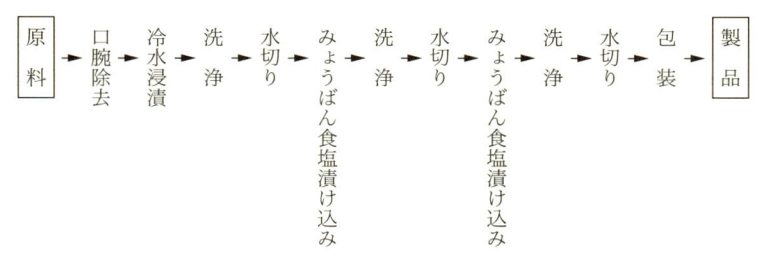

原料 → 口腕除去 → 冷水浸漬 → 洗浄 → 水切り → みょうばん食塩漬け込み → 洗浄 → 水切り → みょうばん食塩漬け込み → 洗浄 → 水切り → 包装 → 製品

図 2.8　塩蔵クラゲの製造工程

特　徴

　塩蔵クラゲを淡水で上手に塩抜き，水戻しすると，透明感がある，ほぼ無味・無臭で，こりこりした食感の食品が得られる．これを有明海の沿岸では酢の物やショウガ醤油，酢味噌などで賞味する．

生産の現状

福岡県柳川市,佐賀県鹿島市,長崎県諫早市など有明海の沿岸で漁家加工されているが,夏場の一時期であり,漁獲変動も大きいので生産量などの実態は不明である.

〔黒川孝雄〕

文　献
1) 喜多村稔:うみうし通信, **38**, 2-5, 2003.
2) 農商務省水産局編:日本水産製品誌, pp 406-411, 水産社, 1935.
3) 内藤　剛:全国水産加工品総覧, pp 135-136, 光琳, 2005.

3 調味加工品（つくだ煮）

■ 総　説
調味加工品

　調味加工品は魚介藻類を濃厚な調味液に浸漬するか，または，これを煮熟，焙乾および乾燥などの処理を施すことによって，貯蔵性のある味付き製品を作る加工法である．調味液の主体は醬油と砂糖，食塩である．これらの濃厚な調味液による脱水作用と乾燥や焙乾による水分活性の低下，加熱殺菌などによって貯蔵性が著しく延長される．調味加工品は一般に水分は30～50％，塩分は5～10％，砂糖などの糖類20～30％，水分活性が0.63～0.85で，常温において2週間は腐敗しないが，カビの繁殖や酵母の繁殖により見場が悪くなることもある．また，メーラード反応による褐変も起こしやすい．

　魚介藻類を用いた調味加工品は多種多様である．調味煮熟品であるつくだ煮や魚味噌はその製造歴史は古く江戸期に遡るが，他の多くは第二次世界大戦後になって急速に量，種類などが増加した．これにより古くから作られているつくだ煮や魚味噌は減少し，かわって裂きイカなどの調味乾成品が増加した．これは主に嗜好や食生活の変化もさることながら原料事情の変化も見逃せない．

　調味加工品は調味煮熟品，調味乾製品，調味焙乾品，その他に分けられる．つくだ煮のように調味と煮熟を組み合わせたもの，みりん干しのように調味と乾燥を組み合わせたもの，焼きアナゴのように調味と焙焼を組み合わせたものに分類されるが，このような単純な組み合わせでなく何種類かの加工法の組み合わせによるものが数多く，最近では裂きイカのように第1段階で調味液に浸け，焙焼した後イカを裂き，ついで2次調味をして乾燥する複雑な工程で作られるものもあり，調味加工品は多種多様である．主な調味加工品を表3.1にまとめた．

　ここで紹介した調味加工品はできるだけ伝統を守りつつ現在製造されている製品を紹介した．しかし，主に嗜好や食生活の変化，さらに原料事情の変化もあり，純粋に

3. 調味加工品（つくだ煮）

表 3.1 調味加工品の分類（伝統的調味加工品以外も含む）

調味煮熟品	つくだ煮，あめ煮，甘露煮，しぐれ煮，甘露煮，雀焼きなど
	これらはつくだ煮から変形したものと考えられる
調味乾製品	みりん干し（さくら干し），儀助煮，ふりかけ，でんぶなど
調味焙乾品	焼きアナゴ（蒲焼き），裂きイカ，魚せんべい，調味タラ，姿焼きなど
その他	ウニ和え物，タイ浜焼き，焼きハマグリなど

（資料：三輪勝利編，水産加工品総覧）

昔のままの製法が行われてはいない．むしろ現代の嗜好に合わせながら変化していった製法と考えられる．また，調味加工品は多種多様であり，現代では伝統的な調味加工製品よりもむしろここに掲載されてない製品の方が多いと思われる．

各項では代表的な調味食品の概略をを示したが，詳細な製造原理や製法についてはそれぞれの項目ごとに述べる． 〔川﨑賢一〕

3.1 つくだ（佃）煮

　つくだ煮は，江戸時代に現在の東京の佃島において，小魚などを塩とともに煮て，保存食としたのが始まりといわれている．現在のつくだ煮は，魚介類などの原料を醬油，砂糖，水あめなどの調味料とともに煮て，保存性に加え嗜好性の高い調味食品として生産されている．つくだ煮には，原料，調味料，製法の違いにより多くの種類があり，地域において従来から特徴ある製品が作られてきた．つくだ煮原料には，水産物のほか，農産物や畜産物も用いられるが，水産物つくだ煮は，魚類，貝類，藻類，甲殻類，軟体動物などを原料とするため，種類が最も豊富である．

　つくだ煮の年間生産量は，10万tから12万tでほぼ安定しており，2004年は約11万tであった．生産量の約40％はコンブつくだ煮で，このうち大手メーカーにより生産され全国に販売されているものが，大きな割合を占めている．全国販売されているつくだ煮は，比較的安価で，小量包装などにより取り扱いの簡便な調理済み食品として，現在の食生活に浸透している．一方，伝統的なつくだ煮もまた，地域の特産品などとして根強い人気のあるものが多い．

　つくだ煮は，調味料の組成によって甘露煮，しぐれ煮，あめ煮と呼ばれるものがある．甘露煮は，一般のつくだ煮より砂糖および水あめの濃度が高く甘い製品である．あめ煮は，甘露煮と区別されずに用いられることもあるが，醬油を使用せず，砂糖，水あめ，塩などと煮て甘味の強いものをいう．しぐれ煮は，ショウガなどで辛味の強いつくだ煮の呼称に用いることが多い．

　つくだ煮原料に用いられる水産物は，種類が多く形態もさまざまであるが，鮮魚などの生鮮魚介類を原料とするものでは，高鮮度を要求される場合が多い．このため，従来は水揚げ地の近くでつくだ煮の製造を行うことが多かったが，近年は冷凍および流通手段の発達により，比較的遠隔地や外国の原料を用いることもある．また，乾燥コンブや煮干し魚といった乾製品も原料に用いられ，これらは比較的貯蔵性が高いため，漁獲地から離れた場所において，漁獲量の影響を受けず計画的なつくだ煮製造が行える．

　つくだ煮の貯蔵性および嗜好性は，主に高濃度な調味液で原料を煮ることによって付与される．水分の多い魚介類は，煮ることで水が除去され，塩および砂糖などを含む調味液が浸透することで水分活性が低下し，保存性が高まる．近年は，消費者の低塩分，低糖濃度志向が強く，つくだ煮においても従来に比べて塩分および糖濃度は低下傾向にある．このような製品は，水分活性が高く貯蔵性が悪いことから，長期間貯蔵するため無菌包装，低温貯蔵などにされることが多い．また，製造中の衛生管理には，以前に増して注意を払わなければならない．

つくだ煮の煮方には，炒り煮と浮かし煮がある．炒り煮法は，原料が調味液をすべて吸収するまで煮込むもので，攪拌しながら煮込むため，形が壊れにくいコンブつくだ煮や形が商品価値に影響しないでんぶなどの製造に用いられる．浮かし煮法は，多量の調味液で原料を煮込み，調味液もしくは原料の液部が適度な濃度となった時点で終了する．浮かし煮は，煮崩れしやすい生魚などを原料としたつくだ煮の製造に用いられることが多い．

つくだ煮の製造は，原料の選別，煮熟，包装などを手作業によって行う場合が多いため，製造コストに占める人件費の割合が大きい．このため，人件費の安い海外において日本の伝統技術を用いたつくだ煮を製造し，輸入されるものが増加している．

〔滝口明秀〕

3.1.1 つくだ煮

製品の概要

つくだ煮は，コンブ，アサリ，コウナゴやノリなどの魚介類および海藻などを原料とし，醬油，砂糖主体の調味液により煮込んだものである．その発祥については，江戸時代，徳川家康が現在の大阪から江戸の隅田川河口の佃島に移住させた漁師らが，漁獲した小魚などを塩で煮た自家用の保存食が由来とされている．この保存食がその発祥の地名にちなんで，つくだ煮と呼ばれるようになったのである[1]．現在，つくだ煮は全国的に普及しており，その生産量は，年間約10～12万tである[2]．

一方，つくだ煮の消費量は，食生活が激しく変化し，食生活の多様化や洋風化，他の食品との競合などの影響により低迷を続けていたが，最近，再びコンブやアサリなどの魚介類が自然食品として見直されてきていること，消費者の減塩や低糖志向に合わせた製品作り，また，中食産業の具材としての進展などによって，つくだ煮の生産量はほぼ維持されている（表3.2）．

表 3.2　100gあたりの栄養成分（五訂　日本食品標準成分表）

	アサリのつくだ煮	コンブのつくだ煮
水　分	38.0 g	49.6 g
タンパク質	20.8 g	6.0 g
脂　質	2.4 g	1.0 g
炭水化物	30.1 g	33.9 g
灰　分	8.7 g	9.5 g
鉄　分	18.8 mg	1.3 mg

製 法

つくだ煮の製造方法には，主に炒り煮，浮かし煮という2つの方法がある．コンブや乾燥物などのように煮崩れしにくく，内部に調味液が浸透しにくい海藻類や乾燥物などは炒り煮を，一方，魚介類など煮崩れを起こしやすいものは一般的に浮かし煮の方法により製造されることが多い．

コンブのつくだ煮―炒り煮：最近は，北海道，中国，韓国産の乾燥コンブが多く使用されている．これらの乾燥コンブの身を軟らかく，味をよくするために，約4%酢酸溶液を散布し浸透するまで1晩置く．その後，夾雑物を振動や風圧を利用して除去し，約70℃の湯で洗浄する．次に，調味液を十分に浸透させるため，1晩浸漬させる．次に煮熟であるが，少量の調味液で焦げつかないように火力を調整しながら，調味液がなくなるまで十分に炒る．釜揚げしたコンブは平台に広げ，煮汁をまぶしながら清浄な空気で冷却する．包装後は，保存性を高めるため加熱により殺菌する場合もある（図3.1）．

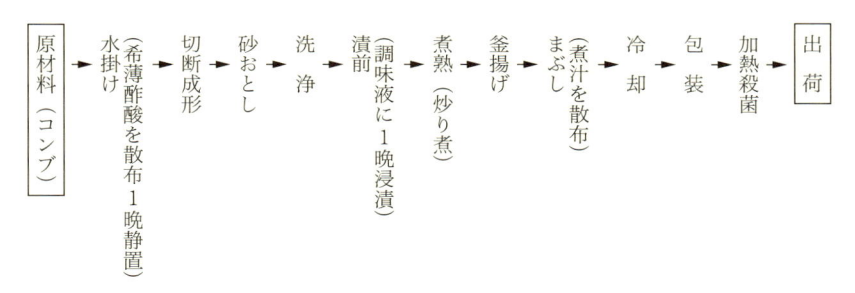

原材料（コンブ） → 水掛け（希薄酢酸を散布1晩静置） → 切断成形 → 砂おとし → 洗浄 → 漬前（調味液に1晩浸漬） → 煮熟（炒り煮） → 釜揚げ → まぶし（煮汁を散布） → 冷却 → 包装 → 加熱殺菌 → 出荷

図 3.1 コンブのつくだ煮製造工程

アサリのつくだ煮―浮かし煮：アサリは，国産もの，輸入ものが使用されている．まず，2〜3%食塩水に数時間浸漬させ，砂抜きを行う．殻付きアサリを蒸煮した後，可食部を取り出し，水中で振り洗いして，水切りする．水切り後，冷凍保存する場合もある．可食部だけになったアサリを沸騰した調味液に投入し，アサリに調味液が浸

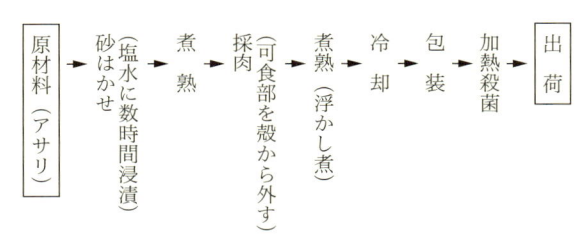

原材料（アサリ） → 砂はかせ（塩水に数時間浸漬） → 煮熟 → 採肉（可食部を殻から外す） → 煮熟（浮かし煮） → 冷却 → 包装 → 加熱殺菌 → 出荷

図 3.2 アサリのつくだ煮製造工程

透するように弱火でゆっくりと煮込み，最後にすくい取る（浮かし煮，という）．すくい取ったアサリを平台に広げ，調味液を十分切ってから清浄な空気で冷却する（図3.2）．

製品の特徴

つくだ煮は醬油と砂糖ベースの調味液の甘い香りと素材の香りと旨味が調和した風味豊かな伝統食品である．醬油と砂糖ベースの調味液で煮るつくだ煮の煮熟温度は，100～120℃くらいにまで上昇するため，原材料に付着している細菌やカビ，耐熱芽胞菌以外は死滅する．また，同時に調味料と水分との交換が行われ，脱水による水分活性の低下により微生物の増殖も防止され，保存性は高い．しかし，最近，消費者の減塩・低糖志向に合わせて，調味液の濃度，加熱温度と時間の調整により，塩分や糖分を控え，水分含有量を多くして，とてもソフトな食感の製品が多くなってきている．この場合，保存性は低下するため，低温で保存しなければならない．また，色調は，調味料や素材中の糖とアミノ酸によるメイラード反応により全体的に褐色になり，さらに照りも生じる．そして，形状はそれら素材そのものの形をできるだけ崩さないよう保つことが重要である．

生産の現状

つくだ煮は，現在，全国の各都道府県で生産されている．なかでも東京，兵庫，愛知，広島，香川，愛媛などが生産量の多い地域である．製造装置については，煮熟時に煮練り機を使用し，ノリなどを充填する場合は充填機を使用するところも多い．また，コンブの砂を落とすための砂取り機，コンブ切断機，煮熟機（二重釜），冷却装置（扇風機，送風機，バッチ式真空冷却機），金属探知器や真空包装機なども使用されている． 〔野田誠司〕

文　献

1) 岡　弘康：佃煮・甘露煮・飴煮．食品加工総覧（6），加工品編　乳・肉・卵製品・水産製品，pp 779-801，農山漁村文化協会，2002．
2) 農林水産省大臣官房統計部編：水産物流通統計年報，農林統計協会，2003．

3.1.2　湖産魚介類のつくだ煮

湖魚のつくだ煮の概要

琵琶湖周囲の湖岸には朝獲れの魚を煮物にする習慣があり，つくだ煮加工業者も多い．琵琶湖は深い所で100 mあり，温水性，冷水性の魚貝が共存していて種類が豊富である．アユ，イサザ，モロコ，ゴリ，ワカサギ，シジミ，スジエビ，ウグイ，ハスなどを醬油煮，サンショウ煮，砂糖煮，あめ煮にする．ダイズと組み合わせて，エビ豆，イサザ豆，シジミ豆，アユ豆といった豆煮類にもする．湖魚は良質のタンパク質，アミノ酸，タウリンに富み,，魚油DHA，EPAを含み，ビタミン給源としても

優れ，また骨ごと食べられるのでよいカルシウム給源にもなる．

製　法

おいしいつくだ煮を作る一番のポイントは，新鮮な魚を使うことにある．できるだけ生きた状態に近い魚を鍋に入れることが大事である．醬油，砂糖，酒，みりんを使って加工し，淡水魚貝の独特の臭みを消すために，サンショウの葉，サンショウの実，ショウガの千切り，梅干しなどを一緒に入れる．甘味として水あめが使われたが，最近は粗目砂糖を使う人が増えている．魚の個性をいかして濃すぎる味にしないことが大事である．砂糖，醬油，酒を入れて，よく沸騰させてから魚を入れていく．魚と魚が直接重ならないように気をつける．小さいのは 30 分，大きいのは 40 分かけて煮る．加熱後すぐ揚げて熱気をとり，乾燥に気をつけて包装する．

醬油，砂糖，酒 → 沸騰させる → 砂糖を溶かす → 原料魚を入れる → 30～40分煮る → 仕上げるみりんを加えて → つくだ煮

図 3.3　湖産つくだ煮の製造工程

製品の特徴

アユのつくだ煮：アユは琵琶湖で最も多く安定して獲れる魚であり，つくだ煮生産の筆頭格を占めている．アユは特有の旨味，苦味と香りがあり，つくだ煮生産の主力である．サンショウの葉，サンショウの実と一緒に炊いたり，蓼煮，ショウガ煮，豆煮にもされる．

スジエビのつくだ煮とエビ豆：琵琶湖ではスジエビがいる．エビ豆は人気のある惣菜で，学校給食にも登場している．

シジミ煮，シジミ豆：セタシジミが琵琶湖の固有種である．貝のつけねが厚くて，左右が非対称，貝色がべっ甲色で粒が大きく，味がよい．シジミは 3 年ものが食べごろで，貝の年輪で年齢がわかる．古く縄文時代の貝塚からもセタシジミの殻が発掘されており，古くから人々の食を支えてきた．昭和 40 年前後から琵琶湖のシジミは激減した．近年，稚貝放流の努力で復活の兆しがみえているが，まだ資源量は少ない．シジミのエキスは肝臓の薬であり，薬効が高いといわれている．コハク酸，アラニン，グルタミン酸などの旨味成分やビタミンに富んでいる．

イサザ煮，イサザ豆：イサザは琵琶湖固有種で，体長 6～8 cm くらいのハゼ科の魚である．動物性プランクトンを食べているので味がよい．イサザだけで煮物にするほか，ダイズと炊き合わせたイサザ豆が好まれている．

ゴリ煮：ハゼ科のヨシノボリの稚魚をゴリという．真夏のころ，湖底から湧いてくるように群れて登場するので，沖曳き網でゴリ曳きが行われる．獲れたらすぐに陸揚げして，2 時間以内に釜に入れる．ゴリの佃煮は食べやすくて人気がある．ゴリには粒サンショウが合う．

生産の現状

淡水魚つくだ煮としては，アユ，ゴリ，シジミ，エビが生産量として安定している．イサザは漁獲量に波がある．モロコ類は減少し，ワカサギが増加している．

〔堀越昌子〕

文　献
1) 滋賀の食事文化研究会編：湖魚と近江のくらし，サンライズ出版，2003.
2) 滋賀県教育委員会：滋賀の伝統食文化 伝統食文化調査報告書，滋賀県，1998.
3) 滋賀県教育委員会：滋賀の食文化財，滋賀県，2001.

3.1.3　ワカサギつくだ煮

製品の概要，生産の現状

ワカサギつくだ煮は，ワカサギを砂糖・醬油・みりんなどの調味液で煮詰めた製品である．茨城県霞ヶ浦北浦湖岸地域には，69のつくだ煮加工業者があり，年間300～400 tのワカサギつくだ煮（甘露煮を含む）が製造されている．その他全国各地で生産されている．

製　法

ワカサギつくだ煮の製造工程は図3.4に示したとおりである．現在は国内漁獲量が減少し，中国などからの輸入原料を用いて生産している．原料魚は，鮮度のよいものを使用し，調味料である醬油，砂糖は上質のものを用いる．砂糖は甘味料としてのほかに製品に光沢をつけ，水あめはあっさりとした甘味とつやのある粘着性をつける．

「乾燥，焙焼」は煮熟中の身崩れを防ぐために行う．製造フローの図中，「煮かご配列」および「水炊き」は大きめのワカサギを使った甘露煮を製造する場合に行われる．「煮かご配列」では煮熟中の原料魚の損傷を防ぎ，熱および調味液の浸透をよくするために原料魚を煮かごにていねいに配列し煮熟（二重）釜に入れ，「水炊き」では骨まで軟らかくするために1～1.5時間程度水で煮熟する．煮熟液は捨てる．

調味煮熟では，原料魚の入った煮熟（二重）釜に調味料を徐々に加えていき，製品

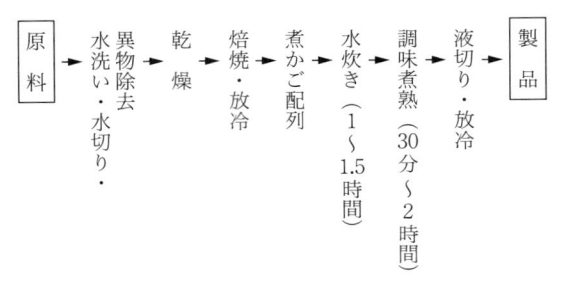

原料 → 水洗い・異物除去・水切り → 乾燥 → 焙焼・放冷 → 煮かご配列 → 水炊き（1～1.5時間）→ 調味煮熟（30分～2時間）→ 液切り・放冷 → 製品

図 3.4　ワカサギつくだ煮（甘露煮）の製造工程

により30分～2時間煮込む．調味料を一度に加えると製品が硬くなるので順に加える．調味煮熟後はすみやかに放冷し，使用後の調味液は不純物を除いて再利用される．

製品の特徴

淡白な旨味をもつワカサギに，つくだ煮の甘辛い調味液がたっぷりとしみ込み，加熱による光沢と香ばしさが食を進める製品であり，保存性に優れ，調理の必要がなく，すぐに食べられる簡便さや，頭や骨を丸ごと食べられる健康食品であることが特徴といえる．

〔矢口登希子〕

3.1.4 ゴリつくだ煮，フナの雀煮

製品の概要

石川県は古くから，つくだ煮の産地としてもその技を伝承した土地柄である．特にゴリのつくだ煮の加賀伝統の食品として，今もギフト商材はもちろん，観光土産品として根強い嗜好品の1つである．また，フナの雀煮も同様であるが，生産量自体は横ばいもしくは減少傾向にある．つくだ煮の産地は金沢市が中心である．

製　法

ゴリつくだ煮は，解凍した原料をかごに入れ，これを調味液の入った釜に入れて沸騰させ，沸騰してから10～20分炊き上げる．炊き上げた後，釜から取り出して放冷し包装する（図3.5）．

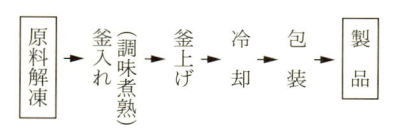

原料解凍 → 釜入れ（調味煮熟） → 釜上げ → 冷却 → 包装 → 製品

図 3.5 ゴリつくだ煮の製造工程

フナの雀煮は，解凍した原料をかごに詰め，あく抜きのため蒸気釜でおよそ5～10分間水煮と称して沸騰させる．その後いったん釜から取り出し，調味液の入った釜に再び入れ40～60分間煮熟する．こうして煮熟の終わったものは，釜上げして冷却し包装する（図3.6）．

原料解凍 → 釜入れ（水煮） → 釜上げ → 水切り → 釜入れ → 釜上げ → 冷却 → 包装 → 製品

図 3.6 フナの雀煮の製造工程

製品の特徴

ゴリつくだ煮およびフナの雀煮ともに，以前に比べて若干甘味を押さえて製造されているが，全体的には大きな改善はみられない，昔ながらの伝統食品の1つである．

フナの雀煮とは，フナの処理した形が，雀の腹を開いた形と似ているところから名づけられたといわれている．

生産の現状

生産量は，横ばいか減少傾向にある．石川県のお中元やお歳暮商材の1つとして，またお節料理の1品として需要がみられるが，一般的には嗜好的要素の高い製品である．現在，金沢市内を含め，近郊で6軒から7軒で生産されている．

地元原料事情がきわめて悪く，最近ではゴリ，フナともに中国からの輸入原料に頼らざるをえない現状である． 〔神崎和豊〕

3.1.5 ニシン昆布巻き

概 要

コンブ調味加工品であり，つくだ煮の一種．

室町期の「応仁別記落書」に，近江で作られたフナの昆布巻きが出ており，これが文献上では最も古いといわれている．藩政時代，北海道から北前船（西回り航路）により，コンブと身欠きニシンが北陸や関西に入るようになり，身欠きニシンをコンブに巻いて煮込んだニシン昆布巻きが正月や祭りには欠かせない料理として食べられるようになった．江戸ではニシンは食用とはされなかったため昆布巻きは流行らなかったが上方ではよく食された．特に富山では1970年ころニシン1尾を使って作る太巻きの昆布巻きが開発され，全国に知られるようになった．現在では北海道，北陸で多く作られており，芯はニシン以外に紅ザケ，タラコ，ブリ，ホタテ，牛肉，野菜など多彩になっている．

製造工程

① 水打ち：4〜5％酢酸液を撒布し1晩ねかせる（製品の優劣が決まる）．② 砂取り：砂取り機で付着している砂などを風圧を利用して除去．③ 芯巻き：芯になるニシンをコンブで巻く．内側は棹前など軟らかいコンブ，外側はナガコンブやミツイシコンブを使う．巻き原料を貯蔵する場合は酢酸をかけて冷蔵庫に保存．なお，釧路市東部漁協工場では，大型の昆布巻きとするため，コンブを何枚か合わせて大きくしたものでなく，1枚で十分な大きさのあるアツバコンブを用いている．④ 水漬け：酢酸を洗い流すため20〜30分間水に漬ける．⑤ 湯煮：柔軟性を与えるため100〜105℃で10〜15分（酢の香りも抜く）．⑥ 調味炊き：調味液に十分浸してから，汁が少なくなるまで加熱．⑦ 冷却：平台に広げ煮汁をまぶして放冷する．

原料 → 水打ち → 切断 → 砂取り → 芯巻き → 水漬け → 調味炊き → 冷却 → 袋詰め → 製品

図 3.7 ニシン昆布巻きの製造工程

製品の特徴

原料となるニシンは昔は身欠きニシンを水戻しして使用していたが，現在ではアラスカ，カナダ，ロシア産などの冷凍の索餌ニシンを使用している．コンブは煮ても軟らかく味のよいナガコンブやミツイシコンブを用いる．調味液で煮る前に水分の補給とあく抜きのため真水で煮る．この後，調味液でよく煮込み，いったん冷却した後，真空包装する．これを圧力釜で殺菌するタイプとレトルト殺菌するタイプがある．前者は冷蔵で2週間，後者は常温で4か月間を賞味期限としている．

生産の現状

贈答品として安定した量で生産されているが，現状維持か減少傾向にある．

〔浅野　昶〕

文　献

1) 富山県水産加工業協同組合連合会ほか：とやまの水産加工品，2002．

3.1.6　アユの昆布巻き

製品の概要

子持ち大アユにコンブが巻かれた製品で，湖産魚介類のつくだ煮とともに贈答用として，広く親しまれている．アユの昆布巻きを切って，そのままお重に入れて，正月用のお節の1品として人気が高い．アユは特有の苦味，旨味と香りがある．ニシンの昆布巻きとはまた違ったおいしさである．琵琶湖周辺では，湖魚を煮つける文化が広がっており，アユも好んでサンショウの実や葉と煮つけられてきた．アユ昆布巻きは商品として開発されたのは比較的新しいが，なじんだ味の昆布巻きとして人気がある．

製品の特徴

琵琶湖のアユは10 cmくらいの体長にしかならないが，川で育ったアユや養殖されたアユは20 cmくらいにまで育つ．その大アユをコンブで包み込んで，じっくり煮込んだものがアユの昆布巻きである．通称アユ巻きとも呼ばれている．パック詰めされている商品が多く，賞味期限は長い．好みの厚さに輪切りして食べる．

製　法

コンブを水に浸し戻しておく．干瓢は水に浸してから塩揉みしておく．アユを芯にして，コンブを緩めに巻いていき，干瓢で結ぶ．コンブで巻いたアユを，出汁，シイタケ，酒，醬油，砂糖を入れた薄味の調味料でひたひたにして圧力鍋で15分ほど煮る．鍋の中で冷やし，煮汁に浸け置きしてじっくり味をしみ込ませる．

生産の現状

アユは新鮮なものを，コンブは早煮コンブを用いる．商品は脱気包装でパックさ

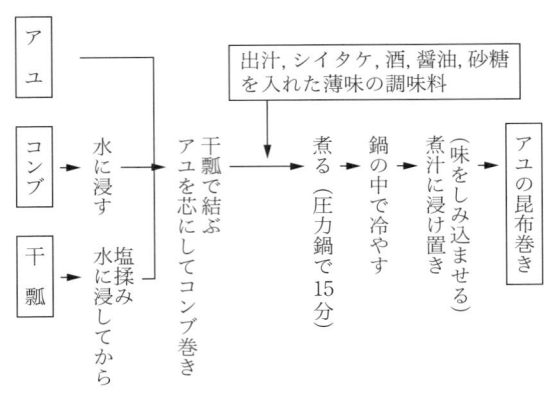

図 3.8 アユの昆布巻きの製造工程

れ，加圧加熱殺菌されたものは1年間もつ．アユの昆布巻きは味に個性があり，生産も正月のお節シーズンや，贈答用だけでなく，順調に伸びてきている．〔堀越昌子〕

3.1.7 イカナゴ釘煮

製品の概要

イカナゴ釘煮は，生鮮イカナゴの稚魚を醬油，砂糖，みりん，ショウガなどとともに煮詰めて作る調味加工製品である．1930年代（昭和のはじめころ）兵庫県神戸市垂水区で作られ始めたのが発祥とされている．一般家庭で作られていたものを地元生協や漁協婦人部などが料理講習会を開いて普及し，地域の特産品に成長した．

製　法

兵庫県におけるイカナゴ釘煮製造工程を図3.9に示した．原料は3～5 cm程度のイカナゴの稚魚を用いる．洗浄工程では，原料魚を真水中で攪拌し魚体表面の粘液とそれに付着している微生物や異物を除去する．これにより，調味液の濁りが軽減されるとともに製品の色つやがよくなる．調味煮熟工程では，沸騰した調味液（醬油，砂糖，みりん，ショウガ）に洗浄した原料魚を入れ，攪拌せずに調味液がなくなる直前まで約40分加熱する．調味液で加熱することで，味をつけるとともに酵素や微生物の働きを止める．また，煮詰めることで調味液が濃縮され，水分活性が低下し保存性が付与される．液切り，冷却工程では，製品をざるに入れ風を当てながら付着している余分な調味液を滴下除去する．これにより，製品を収容した容器の底にたまる調味液が少なくなり外観のよい製品になる．計量・包装工程では，出荷先のニーズに合わせ樹脂製の袋や容器に入れ出荷する．

図 3.9　イカナゴ釘煮の製造工程

製品の特徴

図 3.10 に示したように，製品の色や形がさびた古釘に似ていることから"釘煮"と呼ばれているが，生鮮原料から作るものを"釘煮"と呼び，煮干し原料（かなぎちりめん）から作る"つくだ煮"とは区別している．外観は色つやがよく，頭や尾の取れていないものがよいものとされる．生鮮原料から作る"釘煮"は軟らかく仕上がるが，煮干し原料から作る"つくだ煮"は魚体の中心がやや硬く仕上がるものが多いといわれている．兵庫県で生産されているイカナゴ釘煮の一般成分を次に示した．水分 15～30％，粗灰分 7～10％，粗脂肪 1～2％，粗タンパク 20～25％，塩分 5～6％，水分活性 0.6～0.8．

生産の現状

生鮮原料から調味加熱するため，生産地域は原料魚の漁獲される地域に限られる．

図 3.10　イカナゴ釘煮の外観

主な生産地域は兵庫県や大阪府の瀬戸内海沿岸である．生産規模は，一般家庭で炊くレベルから，加工業者，漁協，漁連まで幅広い規模で作られている．従来は，20～30 cm程度の鍋をたくさん並べて作っていたが，最近では加工技術の向上により，直径1mくらいの大釜でも品質を損なわずに生産できるようになった． 〔森　俊郎〕

文　献
1)　福田　裕ほか監修：全国水産加工品総覧，pp 147-149，光琳，2005．
2)　日本の食生活全集28，聞き書　兵庫の食事，pp 311，農山漁村文化協会，1992．

3.1.8　筏ばえ

概　要

シラハエのつくだ煮である．岐阜の長良川では，江戸時代から明治初期まで筏流しにより木材が輸送されており，現在の岐阜市長良橋付近に集積した筏の下に冬になると群れ集まる寒バエを用いたことが名称の由来である．ハエ漁は，11月中旬から2月下旬まで行われ，鳥に見立てた黒い布を竹竿の先に付けて水面をたたき，群ごと網に追い込む「ぼいちょう」は，冬の訪れを告げる風物詩となっている．

製　法

原料魚は，体長3～5cmのものが用いられる．ハエは，死後2～3時間経過すると腹が割れ，苦味も出るため，早朝漁獲されたものが生きたまま運ばれ，午前中に加工される．業者により用いる調味料や分量，炊き方に違いはあるが，原料魚7kgを用いた製造例を示す（図3.11）．

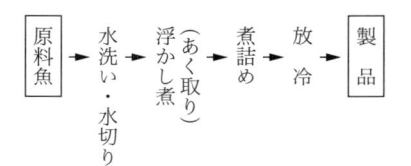

原料魚 → 水洗い・水切り → 浮かし煮（あく取り）→ 煮詰め → 放冷 → 製品

図 3.11　筏ばえの製造工程

魚はよく水洗いし，ザルに揚げて水切りする．そこへショウガの千切り約400gを混ぜ合わせておく．鍋にこいくち醤油2 l を加熱し，軽く煮立ったところへ粗目3.2kgを入れ，再度煮立ったところへ魚を入れる「浮かし煮」で炊き上げる．まず，強火で40分程度煮熟し，その間あくがなくなるまで取り除く．煮汁が少なくなったら火を弱め，鍋の中心部分の魚を端に寄せてお玉で煮汁を汲み掛けしながら20分程度かけて煮詰める（照り出しにみりんを使用する場合もある）．それを箕に揚げて1日置き，漆塗りの切り溜に移して保存する．贈答用はビニール紙に包み木箱や紙箱に詰められるが，自家用に量り売りもされる．賞味期限は，製造所により異なるが，冷蔵で1～3か月，常温では2週間が目安とされている．

製品の特徴

寒バエを用いるため脂が乗っており，ほのかな苦味がある．また，食感は軟らかく

崩れやすいが，真空包装して加熱殺菌した製品ではそうした食感は損なわれてしまう．

生産の現状

現在では，漁獲が少ないこともあり，生産量はごく限られたものであるが，岐阜市や関市に1t程度を生産する業者が5軒ほどある．

〔加島隆洋〕

3.2 儀 助 煮

概　要

儀助煮とは小魚類の乾燥品を調味し，焙乾した調味乾燥品の一種である[1]．この製法は明治の中ごろに福岡県の宮野儀助氏がつくだ煮の腐敗防止の研究過程で開発したもので，その名がつけられている．原料魚にはマッチの棒くらいの幼魚（約5cm）などをラウンド（尾頭つき）のまま煮干し，素干し品などに一度乾燥させて用いている．原料魚は地域によって異なるがカエリ（マイワシの幼魚），小アジ，キビナゴ，ヒイラギ，小ガレイ，デビラ，ワカサギ，小ダイ，小エビなどが一般的に使用されている．これらの乾燥品を調味液（醬油，みりん，砂糖，化学調味料，香辛料など）に30～40分間ほど浸漬し，熱風乾燥機などで十分（ばりばり状になるまで）に乾燥する．乾燥後，ゴマやアオノリをまぶしたり，アーモンドやピーナッツなどと混合して製品とする．主として酒やビールのつまみとして利用されている．儀助煮の産地は福岡県，茨城県，愛媛県などが知られている．愛媛県の松前町，松山市などでは，1889（明治22）年ころより沿岸で漁獲されていたカエリ，シラス（カタクチイワシの幼魚），小エビなどの小魚類を儀助煮の技法により始め，今では小魚珍味の生産量は全国の80%を占めている[2]．生産が軌道に乗り始めたのは，明治の後期で，日持ちがすることから缶（15kg）に詰め，満州，朝鮮，ハワイなどの外国へも出荷されていた．昭和に入ると軍需食品として扱われ，さらには戦後のレジャーブームにあやかり，小魚珍味のメッカとして発展を続けている．

製造原理

儀助煮は乾燥小魚類を砂糖や醬油などで調味してから乾燥した調味乾燥品の一種である．原料が小魚類の乾燥品であるので廃棄物がほとんどでないうえに，製法が比較的簡単で歩留まりもよく，カルシウムが豊富に含まれており，未利用の小魚類に付加価値をつけるにはうってつけの加工法といえる．また，乾燥品を原料としているので，海がしけて漁ができないときでも計画的に製造が可能で，年間を通して安定生産ができる．さらに，製品の水分が少なく，砂糖などの調味料が含まれているので，水分活性も低く，腐敗しにくいので，保存料を使用しなくても長期保存ができ，遠距離

輸送が可能である．最近では，これまでどおり缶に詰められて流通もされているが，小分けした製品が防湿性のプラスチック袋に入れられ，市販されている場合が多くなってきた．愛媛の儀助煮は，従来，コークスの強火で焙り焼きしていたが，現在では重油を熱源とした熱風乾燥機が主に用いられ，大量生産に適した機械設備が導入されている．

儀助煮の種類

この類似品には表3.3に示したように，みりん干しなど調味乾燥品があるが，乾燥の程度で儀助煮に分類されるものも少なくないと思われる．すなわち，儀助煮の製法が小魚類の乾燥品を調味してから強く乾燥させているので，その製品は水分，水分活性も低く，保存性がきわめてよいことがうかがわれる．それゆえ冷蔵庫の普及していない時代では貴重な保存食品であった．最近では低塩分，高水分製品が健康志向やグルメ志向などを反映した食品が求められる社会情勢にある．しかし，儀助煮（愛媛の

表 3.3 調味乾燥品の種類

品名(製法名)	原料魚介類	製法の概略
みりん干し	イワシ，サンマ，サバ，カレイ，マダラ，スケトウダラ，エビなど	原料調理（小魚はそのまま，大型魚はフィレーなど）し，調味液（醤油，みりん，水あめ，化学調味料など）に30分〜10時間浸漬し，天日あるいは乾燥機で水分20〜30％に乾燥する
儀助煮	ワカサギ，イワシ，カレイ，コウナゴ，エビ，ハゼなど	小魚類の乾燥品（煮干し，素干しなど）を調味液（醤油，砂糖，みりんなど）に浸漬し（40分ほど），熱風乾燥機でかなり強く焙焼（水分15〜20％）する
魚せんべい	魚介類の肉	魚介類から肉を採取し，デンプン，砂糖，食塩，油，卵などを混ぜ合わせ，せんべい焼き機で焼き上げる．また，前処理した小魚類をそのまま姿を残して焼いた姿焼きもある
さきイカ	スルメ，調味した半乾イカ製品（ダルマと称す）	スルメ（ハードさきイカ），ダルマ（ソフトさきイカ）を第1調味液に浸け，焙焼してから伸展機で伸ばし，裂き機で裂く．次いで第2調味して水分15〜20％まで乾燥して仕上げている
味付け海苔	干しノリ	干しノリを焼き，調味液（砂糖，みりん，化学調味料，香辛料など）を塗り，380〜400℃で4〜10秒ほど焼き，裁断，包装している
でんぶ	スケトウダラなどの白身の魚肉	白身魚を原料とし，調理，水晒し，煮熟，揉みほぐし，焙乾，乾燥したそぼろを調味し，加熱しながら巻きずし用（具）など適当な水分とする

二名煮など）は小魚類がそのままインスタント的に食べられ，その食感もせんべい様で高齢者にも好まれ，食べやすさもあり伝統を維持して生産されている．地方における儀助煮は，山口県の焼きフグ，茨城県のワカサギのいかだ焼き，愛媛県の二名煮，五色煮（儀助煮は商標登録されており製造当初は使用できなかった）があげられる．

問題点と今後の課題

瀬戸内海をはじめ，日本沿岸での小魚類の漁獲が減り，原料確保が難しい状況にある．愛媛県では原料難を解消するため，東南アジア（タイ，マレーシアなど）における小魚（乾燥品）の儀助煮原料としての適正化を検討したが，鮮度，乾燥法，価格など問題はあるものの，漁獲後の処理を改善することで，将来的に望みはあると推測している[3]．また，高齢化社会であるため，保存性を重視するのでなく，嗜好性を尊重する時代に変わっているので，硬い製品が敬遠され，食べやすい，ソフトな製品開発が望まれている．さらに，カルシウムが多く含まれていることから学校給食などへの利用も検討され，自然食品としての活用が見込まれている． 〔岡　弘康〕

文　献
1) 太田静行ほか：珍味, pp 15, 恒星社厚生閣, 1990.
2) 昭和55年度　活路開拓調査指導事業報告書, 四国珍味商工組合.
3) 昭和56年度　活路開拓調査指導事業報告書, 四国珍味商工組合.

3.3　甘　露　煮

3.3.1　ホタルイカの甘露煮

ホタルイカ煮干しを原料として砂糖，醬油，食塩などの調味料で味つけした加工品．

調味加工品の種類

ホタルイカ加工品として甘露煮は古くから作られていたようである．甘露煮は砂糖，みりん，水あめ，塩などで甘味を強くして煮詰めた製品である．昔は煮詰めるのに，一重の釜で煮詰めていたが，焦げつかないように常に攪拌する必要があり，ホタルイカの腕の部分がとれるなど歩留まりが悪かったが，蒸気を使う二重釜の普及により，広く作られるようになった．しかし，1953（昭和28）年ころから，鉄道輸送が安定し，ホタルイカの釜揚げ（桜煮）が関東，関西などに出荷されるようになった．これを機に，ホタルイカ桜煮の需要が飛躍的に伸びたことから，煮干し加工が減少し，これとともに，甘露煮製品もあまり作られなくなった．最近では煮干し原料だけでなく，桜煮冷凍品を原料として甘露煮が作られるようになり，おみやげ品として根強い人気がある．

製　法

ホタルイカ煮干しを原料とし，水戻し，水切り後，調味液（砂糖，みりん，醬油，食塩，香辛料，水あめ）を用い，二重釜で 1.5 時間煮詰め，水あめを加え，さらに 30 分加熱する．放冷した後，調味液も入れて包装，歩留まりは 70％ である．

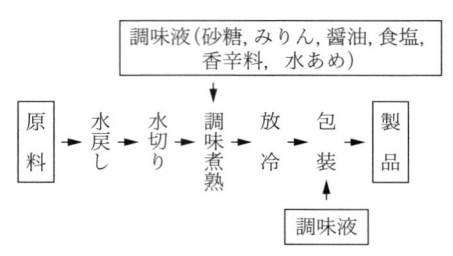

図 3.12　ホタルイカ甘露煮の製造工程

製造の特徴

ホタルイカ煮干しを原料とした場合，流水で 1 時間水戻しを行う．これによって水分の吸着と臭みや汚れを洗い流す．照り出しのため水あめを最後に投入するが，入れた後では腕などがとれるので極力触らない．昔は煮干しを原料としたが現在ではホタルイカ釜揚げ（桜煮）の冷凍原料を用いるところも増えた．ホタルイカ釜揚げを使用する場合は調味煮熟から始める．賞味期限はおみやげ製品が常温で流通するため，常温で 3 か月くらいである．冷凍すると硬くなるので，そのつど作る．腐敗よりもカビの発生に注意を払う必要がある．

ホタルイカ甘露煮の栄養成分は水分 22.6％，タンパク質 23.4％，脂質 8.9％，炭水化物 40.9％，灰分 4.1％ である．生ホタルイカに多いレチノールなどの機能成分はほとんど残っていない．

生産の現状

生産はそれほど多くなく年間 25～30 t であるが，生産量は安定している．

〔川﨑賢一〕

文　献

1) 富山県水産加工業協同組合連合会ほか：とやまの水産加工品，2002．
2) 富山県食品研究所：富山の特産物，2003．
3) 富山県食品研究所：とやまの特産物機能成分データ集，2005．
4) 福田　裕ほか：全国水産加工品総覧，光琳，2005．

3.3.2 マスの甘露煮

マスの甘露煮の種類

マスはサケ科魚類であり，イワナ，ヤマメ，アマゴなどの淡水産とベニザケ，サクラマス，カラフトマスなどの海産がある．これらのうち，主に淡水産のマス類や北米原産のニジマスは全国各地で古くから養殖されており，甘露煮の主原料とされている．一方，甘露煮とは，みりん，砂糖，水あめなどを多量に用いて煮詰めた煮物のことであり，伝統的な保存食である．クリ，果実などはこれら甘味原料だけで製造されるが，魚の甘露煮は醬油が用いられ，甘辛く仕上げられる．

製 法

魚種や地方により製法に違いはあるが，概略を図3.13に示す．原料魚を選別し，よく洗浄する．大きさがそろっているほうが煮込みやすい．基本的には魚1匹を煮込むため，頭，骨，内臓などは取らないが，

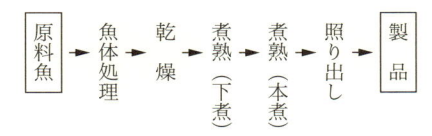

原料魚 → 魚体処理 → 乾燥 → 煮熟（下煮）→ 煮熟（本煮）→ 照り出し → 製品

図 3.13 マス類の甘露煮の製造工程

餌止め・石抜きが不十分な魚は内臓を取る．煮崩れを防ぐため，串に刺して天日で干す，もしくは遠火で焼いて乾燥させる（天日で1～2時間ほど干した後に，焼く場合もある）．次に，焦がさないようササの葉，ダイズ，ダイコンなどを敷き詰めた鍋で，水，番茶，酢酸溶液（梅干しを用いる場合もある）などで数時間下煮し，骨を軟らかくする．下煮の液がなくならないうちに砂糖，醬油，みりんを加えて弱火で4～5時間煮汁を足しながら煮込み，照り出しに水あめを加えて煮詰める．火を止めて1晩冷まし，味をなじませる．調味料の配合は，地方や好みにより異なるが，1例を示すと砂糖：醬油：みりん＝1：2：2である．また，炊き方も砂糖，醬油を混ぜて直接煮込む場合と，糖液で煮込んでおいてから醬油を加える場合がある．常温流通させる製品では，真空包装後，加熱殺菌を行い，金属探知機などで検査をする．形が崩れると商品価値が下がるため，手作業でていねいに取り扱い製造する．

製造の特徴

魚臭さはなく，骨まで軟らかく丸ごと食することができる．濃い味つけであるため，そのままおかずとして，酒の肴として食される．

生産の現状

マス類の分布域は広く，またニジマスも1877年の移入以来全国各地で養殖されているが，甘露煮としては比較的に小規模での生産が多いことから正確な統計はない．愛知県淡水養殖漁業共同組合は，ニジマス甘露煮の生産量で全国一を誇るが，多いときで年間200～210 t，少ないときで140～150 tである．

〔伊藤雅子〕

3.4 みりん干し（さくら干し）

概　要

さくら干しと呼ばれるイワシみりん干しは，イワシから頭，内臓，背骨を除去して開きとし，砂糖を主体とした濃い調味液で味つけし，強く乾燥した調味干製品である．さくら干しは，原料にカタクチイワシを用いて作ることが多いが，マイワシを原料としたものもある．製造の始まりは，砂糖の生産および消費量が増えた大正期といわれており，当初は原料にマイワシを用いるのが一般的であった．なお，最近では原料にアジおよびシシャモ（カペリン）などのイワシ以外を用いたものも生産されている．主な生産地は，千葉県，茨城県，富山県であるが，主な消費地は関西地方および中部地方である．

製　法

カタクチイワシを原料としたさくら干しの製造行程は図3.14のとおりである．

原料には，凍結のカタクチイワシを用いるため，流水によって解凍する．解凍は，完全に魚体の中心が解けるまで行う．調理は，ほとんどの場合手および指によって行う．その方法は，頭を付け根から折り取ると同時に内臓を引き抜き，親指の爪の部分で腹を開き，そのまま背骨に添って爪を移動させ身を開く．背骨は，尾部から1cm程度を残して除去する．開いた魚体は，一部を重ねて横に3尾，縦に3尾の合計9尾を簀の上に並べる．魚体を並べた簀を重ね，調味液に1晩浸して調味する．乾燥は，従来は天日によって行うことが多かったが，最近では機械乾燥の冷風乾燥（25°C前後）によることが多くなっている．つや出しにはアラビアガムが用いられてきたが，最近では各種の多糖類が用いられている．ゴマの添加は，煎りゴマを魚体の開いた肉面全体に比較的多く振りかけられる．なお，つや出しの塗布およびゴマの添加は，乾燥の途中に行われる．

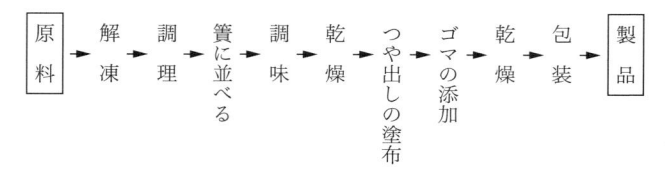

原料 → 解凍 → 調理 → 簀に並べる → 調味 → 乾燥 → つや出しの塗布 → ゴマの添加 → 乾燥 → 包装 → 製品

図 3.14　さくら干しの製造工程

製造原理

解凍は，その後の調理を指を使って行うため，魚体が軟らかくなるまで完全に行う必要がある．さくら干しの風味には，調味料の影響が大きい．調味には，砂糖を約

30％，食塩を約3％溶解させた調味液を使用する．調味液に添加する調味料は，砂糖と塩のみであるが，繰り返して使用するため，魚の旨味が蓄積する．さくら干しの旨味には，調味液に蓄積した魚の旨味成分が重要な役割をしている．繰り返し調味液の調整法は，使用後の調味液を加熱して，溶解しているタンパク質を変性・不溶化させて布でこし取り，濾液に砂糖および食塩を加える．乾燥中に魚肉の脂質が酸化して，外観および風味劣化を起こすことがあるため冷風乾燥器を用いて製造されるものが多くなっている．脂質酸化は，品質低下原因となるため，原料の脂質含量は5％前後のものが適している．

伝統食品としての意義と特徴

主に砂糖で調味されているさくら干しは，水産乾製品としては希少な存在である．さくら干しは，嗜好品として食されることが多く，近年は甘味のある多種多様な嗜好品が市場にあふれていることにより消費量が減少している．

生産の現状

さくら干しの生産量は，減少傾向にあるが，マイワシを原料とした乾燥度合いも低いものや，シシャモのオスやアジを原料としたものが生産され，多様化している．また，アジを原料としたものなどでは，身開きまで海外で加工した半製品を輸入し，さくら干しとしているものもある．

問題点と今後の課題

さくら干しの製造は，調理などを手作業によって行うため，熟練した作業者を必要とするが，後継者が減少している．製造工程において最も問題となっているのは，魚体を開く調理工程であり，この機械化が課題である．　　　　　　　　〔滝口明秀〕

3.5　焼き加工品

3.5.1　焼きアナゴ

製品の概要

焼きアナゴは，マアナゴを開いて内臓を除去し焼いた後，調味液をつけた焙焼製品である．地元消費のほか，土産物としても人気がある．

製　法

兵庫県における焼きアナゴの製造工程を図3.15に示した．原料は30～40 cm程度のマアナゴで梅雨～夏場のものが脂がのってよいとされている．調理工程では，原料魚の目を釘などでまな板に固定し，腹側から開いて内臓と背骨を除去した後，頭部を開いてえらを除去するが，最近では背側から開いて内臓と背骨を除去した後，頭部を除去する場合もある．このとき副産物として出る肝臓はつくだ煮の原料，背骨は骨せ

① ② ③

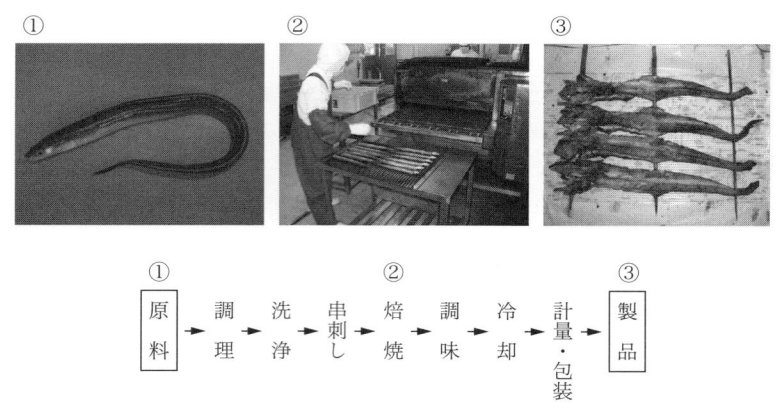

①原料 → 調理 → 洗浄 → 串刺し → ②焙焼 → 調味 → 冷却 → 計量・包装 → ③製品

図 3.15 焼きアナゴの製造工程

んべいの原料として活用する．洗浄工程では，開いた原料を真水で洗浄し魚体表面の粘液，内臓の破片，血液などを除去する．これにより，生臭さが低減されると同時に外観をよくする．串刺し工程では，原料の大きさによって2～5尾ずつ4～5本の竹串を刺す．串は皮と身の間を通すように刺す．最近では，製品を真空包装するため串に刺さずに焼くものもある．焙焼工程では，串刺ししたものを生醬油にくぐらせた後500℃くらいの炭火で7～9分程度加熱する．加熱は身の縮みを防ぐため皮面を先にする．また，串刺しせずたれにくぐらせた後，焙焼機（電気ヒーター，ガスバーナー）を用い300℃程度で両面同時に3～4分加熱する場合もある．醬油をつけて焼くことで，香ばしい風味をつけるとともに酵素や微生物の働きを止め保存性を付与する．調味工程では，焼いた直後のものを調味液（醬油，酒，みりん）に絡ませる．冷却工程では，室温で風を当てて冷却する．計量・包装工程では，店頭売りのものはそのまま，土産用は串を抜いて真空包装したものもある．

製品の特徴

図3.16に示したように外観は小さなウナギの蒲焼きのようにみえるが，ウナギに比べて脂肪が少ないこと，たれの付け焼きをしないこと，焼く前に蒸す工程がないことなどから，あっさりした味と食感にアナゴ特有の弾力がある．電子レンジで温めてそのまま食べたり，小さく切ってアナゴ飯やアナゴ茶漬けとして食べる．兵庫県で生産されている焼きアナゴの一般成分は次のとおりである．水分46％，粗灰分4％，粗脂肪10～20％，粗タンパク22～30％，塩分2～3％．

生産の現状

主に兵庫県，大阪府，広島県など関西方面で生産されている．1日に100尾程度しか作らない家内工業的なものから，1日に1000尾以上作る大手まである．手作業で

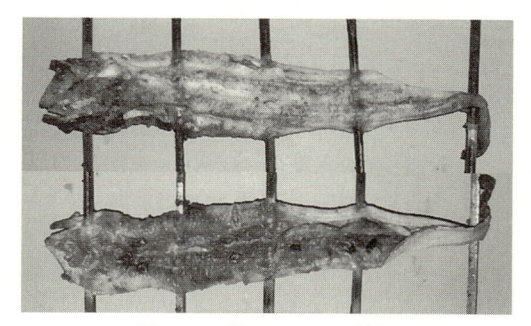

図 3.16 焼きアナゴの外観

裁いて炭火で焼くものから，割裁機で開いてガスや電気ヒーターを熱源にした焙焼機を使う所もある．　　　　　　　　　　　　　　　　　　　　　　　〔森　俊郎〕

文　献
1)　福田　裕ほか監修：全国水産加工品総覧，pp 193-196，光琳，2005．

3.5.2　タイの浜焼き

　タイの加工品のなかでもタイの浜焼きは有名で，瀬戸内海に面した四国，中国地方で盛んに製造されている．すなわち，春先に瀬戸内海へ産卵にくる美しい桃色の桜タイを用いて作られている．製法は地方によって多少異なるが，一般的には，タイの優雅な形を崩さないように整形してから塩蒸しを行っている．蒸し上がったタイは，図 3.17 のように，冷却後，竹皮で編んだ伝八笠で包み，縄がけし，伝統的な包装法で土産品，贈答品として親しまれている．このタイの浜焼きは姿，形がよく，食塩を介して加熱されているためタイの美しい桃赤色が残り，独特な味，香りが付与され，保

図 3.17　伝八笠とタイの浜焼き

存性を兼ね備えた加工品として今でも人気がある．

種　類

　江戸時代初期，岡山，香川，愛媛，広島など瀬戸内海に面した地方では，製塩が盛んで，塩汁を濃縮する塩釜でタイを蒸し焼きにしたのが始まりとされている．すなわち，これらの地域は，雨が少なく，気温が高く製塩に適しており，タイの水揚げが多いことで産地が形成されたと思われる．また，当時は徳川将軍などに献上品として比較的保存性に優れたタイが浜焼きに使用されたものと推定される．タイの浜焼きは身をほぐし，ショウガ醤油をつけて食べるとおいしいが，茶漬け，吸い物などにも用いられている．また，ほぐした身をご飯に入れて炊き上げると「鯛めし」，そうめんに乗せると「鯛めん」となる．

製　法

　タイの浜焼きは，瀬戸内海沿岸の各県で，それぞれ工夫して製造されているが，ここでは図3.18に示したように，岡山県と香川県の方式を紹介する[1]．岡山県では新鮮なマダイ（約1 kg）を調理し，水洗し，割り竹（約40 cm）の一方をえらから口に刺し，他方の先を体側に沿わせ尾にくくりつけて，タイの美しい体型を崩さないように工夫している．これに対し香川県では調理した新鮮なマダイを飽和食塩水に浸け，肉を締めてから生の鶏卵を腹腔内に2～4個詰めて形を整えている．次いで，両県ともわらつとに包み，塩蒸しを行っている．岡山県では塩蒸し器（木製の槽）を用い，熱い含湿した食塩を敷き，その上に整形し，わらつとに入れたマダイを並べ，その上に，同じ含湿食塩をかぶせ，交互に詰める．このように積み重ねたタイを約3時間ほど塩蒸しをする．一方，香川県方式は，整形し，わらつとに入れたマダイを一度蒸してから蒸し焼き釜に入れ，1時間ほど塩蒸しする．

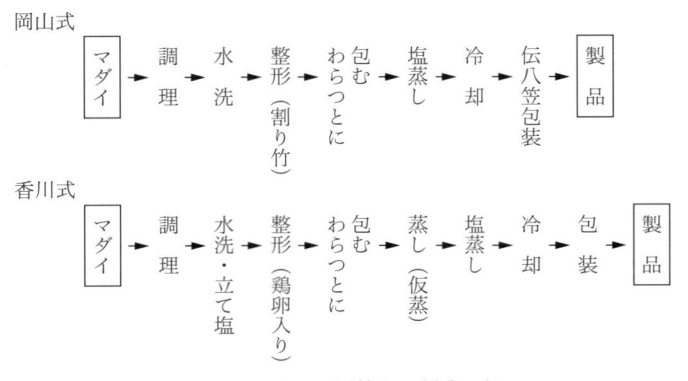

岡山式
マダイ → 調理 → 水洗 → 整形（割り竹） → わらつとに包む → 塩蒸し → 冷却 → 伝八笠包装 → 製品

香川式
マダイ → 調理 → 水洗・立て塩 → 整形（鶏卵入り） → わらつとに包む → 蒸し（仮蒸） → 塩蒸し → 冷却 → 包装 → 製品

図 3.18　タイの浜焼きの製造工程

3.5 焼き加工品

製法の特徴

　新鮮なマダイを用い，その優雅な姿，美しい赤桃色を保持したまま塩中で蒸し焼きするところに特徴がある．各地方で美しいタイの姿を保持するため，いろいろな方法を採用しているが，塩焼きダイのように尾を持ち上げることはしていない．編み笠で包装するため包みにくいためと思われる．また，食塩を介して蒸されるため，タイの赤桃色はみごとに残されており，独特の味，香りも付与され，保存性も兼ね備えた加工品である．

　愛媛県今治市での製法は上岡が述べているように，岡山県や香川県と異なる点があるので紹介する[2]．原料マダイは来島海峡など潮流の早いところで漁獲されたものを用いている．まず，内臓，えらをつばぬきで除き，薄い食塩水で洗い，水切りをする．次いで，10％の食塩で振り塩し，冷所に10時間放置する．このマダイを図3.19に示した200℃の赤外線電気炉に入れ，上下から1時間焼き，温度を徐々に下げ，100℃になったら取り出し，合計1時間30分で焼き上げている．このように，赤外線を用い，タイ内部から加熱するため，タイの旨味を流出させることなく，おいしいタイの浜焼きを製造できる技術を採用している．

生産状況

　生産量は多くないが，日本人は昔からタイは目出度い魚として珍重してきたので，伝統は守られ，少量であるが土産品などとして生産されてきている．

　しかし，従来は伝八笠で包んで販売されていたが，この伝統的な包装法を守れない状況にある．すなわち，この笠を作る職人が少なくなってきたからである．そのため，松山などでは，この笠の代わりに図3.20のように，ダンボール箱にアルミ箔を引いた上に入れて流通している．また，原料タイとして天然のマダイを用いることが理想であるが，漁獲が減少傾向にあり，価格の面からも養殖のマダイを使わざるをえない．ただ，養殖技術が改良されたとはいえ，色が黒いことは否めない．そこで，タイの浜焼きに養殖マダイが使用できるかどうか愛媛県工業技術センターで検討し

図 3.19　赤外線電気炉　　　　図 3.20　アルミ箔上のタイの浜焼き

た[3]．その結果，紫外線を通しにくい水槽に養殖マダイを入れ，4～7日程度放置すると当初黒みをおびていたマダイが，しだいに白っぽくなり，赤色のきれいなタイの浜焼きを作ることできた．この環境での蓄養は，養殖マダイ表皮のメラニン色素が紫外線を当てないことで退色したと思われ，もともと存在していた赤桃色のアスタキサンチンが現れたものと推定した．この技術は祝儀用の塩焼きダイなどにも応用できると思われる．

〔岡　弘康〕

文　献
1) 野口栄三郎編：水産名産品総覧，pp 241-242，280-282，光琳書院，1968.
2) 福田　裕ほか：全国水産加工品総覧，pp 202-205，光琳，2005.
3) 平岡芳信ほか：愛媛工技研究報告，No 31，45-50，1993.

3.5.3　焼きキス

製品の概要

焼きキスは，ニギスを竹串に刺して焼いただけの素朴な素焼き製品である．兵庫県の但馬地方（主に香住地区）で古くから作られており，地元の郷土食の素材として使われている．

製　法

兵庫県における焼きキスの製造工程を図3.21に示した．原料は主に15～20 cm程度で胃の内容物（オキアミなど）の少ないニギスを用いる．胃の内容物が多いものは"もの喰い"と呼ばれ，焼いたときに腹部が切れやすく外観を損なうため好まれない．原料魚は漁船上で海水で洗ったものをそのまま用い，表面に付着している粘液は除去しない．これは，表面の粘液をつけたまま焼くことで色つやがよく仕上がるためである．内臓は除去せずそのまま製品にするが，最近では消費者ニーズに合わせて内臓を

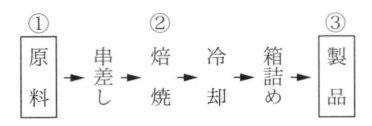

図 3.21　焼きキスの製造工程

除去した製品も一部で作られるようになった．串刺し工程では，加熱後の身崩れを防ぐため原料魚の大きさによって3～5尾ずつ3～4本の竹串を刺す．焙焼工程では，ガス式の焙焼機で8～10分程度加熱する．焙焼することで酵素や微生物の働きを止め保存性を高めている．冷却工程では，室温で風を当てて冷却する．計量・包装工程では，出荷先のニーズに合わせて，木箱，紙箱，樹脂製トレーなどに収容する．

製品の特徴

図 3.22 に示したように，原料魚そのままの姿で塩や調味液をつけずに焼くため，ニギス本来のあっさりした味が味わえる．電子レンジで温め，そのまま全体を食べる場合もあるが，身離れがよいので，ほぐした身を使ったキスご飯や，ネギと一緒に煮物にするなど地元の料理素材としても利用されている．兵庫県で作られている焼きキスの一般成分は次のとおりである．水分 66％，粗灰分 3％，粗脂肪 6％，粗タンパク 25％，塩分 0.5％．

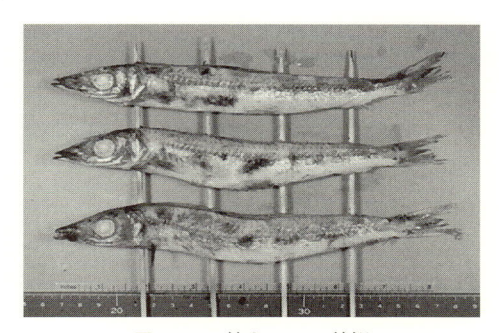

図 3.22　焼きキスの外観

生産の現状

兵庫県の日本海側にある但馬地方の限られた地域（香美町）でのみ作られている．30 年ほど前までは 20 軒ほどの加工業者がいたが，現在は 3 軒に減っている．少なくとも 50 年以上前から作られており，当時は細長い炉と地元の炭を使い手作業で焼いていたが，現在ではコンベア式の連続焙焼機を使いガス火で焼いている．軟らかい魚であるため，串刺しは今も昔も手作業で行っている．〔森　俊郎〕

文　献
1)　福田　裕ほか監修：全国水産加工品総覧，pp 196-198，光琳，2005．

3.5.4　ウニ貝焼き

製品の概要

ウニ生殖巣（むき身）を貝殻に盛りつけ，焼成したものをウニ貝焼き（焼ウニ）と

称し,ウニが漁獲される5～8月中旬にかけて,主に福島県および岩手県で生産されている.福島県では江戸時代末期ころにすでに作られていたらしい.岩手県重茂地区では,1937(昭和12)年ころより,漁家で行商目的に生産がされていたが,生産が不安定だったため,漁協が指導し,1953(昭和28)年から共販事業として本格的に生産を開始した.

製　法

岩手県での製法を記述する.キタムラサキウニが主な原料であるが,一部エゾバフンウニでも製造されている.内部の生殖巣を切断しないよう殻を包丁などで2つに割り,ピンセットなどで生殖巣以外の内臓や消化内容物などを除去しながら,殻内部に付着する生殖巣を冷却海水で洗浄する.洗浄後,生殖巣を崩さないようにスプーンでウニ殻からすくい,殻を含め重量が150g程度になるよう,アワビの貝殻に盛り上がるように盛りつける.アワビ貝殻は大きさ9～9.5cm(重量30g)程度のものを用いている.焼成には金属板で作製した円筒形をした焼成器をガスコンロの炎を囲うように上にのせて使用する.焼成器内部には,円盤状の金属網が直火から焼成に適度な距離になるように固定してあり,この網上に盛りつけた貝を均等の間隔で並べて,上蓋をして焼成する.熱源には,以前炭を用いていたが,現在はガスが主流となっている.沸騰による泡がウニ表面に出なくなる直前までの15～20分間,火加減を調節しながら表面の焦げに注意して焼成する.焼成中,器内の温度は300℃以上となる.焼成後,扇風機で風を当てて冷却する.焼成により重量は減少し,殻を含めて120g程度となる.冷却後,腸や棘などの混入がないか確認の後,樹脂製の包装袋に入れ,密封して製品となる.製造当日,漁協検査員による格付け検査を受け,-40℃で凍結後,-25℃で保管される.賞味期限は冷凍保存で1年半である.

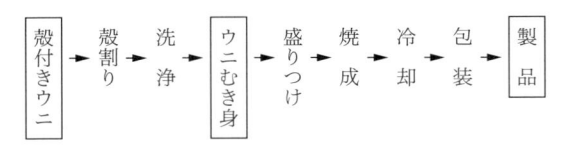

殻付きウニ → 殻割り → 洗浄 → ウニむき身 → 盛りつけ → 焼成 → 冷却 → 包装 → 製品

図 3.23　貝焼きウニの製造工程

生産の現状

1999～2004年までの生産個数は福島で16～25万個[1],岩手で8～27万個程度であるが,主に福島でホッキ貝,岩手ではそれより大きいエゾアワビの貝に盛りつけており,両者の内容量は1.5倍程度異なる.小売店では外国産ウニを用いた製品もみられる.現在は基本的に漁家単位で加工施設を設け,漁獲から一貫製造している.出荷先は県内6割,東北圏2.5割である.

〔上田智広〕

文 献
1) 齋藤　健：全国水産加工品総覧，pp 209-210，光琳，2005.

3.6　でんぶ

概　要

　主に白身の魚の頭やうろこ，内臓を処理して加熱し，ほぐして繊維状にしたものをそぼろという．そのそぼろを調味加工したものがでんぶ（田麩）であるが，そぼろ，おぼろもでんぶと同じような解釈で市販の製品名に使われている．

　一般になじみの深いでんぶは，主にタラを主原料にした煮熟調味加工品で，すしでんぶ，桜そぼろ，桜田夫の名称で知られている伝統のある食品である（図3.24）．でんぶの発祥については，その昔，京の都に住む貞女が食の進まぬ良人に悩んでいたところ，夢のなかでカツオ節を粉末にして酒と醬油で調味したものを，ご飯にかけるとよいと神のお告げがあった．早速に調理して食べさせたところ良人の食欲が出て元気になったという逸話もある．

　奈良時代（700年代）の各地からの貢物（租税）の記録のなかに土佐のカツオもあるが，生では運ぶことが難しいので三枚におろして蒸してから半乾燥するか，煎煮にして献上したと思われる．当時の貴族たちはこれをついて，身をほぐして酒や醬油で好みに合わせ調理し食べ，カツオの味覚によって食欲を増進させたのであろう．このようなことから逸話も生まれ，でんぶの祖形はカツオの調味加工品ということになっている．

　その後，でんぶの原料はカツオだけではなくタイやエビ，その他の魚肉なども使われている．現代では，でんぶというと巻きずし，散らしずしなどで使われている桜色をした「櫻でんぶ」や「あかでんぶ」を思い浮かべる人が多いが，色彩により茶でんぶ，黄でんぶなどもある．さくら色は主に料理の彩として人気がある．

　でんぶが一般家庭の食品として注目されるのは明治入ってからで，明治の中ごろに

図 3.24　でんぶ

東京湾沿いのつくだ煮製造者がタラの生原料を使ってでんぶを製造していた．このでんぶは長期の保存が難しかった．その後，水分を少なくする炊き方の工夫によって保存性を高めているが，さらに大正になり1914年に，つくだ煮を量産化し食品産業へ導いた東京の内田嘉十郎氏によってタラの乾燥原料を使い，原料魚の粉砕機や選別機を開発して，でんぶの大量生産を可能にし，常温保存性を高めることに成功している．このころから行楽や弁当に使う需要が多くなり，一般の家庭内にどんどん広がっていった．

製法

原料：原料としてはエビやホタテなども使用するが，多くはタラ，タイ，イシモチ，ヒラメなど白身の魚やカツオ，サバ，ブリ，サワラなどの肉でも作る．一番多いタラの原料は，原魚の一次加工処理によって生タラ，干しタラ，塩タラ，冷凍タラに分けられ，型や干し方によって棒タラ，開きタラ，掛けタラ，すき身タラとなる．生炊きでんぶの製法には，生タラ，冷凍タラを使う．

製法：第1工程として「そぼろ」の製法があるが，これは
① ゆでる方法（大量処理に最適）
② 蒸籠で蒸す方法
③ 焙る方法（大量処理には適さない）

いずれかの工程を経た原料魚の小骨や皮などを丹念に除く．②の工程の場合には水でさらして脂肪を取り，圧縮して水分を除いた後，肉を砕きよく揉みほぐして繊維状にする．冷凍原料の場合は解凍 → 魚肉取り機で小骨や大骨をていねいに取る → 沸騰するまで釜でボイル，塩出しをする → 脱水機で脱水 → 攪拌機で身をほぐす．

少量賞味向きでんぶ製法：タイやヒラメ，エビなどを素材として作る場合に，魚肉を焦がさないように焼いてほぐすのが最上の味覚だが，たいへんに難しいので普通は蒸すかゆでるかする．これを小骨を取りながら布巾に包みほぐした身の目方の7%砂糖，1%の塩，食用紅少々を蒸し汁またはゆで汁で溶いた調味液を入れてよくかきまぜながら湯煎をして作る．

量産でんぶの一般的な製法―標準的な調味料の分量と色素：原料のタラ15 kgに対して水あめ1 kg，砂糖7 kg，醬油5 l．桜でんぶの場合は白醬油を使用することもある．配合具合は製造者によっていろいろだが発酵調味料，酵母エキス，アミノ酸などの調味料も使うものもある．天然色素としてはクチナシ色素やコチニール色素などを使う．

製造工程

生そぼろを釜に入れ，よく攪拌しながら煎りつける．量産工程で何度も釜を使用する場合は，釜の温度の関係から第1釜は35分程度，後釜は30分ほどの煎りつけをする．炊き上げるともいう．炊き上げたものを素早く冷風台に広げて，固まらないよう

3.6 でんぶ

小骨処理作業 　　加熱処理作業 　　脱水処理作業

攪拌作業 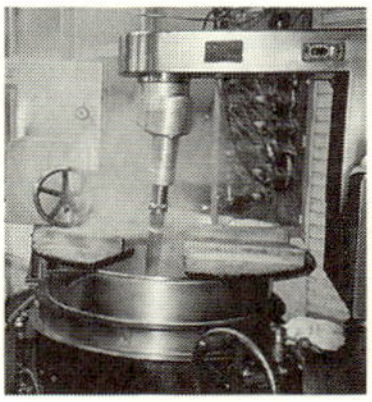　　煎りつけ攪拌作業 　　強風で冷却し作業

原料 → 小骨処理作業 → 加熱処理作業 → 脱水処理作業 → 攪拌作業 → 煎りつけ攪拌 → 強風で冷却し作業 → 包装 → 製品

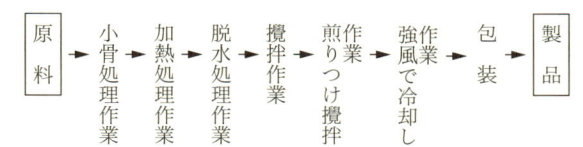

図 3.25　でんぶの製造工程

に揉みほぐしてでき上がる．第1工程が40分，原料の歩留まりは100 kgで45 kgほどとなる（生そぼろのほかに塩タラや棒タラ，塩サケを使うことも多い）．

良質な製品のコツ

　原料の良否の選別が基本だが，小骨など選別機はかなり工夫された機械も使用されているが，原料の肉質状況を判断しながら生産工程で，素早く処理する長年の経験と勘が味覚を左右することが多いのも伝統食品ならではの特色である．

　その製法は，前述のような方法があるが，調味加工に入る前の原料加工処理をどの段階から一貫して行うかによって，食感，味覚の微妙な違いがある．鮮魚を匠の技を駆使して魚体から料理していく方法や冷凍，冷蔵された三枚おろしの原料から調理していく方法，また生そぼろ，乾燥そぼろなどから加工していく方法などがあるが，製品の選定は，消費される人の好みや需要の要求によって違うもので，原料魚，手の込み具合，歩留まり具合などによって製品の付加価値はさまざまである．

生産の現状と市場性

　でんぶの量産は，調理食品という分野でのつくだ煮製造業者が主に製造している．特産品として三重県のエビでんぶや地域的にキダイやイシモチを原料にしたものもあ

るが、生産量はきわめて少ない。素材として一番多く使われているのはタラで、量販店やすし、散らしずしなどの外食業務用として、色添えもよいことから桜色をしたでんぶが使われている。消費状況は食生活に浸透し安定した需要がある伝統的な食品である。生産量は定かではないが、家庭用、外食業務用などを含めて年間 1000 t は下らない。成分としてはタラでんぶには、タンパク質、カルシウム、炭水化物が多い。

〔武田平八郎〕

3.7 魚味噌（フナ味噌、タイ味噌）

概　要

米・麦・豆の各種味噌に、鳥獣魚介類や野菜、果実を入れ、砂糖、みりん、水あめなどを加え、煮て練り上げた加工なめ味噌の一種である。タイ味噌は、全国各地で生産されているほか、大手食品メーカーにより缶詰製品も市販されている。一方、フナ味噌は、岐阜県から愛知県へ広がる濃尾平野の水郷地帯で伝統的に食されてきた家庭料理であり、豆味噌が使用されるのが特徴である。そのほか、魚介類を原料とした物としてカキ、ハマグリを用いたカキ味噌、時雨味噌などがあり[1]、いずれも副食品あるいは珍味として親しまれている。

製　法

タイ味噌の製法は、地域や業者によってさまざまであるが、一般的な製造工程を図3.26 に示す。

タイは内臓を除いて蒸煮し、血合いや皮が入らないように採肉する。次に身を湯煎で乾かし、ほぐしてそぼろを作る。これを砂糖、みりんで調味し、赤味噌を入れて練り、さらに水あめ、デンプンを加えてよく練り上げて製品とする[1]（すり鉢ですって篩（ふるい）にかけ、細かいでんぶにしてから白と赤の練り味噌に混ぜ込んだ物もある）。一般的には、瓶・缶詰めおよびチューブに充塡され加熱殺菌されたものが市販されているが、ビニール紙に包まれ木箱や紙箱などに包装された要冷蔵品もある。

フナ味噌の製造工程を図 3.27 に示す。

原料魚は、体長 20 cm 程度の寒ブナが用いられる（1 釜に約 20 kg を用いる）。う

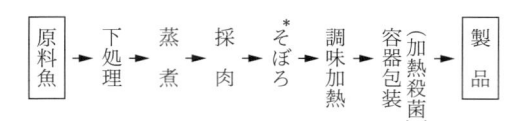

原料魚 → 下処理 → 蒸煮 → 採肉 → そぼろ* → 調味加熱 → 容器包装（加熱殺菌）→ 製品

図 3.26　タイ味噌の製造工程
＊でんぶにする場合もある

3.7 魚味噌（フナ味噌，タイ味噌）

図 3.27 フナ味噌の製造工程

原料魚 → 下処理 → 素焼き → 煮熟 → 包装 → 製品

図 3.28 フナの素干し工程

図 3.29 フナ味噌煮熟前

図 3.30 フナ味噌煮熟工程

ろこと内臓を取り，焼くときに皮がはがれないようにするため金串を打って干す（図3.28）．次にガスオーブンで両面を焼き，1晩冷まして身を締める．ダイズ2.5 kgを1晩吸水させておき，竹のさなを敷いた鍋に入れ，その上に素焼きにしたフナを敷き詰める（図3.29）．それに粗目，砂糖と豆味噌を水で緩めた物を加えて弱火で約10時間煮る（図3.30）．さなでフナを引き上げ，ダイズと味噌を3時間ほどかけて煮詰める．フナに煮詰めた味噌を盛りつけ，ビニール紙に包んでプラスチック製のトレイに包装する．賞味期限は，冷蔵で7日が目安とされている．

製品の特徴

ともに酒の肴，ご飯の菜として親しまれており，タイ味噌は病中病後の滋養食としても重宝されてきた．栄養成分としては，味噌やダイズに由来するカリウム，魚に由来するカルシウムが豊富に含まれている（表3.4）．

フナ味噌に使用される豆味噌は，東海地方で伝統的に生産されており，こくと渋味が強く，フナの臭みを消す効果があるほか，米・麦味噌に比べてデンプン質が発酵して生じる揮発性香気成分が少ないため煮込み料理に適している．また，近年になり豆味噌にだけ特有に含まれるオルトジヒドロキシイソフラボン類が強い抗酸化能を有す

表 3.4 タイ味噌，フナ味噌の栄養成分
(製品 100 g あたり)

	タイ味噌[*1]	フナ味噌[*2]
エネルギー (kcal)	264	210
水分 (g)	32.7	53.7
タンパク質 (g)	7.3	13.3
脂質 (g)	4.9	8.4
炭水化物 (g)	50.0	20.2
灰分 (g)	5.1	4.4
ナトリウム (mg)	1954	800
カリウム (mg)	270	340
カルシウム (mg)	26	1200
リン (mg)	47	—
鉄 (mg)	2.6	—

*1 会社別製品別市販食品成分表[2]
*2 (資) 兼善小出商店調べ

ることが明らかにされ[3]，フナやダイズに由来する脂質の酸化防止に寄与しているものと考えられる．

生産の現状

タイ味噌は，全国各地で生産されているが，生産量に関しては不明である．フナ味噌は，製造時期が 10〜4 月と限定されるが市場へ納める専門業者のほか，川魚料理店などでも広く製造・販売されている．岐阜県海津市，養老郡を中心に 10 t 程度を生産する業者が 5 社ほどある．　　　　　　　　　　　　　　　　　　　〔加島隆洋〕

文　献
1) 菅原龍幸：原色食品図鑑（住江金之，小原哲二郎監修），pp 252-254，建帛社，1974．
2) 香川芳子監修：会社別製品別市販食品成分表，pp 349，女子栄養大学出版部，1986．
3) 江崎秀男ほか：食科工，**48**(1)，51-57，2001．

3.8　釜揚げ

概　要

水産学用語事典によれば「釜揚げは生後 2〜3 か月のカタクチイワシまたはマイワシの稚魚を塩水中で煮熟し，水切り後，送風冷却を行った煮干し品でシラス干しの一種で，釜揚げ製品という名称はサクラエビを塩水煮熟し，ただちに送風冷却のみを行

った煮干し品などにも使われる」と定義されている．すなわち，塩水煮熟の後，冷却し，乾燥工程が入らない製品を釜揚げ製品ということになる．このことは，ゆで加工品と製法は変わらない．釜揚げ加工品としては，釜揚げシラス，釜揚げイカナゴ，サクラエビ釜揚げ，シラエビ釜揚げ，ホタルイカ釜揚げなどがあり，ゆで加工品には煮ダコ，ゆでイカ，ゆでガニ，むきシャコなどがある．塩水で煮熟しただけであり，原料本来の旨味を楽しめるだけでなく，料理素材として幅広く用いられる．釜揚げやゆで加工品の発祥については定かではないが，煮干しと同じように古くから生産されていたと思われる．加工品よりも一次生鮮品として取り扱われることが多い．

製法

基本的に釜揚げシラス，サクラエビ釜揚げ・ホタルイカ釜揚げ製品およびゆでガニ製品，煮ダコなどは原料を塩水で煮熟した後，冷却したままの製品である．

原料 → 水洗 → 煮熟 → 水切り放冷 → 製品

図 3.31 釜揚げシラスの製造工程

釜揚げシラスは，新鮮なシラス（カタクチイワシ，マイワシ稚魚など）を水洗し，塩分2.5～3％，ほぼ100℃で3分間煮熟する．水切り放冷後製品となる．

サクラエビの場合は8～10％の沸騰塩水で数十秒間で煮上がる．ホタルイカの場合は3～4％食塩水で95～98℃で3～4分間煮熟する．ゆでガニ（ベニズワイ）の場合は3～5％の沸騰塩水に，甲羅付きで15～20分間，脱甲したもので10分間煮熟する．煮ダコの場合は前処理として10～15％の食塩で塩揉み後洗浄し，2～3％の塩水で，温度95～100℃で10～15分煮熟する．これらは冷却後製品となる．

製造原理

魚介類を食塩水で煮熟することにより保存性を高めた加工品で，煮熟は原料に付着している細菌や自己消化酵素の働きを抑制すること，加熱によるタンパク質の変性と塩分による脱水によりシェルフライフを延長させること，さらに，適度な塩分の添加により，食材のもつ旨味を引き出すなどの効果がある．賞味期限は冷凍すれば6か月から1年間十分に風味を保つことができ，冷蔵保存で煮ダコやサクラエビ，シラスで15日以上といわれている．しかし，夏場では家庭の冷蔵庫程度の温度では2～3日が限度とされている．

伝統食品としての意義と特徴

古来より簡単な保存方法として，また，生鮮品の一部として各地で作られてきた．これが，しだいに多く漁獲される産地から，他の地方に出荷するようになり，産地の特産物として定着してきたと思われる．北海道や北陸，山陰のゆでガニ，兵庫，愛知，和歌山，静岡での釜揚げシラス，茨城の煮ダコ，また，その地方独特の産物である，静岡の釜揚げサクラエビ，富山の釜揚げホタルイカ（桜煮），釜揚げシラエビな

どの加工品もみられる．伝統ある加工品ではあるが，釜揚げや，ゆで製品は鮮度がよい原料からしか作れないこともあって，原料に支配されることが多い．また，茨城の煮ダコや北海道のゆでガニなどは国内産原料では賄えず輸入品に頼らざるをえないのが現状である．釜揚げやゆで加工品は二次加工品というより生鮮品（一次産品）として扱われることが多い．

生産状況

ホタルイカ，サクラエビ，シラエビ，シラスなどは生鮮品としての扱いのため原料に支配されることが多い．また，ゆでガニや煮ダコは現在は輸入品により安定して生産されている．

問題点と今後の課題

加工品としては安定した需要が見込まれるが，ゆでガニや煮ダコなどは輸入原料に頼ることが多いことから，これらの安定確保が大きな問題となる．また，シラスやホタルイカ，サクラエビなどは産地の漁獲に左右されることが多いため資源の安定した維持が必要であろう．　　　　　　　　　　　　　　　　　　〔川﨑賢一〕

文　献
1)　日本水産学会編：水産学用語事典，恒星社厚生閣，1989．
2)　三輪勝利：水産加工品総覧，光琳，1983．
3)　福田　裕ほか：全国水産加工品総覧，光琳，2005．

4
練り製品

■ 総　説

　練り製品は形態的には大きく「かまぼこ（蒲鉾）」と「ちくわ（竹輪）」に分類されるが，両者に加工原理のうえで違いはない．単なる形態上の違いで区別されているだけである．たとえば志水は，両者を「魚肉に2～3％の食塩を加え，擂り潰してゾル化させ，必要な配合素材を混ぜてから所定の形に成形し，加熱，凝固させて作る日本伝統の練り製品」と定義している[1]．したがって，食品としての歴史が浅く伝統食品とはいえないことから本書では取り扱わないが，魚肉ソーセージも練り製品の範疇に分類される．かまぼこやちくわと類似の加工原理を利用した伝統的な魚肉加工品は，中国，東南アジア，北欧にもみることができるが，わが国の練り製品とはルーツは異なるようである．

　農業と異なり，漁業は粗放的で自然の再生産力に依存する割合が高い．われわれの祖先は，一時に大量に漁獲された魚を長期保存するために，乾燥，塩蔵あるいはくん煙などを開発した．このような保存を目的とした加工食品とは異なり，魚肉練り製品の原型は，魚肉に塩を加えて練ったものを加熱するとゲル化し，原料である魚肉とはまったく異なった物性に変化することを楽しむ一種の料理として生まれたものと推察される．しかし，このようにして魚肉を練り製品に変換しておくと，生のものよりは保存性が増すことも重要な長所であったに違いない．

　最初は木の枝に塩で練った魚肉をなすりつけ，焚き火にかざして焙り焼きすることで加熱したのであろう．おそらくこのようにして，世界中の魚食民の間で練り製品の原型のようなものが料理の一種として自然発生的に生まれたと考えられる．畜肉を原料としたソーセージも，塩を加えて肉を練り，加熱するという点ではかまぼこと同様なので，水産資源に乏しい内陸部では，畜肉や血液をソーセージとして保存するためにこの加工方法が利用されたのではないだろうか．塩としては，海岸地帯では海水を煮詰めたものが，内陸部では岩塩がそれぞれ用いられたのであろう．

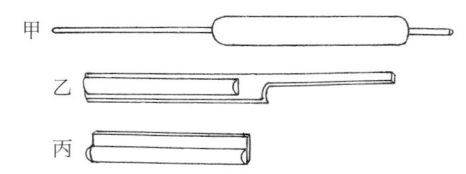

図 4.1　「ちくわ」から「かまぼこ」への変化（『日本水産製品誌』[2]より）
甲のちくわ型のものから，乙を経て丙のかまぼこ型が生まれたと考えられる．

　木の枝に塩で練った魚肉をなすりつけたものを焙り焼きすると，でき上がったものは形態的には現在のちくわに近いものになる．したがって，練り製品のプロトタイプは，「かまぼこ型」のものではなく「ちくわ型」のものだったと推察される．実際，ちくわ型がプロトタイプであることは，1895（明治28）年に農商務省水産局から発刊された『日本水産製品誌』にも明記されている[2]．この本は，当時すでに伝統的水産食品の製造技術が消滅しつつあることに危機感をもった政府が，わが国の水産食品を網羅的に記載した500ページを超える大著であるが，このなかに魚肉練り製品の形態の歴史的推移が図示されている（図 4.1）．

　甲については，「魚肉を摺り，丸き細竹に塗り付け焼きたるものは，其形恰も蒲の花に當るより，蒲鉾の名あるなり」，また乙については，「蒲鉾を二つに割り，小板に附け，式の膳などに亀足付きにて用ゆることより起りて小板蒲鉾なるもの始まれり」（「亀足」とは紙で作られた装飾品．その形態が亀の足に似ていることからこのように呼ばれた）と記述されている．つまり，乙のような形態は，甲をさらに上品に食べるために生まれたようである．一方，最初から板にのせて作ったものが現在のかまぼこに相当する丙である．丙については，「板柾目に横に半分左の方へ並べ，山形に附け，蒸し上げ，小口より切り，其筋より割りたるを板割蒲鉾という」と説明されており，これはほぼ現在のかまぼこに近いものである．上半分は持ちやすくするために空けておいたのであろう．

　一時は年間100万t以上の生産量を誇った魚肉練り製品も，1980年代のはじめには100万tを下回るようになり，2003年には66万tにまで減少している．その一方では，最近になって開発された「カニ風味かまぼこ」は西欧諸国でも広く受け入れられ，魚肉練り製品のグローバル化に大きく貢献している．その結果，「SURIMI」はそのまま英語として通用するグローバルな言葉となっている．魚肉練り製品はわが国を代表する水産加工食品であり，減ったとはいえ，今なお水産加工品中最大の生産量を誇っている．今後は，伝統的な魚肉練り製品を大切に保存していく一方で，次世代につながる新しい伝統食品としての練り製品の開発が望まれる．　　　〔豊原治彦〕

文　献
1) 志水　寛：かまぼこの伝統技法．伝統食品の研究，**1**, 3-12, 1984.
2) 農商務省水産局編纂：日本水産製品誌（復刻版），pp 463-467, 岩崎美術社，1983.

4.1 かまぼこ

概　要

　本項で取りあげる「かまぼこ」と次項の「ちくわ」は，形態が異なるだけでそのルーツや製造原理が共通であることから，併せてここで記述することとする．

　多くの伝統的な水産加工品が長期保存を目的に考案された発酵食品であるのに対し，かまぼこは一種の料理として生まれた非発酵食品である．清水によると，文献的に最も古い魚肉練り製品は，平安時代の「類聚雑要抄(るいじゅう)」という当時の宴会の膳を著した巻物に図として出てくるもので，現在のちくわに近い形状をしている[1]．ただし，当時はこれを「かまぼこ」と呼んでいたようである．そもそも「かまぼこ（蒲鉾）」の語源は，「蒲（がま）の穂」にあるといわれ，元来は，現在の「ちくわ」に近い形状のものを指していた．原料としては手近に獲れるさまざまな魚が使われていたものと推測されるが，室町時代に書かれた「宋吾大双紙」に「かまぼこはなまず本也」という記述があり，当時は淡水魚であるナマズが原料として使われていたことがわかる．ナマズの筋肉は白身でかつきわめて強いゲル形成能を有することが確認されていることから，当時の貴族たちの間でナマズかまぼこは高級品として珍重されたのかもしれない．

　かまぼこのルーツについては，現在のところ定説はない．練り製品の場合，その製造過程に魚醤やカツオ節のような発酵を含む複雑な製造工程がないことから，特定の地域で考案され，その後それが広く伝播していったというよりも，さまざまな地方で分散的に生まれた可能性が高いと考えられる．たとえば，北欧にはタラを原料としたフィッシュケーキが存在するが，地理的な隔たりを考えると日本のかまぼことルーツが共通とは考えにくい．魚肉練り製品は「練って加熱する」という点においてケーキやクッキーに類似しており，これらと同様に特定の地点で誰かが発明したというものではなく，世界中の魚の多獲地帯で自然発生的に生まれたと考えるのが適切なのかもしれない．

　魚肉練り製品は東南アジアに限定しても，日本エリア（かまぼこ），中国エリア（魚団：フィッシュボール），沖縄エリア（チキアーギ），インドネシアエリア（ケラポク：魚やエビ肉をタピオカなどの粉とともに練ったものをゆでてから乾燥させたもの．油で揚げて食べる）と互いに連続性のない4つのエリアに分類することができる[2]．ただし4つのエリアが完全に独立しているわけではなく，たとえば，沖縄エリアの「チキアーギ」と日本エリアのかまぼこの一種である「つけあげ」には名前や製法に明らかに関連性がみられることから，これらのエリア間で技術的交流があったことがうかがわれる．

製造原理

かまぼこ製造の基本原理は，すりつぶした（「擂潰」と呼ぶ）魚肉に 2～3% の食塩を加えてさらにすりつぶし，魚肉をのり状の肉のりとし，これを加熱することでゲル化させることにある．ゲル化にかかわる主成分はミオシンというタンパク質であることがわかっているが，ゲル化のメカニズムについては今なお不明な点が多い．基本的には，塩の作用で溶け出したミオシンがアクチン（ミオシンと並ぶ筋肉内の主成分）と重合してアクトミオシンというゾル状の構造体が形成され，これが加熱により非酵素的に網目状の高次構造を形成する反応として理解されている．しかし実際には，ゲル化には 50℃ 以下の比較的低温度域において架橋形成酵素により進行する「坐り」，および 50～70℃ 付近においていったん形成されたゲルがタンパク質分解酵素により分解される「戻り」あるいは「火戻り」と呼ばれる酵素反応の関与も知られている．このように魚肉練り製品のゲル化は，非酵素反応と酵素反応が組み合わさった複雑な反応過程からなる．

以下に志水が記録した，わが国のかまぼこ製造のプロトタイプともいうべき宇和島産のエソを使ったかまぼこの製法を示す[3]．なお，この方法は，当地の手作り時代の製法の伝承者が再現した大正末期から昭和初期の製法である．

洗浄：水を張った桶に魚を入れ，棒でよくかき混ぜ汚れを取る．

うろこ取り：1 尾ずつ庖丁の背を使って行う．

調理：頭と内臓を除き，水洗いする．

採肉：三枚におろして皮をすく．身はかまぼこに，皮は皮てんぷらに使用．

荒つき：肉約 4 kg を石臼に取り，何も加えないで図 4.2 の写真のようなウサギのもちつき式につき崩す．片手または両手でつく．

すじ抜き：ひと山にまとめた荒つき肉に，2～3 cm おきにすじ抜き庖丁を入れ，刃

図 4.2 ウサギのもちつき式擂潰法
（宇和島にて志水寛氏が撮影，つき手は薬師寺芳春氏）

先についてくるすじと小骨を取り除く．肉の置き方を変えながら，刃に筋がつかなくなるまで繰り返す．

ミンチ：3厘目の手回しミンチに通す．

塩つき：挽き肉を再び臼に戻し，食塩（約2%）を加えて約30分間つく．仕上げに卵白（鶏卵5個分）を入れる．

成型：蒸し板の場合はつけ庖丁でまず下地をつけてから上塗りをかける．上塗りは，下地と同じものを粗目の布に包み，絞ってこしたものを使う．焼き抜きの場合は，杉の柾目の割り板に手でつける．この場合，上塗りはない．

加熱：蒸し板はいったん，炭火の上でさっと焙ってから，木枠に載せて蒸籠で蒸す．焼き抜きは強火の炭火で，板，面，横の順に返しながら焼き上げる．

現在の製法との最大の違いは，いわゆる「水晒し」の工程がないことである．水晒しは，荒くつぶした魚肉を水で洗浄する工程であり，この操作によりさまざまな水溶性成分が除かれることから，色が白く強い足をもったかまぼこができる．しかし，その反面，原料魚がもつ独特の味や風味は失われてしまい，規格化された均一な製品となってしまう．加工食品としてのかまぼこの大きな長所として，自由な成型と副原料などの添加容易性をあげることができるが，このような長所は，原料魚本来の特性を水晒しで取り除いてしまうからこそ生かすことができる．魚肉練り製品を生かすも殺すも水晒しにかかっているといえよう．

かまぼこの種類

魚肉練り製品は，形態，加熱方法，混和物，原料などを指標に分類することができる．このうち加熱方法は最も明瞭な分類指標であり，歴史的には，「焙る」「ゆでる」「蒸す」「蒸してから焼く」「揚げる」の順に変化してきたと考えられている[4]．志水は日本全国に継承されている手作り時代のかまぼこを精査した[2,3]．その報告を基に，原料と加熱法に注目してまとめたものが表4.1である．この表をみれば明らかなように，かつてはさまざまな魚介類が原料として使われてきたが，残念なことに，スケトウダラの冷凍すり身が普及して以来，この表に記されたような「前浜もの」と呼ばれるその地方ごとに特色のある魚が原料として使われることは激減している．その結果，それぞれの地域に特徴的な練り製品は現在では姿を消している．

魚肉練り製品の多様性は，擂潰過程にもみることができる（図4.3）．産業革命以前には，原料をすりつぶす作業は多大な人力を要するものであった．臼と杵を用いる方法は産業革命以前の代表的な擂潰法であり，大きく「つ（搗）く」と「す（擂）る」に大別されるが，杵（長・短，太・細，本数，柄の有無など）や臼の形状により明瞭な地域差があることが志水の調査により明らかとなっている[1]．図4.3は，志水の調査を基にまとめたものである．なお，伝統的練り製品がないことから，この図では北海道は省かれている．志水によると「つ（搗）く」場合には，両端が太くなった

4. 練り製品

表 4.1 わが国の伝統的水産練り製品[2,3]

地名(都道府県)	種類	原料	加熱法
塩釜(宮城)	ささかまぼこ	ヒラメ, キンキ(キチジ), キス	焼く
東京(東京)	はんぺん	ホシザメ, アオザメ, カスザメ, クロカワカジキ(夏), ヨシキリザメ(低級品用)	ゆでる
小田原(神奈川)	蒸し板かまぼこ	大ギス, 小ムツ, 小イサキ, スミヤキ(クロシビカマス), グチ(1918〜19年ころから), ヨシキリザメ(1918〜19年ころから)	蒸す
豊橋(愛知)	ちくわ	シロハゼ, メゴチ, クロハゼ, 小エソ	焼く
富山(富山)	角はべん	主にスケトウダラ, マダラ, サメ(カセ, アオ), ホッケ, ニギス, タチウオ(夏, 昭和から)	蒸す
金沢(石川)	焼きはべん	主にキグチ, その他にニギス(冬), カナガシラ, カレイ, ボラ, サメ, トビウオ(夏), マダラ, ウルメイワシ	蒸す→焼く
宮津(京都)	焼き板かまぼこ	マダラ(冬), トビウオ(夏), ニギス(9〜10月), カナガシラ, 小ダイ, コチ, アジ, エソ, コノシロ, アジ, シイラ	蒸す→焼く
京都(京都)	蒸し板かまぼこ	活きハモ(夏), 冬はエソ(冬), その他にモンゴイカ, マイカ, セグロイカ	蒸す
大阪(大阪)	焼き板かまぼこ	ニベ, ハモ, エソ, シログチ, キグチ, モンゴイカ	蒸す→焼く
田辺(和歌山)	なんば焼	エソ(秋〜春), トビウオ(夏), イサキ, ムツ, グレ	焼く
松江(島根)	野焼きちくわ	トビウオのみ(5〜7月限定)	焼く
鞆(広島)	ちくわ	ハゼ(冬), 小エソ, フグ, グチ	焼く
草津(広島)	蒸し板かまぼこ	エソ, シログチ, ハモ, ベラ, ニベ, コチ, サメ	蒸す
萩(山口)	焼き抜きかまぼこ	コチ, エソ, アゴ, タチウオ	焼く
小松島(徳島)	ちくわ	オキハゼ, ハモ, エソ	焼く
阿南(徳島)	ちくわ	エソ(冬), アジ(夏), タチウオ, シイラ, ハモ, ウツボ	焼く
観音寺(香川)	とうふちくわ	エイ, アカエビ, とうふ	焼く
高知(高知)	焼き板かまぼこ	エソのみ	蒸す→焼く→蒸す
松山(愛媛)	蒸し板かまぼこ	主にエソ, コチ, その他にトラハゼ, シログチ, サメ, ベラ(夏)	蒸す
福岡(福岡)	蒸し板かまぼこ	主にカナガシラ, その他にサメ, エソ(夏), グチ, カワハギ, アゴ	蒸す
大川(福岡)	蒸し板かまぼこ	アカシタ, 小ダイ, タイラギ(貝柱), カワエビ, エソ, グチ(昭和から)	蒸す

4.1 かまぼこ

地名(都道府県)	種　類	原　料	加熱法
瀬高(福岡)	蒸し板かまぼこ	シログチ5割以上，エソ4割，他にアカグチ，ウシノシタ	蒸す
長崎(長崎)	ちくわ	近海の豆エソ，小ダイ，ドンポ(ハゼ)，ヒイラギ，カナガシラ，カワハギ	焼く
島原(長崎)	ひろずかまぼこ	ホシザメ(3尺ぐらい，有明もの)，とうふ	蒸す
熊本(熊本)	蒸し板かまぼこ	エソ，グチ，ウシノシタ，コチ	蒸す
鹿児島(鹿児島)	つけあげ	サメ(シュモク，アオ，トガリ，ネズミウルメ，アカムロ)	揚げる
枕崎(鹿児島)	つけあげ	主にシイラ，その他にサメ	揚げる
糸満(沖縄)	チキアーギ	主にグルクン，次いでカマス，トビウオ，その他にカジキ，サメ，ダツ	揚げる
石垣(沖縄)	チキアーギ	アオブダイ，ヒブダイ，アカグチブダイ，グルクン，アイゴ	揚げる

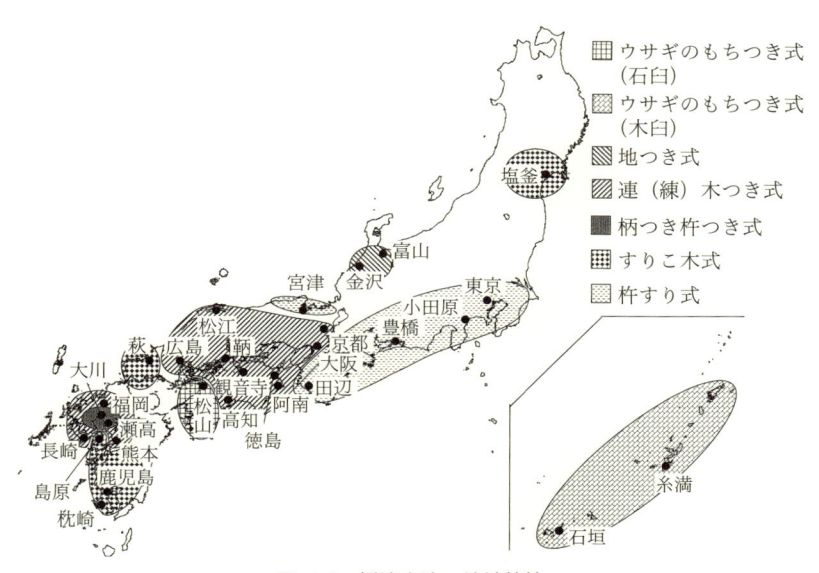

図 4.3　擂潰方法の地域特性

「ウサギのもちつき式」(沖縄・愛媛中南部，図4.2の写真参照)，太さ16 cm，重さ10 kg もの大型の杵を使う「地つき式」(金沢・富山)，120〜150 cm の細長い杵を使う「連(練)木つき式」(近畿，瀬戸内，四国東南部，九州の一部)，およびハンマー型の杵を用いる「柄つき杵つき式」(佐賀県の一部)の4種があることが示されてい

る．臼にも地域差があり，同じ「ウサギのもちつき式」の杵を使っていても，沖縄では木臼を，愛媛では石臼を使っていた．「連（練）木つき式」では石臼が使われるが，地方によって，底の浅い石臼（京都，大阪，高知），底の深い円錐形の石臼（小松島），筋入りの石臼（阿南），陶器製の石臼（観音寺）などの違いがある．一方，「す（擂）る」場合には，筋入りの陶製のすり鉢を使いすりこ木でする地方（鹿児島，萩，塩釜）とお椀型の丸い石のすり鉢を使い1本（田辺，宮津）または2～4本（小田原）の長い杵でする地方があった．する場合には，たとえば天井を横に走る柱に穴を開け，その穴に杵の上端を通して，その部分を支点として円を描くようにすることで省力化の工夫がなされていた．

問題点と今後の課題

明治の初期までは水産練り製品は決して主要な水産加工品ではなかった．たとえば前述の『日本水産製品誌』は548ページに及ぶ大著であるが，この本の大半は乾製品と塩蔵品についての記述に費やされており，水産練り製品の記述はたった4ページにすぎない．丸ごと乾かしたり塩漬けする乾製品と塩蔵品に比べて，水産練り製品の場合，製造工程に魚をおろし，肉を細切し，さらに食塩を加えて擂潰するという多大な肉体労働を要する工程を含む．また，混入した骨やすじを取り除くためにもていねいな作業が要求される．そのため，産業革命以前には主要な水産加工品とはなりえず，むしろ，限られた地域で作られる少量生産の高級品という位置づけだったと考えられる．それが，わが国で産業革命が始まった明治中期以降，人力を要した工程が機械化されることで大量生産が可能となった．その結果，水産練り製品は，缶詰めと並ぶ一種の工業製品としての地位を占めるに至った．さらに昭和に入り，各種食品添加物やスケトウダラの冷凍すり身が導入され，加えて大手水産会社の参入などにより一挙に主要水産加工品となった．現在でも水産加工品のなかでは，2位の冷凍食品の2倍以上の生産量を誇っている．特に1974（昭和49）年に開発されたいわゆる「カニ風味かまぼこ」の開発により，水産練り製品は欧米でも飛躍的に普及していった．

前掲の『日本水産製品誌』には次のような記述がある．「西国の最佳品とするは色味の佳なるのみならず，数十日を保存して変味することなき」（当用漢字に変換済み）．「長門國赤間關にて製する味淋味焼竹輪蒲鉾は……中略……一ケ年間貯ふると雖ども始終味の變化することなし」．実際，志水は水晒しをせずに古来の方法で作ったエソのかまぼこは，包装せずにそのまま放置すれば，常温で腐敗することなく完全に乾燥するまで保存可能であることを報告している[1]．今の水産練り製品にこれだけの保存性を期待することはできないだろう．本来の手作りの水産練り製品がもつこのようなすぐれた特性を，たとえば地域の名産品として途絶えることなく後世に伝えていくことも，新製品の開発と同様に，忘れてはならないわれわれの世代の使命である．

〔豊原治彦〕

文　献
1) 清水　亘：かまぼこの歴史，日本食糧新聞社，1975.
2) 志水　寛：かまぼこの伝統技法．伝統食品の研究，**1**, 3-12, 1984.
3) 志水　寛：手作り時代のかまぼこの製法．伝統食品の研究，**5**, 12-17, 1987.
4) 岡田　稔：かまぼこの科学，成山堂，2000.

4.1.1　宇和島式焼き抜きかまぼこ

　宇和島の焼き抜きかまぼこは，新鮮なエソから調製した無デンプンの肉のりを図4.4のように薄い板に手でつけ，高熱（電気）で焼き上げた，茶褐色で弾力の強い，魚の旨味をもった板つきかまぼこである．

種　類

　焼き抜きかまぼこは宇和島近海で漁獲される新鮮なマエソ，ワニエソを用い，無デンプンの肉のりを板づけし，炭火で焼き上げたのが始まりである．この製法は江戸時代すでに行われており，10軒ほどのかまぼこ製造企業（当時は魚屋と兼業が多かった）で作られていた．当時は機械器具がほとんどなく，手作業が主で，生産量は極少量であったと思われる．現在では蒸しかまぼこが多くなり，焼き抜きかまぼこは姿を消している．宇和島では野中かまぼこ店だけが伝統の焼き抜きかまぼこを製造しており，貴重な存在である．製法は昔とほとんど変わっていないが，加熱源が炭から電気，加熱場所が炭の火床からトンネル式の電熱炉に変わり，近代的な設備となっている．

製　法

　宇和島式焼き抜きかまぼこの製法を図4.5に示した．原料魚として鮮度のよいエソを厳選している．漁獲されてから1日以内に魚市場に水揚げされたマエソ（小型のものでボラメと呼ぶ）をただちに調理（頭，内臓など除去）し，軽く水洗後魚肉採肉機で採肉する．次いで冷水で1回晒しを行い，脱水し，晒し肉を調製する．この晒し肉を擂潰機に入れ，食塩，氷を加え，肉のりを作成する．肉のりは杉板（14×4×0.3

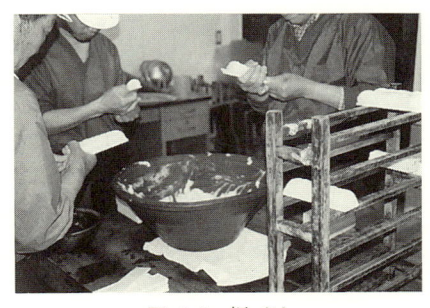

図 4.4　板づけ

新鮮エソ → 低温調理 → 採肉 → 晒し（1回） → 擂潰 → 肉のり → 板づけ（手） → 焼き抜き（2つの電熱炉、トンネル式） → 包装

図 4.5　宇和島式焼き抜きかまぼこの製法

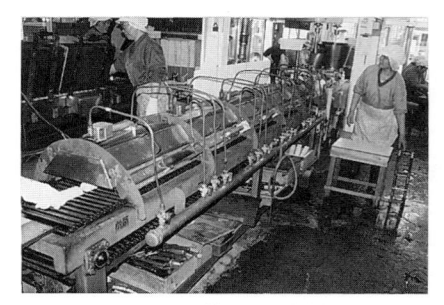

図 4.6　焼き抜き装置　　　　　図 4.7　化粧包装したかまぼこ

cm）に 4 つの山（山の高さが 3 cm）ができるように図 4.4 のように手づけする．この作業が難しく，熟練工の技の見せ所である．板づけするとただちに 2 つの焼き抜き装置（電熱）を通し加熱する．第 1 の焼き抜き装置は図 4.6 のようにトンネル型をしており，上のヒーターのみが 200℃ に加熱されており，約 5 m の長さをコンベアに乗せ，2 分間で通過させる．この時点ではかまぼこの色は白く，この加熱は一種の座り工程にあたる．次に第 2 の焼き抜き装置に入る．第 1 の装置と同様 5 m のトンネル型であるが，200℃ のヒーターが上下とも加熱されており，そのなかを 5 分間通して仕上げている．この最終製品は茶褐色を呈しており，熱いうちにセロハンで板ごと包み，余熱で殺菌効果をねらっている．このとき，板は熱で反り返っているため機械的にセロハンをかけるのは無理な状態であるので，1 本ずつ手作業で行っている．製品では肉のりを板に手づけしたときよりも山はなだらかになり，表面は肉のり中の成分が熱のため発色し，薄茶褐色になっている．特に発色剤や保存料は添加していない．板づけ時，4 つの山を作る理由は特にないが，手づけを強調しているのであろう．冷却後，図 4.7 のように化粧包装して出荷されている．この焼き抜きかまぼこは硬めの強い弾力があり，エソの旨味が感じられ，この伝統的な製法が宇和島でただ 1 軒（野中かまぼこ店）だけに受け継がれている．

製法の特徴

宇和島ではエソがかまぼこ原料として長年使用されているが，エソはグチなどに比

較して鮮度が落ちやすく,高級かまぼこ原料として使いにくい魚種といえる.愛媛県で使用されているエソにはトカゲエソ(愛媛での俗名,イシエソ),マエソ(ミズエソ),ワニエソ(ヒレナガエソ)の3種があるが,なかでもトカゲエソは繊維が荒く,すりにくく,滑らかな弾力が出にくいといわれている.そこで,焼き抜きかまぼこの原料には鮮度のよいマエソ,ワニエソが用いられている.これらのエソを用い,晒しを1回程度に止め,岡田[1]が述べているようにエソ特有の旨味を残し,弾力の強いかまぼこを作ることに努めている.エソのK値は漁獲後3日経過しても8～20%できわめて低く,鮮度がよいことが示されている[2].つまり,IMP(イノシン酸)の蓄積が高く,その後の分解が遅いので,旨味に富んだ魚種として昔から干したエソは雑煮などのだしとしても利用されている.宇和島式の焼き抜きかまぼこは,地元で漁獲されるエソを用い,弾力が強く,しかも旨味のあるかまぼこを添加物を一切使用せず,高温,短時間加熱で仕上げる製法を長年採用し続けている.

生産状況

原料処理から製品の仕上げまでほとんど手作業であるので,コストがかかる.しかし,1店のみであるが,伝統のある宇和島の焼き抜きかまぼこを後世に残したい一心で努力され,その製法が受け継がれている.蒸しかまぼこのように毎日製造しているわけでなく,適当な原料エソが入手できたとき,主に土産品や贈答品として年間1tほどを生産しているにすぎない.

〔岡　弘康〕

文　献

1) 岡田　稔:かまぼこの科学,pp76,盛山堂,1999.
2) 岡　弘康ほか:愛媛工技研究報告,No.22,25-32,1984.

4.1.2　萩式焼き抜きかまぼこ

山口県のかまぼこの歴史

山口県におけるかまぼこ製造の歴史は,徳川5代将軍綱吉公に,萩毛利藩主吉元公が宝永年間(1704～1711年)に献上したことが始まりのようだ.萩藩の厨人九郎兵衛が「魚肉をすりつぶし蒲の穂状に焼いて献上した」ことが起源とされている.

吉元公は,これを国自慢の土産品として諸大名に進呈したと伝えられている.招宴にかまぼこがしばしば用いられたことは,萩藩御用人熊谷氏の進物控帳(1818〈文政元〉～1838〈天保9〉年)に初見される.この進物控帳を調査した田中によると,当時はかまぼこは高価で進物に使われた数は,せいぜい2,3枚で5枚は滅多にないとのことで,萩では珍重されていたと思われる.江戸時代末期に防長風土注進案が作られているが,かまぼこ製造に関する記述はなく,肴商人についてのみ記述されていることから,現在のかまぼこ業者の前身が仕出屋,料理屋,旅館などであり藩政時代は

商品として流通せず，料理の一品として使われていたと考えられる．そのなかで萩藩の御台所で完成した技法が焼き抜きの技法で，今日の白焼きかまぼこの起源であろう．

萩式焼き抜きかまぼこの製法

『昔の蒲鉾，今日の蒲鉾』において志水により紹介されているように，明治・大正時代の萩式焼き抜き製法は，武安久，荒川虎男に引き継がれた．以下に筆者（1927年生まれ）が父から教わった製法を列記する．

原料魚：焼き抜きかまぼこの原料は，地元近海で獲れた新鮮なエソを主体とし小タイ，キスなども使用した．季節的に魚の獲れないときは休業した．

原魚処理，肉取り：頭を取り，内臓を除き水洗後，肉取機によって魚肉と残滓に分ける．昔は機械がなかったので，魚を三枚おろしにして肉を庖丁でそぎとる手間がたいへんであった．

晒し：四斗樽を使い，落とし身一部に対して4〜5倍の水を注水し，よく混ぜて身が沈むまで待つ．その後，樽を傾け上水を捨てて水を換える．上水が透明になり，底に沈んだ身がみえるまで4〜5回くらい繰り返す．温度の上昇を防ぐために冷水または氷を使用した．

脱水：床にミバラ（竹篭）を置き，その上に絞り布をかぶせ，晒し身を移す．水を切りながら手で搾り，布の上に置き石をして水分を82％くらいまでにする．硬水と

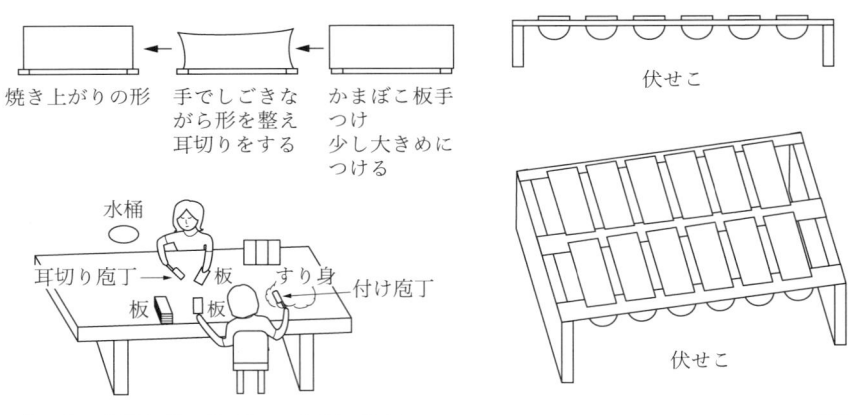

注　1．火床には，7〜8cmくらいの木枠を置く．この空間で温度の調整をする．
　　2．横焼きは鉄筋の上でする．
　　3．耳焼きは，レンガと木枠を利用して焼く．

図 4.8　成型の流れ

軟水では搾る時間が異なる.

　ミンチ：手動式と動力式の両方があった. 目は6厘目を用いた.

　擂潰調味（ウス）：大正時代は,すりこ木式でたいへんな労働を必要としたが,擂潰機の導入で楽になった. しかし, 火床の大きさの制約から, 1回のすりが4〜5貫目くらいであったと思う.

　板づけ：大正7〜8年ころはすり鉢から「せっかい」（たけへら. 竹で作った細長い刀のような形をした道具）を使って直接すり身をすくって,松板につけていたが,昭和初期にはまな板の上ですり身庖丁を用いて板につけた.

　松板はやにが出て製品に悪いので杉板に変わった. 板つけした身を手のひらでしごきながら形を整えて耳切りをする（火床にかけるため）.

　伏せ（こ）：耳切りをした生板は裏返しにして（肉面を下に）木枠に並べ,約40分放置する. これは,耳垂れを防ぐとともに坐りの進行を図るためである.

　焼き：火床＊（60×180×40 cm）の上で鉄筋3本を渡し,「伏せ」を終えた板を2列に掛けて焼く. 板面を下にして25分間, 次に肉面を下にして強火で2〜3分, 横面（2枚1組）で2〜3分, 最後に両耳を2〜3分,合計40〜45分で焼き上げる. 肉面を焼く間に火膨れをしたときは冷水に漬けて直す.

　冷却：焼き上げた板は木枠に乗せ,風を当てて冷やす. 肉面を手で触ることは厳禁である.

　このようにして作られた萩式焼き抜きかまぼこは, 白い肌・粘りのある強い足・日持ちのよさ・表面の小じわ, 板がほどほどに焦げた独特の風味をもつ.

＊火床：焼き抜きには火床が必要であり, その火力の調整は製品の善し悪しを決めるので職人は苦労する. 木炭は, 火力・火持ちのよい, 堅木のカシ・ナラなどを使用した. 火床一面で40枚前後を焼くことができる. 火床は連続して使用するので火持ちのよいものを利用する. 継ぎ火が困難なため熾（おこっ）た木炭を十能（じゅうのう）と火箸を利用して, 万遍なく振り分けて「かけ灰」することで火力を平均化する. 火床に乗せた製品は, 同時に焼き上げるため「中入れ」をして調整し, 焼けむらのないように40〜45分くらいで中心温度を75℃以上にする見極めが大切である. もし不十分な場合は「火戻り」の原因となる.

　火力の調整ができたら, すり揚げた身を「つけ木」に少量のせて, ためし焼きをし, よい場合のみ火床にかける.

生産の現状と今後の課題

かまぼこは日本の伝統食品として親しまれ, 1975年には最高の103万4262 tが生産されたが, その後下降をたどり, 2004年は58万9099 tと1975年の58％まで落ち込んだ. 機械化が進み製造工程が変化したことによって, 大量生産の道が拓けたために, 製造業者の廃業が進んだ. もともと練り製品は地場に水揚げされる魚でその地方独特の製品が作られていたが, 冷凍すり身の発達により全国の製品が均一化し消費者の失望をまねく状況となった. 今こそ業界が一丸となって原点に戻り, 地場に揚がる

表 4.2　山口県のかまぼこ生産量の推移 (t)

1925 年	2038	1972 年	41699 (151)	1999 年	56271 (67)
1935 年	6187	1974 年	38511 (118)	2000 年	57103 (64)
1948 年	1365	1995 年	55383 (62)	2001 年	58231 (64)
1949 年	4550	1996 年	55428 (65)	2002 年	62231 (64)
1953 年	7245	1997 年	55390 (70)	2003 年	61408 (54)
1961 年	13044 (108)	1998 年	63455 (70)	2004 年	62483 (57)

( ) は経営体数.

貴重な原魚を有効に利用して消費者に報いるべきときと思う．経営者は，機械化や冷凍すり身利用により製造工程は変わっても原点に返って，① 原料魚のおろし作業，② 水晒しおよび脱水作業，③ かまぼこの成形作業（製品，製造技能検定項目）を修得し，従業員に伝統技術を教え，それを後世に伝えていただきたいと思う．

〔藤田平二〕

4.1.3　大阪式板つきかまぼこ
概　要

すり身を竹に巻いた焼きちくわから板つきかまぼこが生まれたのは桃山時代で，豊臣秀頼公帰城のお祝いにすり身を板に盛りつけかまぼこを作ったという記録がある（『摂戦実録大全』1752 年）．この時代のかまぼこは焼き抜きかまぼこで，江戸時代の末期になり蒸しかまぼこが現れた．『守貞漫稿』（1837 年）にかまぼこの加熱方法による地域性が記載されている．京阪地方でかまぼこの表面を焼くようになったのは，大阪，尼崎，兵庫，堺あたりから京都へ売りに行くのに，日持ちをよくするためであるといわれており，これが大阪式板つきかまぼこの始まりといわれている．

特　徴

① 外観：かまぼこの表面に濃い焼色がある．② 形状：かまぼこ型の山が低く，扁平な薄い羊羹型の形状のものもある．③ 風味：魚の旨味，砂糖，みりんの旨味などが調和した風味があり，白いかまぼこのイメージは少ない．④ 原料：グチ，ハモ，ニベ，イカなど旨味のある魚介類を使う．現在でもグチ，ハモを優先している．⑤ 焼き板と焼き通し（焼き抜き）がある．焼き板は蒸しかまぼこで弾力よりも食べやすい食感を優先し，浮き粉（小麦デンプン）を使用する．焼き通しは無デンプン，焼炉で焙り焼きする．歯切れがよく，弾力が強い．

製　法

原料：大阪式板つきかまぼこの原料には，かつてはハモ，シログチ，ニベ，キグチ，イカなどを使っていた．現在でも国内産のシログチ，ハモなどに加えて，輸入冷

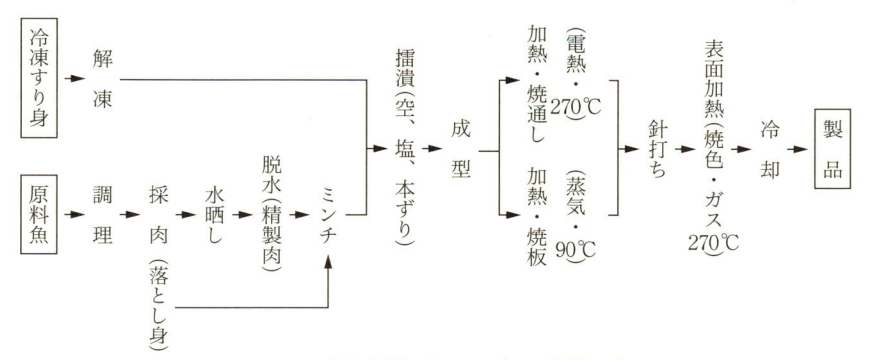

図 4.9 大阪式板つきかまぼこの製造工程

蔵物の中国東海産のシログチ,中国産のハモ,キグチ,モンゴウイカなどを使っている.冷凍すり身では,アメリカ産のスケトウダラすり身,タイ,インド産のイトヨリダイすり身,南米産のミナミダラすり身,東南アジア産のエソすり身,キントキダイすり身,中国産のシログチ,キグチすり身を使っている.

生鮮魚の処理:頭・内臓を除去する.魚肉採集機で採肉した落とし身は軽く水晒し,脱水する(精製魚肉).精製魚肉はミンチを通し挽き肉にする.ハモ,モンゴウイカなどの落とし身は,水晒しをしないでそのままミンチに通す.したがって,いずれの場合でもすじの部分はすべて精肉に混ざる.冷凍すり身はスクリュープレスですじの部分を除去している.

冷凍すり身の解凍:冷凍すり身は−20℃の冷蔵庫で保管しているため,すり身を0℃近くまで解凍する必要がある.冷凍すり身の解凍には,自然解凍,流水解凍,加圧温水循環解凍法,ならびに高周波解凍法などを用いている.

擂潰:当初は擂潰機を使用していたが,冷凍すり身時代に入りカッターに移行した.擂潰工程には空ずり,塩ずりおよび本ずりの3段階の操作がある.空ずりでは,精製魚肉や落とし身をすりつぶし,食塩に溶けやすくする.冷凍すり身では,すり身の解凍促進,すり身温度の上昇を図る操作となる.塩ずりは,食塩を添加し魚肉の足の形成に関わる成分を抽出する大事な操作である.本ずりは,塩ずり身と添加した煮詰め(みりんに砂糖を加えて煮詰めたもの),浮き粉(小麦デンプン),調味料などをよく混和し,最終的に身あんばいを調整する仕上げの操作である.

成型:板材は厚みが 10 mm 以下で薄い吉野杉を使う.山(すり身の盛りつけ)は低い.手作り時代は炭火の焼炉にかけるため,つけ庖丁で板づけしたすり身の両端を切り,耳を高く盛り上げて成型した.自動成型機が導入され,口金の調整で山の低いもの,高いもの,扁平型など自在に調整できるようになった.

加熱:焼き板では浮き粉(小麦デンプン)を添加するために 90℃ くらいの高温の

蒸気で加熱する．焼き通しは，手作り時代には，炭火の焼き床を用いて，最初は板面から焙り，塩すり身が固まったらひっくり返し，表面から焙り焼きした．焙り焼きは板面から加熱するので肉温の上昇速度が遅く，高温坐りが起きて強い足が形成される．現在は温度，スピードが調整できるトンネル型の電熱焙り機を用いている．

針打ち：焼き板と焼き通しのいずれも加熱によって表面が膨張するため，針（木片に真鍮の針を多数植えたもの）で叩いて小穴をあけ，空気を抜き焼面が膨れないようにする．

焼き色つけ：かまぼこの表面にみりんやブドウ糖を塗り，かまぼこ型のガス焙り機を通過させ焼き色をつける．つや出しのために食用油を塗って仕上げることがある．

製品の品質評価，および市販焼き板の成分

官能評価：外観，風味，食感，味など10項目について評価した例によれば，外観は大阪の焼き板は色がやや黄みをおびつやがなく，白いかまぼこのイメージと違って独特の色調をもっている．風味は，みりん風味の強いタイプのものが多いようで，全体的に高級感がある．食感は強い足（焼き通し）のものと，軟らかい足（焼き板）に分かれる．味は食感と風味のバランスから評価されるが，全体に濃厚感がある．

ゲル特性：小田原の蒸し板や新潟のリテーナ成型かまぼこなどと比較して，破断強度に対して凹みが小さく，しなやかさがない．焼き板と焼き通しの弾力の相違をテクスチュロメータで調べたテクスチャーパターンでみると，焼き板，焼き通しとも1回目咀嚼の曲線の山が双頭で，F値（もろさ）が明瞭に検出される脆性破壊型を示す．焼き板と焼き通しの違いは2回目の咀嚼曲線にみられ，焼き通しは比較的滑らかなスロープを描いて山が形成されるが，焼き板の場合はいったん小さな山ができ，それから2つ目の山を形成する．

市販焼き板の成分分析結果によると，水分71.0%，デンプン量2〜7%，ショ糖7〜11%，食塩2.2%，グルタミン酸ナトリウム1.0%，イノシン酸ナトリウム32.6 mg，グアニル酸ナトリウム11.7 mgとなっている[1]．

生産の現状

生産量：大阪式板つきかまぼこは，大阪府，兵庫県，京都府，和歌山県，奈良県，三重県，ならびに岡山県の一部で製造されている．農水省の水産練り製品の分類では，大阪方式の板つきかまぼこ（焼き板）は小田原の蒸し板と同様，「かまぼこ」に包括されている．したがって，大阪式板つきかまぼこの生産量は厳密には把握できない．前述した大阪府，兵庫県，京都府，奈良県，和歌山県など関西圏のかまぼこの生産量を焼き板とみなして集計すると，1989年が2万2345 t，2003年では1万8787 tで生産量は大幅に減少している．生産量が右肩下がりの傾向は，かまぼこに限らず練り製品全品目に共通している．

事業所数（従業員4人以上）：関西圏の事業所数は1989年が183事業所，2003年

が115事業所と生産量同様大幅に減少している.

業者のタイプと機械化の程度：焼き板業者は製造・直販型の業者とスーパーや卸売市場に出荷する卸売り型の業者に大別できる．焼き板製造工程の自動，機械化ラインは，装置の大小は別にして，卸売り型業者は100％，製造・直販業者でもほとんどが導入している．製造・直販型は大都市に多い．百貨店などに出店する俗にいう老舗，商店街に張りつく小型店舗の業者もある．兵庫県の卸売り業者のなかには，関東圏のスーパーや市場などに進出している大手の企業もある．

今後の課題

焼き板生産量の右肩下がりの原因は，① 外的要因には，日本食離れ，加工食品の多様化など，② 内的要因には，まず，ハモ，キグチなど旨味の強い原料が少なくなったこと，次に製品の安売り競争，価格決定権がメーカーから流通業界に移行し，売り値に合わせた商品作りの風潮に変わったことが主要な要因と考えられる．スケトウダラは味が淡白で焼き板にはなじまないことから，スケトウダラ冷凍すり身が全国的に普及し，主力原料に置き換わった昭和50年代には，焼き板の特徴である魚の風味を出すのにいろいろと苦労があった．昭和60年代に東南アジア地域よりイトヨリダイのすり身などが搬入され，焼き板の旨味がいくらか改善された．なお，量販店主導の大量生産，大量販売時代の現代にもごく少数であるが，生鮮ハモ100％に固執し，昔のまますべて手作り，無デンプン，焼き炉で焙り焼きする職人気質の業者や昔の原料にこだわりスケトウダラすり身は一切使わないと宣言する品質本位の業者もいる．大阪式板つきかまぼこの復権には，このような品質本位で納得のゆく商品作りにこだわる業者の輪を広げることが大事である． 〔山本常治〕

文　献
1) 小沢敏之：水ねり技研会誌, **5**, 65-71, 1979.

4.1.4　小田原式板づけかまぼこ

小田原かまぼこの発展

小田原かまぼこの商業的生産は天明年間（1781〜1788年）に始まったといわれる．東海道小田原宿では参勤交代の大名，旅人にかまぼこを供したので，その名前が知られるようになった．1900年以前は専業企業はなく，鮮魚仲買い商が兼業でかまぼこを作っていた．1920年ころから以西底引き網のグチが原料魚として豊富に供給されるようになり，かまぼこ専業企業が発展していった．しかし，夏季は干物，塩辛などの製造に切り替え，保存性に乏しいかまぼこは作らなかった．1960年代になるとかまぼこの保存技術が発達し，さらに冷凍すり身が出現して原料が安定的に確保できるようになった．多くのかまぼこ企業は工場を小田原旧市内から郊外や県外に移転，規

模を拡大させていった．製造工程の機械化も進み，かまぼこ生産量は急速に伸び，販路も関東一円に拡大していった[1]．

小田原式板づけかまぼこは，小田原を中心とした神奈川県のほか，静岡市，焼津市など静岡県内，またいわき市や新潟市などでも作られている．小田原は古くから高品質製品にこだわり，オキギス，グチなどを主原料として製造してきた．その結果，同じような形をしていても，スケトウダラ冷凍すり身を使っている他地方の製品と小田原かまぼことでは品質的に大きな差があり，小田原かまぼこが高品質であることは市場でも消費者にもよく認知されている．

原料魚

原料魚としては古くは地先の相模湾で獲れるムツ，イサキ，オキギスなどの魚を使っていた．かまぼこ生産が盛んになり原料魚が不足するようになると，1910年ころからは常磐からオキギスを移入し，また1920年ころからは以西底引き網のキグチやシログチなどグチ類を主原料にするようになった．しかし，キグチの漁獲が減った1960年ころからはシログチが主原料になった．1960年代後半からは生鮮グチにスケトウダラ，ミナミダラの高級冷凍すり身，中国，タイなどからのグチ冷凍すり身を併用するようになった．しかし現在でも，高級かまぼこは生鮮シログチ，オキギスを原料として手作業で作られている．

製　法

製法を図4.10に示す．

調理，採肉：原料シログチは頭，内臓を除き，採肉機にかけて肉を採取する．調理の際，内臓，特に腎臓（血腸）をていねいに取らないと製品の色，弾力が悪くなる．

調理した魚はよく水洗いしてから採肉機にかける．最初，軽い圧力で上身を採って板づけかまぼこ用とし，再度採肉機にかけて残った肉を採って揚げ物にむける．

水晒し：採取した身は水晒しをして，混入した脂肪，血液，悪臭成分などを除く．これによってかまぼこの色，においが改善され，また足を強くすることができる．伝統的な手作り方式[2,3]では樽や桶に落とし身と水を入れて攪拌，静置して油を浮かせる．晒し桶を傾けて表層の油を上澄み水の一部と一緒に流し出す．残った晒し水と身は晒し袋に入れて軽く圧し，大部分の晒し水を除く．水切りした身は晒し桶に戻し，新しく水を加えて攪拌する．この一連の操作を数回繰り返して水晒しを完了する．

晒し用水は箱根山からの伏流水で，硬度70〜120 mg/l のやや硬い軟水である．こ

原料魚 → 調理 → 水洗い → 採肉 → 水晒し → 脱水 → 空ずり → 荒ずり → 本ずり → 裏ごし → 成型 → 蒸煮 → 冷水処理 → 冷却 → 包装 → 製品

図 4.10　小田原かまぼこの製造工程

の水で晒しをすると，過度な肉の膨潤が抑えられて水切りしやすく，水晒しを繰り返し行うことができる．鮮度のあまりよくない以西底引き網のグチが小田原かまぼこの主原料として使えるようになったのは，この徹底的な水晒しによることが大きい．

　大量生産が始まった1960年代から手晒しに代わって連続晒し機が導入された．タンク晒しであらかじめ浮上油を除いた魚肉を，細かな目の布で覆ったスクリュードラムのなかに流し込む．回転するドラムの中で軸から水を噴出させながら魚肉を連続的に揉み洗いする．

　脱水：伝統的な手晒し方式では，晒し身を入れた晒し袋を棒にかけて水切りをする．水切りした晒し袋は2枚の板で挟んで長い棒の根元に置き，棒の先端に重石を下げて，てこの原理で晒し袋に圧力をかける．このてこ脱水方式は1950年ころから油圧式脱水機に替わっていった．

　連続晒し機で水晒しする場合には，スクリュープレスを使って連続的に脱水する．

　擂潰：晒しの終わった脱水身は塩を加えて擂潰し，肉タンパク質を溶し出す．古くは石臼に入れた身を数人掛かりで長柄のすりこ木を手で動かして擂潰した．1910年ころから動力式石臼擂潰機を使い始めた．まず脱水身を石臼に入れ4本杵で身をていねいにほぐす空ずりをする．このとき使用する塩の1/3を加えて身が飛び散るのを防ぐ．身が十分ほぐれたら，残りの食塩を2～3回に分けて加えて荒ずりをし，タンパク質を十分に溶出させる．最後に2本杵で砂糖，みりん，調味料などを混合する本ずりを行う．擂潰には40分以上かかる．

　1970年ころの配合例として，食塩3.5～4％，砂糖10～15％，みりん4～5％，グルタミン酸ナトリウム（MSG）1～1.5％があげられる．水は添加しないか，入れてもごく少なく，身の硬さは卵白で調節する．身が軟らかすぎると成型中にだれてしまい，商品にならない．擂潰中に肉温度が上がりそうなときは氷を入れる．また，デンプンは添加しないか，多くてもジャガイモデンプン3％程度である．

　1960年代後半からの冷凍すり身の導入に伴って，擂潰にはサイレントカッター，さらに真空カッターを使用するようになった．冷凍すり身を半解凍状態にし，カッターに直接入れて擂潰する．冷凍すり身と生鮮グチを併用するときは，グチを発熱の少ない石臼で擂潰し，これにカッターですり上げた冷凍すり身を混合する．いずれにしろ，すり上がり温度を15℃以下に保って坐りを防止する．

　裏ごし：西日本と違って小田原では擂潰前に晒し身を肉挽き機にかけることはない．その代わりにすり上がった身を裏ごし機にかけてすじ抜きをする．塩ずりした身は流動性が高いので細かな目で裏ごしをしても発熱が少ない．この細かな目で裏ごしすることで，小田原かまぼこ特有の滑らかな肌のかまぼこができる．

　成型：高級品は今でも手づけで成型する．つけ庖丁ですり上がり身をかまぼこ板の上に山型に盛りつける．この下づけ身の上にこし布でさらに裏ごしした身を上塗り

し，両端を切り落として櫛型に成型する．庖丁で板づけ成型するには熟練した技術が必要である．大量生産製品の場合は，かまぼこ成型機で連続的に成型する．

　加熱：手づけ成型した板は蒸籠に並べ，約90℃の蒸気を下から送って蒸し加熱する．蒸籠を10段近く積み上げて加熱するので，途中蒸籠を上下に1～2回移し変える．デンプン添加量が少なく糖分の多い小田原かまぼこは，加熱温度が高すぎるとかまぼこの表面が火膨れし，褐変しやすく，また，しなやかさが損なわれる．多数の蒸籠に入れたかまぼこを均一加熱するにはかなりの経験が必要である．

　大量生産製品の場合は，かまぼこ成型機で連続的に成型したかまぼこをゴンドラ式やトンネル式の蒸し機で連続的に蒸気加熱する．この方法では加熱温度や時間を自動管理できる．

　最近はジュール加熱で30～40℃まで予備加熱し，さらに中心温度が75℃以上になるように加熱する2段加熱方式が使われている．ジュール加熱では通電性の低いかまぼこ板を加熱殺菌できないので，最後に蒸し加熱して仕上げる必要がある．

　冷水処理，冷却：蒸し上がったかまぼこはすぐに冷水に浸漬するか，冷水を吹きつけてかまぼこ表面を急冷する．冷水処理で水蒸気の発散が抑えられるので，しわのない小田原かまぼこ特有の滑らかな表面になる．さらに冷風を送って完全に冷却してから包装する．

　凍結：小田原かまぼこは正月向けの需要が非常に大きい．1970年ころから超急速凍結方式を導入して，低需要期に生産したかまぼこを凍結備蓄するようになった．液体窒素などで超急速凍結をしてかまぼこ内部に生成する氷結晶を小さくすれば，－20℃以下の冷凍貯蔵で製造時の品質を半年以上保持できる[4]．また，凍結するとしなやかさが増すなどかまぼこの食感を改善することができる．

製品の特徴

　小田原かまぼこは色が白くて表面にしわがなく，扇形の山の高い形をしており，厚いきれいな板にのっている．厚い板と山の高いかまぼことがバランスし豪華な外観を与える．かまぼこの切り口はきめが細かくて光沢があり，また口に入れるとしなやかで強い弾力がある．西日本のかまぼこと比べると魚の風味に欠けるが，砂糖やみりんを多用して風味を整えている．

　小田原蒲鉾水産加工業協同組合は小田原かまぼこの伝統，優れた品質，ブランドを保持しながら発展するために，2004年に「小田原かまぼこ十か条」を制定した．それによれば，小田原市に本社があり，また自社工場をもっている50年以上の歴史のある企業が，吟味した原材料，副材料を使い，伝統的技法で作る製品を小田原かまぼことして組合が認定することにしている．さらに品質の科学的基準として，かまぼこ中の必須アミノ酸含量が5g/100g以上であることを決め，デンプンなど増量剤や水を多量に入れた粗悪品と区別することにしている．

生産の現状と課題

　小田原かまぼこは土産物，贈答品としての性格が強く，直売店や小田原，箱根，熱海など地元の土産店での販売が盛んである．また東京，横浜など首都圏市場へ中高級品に的を絞った出荷が多い．最近は生協，スーパーなどへの出荷が増えている．

　小田原蒲鉾業水産加工組合の組合員は 2005 年現在で 13 社，組合員以外の小田原市周辺の企業を含めても 20 社に足りない．企業規模は全国的にみて特に大きくはない．年間売り上げ高 20 億円以上の企業は 3 社にすぎず，最大大手企業でも 80 億円に達しない．しかし，小田原かまぼこは高品質との評価が定着しており，板づけかまぼこを 3000 円/kg 以上の高い小売価格で販売している．このためスーパーマーケットを主取り引き先にしている他地区の大手企業と比べると，小田原企業の利益率はかなり高い．

　小田原かまぼこは正月向け需要が極端に大きく，12 月の売り上げが年間総売り上げの 1/3 を占めている．この正月用に偏る需要をどのように平均化して新しい需要を開発，拡大するか，また高品質を保ちながら生産をさらに効率化するかが今後の大きな課題である．

　一方，グチ資源の将来の見通しは必ずしも明るくなく，優良原料魚の開発，確保も大きな課題である．

〔岡田　稔〕

文　献
1) 本田康宏：小田原蒲鉾のあゆみ，夢工房，2004．
2) 本田利民：水産名産品総覧（野口栄三郎編），pp 107-111，光琳書院，1968．
3) 田代勇輔：蒸し板かまぼこ，フードマイスター技術シリーズ（全国蒲鉾水産加工業協同組合連合会編）（ビデオ）．
4) 岡田　稔：かまぼこの科学，pp 243-245，成山堂，1999．

4.1.5　じゃこてんぷら

　愛媛の特産品に，小魚を原料とした「じゃこてんぷら」あるいは「じゃこ天」や「皮てんぷら」と呼ばれる揚げかまぼこがある（図 4.11）．じゃこてんぷらは，小魚の頭，内臓などを除去し，ドレス状の魚体をそのまま水洗し，ミンチにかけて原料としている．そのため，骨や皮も肉に混ざっており，また，かまぼこ類のように水晒し工程もなく，省資源的でしかも省力的な製法で作られている．しかし，じゃこてんぷらは，しなやかな弾力と魚の味があり，庶民的な人気がある．一般的に利用価値のない小魚を雑魚（ざこ）と呼んでおり，「じゃこてんぷら」の「じゃこ」はこの雑魚が語源といわれている．

種　類

　主原料である新鮮なホタルジャコが毎日水揚げされる魚市場が宇和島と，八幡浜地

図 4.11　じゃこてんぷら

方にあり，じゃこてんぷらはこれらの地方で盛んに製造されている．通常の揚げかまぼこと異なり，原料中に骨や皮が入っており，カルシウムが豊富に含まれ，食べるとジャリつき感がある[1]．最近では製法が改良され，塩分を控えても弾力が低下しない方法が見いだされ，減塩で，しかもカルシウムの多い製品ができるようになり，一種の健康食品といっても過言でない[2]．

製　法

じゃこてんぷらの製法を図 4.12 に示した．図 4.13 のように手作業でホタルジャコ（現場ではハランボと呼んでいる）の頭と内臓を除去する．ホタルジャコは小さいもので 5 cm，大きなもので 14 cm とサイズが異なるため，既存の魚体処理機で頭を取

原料小魚 → 調理除去（頭，内臓）→ ミンチがけ → 擂潰 → 肉のり → 成形 → 油ちょう → 脱油 → 包装

図 4.12　じゃこてんぷらの製造工程

図 4.13　頭，内臓除去　　　　図 4.14　脱油機

ると歩留まりが悪くなる．頭には小魚といえども，ジンタン大の硬い石（耳石，2個）があり，この石がミンチを通り抜け，そのためにミンチの刃が欠けることがあり，その製品への混入がクレームの原因となることがある．そのため，頭の除去が重要な作業になっている．頭を除去したドレスをよく洗い，ミンチ（1.5 mmの目皿）を通し，挽き肉とする．次に，この挽き肉を擂潰機に入れ，食塩，グルタミン酸ソーダ，デンプン，ブドウ糖，氷など加え，すりつぶし，肉のりを調製する．肉のり（薄い灰色）を木枠あるいは成形機で扁平状に成形（厚み7 mm）し，ただちに180℃の植物油（ナタネ油，ダイズ油など）で2〜3分間揚げる．揚がるとすぐに簀の上に広げ，放冷して揚げ油を除去するか，図4.14のように，熱いうちにスポンジで挟む方式の脱油機で脱油している．肉のりには骨，皮も含まれており，水晒しも行わないので，肉のりは灰色をしている．しかし，油ちょう中に肉中のアミノ酸などと添加ブドウ糖とがメーラード反応を起こし，その結果製品は，茶褐色（きつね色）を呈している．じゃこてんぷらはソフトな弾力もあり，魚の旨味も味わえることから，酒の肴やうどんの具など広範に利用されている．

製法の特徴

じゃこてんぷらは，ホタルジャコ，ヒイラギや小アジなどの小魚を原料にして，頭と内臓などを除去し，水晒しをせず，そのままミンチにかけて挽き肉としている．そのため，かまぼこなどよりも歩留まりがよいうえに，魚の旨味成分やカルシウムなどの機能性成分を豊富に含んでおり，小魚を上手に利用した製法であるといえる．

生産状況

愛媛県でじゃこてんぷらを製造している企業は宇和島に35社，八幡浜に29社の合計64社であるが，生産量は1日あたり1000〜10000枚と企業間で差があり，また，原料魚の入荷状況でも左右される．じゃこてんぷらはスーパーやデパート，空港，JR駅などで販売されており，家庭などで酒の肴などとして日常的に使用されるほかに，価格が適当なことから素朴な土産品，贈答品としても広く利用され，愛媛の顔として定着している．　　　　　　　　　　　　　　　　　　　　　〔岡　弘康〕

文　献
1)　岡　弘康：昭和57年度愛媛工技セ業務報告，77-86，1982．
2)　二宮順一郎ほか：平成2年度愛媛工技セ業務報告，145-153，1991．

4.1.6　つけ（薩摩）あげ

つけあげの種類

全国的に薩摩あげの名称で知られているが，鹿児島地方においてはツケアゲ，ツキアゲ，あるいはチケアゲと呼ばれている．つけあげの由来については諸説あるが，

1846（弘化3）年のころ藩主島津斉彬公の時代に琉球から伝わった「チキアーギ」が鹿児島語化してつけあげになったという説と紀州のはんぺんにヒントを得て作られたという説がある[1,2]．つけあげの種類については形状，原料魚，野菜や豆腐などの混ぜものの組み合わせによりさまざまであるが，形状からみると棒状（約25 g）のものと小判型・角型（約40 g）のものに大別される．市販品については棒状のもの（棒天）には野菜などを加えていない場合が普通で，小判型のつけあげには豆腐や野菜などを加えたものなど種類が多い．角型のつけあげには，板状のニンジン（約4×3 cm，厚さ3 mm）を入れたものが特に有名である．

製　法

今日の主な原料は冷凍すり身になったが，食感や香味をよくするために水晒しをした魚肉を配合するところが多い．晒し肉の調製は別紙に譲るが，ここでは擂潰工程以降の製法をフローチャートで示す（図4.15）．

擂潰方法は，製品の種類により①石臼製の擂潰機と②サイレントカッターを使い分けているところが多い．それぞれの擂潰時間は，空ずりで①10分・②5分，塩ずりで①30分・②15分，調味・本ずりで①10分・②5分である．塩ずり工程では2.3～2.5%の食塩を5分間かけて徐々に加え，その後，温度調整のために砕氷を加えた状態で行う．豆腐を加える場合はあらかじめ脱水したものを用いるが，食感を重視するときは空ずりの段階で，豆腐の味を生かしたいときは調味前に加える．調味の際，つけあげの揚げ色をつける目的で地酒を2%加える．量産する工場での揚げ工程では2つのフライヤーを用い，第1油ちょう機では150℃で火通しを行い，第2油ちょう機では170℃で色つけを行う．使用する油は白絞油が一般的だが，枕崎地方ではナタネ油を使用することもある．

製品の特徴

1933（昭和8）年発行の『水産製造全書』には薩摩あげの原料にサメ6割とエソ4割（安価品ではイワシ）を混ぜて製造するという記述があり[3]，少なくとも昭和初期にはサメを主原料として利用していたことがうかがえる．昭和40年ころまでの原料は，サメ類（シュモクザメ，トガリザメ，ネムリブカ，アオザメ，オナガザメ），ハモ，エソ，グチ，ムロアジ，ウルメイワシ，シイラ，カジキ類（クロカワ，マカジキ，シロカワなど），サバが利用されていたようである．サメを主原料としたつけあ

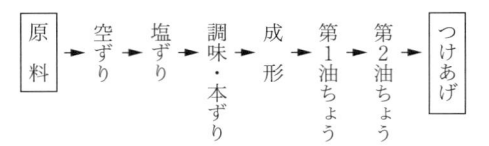

原料 → 空ずり → 塩ずり → 調味・本ずり → 成形 → 第1油ちょう → 第2油ちょう → つけあげ

図 4.15 つけあげの製造工程

げでははんぺんのようにソフトでしなやかな食感になり，香味づけにエソやカジキ類，イワシなどを混ぜてもソフトな食感は保持される．昭和40年を境に鹿児島県の練り製品業界でも冷凍すり身に依存するところが多くなり，現在ではサメを利用しているところは1，2社となっている．しかし，サメの利用は減ったものの，原料魚の選択と擂潰工程での温度管理により，今日でもつけあげの特徴であるソフトでしなやかな食感を継承するように製法の面で工夫がなされている．

生産の現状

鹿児島県農林水産統計によると，つけあげの生産量は2003年で8033 t（1万696 t），経営体数で143と20年前と比較して両者とも約30％減少している．生産量からみた鹿児島県内の主要産地は，鹿児島市（4104 t），串木野市（3181 t），枕崎市（957 t），志布志町（804 t）となっている（（　）内の数値はかまぼこ等を含む生産量を示している）．

〔上西由翁〕

文　献
1）　清水　亘：水産ねり製品，pp 41-42，光琳全書，1966．
2）　志水　寛：*New Food Industry*，**26**(11)，1-10，1984．
3）　木村金太郎：水産製造全書（上巻），pp 487-488，大日本水産会，1933．

4.1.7　八重山かまぼこ（マルーグヮー）

概　要

沖縄の方言で丸いことをマルーといい，小さいものを総じてグヮーという．グヮーには愛らしいなどの意もある．マルーグヮーは，その名前が表すとおり，直径およそ2.5 cm，長さ約15 cmの丸くて小さい揚げかまぼこの呼称である．このような小さな円形状のかまぼこは，八重山地方独特のものらしく，県内でも作っているのは，石垣島にある6か所のかまぼこ店だけに限られる．マルーグヮーは，口当たりがソフトで甘みがありシャキシャキした食感が特徴で，県内の老若男女に親しまれている．

八重山かまぼこと沖縄本島のかまぼこの違いとして，八重山がすり身に白身魚を多く使うのに対し，沖縄本島では，赤身魚を多く使っていることがあげられる．その差が両者の食感の違いになっているようだ．

製　法

八重山地方でかまぼこ製造が商売として成り立ったのは，昭和初期からである．マルーグヮーもそのころから作り始められたようだ．機械化以前は，店の専従の女工たちが臼でこねたすり身を手でころがしながら丸め，伸ばしていた．そのため最近のマルーグヮーよりも太く，長めだった．材料も現在のような冷凍すり身がないため，漁師たちの夕方の帰港を待ちかまえて仕入れ，その日の遅くまでさばき，氷に漬け置き，翌日は早朝からかまぼこを作るという重労働を年中休みなしで行っていた．

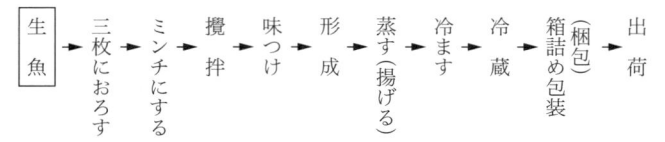

生魚 → 三枚におろす → ミンチにする → 攪拌 → 味つけ → 形成 → 蒸す（揚げる）→ 冷ます → 冷蔵 → 箱詰め包装（梱包）→ 出荷

図 4.16 八重山かまぼこの製造工程

　当時のすり身の材料は，近海魚のアオブダイが主で，アカマチやメバルもたくさん使っていた．冷凍技術の発達した今日では，グルクン，キントキダイ，イトヨリ，スケトウダラなどのすり身に，手作り時代からの主材料魚のアオブダイなど石垣島の近海魚を混ぜることで，独自の風味を今に伝えている．本州の魚は，脂がのっていて刺身にするとうまいのだが，かまぼこの材料としてはその脂身を除去しないことには使いづらい．その点，沖縄の魚は脂身が少なく，水晒しの手間が省ける分，かまぼこの材料に適している．

　製法の工程を図 4.16 に示す．

生産の現状

　現在，石垣島には 6 か所のかまぼこ店があり，年間約 400 t のかまぼこを生産している（2005 年現在）．マルーグヮーは，そのうちの約 25％ を占める．八重山のかまぼこは，マルーグヮーのようにすり身主体のものと，ゴボウやニンジンを使ったチキアギー（薩摩あげ風）や，健康を指向し薬草や各種ハーブを使ったもの，沖縄でよく取れるモズクやヒトエグサなど海藻を使った一口かまぼこなど多彩に展開されている．最近では，おにぎりをかまぼこで包み揚げ，観光客から爆発的支持を受け大ヒットした「おにぎりかまぼこ」などの新顔も誕生している．

　八重山かまぼこは生産量の 20％ ほどが島内消費で，残りは島外で消費されている．土産品や盆暮れの進物としての需要が大きく，今後とも沖縄を代表する特産品に数えられるだろうと自負している．

課題

　新鮮さを売り物にしているだけに，日持ちの問題には，創業時から各店が頭を痛めている．合成保存料の類を一切使っていないだけに，短い賞味期限では遠隔地へ移出できないのが悩みであり，真空パックやフリーズ化などいろいろ試しているが，これという解決策を得ていない．ただ製造管理の改善と要冷蔵表記のおかげで 20 年ほど前までは 2 日も日持ちしなかったのが，最近では 5〜6 日程度まで延びてきている．

　島外消費が多いといってもその大半は沖縄本島への移出である．島の生産体制に余力があるので県外出荷を目標に努めているが，商品が重量物だけに流通面の高コストが負担となっている．地域によっては，品物よりも運賃が高くなるケースもあり郵政民営化後の競争に期待している．

居酒屋で亜熱帯特有のさっぱりした魚を食べたいとの観光客の要望に，島の人気魚アオブダイなどが刺身として提供され，かまぼこの大事な材料としての鮮魚が入手困難になりつつある．このことは，仕入れ値に跳ね返ってくるだけに，将来のかまぼこの品質や価格に影響を与えかねない．　　　　　　　　　　　　　　〔金城　力〕

4.1.8　コンブ巻きかまぼこ

概　要

清水がコンブ巻きかまぼこなどを料理かまぼこに分類したのは，古い料理書に多く記載されているためである[1]．1500年以降の料理書には，アラメ，ノリ，サガラメ（静岡県相良地方名でカジメのこと）を使った巻きかまぼこの記載は多くあるのに対し，コンブ巻きかまぼこの記載が少ないのは，コンブが貴重品であったことの証である．コンブの生産が多くなったのは江戸時代後期以降であり，コンブ巻きかまぼこの量産を含めたコンブの用途拡大がなされたのはそれ以降と推察できる．コンブの旨味成分はグルタミン酸であり，ダイズから取ったグルタミン酸ナトリウムが市販される1921（大正10）年以前は，コンブの水抽出液がかまぼこの味つけに用いられた．北海道の産物を大量に運んだ北前船の寄港地は富山県にもあり，大量のニシンやコンブが陸揚げされた．砺波平野は米所として有名だが，「ニシン」という漢字が「鯡」から「鰊」（1875年→1879年，田んぼに練り込むの意）に変わったように，窒素肥料として，大量のニシンが田んぼに練り込まれ，米の増産に貢献した．また，コンブ問屋が40軒以上もあったことからも明らかなように，大量のコンブが陸揚げされ，富山県ではコンブ巻きかまぼこの量産化が生まれ，福井県ではとろろこんぶやおぼろこんぶの大量生産が始まった．さらに，コンブの一部が中国へ輸出されたのはヨウ素不足で起こる発育不全（クレチン病）をコンブが予防するためであるし，アルギン酸の血圧降下作用やフコイダンの抗がん作用なども最近の動物実験で明らかにされている．福岡のコンブ巻きかまぼこはコンブを中国へ輸出する航路上にあったので作られたのであろうが，生産規模は富山に比べて格段に少ない．

材　料

スケトウダラ，イトヨリ，ミナミダラなどの冷凍すり身，養殖コンブ，デンプン，調味料，色素などを用いる．

製　法

製品には紅白かまぼこに対比させて赤巻きとコンブ巻きがある．コンブに相当する赤巻きの皮はあらかじめ作っておく．

上記冷凍すり身に味や風味づけとして生鮮または冷凍タチウオの落とし身を5〜10％加え，さらに3％の食塩と少量の橙色色素（モナスカス）を加えて肉のりを作る．できた肉のりを脱気しながら，幅20 cm，厚さ2〜3 mmの金口から回転する金属ベ

ルトの上へ押し出す．連続した帯状のシートは，途中に組み込まれた加熱装置（蒸気やヒーター）で固化される．固化したシートをただちにベルトから剥離し，冷却と表面の乾燥を十分に行ってから巻き取り，切断してから2, 3日分の赤巻き皮として保管する（図4.17）．なお，赤色に関するかまぼこの色調であるが，北陸地域ではサケ肉の赤色が，関東地域ではマグロ肉の赤色が，関西地域ではマダイの赤色が多く用いられている．

コンブは養殖品が主に用いられており，乾燥してから圧延し，所定の幅に裁断された物を使用している．

冷凍すり身の解凍には5～10℃の部屋に放置する自然解凍法と1時間前後で解凍する機械解凍法があるが，半解凍状態の冷凍すり身を原料にすることが多い．冷凍すり身を粉状にする以外に，味や風味を補強するために10%程度の地魚（ニギス，アジ，タチウオ，シイラなど）の落とし身を加え，赤皮の製造と同様の手順で塩擂りを30分間行い，さらにデンプン，調味料などを加えて本擂りを10分程度行って肉のりを作る．色素を含まない白色の肉のりは上記の製造工程を経て商品となり，出荷される．すなわち，ベルト上を進むコンブや赤巻きの皮に厚さ5 mm程度の金口から肉のりを押し出して貼りつけてから回転させながら「の」の字状に成形する（図4.19～21）．所定の長さに切断してから蒸気で90℃, 30分間の加熱を行い，急速冷却で冷却してから脱気包装して製品とする．製品を薄く切った際に，コンブなどの皮とすり身が密着し，はがれていない物をよしとするために，加熱前に密着工程を導入したり結着剤としてトランスグルタミナーゼを使うこともある．富山では「の」の字の形状にこだわりをもつ業者が多いのに対し，福岡では「の」の字の形状にこだわりをもたな

図 4.17 赤巻き皮

冷凍すり身 → 解凍 → 塩ずり → 貼りつけ → 巻きつけ → 切断 → 加熱 → 冷却 → 包装 → 出荷

図 4.18 コンブ巻きと赤巻きかまぼこの製造工程

図 4.19 貼りつけ   **図 4.20** 「の」の字状の成形

図 4.21 蒸し工程に入るかまぼこ

い．なお，富山県の年間生産量は，コンブ巻きかまぼこが 1200 t，赤巻きが 3200 t で，県内の全生産量の 55% を占めている．

本項の執筆に際し，工場での写真撮影を含めて多大のご協力をいただいた富山市の株式会社梅かまに衷心より感謝申し上げます． 〔西岡不二男〕

文　献
1) 清水　亘：かまぼこの歴史，日本食糧新聞社，1975．

2) 井上吉之監修：日本食品辞典，医歯薬出版，1969．
3) 三輪勝利監修：水産加工総覧，光琳，1983．
4) 読売新聞北陸支社編：日本海こんぶロード北前船，能登印刷出版部，1997．
5) 大野正夫編：有用海藻誌，内田老鶴圃，2004．
6) 東京昆布協会：50周年記念誌，毎夕新聞印刷，2003．

4.1.9　はんぺん

概　要

江戸時代中期の『本朝世事奇談』（1733年）に，はんぺんは慶長年間，駿府の膳夫半平というものに始まるという記述がある[1]．この他にもいろいろな説があるが，「ゆでる」という加熱方法は「焼き」に次いで古来から利用されてきたことから，はんぺんの歴史は意外と古いと考えられる．現代ではすり身にすり下ろしたヤマイモなどを混ぜて，細かい気泡を混入させてゆで上げた，湯や水に浮くはんぺん，通称「浮きはんぺん」がはんぺんの主流となり，東京を中心とした関東地方で生産されている．一方，浮かないはんぺんを「しんじょ」（4.1.10項参照）といい主に関西方面で生産されている．はんぺんと名のつく製品は，赤身魚を利用した東海地方の「黒はんぺん」や中部地方の油で揚げた「揚げはん」などがあり，生産量は少ないが，その地方独特の品質を誇りにしている．

製　法

製法を図4.22に示す．

はんぺん（浮きはんぺん）の「原料魚」としてはヨシキリザメ，ホシザメ，アオザメ，オナガザメなどのサメ類のほか，味つけや身を締めるためにクロカワカジキなどを用いる．サメ肉は赤身魚と同様にpHが低いので，魚体を冷蔵庫などに放置してpHを中性付近に調整する．これを調理台上で解体し，フィレーから血合いや軟骨などを取り除く「身ごしらえ」を行い，水洗し，正肉ブロックとする．

正肉ブロックをスタンプ式採肉機にかけて"すじ"を抜き，ミンチで砕肉する．これをさらに「裏ごし」機にかけ"すじ"を取る．次いで石臼式擂潰機で約2%の食塩と氷を加えながら10～20分間「塩ずり」し，この塩ずり身の約半分を取り分ける．次の「いも切り」[2]においては，塩ずり身の半分にすり下ろしたヤマトイモ（カラギーナンを用いる場合もある）約10%と氷を加えて擂潰する．10～15分間擂潰してい

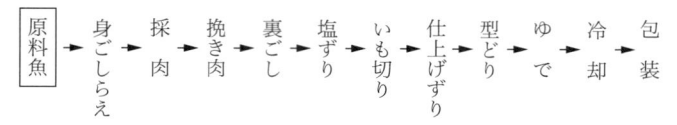

原料魚 → 身ごしらえ → 採肉 → 挽肉 → 裏ごし → 塩ずり → いも切り → 仕上げずり → 型どり → ゆでる → 冷却 → 包装

図4.22　はんぺんの製造工程

くと，すり身に気泡が分散し全体量が増え，イモが"切れてくる（すり身をすくって手を返したときすり身が立つ状態になる）"．ここで前に取り分けた塩ずり身を足し伸ばしていく．最後にジャガイモデンプンを振り粉で3〜10％加え，さらに砂糖，みりん，調味料などを加え「仕上げずり」とする．「型どり」は椀のふた，あるいは方形などの木型とせっかい（しゃもじに似た木製のへら）ですり上がり身を成形し，冷水に浮かせておく．数がまとまったら熱湯中に投入し，たもで湯中に潜らせるように攪拌しながら「ゆで」る．湯の温度は高すぎると収縮して形状を損ない，また表面にあばたが生じてみにくくなる．また，ここでの加熱の主な目的は殺菌の他に，サメ肉の尿素をアンモニアなどに分解する尿素分解酵素（ウレアーゼ）を速い加熱により失活させることである．通常の加熱条件は厚さ1〜2cmの製品で湯温80〜85℃，ゆで時間5〜10分くらいである．ゆで上がったら冷水に投じて「冷却」後，表面の余分な水分をとってから包装する．

製品の特徴

一般的なはんぺんは四角中高の形状で約50gである．純白で光沢があり，マイルドな味とふわりとしたマシュマロのような食感に仕上げられている（図4.23）．

生産の現状

主な産地は東京都内である．ここでは約100軒の業者が手作りではんぺんを製造している．生産量は，揚げかまぼこに次ぐ．ほかに千葉県銚子市内で数軒の業者が自動化の進んだ機械生産を行っている．年間の生産量は約2000tと推定される．

〔柴　眞〕

文　献
1) 清水　亘：蒲鉾，pp 7-8，生活社，1949.
2) 全国水産煉製品協会：蒲鉾便覧，p 74，1954.

図 4.23　はんぺん（勝又製作所提供）

4.1.10 しんじょ

概 要

"しんじょう"ともいわれる.広辞苑によると糝薯,真薯の漢字があてられ,魚肉などのすり身に,すったイモと粉類を加えて調味し,蒸しまたはゆでたものとある.糝粉は米の粉,また糝には「あつもの」に米の粉を混ぜて煮た物の意味があるので,糝薯は意味のないあて字とも思われない.清水の『かまぼこの歴史』[1]によれば,室町時代にはすでに都で作られていたという.現在でも国内各地で作られ,主として碗種や煮物に使われているが,京都では刺身と同様に,ワサビしょうゆやショウガしょうゆとともに食卓に供されている.古老の話によると,京都では昔からイモは使われないようである.

製 法

原料魚は室町時代の昔からタイ,スズキ,ハモ,タラのような白身の魚肉が用いられ,都ではハモが重宝して使われた.ハモは延髄刺殺後,硬直の出現がきわめて遅く,いわゆる活魚期間の長い特異な魚であるため,海に遠い都では特に重宝されたのである.製法の概略を図 4.24 に示す.タラ,グチ,ハモなどの原料魚より採肉して,冷水にて 1〜3 回の水晒しを行う.引き続き脱水を行った後,肉挽き機で細切する.細切した精肉に適量の食塩を加えて石臼またはカッターで擂潰し,さらに副原料ならびに追加の食塩と精肉とほぼ等量の冷水または氷を加えて擂潰し,しんじょ地のすり身を完成する.主原料にする魚種により多少の変動はあるが,配合の概略を表 4.3 に示す.なお,冷凍すり身を使用する場合は工程の一部を当然省略することができる.成型は手作業により行われる.石製のすり鉢に収納したすり身を石匙(せっかいと称する木製のへら:図 4.25)を用いて木製,金属製または合成樹脂製の容器に充填する.次いで常法に従って蒸煮,冷却を行う.

特徴,現状

しんじょはいろいろな形に作られ,時には種々の種ものが混ぜられるが,最も多く消費されるのは,種ものなしの魚肉主体で作られたもので,木製か合成樹脂製の容器に入れて蒸し上げた角型の形状のものが主流となり,スーパーやデパートの食品売場

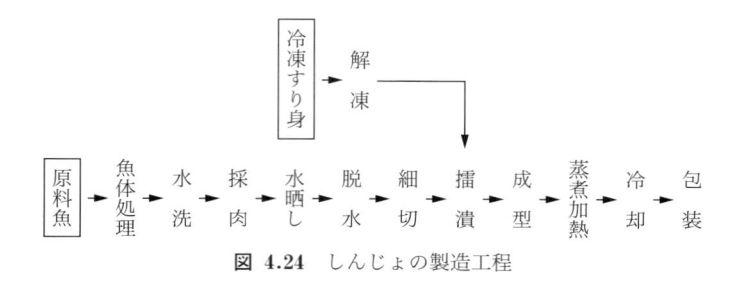

原料魚 → 魚体処理 → 水洗 → 採肉 → 水晒し → 脱水 → 細切 → 擂潰 → 成型 → 蒸煮加熱 → 冷却 → 包装

冷凍すり身 → 解凍 → (擂潰)

図 4.24 しんじょの製造工程

表 4.3　しんじょ配合

魚精肉	100.0 部
食　塩	3.4 部
小麦デンプン	10.0 部
調味料	適量
冷水・氷	100.0 部

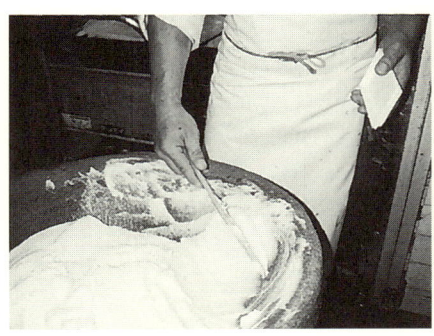

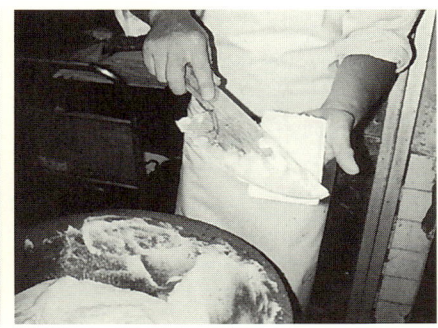

図 4.25　成型作業

で最も多く見受けられる．製品の特徴はソフトながら特有の足があり，その滑らかなのど越しが喜ばれる．そのためには水伸ばしが肝要で特に鮮度のよい原料魚が選ばれる．

文　献
1)　清水　亘：かまぼこの歴史，日本食糧新聞社，1975．

4.1.11　魚ぞうめん

概　要

鴨川の夕涼みの床とともに京都の夏の風物詩の1つになっている．海に遠い都のとりわけ酷しい暑さをしのぐスタミナ源として，古くから愛好されてきた．他の地方ではせいぜい碗種くらいにしか扱われていないが，京都では料理の一品である．普通は純白色と抹茶により着色された涼しげな緑色の2種類があり，好みに応じてワサビやユズの実を添えて，それに薄味のだし汁を掛けて食膳に供せられる．清水の『かまぼこの歴史』[1]によると，室町時代末期の文献にみられることから，古くより作られていたものと考えられる．当初はすり身を細長く作り，湯煮あるいは焼いたものといわれているが，現在ではもっぱら湯煮により作られている．

製　法

　原料は新鮮な白身の魚をよしとするが，魚ぞうめんを別名ハモそうめんということからも，活魚のハモをもって最高とした．第二次大戦後の昭和30年代には，高級品には活魚のハモが使用された．現在では産地で新鮮なハモを原料にして作られた冷凍すり身が用いられている．その他の原料としてはグチ，イトヨリ，タラなどがある．製法の概略を図4.26に示す．グチ，ハモなどの原料魚より採肉して冷水にて1～3回の水晒しを行う．引き続き脱水を行った後，肉挽き機で細切する．細切した精肉100部に約2.8部の食塩を加えて石臼またはカッターで擂潰し，さらに約10部の小麦デンプンと適量の調味料を混和してすり身を調製する．この際，ごく少量の氷を加えるのが普通である．なお冷凍すり身を使用する場合は工程の一部を省略することができる．成型は図4.27にある成型機を用いて半自動的に行う．まず調製したすり身を手作業で前方のステンレス製の円筒に充填して機械にセットする．ピストンを圧搾空気で起動させ，円筒に充填したすり身を円筒下部に設置した1.3 mmのメッシュを通して急速に熱湯中に押し出し，湯煮加熱により凝固と殺菌を同時に行う．

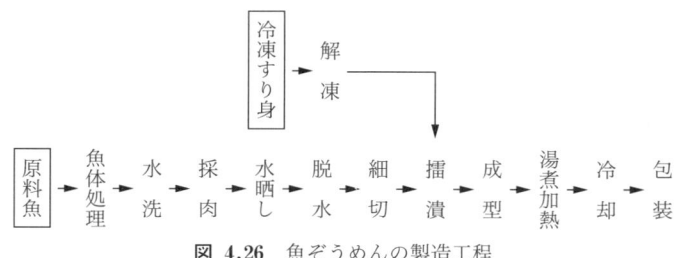

図 4.26　魚ぞうめんの製造工程

図 4.27　成型機

特　徴

京都の夏の名品のハモの切り落とし（湯引き）とよく似て，湯煮加熱により凝固と殺菌を短時間で行うため，保存には十分の配慮が必要である．最近ではクール宅急便のようなコールドチェーンが発達したので全国へ発送，供給が可能になった．

〔池内常郎〕

文　献
1) 清水　亘：かまぼこの歴史，日本食糧新聞社，1975.

4.1.12　削りかまぼこ

愛媛県の特産品にかまぼこを乾燥させ，削り機で薄く削った削りかまぼこがある．この製品は酒やビールのつまみ，吸い物の具のほか，おにぎりにまぶしたり広範に利用されている．

種　類

この削りかまぼこは練り製品というより乾燥品といったほうが適当かもしれない．水分が20～30％ほどで，保存性に優れている．大正のはじめに八幡浜と宇和島のかまぼこ企業においてかまぼこの保存対策として，乾燥したかまぼこを大工用のカンナで削ったのが始まりとされている．

製　法

削りかまぼこの製法を図4.28に示した．鮮度のよいエソ（スケトウダラの冷凍すり身などを使用することもある）から肉を採取し，水晒し，脱水して，晒し肉を調製する．この晒し肉を擂潰機に入れ，食塩（2.2％，この量は通常の板つけかまぼこの2.5～2.7％より少ない），調味料，氷を加え，通常の無デンプンかまぼこ同様に肉のりを調製する．紅白の製品があり，赤色の製品には人工着色料（赤色102号など）を少量添加している．この肉のりを型枠あるいは成形機で8×8×1cm大に成形する．その後，蒸気釜（95～97℃，10～15分）で蒸煮する．冷却後，厚みを半分（5mm）に切断し，重油を熱源とする乾燥機で乾燥（50～60℃で1晩）する．昔は箱形乾燥機（91×91×182cm）に入れ，30kgの蒸しかまぼこを吊し，練炭火鉢（2個）で1晩乾燥させ，翌朝，天日で仕上げ乾燥をしていた[1]．次に，使用時，乾燥かまぼこを

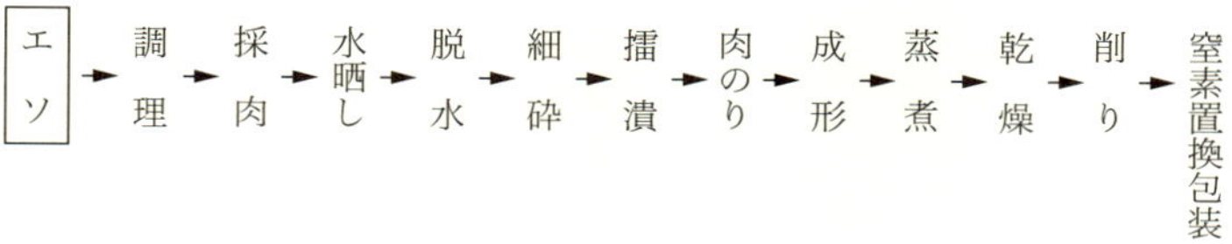

エソ → 調理 → 採肉 → 水晒し → 脱水 → 細砕 → 擂潰 → 肉のり → 成形 → 蒸煮 → 乾燥 → 削り → 窒素置換包装

図 4.28　削りかまぼこの製造工程

図 4.29 乾燥したかまぼこのゆがみ整形機　　**図 4.30** けずりかまぼこ

水や蒸気で軟らかくし，削りやすい硬さに調節し，図 4.29 のように歪んだ形を機械で圧し，削りやすいように整形し，図 4.30 のように削り機（削り節の機械を改良）にかけて削る．この削りかまぼこ（華）を袋（プラスチック）に入れて包装する．

製法の特徴

削りかまぼこは，ほぼ正方形に整形した無デンプンかまぼこを乾燥させ，機械的に華状に薄く削ったもので，保存性は比較的よい．製法の要点は，いかに変形しないように乾燥させ，削りやすくするための戻り加減を調整するところにある．乾燥かまぼこが乾燥過多で，変形していると削り機械にかかりづらく，しかも光沢がなく，粉末が多く歩留まりを悪くする．削った直後では華は白いが，販売中に褐変し商品価値を低下させている．この変色を抑制するため，袋内を図 4.31 のように窒素ガス（N_2）で置換包装している[2]．

生産状況

削りかまぼこは，通常の板かまぼこやちくわ，揚げかまぼこなどと異なり，日常的には使用頻度は低く，土産品のほか，運動会や祝祭日など特定の催しがあれば売れる

図 4.31 窒素置換包装

商品であるので，計画的に生産がなされている．すなわち，板状に成形した乾燥かまぼこを冷蔵庫あるいは冷凍庫に保管して，いつでも生産可能な状態になっている．

主な生産地は八幡浜と宇和島であるが，生産量は不明である．

文　献
1)　野口栄三郎：水産名産品総覧, pp 283-285, 光琳書院, 1968.
2)　三輪勝利：水産加工品総覧, pp 191-193, 光琳, 1983.

4.1.13　簀（す）巻きかまぼこ

かまぼこ類と同様に調製した肉のりを俵状（円筒形）に丸め，その周りを麦わらで巻き，両端にセロハンを貼り，蒸したかまぼこである．その形のユニークさに特徴がある．食べ方は麦わらを外し，かまぼこと同様に利用されている．

種　類

愛媛県全域，島根県など中国地区でも製造されているが，愛媛の今治地区が発祥の地といわれている．この簀巻きの製法は1870（明治3）年ころに始められたといわれているが，なぜ，麦わらを巻くようになったかは不明である．板かまぼこ以外の目新しい製品の開発，乾燥防止，保存性の向上など考えられるが，定かではない．図4.32のように俵状や鼓状があり，大きさも100gから30gと種々のサイズがあり，バラエティに富んでいる．

製　法

簀巻きかまぼこの製法を図4.33に示した．原料としてエソやグチなどの生魚，あるいはスケトウダラなどの冷凍すり身が用いられている．かまぼこと同様に擂潰して肉のりを作成する．この肉のりを手作業あるいは図4.34のように自動成形機で俵状に整形する．次いで図4.35のように，あらかじめ並べてある麦わらの上にのせ，回転させながら周囲をまんべんなく巻き，両端にセロハンを貼り，蒸気中で加熱する．このとき，標準の簀巻きかまぼこ（90g）で，麦わら25本（長さ11.5×径0.5cm）

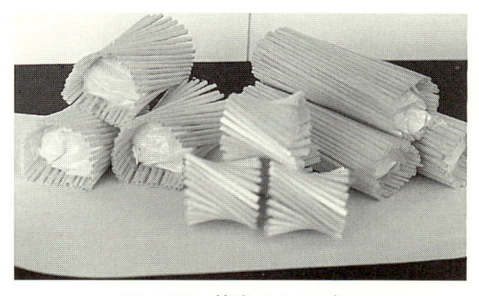

図 4.32　簀巻きかまぼこ

原料魚 → 調理 → 採肉 → 晒し → 脱水 → 擂潰 → 肉のり → 成形(俵状) → 麦わらを巻く → 蒸す → 包装

図 4.33　簀巻きかまぼこの製造工程

図 4.34　自動成形機　　　　図 4.35　麦わらを巻く

が必要である．次いで，全体を包装して出荷している．

製法の特徴

製法の特徴は，肉のりを俵状に成形し，周りを麦わらで巻くところにあり，その形のユニークさが受けている[1]．大きなものは100gから小さなものは30gまで種々あり，米俵の中心をひねると鼓にもみえる形となる．

生産状況

生産量は板つきかまぼこに比べると少量生産であるが，形がユニークであるので，土産品として人気がある．愛媛県で年に300tほど生産されており，最近では，麦わらが集まらず，多くはプラスチックのストローが使用されている．　〔岡　弘康〕

文　献
1)　三輪勝利：水産加工品総覧，pp 160-162，光琳，1983．

4.1.14　細工かまぼこ

細工かまぼこは色身，着色した塩ずり身を使って複雑な模様，形を作り上げたかまぼこで，主に婚礼など祝儀用に使われる[1]．細工かまぼこの製作技術は一般かまぼこ製品の製造技術の向上，新製品開発に役立っている．細工かまぼこはほとんどが注文生産であり，最近の生活様式の変化からその需要は下降気味である．

細工かまぼこは製法から大別して切り出し，絞り出し，刷り出しに分けられる．

色身の作成

塩ずり身に着色料を混ぜて色身を作る．着色料には赤，青，黄，黒色の食用色素を

使い，基本の色身を作る．ほかの色は必要に応じて複数の色身を混ぜ合わせて調合する．色の濃淡は色身と無着色の塩ずり身との混合比率を変えて調節する．食用色素には化学的合成品のほか，天然（既存）着色料が昔から使われてきた．黄色にはウニ，加熱した卵黄，ウコン，緑色には挽き茶，青菜汁の加熱凝固物，青色にはクチナシ，赤色には紅花の紅，アズキ，黒色には鍋墨，コンブを焼いた黒灰などが使われる．

切り出しかまぼこ

　金太郎あめのようにどの端を切っても同じ絵，模様が現れる細工かまぼこで，京阪地方，静岡，小田原などでよく作られる．扇形をした金属やプラスチック製の型に盛りつける方式と[2]，板つけかまぼこのようにかまぼこ板に盛りつける方式[3] とがあり，大きさは大小さまざまである（図 4.36）．

　塩ずり身，色身とも普通のかまぼこの身より硬めにする．腰の強いつけ庖丁を使い，必要量の身を庖丁の長さ一杯に取って型や板に盛りつけていく．絵柄に合わせて適切な色身を下部から上部へ，内側から外側へと配置していく．ぼかしは色調を少しずつ違えた色身を薄く何層にも積み上げていく．交差する線を作ったり，ぼかしを入れるには高度の技術が必要になる．盛りつけが終わったら，蒸し加熱して固定する．蒸気温度が 95℃ 以上になると，身が膨張して図柄がずれてしまう．蒸した後の変形も考えて色身を盛りつけなければならない．どこを切っても同じ絵柄を出るように色身を盛りつけするには，感性と庖丁の使い方の修練が必要である．

　最近は板つけかまぼこ成型機が進歩し，5 色もの色身を同時に送り出せる．この多色成型機と精密に加工した口金とを組み合わせ，複雑な模様の切り出しかまぼこを大量生産できるようになった．

絞り出しかまぼこ

　絞り出しかまぼこは，絞り袋に入れた色身を土台かまぼこの上に押し出して文字や図柄を描いた細工かまぼこである[4]．富山，金沢など北陸地方や気仙沼など三陸地方では，婚礼のときに絞り出しかまぼこを引き出物にする．寿の字を書いたかまぼこ，

図 4.36　切り出しかまぼこ

鮮やかな模様を描いた鯛，富士，亀甲，扇面など縁起物の形をしたさまざまなかまぼこを組み合わせてかご盛りする（図4.37）．また，油絵風の絞り出しかまぼこも装飾展示用によく作られている（図4.38）．

　絞り袋は渋紙や布製の三角形の細長い袋で，先端に真鍮の口金をつける．色身は絞り袋から楽に身が出るように軟らかさを調整する．きめが粗いと口金に詰まってしまうので，色素を混ぜる前に塩ずり身は目の細かな布で裏ごしをしておく．押し出す力，口金の形を変えて色身の線の太さや形を調節しながらいろいろな絵や模様を描き上げる．絞り袋に複数の色身を一緒に入れて押し出すと，ぼかしのかかった複雑な色調になる．太さ，形，色調の違った線を思うように絞り出すのにはかなりの熟練が必要である．

刷り出しかまぼこ

　刷り出しかまぼこは織物の型染と同じように，いろいろな模様を切り抜いた型紙を下地のかまぼこにあてて色身を刷り込んでいろいろな図柄を描いた細工かまぼこである．優れた技法で数多くの賞を得ている福岡県大川市の志岐かまぼこ本店の作品が有名である[5]（図4.39）．

　風景，美人画などの題材に合わせて下絵デザインを描き，そのデザインを彫刻刀で透かし切って型紙を作る．複雑な図柄，濃淡のある色調の美人画などを作るには大小数百枚もの型紙が必要となる．それぞれの型紙に刷る場所，刷る順序に応じて番号をつけ，位置を決めるために目印の三角の印を彫りこむ．

　作品の大きさに合わせた木枠に塩ずり身を平らに詰め，蒸し上げて土台かまぼこを

図 4.37　絞り出しかまぼこ（かご盛り）　　図 4.38　絞り出しかまぼこ（装飾用）

図 4.39 刷り出しかまぼこ

作る．その上に下地になる淡色の色身を平らに伸ばす．絵柄に応じて適切な型紙を目印に合わせて順番に下地の上に置き，配合しておいた色身を竹へらや庖丁などで刷り込んでゆく．刷り込みが全部終わったら蒸し加熱して色身を固定する．温度，時間，蒸気の抜き方がきれいに仕上げるポイントになる．　　　　　　　　　　〔岡田　稔〕

文　献
1) 土井義雄，池内豊三：水産煉製品ハンドブック，pp 259-267，全国水産煉製品協会，1959．
2) 萬正彦次：切り出し．フードマイスター技術シリーズビデオ（全国蒲鉾水産加工業協同組合連合会編）．
3) 田代勇輔：蒸し板かまぼこ．同ビデオ．
4) 本吉重和：絞り出し．同ビデオ．
5) 志岐かまぼこ本店：http://www 12.ocn.ne.jp/~kamaboko/

4.2　ちくわ（竹輪）

4.2.1　野焼きちくわ
山陰地方とトビウオ

日本海では，5月から初夏にかけて，トビウオが産卵のため北上してくる．山陰地方では，この産卵直前の適度に脂がのったトビウオをとても大切にする．その証拠に，トビウオを重量単位ではなく，1羽いくらで値をつけ，せりをする方式は山陰地方の市場にしかみられない．野焼きちくわは，一時期に大量に獲れる魚であるトビウオを有効に利用する1つの方法として，主に島根県東部の出雲地方で作られるように

なった．発祥については不明であるが，少なくとも江戸時代[1]には製造されていたと思われる．

製　法

図4.40に製法を示す．塩ずりした魚肉に，デンプン，卵白，砂糖，地伝酒，清酒，焼酎，みりん，各種調味料などを加え，ちくわ状に成型後，焙焼して製造される．

調理：調理の際にあごの子（卵巣，1羽あたり5～30g）が取れる．これはていねいに取り扱い，専門の加工業者に卸す．

水晒し：トビウオは青魚なので身の白さはあまり要求されず，風味が重視される．そのため，水晒しは1回か多くても2回までである．鮮度がよければ無晒しで使う場合もある．

擂潰：肉厚の身を焼くため，塩ずりを適切に行わないとダレてしまい，焙焼中に串から落ちてしまう．

成型：串への肉づけは，成型機を使い巻きつける方式がほとんどである．技術者は少なくなったが，昔ながらの手つけも一部行われている．

焙焼：熱源はガスがほとんどで，昔ながらの炭火を使う業者も一部ある．焙焼中は，身が膨張して焼き皮が破れないように針を打つ．焼き色は，最後に火力を上げてつける．この工程で焼き皮の厚さや身の肉質などが決まる[2,3]．

冷却：肉厚のため，火戻りには十分注意する．

特徴と製造原理

主原料のトビウオ[4]（主としてホソトビウオ）は，地方名が"あご"であることから，通常はあご野焼き，あご入り野焼きと称される．トビウオをまったく使わない場合は，単に野焼きとなるが製品数は少ない．形状は円筒状で，ちくわを太く長くしたものといえばわかりやすく，直径3～6cm，長さ15～60cm，重さ300～1800gにもなる．身質としては，加熱により焼き皮が形成されることから，水分が蒸発しにく

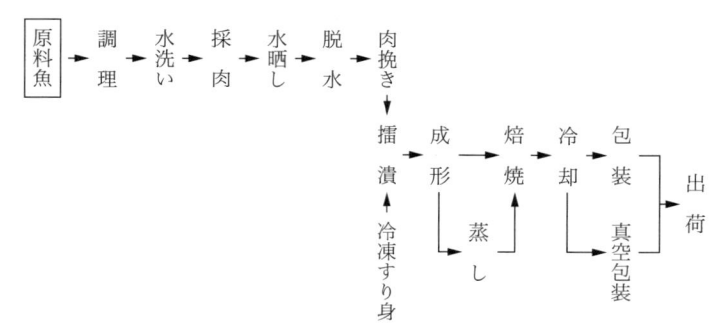

図4.40　野焼きちくわの製造工程

く，ある程度の気泡を内包するジューシーなゲル[5]といえる．味つけは濃厚で，トビウオの身に地伝酒，焼酎などの酒類調味料を加えることにより，野焼き独特の香味が出る．外観はちくわをイメージさせるが，肉厚があるため食感は板かまぼこに近く，野焼きかまぼこと呼ぶ場合もある．2001年6月より島根県ふるさと認証食品（Eマーク）の対象となっている．ちなみに，鳥取県東部から兵庫県北部にかけても，トビウオを用いたあごちくわがあるが，肉厚は薄く食感が異なる．

冷凍すり身が発明される1960年ころまでは，夏場だけの製品であったが，現在では周年供給が可能となった．また，トビウオは比較的冷凍耐性が強いため，魚体をそのまま冷凍し，必要時に解凍して使う場合もある．ほかにはスケトウダラすり身やアジ類，底物（キダイ，クラカケトラギス，他）などが使われる．

野焼きに使用する独自の調味料として地伝酒[6]がある．地伝酒は古来より出雲地方で造り続けている灰持酒である．地伝酒を使うことにより，地伝酒中の糖類と魚肉タンパク質とのアミノカルボニル反応が進み，むらのない良好な焼き色が形成される．地伝酒は，第二次大戦中の1943年から戦時統制により，製造が中止されていたが，島根県立工業技術センター（現産業技術センター）と県内の異業種交流グループとの研究開発によって，1991年より製造が復活している．

生産の現状

島根県の揖屋地区，松江・恵曇地区，大社・平田地区，大田地区に企業の集積がみられ，約40社が製造している．製造規模としては，県内の水産練製品製造業の出荷額約80億円のうち2割程度と推定される．近年の生産量は横ばいである．野焼きは1本の重量があり，一度に食べきれないことから，最近では利便性を重視したスライス済みで少量の製品も販売されている． 〔永瀬光俊〕

図 4.41 あご野焼き（株式会社金万商店提供）

文　献

1) 荒木英之：松江食べ物語, 山陰中央新報社, 1994.
2) 永瀬光俊ほか：島根県産業技術センター研究報告, **37**, 48-50, 2000.
3) 永瀬光俊ほか：島根県産業技術センター研究報告, **39**, 62-67, 2002.
4) 永瀬光俊：島根県産業技術センター研究報告, **40**, 1-3, 2003.
5) 永瀬光俊：島根県立工業技術センター研究報告, **36**, 39-40, 1999.
6) 永瀬光俊ほか：島根県立工業技術センター研究報告, **35**, 1-3, 1998.

4.2.2 豊橋ちくわ

製品の概要

「豊橋ちくわ」の生産は文政年間, 当時魚問屋を営んでいた佐藤善作氏（ヤマサちくわの初代）が, 同業者と四国の金毘羅宮に出かけた際, 名物として売られていたちくわをみて, これは豊橋でもできると考え, 早速作り出したのがその始まりである. 当時は, 魚屋の兼業で料理屋や宿屋への販売が主で, 値段も高く一般に高級品とされていた. その後, 保存のきく塩づけちくわ（穴に塩を詰めて腐敗を防止）, 糖およびみりん塗布ちくわ（中央部に糖やみりんを塗ることにより水分活性を低下させて腐敗防止）を作って販路を拡大した. また, ちくわの穴に塩を詰め, さらに上から塩で覆ったこのちくわは, 数少ない海の幸として長野県などの山国の暮らしを潤わせた. このちくわは谷川の水に一夜ひたして塩気を抜いて食した. 機械化への積極的な取り組みや製法の工程などの改良による品質向上の結果, 豊橋は全国屈指のちくわの産地になるまで発展した. 豊橋ちくわは中央部に濃い焼色のついた, 甘味のある白色, 小型のちくわで当初は三河湾のタチウオ, エソ, カレイ, ハモなどを原料として製造していた. 現在ではスケトウダラにイトヨリ, エソなどを加えて製造し, 高級品はグチ, エソなどを原料として製造されている. 最近, 豊橋ちくわに似せた小型ちくわがスケトウダラ冷凍すり身を原料に, 大手水産会社などで量産されている. 1975（昭和50）年度には焼きちくわの生産量は25万tを超えていたが, 以後徐々に減少し, 1989年には20万tを切り, 2002年には14万tと著しく減少している.

製　法

機械製ちくわは一般的にはスケトウダラ, ミナミタラ, イトヨリ, エソ, ハモ, キグチ, アブラザメなどを主原料とし, 高度に機械化された工場で大量生産される. 製法はかなり雑で, 二枚におろした魚体をそのまま水晒しする. 擂潰操作も荒ずりを省略して最初から調味料, デンプンを添加する. ちくわ生産地が原料産地より比較的遠いので上記原料を冷凍して貯蔵, 輸送する手法も考案された. その関係上デンプンの添加量が多く, 普通ジャガイモデンプン15～20%を加える. 豊橋ちくわの代表的な原料配合の一例を表4.4に示した.

無塩すり身ではすり身の接着性や品質を保つために重合リン酸塩が使用されるが,

4.2 ちくわ

表 4.4 豊橋ちくわの原料配合

原料魚		副資材(魚肉100に対して)	
スケトウダラ	80	食塩	2.1
エソ	10	小麦デンプン	6
イトヨリ	10	砂糖	7
		みりん	5
		グルタミン酸ナトリウム	0.5

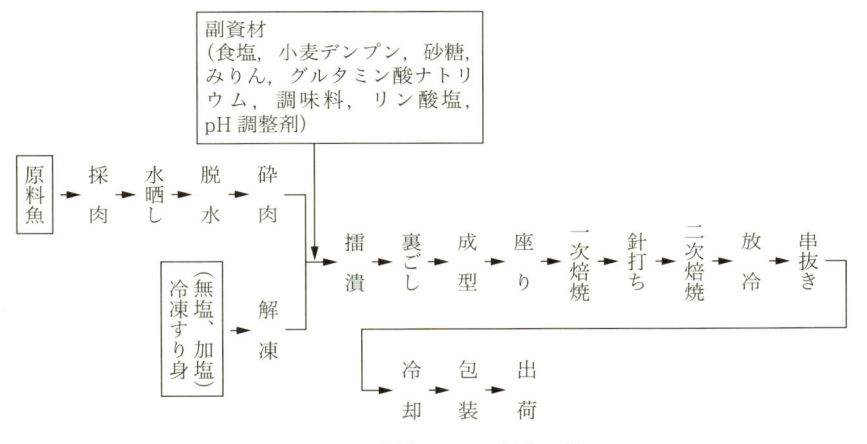

図 4.42 豊橋ちくわの製造工程

加塩すり身では重合リン酸塩は使用されない．これは食塩の作用で塩溶性の筋原繊維タンパク質を水和，溶出させ，接着性と品質を保つためである．擂潰工程は魚肉繊維を壊して食塩の作用で塩溶性タンパク質を溶出させ，調味料などの副原料を混合してすり上げる工程である．ちくわは成型機，焼炉，串抜き機を連結した連続式製造装置で能率的に生産される．調味，形態にはかなりの特色がみられ，金串や鉄棒に刺し蒸さずに焙り上げて仕上げる．塩ずり肉は自動成型機の布張りしたロール上を回転している間に金串に巻きつけられ，コンベアで焼炉の上を回転しながら移動し，焙焼される．加熱ははじめは弱火で行い，ほぼ加熱し終わったところで強火にして焼き色をつける．焼き上がったらちくわは串抜き機で串から外す．抜かれた串は掃除機で付着している肉屑を除き，成型機に送り返される．焼炉の熱源には木炭，ガス，電気などが使用される．豊橋ちくわの製造工程を図4.42に示した．

製品の特徴

ちくわは無機質（ミネラルともいい，カルシウム，鉄など）のほか，タンパク質が

多い食品である．豊橋ちくわの特徴は，両端が白く中央部に濃い焼き色がつき，比較的穴が細い点である．一般的に穴のあいたちくわのことを豊橋ちくわという場合もある．特に製品表面の両端を除く中央部分に焼き色をつけるために，ブドウ糖やみりんを添加させる工程があるのが豊橋ちくわの特徴である．これはアミノカルボニル反応による褐変で，抗酸化力や抗菌力を増加させ保存性を向上させるためである．この，製品表面の両端を除く中央部分に焼き色をつけるためにブドウ糖やみりんを添加させる工程のある豊橋ちくわは，製品の保存中に両端の白い部分が褐変する場合がある．この褐変現象は，製品中に残存する *Achromobacter brunifians, Seratia marcescens, Enterobacter cloacae, Pseudomonas* sp などの細菌が増殖して，製品中のブドウ糖と特定のアミノ酸との反応を促進してメラノイジン色素を生成するためである[1]．これらの菌は製造工場内の空中浮遊菌として検出されるために，空中浮遊菌を減少させる目的でちくわ工場内をオゾン処理し，さらに二次汚染の多い冷却工程でオゾン処理を行い保存性を向上させている例もある[2]．

生産の現状

豊橋竹輪蒲鉾協同組合は当初，組合員数は 36 社であったが 1992 年に 25 社となり，2002 年に組合組織を解散している．豊橋ちくわ業界では，従業員数が 50 人以下の中小零細企業が大半を占め，近年，ほかの地場産業同様に後継者の問題，従業員の高齢化が深刻化している．また，原料の大半を輸入に頼っており，漁業規制などによる原料の高騰や，流通市場の拡大による生産力の問題もあって，大手業者の寡占化が進んでいる．なお，ちくわの製造工程についてはほとんど機械化されているが，微妙な塩加減などの味つけは長年の経験に頼るところが大きく，修錬を積んだ技術が要求される．流通形態としては，なかには製造からすぐ直売の会社もあるが，多くは製造から卸し売りが大半を占めている．〔内藤茂三〕

文　献
1) 内藤茂三ほか：食品変敗防止ハンドブック，サイエンスフォーラム，101-110 (2006)．
2) 内藤茂三ほか：防菌防黴，**17**，111-118，1989．

4.2.3　ぼたんちくわ（焼きちくわ，冷凍ちくわ）

製品の概要

ちくわ(竹輪)は，魚肉練り製品の創始以来かまぼこの原点であり，竹に巻いたかまぼことして各地で生産されてきた（図 4.43）．特に豊橋ちくわや，岡山の大ちくわ，鳥取の豆腐ちくわ，豆ちくわ，山陰の野焼きちくわなどが有名であり，これらは生ちくわと呼ばれている．ぼたんちくわ(冷凍ちくわ)は，肉厚で太長い形状で焼き色が円形のぼたん様に無数散乱し，煮込み調理適性に優れ，味もよく安価で大量生産できる

図 4.43 ぼたんちくわ

のが特徴であり，冷凍品として流通し生産形態も特殊で生ちくわとは区別された[1]．

ぼたんちくわの起源は，1882（明治15）年ころ，宮城県気仙沼で大量に漁獲されたアブラツノザメの利用を目的として開発され好評を博したことにあり，それ以来，大量生産されるようになった．当初は「手つけ」であったが増産の必要性から機械化が検討され，「そろばんづけ」成形機が考案され効率を上げた．自動成形されたものはただちに焼き炉で自動的に焼かれ，次に自動串抜き機に運ばれて自動包装されて箱詰めされた後−35℃の凍結室で急速凍結されるようになった．成形機や自動焼き機もしだいに改良され，家内工業から近代的工場生産にまで発展した．

焼き皮はぼたん状の焼き色と膨らみを呈するのが特徴である．これらはサメ肉の起泡性と脂質に起因しており，この焼き色と形を作るのに苦心を要した．焼き皮はぼたん様に大きくてふっくらした形状が良品とされていたが，近年では焼き皮のなかにおでん汁などが入って食べにくい点や煮崩れするなどのクレームからぼたんの径が豆粒代に縮小されたものが生産されており，かつてのふっくらとしたぼたん様の焼き皮のぼたんちくわは減少してきた．

製　法[2,3]

製法を図4.44に示す．

原材料：従来はアブラツノザメが主原料であったが，原料の不足によりスケトウダラ冷凍すり身やヨシキリザメに変わった．さらに風味をつける目的としてホッケ，サンマ，イワシなどのすり身が用いられる．アブラツノザメの筋肉は脂質を多く含み旨味があって，足（弾力）が強いという特徴がある．現在では北米より冷凍ブロックとして輸入されている．

塩ずり：原料すり身（70%）に食塩（2～3%）を添加して擂潰し，肉のりを形成する．塩ずり後，グルタミン酸ナトリウム（0.5～1%），砂糖（3～5%），マーガリン・ラード（0.5～1%）を加え，さらにデンプンを10%以上添加することが煮込み適性

4. 練り製品

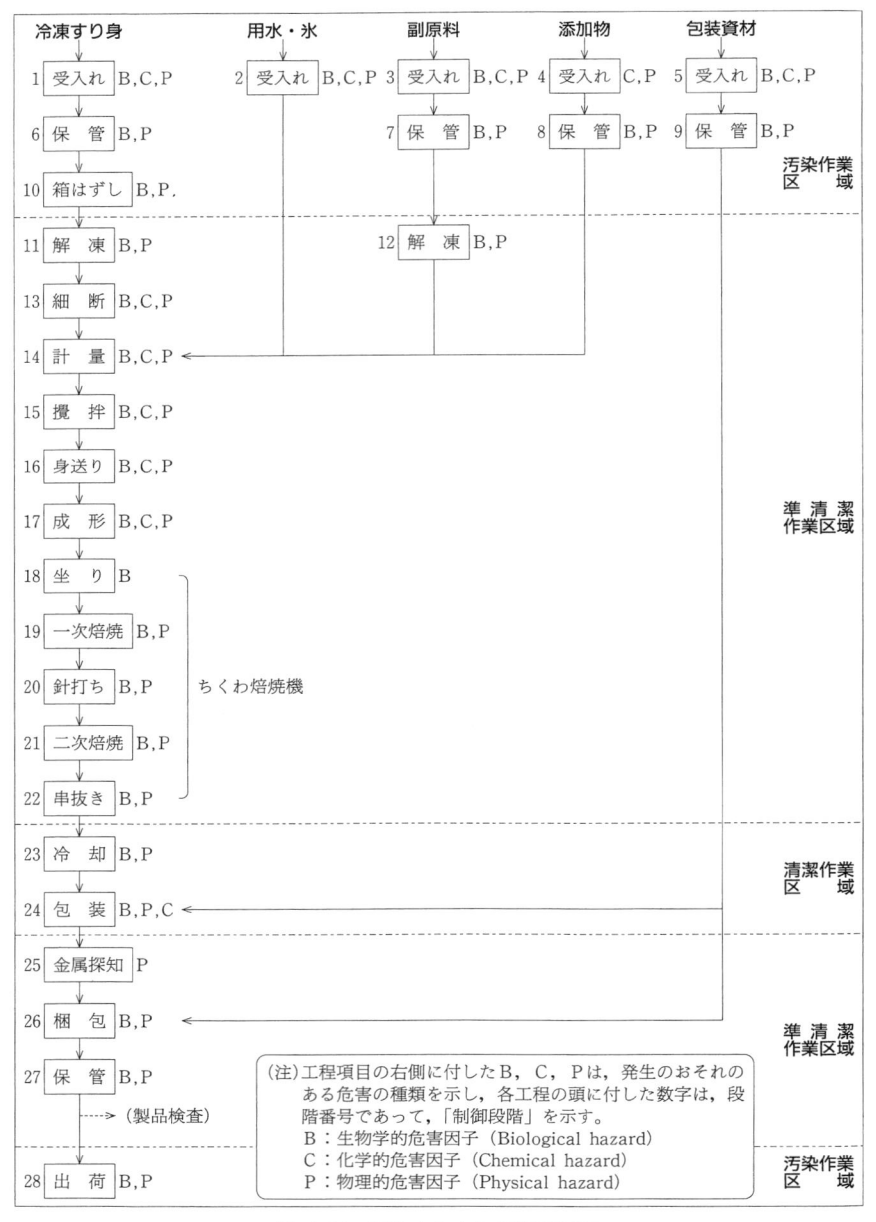

```
冷凍すり身            用水・氷        副原料         添加物        包装資材
1 受入れ B,C,P    2 受入れ B,C,P  3 受入れ B,C,P  4 受入れ C,P   5 受入れ B,C,P
    ↓                              ↓              ↓             ↓
6 保 管 B,P                     7 保 管 B,P    8 保 管 B,P    9 保 管 B,P
    ↓                                                                      汚染作業
10 箱はずし B,P.                                                             区  域
    ↓
11 解 凍 B,P                    12 解 凍 B,P
    ↓                              ↓
13 細 断 B,C,P
    ↓
14 計 量 B,C,P ←
    ↓
15 攪 拌 B,C,P
    ↓
16 身送り B,C,P
    ↓                                                                      準清潔
17 成 形 B,C,P                                                              作業区域
    ↓
18 坐 り B         ┐
    ↓             │
19 一次焙焼 B,P    │
    ↓             │  ちくわ焙焼機
20 針打ち B,P      │
    ↓             │
21 二次焙焼 B,P    │
    ↓             │
22 串抜き B,P     ┘
    ↓
23 冷 却 B,P                                                               清潔作業
    ↓                                                                      区  域
24 包 装 B,P,C ←
    ↓
25 金属探知 P
    ↓                                                                      準清潔
26 梱 包 B,P                                                                作業区域
    ↓
27 保 管 B,P
    ┊
    ┊‥‥>(製品検査)
    ↓                                                                      汚染作業
28 出 荷 B,P                                                                区  域
```

(注) 工程項目の右側に付したB，C，Pは，発生のおそれのある危害の種類を示し，各工程の頭に付した数字は，段階番号であって，「制御段階」を示す。
B：生物学的危害因子（Biological hazard）
C：化学的危害因子（Chemical hazard）
P：物理的危害因子（Physical hazard）

図 4.44 ぼたんちくわの製造工程

や冷凍耐性のあるぼたんちくわの配合上の特徴である.

　成形：ステンレス製の焼き串に自動成形機で肉のりを 55～120 g 巻きつける.

　焙焼：串はチェーンで送られながら一定の坐り時間を経過した後，ガス式の焼き炉上で，はじめは弱火で表面に無色の薄い皮を作りながら 70％ 程度焼き上げ，途中薄皮の膨張を防ぐために針打ちをしながら中心温度が 75℃ 以上になるように焙焼する．焙焼の最終工程でぼたん様に焼き色を出す部分に植物油をスポット状に塗布した後に，強い炎で焙る．これにより塗布した部分が急激に膨張し，その部分のみに焼き色がつきぼたん様の焼き皮となる．

　放冷：焙焼したちくわは，室温まで放冷し自動串抜き機で串から外す．

　包装：放冷後包装室で 2 本ずつピロー包装機で三方シール包装する．

　金探：金属探知器にて鉄およびステンレスの混入を全品検査する．

　冷却・保管：冷却機にて品温が 10℃ 以下冷却し，ダンボール箱に箱詰めして 10℃ 以下の保管庫で出荷するまで保管する．

　出荷：過去には冷凍して出荷していたが，現在では冷蔵（10℃ 以下）で出荷している．

製品の特徴（形状・香味・食感）

　肉厚で焼き皮がぼたん様に膨らみ，これが全体に散在しているのが特徴である．サメ肉特有の発泡性や多量に含まれるデンプンが煮込み用やおでん種などの味の浸透に適しており，小型の生食用ちくわとは区別され消費されている．かつては冷凍品として流通していたが，最近では冷蔵品が一般的である．

生産の現状

　宮城県気仙沼に端を発したぼたんちくわの生産技術は青森，北海道へ技術移転して，やがて全国各地に普及したが，青森，石川，三重，北海道の順で生産が多く，年間約 1 万 3000 t 程度が生産されている．　　　　　　　　　　　　　　　　〔加藤　登〕

文　献
1)　清水　亘：水産利用学，pp 298-302，金原出版，1958.
2)　全国水産煉製品協会：水産煉製品ハンドブック，pp 233-237，1959.
3)　三輪勝利監修：水産加工品総覧，pp 174-176，光琳，1983.

4.2.4　とうふちくわ

発　祥

　鳥取県東部には，豆腐と魚肉すり身を混ぜて作られるとうふちくわがある（図 4.46）．その発祥については，初代鳥取藩主池田光仲の奨励説など諸説あるものの，はっきりしていない．豆腐が庶民に普及したのは江戸時代からといわれており，江戸時代の料理書『豆腐百珍』には一般的な豆腐調理法として，「ちくわどうふ」の記述

がある.豆腐を崩して,魚肉ではなく小麦などのつなぎを加えて作るもので,おそらくこれがとうふちくわの原型と考えられる.鳥取では,ダイズの栽培が盛んで,豆腐を好んで食べる文化が存在していたことから,とうふちくわが食文化として根づいたといえる.現在の形になったのは,明治時代初期からである[1].

製 法

図 4.45 に製法を示す.塩ずりした魚肉に,脱水した木綿豆腐,デンプン,調味料を加えてさらに擂潰,ちくわ状に成型後,蒸煮もしくは焙焼して製造される.

木綿豆腐:原料となる豆腐は,やや硬めに製造した木綿豆腐である.木綿豆腐を用いる理由は絞りやすいからである.脱水袋に豆腐を入れ,板の片方に挟み込み,もう一方に重石を置いて,てこの原理で徐々に脱水する.脱水に用いる重石の重量や時間は,季節や温度,豆腐のでき具合などにより調節する.脱水具合は製品の仕上がりに影響する.

魚肉:アジ,エソ,ハタハタ,ニギス,カレイ,トビウオなど白身魚を中心とした地先の魚や,スケトウダラなどの冷凍すり身を用いる.最近では,安定供給される冷凍すり身を使う場合が多い.

木綿豆腐と魚肉の割合:脱水後の重量で,豆腐は 5～7 割,魚肉は 3～5 割である.

擂潰:以前は石臼式の擂潰機が主流であったが,最近はサイレントカッターで短時間に仕上げているところが多い.すり上がり温度は 10℃ 以上になり,魚肉だけに比べると若干高い.これは,豆腐に含まれる脂質の影響と考えられる.

加熱工程:蒸煮は 90～100℃ で 10 分程度,焙焼は 6～8 分程度加熱する.

包装:1 本ずつプラスチックフィルムにより含気包装される.みやげ物用に真空包装する場合もある.

とうふちくわの特徴

脱水した豆腐と白身の魚肉を混ぜて製造されるが,豆腐の含量が多いことから,食

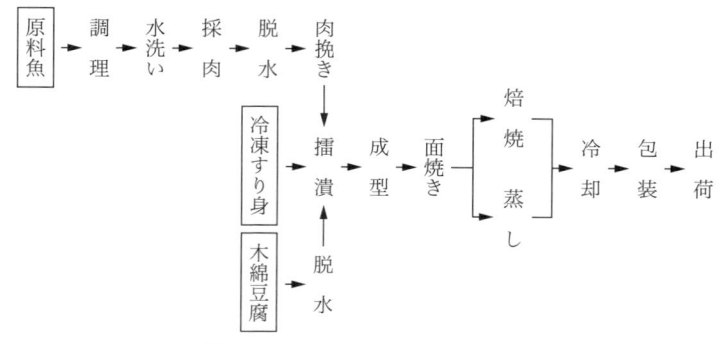

図 4.45 とうふちくわの製造工程

図 4.46 とうふちくわ（株式会社ちむら提供）

感がソフトで独特の風味がある．また，蒸煮するとみずみずしくなり，焙焼すると焼き皮が形成され，香ばしくなるので加熱方法によって食味が異なる．生産量としては，蒸煮した製品のほうが多い．肉厚が薄いため，火戻りを起こすことはほとんどない．主に生食するが，くせが少ないことから，吸い物やおでんなど料理の素材として使われる．鳥取県ふるさと認証食品の一つになっている．

豆腐を用いることにより，通常の練り製品よりも保存性が低く[2]，以前は，10°Cで2～3日程度の日持ちしかなかったが，最近は衛生管理技術の向上により，10°Cで1週間，また，真空包装ものでは2週間程度の日持ちが可能となった．このことにより，以前は地元の消費がほとんどであったが，今では観光客への販売や，県外の都会地への出荷も一部行われるようになった．

新しいとうふちくわ

近年，植物油を用いタンパク質と脂質の乳化作用を利用した，従来品とは製法，食感，のど越しの異なる新製品が開発され，注目を集めている．

生産の現状

鳥取市付近にメーカー7社が集積する．聞き取り調査によると，年間300万本程度の製造があると推定される．

〔永瀬光俊〕

文 献
1) 野口栄三郎：水産名産品総覧，光琳書院，1968．
2) 小谷幸敏ほか：鳥取県食品加工研究所研究報告，**30**, 51-65, 1988．

4.2.5 皮ちくわ

愛媛県に皮ちくわと称する特産品がある．かまぼこの原料であるエソ類（ワニエソ，マエソ，トカゲエソ）の皮を用い，エソの肉のりを少々混ぜ合わせ，図4.47のように，一般のちくわと同様ステンレス製の棒に巻きつけ，焼き上げた製品である．

廃棄物の皮をうまく利用して特産品に変身させたよい例である[1]．

種　類

愛媛県でも生魚をよく使用している八幡浜地区で盛んに製造されている．昭和初期に職人がエソの皮を酒の肴として焼いて食べたのが始まりとされている．今では手間のかかる作業が多く，副業的な仕事とされており，忙しい時期には製造ができない状況にある．そのため，暇な時期に製造されているが，生産量が少ないため，あらかじめ注文しておかないとなかなか手に入らない状況にある．

製　法

皮ちくわの製法を図4.48に示した．宮崎沖，豊後水道などで底引き網により漁獲され，八幡浜魚市場に水揚げされた新鮮なエソ類を用いる．通常は手作業でエソ（ワニエソの皮が大きくて，丈夫である）を三枚におろし，皮をすき取っている．また，魚肉採取機で魚肉を採取している企業では，廃棄物のなかから皮をよって取り出している．次いで，皮に付着しているうろこや小骨などを手作業で取り除き，図4.49のように，水できれいに洗浄し，脱水機などで脱水する．この皮の処理に手間がかかる．洗浄した皮とあらかじめ作製しておいたエソの肉のり（皮重量の2〜3%）を擂潰機に入れ，混ぜ合わせる．この皮を1枚ずつステンレスの棒や竹の棒に手際よく，何層にも巻きつける．次に，図4.50のように，炭火やガス火で表面がやや焦げ目がつくまで，ゆっくりと焼き上げる．その後，ステンレス棒から皮ちくわを抜き取り，穴に竹の棒を差し込む場合もある．冷却後，1本ずつプラスチックの袋に入れ，さらに，化粧箱，ダンボールに入れ，出荷されている．

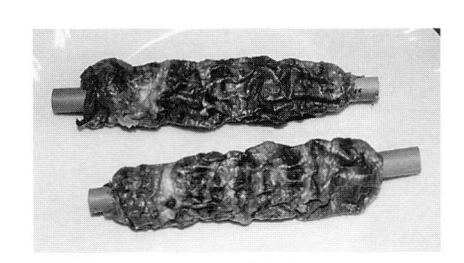

図 4.47　皮ちくわ

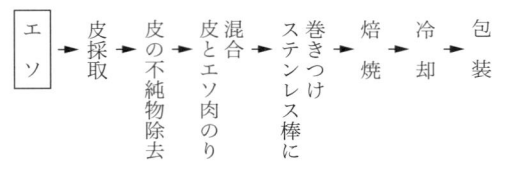

エソ → 皮採取 → 皮の不純物除去 → 混合と皮とエソ肉のり → 巻きつけステンレス棒に → 焙焼 → 冷却 → 包装

図 4.48　皮ちくわの製造工程

図 4.49 エソの皮．上2枚はうろこ付き，下はうろこを除去したもの

図 4.50 焙焼

製法の特徴

かまぼこ原料魚（エソ類）の廃棄物である皮から製造したちくわである．まず，エソから皮を傷つけないように取り出し，いかにステンレス棒に型崩れしないように巻きつけるかがポイントで，職人技とされている．1本の皮ちくわに10枚（5匹分）のエソ皮が必要である．焼いている途中で，皮のコラーゲンがゼラチンに変わり，混ぜ合わせたエソ肉のりの接着力を補っており，型くずれが起こらない加工が特徴である．この皮ちくわは主に酒の肴とされ，1本800～1000円もするが通の間では好評の高級珍味である．食べるとき，そのままあるいは軽く焙り，輪切り（1～5 mm厚）とし，ダイコンおろしやマヨネーズで味わうと最高である．皮のコラーゲンがほどよく溶け出し，つなぎのエソ肉のりと調和した食感と味は酒の肴としては絶品である．

生産状況

全国的にかまぼこ原料がスケトウダラなどの冷凍すり身に依存しているなかで，愛媛県は今もなお生魚（エソ，グチなど）を使用している数少ない県である．そのため，八幡浜では廃棄物の皮を有効に利用し，伝統を守り続けている．しかし，エソの皮を処理するまで，手作業が多く，時間がかかる．現在では生産量を把握できないが，大量生産は望めず，量はおのずと限られ，スーパーなど店頭に並ぶことはきわめて少なく，入手するには，製造企業にあらかじめ注文を入れておく必要がある．生産企業でも，忙しいときには皮ちくわの製造には取りかかれず，暇な時期を見計らって製造しているので，副業的に作られているのが現状である．　　　　　　　〔岡　弘康〕

文　献
1)　福田　裕ほか：全国水産加工品総覧，pp 331-333，光琳，2005．

5 くん製品

■ 総　説

　くん（燻）製のルーツは明らかでないが，人類が火を使用するようになった時代と推定される．すなわち，たき火などの側に置いてあった魚介類や獣肉が自然にいぶされ，それぞれのいやなにおいが消え，独特な香りがつき，貯蔵性もよくなっていることに気づき，偶然に見いだされた方法と思われる．このくん製が，積極的に食生活に取り入れられたのは，アンモニア臭やアミン臭などを嫌い，獣肉をよく食べる欧米人で，12世紀はじめとされている．日本に，このくん製法が伝えられたのは江戸時代とされているが，その年代や経緯などは不明である．カツオ節が1674年に高知などで製造されており，くん製の元祖と思われる．

　くん製品は，肉類，水産物やその加工品などの原料を種々のくん材でいぶして作るため，煙が原料に浸透し，特有の香味と色調が付与される特徴がある．また，くん製中に原料から水分が除去されると同時に，くん煙の揮発性成分であるフェノール系化合物（フェノール，クレゾールなど），アルデヒド類（アセトアルデヒド，ホルムアルデヒドなど），有機酸（酢酸，プロピオン酸など），脂肪族アルコール（メタノール，エタノールなど）などが原料の表面に沈着し，腐敗防止や脂肪の酸化防止に有効で，貯蔵性をも向上させている．魚介類などのくん製の一般的な製造工程を図5.1に示す．

　まず，新鮮な原料を入手し前処理として，内臓，血液，えらなどを除去し，形状（ラウンド，フィレーなど）を調製する．その後，目的に応じて塩漬け（振り塩，立

原魚料 → 前処理 → 塩漬け → 塩抜き → 風乾 → くん乾 → 整形 → 包装 → 製品

図 5.1　くん製の製造工程

て塩）して肉締めする．このとき，スパイス，ハーブ，酒，砂糖，醬油などくん製品の味を想定して，適宜加える裏技を多く採用する傾向にある．次いで，余分な塩分を流水中で除去する．このときに吸水した水分を陰干しなどで除去する．梅雨などで陰干しが難しい場合は，市販のピチットフィルム（魚の水分だけを取る特殊フィルム）に包み，脱水する方法もある．風乾した魚体は，適当なくん材を選び，くん煙の温度条件などを設定し，目的とするくん製品の製造を行う．最後に，でき上がったくん製品を70％アルコールで汚れを落とし，骨などを除去して整形し，植物油（オリーブ油など）を塗り外観をきれいにする．プラスチックの包材で包装し，さらに和紙などの化粧箱に入れる．

くん製の製造法は冷くん法と温くん法の2つに大きく分けられている．冷くん法は長期保存を目的に，温くん法は味つけを目的に製造されている．日本における水産物のくん製品の生産量は，2004年度農林水産統計によると水産物加工品213万tのなかで1万3000tほどで，その割合は0.6％にすぎず，また，経営体数も257でその割合も2％と少ない．しかし，前年度よりも微増（1％）であるが，増加傾向にある．

くん製はサケ，マス，ニシン，オオナゴ，イカ，ホタテ（北海道），ウナギ（静岡県），タコ（岡山県），フグ（山口県，石川県），ブリ（三重県），生り節（高知，静岡），コイ（宮崎県），かまぼこ（熊本県），トビウオ（鹿児島県），イラブ（ウミヘビ，沖縄県）などを原料として，全国的に製造されており，地方の名産品となっている．特に北海道に多い傾向がみられる．この理由はくん製に適する魚介類（サケ，マスは全国の60％）が多いことがあげられるが，気候的にくん製（冷くん法）が作りやすい立地条件にも恵まれているように思われる．近年，食生活が西洋化して，くん製品はウイスキーやブランデーなどの肴として，また，オードブル，カナッペ，サラダなどにも取り入れられてきている．従来，くん製品は貯蔵が主目的で，製品自体もかなり硬いものが多かったが，最近では，スモークサーモンで代表されるように，肉質はきわめて軟らかく，食べやすい状況に変わってきている．すなわち，保存性は冷蔵，冷凍技術で補われ，原料に煙の香味と色調（黄金色）を付与させた嗜好性を重視した製品に仕上げられている．

〔岡　弘康〕

5.1 くん製品

　広葉樹などのくん（燻）材を不完全燃焼させ，その煙中に塩漬け，脱塩した魚介類や鶏獣肉を吊り下げて乾燥させたものをくん製品といっている．くん製には貯蔵を主目的にした冷くん法と味つけを主目的にした温くん法がある．冷くん法は原料（魚体）をラウンドあるいはドレス，フィレー，棒状（背肉だけ）などに処理し，形を整える．水洗後，魚体に対し食塩を 15～30% 振り，樽などに重石をして1週間ほど塩漬けをする．塩漬けの目的は魚体水分を除去し，肉締めし，貯蔵性を与え，さらに，くん煙の浸透をよくし，塩味をつけることにある．次に，流水または溜水で塩抜きを行う．塩抜きは余分な食塩を除去すると同時に腐敗の原因となりやすい内臓の残りや血液などを除去する．その脱塩程度は肉の一部を焼いて塩味の程度を官能的に判断している．塩抜きした魚体（風乾する場合もある）のあごなどに掛けたフックをくん煙室のテンダーに吊すなどしてくん煙を始める．くん材（サクラ，クヌギ，ナラ，カシ，ブナ，ヒッコリーなどの広葉樹）をいぶし，20～30℃で長時間（3週間）くん乾し，水分を 40% 以下とする．一方，温くん法は原料（魚体）をラウンドあるいはフィレーなどに形を整え，立て塩漬け（10%～飽和食塩水，1～2時間）し，水切り，風乾し，くん乾する．くん乾は 30℃ から徐々に昇温（85℃）し，4～6時間行う．魚類（ラウンド品）のくん製品は，身割れしやすく，皮がはがれやすいので，原料鮮度や取り扱いに工夫することが必要である．

　また，特殊なくん製法として，熱くん法（80～120℃の高温で，2～4時間の短時間くん煙する方法で，水分が多く，貯蔵性はよくないので，キャンプ場などでその場で食べるスモークドビーフなどに向いている），液くん法（木材を乾留して得られた木酢液などを食材に添加したり，浸漬し，くん煙処理をしなくても食品にくん煙臭をつける），電気くん製法（煙を送りながら電圧をかけ，製品を電極として，コロナ放電を行い，電荷を与えたくん煙を食材内部に効率的に浸透させる）などがある．

　このように，くん製品は冷くん法，温くん法（調味温くん法）などで，主に製造されているが，その種類を表 5.1 に示した．魚介類のくん製品は貯蔵，風味づけを目的に製造されているが，食品である以上，食べてまずいものでは，その価値を半減する．特に，くん製品は嗜好性が強く，くん製臭に好き嫌いがはっきりしている．そのため，製品のにおい（香り），風味，肉質の硬さなど品質改善に努められている．問題のくん製臭はくん材と大きくかかわっており，その種類，形態などがくん製品の品質を左右するといっても過言でない．たとえば，日本では，スギ，マツなど針葉樹は入手しやすい材料であるが，樹脂（ヤニ）が多く，特異な臭気と苦味を呈するので，良質のくん製品は得られず，一般的には使用されていない．そのため，樹脂が少な

5. くん製品

表 5.1 くん製品の種類と製法

くん製法	原料魚介類	製法と特徴
冷くん法	サケ，マス，ニシン，フグ，カレイ，タラ類，ブリ，ホッケ，サンマ，オオナゴなど	調理し，塩漬け，脱塩，風乾，くん乾（あん蒸）する．くん煙温度は 15～30℃ で，1～3 週間と長いので，水分が少なく，保存性はよいが，肉質が硬くなる欠点もある．ただ，スモークサーモンに代表される軟らかい製品も人気がある
温くん法	サケ，ホッケ，かまぼこ，ベーコン，タラ類，貝柱など	調理～くん乾までは冷くん法と似ているが，くん煙温度は 30～80℃ と高く，くん乾時間は 1～6 時間と短いので，水分（45～65％）が多く，保存性が悪いが，香味が付与され，肉質が軟らかく食べやすい特徴がある
調味温くん法	イカ，タコ，スケトウダラ，フグ，コイなど	製法は温くん法と同じであるが，調味（砂糖，食塩，風味調味料，グルタミン酸ソーダの配合）してからくん乾しているので，原料の旨味に加え，くん乾燥風味を醸成し嗜好性を向上させている．イカのくん製に代表される

く，くん煙中に芳香を発するサクラ，ナラ，カシ，カエデ，クヌギなどの広葉樹で堅木が使用されている．ただ，これら広葉樹でも十分乾燥されていない場合は，製品へのタール分の付着が多く，光沢を損なううえに，酸味が強く，良質の製品は望めないので，十分に乾燥されたくん材を用いるように注意すべきである．また，くん材の形態は温くん法では薪材，木屑の形でもよいが，冷くん法ではおが屑状として用い，長時間くん煙が発生するように工夫すべきである．最近では，取り扱いが便利なおが屑を木材の種類ごとに圧搾して作られた「オガライト」「スモークウッド」なる商品も市販されている．

くん製品は，近年，本格的に製造が始められた加工品であるかもしれないが，カツオ節は，約 300 年前にすでに存在していたものと思われ，くん製品と同じくん製臭が検出されている．このことからすると，くん製品は伝統食品の 1 つといえる．サケ，マスなど多くの魚介類を原料として現在まで伝統を守りながら生産を続けている．すなわち，貯蔵性を目的に製造されていたものが多く，肉質が硬い特徴があった．しかし，健康志向，高齢化社会，グルメ志向などを反映して減塩で，魚介類の生臭さをスモークの香り（臭）でマスキング（嬌臭）し，軟らかく，おいしいものが要求されるようになってきた．そのため，スモークサーモンで代表される刺身状のくん製品が脚光を浴びるように，社会の変化とともにくん製品など水産加工品も時代に即応したものへと変わってきている．これからは，長期保存製品よりも調味温くん製品などおいしさを目的に製造されるべき時代になってきた．

この項では，サケ（北海道），トビウオ（鹿児島県），生り節（高知県）について各県から製造方法や特徴など詳細について各論が示されている．すなわち，原料とされているサケ，トビウオ，カツオとも従来の保存性を主目的としたくん製法ではなく，食べやすい，ソフトな肉質に仕上げられており，趣向性を大事に製造されていることがうかがわれる．ここでは，今，注目されているスモークサーモンについて簡単に説明する．

原料サケには鮮紅色のきれいなベニザケなどが主に用いられており，水洗調理後，三枚におろし，フィレー状にする．これを0.1%ほどの薄い食塩水（砂糖，化学調味料，香辛料など適宜配合）に浸漬する．次いで，風乾後，スモークハウスに入れ，25℃で2日ほどあん蒸とくん乾して仕上げている．このように，一応くん煙温度，時間は冷くん法に従っているが，強度な塩漬け，脱塩工程もなく，水分は60～65%，水分活性が0.96以上もあり，塩分は1.8～3.0%できわめて食べやすい状態である[2]．すなわち，従来の冷くん法に比べ高水分，低塩分できわめて保存性が悪いが，生サケに近いソフトな舌触りを有し，肉質が軟らかく，おいしい嗜好品に重点が置かれている．これからは，保存性よりもおいしさを優先させるくん製法など，水産加工品全般の加工技術が求められているように思われる． 〔岡　弘康〕

文　献
1) 野口栄三郎：水産名産品総覧, pp 4-6, 光琳書院, 1968.
2) 峯岸　裕ほか：食衛誌, 36, 442-446, 1995.

5.1.1 サケくん製
概　要

わが国のくん（燻）製の原型は，アイヌ人がサケを炉端の上に吊し干した「ラカン」と称するものにみられる．本格的な生産は，1905（明治38）年に北海道水産試験場が欧米の技術を導入して試作し，普及，指導したことに始まる．

サケのくん製品は，冷くんといわれるくん製法で製造されるものが多く，かつてはラウンド状，棒くん（背肉くん製）などの乾燥度の高いものが主体であったが，1960年以降，フィレー形態のソフトタイプの製品が多くなった．近年は脂肪分の多い原料を用いて，塩分が少なく，また，くん製臭のほとんどしない生に近い製品が高級品として製造されている．くん製に使用される原料は，ベニサケが主体で，その他シロサケ，サクラマス，マスノスケなどである．

製造方法

原料は脂肪分が比較的多いもので，鮮度がよく，身割れや傷のないものが好ましい．棒くんにはあらかじめ塩蔵した原料を2%前後の塩分まで塩抜きし，背肉のみ棒

図 5.2 サケ棒くんの製造工程

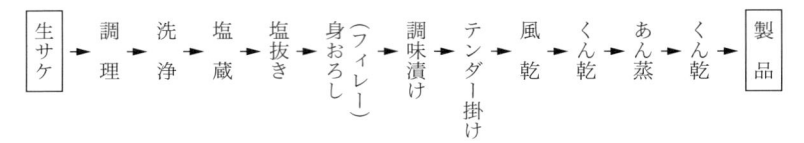

塩蔵サケ → 塩抜き → 洗浄 → 調理（棒状）→ テンダー掛け → 風乾 → くん乾 → あん蒸 → くん乾 → 製品

図 5.3 サケくん製（フィレータイプ）の製造工程

生サケ → 調理 → 洗浄 → 塩蔵 → 塩抜き → 身おろし（フィレー）→ 調味漬け → テンダー掛け → 風乾 → くん乾 → あん蒸 → くん乾 → 製品

状に調理する．フィレータイプでは生原料や冷凍品，もしくはこれらを塩蔵後，塩抜きしたものをフィレーに調理し，調味液に漬け込む．調味は風味を補足する程度の食塩，砂糖，旨味調味料，香辛料などである．これらをテンダーという棒に吊し，表面がしっとりする程度に乾燥し，くん製室に入れてくん乾を行う．くん乾は棒くんでは，初期には20℃で，後期には25℃前後で行い，途中あん蒸工程を入れながら3週間ほどで製品とする．フィレーの場合は，20〜25℃で，日中のみ1〜2日ほどくん乾し，冷所であん蒸後，25〜30℃で1〜2日くん乾し，製品とする．

くん製室におけるくん乾中の温度と煙量の調節にはかなりの熟練が必要とされるが，近年，温度や発煙量の調節できるくん製装置が使用されている．

生産の現状

生産量は，2000年の統計によると4591tで，そのうち北海道が約50%を占めており，次いで茨城県，千葉県などとなっているが，生産量は年々減少している．

〔坂本正勝〕

5.1.2 トビウオくん製

概　要

トビウオくん（燻）製は，主に東京都の八丈島ならびに鹿児島県の種子島・屋久島地方で主に製造されている．発祥のルーツは，東京都の新島のトビウオ塩干しにあり，いつごろから製造されていたかは不明であるが，保存性向上のためにくん製品を製造するようになったと推測されている．新島においては，昭和初期ごろまで，盛んに製造されてきたが，冷蔵庫の普及に伴い，くん製の製造から撤退していったという．その間に，その技術は，八丈島に伝えられ，漁獲高で日本一を誇る種子島・屋久島地方には，意外に遅く平成になってから，八丈島より伝えられた．

製 法

トビウオの種類は多く,日本国内でも約30種類生息が確認されており,そのうち,種子島・屋久島地方で漁獲されるのは,15種類である.この地方では,夏～秋に漁獲される400gほどのトビウオを使用しているが,八丈島では,春に来遊する大型のハマトビを使用している.

図5.4に種子島における製法を示す.開きの方法や,塩分濃度など多少地域差もあるが,基本的な工程は同じである.原料魚からえら・内臓を除去し,水洗後,飽和食塩水に約1時間浸漬する.塩水より取り上げ1日冷蔵庫で寝かした後,2～3時間かけて塩抜きを行う.冷風または天日で乾燥後,60℃程度で4時間くん乾する.

製品の特徴

最近の製品は,初期の保存を目的とした物とは異なり,独特の風味を楽しむ嗜好食品となっている.製品のくん乾時間は,2～4時間の短時間で,保存性はそれほど高くないため,真空包装された形で販売されている.食感は,ややソフトで,独特の香りで美味である.

生産の現状

八丈島ならびに種子島・屋久島の特産品となっているが,経営体数は意外と少なく,八丈島で4,5軒,種子島で1軒,屋久島でも数軒である.製造を手がける種子島漁協における2004年度の販売実績は,1132尾と2002年のピーク時の20%以下に落ち込んでいるが,その原因は,需要の減少というより,労働力の減少による供給力の低下があげられる.

〔保 聖子〕

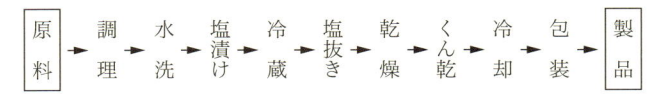

原料 → 調理 → 水洗 → 塩漬け → 冷蔵 → 塩抜き → 乾燥 → くん乾 → 冷却 → 包装 → 製品

図 5.4 トビウオくん製の製造工程

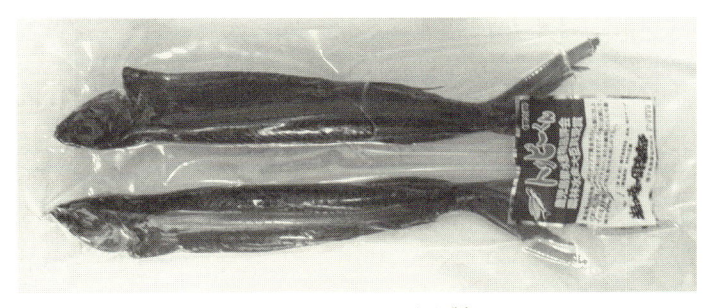

図 5.5 トビウオくん製

5.1.3 生 り 節

概 要

カツオのフィレーを煮熟して中骨を除去したもの，煮熟後さらにガスまたは電熱を利用して焙焼した形態のもの，あるいは本節のいぶし工程で行う一番火で加熱（焙乾）した節を生り節あるいは生節と呼んでいる．カツオの保存性を高めるためにゆでて食べる方法は江戸時代の文献にもみられ，「生を利用する」ことに基づいた「生利」が語源とされている．現在ではこれらの節を脱気包装して加熱殺菌したものが流通している．

水産物流通統計年報（農林水産省統計情報部）によると2003年の生り節の総生産量は約4000 t で，そのうちの70% は静岡県で生産されている．他に宮城県，三重県，和歌山県，高知県，鹿児島県などで生産されている．

生り節は，脱気包装後加熱殺菌することで格段に保存性が向上し，商品価値も上がって製造が本格化したのは1970年代はじめである．1980年代は1万 t 前後生産され，生産額，量ともにピークに達したが，以後現在まで漸減している．

製 法

原料カツオは冷凍品を用い，1晩かけて流水で解凍後，頭，内臓を除去する生切りを行う．生切り後，かごの大きさにもよるが1枚のかごに20～30枚のフィレーを並べ，そのかごを10段ほど重ねて95～100℃の湯で1～2時間煮熟する．煮熟後放冷

図 5.6 生り節各種の店頭での販売

原料 → 解凍 → 生切り → かご立て → 煮熟 → 放冷 → 骨抜き → 焙乾 → 成形 → 脱気包装 → 加熱殺菌 → 出荷

図 5.7 生り節の製造工程

し，頭部に近い硬い皮と肋骨や中骨（雄節と雌節の境目にある骨）を毛抜きで除去し，小さいものは亀節の状態で，大きいものは雄節と雌節に分離させてから焙乾する．焙乾しない製品はこの段階で出荷する．焙乾には本節製造時に用いる焙乾室で1回だけ焙乾したもの，熱源にガス，電気を用いて焙焼するものもある．この場合，焙焼時間は15～30分と非常に短いので，焙乾というよりは焙焼という言葉がふさわしいように思われる．焙乾（焙焼）後，雄節および雌節はそのまま，亀節はピンホールを避けるために雄節と雌節の間にグラインダーをかけて成形し，脱気包装する．包装した製品は110～120°Cで加熱殺菌され，常温で，加熱殺菌しない製品や常圧加熱殺菌（95°C前後）した製品は冷蔵または冷凍で流通される．

製品の特徴

製品は食べやすい大きさに切って醤油やマヨネーズとともに食べたりサラダなどの素材にしたりして食べる．また，味つけ節と称するあらかじめ醤油などで味つけした製品も製造されており，手を加えずそのまま食べることができる． 〔野村　明〕

6
水産発酵食品

■ 総　説
水産発酵食品の概要

　各地の伝統食品のなかには，塩辛をはじめ，くさや，魚醬油（しょっつる，いしるなど），なれずし（フナずしなど），ぬか（糠）漬けなどのように水産物の発酵食品が多数ある．しかし，その生産量は水産物の消費量が農産物，畜産物と同程度である割には少なく，最もよく知られている塩辛でもせいぜい年間4万t台の生産規模で，味噌，醬油，ヨーグルトなどにはとうてい及ばない．しかも，その製品の特徴や製造原理が解明されているものは少なく，今後解明すべき課題が多いのが実状であるが，微生物の種類や製造法などから考えて次の2つに整理することができる．

　① 塩蔵型発酵食品：腐りやすい原料魚を保存のために塩蔵している間に特有の風味をもつようになったもので，塩辛，くさや，魚醬油など．

　② 漬物型発酵食品：魚肉自体は糖質が少ないため，発酵基質として米飯やぬかを用い，これに塩蔵しておいた魚を漬け込んだもので，なれずし，ぬか漬けなど．この場合も保存性の付与が大きな目的と考えられる．

　なお，農・畜産品では主に微生物の作用によるものを発酵食品と呼んでいるが，水産物の場合は自己消化による分解作用と微生物による作用が見かけ上区別しにくい（よく調べられていない）ものが多いので，通常はこれらの作用を区別せずに発酵食品と呼んでいる．表6.1に代表的な水産発酵食品についてその要点をまとめて示した．水産発酵食品と総称される食品はこのように多様な食品を含んでいるので，以下ではこれらの製品の概要や製法，製造原理，生産の現状と問題点などについてそれぞれの項目ごとに述べることにしたい．

〔藤井建夫〕

表 6.1 代表的な水産発酵食品

種類	原料魚	製法	発酵原理	主な微生物
イカ塩辛	スルメイカ	細切りした胴・脚肉に肝臓約5%,食塩十数%を加え,2〜3週間仕込む	食塩による防腐と自己消化酵素による旨味の生成,微生物によるにおいの生成	*Staphylococcus* *Micrococcus* 酵母
くさや	ムロアジ アオムロ トビウオ	二枚に開いた原料魚を血抜きし,くさや汁に1晩漬けた後,水洗,乾燥する	汁中細菌の産生する抗菌物質による保存性の付与.嫌気性菌によるにおいの付与	"*Corynebacterium*" 嫌気性菌 螺旋菌
しょっつる	マイワシ ハタハタ	原料魚に25〜30%の食塩を加え,1年以上仕込む	食塩による防腐と自己消化酵素による液化・呈味の生成	*Micrococcus* *Bacillus*,乳酸菌,その他の好塩菌
フナずし	ニゴロブナ	塩蔵フナを塩出し後,米飯に1年以上漬け込む	食塩による防腐(塩蔵中)と米飯の発酵による保存性と風味の付与(米飯漬け中)	乳酸菌 酵母
イワシぬか漬け	マイワシ	塩蔵イワシをぬか,こうじなどとともに1年以上漬け込む	食塩による防腐とぬかの発酵による保存性と風味の付与	乳酸菌 酵母
カツオ節	カツオ	カツオの切り身を煮熟後,焙乾,カビづけする	煙・乾燥による防腐とカビによる脂肪分解・香りの付与	*Aspergillus*

6.1 塩　　辛

概　要

塩辛は魚介類の筋肉，内臓などに食塩を加えて，腐敗を防ぎながら旨味を醸成させたものである．塩辛の起源については，平安時代の今昔物語にその記録が残っているというが，おそらくそれよりも前から，捕れた魚介類を保存するための手段として塩漬けにしていたのが始まりであろう．そのころは各地でいろいろな魚介類が塩漬けにされていたと思われる．そのうちあるものは，塩漬け中に原料の味とは異なった独特の旨味をもつようになることがわかり，それらが塩辛や魚醬油として伝えられてきたのであろう．

製造原理[1,2]

塩辛は製造法の違いから，伝統的塩辛と低塩塩辛（簡易製法の塩辛）に分けられ，両者は成分（表6.2）や製造原理が異なる[1,2]．

伝統的塩辛の製造原理は十数％の食塩によって腐敗を防ぎながら，自己消化酵素の作用を積極的に活用して原料を消化し，同時に特有の風味を醸成させることである．イカ塩辛の場合，細切りした胴肉と頭脚肉に肝臓（皮を除いて破砕したもの）および食塩を加えて十分に攪拌・混合する．

細切り肉は仕込み後，しだいに生臭みがなくなり，肉質も柔軟性を増し，元の肉とは違った塩辛らしい味や香りが増強されるようになり，10～20日くらいたつと食用最適となる．このような変化を熟成と呼んでいるが，これは原料のタンパク質や核酸，糖質などの成分が分解されて，多種類の呈味・香気成分に変化するためである．

表 6.2 伝統的塩辛と低塩塩辛の分析例

	伝統的塩辛		低塩塩辛
報告者（年）	飯田ほか (1973)	宇野ほか (1974)	藤井ほか (1991)
pH	5.29～5.82	—	4.4～6.8
灰　分（％）	—	10.4～18.2	—
水　分（％）	61.6～70.1	53.3～69.1	—
水分活性	—	—	0.93～0.96
食　塩（％）	5.52～16.3	10.2～17.8	4.4～6.8
粗タンパク（％）	12.4～16.8	9.1～14.9	—
揮発性塩基窒素（mg/100 g）	26.0～79.7	—	19.3～47.1
糖　質（％）	0.2～1.6	0.1～18.1	—
粗脂肪（％）	1.1～4.3	0.3～2.2	—

塩辛中の遊離アミノ酸（グルタミン酸，ロイシン，アルギニン，プロリンなど）はこの過程で約10倍に増加する．

このような塩辛の熟成（特にアミノ酸の生成）が自己消化酵素によるのか，細菌によるのかということが問題となるが，両者を区別するため，抗生物質添加と無添加のイカ塩辛（食塩10%）について，熟成中のアミノ酸の変化を比較した結果（図6.1）では，両者には著しい差がみられないことから，アミノ酸生成における細菌の役割は小さいと考えられる．一方，有機酸としては酢酸，乳酸，コハク酸などが検出されるが，これらの生成には *Staphylococcus* と *Micrococcus* が関与する．

黒作り（イカ墨を加えて作る塩辛で富山の特産）では赤作り（普通のイカ塩辛）に

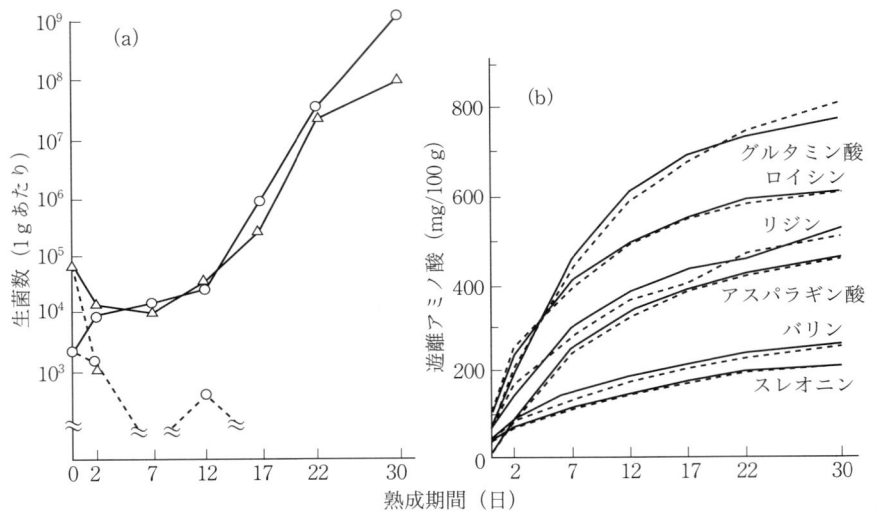

図 6.1 20°Cで熟成中のイカ塩辛（食塩10%）の生菌数（a）および（b）の変化
——：抗生物質無添加区，----：抗生物質添加区，△：2.5%食塩加培地，○：10%食塩加培地．

表 6.3 伝統的塩辛と低塩塩辛の比較

	伝統的塩辛	低塩塩辛
食塩濃度	約10〜20%	約4〜7%
仕込み期間	約10〜20日	約0〜3日
旨味の生成	自己消化によるアミノ酸の生成	調味脯や調味料による味つけ
腐敗の防止	食塩による防腐	保存料・水分活性調節による防腐
保存性	高（常温貯蔵可）	低（要冷蔵）
製品の特徴	保存食品	あえもの風

比べて賞味期間が長いが，この原因としてはイカ墨中の耐熱性成分に細菌抑制効果があることが知られている．

最近では，このような食塩10%以上の伝統的塩辛は少なくなり，代わって塩分が4～7%程度の低塩塩辛が主流となっている．これら2種の塩辛の特徴は表6.3のとおりである．この低塩塩辛の製造法が30年くらい前に行われていた伝統的な方法と大きく異なる点は，用塩量が著しく減少したこと，肝臓のみを熟成させて（または熟成せずに調味して）細切り肉に加えていること，熟成期間が短い（またはない）こと，多種類の添加物（ソルビトール，グルタミン酸ソーダ，グリシン，防腐剤，甘味料，こうじなど）が多量に用いられていることである．

種類

塩辛は原料の種類によってイカ塩辛，カツオの塩辛（酒盗），ウニの塩辛，アユ内臓の塩辛（うるか），ナマコの塩辛（このわた），サケの腎臓の塩辛（めふん）などがある．これらのうちイカ塩辛が最も一般的で生産量も多い．イカ塩辛は製品の色から，赤作り，白作り，黒作りの3つに大別される．赤作りはイカの切り身を剝皮せずにそのまま用いるもので，最も一般的な塩辛である．白作りは皮を剝いだイカの胴肉を用いるもの，黒作りは富山の特産でイカのスミを加えて作られる．

伝統食品としての特徴・意義

伝統的塩辛は昔から作られてきた塩辛で，製法が比較的簡単で，食塩濃度が高いため保存性に富んだ食品である．イカの塩辛は筋肉部と内臓を用いるが，酒盗やうるか，このわた，めふんなどはそのままでは食用となりにくい内臓を主原料として活用したものである．

低塩塩辛は主に調味料によって味つけされる塩辛であり，タラコやウニなどさまざまな副原料を用いたあえ物スタイルの商品がある．1970年代以降塩辛の生産量が急増しているが，その大部分はこのような低塩分塩辛である．

問題点，課題

イカ塩辛の原料には近海産のスルメイカ（マイカ）が用いられるが，最近は原料不足のため外国産のスルメイカやマツイカなども用いられている．原料の種類によっては，塩辛にすると身が溶けたり，不味なものがあり，塩辛に適した原料の確保が重要な課題である．

食塩10%以上の伝統的塩辛は腐敗菌の増殖が抑制されるため常温貯蔵が可能であり，耐塩性の黄色ブドウ球菌も食塩と塩辛中の成分のため増殖が阻止される．しかし，簡易塩辛では，食塩濃度が低いため，一般の腐敗細菌や腸炎ビブリオなどの食中毒細菌も増殖可能であるので，低温貯蔵が必要である．

近年，多くの食品が低塩化の傾向にあり，塩辛もその例外ではない．しかし塩辛の場合，両者は製造原理や品質が大きく異なり，貯蔵性もまったく異なるが，低塩化に

よるこのような質的変化が，消費者はもちろん流通段階の人たちにもあまり理解されていないようである．しいて高塩分のものを求める必要はないが，現に低塩塩辛による食中毒事例も報告されているので，十分周知する必要があろう．また，塩辛の熟成機構や風味の本質などが未解明な段階でのこのような安易な改変は伝統食品の育成，継承という面からも慎重であってほしい．

文　献
1) 藤井建夫：塩辛・くさや・かつお節—水産発酵食品の製法と旨味（増補版），恒星社厚生閣，2001.
2) 藤井建夫：魚の発酵食品，成山堂書店，2000.

6.1.1　イカ塩辛

製品の概要[1~3]

塩辛は最もポピュラーな水産発酵食品である．もともとは近海で獲れたイカを塩蔵しているうちに，原料にはない独特の旨味が生じていることに気づいたのが始まりであろう．

塩辛は全国的に作られているが，生産量が多いのは北海道，青森県，岩手県，宮城県で，これら4道県でわが国総生産量の大部分を占めている．塩辛の消費地も全国に及ぶが，1世帯あたりの年間消費量をみると，北海道（1.1 kg），東北，関東，北陸の順で多く，沖縄と四国（0.1 kg）が少ない．

イカ塩辛の生産量は，1970年ころまでは長い間1万t未満で横ばいであったが，1970年以降は，1975年1万3000t，1985年2万4000t，1992年には4万t台を超えるというように急増の傾向にある．このような急増の原因は低塩分塩辛の普及によっている．

製　法[1]

イカ塩辛は，伝統的塩辛と低塩分塩辛で製法が大きく異なる．

伝統的イカ塩辛の製法の概略は図6.2のとおりである．まず，墨袋を破らないようにして，内臓，くちばし，軟甲などを除去，頭脚肉と胴肉を分離して水洗する．十分に水切りした後，胴肉と頭脚肉を細切りして大型の桶に入れる．これに肝臓（皮を除いて破砕したもの）および食塩を加えて十分に攪拌・混合する．食塩は普通肉量の十数％であるが，最近は減塩の傾向にある．肝臓の添加量は3~10％程度である．毎日十分に攪拌し，だいたい10~20日くらいたつと製品になる．

このような伝統的塩辛に対し，低塩分塩辛の製法が大きく異なる点は，用塩量が著しく減少したこと，肝臓のみを熟成させて（または熟成せずに調味して）細切り肉に加えていること，熟成期間が短かい（またはない）こと，多種類の添加物（ソルビトール，グルタミン酸ソーダ，グリシン，防腐剤，甘味料，こうじなど）が多量に用い

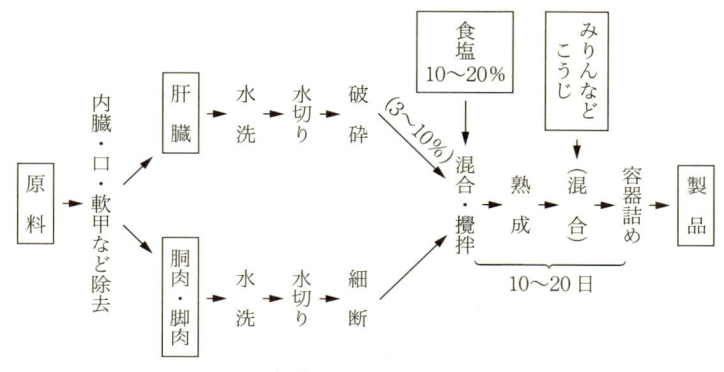

図 6.2 伝統的なイカ塩辛の製造工程

られていることである．

製品の特徴[1]

伝統的なイカ塩辛は，生臭みがなく，肉質も柔軟性を増し，塩分濃度が高いわりにはよく塩なれがしており塩辛さを感じさせない．塩辛は熟成中に，遊離アミノ酸が原料の 10 倍近くに増加し，またアンモニアや有機酸なども増加し，元の肉とは違った塩辛らしい味や香り（塩辛臭）が増強されるようになる．イカ塩辛は p.475 で述べたように，製品の色から，赤作り，白作り，黒作りの 3 つに大別される．また，製法の違いから，熟成によって旨味成分を醸成させて作られる伝統的塩辛（食塩 10％ 程度以上）と，熟成をほとんど行わず代わりに調味によって味つけをする低塩分塩辛（食塩 4～7％ 程度）の 2 つのタイプがあり，これらは上記のように製法や製造原理が異なる点に注意すべきである．

伝統的塩辛は食塩濃度が高いため保存性に富むが，低塩分塩辛は主に調味料によって味つけされる塩辛であり，消費期限は短く，要冷蔵である．タラコやウニなどさまざまな副原料を用いたあえ物スタイルの商品がある．

生産の現状[1]

塩辛は比較的簡単な装置で作れるため，加工場は小規模なものも多く，その数は不明であるが，15 年ほど前の調査では，たとえば八戸市内に約 20 軒，函館市内には比較的大規模なものだけでも 5～6 軒あり，従業員 50 人以上で年間 1000～1500 t を生産するものも少なくない．

製造工程のうち，原料処理は手作業で行われるが，肉の脱水や裁断，調味料の混合・攪拌などは機械を用いるところが多い．機械化の進んだ加工場では 5 t 容のステンレス製タンクで自動的に攪拌しているところもある．

〔藤井建夫〕

文　献

1) 藤井建夫：塩辛・くさや・かつお節―水産発酵食品の製法と旨味（増補版），恒星社厚生閣，2001．
2) 藤井建夫：魚の発酵食品，成山堂書店，2000．
3) 佐々木政則：さきいかに関する試験，第1報　イカ利用の動向と問題点．北水試月報，**38**，330-346，1981．

6.1.2　酒　盗

製品の概要

酒盗とはカツオの内臓の塩辛のことである．カツオ節を製造する際の副産物の内臓を塩漬けし発酵させたもので，資源を有効利用するエコクッキングともいえる保存食品である．魚醬の製法と類似性をもっており，日本最古の調味料と思われる．酒の肴でもあるが，かつては日常に野菜を煮炊きする調味料でもあり，今日でもキムチの隠し味などに使われている．また，酒盗は酒の肴として呼び声が高いが，アジアの伝統でありスローフードな味として有望である．

カツオの塩辛はカツオ節を製造している高知，静岡，鹿児島などの地域で作られている．酒盗の名前は，高知県で命名されたと考えられる．土佐藩主12代目山内豊資が土佐清水の宿でカツオの塩辛で酒を飲み，酒がすすんだことにより，「今より『酒盗』と名付けたがよかろう」と言ったという話が今に伝わっている．酒の肴にすると酒を盗飲したくなるほどうまいということがこの名の起こりのようだ．

酒盗が作られるようになったのは，カツオ節の製造法が改良された延宝年間（1673～1681）ごろと推察されている．

製　法

カツオ節業者はカツオ節を製造するときにカツオを三枚おろしや節おろしにする．そのときに出るカツオの内臓から，胃と幽門垂と腸を原料として製造される．視覚で質の低いもの，黒膜が付着しているものは除く．

一次製品の製造工程：①鮮魚または冷凍のカツオを使用する．②カツオの頭を切り落として，内臓を取り出す．③内臓の胃，幽門垂，腸以外の心臓，えら，胆嚢，脾臓，生殖巣は取り除く．④胃と腸は切り開いて内容物を庖丁でしごいて取り除き，水洗いする．⑤濁りがなくなるまで流水にさらして，汚物や血液を除く．⑥網の上にひろげて，付着水を少なくする．⑦小型プラスチック容器に⑥の材料を入れ，食塩を加えて，かき混ぜる．食塩は材料の約30％程度（材料3：食塩1），⑧小型の容器がたまったら，大型の桶に入れ密封して，10～13か月常温で熟成させる．表面に出ている水分は適時取り除く．⑨庖丁で切るかチョッパーにかけ，1cm弱の大きさにする．⑩瓶詰めにする．食塩含量は20～23％．そのままで食してもよいが，塩辛いので，酢や酒で洗って食してもよい．産地や業者によって製造工程は異なり，攪拌

6.1 塩　辛

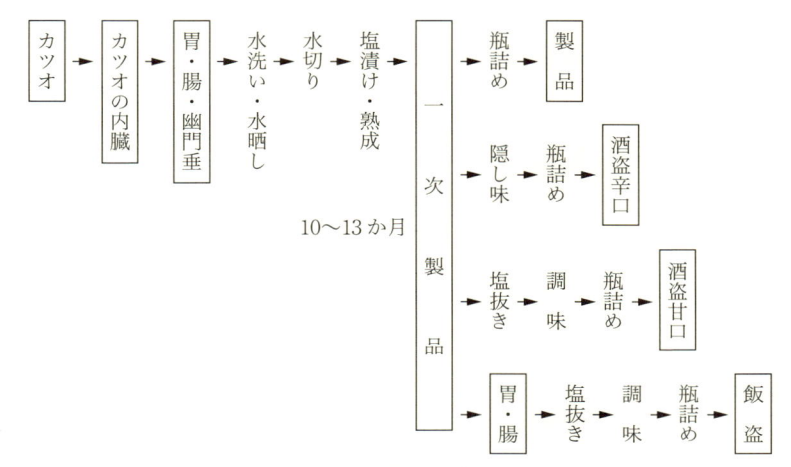

```
カツオ → カツオの内臓 → 胃・腸・幽門垂 → 水洗い・水晒し → 水切り → 塩漬け・熟成 → 一次製品 ┬→ 瓶詰め → 製品
                                                    10〜13か月                    ├→ 隠し味 → 瓶詰め → 酒盗辛口
                                                                                 ├→ 塩抜き → 調味 → 瓶詰め → 酒盗甘口
                                                                                 └→ 胃・腸 → 塩抜き → 調味 → 瓶詰め → 飯盗
```

図 6.3　酒盗の製造工程

や温湿度調整をして4か月くらいで仕上げている例もあるようだ．

二次加工：1968（昭和43）年ごろから，二次加工業者（高知市福辰）により，一次製造業者（土佐市吉野商店）の製品を，さらに消費者の嗜好に合うように調味加工して，次のような商品を販売している．

① 商品名「酒盗・辛口」：食塩含量19.9％．一次製造の酒盗に隠し味に砂糖やみりんを加えて塩味を和らげたもの．一次製造の酒盗に近い．少量の酒で洗って食してもよい．

② 商品名「酒盗・味付け」：食塩含量11.3％．一次製造の酒盗を水で洗って減塩し，酒・みりん・蜂蜜・オニオンパウダーなどで調味したもの．

③ 商品名「飯盗・味つけ」：食塩含量9.5％．一次製造の酒盗から，胃のみを取り出して水で洗って減塩し，酒・みりん・蜂蜜・オニオンパウダーなどで調味したもの．

製品の特徴

塩辛は内臓に塩を加えて腐敗細菌の増殖を抑え，有用微生物と自己消化によって発酵し，熟成され味がなれてくる（チーズのような芳香もある）．形状はゾル状で，甘味，渋味，酸味，苦味，えぐ味が微妙に織りなし，こくのある味と香味がする．また，くさややある種のチーズに類似の香りを感じる．まろやかな熟成した食感が食欲を誘う．近年，減塩運動で薄味嗜好であるが，1食分の献立を考えるとき，他の料理の塩分を抑え，酒盗の塩分で味のメリハリをつけると食事が楽しい．旨味や風味を味わうには，一次製造の酒盗または辛口のものが適する．調味料として利用すると，隠し味の妙味で調理の幅が広がる．ビタミンAやDが含まれ，目のためによいことや

頭や顔から出る汗を止める効果があるため，漁船食に積み込まれていると聞く．

生産の現状，業者数，生産規模，機械化

全国的にも製造業者は年々減少傾向であり，良質のカツオを入手しにくいという悩みをもっている．高知県の産地，宇佐では近海もののカツオ漁獲量の減少などによって，カツオ節製造業者は2軒となり，酒盗製造も2軒である．全国の酒盗の生産量は統計数値がなく把握できていないが，高知県の生産量は，ここ数年，100 t 前後である．生産過程はすべて手作業である．わが国伝統の酒盗の文化をスローフードにあげることもできる．

〔小西文子〕

6.1.3 このわた

製品の概要

このわたの製造起源は不明である．石川県では古くから，七尾湾，穴水湾で12月から3月にかけて漁獲されるナマコは生鮮出荷およびキンコに加工されてきたが，その際出される副産物である腸を塩蔵して作り上げた塩辛をこのわたと称する．

近年は，原料となるナマコ自体の漁獲量の減少により，ナマコの加工全体が少ないため副産物として産出される腸自体もまた減少しているのが現状である．

製　法

漁獲されたナマコは，1晩生簀篭に入れて泥吐きさせて使用する．完全に泥吐きの終わったものは，庖丁で腹側を4～5 cm前後縦に割いてていねいに内臓を取り出す．内臓除去したものから腸管を選別して取り出し，3％前後の食塩水で洗浄する．

洗浄の終わったものは，腸の先端の口の部分を太めの木箸でつまみ，腸管を軽く挟んで取り出す．こうして取り出した腸管を塩漬けする．

塩漬けは，取り出した腸管を目の細かい篭の上に並べ，腸管重量の20％の食塩を加えてよく混合し，不要な水分を除去してやる．この間の時間は，およそ60～90分である．

こうして不要な水分を取り除いた腸管をさらに別の容器に移し替えて，増し塩として5～8％の食塩を加えて攪拌し保管，熟成させる（塩なれ）．

熟成させた腸管は，竹筒に入れて密封し製品として販売する．

製品の特徴

ナマコの腸管を塩蔵して熟成させた塩辛製品である．作る業者間で多少の味（塩

ナマコ → 泥吐き → 内臓除去 → 腸管採取 → 洗浄 → 塩漬け → 熟成 → 包装 → 製品

図 6.4　このわたの製造工程

味）に違いはあるものの，甘塩傾向にあるが，日保ちの観点から限界がある．

生産の現状

生産量は減少傾向にある．生産量は全体で年間2tから3t前後と推定され，今後も増産される見込みは少ない製品の1つである． 〔神崎和豊〕

6.1.4 う る か

概　要

うるかとは主としてアユを原料としたアユうるかを指す．アユうるかとは，アユの内臓，精巣，卵巣，あるいは魚体全体をすりつぶしたものに食塩を加え，その後一定期間熟成させて作る塩辛の一種である．アユうるかは全国各地でアユが漁獲される地域で製造されている．しかしながら，製造方法や製品は各地域によって大きく異なっている．

内臓のみを用いるものは「苦うるか」もしくは「渋うるか」「土うるか」と呼ばれ，全国的にはこのタイプのうるかが最も多く作られているようであり，特に岐阜県長良川沿いの地域での生産量が多い．これは苦味と塩味が強く，形は「このわた」に似ている．頭とひれを取り除いたアユの身と内臓を用いて作ったものを「身うるか」あるいは「親うるか」と呼び，これは味噌のような形態をしている．さらに，身を細切りして内臓とともに漬け込んだものを「切り込みうるか」と呼び，これはイカの塩辛のような形をしている．落ちアユの卵のみを塩漬けにしたものは「子うるか」と呼ばれ，イクラや筋子に近い味わいがある．また，白子のみを用いた「白うるか」，卵と白子を混合して作ったものは「取り混ぜうるか」と呼ばれている．これらは一般的な名称であるが，同じものでも地方によっては異なった名前がつけられているものもある．

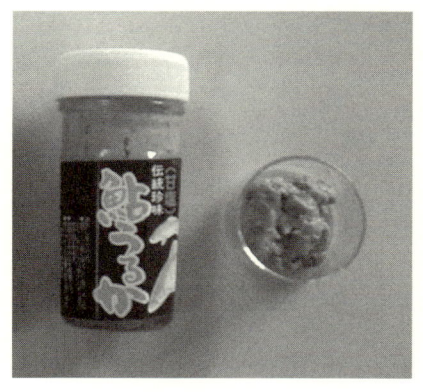

図 6.5　うるか

製　法

　ここでは，大分県日田市で作られている「身うるか」の製法について述べる．まず，アユから内臓を取り出し，腸をしごいて内容物を取り除く．魚体から頭とひれを落とし，身を庖丁などでミンチ状にし，これに身とは別にミンチ状にした内臓を合わせる．全体の重量の約10％の食塩を少しずつ加えながらすり鉢でよくすりつぶす．食塩がよくなじみ，骨が気にならない程度までにすりつぶしたら殺菌した容器に入れ，冷蔵庫に保存する．その後1日1回，乾燥した清潔な箸でよくかき混ぜる．最初は黒っぽかったものが日に日に白くなり，2～3週間後からが食べごろになる．

用　途

　アユうるかは清酒の肴として珍重されるが，それ以外にもいろいろな形で利用されている．料理方法としては，冷や奴やご飯，味噌汁に入れたり，独特のこくをいかすために，イモの煮物などにあえることもある．料理以外にも消炎剤として湿布に用いたり，熱冷まし，つわり止め，整腸剤，精力増強剤，胃薬として使われていた地域もある．おもしろいところでは，京都祇園の芸妓が「うるかを食べると汗ばんでも着物にシミがつかない」といって珍重したとの記述もある．また，『本朝食鑑』には薬用効果を目的として日常生活に普及していたことをうかがわせる記述もある．

生産の現状

　アユうるかは，全国各地でアユが漁獲される地域で生産されている．しかしながら，ほとんどが小規模での生産である．アユの加工，販売，もしくは料理店を営むかたわら，アユうるかを製造している生産者や，アユ漁師が古くから家庭で作っているところが多い．そのため，生産者による製品の品質の差が大きく，このことが，いろいろな風味のアユうるかを楽しむことができる1つの理由となっている．

〔望月　聡〕

6.1.5　め　ふ　ん

製品の概要

　めふんはサケ・マス類の背腸（腎臓）を塩蔵し熟成させたものである．延喜年間（901～922年）に書かれた古文書である「延喜式」に，すでにめふんに関する記述があることから，めふんは古代より食されてきたことが推測される．めふんの語源は，アイヌ語で魚の背腸を指す「メフン」もしくは「メフム」であるといわれている．

製　法

　めふんの製法には，塩漬けにした後に脱塩，調味を行う方法と，飽和塩水に漬け込む方法の2通りがある[1]．ここでは，塩漬けを行う方法について述べる．

　生めふんは，サケの内臓を除いた後に，スプーンなどを用いて取り出される．3％程度の食塩水で洗浄し，水切り後15～20％の食塩を散布し，目の粗い布などで包み，

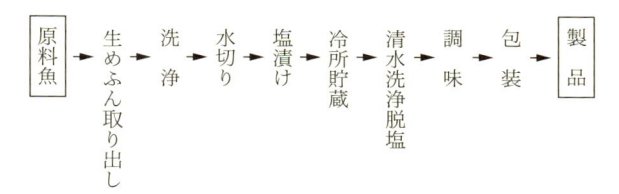

原料魚 → 生めふん取り出し → 洗浄 → 水切り → 塩漬け → 冷所貯蔵 → 清水洗浄脱塩 → 調味 → 包装 → 製品

図 6.6 めふんの製造工程

浸出液が流れる状態で冷蔵または冷凍保管する．
　必要な際に，塩漬けしためふんを取り出し，大量の清水を用いて夾雑物を除きながら脱塩を行い，水切りする．次いで，アミノ酸などの調味料とアルコールを主体とした調味液を加え，ガラス瓶などの密封容器に詰める．
　サケラウンドからの生めふんの収量は 0.8％，生めふんから製品の収量は 70％ 程度である．

製品の特徴
　品質のよいものはふっくらした特有の食感を有する．生めふんは自己消化能が高く，品質には原料の鮮度が大きく影響する．一般には，索餌期よりも産卵期のものが，雌よりも雄のものがよいとされる．

生産の現状
　加工食品として流通するほかに，自家消費用として北海道および東北地方のサケが漁獲される地域で作られる．　　　　　　　　　　　　　　　　　　〔吉岡武也〕

文　献
1)　中村全良：北の水産加工事典，北日本海洋センター，1990．

6.1.6　ウニ塩辛（越前ウニ）

製品の概要
　ウニは福井県越前海岸ではガゼあるいはガンジャなどと呼ばれる．越前ウニはウニの塩辛であるが，その原料にはバフンウニが用いられる．近年，平城京から出土した若狭国三方郡からの御贄の木簡に「宇尓」の文字がみえる．当時は防腐のために食塩が加えられていたと考えられるので，ウニ塩辛の発祥は少なくとも奈良時代にはさかのぼると推定される．また，平安時代中期の延喜式主計部には，若狭国（福井県）からウニが送られた記載がある．その後，海女によるウニ漁が盛んな越前の沿岸地域で，塩辛が多く作られるようになったものと考えられる．
　当時のウニ塩辛がどのような形のものであったか明らかでないが，現在の形の越前ウニの製法の確立は約 200 年前の江戸時代の後期とされている．明治時代までは，漁

師の年貢として，塩ウニは福井藩の専売業者である「天たつ」に集められ，越前ウニに調製されていた．ウニ塩辛は各地で作られていたが，越前ウニは特に佳品であり[1]，三河のこのわた，肥前のからすみとともに，天下の三大珍味とされた．現在でも美味で高価な珍味として根強い需要がある．

製　法

原料バフンウニの漁期は 7 月 20 日から 8 月 15 日までに規制されている．漁獲したウニは新鮮なうちに殻の片半分を切断し，生殖巣を傷つけないように取り出して海水で洗い，殻の破片などの不純物をていねいに取り除く．うにござと呼ばれるござあるいは板の上に食塩をまき，その上にウニを並べて，さらにふり塩をして脱水させる．ござの場合は両端を持ち，ウニを転がすようにしてまとめる．板の場合は傾斜させて脱水しながら，へらで棒状に集める．1 昼夜水切りして風乾し，ウニが粒状にまとまるようになれば塩ウニとなる．食塩量が少ないとウニの生殖巣が溶け出すので，20％以上の用塩量であったが，近年は 10～15％ まで低塩化されている．この塩ウニをスギやヒノキの桶に詰め，コンブや竹の皮で押さえて密封した後，板の上で練り合わせたものが越前ウニ製品である．

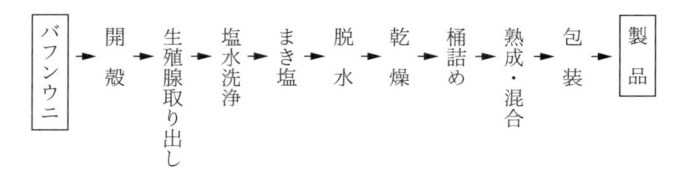

バフンウニ → 開殻 → 生殖腺取り出し → 塩水洗浄 → まき塩 → 脱水 → 乾燥 → 桶詰め → 熟成・混合 → 包装 → 製品

図 6.7　越前ウニの製造工程

製品の特徴

越前ウニは赤橙色で味噌よりやや硬い半固形をしており，滑らかな食感と特有の香味を有している．生ウニの呈味にはグルタミン酸，グリシン，アラニン，バリン，メチオニンなどのアミノ酸やイノシン酸，グアニル酸などヌクレオチドが重要な役割をもつことが知られている[1]．生ウニとウニ塩辛には呈味に明らかに違いがあるが，これまで詳細な研究はなされていない．バフンウニは日本各地に生息しているが，北海道や東北各地では苦味が強いため利用されていない．近年，苦味の本体が新含硫アミノ酸のプルケリンであること，プルケリンはこれら地域のウニからは周年検出されるが，越前海岸のウニからは漁獲期である 7～8 月には検出されないことなどが明らかにされている[2]．

生産の現状

越前海岸地の各漁家は，夏期に限定して漁獲したバフンウニから生殖腺を採取し，漁協などの作業場において塩ウニに加工し，これらを数軒の専門業者が集荷して越前

ウニの製品に仕上げている．原料バフンウニの資源減少により，越前ウニの生産量は約2t程度と推定される．現在，資源回復を目指して，稚貝の放流が行われている．

〔赤羽義章〕

文　献
1) 農商務省水産局：日本水産製品誌，水産社，1935．
2) 小俣　靖：日水誌，**30**，749-756，1964．
3) 村田裕子ほか：日水誌，**64**，477-478，1998．

6.1.7　ウニ塩辛（下関ウニ，北浦ウニ）

概　要

　山口県のウニ塩辛の歴史は，明治初期にさかのぼり，下関市の六連島の西教寺の蓬山和尚の考案とされ，ウニの小鉢に誤って酒をこぼし，そのウニを口に含んで美味であったことが，その始まりとされている[1]．ウニの加工品の研究としては水産大学校の河内正通名誉教授の貢献が大きく，ウニ文化の普及には藤野幸平氏の功績が大きい．最近では，山口県水産研究センターの嶋内潤氏のグループ[2]によるウニ塩辛の品質試験や保存試験，山口県立大学の島田和子教授[3]によるウニ塩辛熟成中の成分変化の研究などが行われた．また，ウニ塩辛に抗酸化能の一つであるラジカル捕捉活性能があることが見いだされている．

ウニ塩辛の種類

　ウニ加工品のなかで，「粒ウニ」とは，ウニの生殖巣に食塩，エチルアルコール，アミノ酸などの調味料を加えたものであって，塩ウニ含有率が65％以上のものを指す．「練りウニ」とは，成分は粒ウニと同じだが，ウニを練りつぶしたものである．「混合ウニ」は，ウニ含有率50％以上65％未満の「練りウニ」を指す．「ウニあえもの」とは，「粒ウニ」，「練りウニ」，「混合ウニ」にクラゲ，イカ，カズノコ，アワビ，シイタケなどを加えて混ぜ合わせた塩ウニ含有率15％以上のものを指す（うに加工品品質表示基準，平成12年12月19日農林水産省告示第1660号）．

製　法

　原料は，バフンウニ，ムラサキウニを用い，アカウニはにぎり寿司などのネタのほうへ流通していく．加工用ウニの国内産地は，山口県（主に北浦地区）の地元だけでなく，九州，四国地区，また，外国からの輸入は，塩蔵ウニや生のむき身の冷凍ウニの形で輸入される．その主要国は，韓国，チリ，アメリカ，カナダの四か国である．

製造の特徴

　普通，塩辛といえば，自己消化作用と微生物の発酵を伴うが，ウニ塩辛に関しては，ウニが塩やアルコールになれていく（この現象を熟成という）ことにより作られる．

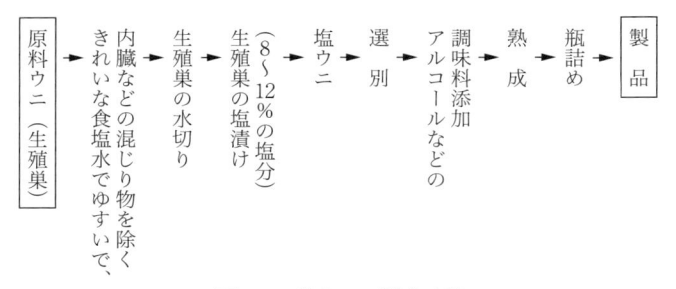

図 6.8　粒ウニの製造工程

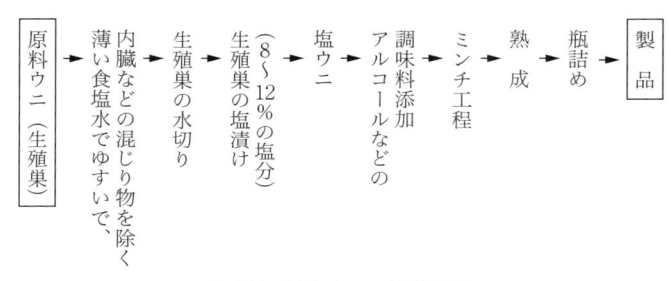

原料ウニ（生殖巣）→ きれいな食塩水でゆすいで、内臓などの混じり物を除く → 生殖巣の水切り → 生殖巣の塩漬け → （8〜12％の塩分）→ 塩ウニ → 選別 → 調味料アルコールなどの添加 → 熟成 → 瓶詰め → 製品

図 6.9　練りウニの製造工程

原料ウニ（生殖巣）→ 薄い食塩水でゆすいで、内臓などの混じり物を除く → 生殖巣の水切り → 生殖巣の塩漬け → （8〜12％の塩分）→ 塩ウニ → 調味料アルコールなどの添加 → ミンチ工程 → 熟成 → 瓶詰め → 製品

生産の現状

　瓶詰めアルコール添加ウニ塩辛は，下関ウニ・北浦ウニを中心とした山口県だけでなく，九州・四国各地などでも生産されている．日本全国の推定生産量は，1000 t 弱であるが[4]，2006 年の中国四国農政局山口統計・情報センターによると，2004 年の山口県の生産量は，全国の約 4 割を占めていた．ウニ加工工場に関して，HACCP が導入されつつあり，ウニ加工業者の組織として，山口県うに協同組合がある．

〔原田和樹・嶋田達雄〕

文　献

1) 藤野幸平：うにの文化誌，赤間関書房，1996．
2) 田中良治：山口県外海水産試験場事業報告，pp 141-143, 1994．
3) Shimada K, et al.: *J. Agric. Food Chem.*, **41**, 1021-1025, 1993.
4) 福田裕他監修：全国水産加工品総覧，pp 436-438, 光琳, 2005．

6.1.8　黒作り

概　要

　黒作りはイカの墨を使った塩辛で，富山県特産物の 1 つである．塩辛特有の生臭みがなく，墨の独特の香りと，旨味は塩辛のなかでも一品である．黒作りは江戸元禄期

に初めて作られたと伝えられるが定かではない．1808（文化5）年に江戸から滑川本陣に黒作りを送るよう文書が残されており，このころには富山藩内では普通に作られていたようである．富山ではスルメイカの外套膜に墨と肝臓を用いて作るが，沖縄ではモンゴイカの墨とシロイカを原料とした（黒作りに似た）墨イカが作られている．イカ墨を使った料理は沖縄に多くみられることから，黒作りのルーツは沖縄交易との関係もあった北前船が伝えたのが始まりとも推察される．

製　法

原料はスルメイカを使用する．洗浄後，内臓，軟骨，頭脚部を除く調理をする．その後，外套膜のみを洗浄し，6～8％の食塩で2週間漬け込む．別に肝臓，墨をあらかじめ15％食塩に漬け込んで保存し，これを細切りにしたイカ肉に対して3～5％加え調合する．1～2週間熟成し，製品となる．

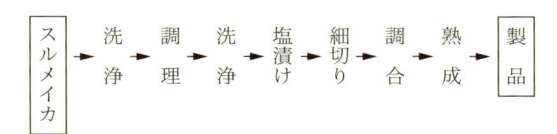

スルメイカ → 洗浄 → 調理 → 洗浄 → 塩漬け → 細切り → 調合 → 熟成 → 製品

図 6.10 黒作りの製造工程

製造の特徴

昔はスルメイカを12～15％の食塩に漬け込み，胴肉を細切りにして，これにイカ肝臓と墨を混ぜて発酵させて（11月に仕込み，翌年の3月までの外気温の低い時期のみ）作っていたが，現在では肝臓とイカ墨を別々に漬け込んで発酵させ，薄塩（6～8％）で漬け込んだ外套膜に3～5％（肝臓：墨1：1）混ぜて即醸する．イカもスルメイカだけでなくアルゼンチンイレックスなど外国種も使い，墨も昔はスルメイカを使用していたが現在はムラサキイカのものを使用している．昔は塩分が濃いことから，賞味期限は5～10℃の外気温で5か月は保存可能であったが，最近では塩分が薄いため，冷凍して6か月まで，解凍して冷蔵（10℃以下）で20日～1か月くらいである．

製品の特徴

栄養成分は水分66.7％，タンパク質20.1％，脂質1.7％，炭水化物3.1％，灰分9.4％である．機能成分としてはタウリン，レチノールなどを含み，イカ墨成分のリゾチームは細菌増殖抑制効果が，ムコ多糖は抗腫瘍作用が認められている．

生産の現状

1992年にはイカ墨ブームで生産が900tとピークを迎えたが，最近は年間約600t程度生産されている．

〔川﨑賢一〕

文献

1) 富山県水産加工業協同組合連合会ほか：とやまの水産加工品，2002.
2) 富山県食品研究所：富山の特産物，2003.
3) 富山県食品研究所：とやまの特産物機能成分データ集，2005.

6.2 魚醬油

概　要[1,2]

　魚介類を高濃度の食塩とともに1～数年間熟成させて製造される液体調味料を魚醬油という．塩辛や魚醬油の類をまとめて魚醬ということもある．これらはともに，魚介類と食塩を主原料として作られる点は同じであり，食塩濃度や熟成期間などが異なるが，利用形態からみると，魚体が分解するまで熟成させて液化部分を用いるものが魚醬油，その固形部分を食用としたものが塩辛であるといえる．魚醬油はかつて日本海沿岸，瀬戸内，房総地方などかなり広い地域で作られていたが，その後多くがダイズ醬油の普及によって姿を消してしまい，現在は限られた地域でしか作られていない．魚醬油はいろいろな料理に用いられてきたが，比較的よく知られているのはしょっつる貝焼きやいしりの貝焼きというような郷土料理であり，これらの料理に魚醬油を5～6倍に薄めて用いている．

　魚醬油といえば，わが国では秋田のしょっつる[3]，能登のいしる（いしりともいう）[4]があるが，秋田や能登でもそれほど一般的ではない．しかし，東南アジアの諸国では，フィリピンのパティス，ベトナムのニョクマム，タイのナムプラなどが有名であり，わが国での醬油と同じように，万能調味料としてごく一般に使われている[5]．

製造原理[1,2]

　魚醬油は魚介類を高濃度の食塩とともに長期間漬け込んで作られるが，この間に食塩で腐敗が防止され，タンパクの液化が行われる．製造原理は普通の醬油と似ており，ともにタンパク質を分解してできるアミノ酸の味を調味料として用いている．異なる点は普通の醬油ではダイズのタンパク質をこうじの酵素で分解するのに対し，魚醬油では魚介類のタンパク質を自己消化酵素（魚介類自身の酵素）で分解する点である．

　しょっつるからは *Bacillus*, *Micrococcus*, *Halobacterium*, *Tetragenococcus* などが検出される．魚醬油は熟成中の菌数が一般に少なく，また高塩分であるため微生物の役割は少なく，その熟成は，塩辛の場合と同様，自己消化酵素によるところが大きいと考えられる．しかし，熟成期間が長いこと，特に魚醬油の主産地である東南アジア

では年中気温が高いこと，また魚醬油中には20%以上の高塩分下でもよく増殖できる細菌が存在することなどを考慮すると，再検討の余地があると思われる．

魚醬油の種類

わが国で作られている魚醬油には古くから家内工業的に作られているものと近年工業的に生産を始めたものがある．伝統的に作られているものはしょっつる，いしる（いしり）で，ほかに飛島（山形県）にも魚醬油があるが，これは現地でイカやアワビの塩辛作りに漬け汁として用いられているものである[6]．また，戦後まもなく消滅したものとして，瀬戸内や房総地方で作られていたイカナゴ醬油[7]がある．

わが国では，従来からの生産方式による魚醬油（しょっつる，いしる）の生産量は年間200t前後と思われるが，最近，魚醬油はめんつゆやたれの隠し味としての需要が伸びているため，新たに生産に着手する企業もいくつか現れている．また，500t以上が輸入されているようである．

問題点と今後の課題

しょっつるは原料に由来する魚臭さがあるため利用には限界があり，最近では種々の調味料やたれの隠し味としての利用が多い．こうじを用いることで魚臭の低減などの品質改良が試みられている．

また，しょっつるの製造には長期間を要するので，これを短縮するために，古くから，こうじを添加したり，タンパク分解酵素剤やタンパク分解性の好塩細菌を用いる方法などが試みられている[1]．市販品のなかにもこれらの方法によっていると謳っているものもあるが，客観的なデータが示されているわけではないので，残念ながら実効のほどはわからない．

しょっつるは食塩濃度が高いため一般には長期保存の可能な調味料であるが，貯蔵中に白濁して悪臭を放つようになることがある．このような高塩分食品の変敗は珍しい現象である．腐敗品では揮発性塩基窒素，トリメチルアミン，揮発酸などが正常品に比べて多く含まれ，生菌数も$10^7 \sim 10^8/ml$に増加している[6]．主要な腐敗菌は*Halobacterium*である．しょっつるの腐敗防止には低温貯蔵やpHの調節，濾過方法の改良，濾過後の製品の再加熱などが有効である．

文献

1) 藤井建夫：塩辛・くさや・かつお節―水産発酵食品の製法と旨味（増補版），恒星社厚生閣，2001.
2) 藤井建夫：魚の発酵食品，成山堂書店，2000.
3) 菅原久春：伝統食品の研究，No.15, 1-11, 1995.
4) 佐渡康夫：伝統食品の研究，No.19, 16-26, 1996.
5) 石毛直道・ケネスラドル：魚醬とナレズシの研究，岩波書店，1990.
6) 石谷孝佑：伝統食品の研究，No.7, 1-9, 1989.
7) 佐藤正美：魚醬文化フォーラム in 酒田（石谷孝佑編），pp 52-60, 幸書房，1995.

6.2.1 しょっつる

製品の概要

しょっつるは秋田地方で古くから作られている魚醬油である．醬油に似た液体調味料であり，通常は瓶詰めの形で市販されている．

しょっつるがいつごろ作られだしたかということは不明である．わが国で魚醬油に該当するものの記述は10世紀の「延喜式」あたりまでさかのぼることができるそうであるが，おそらくそれよりもはるか昔に，大量に捕れた魚の貯蔵手段の一つとして生まれたことは間違いなかろう．近代になって醬油が普及するようになってからも，秋田ではその代用品として細々と魚醬油が用いられてきた．特産の調味料としてしょっつるの名が知られるようになったのは，昭和初期以降のことで，それまで魚醬油はあまり歓迎されない調味料であったといわれる．このことは製造の最盛期が物資の不足した第2次大戦中であったことからもわかる[1]．

製　法[2]

しょっつるの原料としてはハタハタが有名であるが，業者によってはイワシのほうが味がよいものができるので，ハタハタは用いないというところもある．他にアジ，小サバ，イカ，ニシン，小アミ，コウナゴなどさまざまな魚種が用いられている．

ハタハタは漁獲変動の激しい魚で，しかも一時期だけ捕れる魚でもある．昔は食料としてはあまり利用されなかった魚で，肥料にされていたこともあったといわれる．しょっつるはこのような低利用魚を用いて作られてきたものであろう．

しょっつるの製造法は，一例を示すと次のとおりである（図6.11）．原料魚に対し約20%量の食塩をまぶし，汁が滲出して脱水した魚体を1週間くらいの間に他の桶に移して，これに新たに塩をかけ，煮沸濾過した先の滲出液を張り，重石をして漬け込む．1～数年すると魚体は液化するので，これを汲み出して釜で煮込み，浮いた油を除いて麻袋でこす．濾液を数日間放置しており（澱）を除き，海砂で濾過後瓶詰め

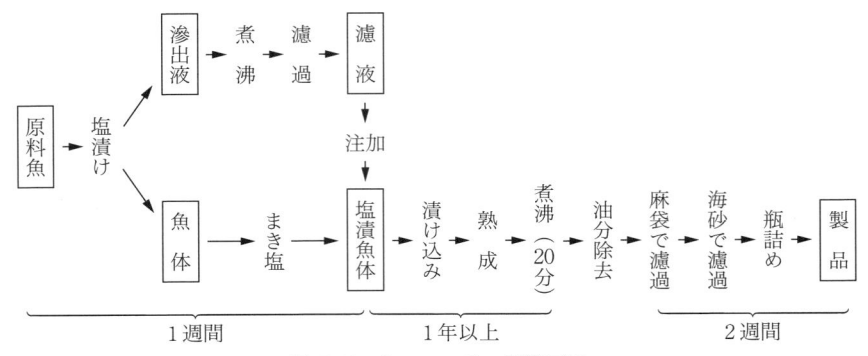

図 6.11　しょっつるの製造工程

して商品とする．製造法としては，ほかに最初から魚を食塩とともに漬け込む方法，10〜20％相当のこうじを用いる方法，熟成後のたまりだけを用いて煮沸する方法などがある．

製品の特徴[2)]

しょっつるの味は魚種によって異なる．各種の魚を用いてしょっつるを試醸した結果によると，カタクチイワシを用いたものが最も美味で，癖もなく，特に甘味があり，ハタハタは味が物足りなかったという．また，マアジは癖がないが，やはり味が物足りなく，マサバは旨味は多いが，刺激臭がしたとのことであった．

しょっつるは原料や製造法がかなり多様であると考えられ，その成分（表 6.4）も，たとえばpHが4.5〜5.7，総窒素が約300〜1600 mg/100 ml，グルタミン酸が380〜1080 mg/100 ml，乳酸が67〜460 mg/100 mlというようにかなり異なる[4)]．このような違いは製品の呈味や保存性にも大きく影響すると考えられる．

しょっつるの食塩濃度は30％前後で，醤油の17〜18％よりはるかに高いが，味は魚醤油のほうが濃く，塩分の割には，よく塩なれがしており塩辛さを感じさせない．

しょっつるの呈味成分である遊離アミノ酸としては，グルタミン酸のほか，アラニン，バリン，ロイシン，フェニルアラニン，リジンなどが多い．有機酸も風味に重要であり，乳酸，酢酸などが多い．

生産の現状

現在，秋田県でしょっつるを作っている業者は秋田市新屋，能代市，男鹿市，八峰町などに計7加工場程度，生産量も100 t以下と考えられ，50年前に比べて激減して

表 6.4 市販のしょっつるの成分と生菌数

	F	H	I	J
成　分				
pH	5.56	5.02	5.35	4.54
食塩（％）	26.2	28.9	28.8	30.4
総窒素（mg-N/100 ml）	301.3	406.4	1598	406.4
揮発性塩基窒素（mg-N/100 ml）	36.2	40.0	170.3	77.4
グルタミン酸（mg/100 ml）	377.5	436.2	1081	572.0
乳酸（mg/100 ml）	87.6	160.1	460.7	66.8
酢酸（mg/100 ml）	33.2	＋	79.5	178.9
レブリン酸*（mg/100 ml）	－	102.4	－	＋
生菌数（cells/ml）				
2.5％食塩加培地	1.3×10^5	1.5×10^3	8.3×10^4	10以下
20％食塩加培地	5.9×10^5	9.6×10^3	2.0×10^3	10以下

*植物タンパクの酸分解時に生ずるアミノ酸で本醸造醤油，通常の魚醤油に含まれない．

いる.

　従来からの生産方式によるしょっつるの生産量はおそらく年間 200 t 足らずと思われるが，最近，魚醬油は，めんつゆやたれの隠し味としての需要が伸びているため，新たに生産に着手する企業もいくつか現れ，なかには年間 100 t 以上を生産する会社もあり，500 t 程度が輸入されているようである．　　　　　　　　〔藤井建夫〕

文　献
1) 菅原久春：伝統食品の研究，No.15，1-11，1995．
2) 藤井建夫：塩辛・くさや・かつお節—水産発酵食品の製法と旨味（増補版），恒星社厚生閣，2001．

6.2.2　い　し　る
概　要

　いしるは石川県能登半島で製造されている魚醬油で，「いしり，よしる，よしり」とも呼ばれ，語源は魚汁（いよしる）からきたものと考えられている．いしるは漁港の町で製造され，おのおのの漁港で水揚げの多い魚が原料として用いられている．外浦沿岸（日本海に面した地方）ではイワシを，内浦沿岸ではイカのゴロ（内臓）を原料としている．秋田のしょっつる，香川のいかなご醬油とともに，日本の三大魚醬として知られている[1]．

製　法

　いしるは，原料を高食塩濃度の環境のもとで自然熟成させて作られ（図 6.12），毎年 11 月ころから翌年の 5 月ころまでの比較的寒い時期に仕込まれている．原料がイカのいしる（以下，イカいしる）の場合は，イカのゴロに 18% 程度（重量比）の食塩を加え時々攪拌を行い，約 2 年間桶のなかで熟成させる．イワシを原料とするいしる（以下，イワシいしる）の場合は，イワシを丸ごとまたはイワシ加工品の残渣を使用し 20% 程度の食塩を加えて約 1 年間桶のなかで熟成させる．熟成中，桶のなかが

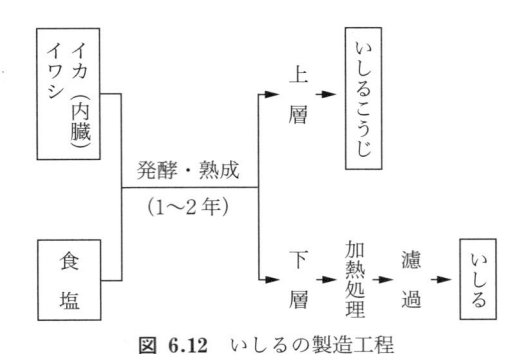

図 6.12 いしるの製造工程

徐々に上下2層に分かれ，桶の上層部に脂肪分や魚骨残渣の層ができて蓋の役目をして密閉状態となる．そこで食塩により腐敗細菌の増殖が抑制され，自己消化酵素によるタンパク質の分解や嫌気的発酵が行われ，桶の下層にいしるが溜まってくる（仕込み量の約60%）．生成したいしるは，桶の下部に取り付けられた栓から取り出し，煮沸して殺菌と除タンパクを行い，上澄み液を濾過して製品とする[2]．また，最近では小サバ，メギスやカキを原料にする場合や，こうじ（10~20%）を添加する方法も行われている．

製品の特徴

いしるの味は，原料により異なり，イカいしるはイカの風味が残っているが，イワシいしるは美味で，癖もない．

いしるは，桶の大きさ，食塩濃度や熟成期間がさまざまであり，その成分も，イカいしるの場合で，総窒素が約1.7~2.4(g/100 ml)，グルタミン酸が1000~1300(mg/100 ml)，乳酸が100~4000(mg/100 ml)，塩分が19~26(g/100 ml)，イワシいしるの場合で，総窒素が約1.7~2.1(g/100 ml)，グルタミン酸が800~1380(mg/100 ml)，乳酸が1100~2900(mg/100 ml)，塩分が25~27(g/100 ml)，とかなり異なる（表6.5）[3]．

いしるの呈味成分である遊離アミノ酸としては，グルタミン酸のほか，アラニン，リジン，アスパラギン酸，バリン，トレオニン，セリン，ロイシンなどが多い．風味に影響する有機酸は乳酸のほかに酢酸が含まれている．また，核酸関連物質[3]や臭気成分[4]，成分の機能性[5-7]が明らかにされている．

生産の現状

能登半島でいしるを作っている業者は，外浦沿岸（輪島市など），内浦沿岸（珠洲

表 6.5 イカいしるおよびイワシいしるの一般成分（抜粋）

一般成分	イカいしる			イワシいしる		
	A	B	C	A	B	C
水分 (wt%)	63.79	63.73	66.56	63.75	66.39	71.70
全窒素 (g/100 ml)	2.12	2.05	2.49	2.10	1.64	1.42
灰分 (g/100 ml)	25.44	26.61	18.25	27.37	28.37	28.90
塩分 (g/100 ml)	23.26	26.54	17.55	26.61	27.10	27.33
還元糖 (g/100 ml)	0.02	0.02	0.02	0.02	0.01	0.01
全糖 (g/100 ml)	0.08	0.08	0.07	0.07	0.03	0.03
粗脂肪 (g/100 ml)	0.22	0.08	0.25	0.12	0.11	0.08
pH	4.82	5.04	5.45	5.16	5.88	5.96
比重 (20℃)	1.217	1.223	1.178	1.223	1.218	1.203

市,能登町など)に計14軒程度がある.

　生産量では,1993年ころは年間20t程度であったが,ラーメンのだしや納豆のたれの隠し味として需要が伸びているために,2005年現在230t程度が生産されている.イカいしるとイワシいしるの生産比率は4:6程度である.　　〔矢野俊博〕

文　献
1) 石毛直道,ケネスラドル:魚醬とナレズシの研究, pp 97-119, 岩波書店, 1990.
2) 佐渡康夫:伝統食品・食文化 in 金沢, pp 64-72, 幸書房, 1996.
3) 道畠俊英ほか:日食工誌, **47**, 241-248, 2000.
4) Michihata T, et al.: *Biosci. Biotech. Biochem.*, **66**, 2251-2255, 2002.
5) 道畠俊英ほか:日食工誌, **44**, 795-800, 1997.
6) 道畠俊英:FFIジャーナル, **208**, 683-692, 2003.
7) 道畠俊英:月刊フードケミカル, **21**, 38-42, 2005.

6.3　く　さ　や

概　要[1,2]

　くさやは伊豆諸島(新島,大島,八丈島など)で,独特の塩汁に漬けて作られている魚の干物であり,主に関東地方で酒の肴として重宝されている.見かけは普通の魚の干物と変わらないが,独特の臭気と風味をもち,普通の干物よりも腐りにくいことが特色の一風変わった食べ物である.

　くさやの発祥については必ずしも明らかではないが,かつて江戸時代に,伊豆諸島は天領として塩年貢が課せられており,塩が貴重品であったため,近海でとれた魚を塩干魚にする際に,やむなく同じ塩水を繰り返し使う必要があった.そのうちに,塩水は微生物の作用を受け独特の臭気をもつようになり,これに漬けて作られる製品も強いにおいをもつようになったが,島では貴重な保存食品として定着していったのであろう.

くさやの製法[1]

　くさやの原料には,アオムロ,ムロアジ,トビウオなどが用いられる.なるべく新鮮で脂(あぶら)の少ないものがよい.くさやの製造法は島によって水晒しの時間や塩分濃度など異なる点もあるが,基本的な工程は同じである.代表的な例として,新島の場合について記すと次のとおりである(図6.13).原料魚を開いて内臓を除去し,十分水洗,血抜きを行って水切りした後,独特のくさや汁に浸漬する.このくさや汁は同じ液が100年以上にわたって繰り返し使用されているもので,粘性を有し,強いにおいのする茶色味をおびた液である.浸漬時のくさや汁の塩分や浸漬時間は魚体の大き

6.3 くさや

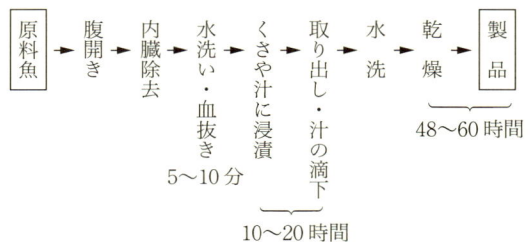

原料魚 → 腹開き → 内臓除去 → 水洗い・血抜き(5〜10分) → くさや汁に浸漬(10〜20時間) → 取り出し・汁の滴下 → 水洗 → 乾燥(48〜60時間) → 製品

図 6.13 くさやの製造工程

さ，鮮度や脂の乗り具合いなどにより調節されるが，一般に汁のボーメ6〜8度で，10〜20時間ほど浸漬される．その後，魚体をざるに取り出して汁を滴下後，水洗し，天日乾燥または通風乾燥する．乾燥時間は昔は2〜3日間であったが，最近は機械乾燥が多くなり，上干品では22〜24℃で48〜60時間が標準である．最近は乾燥時間を短くした軟らかい製品が好まれている．

くさや汁は使うたびに減っていくと思われるが，実際には浸漬後の魚の水洗いを工夫することで回収している．すなわちザルに揚げた魚を3つの水槽で順次洗っていくが，その際，最初の水槽の水は1日の作業中取り換えず，くさや汁が溜まって濃くなったものに食塩を加えて貯蔵しておき，これをボーメ調整用として翌日以降の作業に用いることで，元に戻している．

製造原理[1,2]

くさやが普通の塩干魚と異なる製法上の特徴は，塩水の代わりにくさや汁を用いる点である．伊豆諸島のくさや汁の成分（表6.6）は，pH（中性），総窒素（0.40〜0.46 mg/100 ml），生菌数（10^7〜10^8/ml）などには島の間に大きな差異はみられないが，食塩濃度は八丈島のくさや汁では8.0〜11.1%であるのに対し，他島のものでは2.7〜5.5%と低い．また，トリメチルアミンは新島のくさや汁からは検出されないという特徴がみられる．

また，くさや汁の微生物相は島による違いもあるが，"*Corynebacterium*"や活発に運動する螺旋菌（*Marinospirillum*）が認められることは各島のくさや汁に共通する特徴である．

くさやのにおいはくさや汁に由来するが，そのにおいは加工場によって異なり，管理の悪い加工場のものでは刺激臭やどぶ臭が強く感じられる．くさや汁の臭気成分は，アンモニアのほか，酪酸，バレリアン酸などの有機酸や，揮発性イオウ化合物が重要である．これらのにおいの生成にはくさや汁中の*Clostridium*，*Peptostreptococcus*，*Sarcina*属などの嫌気性細菌の関与が大きいと考えられる．くさやの味は格別だとよくいわれるが，そのよさが何によっているのかについてはほとんどわかっていない．

表 6.6 伊豆諸島のくさや汁の成分

	新島		大島		八丈島			
	M	N	O	P	A	B	C	I
pH	7.12	7.01	6.93	7.10	7.06	7.02	7.55	7.04
灰分（%）	2.7	4.0	3.1	3.9	9.5	12.3	10.7	9.6
水分（%）	95.7	94.3	93.3	93.5	86.3	86.4	86.7	85.3
食塩（%）	2.7	3.6	3.3	3.7	8.9	11.1	8.0	9.5
粗脂肪（%）	0.7	0.8	1.2	0.8	0.9	—	0.8	—
総窒素 (mg/100 ml)	397	467	419	447	457	—	440	403
トリメチルアミン (mg-N/100 ml)	0	0	4.4	3.2	3.4	3.3	2.9	—
生菌数 ($\times 10^7$ cells/ml)	2.7	17	12	2.5	3.4	—	9.4	4.9

　くさやの保存性が優れていることは古くからいわれている．このことは実験的にも確認されており，同じ原料魚から水分や塩分がほぼ同じくさやと塩干魚を試作して比較した結果（図6.14）では，くさやのほうが倍近く日持ちがよい．この原因はくさや汁中の優勢菌群である"*Corynebacterium*"が抗菌物質を生産するため，それに漬けて作られるくさやでは腐敗しにくいと考えられている．くさやの加工に従事している人は手にケガをしても化膿しないということも，この考え方が正しいことを裏づけていて興味深い．

　くさや汁の生菌数はこれまで考えられていたより2～3桁程度高いことが最近わかったが，これらの細菌群もくさやの製造に何らかの役割を果たしていると考えられる．いずれのくさや汁にも存在する螺旋菌の意義についても興味がもたれるところである．

伝統食品としての特徴・意義

　くさや作りで最も重要な部分は汁の管理であるが，これは現代の知識からみても巧妙な微生物管理技術ということができ，製造上のいろいろな言い伝えや工夫が科学的にうまく説明できる．たとえば，加工場では，くさや汁を連続して使うとよいくさやができないといわれているが，これは連続して用いると汁のなかで抗菌物質を作る有用微生物の比率が減少するためと説明できる．この有用菌はくさや汁をしばらく休ませると回復するため，加工場では汁を2分して1日交替で用いるようにしている．また，汁は数か月間使わずにおくと死んでしまうといわれているが，これは長期間の放置中に主に螺旋菌が増殖して，普通は中性付近にある液のpHも8.5付近にまで上昇してしまい，有用菌に不適当になるためであろう．さらに，汁をしばらく使わないときには時々魚の切身を入れるようにしているが，これは微生物に栄養を供給している

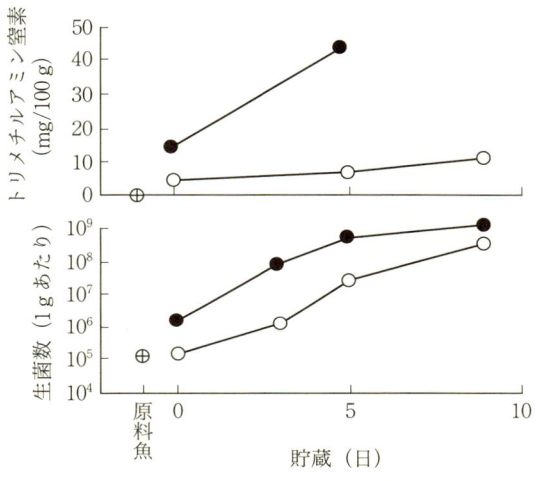

図 6.14 くさやと塩干魚の保存性の比較（20℃貯蔵）塩干魚はくさや汁とほぼ等しい食塩濃度（約3%）の塩水に浸漬して製造し，その他の製造条件はくさやと同じ．製品の水分はともに約50%．貯蔵0日目の両者の差異は，製造中（浸漬および乾燥中）にすでに差異があることを示唆する．

のであろう．汁の保管についても，温度や通気などに工夫がなされている．くさやはこのような経験的な知恵によって汁の微生物管理を行いながら作り上げてきた食品といえる．

生産の現状

くさやは伊豆諸島の特産品であり，生産量が多いのは新島，大島，八丈島の3島で，最近の生産量はそれぞれ約 450 t，200～250 t，110 t 程度である．加工場の数は新島が14軒，大島が7軒，八丈島が約15軒で，減少傾向にある．

くさやは25年くらい前までは保存の効く上干品のみであったが，その後水分の多い中干品も作られるようになった．また，最近は都会ではくさやを焼くことができないところが多いので，焼いたくさやを調味して瓶に詰めた「焼きくさや」や，「お茶漬け」用の商品も生産されている．

問題点と今後の課題

くさや汁はにおいや見かけが好ましくないため，食品衛生面での危惧がもたれるが，汁中からは大腸菌，腸炎ビブリオ，ブドウ球菌などの食品衛生細菌は検出されず，アレルギー様食中毒の原因物質であるヒスタミンのような腐敗産物もほとんど蓄

積していないので，これらによる食中毒の心配はなく安全であるといえる．

しかし，原料の鮮度が不良であったり，乾燥条件が悪いとヒスタミン（アレルギー様食中毒の原因物質）が生成される可能性がある．また，乾燥程度の弱い中干品は常温では腐敗菌が増殖するので，低温貯蔵が必要である．特に真空包装や脱酸素剤封入の製品は外見からは，腐敗が見分けにくいので特に注意が必要である．〔藤井建夫〕

文　献
1) 藤井建夫：塩辛・くさや・かつお節―水産発酵食品の製法と旨味（増補版），恒星社厚生閣，2001．
2) 藤井建夫：魚の発酵食品，成山堂書店，2000．

6.4　なれずし

概　要

なれずしは，東南アジア雲南地方の山岳盆地で魚の貯蔵法として生まれたものが，稲作とともにわが国に伝来したものといわれている．

そのうち，フナずしはわが国に現存するなれずしのなかでは最も古い形態を残しており，今日われわれが食べているすしの先祖と考えられている．フナずしは魚の貯蔵に当時貴重であったご飯を用いるという点でかなり贅沢な製品である．においが強烈であるにもかかわらず，平安時代には宮廷への献上品の記録のなかにフナずしがみられるようなことから，当時は珍重がられたことがうかがえる．そのころには，酪というヨーグルトに似た乳製品の記録もあることから，当時の人はこのような風味になれていたのかもしれない．

その後，室町時代になると，もう少しにおいが弱く，できあがるまでの日数も短い，いわゆる生なれずしが作られるようになった．和歌山のサバのなれずしのような製品で，今日でもまだ各地に残っている．

フナずしや生なれずしの原料は魚とご飯と塩だけで，こうじを用いないのが普通であるが，その後東北や北海道ではこうじを用いる方法が考案された．秋田のハタハタずしや北海道のいずしなどである．寒冷地で発酵を早めるための工夫といわれるが，それでも発酵が不十分なせいで生臭みが残るため香辛料や野菜が一緒に用いられる．

これらのすしは程度の差はあるにせよ，魚も米飯と一緒に乳酸発酵して作られるのが基本である．元禄のころになると，早ずしといって，ご飯に酢を合わせて魚を漬けるすしが関東方面を中心に作られるようになった．これが今日の握りずしやのり巻のように，自然発酵によらずご飯に酢を用いるようになった始まりである．

製造原理[1,2]

なれずしの分析例(表6.7)をみると,pH 4.0～4.5,水分64%,食塩2.3%,粗脂肪4.5%,粗タンパク25%である.有機酸は乳酸(1.1%)のほか,ギ酸,酢酸,プロピオン酸,酪酸などが検出される.

なれずしの最も重要な工程は米飯漬けであり,この間に風味と保存性が付与される.この工程における生菌数とpHの変化は図6.15に示すように,漬け込み開始後すぐに各種微生物が増加,特に乳酸菌の増加が著しく,それに伴ってpHが低下し,米飯部では1週間以内にpH 4以下になり,原料由来の好気性細菌はその後 10^3/g 以下に減少する.この工程での風味づけは主として,魚肉の自己消化によって生成される種々のエキス成分や,乳酸菌,嫌気性細菌,酵母などが生産する有機酸やアルコールなどによるもので,また生成された有機酸などの影響でpHが低下することにより,腐敗細菌やボツリヌス菌などの食中毒菌の増殖が抑制されるため,同時に保存性も付与されることになる.したがって,よい製品を作るためには,漬け込み後に急速かつ十分に発酵を行わせることが重要であるので,漬け込みは通常土用に行われ,盛夏を越すようにしている.また,この発酵過程は嫌気性であるので,重石をして,さらに押し板の上を水で満たして気密を保つようにしている.ふなずしの熟成に関与する微生物として,*Lactobacillus plantarum, L. pentoaceticus, L. kefir, Streptococcus faecium, Pediococcus parvulus* などが知られている[1].

また,米飯漬けの前処理として行われる塩蔵も重要な工程である.この間に,魚肉中での腐敗細菌の増殖抑制,自己消化の進行の抑制,肉質の脱水,硬化,血抜きなど

表 6.7 なれずしの分析例

試 料	フナずし					サバなれずし	
報告者	黒田ほか (1954年)			藤井ほか(未発表)		藤井ほか (1992)	
部 位	筋肉	卵巣	米飯	筋肉	米飯	筋肉	米飯
pH	—	—	—	3.68	3.79	3.95	3.75
灰 分 (%)	4.53	3.80	—	—	—	—	—
水 分 (%)	63.89	61.20	68.39	—	—	—	—
食 塩 (%)	2.27	—	—	3.49	3.75	1.37	1.72
粗脂肪 (%)	4.50	4.68	0.34	—	—	—	—
粗タンパク (%)	25.09	26.27	3.45	—	—	—	—
揮発性塩基窒素 (%)	—	—	—	0.017	0.032	0.017	0.018
総 酸 (%)	1.48	—	1.58	1.70	1.95	1.24	1.24
乳 酸 (%)	1.10	—	—	1.06	1.35	0.36	0.49
酢 酸 (%)	0.08	—	—	0.24	0.26	0.42	0.18

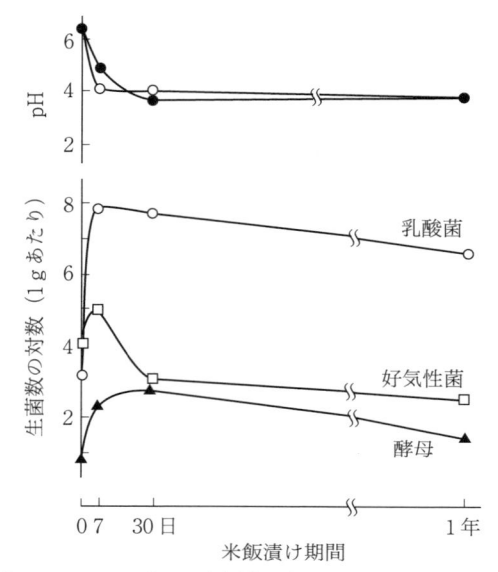

図 6.15 フナずしの米飯漬け中のpH，生菌数の変化
●―●：魚肉部，○―○：米飯部．
米飯漬け開始直後の乳酸菌の急増によりpH4付近まで低下し，好気性菌（腐敗菌）の増殖が抑制される．

多面的な効果があると考えられている．また，塩蔵中にすでにフナずし特有のにおいが発生しており，魚体からの酸度が時間とともに増加していくことから，塩蔵中にも発酵が起こっているであろうと考えられている．塩蔵後の食塩から$3.2×10^6$/gの好塩菌が分離されることからも，この過程における微生物の関与は十分考えられよう．

種　類

なれずしに類するものは，最も古い形をとどめている長期熟成型のフナずし，熟成期間を短縮した速醸型のサバなれずし，こうじの助けを借りて発酵させるハタハタずし（いずし），魚のぬか漬けをご飯に漬け込んだなれずし，ブリを挟んだカブのこうじ漬け（かぶらずし）などさまざまなものが各地で作られている．

伝統食品としての意義・特徴

なれずしのなかでも，特にフナずしはにおいが強烈という点でくさやと双璧をなす水産発酵食品である．そのため食わず嫌いも多いが，味はチーズに似たところがあり，意外にも外国人のほうが同行の日本人よりも喜んで食べるそうである．水産発酵食品のなかでも乳酸発酵が最も顕著に認められるものである．乳酸菌の宝庫でもあり，従来とは異なる培養困難な *Lactobacillus acidotolerance* などの乳酸菌が存在す

問題点と課題

フナずしは1960年代までは滋賀県全域で作られ，愛好されてきたが，近年その生産量は激減している．その最大の原因は琵琶湖の内湖の埋め立てなどにより原料のニゴロブナが激減したためと考えられている．フナずしの原料となるニゴロブナの漁獲量は，1965年には約1000tあったが，ここ数年は百数十tにまで落ち込んでいる[3]．資源の確保が緊急の課題である．

強いにおいが好まれない点があるので，においの低減のために，米飯にもう一度漬け換えるなどの工夫をしている業者もある．原料不足と製造に手間と時間がかかるため高価であるが，消費者にその価値と風味の特徴を理解してもらうことが重要であろう．

〔藤井建夫〕

文　献

1) 藤井建夫：塩辛・くさや・かつお節―水産発酵食品の製法と旨味（増補版），恒星社厚生閣，2001．
2) 藤井建夫：魚の発酵食品，成山堂書店，2000．
3) 滋賀の食事文化研究会（編）：ふなずしの謎，サンライズ印刷出版部，1995．

6.4.1　フナずし

製品の概要

フナずしはフナを塩漬け後，ご飯で漬けて乳酸発酵させたもので，なれずしの一種である．なれずしは東アジアから東南アジアにかけてみられる食品で，魚をご飯などデンプン質のもので漬物にする方法である．フナは日本の河川や湖で普通にみられる淡水魚で，琵琶湖でもなじみの魚である．琵琶湖在来種のニゴロブナ，ゲンゴロウブナが主にフナずしに使われ，他にギンブナなども使われる．

琵琶湖周辺では多様ななれずしがある．そのなかでも特にフナずしを好む人が滋賀では多く，なれずし生産の75%を占める．フナのなかで，ニゴロブナは動物性プランクトンを餌とするので，味がよくフナずし材料として珍重される．ギンブナは個体の大きさがそろうので漬けやすい．

フナをご飯で漬けると乳酸菌が繁殖して，強烈なにおいと独特の酸っぱい味をもつなれずしとなり，魚を雑菌から守ってくれ，保存期間が延びる．なれずし加工法は高温で多湿となる気候のなかで，生の魚を保存貯蔵するために発達してきた手法で，琵琶湖周辺では不可欠の加工法である．滋賀では正月のご馳走にフナずしが並ぶ．夏に飯漬けしておいたフナずしを正月に口明けして賞味する．フナずしは祭りや客呼びの日のご馳走として，代表的な晴れの食品であり，神社の祭の神饌にもなっている．また，乳酸菌を含んだ食品なので，風邪や腹痛の薬としても食べられてきた．

フナずしの製法

材料は原料のフナ，塩，粳米で，地域によっては米こうじを入れる．フナずしの作り方は，まず生きた新鮮なフナを入手し，うろことえら，浮き袋，内臓を取り除く．胆嚢は残すと苦さが出てくるので取り除いたことを確認する．水洗後，えら部，内臓部に塩を詰め，全体にしっかり塩を当てて桶に詰めていき重石をする．塩が甘いと身が締まらないし，生臭みが残る．2か月以上塩漬けする．その後，塩漬けしたフナを，ていねいに洗ってから水切りし，半日ほど干してから，冷ました白米ご飯に漬け込んでいく．フナ10 kgに対し，ご飯は3～4升分（飯で10～12 kg）を使う．フナ，飯，フナ，飯と交互に積み上げていき，三つ縄を蓋の周辺に回して重石をかける．これを飯漬けという．1～2日後に水が上がってから，水を張って空気と遮断する．時々水を替えて半年から2年間漬ける．

製品の特徴

桶のなかでは乳酸菌がご飯のデンプンを餌にして，爆発的に増えていく．乳酸菌をはじめとする細菌が乳酸，酢酸などの有機酸を産生し，漬け床のpHは4近くになる．一緒に漬けたご飯は徐々に味噌様に変わっていく．発酵が進むにつれて，魚肉タンパク質は分解されていき，ペプチド，アミノ酸が増え旨味が増していく．乳酸の作用で骨も軟らかくなる．有機酸濃度は1～2%濃度になる．大きい魚は1年から2年かけて仕上げる．漬け方はそれぞれ流儀があって，塩加減，ご飯量，熟成加減に違いがあり，できあがりの味・臭気は家ごとにまた店ごとに個性がある．くせのある製品なので，漬け上がってから再度新しいご飯で漬け直して，臭みを抑える場合もある．

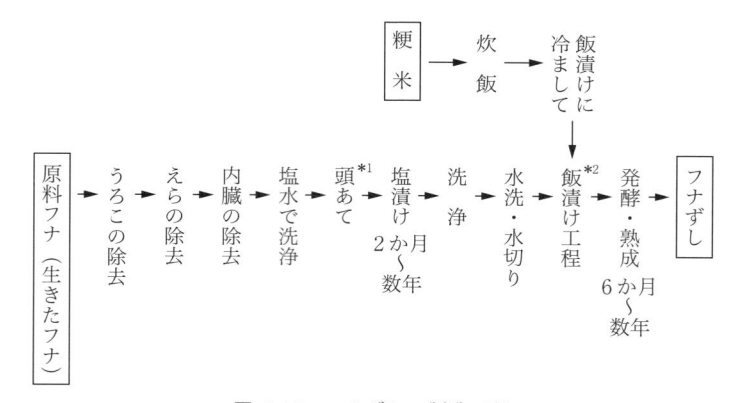

図 6.16 フナずしの製造工程

*1 頭部・内臓部に塩を詰め全体を塩でまぶす．
*2 桶にご飯を敷き，フナ＋飯＋フナ＋飯と重層していく．最上部に飯層を詰めてから重石をかける．桶の水が下から上がってくるのを待ってから水を上に張る．時々張った水を交換する．

また，酒かすに新たに漬け直してフナずし甘露漬けとして売り出している店もある．

なれずしは乳酸菌の塊りで，整腸作用をもっている．また，有機酸が蓄積し，抗菌物質も産生するので，雑菌を寄せつけない．抗菌性を追ってみたが，2年漬けたフナずしでも高い抗菌力をもつことを確認することができた．フナのなかのEPAやDHAなどの高度不飽和脂肪酸は，なれずしでは空気と遮断されるので，桶のなかでは酸化は進まず，安定である．製品は桶から上げたてがおいしく，上げた後は風味が変わっていくので，フナずしを漬床飯でしっかり覆ってから竹皮に包んだり，真空パックにされる．フナずしは酒や温かいご飯と合う．吸物にしたり，ご飯のお茶漬けにもされる．

生産の現状

滋賀のなれずし文化は家々で漬けるのが特徴であった．しかし，琵琶湖のフナ資源量が減り，フナの価格が高騰しているために入手しにくく，漬ける家が急速に減少している．味噌や野菜の漬物と同じく，フナずしも家で漬けるものから購入するものに変わりつつある．業者で漬ける割合は上昇しているが，フナずし生産の絶対量は減少している．フナを養殖したり，他府県から購入する業者も出てきている．滋賀県では稚魚の放流，外来魚駆除，水田での孵化・育成実験などを進めて，琵琶湖にフナを取り戻す努力をしている．

文　献

1) 滋賀の食事文化研究会編：ふなずしの謎，サンライズ出版，1995．
2) 滋賀の食事文化研究会編：湖魚と近江のくらし，サンライズ出版，2003．
3) 滋賀県教育委員会：滋賀の伝統食文化　伝統食文化調査報告書，滋賀県，1998．
4) 滋賀県教育委員会：滋賀の食文化財，滋賀県，2001．

6.4.2　ウグイずし，ハスずし

製品の概要

琵琶湖では獲れる魚のほとんどがなれずしにされる．なれずしは魚をご飯と発酵させた漬物で，フナずし以外で代表的ななれずしとして，ウグイずし，ハスずし，オイカワずし，アユずし，モロコずし，コイずしがあげられる．東南アジアでは川・湖・池で獲れた魚は，魚醬や塩辛，なれずしにされる．なれずしの定義はデンプン質のものを使って発酵させた魚の漬物のことをいい，アジアでは主に米が使われる．滋賀県では一般に発酵期間の短いものをなれずしと呼んでいる．商品としてはウグイずし，ハスずし，アユずしが多い．

製　法

ウグイ，ハスは体長15 cm前後の子魚，体長30 cm前後の成魚の両方が漬けられる．おいしいなれずしを作る一番のポイントは，新鮮な魚を使うことにある．生き

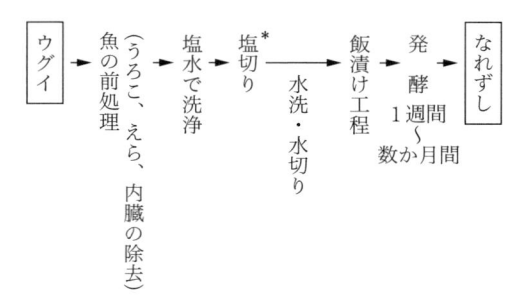

図 6.17 ウグイずしの製造工程
＊小魚で1週間，成魚で2か月以上．

状態でうろこを取り，すばやく塩漬けにする．子魚はうろこを取らずに腹を割いて，内臓を出すだけの場合もある．魚を塩水で洗ってから，たっぷりの塩をあてて数か月間塩漬けする．その後，水洗・水切りし干してからご飯に漬ける．ご飯だけで漬ける場合がほとんどであるが，こうじを加えたり，魚種によってはサンショの葉や実，タデの葉，土ショウガを加える場合がある．ご飯で乳酸菌が増殖し，発酵が進む．魚とご飯が同時に発酵していくことが大事である．発酵の進行に従って乳酸を中心とする有機酸が蓄積し，桶のなかは酸っぱくなる．微生物のプロテアーゼの作用で徐々に魚がなれていく．食べる日程に合わせて飯漬けの時期を選ぶ．ウグイずし，ハスずしは，原料が安価なので，祭事食としてだけでなく，日常食としても利用されている．

製品の特徴

発酵の進行役はご飯の好きな乳酸菌である．塩漬け中にも乳酸菌はいるが増えない．ご飯が入ると増殖し発酵が進む．タイなどの亜熱帯地域では3日ほどで仕上げるパーソムというなれずしがある．熱帯，亜熱帯では加えるご飯量は少なくても発酵は進行するが，日本のような温帯では亜熱帯より気温が低いので，ご飯の量を多くして漬ける．琵琶湖周辺では魚の量とご飯の量は重量ベースでほぼ同量で，大量のお米を使って漬ける．それが日本のなれずしの大きな特徴となっている．このことが今日の寿司のようにご飯が主役となる江戸前寿司へとつながり，発展していく基盤となった．発酵期間の短い生なれずしは酸っぱくなりやすいので桶を開けたらできるだけ早く食べ切る必要がある．店ではパック詰めで売られているので冷蔵か冷凍でもたせることができる．ハスずしでは食中毒が起きたことがあるので，塩漬け期間を十分取ることが必要である．

生産の現状

フナずしの資源量の減少，価格の高騰により，ハスずしやウグイずしのウェイトが高くなっている．扱う業者も増えつつある．滋賀県では神社の神饌として各種の雑魚のなれずし，ウグイずし，ハスずし，モロコずし，ドジョウずしが祭日に合わせて作

られている．同じように漬けても，魚種により個性ある味に仕上がる．〔堀越昌子〕

文　献
1) 滋賀の食事文化研究会編：ふなずしの謎，サンライズ出版，1995.
2) 滋賀の食事文化研究会編：湖魚と近江のくらし，サンライズ出版，2003.
3) 滋賀県教育委員会：滋賀の伝統食文化　伝統食文化調査報告書，滋賀県，1998.
4) 滋賀県教育委員会：滋賀の食文化財，滋賀県，2001.

6.4.3　サバなれずし（福井）[1]
概　要

若狭の「サバのなれずし」は，福井県小浜市に属す旧遠敷郡内外海村と呼ばれた海岸地帯の漁村集落の一般家庭で古くからの手法で作られてきたものである．このものの歴史は古く，平城宮跡から出土した木簡とともに出てきた送り状の荷札に記述されている．

サバのほかアジやイワシも「なれずし」に漬けられたが，この地で漬けられる「なれずし」の基本原則は，生魚（サバ）を必ず一度「へしこ（ぬか漬け）」に圧して（漬けて）から「なれずし」にすることである．近年この「へしこ」に圧す原則の操作を省き，なおかつ時期をも選ばずに塩サバを酢飯とこうじと混ぜて漬けた「なれサバ」と呼ばれる「なれずしもどき」が近在で流通するようになった．このものは本来の「伝統的な若狭のサバなれずし」とはまったく別物である．

「なれずし」の代表的なものは琵琶湖周辺で漬けられる「フナずし」であるが，ぬか漬け操作はないし，和歌山の「サバなれずし」や，「サンマのなれずし」にもこの操作はない．

若狭の「サバなれずし」は「へしこ」を使用することと，漬け込み時期を晩秋から早春までの比較的寒冷時期に限定していることが特徴である．

製　法

原料魚：サバは従来は若狭一帯で5～6月に獲れる産卵直前のものである．近年では日本列島周辺のサバのほかに，海外からの輸入魚も使われているようである．

へしこの製造法（へしこの圧し方）：前述の新鮮な春サバを背開きにして，エラと内臓を除いて水洗いして血を流し去り，頭部への塩の効き方をよくするために目玉を庖丁の先端で突き刺す．腹と頭に十分な塩を振り，漬け桶に平らに並べて上から塩を振り，隙間のないように魚を並べては塩を振る．圧し蓋をして，少々重めの重石をして3～5日置くと魚汁が上がり重石が効いて重石の位置が変わらなくなれば，いったん魚を魚汁と分ける．桶の底に少なくとも未溶解の塩が残っていることが塩漬けの良し悪しの判断材料になる．魚には新鮮な米ぬかをまぶし腹には一握りぐらいの塩をぬかとともに振る．塩漬けのときと同じ要領で，ぬかと塩をまぶした魚を桶に敷き詰め

て適当量（3〜5個）のタカノツメ（トウガラシ）を入れる．しっかり押して敷き詰めた魚がみえない程度にぬかと塩を振る．この操作を繰り返して圧し蓋をして別に取っておいた魚汁を上から掛けて重石をし，口仕舞いをして4〜5か月置く．圧し蓋の上に少しばかりの液体がみえるように食塩水（飽和）を補給する場合もある．漬けて1〜2か月目に桶の中身の上下の入れ換えをする．夏の土用を越して3〜4か月も経てば完熟した「へしこ」として食用に供される．

なれずしの漬け込み：本漬けに先立って「へしこ」の塩気抜きをする．「へしこ」を1尾ずつていねいにタワシを使ってぬかと塩をきれいに落とした後，流水またはため水を交換しながら1〜2日間脱塩する．この操作でへしこに生成したいろいろな旨味成分や，水溶性成分はすべて失われる．このとき失われる成分のなかに，独特の異臭の因となるものも含まれていると思われる．脱塩へしこはこの時点で塩味も魚の旨味もまったく感じないものになる．

本漬け：本来の「サバのなれずし」の漬け込みは11月末から12月初旬の寒気が強まり始めるころである．気出しをしたへしこを十分に水切りをして表皮を剝ぐ．これに少々固めに炊いたご飯とこうじを混ぜ合わせたもの（飯1に対してこうじ0.1〜0.3の割合で合わせ適当量の水か酒または焼酎を水で適当に薄めたものを加えてさばけをよくして）を握り飯様にまとめて，背中から詰めて元の生魚の大きさ程度に形成する．飯とこうじを合わせるときに使う水か酒を薄めたものを手水という．これには食酢（酢酸酢）は一切使わない．桶底に少量のこうじをまき，その上に飯とこうじを混ぜたものを薄くまく．その上に飯とこうじを混ぜ合わせたものを腹に詰めたサバを一面に隙間なく並べる．魚と魚の間に飯とこうじを詰める．1層ごとに飯とこうじで魚を覆い，適当量のタカノツメを振り各層ごとにこうじを薄く振る．それを繰り返して最上部には少し多めの飯とこうじを敷き，さらにこうじを一面に振る．その上を葉蘭などを敷き詰めて，押し蓋の重石の圧を均等にする目的で桶際に5〜6cm幅に組み縄などを敷く．重石をして口仕舞いをする．10日くらい経過して押し蓋上に水が上がり，その表面に白いカビ状のものが発生する．これを"しらとり"と呼び，発酵の進み具合の目安となる．15〜20日ほどすると"しらとり"は一面に広がる．桶からかすかに芳香が立つ．4週間ほど経過すればほぼ漬かり上がる．芳香は"しらとり"に生じた酢酸エチルが主体である．重石を外す前に"しらとり"を完全に汲み出す．重石を外して押し蓋を取り葉蘭を除いてゆっくりと上層の飯とこうじをかき取る．飯とこうじの外見は，漬けたときと変わらず溶けた様子は認められないが，押し付けられた状態である．魚体はやや軟らかくなった感じがするが形崩れせずにしっかりしたままである．

本漬け中の発酵の状態：ほぼ嫌気状態が保たれて乳酸発酵が進み，手水などが上がりいっそう嫌気条件は保たれ，その表面には好気性の産膜酵母や酢酸菌などが増殖す

特　徴

漬け床には，還元糖と遊離アミノ酸の増加が認められ，乳酸が主に検出される．芳香の主体は"しらとり"中に生じた酢酸エチルである．魚肉成分では，遊離アミノ酸量がほぼ200倍に増加し，水溶性ペプチドも2.5倍に増加した．漬け込みによってアルギニン，ヒスチジンは減少したが，その他のアミノ酸はすべて増加した．なかでもアラニン，ロイシン，フェニルアラニン，トレオニン，バリンが顕著に増加した．

若狭の「サバなれずし」の物性（食感）で特に注目すべき点は，中骨の軟化である．サバの中骨は硬くて食酢に漬けても軟らかくはならずむしろ硬くなるが，「なれずし」にすると，頭骨も中骨も形は保っているものの口中で容易に咀嚼できてさわりなく嚥下できる．

〔苅谷泰弘〕

文　献
1)　苅谷泰弘ほか：日本栄食学会誌, **43**, 41-46, 1990.

6.4.4　サバなれずし（和歌山）

製品の概要

和歌山県の特産品で，塩飯にサバを抱き合わせ，アセ（暖竹）の葉で巻いて漬け込み，数日間自然発酵をさせて独特の風味をもたせた「生なれずし」で，発酵度合いによって本なれ（極なれ），なれ（中なれ），早なれ（若なれ）に区分される．サバのほかにアユやサンマなども用いられる．フナずしとは異なり，発酵期間は短く，すしご飯とともに食される．この地方の秋祭りには欠かせない行事食である．

製　法

有田地方の一般家庭で作られているなれずしの伝統的製法は次のとおりである（図6.18）.

新鮮なサバを三枚におろし，約1か月塩漬けする．塩サバの中骨と皮を取り除き，1昼夜水に晒して塩出しをし，水気を切っておく．少量の塩を加えて炊き上げた飯をよくこねて固く棒状にまとめ，サバを載せてアセの生葉で巻き，すし桶に隙間なく詰め込む．薄い食塩水をすしが隠れるくらいまで注ぎ，重石をして秋季に1週間前後漬け込み熟成させる．好みの食べごろになると，すし桶を逆さまに返して1時間ほど水切りして製品とする．

製品の特徴

熟成発酵の進んだ本なれは発酵により生成した独特の味と強烈なにおいが特徴で「くされずし」とも呼ばれ，地元の食べ慣れた人にとっては最高の味と賞されるが，好き嫌いがある．和歌山特産品として商品化されているなれずしはにおいも強くな

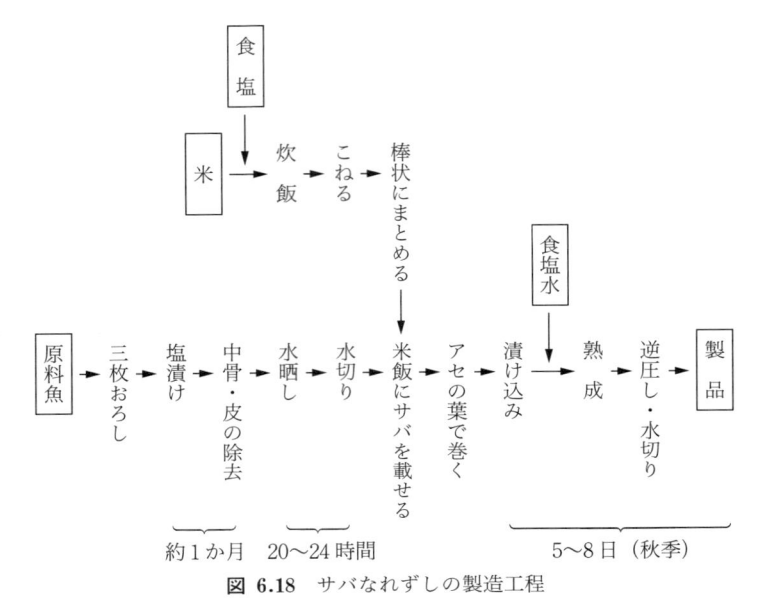

```
                            食
                            塩
                            ↓
        米  →  炊飯 → こねる → 棒状にまとめる
                                    ↓
                                              食
                                              塩
                                              水
                                              ↓
原料魚→三枚おろし→塩漬け→中骨・皮の除去→水晒し→水切り→米飯にサバを載せる→アセの葉で巻く→漬け込み→熟成→逆圧し・水切り→製品
                        └──約1か月──┘└20~24時間┘              └──5~8日(秋季)──┘
```

図 6.18 サバなれずしの製造工程

く，短期間の熟成により生じたほどよい酸味と旨味が，独特の風味を形成し美味である．普通のサバずしのように切り分けて土ショウガとともに食する．

生産の現状

　有田・日高地方の秋祭りのころには各家庭で作られていたが，今日では地元の数軒の魚店やすし店で祭りの時期に限ってのみ地元向けに販売されているにすぎない．特産品として生産販売している業者は，和歌山・御坊・有田市内のすし店や仕出し料理屋などの数軒しかなく「紀州名物　サバなれずし」と称して販売されている多くは発酵の浅い早なれである．なかには発酵によらないで酢飯を用いて漬け込んだ早ずしに近いものも見受けられる．生産量の詳細は不明であるが，伝統的手法によって作られているなれずしの生産量は年々減少し，和歌山市に1軒だけある専門店では7~8月を除いて日に平均約20本程度である． 〔玉置ミヨ子〕

6.4.5　かぶらずし

製品の概要

　北陸の加賀および富山地域の冬の特産物として，塩漬けしたカブに塩漬けしたブリ（金沢），サバ（富山）あるいはサケの切り身を挟み，こうじとともにさらに数日間漬け込んで作られる「かぶらずし」と，同様に塩漬けしたダイコンと身欠きニシンを漬け込んだダイコンずしがある．かぶらずしは金沢の漁港に近い地域で江戸時代初期か

ら作られており，豊漁と安全を祈るごちそうであった[1]．

製　法

金沢での伝統的な製法は図6.19に示すとおりで[2]，新鮮な大きめのカブ（青かぶら）を丸のまま5〜7％の食塩で4〜30日間塩漬けする．ブリは三枚におろした後，15〜20％の食塩で4〜6日間塩蔵する．塩蔵後，カブを1.5cm程度の輪切りにして，その厚さの中間に切れ目を入れる．塩蔵ブリはスライスして，カブの切れ目に挟み込む．副材料のトウガラシ，刻んだニンジンやコンブをあしらい，お湯にといてねかせた甘酒状のこうじと米飯（かぶらずしの素）を加え，重石を載せ，4〜10日間ほど本漬けを行う．食べる人の好み（特に酸味）によって本漬け期間は異なる．昔から一般家庭で正月に向けて作られてきたが，近年ではお土産品として1年中販売されるようになった．

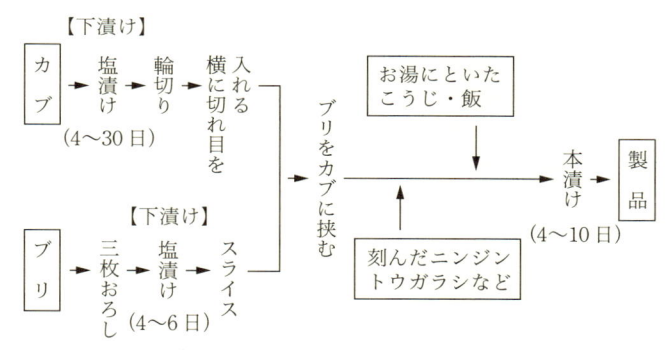

図 6.19　かぶらずしの製造工程

特　徴

塩漬け，本漬け期間を通して魚肉は熟成され，また，カブの部分では本漬け後に乳酸菌数および乳酸量が増加し，pHは4.5以下になる[2]．旨味成分と乳酸（酸味），カブ独特の歯ごたえのバランスが特徴で，他の漬物と比較して高価であるにもかかわらず，多くの人々に親しまれている[3]．

近年，食品会社で製造されているもののなかには，旨味調味料（アミノ酸，核酸），糖類，酸味料によって味つけされているものが多い[3]．これら調味料を用いた場合，手軽で，一定の品質の製品ができ上がるため非常に便利ではあるが，旨味成分や酸味の元になる有機酸の組成は本来の熟成，乳酸発酵を終えた製品とは異なるものであろう[2,3]．

生産の現状

石川県の場合，販売用かぶらずしは漬物製造業および農産加工団体によって作られており，年間生産量は合わせて160t程度と推計されている[4]．　　　〔久田　孝〕

文　献
1) 青木悦子：伝統食品・食文化 in 金沢（横山，藤井編），pp 45-54，幸書房，1996．
2) 久田　孝ほか：日水誌，**64**，1053-1059，1998．
3) 岡田俊樹，前田安彦：フードリサーチ，2000年1月号，34-39．
4) 高本修作：全国水産加工品総覧，pp 383-385，光琳，2005．

6.4.6　ハタハタずし

概　要

　いずしは北海道や東北地方で主に冬期間に製造される伝統食品でなれずしに分類される．ハタハタずしはいずしの1種であり秋田県の伝統的特産品となっている．ハタハタは産卵のため接岸する12月上旬に多く漁獲され，秋田県では季節ハタハタとして親しまれており2002年には秋田県の魚に指定された[1]．この季節ハタハタを使用して，多くの家庭で正月用のご馳走として作られていたのがハタハタずしである．家庭料理として多く作られることから，家庭に伝わるそれぞれの特徴ある作り方があり，同じ秋田県内でも地域により作り方はやや異なっている．市販ハタハタずしもその地域に伝わる作り方を基本としているため地域によりやや異なる製品となっている．秋田県においては大きく沿岸北部，沿岸中央部，沿岸南部の3地域でハタハタずしは類型化される．原材料の配合や製造方法がやや異なるが，共通する部分は原材料としてハタハタ，米，米こうじ（一部の地域不使用），野菜を使用するところである．ハタハタずしの生産量は秋田県内で年間約200 t以上と推定される．ハタハタずし製品は惣菜や贈答用などとして購入・消費されている．

製　法

　ハタハタずしの原料になるハタハタは秋田県における漁獲量が極端に落ち込んだ．ここ約20年間は秋田県外産や韓国などからの輸入ハタハタが多く使用されていた．秋田県産ハタハタの漁獲量が徐々に回復し，2002年以降は秋田県産ハタハタが原料として再び使用されるようになった．秋田県産ハタハタは雄が7割以上を占めるため雌は主に鮮魚として流通し，ハタハタずしには雄ハタハタが主に使用される．使用さ

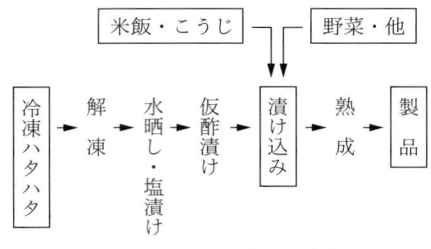

冷凍ハタハタ → 解凍 → 水晒し・塩漬け → 仮酢漬け → 漬け込み ← 米飯・こうじ，野菜・他 → 熟成 → 製品

図 6.20　ハタハタずしの製造工程

れる副原料では米,米こうじおよび野菜類の使用量が多く米こうじは色が白く糖化力の強いことが望ましい．また，ハタハタずしは殺菌工程がないため，こうじや野菜は雑菌汚染のないものを使用する必要がある．ハタハタずしの製造工程（図6.20）は秋田県では代表的な3地域でやや異なるが，共通する部分としてはまずハタハタの仮酢漬けである．この工程は食酢中の酢酸で魚肉のpHを下げ，身をしめること，雑菌の抑制，特にボツリヌス菌対策としてpHを下げて抑制するのに有効である．さらに他の原材料とともに熟成させるが，これは熟成中にハタハタ，米・米こうじ，野菜間の成分の相互移行があり最終的に全体の「なれ」につながっている．熟成期間は地域で異なり10～30日間で経験的に行われている場合が多い．また，沿岸中央部のハタハタずしは熟成中に乳酸菌類による乳酸発酵が認められ，発酵による独特の酸味と発酵臭が付与されるが，秋田県産ハタハタずしと微生物の関係はまだ不明の点が多い．

製品の特徴

ハタハタの処理方法の違いで，頭と内臓を除去してそのまま使用する一匹ずしとそれを3つにスライスした切りずしの2種類がある．また，外観としてはハタハタと野菜，米飯が層状になっている押しずし，すべて混合された混ぜずしの2つに分けられる．味は3地域で特徴があり沿岸北部はあっさりして甘みが少ない混ぜずし，沿岸中央部は独特の発酵臭がある混ぜずし，沿岸南部は甘みが強い押しずしである．また，製品の包装形態は200～300g詰めで発泡スチロールトレーに入れラップで包装するものは主に量販店向けで，500g～1kg詰でプラスチック容器に入れるものは主に贈答向けとなっている．食べ方はそのまま，またはワサビ醤油で食べてもよく，ご飯のおかずや酒の肴どちらにもよい．

生産の現状

ハタハタずしの生産量の統計値は明らかではないが，秋田県内製造所個別の聞き取りによると，2000年には約200t以上で製造額は5億円以上と推定される．ハタハタずしの製造業者は水産加工業だけでなく，地域性を反映し，仕出し・惣菜製造業，料亭なども含まれている．製造業者は秋田県沿岸に多く，包装・販売しているのは30業者以上と推定される．　　　　　　　　　　　　　　　　　　　　〔塚本研一〕

文　献
1) 秋田県農林水産部水産漁港課ほか：県の魚ハタハタ，秋田県，2002．

6.4.7　アユずし
概　要

アユのなれずしである．平安時代に定められた「延喜式」（927年）に貢納品としての記述があり，鎌倉から室町時代には美濃国の名産品として多くの書物に登場す

る．江戸時代になると将軍家への献上品として発展し，現在の岐阜市益屋町付近には御鮓所という専用の製造所が設けられ，江戸への搬送の際，岐阜から川港のある笠松までの道は御鮨街道と呼ばれるほど特別な地位をもっていた[1,2]．今日では，長良川河畔にある鵜匠家に受け継がれており，市内のアユ加工業者や料亭なども製造している．

製　法

原料魚は，9月下旬～10月中旬ころ，瀬張り漁などで漁獲される雄の落ちアユが用いられる．以下に製造工程を示す（図6.21）．

アユは，えら・内臓を除いて魚重量の40～50%の塩を塗し，約2倍重量の重石を効かせて冷暗所で約2か月間塩蔵する．12月初旬ころ，塩蔵したもののうろこ・胸びれを取り除き，水洗い後，流水で2時間ほど塩出しする．水切りしたアユの腹に軟らかく炊いたご飯を詰めて木製樽（容量約4 l）に入れ，その上に水に浸したご飯を敷き詰める．アユが井桁状になるように2もしくは3段に重ね（1樽に14～21尾が入る），表面を竹皮で覆って落とし蓋をする（おおよそアユ180尾に対して米4.5升を使用する）．この樽を2段積み重ね，空気を遮断するためにおのおのの樽に水を張り，重石をかける．冷暗所で約1か月間発酵・熟成させ（図6.22），2時間ほど逆押しして上澄み液を切り，製品となる（図6.23）．

製品の特徴

乳酸発酵により，米飯部がやや黄色みがかっており，チーズのようなにおいとほどよい酸味が付与されている．万人に受けるものではないが，酒肴として親しまれている．

生産の現状

鵜匠家のアユずしは，年末年始の贈答用・正月料理として作られているもので市販されていないが，岐阜市内の料亭やアユ加工品を専門とする業者により製造販売されている．生産規模はさまざまであるが，多いところで約1 t程度である．

〔加島隆洋〕

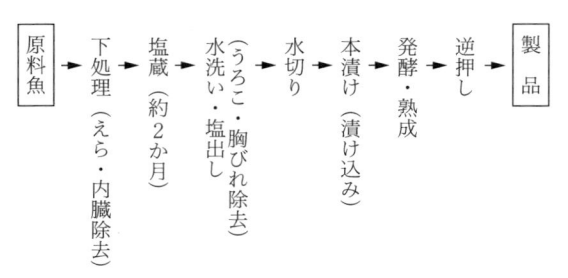

原料魚 → 下処理（えら・内臓除去）→ 塩蔵（約2か月）→ 水洗い・塩出し（うろこ・胸びれ除去）→ 水切り → 本漬け（漬け込み）→ 発酵・熟成 → 逆押し → 製品

図 6.21　アユずしの製造工程

図 6.22 発酵・熟成後　　図 6.23 アユずし

文　献
1) 日比野光敏：すしの歴史を訪ねる，pp 39-40, 70-73, 岩波書店, 1999.
2) みの・ひだ情報日本まん真ん中, **20**, 3-14, (財) 岐阜県広報センター, 1998.

6.4.8　ニシンずし

製品の概要

　ニシンずしはニシン，米こうじと野菜などを漬け込み，正月用伝承料理として晩秋から冬にかけて作られる漬物である．各家庭で作られるニシンずしは「ニシン漬け」「ダイコンのニシン漬け」などとも呼ばれ，雪の多い山間地域では冬のご馳走であり，ニシンは冬の動物性タンパク質の加工食品として重要なものであった．現在のニシンずしは『料理珍味集』(1764 年) に記載されている若狭のニシンずしとほとんど変わっていないようである．

製　法

　方法：米こうじは，①ほぐしてそのまま，②甘酒にして (市販されている)，③固めの粥が熱いうち (50〜60℃) に米こうじをほぐして加え，甘酒を作って，用いるなどの方法がある．

　材料と前処理：身欠きニシン，米こうじ，ダイコン，塩は共通材料であり，材料の割合やその他の材料は各家庭の好みで用いられる．若狭地方で行われているニシンずしの材料と前処理の例を示す．身欠きニシン 500 g，米こうじ 250〜500 g，ダイコン 4 kg，ハクサイ 1〜2 kg，ニンジン 250 g，塩 150 g，醤油 17 ml，みりん 34 ml，酒 60 ml である．前処理であるが，身欠きニシンは 1 晩水に浸漬，うろこ，頭部，尾部

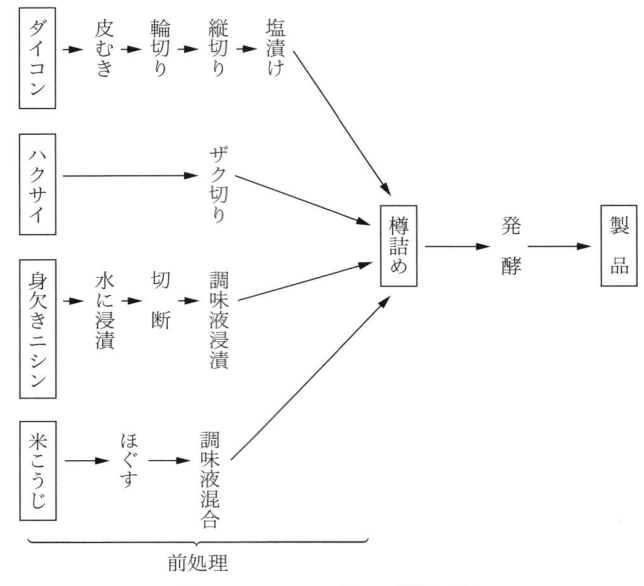

```
ダイコン → 皮むき → 輪切り → 縦切り → 塩漬け ┐
ハクサイ → ザク切り ──────────────────────┤
身欠きニシン → 水に浸漬 → 切断 → 調味液浸漬 ┤→ 樽詰め → 発酵 → 製品
米こうじ → ほぐす → 調味液混合 ───────────┘
                    └─── 前処理 ───┘
```

図 6.24 ニシンずしの製造工程

を除去する．3 cm の長さのぶつ切りニシンをみりん 17 ml，醬油 17 ml および塩 5 g を加えた調味液に 30 分間浸す（この工程を省略しているところもある）．ダイコンは皮を剥ぎ，3 cm 幅の輪切りにし，縦 1 cm 幅に切り，塩 50 g で 3 日間下漬けする．ハクサイはダイコンの大きさにザク切り，ニンジンは千切りにし，2 cm の長さに切る．米こうじはほぐして，これにみりん 0～17 ml，酒 50 ml を加え，軽く混合して用いる．

仕込み：ニシンずしの製造工程を図 6.24 に示す．まず，前処理した材料を用い，① 樽の底から順に塩，米こうじを混ぜて敷き，② ダイコン，ハクサイを並べて，ニンジンを散りばめ，③ 米こうじ，塩を振り，④ ニシンを皮部を上にして並べ，その上から米こうじ，塩を少量振る．②から④を繰り返し漬け込み，⑤ 最後に米こうじと塩を振りかけハクサイ葉 1 枚を載せて，落とし蓋をして重石（押し蓋がしなるほどの重石をのせて，水が上がってきたら石を軽くする）を掛けて 2 週間から 20 日程度漬け込む．

製造の特徴

製品の味は米こうじの量に左右され，量が少ないとまずく，風味も損なうといわれている．ダイコンと米こうじのおいしさとニシンの旨味がご飯や酒のつまみに合うが，ニシンは軽く焼くとさらに風味が増す．

生産の現状

現在も伝承料理としておのおのの家庭で根強く作られている. 〔西川清文〕

文 献
1) 三木久枝:「ふるさと若狭の知恵袋」の伝承講習会資料, 1999.
2) 篠田 統:すしの本(新装複刻版), pp 224-242, 柴田書店, 1993.

6.5 ぬか漬け

概 要[1-3]

魚のぬか漬けはイワシ, サバ, ニシン, フグなどを塩蔵(または塩蔵後に乾燥)して, こうじとともにぬかに漬け込んで熟成させたものである. 珍しいぬか漬けにフグの卵巣を用いたものがある.

ぬか漬けがいつごろからのものかは明らかではないが, 1727(享保12)年の租税覚え書きのなかにフグぬか漬けの記録がある. 元は北前船が北海道方面から運んできたニシンなどの塩蔵魚をぬかに漬け込み, 冬場や魚が獲れない時期の食糧としていたものという. 主産地は石川県の美川, 金石, 大野で, ほかに福井県, 兵庫県北部, 京都府北部などの日本海沿岸でも作られている. 最盛期には美川地区だけで40軒ほどの加工場があったといわれている. 主な消費地は金沢市と地元であるが, イワシのぬか漬け(へしこ, こぬかイワシなどともいう)は京都や山陰地方にも出荷されている.

製造原理

ぬか漬けの発酵・熟成には北陸特有の高温多湿の夏を経ることが必要といわれ, 熟成とともにpHは初期の5.5から終期には5.3に若干低下し, 遊離アミノ酸, 揮発性塩基, 有機酸, アルコールなどが増加する.

ぬか漬けの分析例(表6.8)では, pH 5.2〜5.5, 食塩9.8〜14.1%, アミノ態窒素350〜390 mg/100 g, 揮発性塩基窒素32〜100 mg/100 g, 乳酸0.44〜0.96%, アルコール0.07〜0.08%である. イワシぬか漬け熟成中の微生物は, 乳酸菌と酵母, 嫌気性菌が漬け込み初期から盛期(6月中旬〜8月下旬)にかけて急増し, 酵母として*Saccharomyces*および*Pichia*が報告されている. 乳酸菌として*Tetragenococcus muriaticus*および*L. plantarum*などがぬか漬け中に10^4〜10^6/g程度存在する. また, 好塩性嫌気性菌として*Haloanaerobium*属細菌が分離される.

なお, フグ卵巣ぬか漬けは原料が有毒にもかかわらず, 製品になったときには食用可能な状態になっている. フグ卵巣ぬか漬けでは塩蔵時の食塩濃度が高く, 漬け込み

表 6.8 イワシぬか漬けの成分

	山瀬ほか (1973)	張ほか (1991)	八並ほか (1992)
pH	5.3〜5.4	5.4〜5.5	5.28±0.13
水　分 (%)	48〜57	43.9〜54.4	43.9±4.3
食　塩 (%)	12.8〜14.0	12.2〜14.1	12.2±2.4
総窒素 (mg/100 g)	3170〜3900	—	—
アミノ態窒素 (mg/100 g)	350〜390	—	—
揮発性塩基窒素 (mg/100 g)	75.3〜98.5	60.7〜74.0	57.4±25.1
揮発性酸 (mg/100 g)	84〜127	—	—
乳　酸 (mg/100 g)	910〜960	443〜528	—
アルコール (mg/100 g)	72〜84	—	—

期間も長い．古くよりこれは毒消しのためであるといわれてきた．製造工程中の毒性変化を調べた例では，原料の卵巣の毒性は 443 MU/g と非常に高いにもかかわらず，塩漬け 7 か月後には 90 MU/g に，またぬか漬け 2 年目には 14 MU/g にまで減毒される．

このようにぬか漬け後の卵巣の毒量が減少する原因については，製造過程で毒が塩水および糠中に拡散して平均化することがいわれてきたが，その場合には総毒量（卵巣，塩蔵汁およびぬか中の毒量の合計）に大きな変化はないはずである．ところが，総毒量がぬか漬け 1 年後には元の 1/10 ほどに減っていることから，その他の原因も考えられる．発酵食品であるので微生物による可能性もあるが，① 加熱減菌したぬか漬け卵巣と非減菌のぬか漬け卵巣にフグ毒を添加して 24 週間貯蔵しても，両者に違いがみられず，また，② フグ毒添加培地にぬか漬けより分離した各種微生物約 200 株を接種した実験でも毒力の減少への微生物の寄与がみられない，などから微生物の関与は可能性が低いと考えられる．

それではなぜ毒が減るのかということになると，今のところよくわかっていない．フグ毒（テトロドトキシン）にはいくつかの類縁体があり，これらは少しずつ化学構造が違うだけであるが，類縁体の毒力はテトロドトキシンの数十分の一になるので，塩蔵やぬか漬け中に，このようなわずかな構造変化が非生物学的に起これば毒力が低下することも考えられる[4,5]．

種　類

魚のぬか漬けには，イワシ，サバ，ニシン，フグなどが用いられる．石川県で作られているフグのこぬか漬けは原料に有毒なフグの卵巣を用いている点で特異である．

伝統食品としての特徴・意義

なれずしでは米飯に魚を漬け込むのに対し，ぬか漬けではぬかを用いる点で特異である．野菜のぬか漬けからの連想かもしれないが，塩蔵魚を塩抜きして食べやすくす

るための工夫とも考えられる．実際，ぬか漬けにすることで格段に風味も増す．福井県ではぬか漬けをさらに塩抜きをしてから，米飯に漬け込んでなれずしにすることもある．

伝統食品は人間の英知の結晶であるといわれるように，そこには科学的で合理的な知恵や工夫が潜んでいることが多い．フグ卵巣のぬか漬けの場合でも，それを食べることの好悪はともかく，減毒効果のあることは確かであり，先人たちは命がけでそれを見いだしてきたわけである．

〔藤井建夫〕

文　献
1) 藤井建夫：塩辛・くさや・かつお節—水産発酵食品の製法と旨味（増補版），恒星社厚生閣，2001．
2) 藤井建夫：魚の発酵食品，成山堂書店，2000．
3) 八並一寿：伝統食品の研究，No.14，71-75，1994．
4) 小林武志ほか：日水誌，**69**，782-786，2003．
5) Kobayashi T, et al.: *J. Food Hyg. Soc. Japan*, **45**, 76-80, 2004.

6.5.1　へ　し　こ

製品の概要

へしこは，こぬか漬けやこんか漬けなど地方により呼び方が異なるが，サバ，イワシ，ニシン，フグ，イカなどの水産物のぬか漬けのことである[1]．島根県から青森県にかけて日本海側の広い地域に存在しており，兵庫県から富山県にかけて多く作られる．若狭湾周辺の地域ではへしこが一般的な呼び方であり，サバやイワシのへしこが盛んに作られてきた．へしこの語源は，カタクチイワシの「ひしこ（鯷）」が転じたとされているが，ふり塩した魚に強い重石をして「へしこむ」ことや減らす意の「へす」と，小さいことを意味する子（こ）や固まる意の「凝（こ）る」が合わさったものともいえる．

へしこの起源は定かでないが，塩蔵した魚介類を精米時の副生物であるぬかとともに漬け込むことから，なれずしや農産物のぬか漬けとも関係のある古くからの貯蔵法であろう．『和漢三才図會』（寺島良安，1712年）にみられるぬか魚は，へしこに近いものと解せられる．また，『本朝食鑑』（人見必大，1698年）には，「糠を塩と合して瓜蔬魚鳥を淹蔵して，経年の貯えをする」とあり，当時も魚のぬか漬けが作られていたことがわかる．現在は，主原料のサバやイワシの資源量が減少しつつあるが，へしこは地域特産品として発展している[2]．

製　法

マサバのへしこについてのみ述べるが[2,3]，イワシやフグなどのへしこも，原理はおおむねこれに準じている．鮮度のよい体重500〜600 gのマサバを背割りにして，

マサバ → 背割り → 内臓除去 → 洗浄 → 塩漬け → ぬか漬け → 塩汁注入 → 発酵・熟成 → へしこ製品

図 6.25 マサバへしこの製造工程

内臓，えらを除去し，水洗して魚体に付着した血液などを除去する．次いで，魚体に対して 20～25％ の食塩を全面に振りまき，樽に並べて詰め込み，40～50 kg の重石をして，約 7 日間塩漬けする．塩漬けしたマサバを取り出し，魚体から出た塩汁で表面の過剰な食塩をすすぎ落とす．魚体重量の 40～45％ のぬかを用い，魚体の腹部に詰め込み，さらに表面にもまぶした後，必要に応じて少量の米こうじおよび切りトウガラシを均等になるように適量加える．塩汁を振りかけながら，樽に隙間のないようにマサバを積み上げ，その上にぬかを加えて魚体を覆う．最後に密閉して蓋を載せ，重石をかけて，塩汁と飽和食塩水を上から注ぐ．高温の夏期を経て，半年以上ぬか漬けにして発酵させる．

製品の特徴

塩漬けからぬか漬けの間に，魚体は食塩の浸透により強く脱水し，ぬかが発酵して生成した酸の働きで，魚肉の pH は 6.6 から 5.2 付近まで低下し，腐敗が防止される．この間に，魚のエキス成分に大きな変化が起こり，マサバへしこでは乳酸を主体とする有機酸総量は 2 倍，グルタミン酸などの遊離アミノ酸は 2.6 倍，ペプチドは 4 倍程度にまで増加する．ぬかに由来する糖質の魚肉中への浸透も起きる．これらの多量のエキス成分の増加により，へしこは非常に濃厚な旨味をもつようになる[3,4]．遊離アミノ酸と糖質とのアミノカルボニル反応によりへしこの肉質は赤褐色をおび，焙って食するといっそう香味が向上する．従来，マサバへしこの塩分は 10～14％ とかなり高塩分であったが，近年の減塩傾向から，8～10％ のものが多くなってきた．また，へしこエキスが高血圧抑制作用をもつことがラットを用いた投与実験で確認されるなど，へしこは健康性機能の面も注目されている[5]．

生産の現状

加工形態が比較的小規模のため，へしこの総生産量は明確でないが，サバへしこ生産量は約 250 t 程度と推定される．近年，主原料であるサバとイワシの漁獲量の減少が著しいが，サバについては原料不足を輸入原料で補っている．へしこが米飯食と適合することや，発酵食品として健康性機能や低塩分化に伴って，生産量は増加傾向にあるとみられる．

〔赤羽義章〕

文 献
1) 坂本 尚：食品加工総覧第 6 巻加工品編，農山漁村文化協会，2003．

2) 山本　巌, 山本律彦：へしこ考, 竹下印刷所, 2005.
3) 伊藤光史, 赤羽義章：日水誌, **66**, 1051-1058, 2000.
4) 伊藤光史, 赤羽義章：日水誌, **65**, 878-885, 1999.
5) Itou K, Akahane Y: *Fish Sci.*, **70**, 1121-1129, 2004.

6.5.2　フグの子ぬか漬け

概　要

　フグの子ぬか漬けとはフグ卵巣を塩蔵した後，ぬかに漬けて発酵させたものである．主な生産地である石川県美川町（現：白山市）を中心とした聞き取り調査によると，現在の生産量は年間およそ30 t程度であり，主に県内で消費される．日本でフグ卵巣の加工が許可されている県は石川県を含めたいへん少ない．食品衛生法では有毒な物質を含む食品の発売が禁止されているが，石川県で製造販売されているフグの子ぬか漬けは人の健康を損なうおそれがないと認められ製造販売が許可されている数少ない加工品である．

製　法

　フグの子ぬか漬けの原料はゴマフグの卵巣である．ゴマフグは6～7月に石川県能登地方や新潟県など日本海沿岸で獲れたものを原料として用いる．

　ゴマフグは頭と内臓を除去した後，身と卵巣がぬか漬けに加工される．フグの子ぬか漬けとなる卵巣は35～40％の食塩をまき塩にして2～3か月間漬け込んだ後，塩を代えて新たに漬け直し，1～1年半塩蔵する．塩漬けした卵巣はぬか，こうじ，トウ

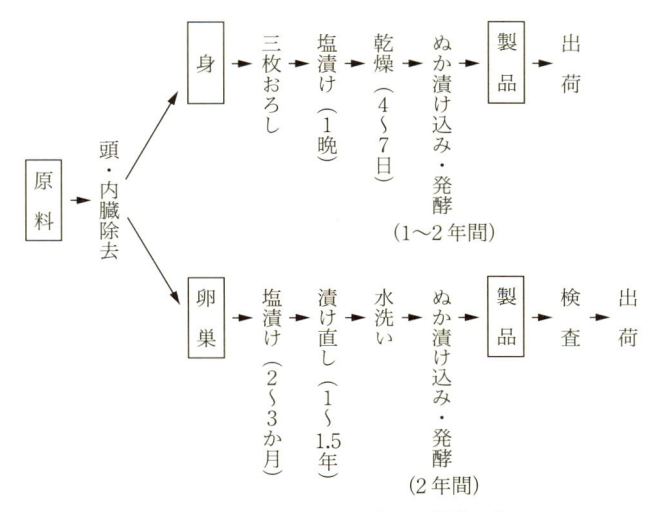

図 **6.26**　フグの子ぬか漬けの製造工程

ガラシを層状に重ね，最上層には桶の内縁に沿って縄を置き，落とし蓋をして重石をかける．重石をきっちりかけることで腐敗を防ぎ，硬く身の締まった製品となる．ぬかに漬け込んだ翌日に魚の塩蔵汁（差し汁）をボーメ20度程度に調整して加え，2年程度発酵させる．製品は出荷前に必ず毒性検査を受けなければならず，毒性が10 MU/g未満の製品のみ出荷が許可される．

製品の特徴

フグの子ぬか漬けでは塩蔵時の食塩濃度が高く，漬け込み期間も長い．古くよりこれは毒消しのためであるといわれてきた．製造工程中の毒性変化を調べた例では，原料の卵巣の毒性が443 MU/gと非常に高いにもかかわらず，塩漬け7か月後には90 MU/gに，またぬか漬け2年目には14 MU/gにまで減毒される[1]．

フグの子ぬか漬けの材料として用いられる卵巣は非常に高い毒性を有しているが，製造工程中の毒性変化を調べた例では塩蔵，ぬか漬け込み後，発酵の過程を経るうちに，その毒性は約1/30以下にまで減毒されるという[1]．

このように卵巣の毒性が減少する原因については，微生物の関与[2]，製造過程における毒の拡散・平均化[1]など，さまざまな可能性について研究が進められてきた．最近では，製造中にテトロドトキシンの化学構造が変化し，毒力が数十分の一である類縁体になるのではないか[3]という説もあるが，その正確なメカニズムについては未だ解明できていないのが現状である．

フグの子ぬか漬けの一般成分は表6.9に示したとおりである．

その他，熟成中に酵母や微生物によって産生された酵素の働きによって分解，生成されたアルコール，エステル，有機酸，遊離アミノ酸が多い．これらがぬか漬け独特の風味に大きく関与している[4]．

表 6.9 市販フグの子ぬか漬けの一般成分（%）

水分	粗タンパク質	粗脂肪	炭水化物	灰分	塩分
48.0	22.6	6.1	8.0	15.3	13.5

（石川県水産総合センター調べ）

生産の現状

石川県内の主産地は美川町（現：白山市），金沢市金石，大野，輪島市である．15年ぐらい前の調査では，石川県内の加工場数は16軒であったが，最近は11軒にまで減少している．また，加工場数の減少に伴い，フグの子ぬか漬けを含めた魚介ぬか漬け全体の生産量も大きく減少している．フグの子ぬか漬けは，以前は木の桶で出荷されていたが，現在では真空パック包装での販売が主流である．フグの子ぬか漬けの製造工程は昔とほとんど変わっておらず，作業はすべて手作業で行われている．

〔森真由美〕

文　献
1) 小沢千重子：日水誌, **52**(12), 2177-2181, 1986.
2) 小林武志ほか：日水誌, **69**(5), 782-786, 2003.
3) 藤井建夫：魚の発酵食品, pp 105-106, 成山堂書店, 2000.
4) 山瀬　登ほか：水産物利用加工研究報告書, pp 2-12, 石川水試, 1973.

6.6　酢　漬　け

概　要

　酢漬けは，基本的には塩漬けした魚介類を食酢に漬け込んだものである．酢漬けに用いる酢の起源は，ユズ，ダイダイなどかんきつ類の果実から絞り取った酢や果実酒が発酵した果実酢すなわち木酢にあるとされており，このような用い方の一部は現在にも受け継がれている．和歌山県や奈良県の姿ずしに用いられるアユ，サンマ，サバなどは，塩抜きした後ユズの絞り汁に漬けられる．現在では種々の食酢が酢漬けに用いられるが，最も多く用いられる食酢は米酢である[1]．なれずしは自然発酵によって生成する乳酸などの有機酸の働きにより，魚介類の変敗を防止して作られるが，酢漬けは酢酸発酵によって醸造された食酢を魚介類や漬け床に直接加えて作るものであり，優れた抗菌作用と香味を有する醸造酢によって発達した魚介類の保存技術であるといえる．

　米酢は，日本で酒造りが行われるに従って酒が自然発酵した二次発酵物として作られるようになったと考えられており，このことは平安時代中期の辞書『倭名抄』で酢のことを苦酒（からさけ）と呼んでいることからもうかがえる．酢はまた唐酒とも呼ばれ，本格的な米酢造りは7世紀の前半には遣唐使によって中国から伝えられ，飛鳥時代から奈良時代にはかなり組織的に米酢が醸造されたことが「大宝律令」（701年）からもわかる．天武天皇による「肉食禁止令」（675年）以来，魚介類が「まな」として料理の中心に登場するようになると，食酢で魚介類特有のにおいを消して保存性を保つことが，調理のうえでの大切な技法になった．また，平安時代の「延喜式」（927年）には，米酢の作り方についての原料配合が書かれており，この時代には酢醸造がかなり普及していた[1]．

　なます（膾）は，現在は酢の物であるが，もともと獣肉の生肉の切り身を意味していた．当時の中心であった奈良や京都が内陸部にあったことから，特に夏期においては新鮮な魚介類が望めない状態にあったので，酢でしめたものがなますとしてしだいに定着していったと考えられる．古い時代では，海産魚よりも川魚のほうが重用されていたことも，食酢を多く必要とした理由の1つであろう．いずれにしても，食酢は

魚介類の醒臭やアミン臭を消しておいしさを保持させるために必須の素材であった．

一方，塩蔵は魚介類の最も古い貯蔵法の1つであるが，食酢を併用すれば，低塩分でも保存性を高め，かつ味を向上させることができる．室町時代には，酒，塩，酢からなる調味液に魚肉や鳥肉を漬ける酒浸（さかびし）があり，海産魚も多く使われた．安土桃山時代から江戸時代になると，沖合漁業が盛んになり魚介類の供給が増加したことに伴い，調理加工が急速に発達した．酢漬けとその技術は，若狭国や長門国の小鯛酢漬けのような長期保存型の製品から[2]，しめサバなど魚を酢でしめたもの，あるいは早すしに用いる魚介類など多様化する食品にも応用されるようになった．

酢漬けはこのような経緯をたどって今日に至った背景があるため，加塩した魚介類を食酢に漬け込むもの，食酢を含む調味液で短時間処理するもの，酢漬けした魚介類を卯の花やアワなどの漬け床に漬け込んで作るものなど，地方や原料によってさまざまな作り方や製品が存在している．魚の姿ずしなどの早ずしでは，酢漬けした魚介類は米飯すなわち酢めしに合わせるために必要な具となっている[3]．

製造原理

魚介肉は畜肉に比較して保存中の鮮度低下が速く，肉の軟化，生臭の発生や腐敗が起こりやすいことが特徴である．魚を酢漬けにすることの目的は，これらの現象を抑えて保存性を高めるとともに調味することにある．小型のカタクチイワシなどでは食塩を溶かした食酢に直接漬けて酢漬けにする方法もとられるが，一般的には，ふり塩漬けあるいはたて塩漬けなどによって魚を塩じめした後，酢じめすることが行われる．食塩はそれ自体では強い殺菌作用があるわけではないが，腐敗細菌の増殖を抑える静菌作用に優れている．サバやカツオなどの赤身魚の保存中に起こる，アレルギー様食中毒の原因物質であるヒスタミンなどの不揮発性アミンの生成も，高濃度の食塩で魚体表面を処理することにより防止される．

魚肉の保水力は2〜3％の低濃度の食塩を加えると増大するが，高濃度の食塩はその浸透圧作用によって魚肉を脱水させる．魚肉の保水力はpH 7の中性付近で大きいが，酸を加えてpHを低下させるに従って小さくなり，pH 5.3付近の魚肉タンパク質の等電点で最小になる．食塩が存在すると，pHの低下に伴う魚肉の保水力の低下はいっそう強く起こる[4]．そこで，魚肉の表面を比較的高濃度の食塩で処理した後，必要に応じて水で塩抜きし，塩じめした魚を食酢に漬けて酢じめする．このことにより，魚の身はほぐれることなく引き締まり，表面が酸変性して白くなる．

酢漬けには，かんきつ類の果実などの絞り汁が用いられることもあるが，多くの場合醸造酢，特に米酢が用いられている．食酢が優れた食品の保存効果をもっていることはよく知られており，米酢の主要な酸である酢酸は他の有機酸と比較して強い抗菌作用を有している[5]．魚介類は寄生虫によって汚染されている可能性があるが，これらについても酢漬けすることによって防止される．魚介類に特有の生臭さは揮発性ア

ミンやカルボニル化合物など多くの成分からできており，水洗や塩漬けによってもその多くは取り除かれるが，ごく微量存在しても臭気が発生する．食酢中の酢酸などの有機酸は，これらの成分，特にアミン類と反応して水に易溶性の不揮発性塩に変えるので，著しい抑臭効果を発揮する．食酢はまた優れた調味料でもあり，酢酸などの有機酸のほか，グルタミン酸などのアミノ酸，グルコースなどの糖類，アルコール，カルボニル化合物，エステル類など複雑な香気成分を含み，原料魚のエキス成分とよく調和して特有のおいしさを醸し出す．酢漬けの調味には食塩と食酢が基本であるが，ショウガ，トウガラシ，ニンジン，ユズ，コンブなどを付け合わせることも行われ，近年は糖類やみりんなどのほか調味料なども併用される．

酢漬けの種類

　酢漬けの原料魚としては，イワシ，サバ，サンマ，コノシロ，サッパ，ニシン，アジ，タイ，キス，キュウリウオ，アユ，ワカサギ，イカ，タコ，アサリ，ハマグリ，ホヤ，ナマコなどがあげられる．イワシとしては中羽または小羽のマイワシ，ウルメイワシ，カタクチイワシ，タイにはキダイなどの小型のものが利用されている．現在，これらの原料魚のすべてが用いられているわけではなく，また行事食や季節的な家庭料理の酢漬けとして作られていて，市販されていないものもある．

　現在でも地方により多様な酢漬け製品が存在しているが，若狭国や長門国の小鯛酢漬けなど[2]のような，1年間の長期保存が可能という形の製品は作られなくなった．冷蔵庫の普及によって，製品の貯蔵性が向上したという背景はあるが，低塩分で原料魚の素材の特徴をいかした製品が消費者に好まれるようになったことによると思われる．福井県若狭地方の小鯛ささ漬けは，鮮度のよい小型のキダイを1日塩漬けした後，米酢でごく短時間処理したものであり，キスやアジなどを原料とした同様の製品もある．しめサバはふり塩したサバを塩抜きして食酢に漬ける方法も行われるが，1日程度たて塩漬けしたサバを，調味した食酢に1日程度漬けたのち引き上げて作ることが多い．食酢に漬ける時間が長いのは，サバではヒスタミンが生成しやすいことと，魚体が大きいため食酢の浸透に時間がかかるためである．ママカリ（サッパ），カタクチイワシ，イカの酢漬けなどでは，酢漬けした魚を引き上げて製品とすることもあるが，調味した酢に漬けたままで製品にするものもある．ホヤの酢漬けも同様に作られ，瓶に詰めて製品にしている．

　酢漬けした魚は，米飯と合わせることにより，サバずし，コハダ（コノシロ）すし，こけらずしなどの握りすしに用いられている．一方で，富山県のマスずし，和歌山県や奈良県のさえれ（サンマ）ずしなどでは，短時日ではあるが漬け込みが行われることから，酢漬けとすしの接点にあるともいえる．同様に，酢漬けにした魚を卯の花（おから）やアワと漬け込むものがあり，卯の花漬け，卯の花ずし，おから漬け，おからずしなど名称は一定しないが，これらのなかに短時日の漬け込みをする酢漬け

が存在している[3]．また，米飯の代わりに，調味したおからを用いた握りずしタイプのものもある．卯の花漬けにはいろいろな魚が用いられているが，イワシの卯の花漬けは千葉県をはじめ広く各地で作られ，特産品になっている．

問題点と今後の課題

酢漬けは，季節的に多獲され鮮度の低下しやすい魚をおいしく食べるよい方法であるが，原料魚の資源が近年減少しつつある．サバについては，減少する漁獲量を輸入原料で補い，酢漬けであるしめサバは生産量が増加している．消費者の好みに応じて，製品は低塩分，低酸味の傾向にあるが，ヒスタミンなどによるアレルギー様食中毒など食品衛生上の問題が発生しないための十分な品質管理が望まれる[6]．イワシの資源も減少してはいるが，おからなど低価格で健康性機能にも優れた素材や農産物と組み合わせた酢漬け作りは，減少している資源の高付加価値化に有効であると考えられる．小鯛ささ漬けの原料魚であるキダイの小型魚については，将来的には，養殖などの原料確保のための技術確立が必要と考えられる．

文　献

1) 飴山　實，大塚　滋編：酢の科学，朝倉書店，1994．
2) 農商務省水産局：日本水産製品誌，水産社，1935．
3) 奥村彪生編：すし　なれずし，農山漁村文化協会，2002．
4) 赤羽義章，志水　寛：日水誌，**55**，1827-1832，1989．
5) 松田敏生ほか：日食工誌，**41**，687-702，1994．
6) 有馬和幸ほか編：水産食品 HACCP の基礎と実際，エヌ・ティ・エス，2000．

6.6.1　小鯛ささ漬け

製品の概要

安土桃山時代には，若狭の領主京極高次が各藩に小鯛の酢漬けを贈って喜ばれたと伝えられている．明治時代には，長門国（山口県）豊浦郡で 10 cm 程度の小鯛を 1 日塩漬けした後，酢に 10 日浸し，さらに新鮮な酢で 3 回処理した，1 年間の長期保存が可能な酢漬け製品があったことが知られている[1]．現在，福井県若狭地方を主体に作られている特産品の小鯛ささ漬けは，小型の新鮮なキダイ（別名レンコダイ）を 1 昼夜塩蔵した後，食酢でごく短時間処理して杉樽に詰められる．キダイ本来の持ち味をいかした生鮮調理加工食品というべきもので，これらの酢漬けとは大きく異なる製品である．

キダイは沖合いに生息するため，中世以前には大きな漁獲対象になっていなかったが，近世から漁法の発達により漁獲量がしだいに増加した．タイの身を食塩と酢でしめて食することは，漁家において古くから行われていたと考えられる．杉樽に詰められた現在の姿の小鯛ささ漬けは，多量に混獲された小型のキダイの利用法の一つとし

て，明治後期に若狭小浜の魚商池田喜助と京都の海産物問屋の竹内友造が共同考案したとの説が有力である．小鯛ささ漬けの名称は，三枚におろしたタイの身が笹の葉の形に似ていることによるといわれているが，笹の葉を身の上に乗せて樽詰めすることに由来するともいわれる[2]．

製　法[2]

体長 10 cm 前後の新鮮なキダイを原料とし，うろこをていねいに落とし，頭部と内臓を除いて冷水で十分に水洗した後，三枚におろす．鮮度が低下しやすいので，これらの処理は迅速に行う．おろし身はふり塩またはたて塩にした後，1 昼夜塩蔵する．加塩量は季節，漁場，魚体の大きさで加減する．塩蔵したおろし身はかごに入れて冷水で軽く水洗してからよく水切りして米酢などの食酢に通す．食酢の使用により，製品の風味と保存性の向上が期待できるが，食酢の濃度はやや薄めとし，調味も薄くしてキダイ本来の味を生かすことが大切とされている．

食酢から引き上げたおろし身は，皮を下にして隙間のないように樽に底から並べて詰められる．最上段は皮を上にして並べ，笹の葉を乗せてから密封する．プラスチック製やガラス製の容器は水分を吸収しないため，変質を起こしやすい．多く用いられている杉樽は，水分を吸収しやすく，杉の成分による品質保持効果も期待され，製品の風味の点でも優れている．

キダイ → 調理 → 水洗 → 三枚おろし → 塩蔵 → 水洗 → 調味食酢通し → 樽詰め → 製品

図 6.27　小鯛ささ漬けの製造工程

製品の特徴

小鯛ささ漬けの食塩含量は 2〜3% であり，魚肉の表面を薄い食酢で処理した生鮮調理加工品であることから，冷蔵庫中では 2 週間程度は日持ちするが，製造後 1 週間程度が賞味期限である．製品の魚肉は，あめ色をして身に柔軟性のあるものが良質とされ，濃い食酢で魚肉を処理すると，表皮の色があせて，身が白くばさつき，食味が低下する．キダイの表皮はマダイやチダイなどより色彩が鮮やかで，軟らかく，食感にも優れている．製品はタイの風味が生かされており，そのまま食べても美味であるが，ワサビ醬油で食べたり，握りずしや刻んで混ぜずしにしたり多様な食べ方で利用できる．

生産の現状

福井県若狭地方を中心とする特産品であるが，土産品をはじめ業務用あるいは家庭

用として，全国に出荷されている．総生産量は 150～200 t 程度と推定される．原料魚のキダイは主に能登半島以西の日本海近海から集められている．いろいろなサイズのキダイが漁獲されるが，これらのなかから選別された体長 8～12 cm 程度のものが小鯛ささ漬けに使用されるため，年間を通じてこの海域だけから原料を確保することはしだいに難しくなりつつある．マダイやチダイは表皮の色調や硬さの点から，原料適性の点で劣るので，良質なキダイ生鮮原料の確保が今後の課題である．

〔赤羽義章〕

文 献
1) 農商務省水産局：日本水産製品誌，水産社，1935．
2) 山本　巌：若狭小鯛―その歴史と笹漬の科学―，朝日カルチャーセンター，1998．

6.6.2　マスずし

概　要

マスずしは富山県の代表的な特産品である．古くは承和 8（841）年婦負郡（現富山市）鵜坂神社で勅使に若笹にのせたマスずしが出されたと伝えられ，「延喜式」には越中の国のサケずしが朝廷に献上されたと記されている．当時は米飯にこうじを混ぜ，それに魚の身を挟んで発酵させたなれずしであった．文化年間にアユずしの記載があり，現在の酢の代わりに酒を使って作ったと記載されていることから，このころより神通川で漁獲されるアユやマスを原料に早ずしが作られるようになったと考えられている．

製　法

サクラマスを原料として，魚肉を酢じめした後，酢飯にのせ，押し（重ね）をし，熟成させて作った早ずし．

4～5 月神通川河口に遡上したサクラマスを使用し，三枚おろしにし，5 mm の厚さに薄切りにする．軽く散塩し数時間おいて塩じめし，調味酢（砂糖，食塩，食酢，調味料）に数秒漬け，酢洗いする．クマザサを放射状に敷いて，ササの上に酢飯（調味酢で味つけ）をのせる．さらに，マスの身をのせ，ササで包み蓋をする．10 段ほど重ねた上に重石をのせ 10 分から数時間熟成し，製品とする．製品歩留まりはマス肉で 50～60％，1 尾のマス（2～3 kg）からマスずし 14～15 個である．

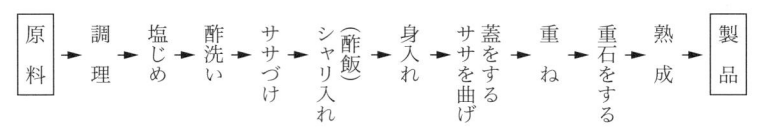

原料 → 調理 → 塩じめ → 酢洗い → ササづけ → （酢飯）シャリ入れ → 身入れ → 蓋をするササを曲げ → 重ね → 重石をする → 熟成 → 製品

図 6.28　マスずしの製造工程

製造の特徴

原料となるマスは昔は神通川で捕れたサクラマスを使用していたが，現在では北洋サクラマス，シロザケ，大西洋サケなどを利用している．サクラマスは $-25°C$ 以下で2日以上凍結したものを使用する（サナダムシの殺虫のため）．半解凍で身をおろす．マスの肉の酢洗いはマスの脂が多い場合は漬け時間を長めにする．クマザサは新潟，青森，北海道から冷凍したものを現在では使用している．特にササの汚れは水洗いだけでは落ちないため，たわしなどでよく洗うだけでなく，次亜塩素酸ナトリウム溶液などで殺菌し，よく洗浄して使用する．

最近では製造工程を機械化し大量生産している．さらに，ササづけなど人に頼る作業を省力化したり，円形ではなく（水圧によるカッターを使用し）半月にしてコンビニエンスストアなどへの販路を広げている．製造後1日程度たったものが味がなじんでおいしいといわれている．低温で保存すると飯が硬くなるので常温で流通する．常温では賞味期限を2日以内としている．

栄養成分は水分 63.4%，タンパク質 6.9%，脂質 0.3%，炭水化物 28.1%，灰分 1.3% である．

生産の現状

生産量は年間約 450 万個と推定され，高速道路での販売や，コンビニエンスストアでの販売も増え，増産傾向にある．　　　　　　　　　　　　　　〔川﨑賢一〕

文　献
1) 富山県水産加工業協同組合連合会ほか：とやまの水産加工品，2002.
2) 富山県食品研究所：富山の特産物，2003.
3) 富山県食品研究所：とやまの特産物機能成分データ集，2005.

6.6.3 ママカリの酢漬け

製品の概要

「ママカリの酢漬け」は岡山県南部を中心とする瀬戸内沿岸地域の郷土料理である[1]．ママカリのうろこ，頭，腹わたを除き塩でしめた後甘酢に漬けた生の酢漬けと，姿のまま素焼きした後二杯酢または三杯酢に漬けた姿焼きの酢漬けの2種類がある．前者はそのまま酒の肴，または腹から手で開いて中骨を除き握ったすし飯の上にのせて「ママカリずし」として，後者は白飯のおかずとして食べられている．しかし，近年，「ママカリの酢漬け」を家庭で作る機会は減少傾向にある．さらには，ママカリを食べるという食文化そのものも失われつつあり，現在，製品は家庭用向けに店頭に並んではいるものの売り場面積は非常に小さく，主には岡山県の名産品として土産用，贈答用に製造されている．

製　法

　原材料のママカリは，岡山県内の業者では瀬戸内海産（小豆島，淡路島近海）および一部九州，名古屋地方のものを使用している．ママカリは岡山地域の呼び名で，ママカリがおいしくてママ（ご飯）がなくなり隣家に借りに行くほどであることに由来する[2]が，正式にはサッパと呼ばれる標準体長13 cmのニシン目ニシン科の魚である[3]．旬は岡山地域では夏の終わりから秋口とされ，秋祭りのころに食べられることが多いが，文献によっては立春のころを旬とするものもある．岡山県内の業者では秋口に獲れたママカリを冷凍保存することで原材料を確保しており，必要に応じて解凍した後，図6.29に示すような製造工程をとるようである．

　姿焼きの酢漬けは全工程機械にて製造されるが，生の酢漬けは「袋詰め・調味液充塡」工程を除いてはすべて手作業で製造される．製造割合は生の酢漬けが9割を占める．

製品の特徴

　生，姿焼き両製品ともに酢に漬けてあるために，軟らかく骨ごと食べられ，保存性に富む．生の酢漬けは隠し味として加えられたショウガの風味が，姿焼きの酢漬けは香ばしさが特徴である．

生産の現状

　現在の主な生産地域は岡山・広島地域で，業者数は10社以上とされている．岡山県内の業者で県が把握しているのは2社のみであり，生産高などについても数量化されていないのが現状である．

〔佐藤紀代美〕

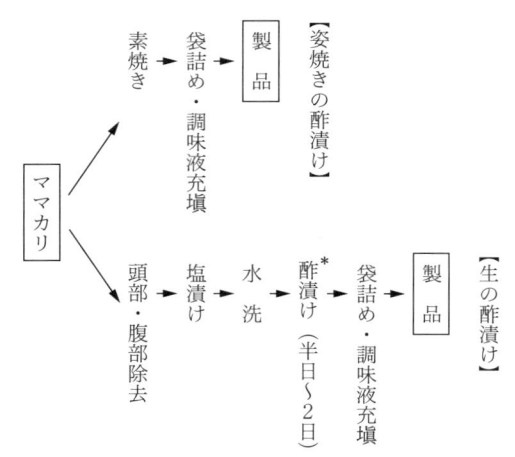

図 6.29　ママカリの酢漬けの製造工程
＊業者によって幅がある．

文 献

1) 日本の食生活全集33，聞き書 岡山の食事，pp 34, 59, 75, 農山漁村文化協会，1985.
2) 川上行藏, 西村元三郎監修: 日本料理由来事典 [中], pp 434, 同朋舎, 1990.
3) 岡村 収, 尼岡邦夫編・監修: 山渓カラー図鑑 日本の海水魚, pp 92, 山と渓谷社，1997.

6.6.4 イワシの卵の花漬け

製品の概要

イワシの卵の花漬けは，中羽ないしは小羽イワシを塩蔵してから食酢に漬けた魚に，調味・加熱して冷やしたダイズおからを抱き合わせて，冷所で数日間漬け込んだものである．卵の花すなわちおからを使うことから，卵の花漬けやおから漬けなどと呼ばれているが，おからずしと呼ばれるもののなかにも卵の花漬けと同様の製法のものがある[1].

いつごろから作られるようになったか明らかでないが，千葉県のアワすしなどと同じく，米の貴重な時代におからが代替に用いられたものであろう．おからが豆腐の副産物であることから，卵の花漬けは，豆腐が普及した江戸時代には，新鮮な小魚が手に入る地域の冬季の民間料理の1つとして作られていたものと推定される．長期の保存に耐えないので，低温の秋から冬の沿岸地方の家庭料理として作られ，正月料理の1つでもあった．イワシ以外にコノシロなども原料とされる．

製 法[1,2]

新鮮な原料イワシを腹開きにして，頭部，胸びれ，内臓およびうろこを除く．2~3%の冷たい食塩水で身を洗って血抜きをする．水切りをしてから，手早く背骨を取り除く．調理したイワシを飽和食塩水に漬けて軽く重石をし，10~20時間たて塩漬けする．あるいは，イワシに対して6~7%の食塩でふり塩漬けする．食塩含量3%前後の塩蔵したイワシを，魚とほぼ同量の食酢に漬けて，数時間から1日間仮漬けする．食酢を取り替えて2回仮漬けすることもある．

水を切った卵の花は，砂糖，みりん，酒，食塩などを混ぜながら煎りつけて加熱する．千切りのショウガやニンジンのほか，切りトウガラシ，サンショウ，アサの実を少量混ぜると香味が向上する．加熱した卵の花に食酢を適宜加えてよく混合したのち放冷する．卵の花を魚の腹部に詰めて，コンブを敷いた容器に並べ，1層ごとに卵の花をふり撒いて隙間のないように積み重ねる．最後に卵の花を乗せてから蓋と重石をし，本漬けして製品とする．

すぐにでも食べられるが，冷所で数日漬け込むと味がなれる．卵の花を使うため，製品はカビが生えやすく保存期間は10日程度である．

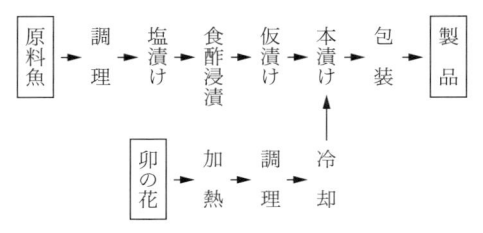

図 6.30 イワシの卯の花漬けの製造工程

製品の特徴

愛知県渥美半島のおから漬けや富山県新川地方の卯の花漬け，あるいはハタハタを用いて作る鳥取県のシロハタずしなどのように，酢漬けしたイワシと調理したおからを交互に漬け込む，早ずしに近いものから，広島県でイワシのあまずしと呼ばれているような，明らかに握りずしと思われるものまで，いろいろな形が存在している[3]．おからが米の代替品として用いられたことに由来するのであろう．原料魚としてはイワシが最も多いが，コノシロ，サンマ，ハタハタなども多く使われ，ホヤや淡水魚も用いられる．漬け込むことにより，酢漬けした魚と調理したおからとの間で酸味がなれて，独特のおいしさをもつようになる．

生産の現状

家庭でのおからを利用する料理が減少するにつれて，民間でイワシの卯の花漬けを作ることは少なくなった．しかし，近年のコールドチェーンの発達や，イワシやおからの健康性機能が見直されるに伴い，千葉県，神奈川県，石川県などではイワシの卯の花漬けが特産品として盛んに作られるようになってきた．生産規模が小さいことと，イワシ以外の原料魚も使われるため，統計的な数量は不明である．〔赤羽義章〕

文　献
1) 三輪勝利監修：水産加工品総覧，光琳，1992．
2) 坂本　尚：食品加工総覧第12巻素材編，農山漁村文化協会，2003．
3) 奥村彪生編：すし　なれずし，農山漁村文化協会，2002．

6.7　醬油漬け（松前漬け）

概　要

醬油漬けは寒冷時の保存食として日本各地に伝えられており，農産物や水産物など幅広い原料を対象として親しまれてきた．水産物を主原料とした醬油漬けとして，松前漬けは最もなじみ深いものの1つである．松前漬けは，醬油を主体とした調味液に

刻みするめと刻みコンブを漬け込んだもので，するめとコンブの旨味が特徴的で，さらにコンブの粘りが独特の食感を醸し出す北海道および東北地方の名産品である．現在では数の子などの魚卵のほか，剝皮したイカ肉やその他の貝類，または細切りしたニンジンやダイコンなどの野菜類を加えたものなど，多くの種類が生産されている．

製　法

松前漬けの製法を図 6.31 に示す．するめはスルメイカを原料として作られたもので，身が厚くて赤色の強いものがよく，コンブは色が黒くて肉厚で，香りの強いマコンブがよいといわれている．するめは幅 5 cm 程度に切断した後に，軽く湿気を与え 1 日程度あん蒸し，重ねて加圧しするめ刻み機を用いて幅 0.5～2 mm 程度に細切りする．一般にはするめの胴肉のみが使われるが，頭足部も用いられることもある．コンブも同様に幅 5 cm 程度に切断した後に軽く湿気を与え，重ねて加圧し，幅 0.5～2 mm 程度に細切りする．数の子は表皮を除いた後に，チョッパーなどによりフレーク状として用いる．近年は軟らかい食感が好まれるため，するめを細切りしてから軽く湯通ししたり，酢を用いて軟化させたコンブをより細く刻んで使用したりする場合もある．

調味液は醬油を主体とし，味つけに応じて食塩，砂糖，酒，みりん，アミノ酸などの調味料，トウガラシ粉末などが加えられる．調味液の配合例を表 6.10 に示す．

調味液をいったん加熱し殺菌してから，細切りしたするめ，コンブなどを添加し，攪拌機にて混合してから，熟成用の容器に移す．熟成期間は 3 日から 20 日程度とさまざまであるが，一般に 10℃ 程度の低温で行われる．毎日，ほぼ 1 回は攪拌される．熟成の開始時にはするめやコンブと調味液が分離しており，さらさらした状態であるが，2～3 日後にはするめとコンブが調味液を吸収し，かつコンブから粘り成分が溶出することにより，独特の粘りが出現する．

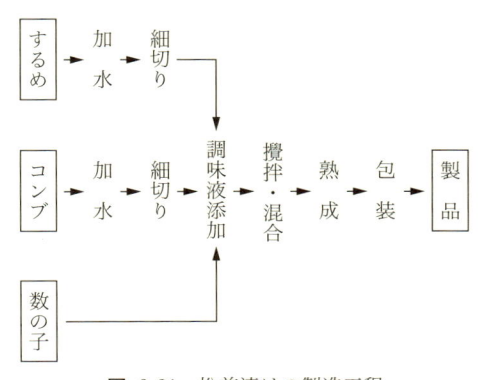

図 6.31　松前漬けの製造工程

表 6.10 松前漬けの配合割合（宇野，1977）[1]

品　名	配合割合（％）	適　用
細切りするめ	14.0	
細切りコンブ	13.0	白口浜マコンブ5〜7対ガゴメコンブ3〜5
数の子	11.0	塩数の子をバラコにして使用
食　塩	5.2	
醤　油	5.3	
水あめ	3.4	
砂　糖	17.0	上白糖
グルタミン酸ソーダ	1.7	
焼　酎	3.1	アルコール濃度20度
カツオ節粉末	0.5	
ソルビン酸カリ	0.12	
水	25.7	

製造原理

細切りしたするめとコンブにその他の素材を加え，醤油を主体とした調味液を混合し，数日間の熟成を経て製造される．特有の粘りを出すために，原料のコンブとしては，粘りをもったガゴメコンブ（トロロコンブ属 *Kjellamaniella crassifolia*）などが使われる．調味液の絡みをよくするために，近年はキサンタンガムやグアーガムなどの増粘剤を使用したものもみられるようになった．

松前漬けは，水産物を中心とした原料に醤油と食塩を加えて混合した保存食品の1つであるが，その保存性は原料と調味液配合に影響されることが知られている．宇野らは，市販の松前漬けの成分と保存性を分析しており，松前漬けが古くなると微酸味と微酸臭が発生する酸敗状態となること，塩分，糖分が多く水分活性の低いものほど変敗が遅いことを報告している（表6.11）[1]．

伝統食品としての意義と特徴

北海道が蝦夷地と呼ばれていた松前藩時代には，松前は蝦夷地の主産物であるするめやコンブ，ニシンなどを北前船に積み込む港の1つとして栄えていた．松前漬けは，厳しい冬場を乗り切るための保存食として普及した．当時はイカの醤油漬け，こぶイカなどと呼ばれていたが，本州の北前船荷揚げ地では，蝦夷地の海産物はすべて松前と呼ばれており，これが松前漬けの語源であるといわれている．本来，するめとコンブを主原料としていたが，現在は細かく砕いた数の子を加えたものが多く見受けられる．これは昭和40年代に新たに開発されたものである．

生産の現状

函館特産食品工業協同組合（2005年度加盟49社）における松前漬けの生産量の推

表 6.11 市販松前漬けの成分と保存性

試料区分	水分(%)	塩分(%)	エキス分(%)	全窒素(%)	全還元糖(%)	アルコール(mg%)	水分活性	変敗までの日数 25℃	変敗までの日数 15℃
A	52.3	7.7	35.9	1.6	23.5	580	0.898	25	62
B	52.3	9.6	34.7	2.3	19.5	160	0.841	40	80
C	48.7	7.8	34.8	2.5	21.6	596	0.890	25	62
D	44.7	8.4	37.6	2.0	12.5	528	0.847	40	80
E	46.3	9.2	40.1	2.4	24.1	64	0.828	55	80以上

移をみると,生産量は1990年ころまでは年間600～1000 t程度であったが,その後,急激に増加している.これは基本となるするめとコンブのほかに,多種の素材が添加され,松前漬けの範疇が広がったためと考えられる.現在の生産量は,年間2300 t,販売金額は24億円程度(2005年)で安定している.

問題点と今後の課題

松前漬け製品は,以前は常温で流通していたが,現在では低塩化しているため冷蔵流通されており,賞味期限は20～60日程度のものが多い.殺菌の工程がないので,衛生的によい原料を選ぶことが重要である.　　　　　　　　　　〔吉岡武也〕

文　献

1) 宇野　勉,坂本正勝:北海道立函館水産試験場昭和51年度事業報告書,pp 56-58, 1977.

7

節　　類

■ 総　説

　日本料理に不可欠な「旨味」の原点は，4～5世紀に始まるカツオの煮汁（かつおのいろり）にあり，それが発達してカツオ節となった．カツオ節と双璧をなす旨味は，鎌倉時代に起源をもつ，コンブだしである．旨味の本体はそれぞれ5′-イノシン酸（以下IMPと略記）とグルタミン酸であり，両者を混合すると相乗作用（旨味の相乗作用）が起こることはよく知られている．現在，だしをとるためにカツオ節を削って使う家庭は少なく，風味調味料がこれに取って代わっている．コンブの旨味はグルタミン酸ナトリウムでも代替可能であるが，カツオ節のもつ特有の風味はIMPだけでは再現が困難で，現在でもカツオ節から作られている．かつては，カツオ節といえばカビ付けをした本枯節を指していたが，本枯節は手間がかかるうえに高価なため，カビ付けを行わない節の生産が増え風味調味料の原料として使われている．また，カツオ以外のさまざまな魚種を利用した節が登場し，それぞれの特長をいかして使われている．

　カビ付けを行った節を削った削り節は「カツオ節削り節」，カビ付けを行わない節を削った削り節を「カツオ削り節」と呼び区別している．

　節類は，生のカツオを最初に長時間加熱して，水溶性のタンパク質と脂質をある程度除去しているため，だしを取るために加熱してもあくがほとんど出ない．カビ付けをして脂質をさらに減らした節ではあくはまったく観察されない．

　原料となる魚はいずれも血合いを有する赤身魚である．原料によりカツオ節（カツオ *Katsuwonus pelamis*），ソウダ節（マルソウダ，ヒラソウダ，スマソウダ），マグロ節（キハダマグロ），サバ節（ゴマサバ，マサバ），ムロ節（ムロアジ，マアジ），ウルメ節（ウルメイワシ）およびイワシ節（カタクチイワシ）と呼ばれる．これらの節を薄く削って製造される削り節も製造されている．

　かつては，産地により焼津節，薩摩節，土佐節，伊豆節のように産地ごとの特徴が

あった．焼津節は，伊豆や土佐の影響を受け，薩摩節は焼津，土佐節の長所を取り入れてそれぞれ改良された．現在では，焼津改良節，薩摩改良節が主な製法である（詳細は後述）．

　最近，カツオ節のだしには，疲労回復作用などのあることが明らかにされ，その機能性が注目されている．また，カツオのだしには，若者のマヨネーズ，豚脂などの脂好きに歯止めをかける作用もあると考えられている．　　　　　　〔福家眞也〕

7.1 カツオ節

歴 史

カツオ節の最初は，大和朝廷の草創期（4～5世紀）には大御饌として献上された鰹魚にその名がみられる．魚の固有名詞が現れるのはカツオだけで別格の扱いを受けていた．カツオは当時はたくさん取れたので，大和朝廷は国々にカツオ浦を定め，干しカツオとともに鰹魚煎汁（カツオを頭から割り，煮出して作った）の貢献を強要した．いろりは塩とともに味つけに利用されていた．高温多湿で食用油に乏しく，肉食の習慣もなく，素材を組み合わせて旨味を出そうとする食風がなかったわが国では，米作が始められてからは，味を深めるための調味料の要求が高まり，鰹魚煎汁が格別の効果を発揮し，奈良，平安時代までは重用されていた．このころに，中国大陸から未醤，醤，酢などが伝えられしだいに煎汁が使われなくなり，鎌倉時代から室町時代にかけて煎汁の名前はなくなりカツオ節の名前がみられるようになった．「かつおふし」の名が最初に現れる資料は1513年の「種子島家譜」で，臥蛇島からの貢献品に「鰹ふし」と記されている．その後，1674年に紀州の漁師甚太郎により土佐で焙乾法が始まり，1700年前後に土佐でカビ付け法が考案されたといわれている．江戸時代には4回以上カビ付けをした本枯節が完成したといわれる[1,2]．

製 法

原料は先に述べた魚種が使われる．製造法については各項に図示されているのでここでは主な点について述べる．

原料：かつては日本の太平洋岸を回遊してくるカツオを利用していたが，最近では巻き網で捕獲した冷凍品（漁獲後すぐに濃い海水：ブラインで凍結した1級品でB1と呼ばれる）や輸入品が使われている．カツオは日本近海を黒潮に乗って北上し3～4月には沖縄周辺，5～6月には紀伊半島から伊豆海域，6～7月には犬吠沖，そして7～10月には東北地方へと索餌回遊する．カツオ節にするためには筋肉の脂質量は1～3％程度がよいとされ，秋に捕獲されるカツオは脂が乗っていて節には適さない．脂質が多いと「しらた」（カツオ節本来のべっこう色の光沢を失い，灰白色となる現象）が生じ製品とならない．

生切り：原料を魚体の大小により選別し，頭部，腹肉，内臓，背びれなどを専用の庖丁により取り除く．次に身おろし庖丁で，上身，下身および背骨の3枚におろす．魚体が3kg以上の大きなものは，上身と下身を背骨のところで2つに分け，背側を雄節，腹側を雌節と呼ぶ．魚体の小さなものはそのまま使われ，亀節と呼ばれる．

かご立て：亀節は皮つき面を下にし，雄節，雌節では身おろし面を下にし，煮かごに並べる．この操作をかご立てという．1枚の煮かごに2～6尾分，亀節では4～12

枚分, 雄節や雌節では8〜24枚が並べられる.

　煮熟：かご立てした煮かごを, 数枚ずつ重ねて煮釜に入れ煮熟する. 煮熟の仕方はカツオの鮮度により異なり, 鮮度良好のときには煮熟水の温度が75〜80℃になったときに煮かごを入れ, 鮮度がよくない場合には80〜85℃で煮かごを入れ, 煮熟水の温度が97〜98℃になってから約1時間加熱する. 煮熟水は軟水がよい.

　かご離し, 骨抜き：煮熟が終わったら煮かごを取り出し, 風通しのよいところで放冷し, 肉の締まるのを待つ. 水の中で冷やした後, 表皮, 皮下脂肪を除く.

　水抜き焙乾（1番火）：骨抜きしたカツオは身おろし面を下にして蒸籠に並べ, 数枚重ねて下からくん材を燃やして焙乾を行う. くん材にはナラ, ブナ, カシなどの木が使われる. くん材から立ち上る煙の温度は110〜140℃くらいに保ち, 約1時間, 表面が黄褐色になるまで行う. 並べたカツオに均一に煙が当たるように, 蒸籠の上下を入れ替える. 温度が高すぎると火ぶくれを生じ, 低すぎると粘着物（ネトという）が生ずる. 焙乾が終わったら, 火から下ろし, 翌日まで放冷する. 一番火の終わった節をなまり節といい, このような焙乾法を手火山式という. このほか, 焼津では部屋全体を耐火壁で囲み, 大きな焙乾室を作り, その中を2〜4階にして節を並べ, くん煙を充満させて焙乾を行う急造庫（キューゾッコ）と呼ばれる方式も行われている.

　修繕：1番火の翌日, 2番火の前に, 身割れした箇所を修繕する.

　焙乾：修繕を終えた節は蒸籠に並べて1番火のときと同じように焙乾する. これを2番火と呼び, 焙乾終了後1晩放置すると節の表面に水分が浸出してくる. 焙乾は10〜20回程度行い, 焙乾の間には蒸籠に蓋をしてねかせ, 内部の水分を外側に移動させる「あん蒸」と呼ばれる操作を行う. 焙乾を繰り返して終わった節の表面にはタールが厚く覆っているため荒節あるいは鬼節と呼ばれる.

　風味調味料はカツオ節（荒節）, ソウダ節などの節類, コンブ, 煮干し魚類, 貝柱, 干しシイタケなどの粉末または抽出濃縮物をいう.

　魚をくん材を使って焙乾する方法は, モルディブ, インドなどの西太平洋に古くから存在していた. これらの暑い国では, 捕獲した魚をすぐにくん煙しないと虫の害にあったり, 腐敗してしまうために生まれた知恵である. この手法が海路, 熊野に伝わりさらに紀州, 土佐を経て薩摩にまで伝わったとされている. モルディブでは日本よりも昔から荒節に近い「ヒキマス」と呼ばれるくん乾品が存在していた.

　日乾：荒節（鬼節）はむしろなどに並べて日乾する.

　カビ付け：日乾後, 荒節の表面をグラインダーで削り, タールをきれいに削り落としカビが生えやすくする. 削り終わった節は表面が赤褐色なので裸節と呼ばれる. 裸節を湿度75〜85％, 温度25〜28℃の部屋に入れ, ユーロティウム属（*Eurotium herbariorum*）のカビを人工的に摂取してカビづけを行うと, 1〜2週間でカビが節の表面に生えてくる（1番カビという）. カビの種類は, アスペルギルス属（*Aspergil-*

lus), ペニシリン属 (*Penicillium*) ともいわれている．この操作を繰り返し行う．2番カビ付け以上を終了した節を本枯節と呼ぶ．4番カビまで付けると脂質，水分量が顕著に減少する．

カビ付けの意義は，① 乾燥だけでは水分の減少に限りがあるので，カビ付けにより水分を約13〜15%くらいにまで減らす．② カビにより脂質の分解が起こり，DHAが増加する．③ だしの透明度が上がる．④ 風味が向上し，生臭みが減少する．⑤ ガラス化転移（本枯節を割ってみると表面がガラスのようにピカピカになっている現象）を起こし，節に含まれる成分（5′-イノシン酸〈IMP〉など）の貯蔵性が高まる，などにある．

生産量

削り節を含む節類全体の生産量は約11万tで，そのうち節類は6万7000tである．カツオ節の生産高は約3万8000tで，その95%が鹿児島県の山川，枕崎と静岡県の焼津で生産されている．カツオ節の輸入先はインドネシア，フィリピン，タイなどで，輸入量は4000t前後である．サバ節の生産量はカツオ節に次いで多く，年間約1万3000t，その他の節類は約2万1000t，なまり節3800tとなっている（2004年）[3]．サバ節は静岡，熊本，鹿児島県の順に生産量が多い．削り節の生産量は約4万2000tで，カツオ削り節と混合削り節とがある．後者はカツオ節，サバ節，煮干し，ソウダ節などを混合した製品である．カツオ削り節は愛媛県と静岡県が多く，混合削り節は愛知県と大阪府に多い．

節の種類と用途

カツオ節：昔からだしをとるために広く利用され，上品でくせのないだしがとれる．最近は，荒節などを原料とした風味調味料が家庭で普及している．本枯節は貯蔵性が高く，必要な分だけ削って残りは冷蔵庫で保存すれば長期間保存できる．料亭などでは削りたての節からだしをとっているため，風味がとてもよい．血合いを除いて削り節にしたカツオ節は血合い入りに比べてさっぱりしている．

宗田節：高知県土佐清水市が主産地で，熊本県，鹿児島県をはじめ関西各地で生産される．血合いの部分が多く，だしは濃厚で上品に仕上げたい料理にはむかない．そば屋ではソウダ節を主体にカツオ節やサバ節と混合して使われる．

サバ節：香りは強くないが，だしは旨味が強く，味噌や醤油と合う．そばやうどんの汁，味噌汁などにカツオ節やソウダ節と一緒に使われる．

マグロ節：本枯節はほとんどなく，カツオ節に比べて白色がかった赤色である．だしの色は薄く，味は淡白で上品な吸い物に使われる．血合いを除いた削り節もある．

ムロ節：熊本県と鹿児島県が主な産地である．中部地方でうどんのだしとして使われる．だしの色は薄い黄色で生臭みが少なくさっぱりしている．

ウルメ節：長崎県，宮崎県，熊本県などで生産されている．関西ではサバ節やムロ

節と混合してうどんのだしに使われる．だしの色は黄色味をおび，こくのある味である．

イワシ節：宮崎県，熊本県，長崎県，愛媛県，和歌山県などで生産され，煮干しとは違い生臭みはなく，旨味がある．だしは黄色で，苦味がある．ラーメンのだしとしても使われている．

カツオ節の鑑別法

きめの細かいカビが薄く均一に生えており，カツオ節同士をたたき合わせるとすんだ音がする肉厚で重みのあるもの．節に残る皮のしわがちりめんのように細かく，修繕した跡や，虫食いのないもの．このようなものが良品とされている．

呈味成分

カツオ節に含まれる旨味成分がIMPであることは，1913年に小玉新太郎[4]により明らかにされている．カツオ節の呈味成分は，グルタミン酸，IMP，ナトリウムイオン，カリウムイオン，塩化物イオン，乳酸，カルノシン，ヒスチジン，リジン，クレアチニン，イノシン＋ヒポキサンチンなど[5]である．

疲労回復効果

鹿児島の「茶節」や沖縄の「カチューユ」には伝承的に滋養強壮効果があるといわれている．カツオ節のだしを用いて疲労回復効果[6]，眼精疲労の回復効果などがあることが証明されている．この効果はカツオ節だしのなかに著量含まれる成分であるアンセリンやカルノシンによると考えられている．

今後の問題点

カツオの大きさ：日本近海を回遊するカツオの群れは5群あり，そのうち春先に回遊してくる群れが最も大きく3kg以上の大型である．しかし，近年この大型のカツオが少なくなりつつある．その理由は黒潮の流れが変わったことにもあるが，もう1つは太平洋西部域のカツオの資源が，取りすぎが原因で減っていることにある[7]．

日本人の味覚：人が好んで食べるものは，脂質，砂糖，だしであるという．これらが2つ組み合わされると，たとえば，脂質＋砂糖＝ケーキ，脂質＋だし＝ラーメン，砂糖＋だし＝すき焼きであり，そこに「報酬効果」（執着）が現れるという．だしを子どものころから飲む習慣をつけると，脂質への誘惑すなわち，脂質が基となる肥満などの生活習慣病から遠ざけることができるのではないかと考えられている[8]．

〔福家眞也〕

文　献
1) 宮下　章：鰹節　上巻，(社)日本鰹節協会，1989．
2) 松井　亨：日本人はなぜかつおをたべてきたのか，pp 13-26，(財)味の素食の文化センター，2005．
3) 農林水産省：平成16年度水産物流通統計年報より．

4) 小玉新太郎：東京化学会誌, **34**, 751-753, 1913.
5) Fuke S, Konosu S : *Physiol. Behav.*, **49**, 863-868, 1991.
6) 村上仁志：化学と工業, **57**, 522-524, 2004.
7) 二平　章：日本人はなぜかつおをたべてきたのか，pp 4-12,（財）味の素食の文化センター，2005.
8) 伏木　亨：おいしさの科学，恒星出版，2003.

7.1.1　焼　津　節
歴　史
　静岡県において「土佐節」「薩摩節」と並び称されたのは「伊豆節」であり，江戸～明治前半の「駿河節（焼津節）」は二流とされていた．しかし，明治末以降，製法の改良とともに，漁業界もいち早く動力漁船への転換，氷の使用による鮮度維持に取り組む一方，東海道線の開通，製造資本の形成などの社会的背景も受けて，大いに発展を遂げ「焼津節」としての地位を確立した．その後も焼津は製造工程の機械化および近代化に取り組み，鹿児島と並ぶ大量生産時代の主要産地となった[1,2]．

原　料
　カツオ節には本来，脂肪含量の少ない春～夏の北上カツオ（上りカツオ）が用いられてきたが，薩摩・土佐に比べ漁場が北にある焼津・伊豆の原料カツオには脂肪が多く，そのため製法法や製品の味に差があったといわれる．現在では赤道近くの南方漁場で大型巻き網船により漁獲されたカツオが多く用いられるようになっている．また，鹿児島では東南アジア域の輸入カツオも原料としている[3]．

製造方法
　焼津節は伊豆節製法を基本に土佐節製法を取り入れた改良節であり，生切りを「地切り（伊豆切り）」で行う点で土佐節や薩摩節と異なる．また，土佐節が火乾と焙乾を併用したのに対し，伊豆節はすべての乾燥工程で煙をかける焙乾で行っていた．この焙乾は「手火山」で行われ，大量生産には向かないため，焼津節では土佐節製法の「急造庫（キューゾッコ）」による効率的焙乾法も取り入れられている．また，静岡では鹿児島，高知より原料脂肪量が多かったため，煮熟・焙乾にさらに工夫を凝らし，伊豆節の特徴である煮熟時の差し水による温度管理（沸騰抑制）とともに，土佐節や薩摩節より多めに焙乾する．また，香気を発生させるために多少脂肪があったほうがよいとされるカビ付けを重視した伊豆節製法を取り入れた．このような焼津節製法は，薩摩節の製法改良に大きな影響を与えている[1]．
　焼津節の製法および原型となった伊豆節（田子節）の製法を図7.1に示す．現在，各地の製法は技術交流，改良を経てあまり差がなくなっているため，最大の違いである「地切り」についても併せて示した[4,5]．

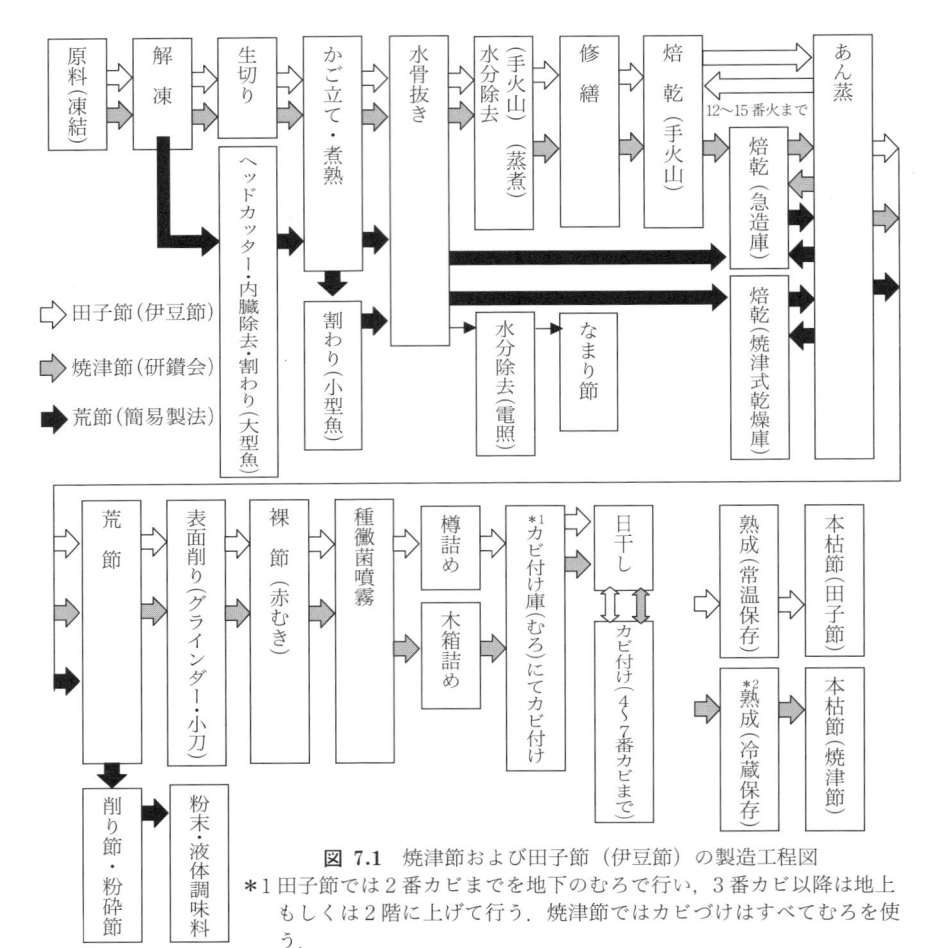

7. 節　類

図7.1 焼津節および田子節（伊豆節）の製造工程図

工程の流れ：
原料（凍結）→ 解凍 → 生切り → かご立て・煮熟 → 水骨抜き → 水分除去（手火山）（蒸煮）→ 修繕 → 焙乾（手火山）→ 焙乾（急造庫）／焙乾（焼津式乾燥庫）（12〜15番火まで）→ あん蒸

解凍 → ヘッドカッター・内臓除去・割わり（大型魚）
かご立て・煮熟 → 割わり（小型魚）
→ 水分除去（電照）→ なまり節

凡例：
⇨ 田子節（伊豆節）
▷ 焼津節（研鑽会）
▶ 荒節（簡易製法）

荒節 → 表面削り（グラインダー・小刀）→ 裸節（赤むき）→ 種黴菌噴霧 → 樽詰め／木箱詰め → カビ付け庫（むろ）にてカビ付け → 日干し ⇄ カビ付け（4〜7番カビまで）→ 熟成（常温保存）→ 本枯節（田子節）／熟成（冷蔵保存）*2 → 本枯節（焼津節）

表面削り → 削り節・粉砕節 → 粉末・液体調味料

*1 田子節では2番カビまでを地下のむろで行い，3番カビ以降は地上もしくは2階に上げて行う．焼津節ではカビづけはすべてむろを使う．
*2 本来，本枯節の熟成は常温で行うが，現在の焼津節では品質保持のため冷蔵庫を使う．

煮熟　　手火山焙乾　　カビづけ（地下）

（静岡県西伊豆町田子　㊁鰹節製造店）

製品特徴

改良の進んだ各地の製法には焙乾，カビ付けに大きな違いがなくなっているため，製品の主たる特徴は「生切り」に由来する形状の違いに現れている[5]．かつては，原料脂肪量の違いによる呈味の違いもみられたが，現在は原料漁場（南方漁場）に違いがないため差はほとんどない（図7.2）．

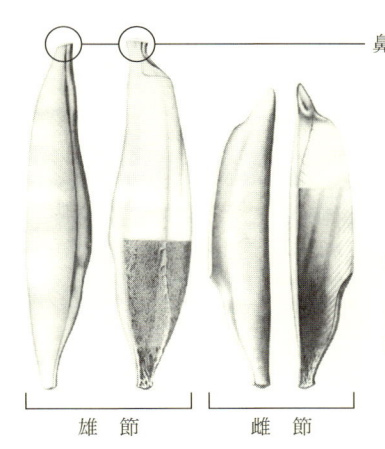

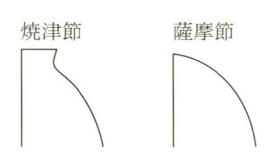

図 7.2 焼津節見本図（焼津鰹節水産加工業協同組合提供）
特に鼻と呼ばれる頭部側先端部の形状と雄節の腹側が弧を描くように膨らんでいる形状に特徴がある．

生産の現状

2003年のカツオ節生産量は全国で3万5974 t，焼津市は1万0037 tとその28%を占め，鹿児島県の枕崎市，山川町と並ぶ3大産地の一角を担っている．焼津は昭和30年代以降，仕上げ用節削り機（グラインダー），ヘッドカッター，焼津式乾燥庫の開発など，製造工程の機械化で製造技術の近代化をリードする一方で，昭和40年以降のパック原料節，調味料原料節（つぶし原料）の製造に大きくシフト，拡大してきた．そのため，現在では，本来の焼津節といえる本枯節の製造は非常に少なくなっており，2～3業者が製造するにすぎない．そのため，焼津鰹節組合により伝統的焼津節製造技術を若手に伝承するための研修会（研鑚会）が行われている．なお，現在では焼津節製法によるカツオ節製造が鹿児島でも行われている．

一方，伊豆節も少量ながら田子地区において伝統的な製法により製造が続けられている．これらは「田子節」として最高級の本枯節の評価を得ており，2003年の生産量は51 tであった． 〔髙木　毅〕

文　献
1) 宮下　章：鰹節　上・下巻，（社）日本鰹節協会，1989．
2) 焼津鰹節史編纂委員会：焼津鰹節史，焼津鰹節水産加工業協同組合，1991．
3) 福田　裕，山澤正勝，岡崎恵美子監修：全国水産加工品総覧，p 487，光琳，2005．

4) 高木　毅：地域資源活用　食品加工総覧，第12巻，pp 451-466，農村漁村文化協会，2002．
5) 和田　俊：かつお節―その伝統からEPA・DHAまで―，pp 11-43，幸書房，1999．

7.1.2　土　佐　節
概　要

　高知県で製造されるカツオ節は土佐節と呼ばれ，古くからその質のよさから全国に知られている．現在，その生産量はカツオ本節全体の0.3％前後で，主な生産地は鹿児島県が65％，静岡県が31％である．本項では昔から伝わる土佐節と呼ばれる節の製造に関して記載する．

　高知県内の土佐節の主産地は，西部に位置する土佐清水市と中央部の土佐市宇佐である．いずれの市も昔からカツオの水揚げ量が多い港として有名である．特に土佐清水市は，昭和初期にカツオを求めて西日本各地から集まった漁船の風景を野口雨情が「岸に千艘の船が着く」と歌っており，当時の新聞にも大量のマグロやカツオが水揚げされた記事が掲載されている．

　土佐節の起源については安土桃山時代か江戸時代初期に土佐清水沖にカツオ漁にやってきた紀州の漁夫がその製法を地元の漁民に伝授したとされているが，その他にも土佐節の伝承には諸説がある．しかし，いずれの場合も紀州の漁師が伝えたとあり，土佐節は紀州と土佐の漁師の合作といえる．その後，宇佐浦（土佐市宇佐）の播磨屋亀蔵とその息子佐之助がその製法を改良して品質が向上し，現在の製法に近づいたとされている．改良土佐節の碑が土佐市宇佐に建立されている（図7.3参照）．

製　法

　土佐節の製法は土佐清水市と土佐市宇佐でカツオの切り方，煮熟法，焙乾法が異なる場合があり，ここでは双方の方法を織り交ぜながら説明する（図7.4）．3 kg以上の大型のカツオは四つ割にして背側を「雄節」，腹側を「雌節」と呼び，いわゆる

図7.3　改良土佐節発祥および播磨屋亀蔵佐之助の碑

7.1 カツオ節

「本節」にするが,それ以下のカツオの場合には二つ割りにしたフィレーを加工した「亀節」にする.

　頭切り:原料カツオはまず頭を落とす.このとき「鎌庖丁」と呼ばれる頭切り専用の刃物で切断する.

　生切り:続いて腹身を切り取って内臓を除去する.さばく人が右利きの場合,カツオの尾柄部を左手で軽く持ち,背側を上にしてカツオ庖丁の刃を上に向け,尾柄部に庖丁の先端を軽く入れ,背びれの左側または右側に沿って頭部に向かって庖丁を走らせる.頭部に近い硬いうろこまで達したら,反対側に庖丁を入れ,同様に走らせて切れ目を入れ,背びれを除去する.続いて左手で尾をつかんで頭部の切断面がまな板から浮き上がる程度に魚体を持ち上げ,庖丁の先端を尾の近くに入れてそのまま下(頭部側)へ振り下ろして背骨から身を切り離す.反対側の身も同様に切り離す.カツオをまな板に寝かさず,立てた状態で身を切り離す処理法が土佐節の特長である.さらにフィレーの中骨のところをわき包丁で二つに割って雄節,雌節に切り離して四つ割りにする.このときの切り方によって形が決まるので,この工程は熟練した技術者が行う.

　釜立て(煮熟):四つ割りまたはフィレーを木製または金属製の煮かごに並べる.1枚の煮かごにフィレーにして20枚から30枚並べ,それを10段前後積み上げて煮釜に投入して煮熟する.

　煮熟は沸騰に近い温度で行う場合と,沸騰させると脂気が抜けて味が落ちるという理由から70℃前後の温度で行う場合がある.煮熟時間は1〜1時間30分である.熱源は薪から重油,ボイラーへと変遷していった.

　バラ抜き:宇佐地方では煮熟直後の熱いうちに毛抜きを使って小骨を除去する.土佐清水では蒸かごに入れたまま翌日まで放置して,冷却してからバラ抜きをする.バラ抜き中に生じた穴や割れ目の欠損部分には,背骨に付着していた肉をすり潰したもの(モミ)を塗って形を修正する.

　焙乾:モミ付けして形を整えた生節を木製または金属製のかごに並べ,焚き納屋で焙乾する.焙乾は地下に火焚き部屋を作り,焚き口を数か所作り,ウバメガシなどの広葉樹の薪を焚いて行う.また,炎が直接製品に当たらないように焚き口の上に円形の鉄板を吊し,煙や熱を分散させる.焙乾用の建物は4階建になっており,床は削った竹または鉄棒でできており,上階まで煙や熱が通りやすい構造になっている.かごに並べた生節は1階から焙乾を始め,順次上階へ移動させる.10〜14日焙乾して乾燥させる.

　削り(節作り):焙乾が終了した節は「突き出刃」「背引き」「腹刳り」「中突き」「面取り」という削り専用の刃物を使用して節の形を整える.節作りで最も熟練を要する箇所は頭部の付け根から腹部にかけての整形である.

原料 → 頭切り → 生切り → かご立て → 煮熟 → 放冷 → バラ抜き → モミ付け → 焙乾 → 削り → カビ付け → 日干し → 製品

カビ付け〜日干し：5回繰り返し

図7.4　土佐節製造工程

カビ付け：削り後，数日間日干しする．日干しした節をヨモギの葉に挟んで放置すると4〜5日で1番カビ（青カビ）が付く．青カビは除去し，ヨモギの葉も除去してカビづけ室（地下）に放置すると再びカビが付く．このカビも除去して日干しする．こうして繰り返し5番カビまで行い，完成品となる．カビ付け作業においては「蒸し」と「乾燥」を繰り返すことで，節の水分を一定量まで除去し，品質を安定させる．また，最終的には灰褐色のカビが発生し，そのカビが完成品の目安となる．そのカビはいわゆるカツオ節カビと呼ばれ，*Aspergillus*属であるといわれている．完成品の写真を図7.5に示す．

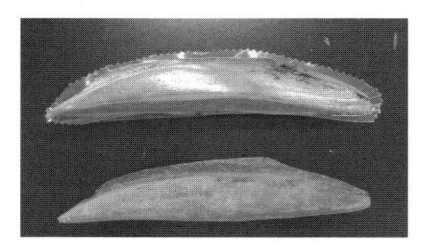

図7.5　土佐節
包装製品(上)と未包装製品(下).

製品の特徴

1822（文政5）年に公表された「諸国鰹節番付表」によると，宇佐，土佐清水，須崎などの高知県内各地の浦で製造された節は大関（当時の番付けの最高位）から関脇，小結に至る上位の地位に位置づけられ，土佐節の品質がいかに優れていたかがわかる．カツオ節の原料魚には3〜4%脂質が含有されているものが最もよいとされ，回遊魚であるカツオが黒潮に乗って土佐沖周辺で漁獲されるころ，脂質が適度に含まれ，原料魚として最適な条件に一致していたことも要因の一つであると推察される．

一般成分，ミネラル，アミノ酸組成などは「7.2.1 宗田節」を参照．〔野村　明〕

7.1.3　薩摩節
概　要

鹿児島県におけるカツオ節の歴史は古く，1513（永正10）年に領内の臥蛇島（がじゃじま）から領主種子島家へ「かつほぶし」が献上された記録がある．その後，宝永4年（1707年）に紀州の森弥兵衛により，枕崎に現在のカツオ節に近い製法が伝えられ，寛政年間（1789〜1800年）には，全国的な名産地に名を連ねるようになった．

明治時代の薩摩節は，素朴な形，カビ付けを行わない裸節もしくは他の産地に比べ少ないカビ付けとそれに伴う濃厚な味が特徴であり，現在でも地元では裸節が好まれ

ている.また,薩摩節独特の形状は,商標としての役割も果たしていた.その後,大都市におけるカビ付けを重視した本枯節への市場ニーズの変化や,他の産地との競争の結果,明治中期には他の産地から薩摩節は一時遅れをとる.しかし,県外からの技術者の招致や検査所の設置などの官民一体となった努力の結果,薩摩節独特の形の風格を残しつつ,煮熟,くん乾,カビ付けに,焼津,土佐,伊豆の方法の導入と改良が行われ,明治末期には再びその名声を回復した.

大正になると,市場では静岡・高知地方の製造方法の長所と既往試験で認められた方法が取り入れられた「改良節」が好まれるようになった.これに伴い,鹿児島県では,静岡県から技術者を招き,さらには「鰹節製造伝習所」を設置するなど,昭和初期まで改良節製造の普及が行われ,鹿児島県で製造されるカツオ節の主流は改良節へと移り,現在に至っている.

製　法

現在のカツオ節製造における薩摩節と改良節の違いは,カツオの頭・内臓・骨を取り去り,節の形にする「生切り」の工程が異なっていることである.かご立て,煮熟以降の工程は基本的に変わらない(表7.1,図7.6~8).

表7.1　薩摩節と改良節との相違点

	薩　摩　節	改　良　節
使用する庖丁	身おろし庖丁	頭切り庖丁 身おろし庖丁 合い断ち庖丁
頭切り	胸びれの後ろから庖丁を入れ,頭,腹皮,内臓がつながった形で落とす(図7.6)	頭からえらの付け根に向けて庖丁を入れ頭のみを落とす.その後,腹皮を切り取り,内臓を除去
背皮の除去	尾びれの付け根から背びれの付け根に庖丁を入れ頭部に向けて庖丁を動かし,途中で胸びれの後ろに付いているうろこのついた硬い皮も一緒にそぎ落とす.その結果,背皮の形が独特になる(図7.7)	尾びれの付け根から背びれの付け根に庖丁を入れ頭部に向けて庖丁を動かし,背びれのみを除去.胸びれの後ろのうろこの付いた皮は除去しない
肋骨(ハイ骨)の除去	庖丁ですくい取る(図7.8)	生切り時には行わない.煮熟後に骨抜きを実施
合い断ち	胸びれの後ろのうろこの付いた皮をすでに取っているので,専用の合い断ち庖丁が不要	胸びれの後ろのうろこの付いた皮が残っている.これは,硬いため,専用の合い断ち庖丁を使用して,雄節と雌節に分ける

図 7.6 頭切り

図 7.7 背皮の除去

図 7.8 肋骨（ハイ骨）の除去

製品の特徴

薩摩節の特徴は，雄節の頭側の先端にあたる「鼻」と呼ばれる部分が，改良節がくびれているのに対し，薩摩型はくびれがなく鋭角になっていることである．また，雌節は，煮熟前に肋骨（ハイ骨）を庖丁ですくい取っているため，腹の内側の部分が滑らかに仕上がり，煮熟後の修繕が少しですむ．鼻を美しく作るためには，原料のカツオの鮮度がよいことが条件となる．また，肋骨をすくい取るため，大型の魚が原料に向く（図 7.9, 10）．

生産の現状

2003（平成 15）年の鹿児島県のカツオ節の生産量は 2 万 3659 t で，全国の 65.8% を占める日本一の産地となっている．そのなかでも，枕崎市と山川町（平成 18 年から指宿市山川）の生産量は鹿児島県におけるカツオ節生産量の大半を占めている．

大正から昭和にかけて従来の薩摩節が改良節へと移り変わるなかで，枕崎を出発点として鹿児島県内はもとより熊本，宮崎までカツオ節を売り歩いた行商の間では，従来の薩摩節の形が好まれた．しかし，現在では，これら行商を行う人々も減少し，薩

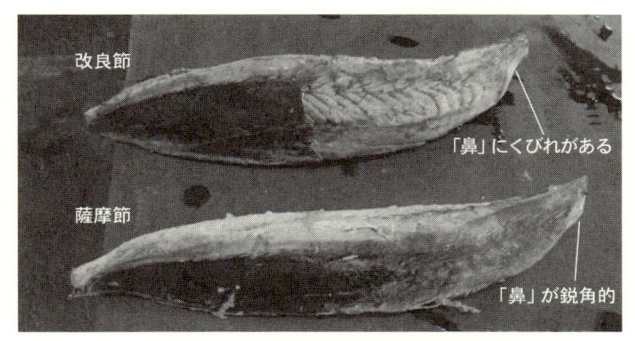

図 7.9 薩摩節の特徴（雄節，煮熟後）

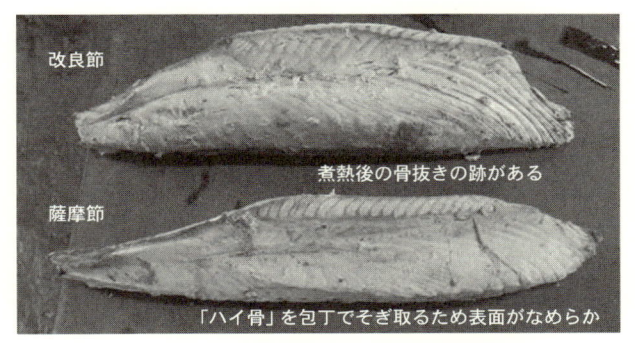

図 7.10 薩摩節の特徴（雌節，煮熟後）

摩節を製造している業者は，枕崎市の数業者が受注生産を行っているだけで，生産量はわずかである．

〔謝　辞〕本項をまとめるにあたり，ご協力をいただいた枕崎水産加工業協同組合に感謝を申し上げる．　　　　　　　　　　　　　　　　　　　　　　　〔森島義明〕

文　献
1)　枕崎市誌編さん委員会：枕崎市誌上巻，鹿児島県枕崎市，1990.
2)　宮下　章：鰹節　上・下巻，(社) 日本鰹節協会，1996.
3)　九州農政局鹿児島統計・情報センター：平成 15 年図説　鹿児島県漁業の動き，鹿児島農林統計協会，2005.

7.2 その他の節類

7.2.1 宗田節（ソウダ節）

概　要

　高知県で生産される節はカツオ節よりも宗田節が圧倒的に多く，県南西部の土佐清水市で製造され，その量は全国生産量の80%近くに及ぶ．この節の多くはそば屋などの業務用のだしとして用いられる．同じ時期の原料魚を用いた節でも地域によって利用される製品が異なり，関東では数か月かけて製造したカビ付け節が，関西以西では短期間に仕上がる裸節の需要が多い．

　土佐清水市は江戸時代より地元に水揚げされたカツオを原料にした節加工業が盛んであった．しかし，昭和，特に戦後になると漁獲方法や冷凍流通などが発達し，カツオが枕崎や焼津などに集中的に水揚げされるようになり，土佐清水市にはカツオ船が入港しなくなった．四国の南西端に位置する土佐清水市は陸路では交通事情が不便なため加工原料としてのカツオはしだいに入手しなくなり，カツオ節の生産量は減少していった．一方，足摺半島沖の土佐湾南西部には宗田節の原料魚であるマルソウダが集中的に生息していたが，鮮度低下がきわめて速く，生食できない利用価値の低い魚であった．しかし，従来のカツオ節加工の技術をいかし，マルソウダの原料特性に合わせた加工法が発達した．最近では漁船にシークーラーと呼ばれる冷却装置が設置され，漁獲後急冷した魚体を水揚げするため鮮度は良好に保たれている．

　漁獲量は2001年に1万4000 tが漁獲され，以後1年ごとに1万 t 台と5000 t 台を繰り返している．2005年は5月までに4000 t 弱漁獲されている（図7.11参照）．

製　法

　製法を図7.12に示す．

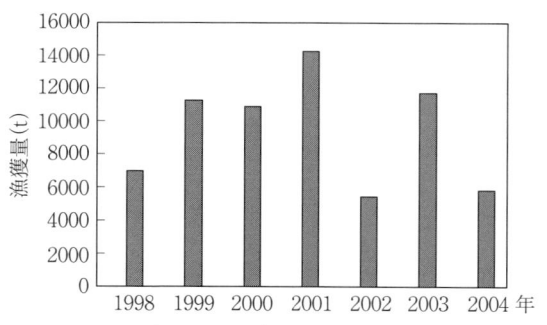

図 7.11　過去7年間の高知県内でのマルソウダの漁獲量

7.2 その他の節類　　　551

　原料：土佐湾で漁獲されたマルソウダの生鮮または冷凍魚が用いられる．鮮度がよすぎると煮熟中に身が割れる場合があるので，原魚をかごに並べたまま作業場に1晩放置する．

　煮熟：企業によって煮熟温度および時間は若干異なるが，1回に0.5～1.5 t投入できる地中に埋め込んだタンクを用い，カツオ節のように頭切りなどの処理はしないで原魚のまま1時間前後煮る．

　整形：煮熟後室温で冷却し，頭を素手で除去し，内臓や頭部に近い硬い皮は竹べらを使ってこすり取る．脂質含量が多い場合は流水中で表皮とともに皮下脂質も洗い流す．ドレスの状態のものを素手で2つに割り，背骨を除去し，フィレーにし金属製の蒸籠（5 cm×100 cm×100 cm）に並べる．カツオ節のように魚体が大きくないので，ていねいな整形は行わない．

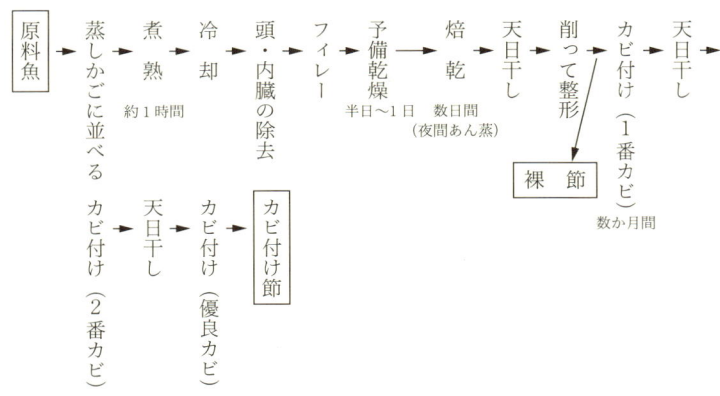

原料魚 → 蒸しかごに並べる → 煮熟（約1時間）→ 冷却 → 頭・内臓の除去 → フィレー → 予備乾燥（半日～1日）→ 焙乾（数日間）（夜間あん蒸）→ 天日干し → 削って整形 →（裸節）→ カビ付け（1番カビ）→ 天日干し（数か月間）→ カビ付け（2番カビ）→ 天日干し → カビ付け（優良カビ）→ カビ付け節

図 7.12　宗田節の製造工程

図 7.13　宗田節裸節　　　　図 7.14　宗田節カビ付け節

予備乾燥：フィレーを並べた蒸籠を台車に35段ほど重ね，その台車が20台ほど入る横長の乾燥機で焙乾する．この方法は土佐清水市で数軒が取り入れている．

焙乾：製造する規模によっても異なるが，「急造庫（キューゾッコ）」と呼ばれる20坪ほどの焙乾専用の3階建て建物でいぶしながら乾燥する．その建物の地下で広葉樹の薪を焚き，炎の熱で乾燥させるとともに煙でいぶす．予備乾燥後の水分の多い原料魚を1階部分に並べ，数日ごとに上階へ移動する．くん煙には脂質の酸化防止や殺菌効果がある．

天日干し：焙乾後むしろなどの上に広げて2日ほど天日干しする．焙乾時に付着したタールや脂肪などを除去し，「裸節」として出荷される（図7.13）．

カビ付け：カビ付け節は，主に地下室に設置されている「むろ」または最近では温湿度が管理できるエアコンを設置した密閉できる部屋でカビ付けを行う．約1か月前後で1番カビが発生し，天日干ししてカビを落とし，さらにカビ付け，天日干しを数回繰り返し，半年ほどかけて製品にする（カビ付け節，図7.14）．また，市販されている優良カビの胞子を散布すると早くカビが付く．

製品の特徴

マルソウダ（高知県ではメジカと呼ばれる）は季節によって魚体の大きさが異なり，呼び名も変わる．4～5月に漁獲される産卵前の脂質含量の多い「春メジカ」（1尾500g以上の大型で皮下脂肪が多く良質の節にはなりにくい），6～7月の産卵期に入り，若干やせ細ってくる「梅雨メジカ」，8～9月になると魚体が急激に100～150gの小型になり，関西地方で珍重される「笹メジカ」，10～12月の「秋メジカ」（脂質

表7.2 カツオ節および宗田節の一般成分ならびに主要ミネラル

	カツオカビ付き節	カツオ裸節	宗田荒節	宗田カビ付き節
水　分	16.9	24.47	13.35	12.66
粗タンパク質	82.95	77.39	79.91	82.62
脂　質	2.88	1.47	8.03	5.68
灰　分	3.46	3.04	3.64	3.45
Na	238.07	359.10	163.89	148.51
Ca	11.48	8.72	20.31	20.69
Mg	84.74	79.85	77.63	77.45
Fe	6.69	6.60	11.49	11.99
Zn	1.77	0.46	2.27	2.61

一般成分は％，ミネラルはmg％（野村：未発表）

が少なく 200〜300 g の小型魚)，1〜3 月の「寒メジカ」(400〜500 g の中〜大型のもので最上級の節になる)のように時期によって大きさや呼び名が異なる．

　宗田節とカツオ節の一般成分，遊離アミノ酸および ATP 関連化合物の含有量を表 7.2 と 7.3 に示した．宗田節はカツオ節と比べて水分は少なかったが，脂質は多かった．無機成分ではナトリウムがカツオ節に多かったが，これは漁獲後凍結時に食塩ブラインを使用したためであると推察された．また，宗田節には鉄分が多く，節全体で血合い筋の占める割合が多いことによるものと考えられる．遊離アミノ酸では宗田節

表 7.3 カツオ節および宗田節の遊離アミノ酸

	カツオカビ付き節	カツオ裸節	宗田荒節	宗田カビ付き節
タウリン	394.02	426.40	1431.01	1241.87
アスパラギン酸	11.16	14.92	37.64	37.70
スレオニン	29.01	36.00	52.46	54.47
セリン	25.55	31.06	42.37	40.52
グルタミン酸	64.51	80.77	113.30	92.68
グリシン	43.13	50.26	77.90	71.12
アラニン	82.72	153.68	214.44	166.62
バリン	31.85	64.99	61.75	53.01
メチオニン	7.32	26.33	8.97	10.11
イソロイシン	28.69	48.15	48.07	45.37
ロイシン	49.68	87.88	99.43	78.22
チロシン	38.56	48.42	47.84	41.47
フェニルアラニン	33.52	46.39	48.12	38.64
オルニチン	5.08	7.47	12.63	10.67
ヒスチジン	4112.70	5038.42	4195.66	3404.82
リジン	80.09	127.64	128.05	111.31
アンセリン	3518.39	3493.44	1284.48	1240.73
カルノシン	249.70	295.10	79.52	119.74
アルギニン	16.84	24.14	46.43	41.15
プロリン	9.24	42.48	37.10	36.62

乾物重量あたり mg%（野村：未発表）

表 7.4 カツオ節および宗田節の ATP 関連化合物

	カツオカビ付き節	カツオ裸節	宗田荒節	宗田カビ付き節
イノシン酸	16.99	19.78	12.83	14.36
イノシン	11.28	13.82	11.40	11.58
ヒポキサンチン	1.73	2.31	4.13	4.16

（μmole/g）（野村：未発表）

にはタウリンがカツオ節の3倍以上含まれ，アスパラギン酸，グルタミン酸，グリシン，アラニン，セリン，スレオニンも多かった．一方，カツオ節には，ジペプチドであるアンセリン，カルノシンが多かった．また，イノシン酸はカツオ節に多く，宗田節に少なかった．宗田節は身割れ防止のために室温で半日以上放置する場合があり，そのために鮮度が低下し，少ないのかもしれない（表7.4）．また，宗田節は節全体の血合い肉の占める割合が多かったり血合い肉中にイノシン酸を分解する酵素が多く存在していたりすることから，イノシン酸が分解し，低いことも推察される．

宗田節は業務用，特にそば用のだしとしての用途が多く，カツオ節にはない旨味，特に「こく味と甘味」があり，そばだしには欠かせないといわれている．これはカツオ節と比べ，宗田節に多く含まれる遊離アミノ酸が影響しているのかもしれない．

〔野村　明〕

7.2.2 サ バ 節
製品の概要

サバ節はサバを煮熟，焙乾したものである．そばつゆやおでん，ラーメンのスープ

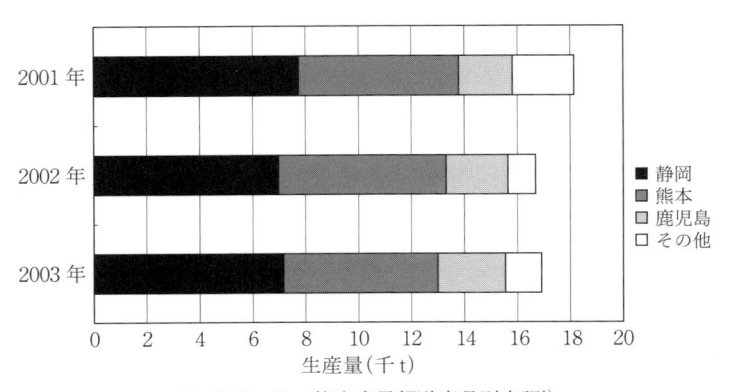

図 7.15 サバ節生産量都道府県別内訳[1]

などのだし原料として欠かせないものとなっている．カツオ節と違い，節の形で一般向けに販売されることはほとんどない．製品は削り節業者に出荷され，サバ削り節またはイワシ節など他の節類と混ぜられた混合削り節として，主に外食産業向けに流通される．また，一部は節のまま出荷されることもある．

2003年度の全国のサバ節生産量は約1万7000tで[1]，近年の生産量はほぼ横ばいである[2,3]．都道府県別では静岡県と熊本県で全国生産量の約76%を占め，鹿児島県が約15%となっている（図7.15）[1]．

製　法

原料は静岡県ではゴマサバの脂肪量の少ないものを使用する．400gを超える大型のゴマサバは鮮魚として利用されることが多いため，サバ節に使用されるものは小型のゴマサバが主である．150～450gくらいのゴマサバが用いられるが，300g程度のものが業者には好まれる．市場に水揚げされたゴマサバを氷水に入れた状態で工場に搬入し，そのまま洗浄して煮熟するか，工場によっては氷水の状態で1晩置いたものを使用するところもある．冷凍原料はあまり使用されない．

製造工程を図7.16に示す．ここでは静岡県で用いられている製法を紹介する．煮熟時間は魚の大きさや含有脂肪量によって異なり，圧搾の工程を挟むこともある．脱水は近年取り入れられている工程である．「クッカー」と呼ばれる機械を用い，高温の水蒸気を噴射して，余分な水分を除去し，身を固める．脱水後，放冷して乾燥に入る．静岡県では一次乾燥にはガスと薪両方を使用した専用の乾燥機が使われている．100°Cの乾燥3時間と放冷3時間の工程を14時間繰り返す．乾燥が終わった後放冷（あん蒸）して，中心部に残った水分を表面に分散させる．ここで「ぽっくり（後述参照）」は頭と尾を落とす．二次乾燥以降は薪式の乾燥機が用いられ，7時間の乾燥とあん蒸を繰り返す．乾燥は魚の大きさ，脂肪量，仕向け先からの注文により回数を

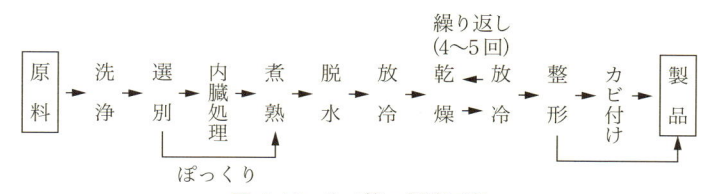

原料 → 洗浄 → 選別 → 内臓処理 → 煮熟 → 脱水 → 放冷 → 乾燥 → 放冷 → 整形 → カビ付け → 製品
（繰り返し 4～5回：乾燥→放冷）
（ぽっくり：内臓処理の下）

図7.16 サバ節の製造工程

表7.5 カツオ節およびサバ節の無機塩類量（mg/100g）[4]

	ナトリウム	カリウム	カルシウム	マグネシウム	リン	鉄	亜鉛	銅
カツオ節	130	940	28	70	790	5.5	2.8	0.27
サバ節	370	1100	860	140	1200	7.2	8.4	0.43

変えるが，4回から5回であることが多い．乾燥終了後に整形してそのまま出荷されることが多いが，仕向けによってはカビ付けを行う．

製造の特徴

サバ節は魚の大きさによって処理が変わる．たいていは頭と内臓と尾びれを落として乾燥させた「まるさばぶし」となるが，大きいものは3枚におろして節にされ「わりさばぶし」と呼ばれる．また，小型のものは「ぽっくり」と呼ばれ，内臓がついたままの状態で煮熟され，焙乾の段階で頭と尾を落とす．

製品の水分量は仕向け先の注文によって多少変化するが，11～16%程度である．

サバ節およびカツオ節の無機成分を食品標準成分表[4]を基に比較すると，カルシウム，マグネシウム，リンなどの値はサバ節のほうが高い（表7.5）．これはサバ節が骨を除去せずに製造されているためであると考えられる．

生産の現状

静岡県では主に沼津地区で生産され，熊本県では牛深地区が主産地である．沼津地区ではゴマサバのほか，マイワシやオアカムロなども含めて「雑節」の形で生産されていることもある．節業者は小規模な経営体が多く，生産量はサバの漁獲量に左右され，ゴマサバの漁獲が少ないときは，マイワシやソウダガツオなど水揚げのあった魚を用いて節を作っている．煮熟や乾燥は機械化されているが，整形は手作業で行われる．

〔岡田裕史〕

文　献

1) 農林水産省統計部：平成15年水産物流通統計年報，農林水産省官房統計部，2005.
2) 農林水産省統計部：平成13年水産物流通統計年報，農林水産省官房統計部，2003.
3) 農林水産省統計部：平成14年水産物流通統計年報，農林水産省官房統計部，2004.
4) 科学技術庁資源調査会：五訂日本食品標準成分表，大蔵省印刷局，2000.

8
海藻製品

■ 総　説

　海藻は米，魚介類と並ぶ日本を代表する伝統食品である．日本近海に自生する海藻は1500種類にも及び，褐藻類約230種類，紅藻類約600種類，緑藻類約200種類といわれる．すでに古代の『倭名類聚抄』（日本で最初の分類体の漢和辞典）にはコンブ，ワカメ，アラメ，ミル，アオノリ，アマノリ，ムラサキノリ，フノリ，トサカノリ，オゴノリ，イギス，ココロブト，ナノリソ，ツノマタ，ヒジキ，モズクなど，現在と変わらない種類が記載されている．これらの多くは調（古代の税の1つ，正税）に指定され，朝廷に貢献されていた．江戸時代になるとコンブ，ノリ，ワカメ，アラメ，テングサ，ヒジキ，フノリは全国的に流通するようになる．このように交通手段や運搬技術が未発達な時代から，海岸沿いで採取された海藻類が遠く離れた奈良や京都の都へ運ばれ，全国的に流通するようになったのは，ほとんどの海藻が乾燥により長期保存が可能であり，乾燥品は軽量であるという利点をもつためである．

　「若狭召昆布」「賀太浦若和布」「鳴門若和布」「浅草海苔」などの記述がみられるように，江戸時代以降，海藻類に産地名をつけた加工品が出回り，商品化していった様子がうかがえる．採取して潮の付いたそのままを干す「素干し」，稲わらの灰や木灰をまぶした「灰干し」，乾燥前に蒸し煮をして組織を軟化・あく抜きした「煮干し」，紙漉の技術を応用した「すき干し」，そして，高濃度の塩分で漬けた「塩蔵」など，それぞれの海藻の性質を考慮した加工法が工夫されてきた．これらの加工法は古代から行われてきた乾燥と塩蔵が基本で，比較的操作が簡単で，貯蔵効果が高く，食品の風味を高める利点がある．

　ほとんどの海藻類に適する乾燥保存法は，乾燥により食品中の水分やエキス分が失われ，水分活性が低下して酵素の作用や腐敗菌の増殖が制御され，保存性が高まる．また，食塩を加えることによって食品の浸透圧が増し，脱水は容易に成り，塩蔵についても乾燥と同様の効果が得られる．

さらに，海藻の物性や色，香りなどの風味を考慮し，乾燥や塩蔵の前段階で何らかの処理を行う方法が工夫されてきた．素干し乾燥は，海藻表面に潮の結晶が付いたままで乾燥されるため磯の香りが高く，比較的藻体を軟らかい状態で保存でき，海藻本来の自然の風味を味わうことができる．しかし湿度を吸収しやすいため，この問題を解決したのが水洗いして潮を洗い流して乾燥する塩抜き乾燥法である．湯通し乾燥法はワカメの加工によく使われるが，熱により緑色が鮮やかになり，見た目に美しい製品となる．また，稲わらの灰や木灰をまぶし，アルカリ性の作用によりワカメの色素や糖類の変化を防止し，色と歯ごたえを保つなどの利点をいかした灰干し法も江戸時

表 8.1　主な海藻の加工品

一次加工	乾燥品	素干し	コンブ，ワカメ，ヒジキ，アオノリ，アオサ，テングサ・エゴノリなどの紅藻類
		塩抜き干し	塩抜きワカメ，板ワカメ，のしワカメ
		すき干し	干しノリ，マツモ，岩ノリ，ハバノリ
		灰干し	灰干しワカメ
		湯通し干し	湯抜きワカメ，湯抜き茎ワカメ，板ワカメ
		蒸し煮干し	ヒジキ，アラメ
		水晒し乾燥	テングサ，イギス
	塩蔵品	ふり塩漬け	塩蔵ワカメ，モズク，赤トサカノリ，オゴノリ，メカブ
		湯通し塩蔵	湯通し塩蔵ワカメ
	石灰処理品		青トサカノリ，オゴノリ
二次加工	調味品	つくだ煮	ノリ，ヒトエグサ，角切りコンブ，細切りコンブ，アラメ
		煮物	コンブ巻き
		焙焼調味品	味つけノリ，味つけワカメ
	漬物類	かす漬け・味噌漬け	コンブ，アラメ，茎ワカメ，トコロテン（家庭），イギス（家庭）
	寄せ物類	溶解・冷却・凝固	ところてん，おきゅうと，えごねり，イギス（家庭）
	その他	刻み	刻みコンブ，刻みアラメ
		細工	とろろコンブ，おぼろコンブ，白板コンブ，霜地
		成分抽出	寒天，アルギン酸，カラギーナン

代から行われてきた．そして，組織が固く，海藻タンニンの渋みをもつヒジキやアラメは，乾燥前に1昼夜蒸し煮にしてあくを除き，組織を軟化させてから乾燥保存される．さらに日本の紙漉の伝統技術をいかしたのが，アマノリやハバノリの加工に使われる「すく」という過程をもつ板ノリ類である．紅藻類のなかでも凝固性をもつテングサやイギスは，製品の透明性を高めたり，白く仕上げるために，真水で洗い天日乾燥する操作を繰り返し漂白乾燥される．塩蔵においても採取後すぐ海藻に直接ふり塩をする方法と，熱湯を通して塩を抜き，緑色に変化させてから塩蔵する方法がある．

　これらの伝統的な一次加工に加え，つくだ煮や味つけ乾燥，味噌漬け，かす漬け，寄せ物，細工製品など，直接，食事に供することができる第二加工製品がある．

　主な海藻類の保存法，加工法を表8.1に示したが，それぞれの詳細については各項目で述べていくことにする． 〔今田節子〕

8.1 海藻製品

概　要

現在，食卓にのぼる海藻はコンブ，ワカメ，モズク，ヒジキ，ノリなど限られた種類である．しかし，昭和初期ごろまでの自給自足を大原則とする伝統的な食生活のなかでは，日本各地で採取保存され食用されてきた海藻は50種類に近く（表8.2），その加工保存法の基本はやはり乾燥で，モズクやワカメについては塩蔵も行われてきた．これらの乾燥保存された海藻類は，煮物や汁物，酢の物，あえ物，浸し物，すし類，寄せ物などの材料となり，野菜同様に藻体全体を食材とする多彩な調理法で食べられてきた．すなわち，ビタミン，無機質，食物繊維の給源である sea vegetable（海の野菜）としての利用が日本の海藻利用の特徴であり，現在の健康食としての再評価につながっている．

海藻類の整腸作用はもとより，コンブやワカメなどの褐藻類に含まれる海藻多糖のアルギン酸にはコレステロール低下作用，血圧低下作用が，コンブやワカメ，アラメ，アカモクなどに含まれるフコイダンには抗腫瘍活性や抗血液凝固活性が，そして，テングサやオゴノリなどの紅藻類から抽出される寒天には血糖値低下作用が認められている．このように海藻の機能性が科学的に明らかにされるにつれ，海藻は健康食品として再評価され，注目を浴びるようになった．多種類の海藻を乾燥保存し，食用としてきた日本人の伝統的食生活は，生活習慣病の予防に有効であったということになる．

現在，これまでのノリ，コンブ，ワカメ以外の海藻の市場規模が大きくなり，フノ

表 8.2　伝統的食生活のなかで利用されてきた海藻

	種類数	海　藻　名
褐藻類	15	コンブ，ワカメ，ヒジキ，アラメ，カジメ，クロメ，アントクメ，モズク，クロモ，マツモ，ハバノリ，ツルモ，カヤモノリ，ヨガマタ，ホンダワラ類
紅藻類	24	ノリ類，テングサ，イギス，エゴノリ，オゴノリ，シラモ，フノリ，ウミゾウメン，ムカデノリ，キョウノヒモ，イバラノリ，カギイバラノリ，トリノアシ，マツノリ，カバノリ，キリンサイ，カイニンソウ，ツノマタ，トサカノリ，ソゾ，ユナ，オニクサ，スギノリ
緑藻類	7	アオノリ，アオサ，ヒトエグサ，ミル，センナリズタ，ハルモ，ウミブドウ

（『日本の食生活全集』および今田聞き取り調査より作成）

リやテングサ，トサカノリ，ハバノリなどの乾燥海藻が加わるとともに，乾燥・塩蔵製品のほかに生ヒジキや生ワカメ，冷凍モズクや冷凍アカモク，味付けモズクやメカブ，メカブとろろ，真空凍結乾燥の海藻サラダや汁物，スープなど，種類，量ともに増加傾向にあるといわれる．

褐藻類の伝統的な加工・利用法

褐藻類のなかでも古代・中世・近世にわたり文献に記載が多いものは，やはりコンブ，ワカメ，ホンダワラ類で，ヒジキやモズクは江戸時代になって流通や利用が増加していった様子がうかがえる．

蝦夷や陸奥の地で採取されたコンブは，すでに奈良時代末期から献上品として朝廷に納められ，供御（天皇の飲食物）や僧侶の供養料として使われた貴重品であった．中世の『雍州府志』には「若狭召昆布は非常に味がよく高貴な方が召し上がられる」と紹介され，これについて江戸時代の『本朝食鑑』には，松前産のコンブを越前敦賀に陸揚げして若狭に送り，加工して京都に運ぶと説明している．また，江戸時代中期には松前から日本海，瀬戸内海を通って堺港へコンブが直送されるようになり，大阪はコンブ加工の中心地として発展し，今日でも両地域には海藻の加工業者が多い．

コンブの加工保存法は乾燥であるが，さらに乾燥コンブを使った加工品が作られていった．細工コンブはとろろコンブのことで，黒とろろ，白とろろ，おぼろコンブ，白板コンブなどがある．すでに江戸時代の元和年間（1620年ころ）に若狭の小浜に始まり，大阪では元禄年間（1688～1704年）から製造され始めたといわれている．また，刻みコンブは，乾燥コンブを糸のように刻んだもので，井原西鶴の『日本永代蔵』（1688年）にもみられ，かなり古くから作られてきたようである．さらに乾燥コンブを材料としたコンブのつくだ煮，塩コンブ，コンブ巻きやアラメ巻きなどの調味加工品も伝統食の1つである．

ワカメもコンブ同様に，古代においては調に指定され朝廷に貢献されていたが，産地も広く採取量も多かったせいか，中世以降になると職人の給料，庶民の普段の食材料となり，人々の生活により身近な海藻であったといえる．

ワカメもコンブ同様に加工保存法の基本は乾燥で，素干しワカメ，塩抜きワカメ，絞りワカメ，湯抜きワカメ，のしワカメ，灰干しワカメ，塩蔵ワカメなど多彩で，山陰沿岸地域や北近畿沿岸地域一帯ののしワカメ・板ワカメ，鳴門周辺の灰干しワカメなど各地で成長段階や品質を考慮した加工法が開発されている．

褐藻類のなかでもヒジキやアラメはより日常的な食べ物であった．江戸時代の『本朝食鑑』にはヒジキの性質を「干すと真っ黒になり，甘くて脆い，腥気をさりて…」と性質を述べ，あく抜きをしてから乾燥していたと推測される．また，アラメについても「コンブより細くて厚く，固い，生食には適さず，乾燥物を煮て食べる」とある．両者は渋み成分の海藻タンニンを含有し，その成分を抜くためと組織を軟化する

ためにゆで汁に柑橘類やウメ,少量の食酢を加え一昼夜蒸し煮にし乾燥する加工法が行われてきた.現在でもあく抜きや乾燥法の基本は変わらず,この過程を経た製品は,味や煮えやすさの点において調理しやすい便利なものである.

これらの褐藻類と異なり,乾燥保存が適さないのがモズクである.『本朝食鑑』には,「滑らかな性質で生食できる」とある.モズクには塩が浸透しにくく,水洗いで塩分を簡単に除くことができる性質をいかし,高濃度の塩分で漬けた状態で保存される.現在では三杯酢などで味つけした商品のほうが一般的である.

最近では,モズク様のとろみを加工製品にいかした冷凍メカブやツルアラメ,アカモクのとろろが市販されている.家庭料理として生の海藻をトントンと刻み,酢の物などにしてその粘りを味わっていたものが,冷凍技術の発達により製品として販売されるようになった.水や希酸に溶出するフコイダンの性質を利用した新しい健康加工食品である.

紅藻類の伝統的な加工・利用法

かつてはアマノリ,テングサ類,エゴノリ,イギスなど二十数種類もの紅藻類が利用されていた.紅藻類には比較的凝固性が高いものと低いものがあり,両者は乾燥保存することには変わりないが,その性質によって加工製品や調理法は大きく異なる.

紅藻類の代表であるノリ類はアマノリ属のアマノリ類をいい,江戸時代に名前が生まれたアサクサノリも同じ仲間である.すでに奈良時代には『常陸国風土記』や『出雲風土記』に「紫菜」とあり,『倭名類聚抄』ではムラサキノリと読ませアマノリのことと説明している.アマノリもコンブ同様に古代から調に指定され,貴重品として扱われてきた.江戸時代から「ヒビ立て」による半養殖が行われ,紙漉の原理を利用したすきノリに加工され,「浅草海苔」は雷門の名物となり,商品価値の高い物として扱われてきた.今日,養殖技術や板ノリ加工の機械化が大きく発達した海藻の1つといえよう.

原藻を煮溶かし,冷却凝固させて食べる海藻にテングサ類,エゴノリ,イギスなどがある.古代の『倭名類聚抄』にはところてんの原料となるテングサは「大凝菜(オオコルモハ)」,イギスは「小凝菜(ココルモハ)」とあり,すでに凝固する海藻と認識されている.日本全国で製品化され食べられているものはところてんであるが,室町時代の『七十一番職人歌合』には現在と同様のところてん突きを使った「心太(ところてん)売り」が描かれ,海から遠く離れた地での土産品ともなっていることがわかる.すでに江戸時代には乾燥テングサ,ところてんの製法ともに広く流通,普及していた様子がうかがえる.また,イギスやおきゅうとも江戸時代から記録され,イギスは煮溶かし,凝固させるのが難しい海藻と紹介されている.いつごろから米ぬかや生ダイズ粉,ダイズのゆで汁を用いてイギス料理が作られだしたのかは不明である.このほか,九州地方にはカギイバラノリ,トゲキリンサイ,キョウノヒモなどを用いたゲル化食品が伝承されてい

るが，トコロテンを除き，溶解した海藻すべてを濾過せずに凝固させる共通した特徴をもつ．これらのゲル化製品は海藻に含まれる粘質多糖類の性質を利用し，凝固性の低いものには添加材料に含まれるカルシウムやマグネシウム，カリウムなどの金属イオンを作用させて凝固性を高めたものである．しかし，多糖類の種類，ゲル化機構が不明なものが多く，製品化されるまでに至っていないものがほとんどである．

これらの凝固性を利用した紅藻類に対し，オゴノリ，シラモ，フノリ，トサカノリなどは，乾燥保存された原藻を湯通しして，酢の物やあえ物として，歯ごたえ，香り，色を楽しむ食材として使われ，乾燥原藻が少量ながらも市場に出回るようになった．また，これらは真空凍結乾燥により海藻サラダの材料としても使われている．

緑藻類の伝統的な加工・利用法

古くから利用されてきた緑藻類は，アオノリ，アオサ，ミル程度であるが，アオノリとアオサは明確に区別されずに使われてきた可能性もある．江戸時代の本草書には，食べ方について「酢菜」「乾かしてほじじとする　肉とあつものとする」などがみられ，乾燥品が酢の物や汁物とされていたことがわかる．

高知県の四万十川のスジアオノリは上質とされるが，多量に自生する海藻ではない．また，アオサのなかでもヒトエグサは味がよいとされ，アオサ汁や雑炊，煮物，あえ物，酢の物など葉菜類同様に使われてきた．四万十川汽水域ではヒトエグサの養殖が行われ，水洗いして細かく切り，大きな板状に広げて天日乾燥したものが出荷されている．

アオノリ，アオサの加工法はいたって簡単で，採取したものをそのまま，または水洗いして天日乾燥するのが基本で，原藻の長いまま，板状，粉状などの形態がある．

海藻製品の原理

以上のように海藻製品の加工の原理は天日乾燥と塩漬けにあり，前処理段階の操作も，水洗い，切る，ゆでる，絞る，灰をまぶすなどの単純なものである．そして，加工過程で使われる添加材料も塩，食酢，稲わらや木の灰，米ぬか，ダイズ製品など，普段の食生活のなかで使われてきたものばかりである．このような条件であったからこそ，古くから家庭で海藻保存が可能であり，食材とされてきたともいえよう．多彩な加工食品の開発，機械化による大量生産が可能になった今日にあっても，海藻加工製品の原理は変わることなく継承されていくであろう．

問題点と今後の課題

海藻は一度の食事で多食することが不可能な食材である．しかし，健康志向の高まりのなかで，健康食品としての需要は少なからず伸びていく可能性が期待できる．

江戸時代の本草書や昭和初期ごろまでの民間伝承のなかには，実に幅広い海藻の効用が伝えられている．これらの海藻の効用は煎じ汁や粉薬としての利用ではなく，sea vegetable（海の野菜）として藻体全体を食する海藻料理としての利用である．

すなわち，毎日の食事の一品に海藻料理を組み込むことが病気の予防や治療につながるという使い方なのである．

生活習慣病が大きな社会問題となっている今日，海藻が健康食として注目を浴びているということは，毎日の食材として手軽に利用が可能な多彩な海藻製品の供給が求められているということでもある．

現在，コンブ，ワカメ，ノリ以外の海藻の市場規模が大きくなっているとはいえ，消費者の身近な食材とはいいがたい．主流である海藻以外は，天然物に頼るしかなく，自生地域が限られる，自生量が少ない，採取者がいない，加工保存に手間がかかりコスト的に見合わないなど，製品化するためにはさまざまな問題を抱えているのが現状であろう．

昭和初期あたりまでの食生活のなかでは，家庭や地元消費が基本であるが，現在よりも多種類の海藻が採取保存され食されてきた（表 8.2）．現在でも，輪島の朝市などを訪れると，多種類の海藻を手軽に購入できる．また，未利用海藻の利用を検討している漁業組合の取り組みや，地元で採取できる海藻で加工製品や調理法の開発を進めている漁業婦人部の活動に接する機会も少なくない．このような地道な活動により，自然の恵みである海藻を，伝統的な健康食品として，また日本独自の伝統的食文化の伝承という意味からも，より有効に利用していけないものであろうか．

〔今田節子〕

文　献

1) 山田信夫：海藻利用の科学，成山堂書店，2000．
2) 三輪勝利監：水産加工総覧，光琳，1983．
3) 食品加工総覧 第12巻 素材編，農山漁村文化協会，2003．
4) 今田節子：海藻の食文化，成山堂書店，2003．

8.1.1　干しワカメ（灰干しワカメ）

製品の概要

徳島県鳴門市周辺に特産される「鳴門灰干しワカメ」は伝統的なワカメ乾燥製品の代表的なものであろう．

例年1万t前後のワカメが灰干しワカメに加工され特産品となってきた．この製法は約160年の昔に，現在の鳴門市里浦町の住人で干しワカメの製造販売を営んでいた前川文太郎が創案し，その後改良が加えられ，ついに現在のような商品価値の高いものが作り出されたといわれている[1]．

製品は鮮やかな緑色で，常温で周年貯蔵しても褪色せず，生鮮品に近い弾力と歯切れのよさが保たれ，防カビ性がよく，ワカメ特有の香気もよく残存しており個性的な土産製品として愛好されてきた．

製法の概略と変遷

製造工程は図 8.1 のとおりである．

加工用の原藻は従来は鳴門海峡付近で採取される天然ワカメが用いられていたが，現在はほとんどが養殖ワカメである．原藻の採取は，天然ワカメのみおよび養殖量が少ないころは早朝に行いただちに灰づけ処理をしていたが，生産量が多くなってからは，「よい採り」と称して前日の午後から夕方にかけて採取し浜辺に積んで置き，1夜経た翌早朝から灰づけ処理を行うようになった．

灰づけ処理は，生産量が少ないころは手作業で行い重労働であったが，その後小型動力機を備えた灰づけ機が開発されたいへん能率的になった．横長の六角形の筒に原藻とその重量の 20〜25% の灰を入れ，5分ほどゆっくり回転させ灰を塗布する．灰処理には草木灰が用いられるが，この灰の性状，特に水抽出性アルカリ成分量が製品の品質に大きく影響する．水抽出性アルカリ成分を含まないものは品質保持効果がなく，多過ぎると色調はよいが組織が軟化崩壊してしまう．灰が十分に付着すると灰づけ機から取り出し，葉を広げ 1 本ずつ重ならないよう拡げて砂浜に並べ天日乾燥する．途中で裏返して均一に乾燥させる．昔は，中肋部がほぼ乾燥したら「小寄り」と称して数か所に積み重ねて日没まで放置し湿気を吸わせて折れない程度に軟らかくしてから，わら袋に入れて自宅に持ち帰っていた．生産量が増えてからは，軽く散水して軟らかくしただちに自宅に持ち帰ることが多い．

天候が悪く乾燥に時間がかかると製品品質が著しく低下するので，翌日の天候を考えて原藻を採取しなければならない．

さらに翌日から「色乾し」と称して，自宅の庭先や畑に敷いたむしろやプラスチックシートの上に拡げて 2〜3 日吸湿と乾燥を繰り返す．最近はビニールハウス内で比較的温度が高い状態でこのような処理を行う例が増えている．最後に折れない程度に軟らかく（水分含量 15% 前後）してポリエチレン袋に密封し納屋，地下室，低温倉庫などに保管しておく．この時点でワカメの色は，本来の褐色からかなり緑色に変化している．一部はこの灰つきの状態で「灰ワカメ」と称して販売される．

1〜2 週間以上保管した後随時取り出し，まず海水中で手もしくは灰洗い機で揉んで灰を十分に洗い落とす．灰が除かれたらプレス機か遠心脱水機にかけて脱水し，次

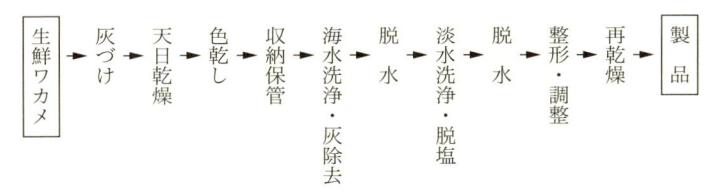

生鮮ワカメ → 灰づけ → 天日乾燥 → 色乾し → 収納保管 → 海水洗浄・灰除去 → 脱水 → 淡水洗浄・脱塩 → 脱水 → 整形・調整 → 再乾燥 → 製品

図 8.1 灰干しワカメ製造工程

いで淡水で手早くすすぎ洗いして脱塩後再度同様に脱水する．次いで針を用いて，中肋部をわずかに葉状部に残す状態で取り除き，さらに葉状部の幅が広いものは何本にも引き裂いて細くしたり，先枯れ部分や付着物などをハサミで除去して調整する．調整作業は温度が高い状態で時間がかかると製品品質が低下するので，涼しい場所で手早く行う必要がある．

調整したものは，風通しのよい日陰で自然乾燥，もしくはオイルバーナーを用いた温風乾燥室や除湿器を備えた低温除湿乾燥室で乾燥する．水分含量が14～15%になったら折れないように気をつけながら，最終的に調整して仕上げる．これを「鳴門灰干し糸ワカメ」と称している．

製品歩留まりは原藻類の質や加工途中の条件により差があるが，原藻重量の約4～5%である．

製造原理（灰干し処理による品質保持の機構）

灰をまぶして天日乾燥するという簡単な処理により，顕著な品質保持効果がみられるが，これには物理的要因と化学的要因が考えられる．

灰をまぶすことにより，ワカメ表面の水が灰に吸収されてワカメ相互に付着しなくなり砂浜に1枚ずつ容易に拡げることができるため，乾燥が著しく早まり乾燥途中での変質が防止される．つまり灰には乾燥助剤としての働きがあり，このためには多孔質の微細粉が適している．

緑色保持効果は，処理に用いる灰のアルカリ成分が藻体の酸性化を防ぎクロロフィルの分解を制御するためで[2-4]，灰中金属がクロロフィル分子中マグネシウムと置換して安定化するのではないと考えられる[5]．灰干しワカメにはクロロフィルaが多量に残存し，安定な誘導体であるクロロフィリッドaも多い[6]．

良好な物性を有している灰干し製品では，組織が軟化した素干し製品に比較して，全アルギン酸量に対する水可溶性アルギン酸量の比率が低い．生鮮品や素干し品に比較して，灰干し品ではアルギン酸分解酵素の活性が著しく低いこと，この酵素の活性はアルカリ性側で急激に低下することから，灰干し処理により藻体中に浸透した灰アルカリ成分により藻体pHが上昇し，アルギン酸分解酵素の活性が低下して組織維持に重要な役割を果たしているアルギン酸の分解・親水性化が抑制される結果，組織の軟化崩壊が防止されると考えられる[7,8]．

また，灰干し品は組織が軟化崩壊した素干し品に比較して，藻体に結合しているカルシウム量が50%以上増加していることから，藻体中のアルギン酸が灰中のカルシウムと結合して不溶性化することも組織軟化防止の一因と考えられる[9,10]．

灰をまぶして天日乾燥するという技術は，科学的に高度な内容を含んでおりながら，その内容を応用するに際しては特別な訓練や複雑なコントロールを必要とせず，一般の人が誰でも行えるように平易化されているわけで，先人の知恵の深さに関心さ

生産の状況

良質な灰の大量入手が困難なことや環境問題などにより，現在生産は中止されている．これらの問題を克服して，この個性的特産品の生産が再開されることが望まれる．

〔渡辺忠美〕

文　献
1) 徳島県板野郡教育会：板野郡誌，第13編，人物志，第9章事業家（鳴門市役所市史編纂室所蔵資料），pp 1259-1260，1962.
2) 日下部重郎：長崎県水試資料，109号，1-10，1956.
3) 掛端甲一，山内寿一：昭和39・40年度青森県水加工研報，pp 1-5，1966.
4) 渡辺忠美，米沢邦夫：徳島食品試報告，**19**，61-66，1971.
5) 広田　望：日水誌，**44**，1003-1007，1978.
6) 渡辺忠美，西澤一俊：日水誌，**48**，237-241，1982.
7) 渡辺忠美，西澤一俊：日水誌，**48**，243-249，1982.
8) Sato S, et al.：日水誌，**42**，337-341，1976.
9) 渡辺忠美，米沢邦夫：徳島食品試報告，**23**，32-42，1975.

8.1.2　揉みワカメ

概　要

揉みワカメは長崎県の島原で作られる素干しワカメの一種である．製法は製茶の技法を取り入れて生乾きのワカメを細く裂いて揉み，風乾する作業を繰り返して製造する．創始者や年代は不明であるが江戸時代には作られていたようである[1]．1955年ころから細切処理に千歯（板に約5cm間隔で針状の金具を打ち付けた器具）が，1967年ころからは揉み機（直径，高さが35～40cmの円筒状の器で，底に6枚の突起状の回転翼が付いた器具）が導入されて生産性が向上した．1963年ころから養殖ワカメの生産が始まり，島原の特産品である揉みワカメの加工が奨励されて60戸余りの漁家が生産を行った．しかし，湯抜き塩蔵ワカメに比較すると大量生産が難しく，製造に手間がかかることに加え，食習慣の変化などの影響もあって現在は数軒の漁家が生産を行うのみである．

製　法

養殖ワカメを海水で洗浄後，葉先と茎を除去して爪や竹べらで葉を細切し，縄にかけて1.5～2時間乾燥する．次に中肋を2～3（大きい中肋は中心部を取り除く）に裂き，むしろの上でワカメを両手で茶を揉むように3～5分間揉み，粘りが出てくると再び縄にかけて20分間くらい乾燥する．この揉みと乾燥の操作を7回くらい繰り返す．3，4回目以降の乾燥はむしろの上に広げて干すが，このころになると形がまとまって細い針金状を呈するようになり，部分的に白粉が目につくようになる．このこ

細切作業:少し風乾したワカメを千歯に引っかけて細切する

揉み処理:細切したワカメを揉み機に入れて揉む

天日乾燥:揉み処理後,ていねいにもつれを解いて網にかけて乾かす

揉みワカメとそれを水戻しした状態

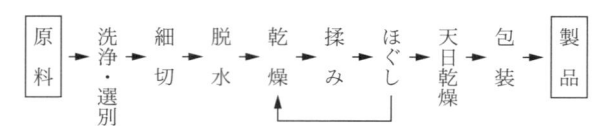

原料 → 洗浄・選別 → 細切 → 脱水 → 乾燥 → 揉み → ほぐし → 天日乾燥 → 包装 → 製品

図 8.2　揉みワカメの製造工程

ろから干し上がるまでの揉み込みと乾燥が大切で,乾燥しすぎると白粉を生じないで干し上がってしまう.製品はかめや樽に密封して冷暗所に保蔵した.しかし,前述した千歯や揉み機の導入後は上記の方法よりも簡略化した製造が行われるようになった.すなわち,洗浄したワカメの両端を持ち,千歯に中肋付近を引っかけて葉先を引き寄せて細切したのち中肋を除く.次に葉体を加圧脱水機で脱水後,縄にかけて 35 ℃の温風乾燥機,または天日で半乾き状態に乾燥し,揉み機に入れて 5〜10 分間揉み,取り出してていねいにほぐす.再び 20〜30 分間乾燥,揉み,ほぐしの作業を繰り返し,水分 20% 以下に乾燥する.歩留まりは 8〜10% である.製品はポリエチレン袋に封入し,冷蔵庫に保存して販売する.なお,揉みワカメは暗緑色で表面は白粉に覆われたものが良品とされていたが,近年は白粉を嫌う消費者が多いという.

特徴

揉みワカメは暗緑色の細い針金状を呈するが,水戻しがよく,味噌汁や酢の物などに使う.また,乾燥物を少し焙ってご飯に混ぜた「ワカメご飯」も美味である.

生産の現状

夫婦で1日に10 kg前後を生産できるが,総生産量は200 kg程度と見込まれる.

〔黒川孝雄〕

文献

1) 長崎県水産振興会:水産ながさき6月号,pp 36-37,1958.

8.1.3 乾燥コンブ

コンブの種類と用途

江戸時代の『日本山海名産図絵』には「松前宇賀コンブは細くて薄く,色は黄赤色で味は最上でほのかな酸味を帯びる.津軽産は厚手で味は劣り,南部産はやや黒くて味も劣る」とある.江戸時代にはコンブは産地や品質によって分類され,販売されていた様子がうかがえる.コンブの種類は約10種あるが,それらの産地はほとんどが北海道沿岸に分布している.主なコンブの種類と産地,その用途を表8.3に示した.

表 8.3 コンブの種類と産地および用途

種類	分布	用途
マコンブ	函館を中心に津軽海峡沿岸,内浦湾一帯	高級だし用,おぼろコンブ,とろろコンブ,白板コンブ
リシリコンブ	利尻島周辺,石川湾沿岸,知床半島,国後島北部まで	だし用,高級おぼろコンブ,とろろコンブ,白板コンブ
ミツイシコンブ	日高地方沿岸,噴火湾から襟裳岬まで	だし用,早煮コンブ,コンブ巻き,つくだ煮
ラウスコンブ	知床半島南部にのみ	高級だし用,おぼろコンブ,とろろコンブ,白板コンブ
ナガコンブ	釧路・厚岸・根室に至る沿岸	つくだ煮,煮物,コンブ巻き,刻みコンブ
ホソメコンブ	白神岬以北・江差・積丹半島・留萌・天売・焼尻島に至る沿岸 津軽半島,下北半島の東側,岩手県南部 宮城県気仙沼付近から牡鹿半島	とろろコンブ,切りコンブ,納豆コンブ

コンブは褐藻類のなかでも特に濃厚な旨味を含んでおり，その成分はアミノ酸系のグルタミン酸を中心にアスパラギン酸，アラニンなどで，コンブ表面の白い粉はマンニットで甘味をもっている．コンブの旨味はこれらが混和してでき上がったもので，だし用コンブやおぼろコンブ，早煮コンブなどの加工品には，これらの旨味が濃厚に含まれている．

乾燥製品の種類と製法

乾燥コンブの品質は採取後の1日目の乾燥に大きく左右される．早朝に採取を終えるとすぐに小石や砂利を敷き詰めた浜に広げて干し上げるが，コンブの表面は粘液で覆われているので，浜寄せといって小石が付着しないように移動させる．2日目からは干し場を替えたり，すだれ状に吊して2～4日間干す．十分乾燥したコンブの水分は10％内外となる．

コンブの乾燥法および製造工程の概略は図8.3のようである．

現在，商品化されているコンブの乾燥製品は次のように大別される．

元そろえコンブ：葉状体の基部を半円形に切り除き，そろえて束ねるか，束ねないでそのまま包装する．マコンブ，ラウスコンブなどはこの方法である．

折りコンブ：乾燥コンブを一定した長さに折り畳んだもので，束ねるか包装品とする．マコンブ，リシリコンブ，ミツイシコンブなどに使われる．

棒コンブ：乾燥コンブを一定の長さに切りそろえたもので，束ねたり包装したりする．

長切りコンブ：一定の長さに切りそろえて結束したもの．根本から一定の長さに切っていき，一番根本の部分は「一番切り」，その次は「二番切り」，次を「三番切り」

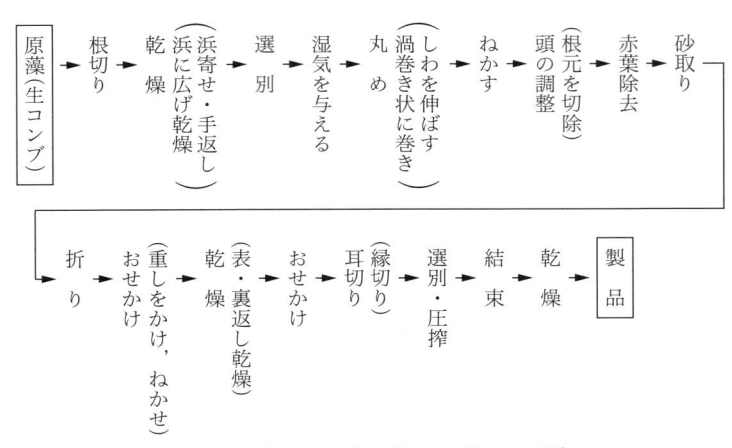

図 8.3 乾燥コンブの製法（三輪，1983）[1]

という．2年もののナガコンブなどが使われるが，長さや重量はコンブの種類によって異なる．

雑コンブ：上記のいずれにも規格上結束できない品質の落ちるもの，あるいは製造中に切除したもの，赤葉などの「雑」コンブのことをいい，茎を含めた葉元が原料になるものと，葉元以外のものが原料になるものとがある．ミツイシコンブの場合は，先端部の五番切りにあたるものをいう．

製品の特徴

乾燥コンブの栄養成分は水分9.2～13.2％，タンパク質7.7～8.3％，脂質1.2～2.0％，炭水化物56.5～64.7％，灰分16.5～21.7％と，コンブの種類により炭水化物と灰分に大きな差が認められる[2]．食物繊維が豊富であり（27.1～36.8％），特にアルギン酸が体内のナトリウムや不要物の排出などの機能を有するほか，灰分がカリウムなどの無機塩の補給やヨウ素やセレンの補給に有効であり，昆布熱水抽出物（ミツイシコンブ，ナガコンブ）には抗腫瘍性も認められている[3]．

生産の現状

コンブの生産量は，海水温や流氷など自然環境の影響を受け，年によって差がある．水産物流通統計年報によるとコンブの上場水揚げ量は2000，2001年には乾物で6800 t前後であるが，ここ2，3年は減少気味で2004年度は5900 tの水揚げ量を示している．また，養殖技術の発達によって，北海道だけではなく日本各地でコンブの養殖が行われているが，その量はコンブ量全体の約1/3程度といわれる．そして，乾燥コンブ生産量の約1/3は葉売りに，残りはつくだ煮，コンブ巻き，とろろコンブなどの加工品の原料に利用される．今後，日本人の旨味の基本であり，生活習慣病予防の機能性をもつコンブの需要が高まっていくことを期待している．　　〔今田節子〕

文　献
1) 三輪勝利監：水産加工総覧，光琳，1983．
2) 香川芳子監修：5訂食品成分表，女子栄養大学出版部，2001．
3) 山田伸夫：海藻利用の化学，成山堂書店，2000．
4) 徳田　廣，大野正夫，小河久朗：海藻資源養殖学，緑書房，1992．
5) 食品加工総覧 第12巻 素材編，農山漁村文化協会，2000．
6) 農林水産省：水産物流通統計年報，農林水産統計情報総合データーベース，2006．
7) 今田節子：海藻の食文化，成山堂書店，2003．

8.1.4　おぼろコンブ，とろろコンブ

製品の概要[1,2]

おぼろコンブおよびとろろコンブは，酢漬けして軟らかくしたコンブを，きわめて薄く削った製品である．これらのコンブ加工品の起源は定かでないが，現在から250

年程度さかのぼるものと思われる．14世紀の室町時代に西廻り航路が開かれ，北前船による重要な交易品である宇賀コンブと呼ばれた道南のマコンブは，その多くが若狭国（福井県）小浜に陸揚げされた．若狭小浜は越前国（福井県）敦賀と並んで，リアス式海岸の若狭湾に存在する屈指の良港であり，大和朝廷時代から朝鮮半島との通交の役割を果たす重要な港であった．都に近いことから発展を遂げ，この地は水産物の加工技術が発達していた．松前屋など廻船問屋が運搬した宇賀コンブは，現在のように規格化されたものでなく，長いコンブを曲げて縛っただけの「島田結束」したものであったので，小浜で精製加工されてから，若狭コンブとして京都や大阪に送られた．この時代に小浜でおぼろコンブやとろろコンブが製造されていた確証はないが，海上輸送中に吸湿してカビの生えたコンブの表面を削って精製していたことが考えられる．また，宇賀コンブは身が厚く，そのままでは食べにくいので削ったともいわれている．

　江戸時代に入ると，1620年ころから，細工コンブや刻みコンブが小浜で作られるようになり，その技術はやがて京都や大阪にも伝えられた．しかし，1637年に北廻り航路が開かれて大阪まで直接航行されるようになると，小浜ではコンブの陸揚げが激減したため，敦賀に陸揚げされた原料を用いて加工が行われた．1760年ころには敦賀でも細工コンブの製造が開始され，小浜の加工技術や職人はしだいに敦賀に移動した．とろろコンブやおぼろコンブの製造の始まりは，1800年代初頭の文化・文政時代とか，1848（嘉永元）年であるとか諸説がある．1765（明和2）年に京都の松前屋が後桜町天皇に数種の菓子コンブを献上しており，これらの菓子コンブには表面が削られたコンブの部分が使われることから，少なくともこの時代には，副産物として削りコンブが存在していたと考えられる．副産物の削りコンブが食べやすくて美味なことから，上方で人気となり，新しい加工法も開発され，有力な細工コンブになったとされている．このような経緯から，はじめはとろろコンブが作られ，加工が高度化するにつれて，おぼろコンブが開発されたことがうかがえる．

　明治時代以後になると，おぼろコンブの削りの技術が改良されて高品質の製品が作られるようになり，とろろコンブについては1903年に辻本寅吉により切削機が発明され，さらに改良が重ねられて量産が可能になった．近年は，マコンブやリシリコンブに加えて種々の原料が用いられるようになり，特にとろろコンブでは製品の多様化が起きている．

製　法[3,4]

　おぼろコンブの味の優劣は原料の良し悪しによって決まるので，葉が厚くて内層の白い部分の多い，高品質のマコンブやリシリコンブが用いられてきた．近年は，機械削りの製品ではガゴメコンブなど他の種類のコンブが併用されることがある．原料コンブを醸造酢や4％程度の酢酸溶液に数分間浸してから引き上げて液を切る．この

8.1 海藻製品

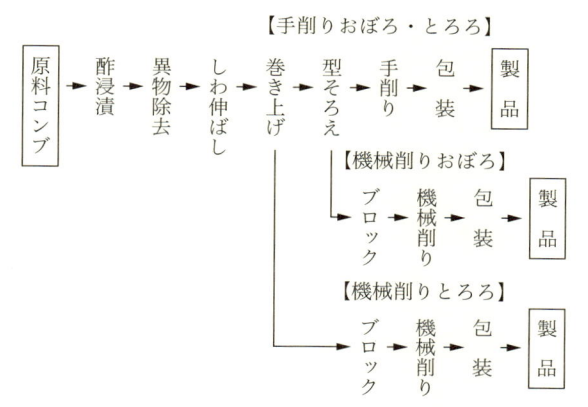

【手削りおぼろ・とろろ】

原料コンブ → 酢浸漬 → 異物除去 → しわ伸ばし → 巻き上げ → 型そろえ → 手削り → 包装 → 製品

【機械削りおぼろ】

→ ブロック → 機械削り → 包装 → 製品

【機械削りとろろ】

→ ブロック → 機械削り → 包装 → 製品

図 8.4 おぼろコンブ・とろろコンブの製造工程

「漬け前」の操作を2～3回繰り返してから2～3日あん蒸する．夾雑物を取り除く「掃き前」の操作を終えてから，数十枚重ね合わせて硬く巻き上げる「巻き前」の操作をして，さらに1～2昼夜あん蒸した後，「さらえ」といって苦味のある表面の黒い部分を少し削り落とす．必要な場合には，コンブの葉の薄い部分などを切り取る「裁ち前」をする．手すきおぼろコンブの場合は，このように処理したコンブの1枚を取り，右足で抑えて左手で引っ張り，コンブの葉の面に酢を塗って，削り庖丁で0.1 mm以下の広い薄片に掻き削る．さらに表面に酢を塗り，間を置いてからまた削る．庖丁の刃はこの目的のためにわずかにかつ微妙に内側に湾曲している．この庖丁の刃を磨く操作のことをアキタをかけるといい，大正時代に始まった方法といわれ，研ぎ上げるには熟練した技術を必要とする．

機械削りでは，同様にあん蒸したコンブのサイズを合わせて積み重ね，強い圧力をかけて圧着させ，重さ30～40 kgの直方体のブロックに成型する．これを切削機にかけ薄片状にし，薄片の両端に蒸気をかけて接着させロールで巻き上げる．必要な長さに裁断して製品とする．

手削りのとろろコンブは，目打ちした庖丁を用いて，あん蒸した原料コンブをおぼろコンブと同様に掻き削って作られる．とろろ削りの庖丁は細かいのこぎりの歯のように目打ちしてあるので，コンブは細かくかつ薄く掻き削られる．機械削りでは，あん蒸した種々のコンブを積み重ね，強い圧力をかけて重さ50～60 kgのブロックに成型する．このブロックの側面すなわちコンブの葉の縁辺部側に沿って，縦に細く薄く切削して製品とする．

製品の特徴

おぼろコンブには，削り取った葉面の部分に応じて，黒おぼろ，白おぼろ，黒白お

ぼろがある．黒おぼろはコンブの葉の表皮に近い黒褐色の部分を削り取ったものである．白おぼろは残りの黄白色の部分を手削りでさらに削った高級品であり，太白おぼろとも呼ばれる．黒おぼろの味は濃厚であるが，舌触りと総合的な香味の点で，白おぼろに遠く及ばない．削れない芯の部分は白板コンブとしてバッテラ用コンブや菓子用コンブなどに使われる．黒白おぼろは表皮と黄白色部とを区別なく削ったものである．手削りではコンブを1枚ずつ削るが，機械削りでは圧着した凹凸のあるブロックを削るので，両者は外観的な黒白の模様の形からも見分けがつく．おぼろコンブには，吸い物に入れたり，うどんに浮かしたり，すしや握り飯を巻くなどの用途がある．

とろろコンブには黒とろろと白とろろがある．手削りの場合，コンブの葉の表面部分からは黒とろろ，黄白色の部分からは白とろろが得られる．機械削りでは，圧着したブロックをコンブの葉の側面部分から削るので，黒とろろだけが得られる．手削りしたものは原料や品質の面からも高級品である．手削りには，マコンブやリシリコンブが主原料に用いられているが，機械削りの製品が多くなるに伴い，現在では，ガゴメコンブ，ネコアシコンブ，ホソメコンブ，根コンブ，色の白い青森産マコンブあるいはラウスコンブなど種々のコンブが混合して使われている．糊料や調味料などを加えるなどして，味や粘り具合などの点の特長をいかした多様な製品が作られている．味噌汁，吸い物，三杯酢，うどんつゆなど広く使われている．

生産の現状

おぼろコンブおよびとろろコンブは，古くから熟練した職人の技法によって生産されてきたが，後継者の不足と生産性の理由から，機械削りの割合がしだいに増加している．しかし，高品質のおぼろコンブは手削りでなければ作ることができない．機械削りも含めた全国的な生産量は不明であるが，手削り品については全国の約80%が敦賀市で生産されており，その量は200 t程度と推定されている．近年，コンブの健康性機能性が注目されており，おぼろコンブやとろろコンブは食べやすい食品形態であることから，新たな方向への発展が期待される． 〔赤羽義章〕

文　献

1) 宮下　章：海藻，法政大学出版局，1974．
2) 大石圭一：昆布の道，第一書房，1987．
3) 三輪勝利監修：水産加工品総覧，光琳，1992．
4) 坂本　尚：食品加工総覧第6巻，加工品編第12巻素材編，農山漁村文化協会，2003．

8.1.5　すきコンブ

製品の概要

三陸沿岸の岩手県および青森県八戸市（鮫地区）で古くから製造されていたとされ

る伝統食品．「ひきコンブ」ともいわれる．軟らかい原料コンブを細切りし，煮熟後すきのり状にすいて乾燥したもの．現在では養殖コンブを原料として5～6月に生産され，地元はもちろん関西や九州方面まで出荷されている．

　生産量は，岩手県では2003年度208万3000枚（2億4354万5000円），近年の最高は1988年度の1046万6000枚（金額では1992年度の6億5013万円）で，漸減傾向にある．最近10年間の平均生産量は368万枚（2億6563万7000円）となっている．青森県の生産は八戸鮫浦漁業協同組合に限られ，2004年度19万9000枚（2273万6000円），近年の最高は1992年度の61万4000枚（5693万1000円）であった．最近10年間の平均生産量は20万3000枚（2071万8000円）となっているが，原料コンブの豊凶による生産量の変動が大きく，少ない年には8万枚程度まで落ち込むこともある．

製　法

標準的な製造工程は図8.5のとおりである[1]．

原料は生のホソメコンブまたは養殖ものの1年マコンブで，枯葉や赤葉，根などを除去しておく．

選別後の原料コンブを裁断機で幅3～5mmに切断する．切断したコンブを袋網か大きめのタモ網に入れて沸騰水中に投入し，再沸騰後2～3分加熱して色調が濃い緑色に変わったら，煮釜から引き揚げ水切りする．

撹拌機などにより流水中で揉み洗いし，汚れと粘着物を除去し，水切りする．

底部に葦スダレまたは金網を取り付けた枠型（45×30cm）に，洗浄した細切りコンブを一定量ずつ加え，水を入れた容器の中で揺り動かして均等に分散させてから引き上げる（「水打ち製法」と呼んでいる）．

水を切って乾燥機に収容し，7～10時間程度乾燥する．

乾燥したら，型枠から取り外して袋詰めする（通常10枚1束で，含気包装）．

製品1枚あたりの重量は，岩手県では18g，青森県では30gとなっている．

昭和40年代以前には原料は主にホソメコンブが使われ，棒に巻いたものを手作業で細切りし，乾燥も天日乾燥であった．昭和40年代にはコンブ養殖技術の普及に伴って原料確保が容易となり，これを契機に切断から乾燥までの各工程も機械化が進み生産効率と品質が向上した．製造技術の進歩は岩手県が先行し，青森県では岩手県へ

原料コンブ → 選別 → 切断 → 煮熟 → 洗浄 → 成型 → 乾燥 → 包装 → 製品

図8.5　すきコンブの製造工程

の研修を経て技術が導入され，1985年ころにはほぼ現在の製法で安定した生産が行われるようになった．

製品の特徴

すきコンブは，水または湯で戻して油炒めにするほか，煮物，つくだ煮，てんぷら，酢の物やサラダなどさまざまな料理の素材として用いられる．特徴としては，色やつやのほか，軟らかくシャキシャキした歯ごたえや甘味のあるものが好まれ，細くて厚みのあるのがよいといわれる．海藻類の特徴として低カロリーでミネラル分を多量に含むことなどから，近年は健康食品として注目を浴びることも多い．

青森県水産物加工研究所（現青森県ふるさと食品研究センター）では，消費拡大をねらってすきコンブの味つけ缶詰めを開発し，商品化されている．これは，水で戻したすきコンブにニンジンとゴボウ，好みよって身欠きニシンを加え，砂糖と醬油主体の調味液で煮熟し，缶詰めとした製品である．

生産の現状

主な生産地は，青森県の八戸（鮫）や岩手県の普代，宮古，釜石・大槌および田野畑の各地域である．生産業者は青森県では八戸鮫浦漁業協同組合養殖部会所属の13戸，岩手県では普代地区と宮古地区が各60戸程度と主力で，岩手県全体では150戸程度となっている．両県とも生産戸数は減少傾向にある．

流通販売面では，生産量に勝る岩手県産のほうが，価格も手ごろなことから市場の主流を占めているといわれており，岩手県産ブランド品としてホームページを使ったPRも行われている．なお，価格は製品1枚あたりでは青森県産のほうが高値であるが，重量あたりでは逆に岩手県産のほうがおおむね高値となっている．〔永峰文洋〕

文　献

1) 青森県水産物加工研究所：ナマコ・ホヤ・ウニ・海藻加工品製造マニュアル，pp 22-23，青森県水産物加工研究所，1999．

8.1.6 塩コンブ

概　要

江戸時代からコンブの一大集散地である大阪が発祥である．当時は醬油で濃厚に炊き込んだもので，現在の，混合粉末調味料をまぶした塩コンブ（塩吹きコンブあるいは乾燥塩コンブとも呼ばれる）は，1960年代，大阪地区のコンブ加工企業の技術開発によって大衆化され，急速な発展をみるようになった[1]．現在も大阪を中心に関西地方での生産がほとんどである．

製　法

製造工程の一例を図8.6に示す．原料にはマコンブ，リシリコンブなどを用いる．

原藻調湿 → 切断 → 選別 → 洗浄 → 前仕上げ煮 → 後仕上げ煮 → 液切り → 予備乾燥 → ねかし → 本乾燥 → 粉まぶし → 包装 → 製品

図 8.6 塩コンブの製造工程

コンブの裾と耳を断ち，肉厚と形状をそろえる．打ち水あるいは打ち酢で水分調整後，切断機で切断する[1]．不ぞろい品や損傷品を振盪ふるい機や風力選別機で除去後，ざるなどで流水洗浄または洗浄槽で熱湯洗浄する．前仕上げ煮工程では，醬油，砂糖，グルタミン酸ナトリウム，総合アミノ酸製剤，核酸系調味料，有機酸などを配合した調味液に原藻コンブ15〜20 kgを入れ，ステンレス製蒸気二重釜で1時間程度煮熟後，熱源を切って翌日まで静置する．翌日，同じ釜で液がほとんど残らなくなるまで3〜4時間後仕上げ煮を行い十分な調味と適度な藻体の軟化を図る．放冷台で送風冷却し，多段式乾燥機またはベルトコンベア式乾燥機で80〜100℃，数時間予備乾燥する．乾燥機から取り出し，そのままねかせてコンブ内外層の水分の均一化を図る．翌日，予備乾燥より10〜15℃低い温度で15〜20%の水分まで乾燥する．放冷後，食塩およびグルタミン酸ナトリウムの主原料に乳糖，核酸系調味料などを混合したまぶし粉を，ドラム式コーティング機などを用いてプルラン水溶液，ソルビトール溶液などで付着させる．

製品の特徴

醬油および砂糖を主体の調味液による長時間煮熟によって，アミノ–カルボニル反応などの複雑な反応が進み，塩コンブ特有の香味，落ち着いた黒色，柔軟でしなやかな口当たりをもつのが特徴である．形や厚さがそろい，藻体に損傷がない3 cm程度の角切り高級品と原料選別で除かれたコンブを用いた厚さや形状が不ぞろいの角切りがある．1〜2 mm幅の細切り塩コンブの製法は，角切り塩コンブとは多少異なるが，同じ調味液で炊き上げて仕上げたものである．

生産の現状

大阪を中心に兵庫，京都などが主産地で，企業数は，大阪府に10社程度，兵庫県，京都府に各数社程度である．公式の生産量統計はないが，(有)日本コンブ新聞社の資料[2]では，ひところ落ち込んでいた塩コンブ用原藻推定需要量は近年やや持ち直し，年間総需要量3万tの2.6%（780 t）を占めている．歩留まりは，煮熟調味に供した原藻コンブ重量の約2倍（原藻の裾や耳断ちで約半分になるので原藻からの歩留まりは約1倍[3]）であることから，生産量は年間800 t前後と推定される．

〔中川禎人〕

文　献
1) 日本昆布協会：昆布, pp 467, 日本昆布協会, 1986.
2) 日本昆布新聞社：コンブ手帳, 日本昆布新聞社, 1978-1998.
3) 佐藤照彦：水産加工品総覧（三輪勝利監修）, pp 380, 光琳, 1983.

8.1.7　乾燥アラメ（板アラメ）

概　要

新潟県ではアラメとは太平洋側でよくみかけるアラメではなく，近種のコンブ類コンブ科ツルアラメのことをいう．アラメは採取されたものを乾燥し出荷されるが，一般的には刻んだものをそのままバラで行うことが多いなか，新潟県佐渡ヶ島外海府地方では四角く成型して加工する方法がとられてきた．板状に固めていることから「板アラメ」と呼ばれている．「板アラメ」は水戻ししてから炒め煮などにして食べる．

製　法

原藻から非可食部である根を切り取り，付着物を取り除く．これを細かく刻み沸騰した食塩水中で2時間程度煮る．長時間煮る理由は，ツルアラメの硬い組織を軟らかくし板状に成型しやすくする目的とあくを除くためである．また，煮熟には海水濃度程度の塩水を使用する．塩水を利用する理由については同様にあくの除去を目的としているほかに，真水の使用より乾燥が速いことと色調のためとされる．加熱されたツルアラメは温室で放置し荒熱取りを行った後，塩水による冷却を行うが塩水を用いる理由についても上述と同様である．その後，型枠に入れ乾燥を行う．

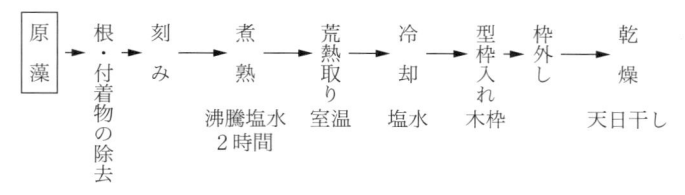

原藻 → 根・付着物の除去 → 刻み → 煮熟（沸騰塩水2時間） → 荒熱取り（室温） → 冷却（塩水） → 型枠入れ（木枠） → 枠外し → 乾燥（天日干し）

図 8.7　乾燥アラメの製造工程

製品の特徴

独特な四角い板状をした海藻乾燥製品である．製品の色調は漆黒に近く，その色調も製品の品質を決める重要なポイントとなっている．一般成分についてはワカメの素干しよりタンパク質がやや少ないが，マコンブ素干しとは大きな差はない（表 8.4）．

生産の現状

板状にした板アラメは新潟県佐渡ヶ島外海府地方で作られている伝統食品であるが，生産量は資源を管理しながら採藻することや従事者の高齢化によりあまり多くなく，乾燥重量にして700 kg弱/年くらいである．

〔海老名秀〕

表 8.4 板アラメの一般成分(%)

	水分	タンパク質	脂質	糖質	灰分
板アラメ製品	15.6	8.8	1.1	51.9	22.6
ワカメ素干し※	12.7	13.6	1.6	41.3	30.8
マコンブ素干し※	11.3	6.9	1.7	62.9	17.2

新潟県水産海洋研究所調べ.
※は五訂食品成分表.

8.1.8 カジメ(クロメ)加工品

概 要

カジメ(コンブ科 *Ecklonia cava* Kjellman)とクロメ(コンブ科 *Ecklonia kurome*)はともに紅藻類の海藻であり、同属のカジメとクロメはお互いによく似ているが、カジメは葉の表面にしわがなく、クロメにはしわがみられる。大分県においては、カジメを指してクロメと呼んでいる。カジメにはアルギン酸が多く含まれており、刻むと粘りが出る。大分県佐賀関町(現在は大分市)ではカジメ漁が冬場に盛んに行われている。収穫されたカジメは、くるくると巻かれ、市場に出る。通常は巻かれたカジメを細かく千切りにし、味噌汁の具に入れたり、温かいご飯に混ぜ込んで食する。熱を加えることによって、カジメは茶褐色から鮮やかな緑色に変わり、食欲をそそる。カジメの加工品としては、細かく刻んだものを瓶詰めにしたもの(図 8.8)、乾燥させた後に粉末にしてふりかけ状にしたものなどがある。

図 8.8 クロメ

カジメの機能性

カジメにはアルギン酸が多く含まれていることから、水溶性食物繊維としての機能性が期待される。アルギン酸やペクチンなどの水溶性粘性多糖類には、耐糖性改善効果、すなわち食後の血糖値の上昇をおだやかにし、インスリン分泌を節約する作用があることが知られている。種々の量の乾燥カジメ粉末をグルコース溶液とともにラッ

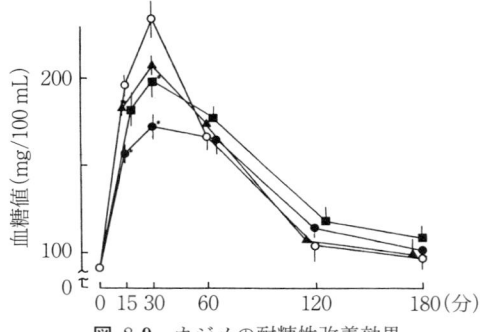

図 8.9 カジメの耐糖性改善効果
20(w/v)％のブドウ糖溶液(○-○)にカジメ粉末を1%(▲-▲),2%(■-■),4%(●-●)添加して,ラットに経口投与(ブドウ糖を250 mg/100 g体重)したときの血糖値の経時変化
(望月ら:日水誌,**61**, 81-84, 1995)

トに強制経口投与して,その後の血糖値を測定した(図8.9).その結果,カジメの量に依存して,血糖値の上昇抑制作用が強くなった.また,血清インスリン濃度もカジメを投与した群では低い値を示した.このことから,カジメの摂取は糖尿病の予防に有用である可能性があると考えられる.
〔望月　聡〕

8.1.9　乾燥ヒジキ
概　要

ヒジキは,北海道南部以南の沿岸に生育しているため,これを原料とする乾燥ヒジキは日本の各地で生産されている.ヒジキは,縄文時代から食べられていたといわれ,江戸時代には現在の乾燥ヒジキに似たものが作られていたようである.しかし,大量のヒジキを煮熟するには強い火力が必要なため,乾燥ヒジキが一般に普及したのは,燃料の入手が容易になった明治以降である.

乾燥ヒジキの生産量が多いのは,長崎県,三重県,千葉県などで,国内の総生産量は年間1500 t程度と推定される.近年,国内の原料を用いた乾燥ヒジキの生産量はやや減少傾向にあるが,韓国および中国からの輸入量が増加しており,市場への供給量はやや増加傾向にある.

収穫直後の生のヒジキは,食感が悪く渋味があるため食用には適さない.乾燥ヒジキは,ヒジキを長時間煮熟して軟らかくした後,乾燥して長期間貯蔵可能な食品としたものである.乾燥ひじきは,家庭において煮物に調理されることが多い.しかし,近年は,ヒジキの健康食品として評価の向上により,ふりかけ,スナック菓子,めん

類などの加工品に乾燥ヒジキは使用されている．

製　法

乾燥ヒジキの製造方法は，地域によって異なる．大きな違いは，海から収穫した原藻（ヒジキ）をそのまま煮熟するか，収穫後乾燥したものを煮熟するかである．原藻は，2月から6月ころまでの大潮の干潮時に収穫され，収穫直後に乾燥する地域では，このころに生産が集中する．これに対し，収穫後乾燥したものを原料として乾燥ヒジキを製造する工場は，年間を通して生産する．煮熟工程以後の製造工程は，図8.10のとおりである．

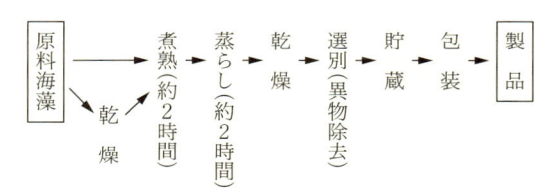

原料海藻 → 煮熟（約2時間）→ 蒸らし（約2時間）→ 乾燥 → 選別（異物除去）→ 貯蔵 → 包装 → 製品
原料海藻 ↘ 乾燥 ↗

図 8.10　乾燥ヒジキの製造工程

製造原理

乾燥ヒジキは，収穫したヒジキをよく煮て軟らかくした後，乾燥したもので，水に浸すと比較的簡単に吸水して軟らかくなる．ヒジキに含まれる各種の糖質および塩類などは，煮熟および水洗いなどによる水との接触で，容易に流出するものが多い．乾燥原料を用いての製造は，周年生産が可能で長所は大きいが，製品は水洗いおよび煮熟工程での糖質や塩類などの流出が多く，旨味や栄養成分が少ない．これに対し，収穫直後に生のヒジキを煮熟する加工法では，生産が収穫時期に集中するが，糖質および塩類などの有効成分の濃度が高い．

煮熟は，食感にかかわる最も重要な工程で，収穫時に硬いヒジキをよく煮熟して軟らかくする．煮熟条件は，原料の生ヒジキとほぼ同量の沸騰水中で約2時間煮熟し，その後加熱を止めて釜に蓋をして約2時間蒸らす．蒸らし終わったヒジキは，茎を指で押して簡単につぶせる程度の軟らかさになっている．

乾燥は，熱風乾燥および天日乾燥などの比較的高温で行われる場合が多い．熱風乾燥は，100℃前後の高温で行い，数時間で水分10％程度の製品に仕上げる．

選別は，異物除去を目的として行い，人手と時間を要する工程である．海から収穫されるヒジキに，他の海藻および磯の生物などが混入しており，これらは製品となったときに異物として扱われる．選別は乾燥後に行い，この工程を機械化した工場もあるが，多くの工場は人手によって行っている．

乾燥ヒジキは，貯蔵条件によって表面に白い粉や白い綿状の物質のできることがある．この白色物質は，主にマンニットなどの糖質であるが，カビと間違えられやすく

クレームとなることがある．白色物質の生成は，貯蔵中の湿度の変化によって起こることが多いため，貯蔵場所の湿度は低く，変動の少ないことが望ましい．また，製品を湿気から守るためには，製造後できるだけ早い時期に包装するのは有効な手段である．

伝統食品としての意義と特徴

乾燥ヒジキの製造工程において，ヒジキはよく煮熟されることで軟らかくなり，この時点で食用可能となる．これを乾燥して保存性を向上させたのが乾燥ヒジキで，必要に応じて水戻しし，料理素材として利用することから，インスタント食品の元祖的な食品である．

生産の現状

乾燥ヒジキの総供給量は，比較的安定しているが，韓国や中国からの輸入量が増加し，国内原料を用いたものの生産量はやや減少している．乾燥ヒジキの価格において人件費の占める割合が大きく，国内製品の価格の高い原因となっている．このため，人件費の安価な外国から，今後も原料および製品の輸入量の増加することが考えられる．

問題点と今後の課題

乾燥ヒジキは，比較的簡易な方法で水戻しが可能で，料理素材として利用できるが，水戻しからの調理方法が若い世代に浸透していない．ヒジキおよび海藻は，健康食品およびダイエット食品としてのイメージが定着しており，調理方法が普及することで消費量を伸ばすことができると考えられる．

製造方法では，異物の除去を人手によって行っていることが多く，この人件費は乾燥ヒジキの製造コストに占める割合が大きい．このため，安価な外国産乾燥ヒジキの輸入量が増加傾向にある．国内産の価格を抑制するためには，一部の製造業者が導入している異物除去機を改良し，このような機械の普及が課題である．

ヒジキの収穫は，春の干潮時に集中して行われるため，加工場の処理能力を超えて原料が集まる．このため，原料は乾燥して貯蔵されるが，生のヒジキを加工したものは，糖質やミネラルなどの有効成分を多く含むため，乾燥原料を用いても有効成分を保持する加工法の開発が望まれる．

〔滝口明秀〕

8.1.10 モズク加工品

モズクの種類と産地

モズクの産地は日本海，太平洋，沖縄方面まで広く，春から初夏に繁茂し，つるっとした粘滑柔軟な藻体をもつ．種類にはモズク，イシモズク，フトモズク，オキナワモズクがある．

近年まで天然のものを採取，食用としてきたため，地方の特産であった．日本海沿

岸と太平洋沿岸の三重県，九州沿岸のモズク，島根県から能登・北海道にかけての日本海沿岸のイシモズク，九州沿岸，山口，鳥取のフトモズク，鹿児島県，沖縄のオキナワモズクである．なかでもナガマツモ目モズク科モズク属に分類されるモズクは，細くてツルツルとした滑らかさをもち，ホンダワラ類の先に着生し，本モズク，絹モズクとも呼ばれ，上質な物として扱われ，古くから食用されてきた．そして，ナガマツモ科に属するイシモズク，フトモズクは温暖な地方の海底の岩や石に自生する．近年フコイダンが注目されているオキナワモズクは，太くてシャリシャリとした歯ごたえがあり，その太さは 1〜1.5 mm の円柱形で，一番太いのが特徴で，市販されているモズクの多くはオキナワモズクである．

モズクの塩蔵法と特徴

ほとんどの海藻類が乾燥保存できるなかで，モズクは乾燥に適さない海藻の 1 つで，加工の基本は塩蔵である．古くは，いずれの地域でも自生地に近い家庭では伝統的な加工保存法としてモズクの塩漬けが作られ，夏場の料理，もてなし料理として，水で塩抜きしたモズクを使った酢の物が作られ食べられてきた．塩加減は，モズクと塩同量，モズク 1 升に対して塩 5，6 合など，さまざまである．野菜の塩漬けであれば脱水されて歯切れが悪くなる塩分濃度であるが，モズクには塩の浸透が悪く，水で洗って塩抜きすれば，元の歯ごたえと滑らかさが得られ，味や香り，色も変化しにくいという便利な特徴がある．

現在，市場で取り引きされるモズクも，この伝統的な塩蔵の技術をいかした物が主流である．採取後，洗浄，雑藻の除去，20〜25% の塩蔵，脱水過程を通り，貯蔵され，出荷される（図 8.11）．かつては家庭料理として作られていたモズクの酢の物は，加工業者の手によって，塩抜きされた物を味つけしたモズクの酢の物が市販されるようになり，塩蔵モズクは輸送用としての役割が大きい．

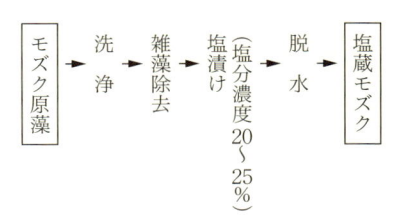

モズク原藻 → 洗浄 → 雑藻除去 → 塩漬け（塩分濃度 20〜25%）→ 脱水 → 塩蔵モズク

図 8.11 塩蔵モズクの製法

伝統的なモズク料理

すでにモズクの名称は平安初期からみられるが，産地や食べ方が明らかになるのは江戸時代からである．産地としては紀州，対馬，安房，上総，下総などがあげられ，食べ方については，生食，酢やショウガ酢にあえる，味噌汁などが紹介され，今日と同様な料理が作られていたことがわかる．

消費者が生のモズクを手に入れることはまれであるが、前述したように塩蔵モズクを塩抜きすれば、生モズクと同様な料理が味わえる。現在では味つけモズクの市販が主流となっており、1年中、簡単にモズクの酢の物が食卓にのぼる。モズクの酢の物以外に伝統的な料理としては、モズク汁、モズク粥をあげることができよう。澄まし仕立てや味噌仕立ての汁物、または粥のなかにモズクを入れると、モズク表面がトロリと溶け、のど越しのよい、体の温まる伝統料理ができ上がる。

近年では、真空凍結乾燥などの技術の発達により、板状に乾燥した板モズクや乾燥モズクの入った即席モズクスープなどが市場に出回っている。

製品の特徴

モズク（塩蔵・塩抜き）の栄養成分はオキナワモズクで水分96.7%、タンパク質0.3%、脂質0.2%、炭水化物2.0%、灰分0.8%、モズクで水分96.7%、タンパク質0.2%、脂質0.1%、炭水化物1.4%、灰分0.6%である[1]。炭水化物のほとんどは食物繊維として存在する。

生産の現状

オキナワモズクのフコイダンの効用が明らかにされるに伴い、生活習慣病の予防、長寿食など健康食品として再評価され、モズクの需要は増加している。さらに、味つけした物をすぐに食卓に乗せることができる便利さが、消費を伸ばしている背景に見逃せない。現在、市販されているモズクの9割はオキナワモズクが占め、一方、本モズクの生産は年々減少している。沖縄、鹿児島両県では1977年ころよりオキナワモズクの養殖が盛んになり、近年では、モズクの生産量は15000t程度を推移している。このような養殖技術の発達に伴い、より安定した価格で市場に出回るようになった。

〔今田節子〕

文　献
1) 香川芳子監修：5訂食品成分表，女子栄養大学出版部，2001．
2) 徳田　廣，大野正夫，小河久朗：海藻資源養殖学，緑書房，1992．
3) 徳田　廣，川嶋昭二，大野正夫，小河久朗：海藻の生態と藻礁，緑書房，1991．
4) 今田節子：海藻の食文化，成山堂書店，2003．
5) 沖縄タイムス：2005年9月8日，朝刊．
6) 山田伸夫：海藻利用の化学，成山堂書店，2000．

8.1.11　寒　天

概　要

紅藻類のテングサを主原料とし，その煮熟抽出液を凝固させたトコロテンを冬季の寒冷な気候を利用して干し上げたものであり，その形状より細寒天（糸寒天）と角寒天（棒寒天）に大別されるが，発祥はともに日本である．1647（正保四）年京都伏見

で本陣を営む美濃屋太郎左衛門が，参勤交代の折，休泊した薩摩藩主島津公に出した心太料理の残りを屋外へ捨てたところ，冬季であったため腐らず自然乾燥し，再び煮溶かすと白く透き通り海藻臭のない心太になることを発見したのが始まりとされている．当初は「心太の乾物」と称されたが，万治年間（1658～1661年）隠元禅師によって「寒天」と命名された．その後，摂津・丹波といった関西を中心に発展し，今日の角寒天の主産地である長野県には1844（弘化元）年ころ，諏訪（現茅野市）出身の小林粂左衛門が関西より製造技術を持ち帰ったとされている．一方，細寒天の主産地である岐阜県には1925（大正14）年，岐阜県農務課技師の大口鉄九郎が中心となり農村復興のための公共事業として始まっている[1]．

製　法

製造の原理としては，テングサなどの海藻に含まれる寒天成分（アガロース，アガロペクチン）が熱水に溶け，冷水に溶けない性質を利用している．つまり海藻を煮熟して熱時濾過・搾汁することで熱水溶性の寒天成分と熱水不溶性の海藻残渣（セルロースなど）に分ける．搾汁した煮汁は冷めて凝固し，生天となるが海藻由来の色素・臭気成分を含む．よって，これを寒気にさらして凍結させることでゲルの保水力を低下させ，続いて天日により融解させることで凍て水とともに水溶性の色素・臭気成分を流出させる．この一連の工程により不要成分が除去され寒天となる．次に，製造工程を示す（図8.12）．原料となる海藻を原藻と称するが，細寒天はマクサ（テングサ）が使用（まれにドラクサ，オニクサ，トリアシが配合）されるのに対し，角寒天はマクサとオゴノリが混用されるのが一般的である．また，形状の違いから切断以降の工程が大きく異なる．

原藻は1釜に200～450kgが使用され，あくや塩分を抜くため約48時間水浸（途中数回の換水を要する）し，ドラム型洗浄機などで洗浄される．これを鋳鉄製釜に檜

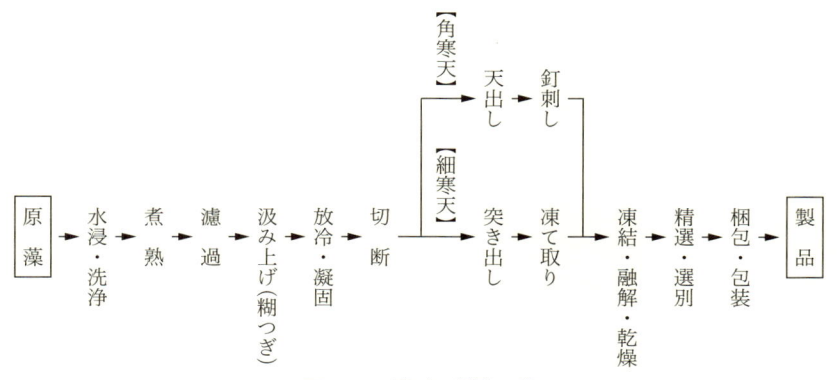

図 8.12 寒天の製造工程

図 8.13 「突き出し」工程（写真提供：岐阜県寒天水産工業組合）

図 8.14 「凍て取り」工程（写真提供：岐阜県寒天水産工業組合）

製の甑をはめた釜で1～2時間煮熟し，火を止めて1晩蒸らす．この際，濾過を容易にするため硫酸を加えて煮汁のpHを6.5付近に調整する．次に専用の濾過槽で搾汁され，煮汁は濾過槽の下にある大舟（おおぶね）に貯留されたのち，小舟（こぶね）と称される凝固箱にポンプで汲み上げられる（信州では一連の作業を「もろぶた」への「糊（のり）つぎ」と称する[2]）．放冷・凝固した生天をマンガ（角寒天では天切り庖丁（てんぎり））で所定のサイズに切断し，小舟ごと屋外の棚場（たなば）（水田などの囲場に設営した乾燥場）へと運び，葦簀の上に突き出し（角寒天では天出し）して拡げる（図8.13）．細寒天では外気温が氷点下になるころ，突き出した生天に鎌で削った氷を振りかける「凍（い）て取（と）り」（均質に振りかけた種結晶から氷結させることで色沢のよい製品に仕上がるためであるが，天候に左右され作業が深夜から早朝に及ぶこともある）を行う（図8.14）．一方，角寒天では天出しした生天に「釘刺し」（釘穴を通じて均質に凍み入らせることで形状の整った製品に仕上がるためである）を行う[2]．凍結と融解を繰り返し，2週間程度かけて干し上げるが，その間に雨や雪が降れば棚を積み重ねてシートで覆う必要がある．干し上がった寒天は，精選（付着した葦簀の切れ端を除く）・選別（折れたものを除く）されたのち包装され出荷される．歩留まりは，おおよそ25～30％である．

製品の特徴

一般的にはゼリーや蜜豆として親しまれているが，羊羹やあんなどの和菓子製造になくてはならない食材であり，乾物問屋などを通じて全国の菓子製造業者により消費されている．成分としては，74.1％（五訂日本食品標準成分表）が食物繊維で構成されており，デンプンなどの糖質をほとんど含まない低カロリー食品である．また，水溶性食物繊維であるため，調理次第で高齢者にも容易に摂取できる特徴がある．

生産の現状

天然寒天の製造は，外貨獲得のための輸出産業として発展した経緯があり，明治から昭和（第二次世界大戦まで）には世界生産量の90％を日本が占めていた．しかし，

大戦により輸出統制が布かれ，1939年に2694tあった生産量は1946年には276tまで減少し，同時に寒天不足に陥った諸外国は自国での生産に迫られた．戦後，1953年には1968tまで回復し，1969年までは1700t前後を維持してきたが，高度経済成長期に入ると安価な輸入品が国内でも消費され始め，都市化による廃業も加速した[1]．また，工業寒天（粉末寒天）を含めゲル化剤市場のシェアもカラギーナンの参入により著しく低下した．2004年の生産量は推定でおよそ300t（岐阜細寒天・信州角寒天各150t）である．

〔加島隆洋〕

文　献
1) 五十年史編纂委員会：岐阜寒天の五十年史，pp 1-165，岐阜県寒天協会，1975.
2) 田原偉成：全国水産加工品総覧，pp 543-545，光琳，2005.

8.1.12　ジンバのつくだ煮

製品の概要

　ジンバのつくだ煮は，ホンダワラ（海藻）を醬油，砂糖，みりんなどとともに煮詰めて作る調味加工製品である．神代の昔に神功皇后が率いる馬（神馬）に食べさせた海藻であることから神馬藻と呼ばれるようになったという説がある．兵庫県の但馬地方で古くから食べられていた郷土食を地域の特産品として商品化している．

製　法

　兵庫県におけるジンバのつくだ煮製造工程を図8.15に示した．原料は1～3月ころに採れるホンダワラの先の軟らかい部分だけを用いる．洗浄工程では，原料を真水中で攪拌し付着している砂や甲殻類などの異物を除去する．加熱工程では，沸騰水にさっと湯通しした後ざるにあけて水気を取る．長期間保存する場合はこの状態で冷凍する．調理工程では，ホンダワラの食感を残すため，湯通しした原藻を1～2cm程度と比較的大きめに切断する．調味煮熟工程では，沸騰した調味液（醬油，砂糖，みりんなど）に原料を入れ，約3～4時間加熱する．調味液で加熱することで，味を付けるとともに酵素や微生物の働きを止める．また，煮詰めることで調味液が濃縮され，水分活性が低下し保存性が付与される．冷却は，鍋のまま放冷する．計量・包装工程では，出荷先のニーズに合わせ樹脂製の袋や容器，ガラス瓶に入れ密封する．殺菌工程では，袋のまま100℃の熱水につけて60分間加熱殺菌する．調味液の濃縮による水分活性の低下と，密封後の加熱殺菌により保存性が高まり常温流通が可能な製品となる．

製品の特徴

　図8.16に示したように，ホンダワラの葉の形やシャキシャキした食感と風味が味わえるように，比較的あっさりした色と味に炊き上げてある．家庭で作られているも

図 8.15 ジンバつくだ煮の製造工程

図 8.16 ジンバつくだ煮の外観

のはそのまま食べられるよう薄味に，商品として売られているものは，保存性を与えるとともに熱いご飯と食べられるよう味つけに工夫がされている．兵庫県で生産されている製品の一般成分を以下に示した．水分60～75%，粗灰分4%，粗脂肪0.1%，粗タンパク2～3%，塩分3%．

生産の現状

主に兵庫県や京都府などの山陰地方で生産されている．兵庫県では但馬地方の一般家庭で炊くほか，地元の漁協と加工業者が生産している．原料の採取可能な時期や量

が限られているため生産量はあまり多くない．熱源と少し大きめの鍋があれば生産可能である．原藻の切断は少量であれば庖丁を使い手作業で行うが，加工業者では野菜の切断機を活用している．

〔森　俊郎〕

文　献
1) 福田　裕ほか監修：全国水産加工品総覧, pp 151-154, 光琳, 2005.
2) 日本の食生活全集 28, 聞き書 兵庫の食事, pp 229-230, 農山漁村文化協会, 1992.

8.1.13　エゴノリ，イギス，おきゅうと
海藻の種類と料理の地域性
　いずれも紅藻類を加熱溶解し，冷却凝固させた寄せ物料理で，現在にまで細々ではあるが伝承されている．エゴノリを原料とするえごねりは日本海沿岸地域と乾燥エゴノリが流通した長野県，福島県会津地方にも習慣がみられ，アミクサやイギスから作られるイギス料理は瀬戸内海沿岸地域および島原湾沿岸地域に，また，エゴノリを主体とし，一部アミクサを加えたおきゅうとは，日本海と瀬戸内の接点にあたる博多周辺にその食習慣が分布する．それぞれの海藻の主産地や流通との関連が高い．

　すでにイギスは平安時代の『倭名類聚抄』に「海髪」とあり，テングサを大凝菜（オオコルモハ）と読んだのに対し小凝菜（コゴルモハ）の文字が当てられ，すでに凝固する性質をもつことが知られていたと想像される．形状が酷似したイギスとエゴノリは区別されずに使われていた可能性があり，江戸時代になると両者は区別され明記されるようになる．

エゴノリ料理の製法
　エゴノリの方言にはエゴ，イゴ，ウゴなどがあり，鳥取県のジョウ，イギス，島根県のオキウド，オキュトも，イギス目イギス科エゴノリ属エゴノリである．エゴノリは主に春から夏にかけて採取され，飢饉の年に自生量が多く「飢饉草」「餓しん草」とも呼ばれた．潮のついたままを天日乾燥しておくほうが，何年保存しても品質が変わらないといわれる．

　エゴノリは粘性が高いため，料理を「えごねり」と呼ぶ地域が多い．その作り方は比較的簡単で，現在でも郷土料理として民宿などの料理として使われ，製品も市販されている．

　作り方は，まず乾燥エゴノリをよく洗いながらごみを除き，半日ぐらい水に漬けて十分水戻しする．海藻がひたひたに漬かる程度の水を入れて火にかけ，さかづき1杯程度の食酢を入れ，焦がさないように練りながら1時間程度煮溶かし，冷やし固める．少しエゴノリの溶け残りがあるほうがおいしいという者もあるが，火から下ろした直後，すり鉢で磨りつぶし固めることもある．こんにゃく様の寄せ物は短冊状に切り，カラシ醤油やショウガ醤油で食べる．

イギス料理の製法

　海藻も料理もイギス，イゲス，イグス，イギリスなどと呼ばれ，溶けにくく，凝固しにくい海藻として知られている．料理には有効とはいえないこの性質を，先人たちがいかに工夫し，郷土料理として定着させてきたかが，この伝統食の特徴である．しかし，経験的な勘に頼るところが多く，現在では高齢者の間にわずかに伝承されるのみとなった．

　筆者の調査では，瀬戸内沿岸・島原湾沿岸地帯に伝承されているイギス料理の材料は，イギス目イギス科イギス属アミクサが主体であったが，イギス属イギスという説もあり，古くは酷似した数種の海藻が混じっていた可能性が高い．

　イギスは6～8月ごろ採取され，真水で洗っては天日乾燥する操作を繰り返し，白く晒した海藻を保存しておく．しかし，夜露や雨に当てると糊分が溶け出し凝固性が低下してしまう．イギスは水で煮ると海藻は溶解せず凝固しない．そこで，瀬戸内沿岸一帯と島原湾沿岸地域では米ぬか汁を，芸予諸島から今治周辺地域では生ダイズ粉の溶き汁を，そして，岡山県の真鍋島，香川県高見島や佐柳島の島嶼部ではダイズのゆで汁を使ってきた．調理法を簡単に示すと次のようである．

　米ぬか汁を使う場合：新しい米ぬかを木綿袋に入れて水のなかで揉み洗いし，米ぬか汁を採る．よく水戻ししたイギスにひたひたに漬かる程度の米ぬか汁を入れて火にかけ，イギスが軟らかくなると少量の食酢を入れ，よく練りながらイギスが溶けるまで煮る．これをこさずに流し固め，カラシ酢味噌や三杯酢で食べる．砂糖で味つけすると「砂糖いぎす」，ニンジンやシイタケ，高野豆腐，油揚げなどを醤油味で味つけして入れると「具いぎす」ができる．

　生ダイズ粉を使う場合：よく水戻ししたイギスを水に入れ，だしの干しエビやシイタケ，ニンジンなど入れて沸騰するまで煮て，水溶きの生ダイズ粉を入れてさらに煮る．焦げつかさないように混ぜながら煮，イギスが溶けたら砂糖と塩で薄味を付け，流し固める．「いぎす豆腐」とも呼ばれる．

　ダイズのゆで汁を使う場合：味噌搗きの際に残ったダイズのゆで汁を水で薄め，水戻ししたイギスを入れて煮溶かし固めた物で，溶解性は高い．ダイズのゆで汁の代わりに味噌汁を使ってもよく溶け，凝固性も高い．

　これらの手法は科学的にも有効なものであり，米ぬかやダイズ中に含まれるリン酸基が海藻の溶解を促進し，金属イオン，特にカリウムイオンがイギスの多糖類と結び付き，凝固性が高まることを，筆者は実験的に明らかにした．

おきゅうとの製法

　江戸時代から伝承されている博多の郷土料理で，えごねりの原料のエゴノリとイギスの原料のアミクサから作られる．古くは毎朝おきゅうと売りが振り歩いていたといわれ，朝食のおかずに欠かせない一品であったようだ．現在でも，博多にはおきゅう

との製造を専門とした加工業者もいる．

作り方は，エゴノリに1,2割程度のイギスを混ぜてよく水戻しし，少量の食酢を加えて煮溶かす．それを磨りつぶし，目の粗い網で一度こした物を小判型に薄く流し固め，巻きせんべい状にくるくると巻く．細く刻んだおきゅうとに花カツオやすりゴマをのせ，醬油や三杯酢で食べられるが，最近ではマヨネーズをかけることもあるという．

製品の特徴

エゴノリ（素干し）の栄養成分は水分15.2%，タンパク質9.0%，脂質0.1%，炭水化物62.2%，灰分13.5%，おきゅうとは水分96.9%，タンパク質0.3%，脂質0.1%，炭水化物2.5%，灰分0.2%である．炭水化物のほとんどは寒天主体の食物繊維である．

えごねり，イギス，おきゅうとの特徴と現状

かつては，えごねり，イギスは，仏事の精進料理として欠かせない料理であり，仏様の鏡，仏様の一番のご馳走ともいわれた．また，正月や祭り，結婚式の料理としても重宝されてきた．これに対して，おきゅうとは日常食的な役割が大きい物であった．

いずれも紅藻類の抽出成分だけの利用ではなく，藻体全体を加熱溶解し凝固させ食べるところに特徴がある．特にイギスについては，生活習慣病の予防に有効といわれる海藻とダイズ，米ぬかを組み合わせた料理であることに注目したい．海藻のミネラル，食物繊維，ダイズタンパク質のほか，健康食としての機能性が期待できるからである．しかし残念なことに，これら3種類のなかでは一番料理の手法が面倒で，経験や勘に頼る部分が多いために伝承しにくい料理でもある．えごねり，おきゅうとについては，観光化の影響を受け，民宿の料理となったり，製品が市場に出回り，需要も少なからずあるとみてよいであろう．しかし，イギスについては，今治や島原湾のごく限られた地域で，夏の料理として材料がわずかに市販されている程度で，今後も伝承があまり期待できるとはいえない．

これらの料理は健康食として，また，地域文化の伝承という面からも，意義のあるものと考えられる．瀬戸内のある地域では，地域婦人会と子ども会が連携し，イギスの採取から乾燥保存，調理，試食までの体験学習を行っているところがある．このような方法で，先人の知恵が詰め込まれた紅藻類の料理を伝承していきたいものである．

〔今田節子〕

文　献

1) 德田　廣，大野正夫，小河久朗：海藻資源養殖学，緑書房，1992.
2) 今田節子：海藻の食文化，成山堂書店，2003.
3) 日本の食生活全集編集委員会編：『日本の食生活全集』全48巻，農山漁村文化協会，

1984-1992.
4) 今田節子, 高橋正侑：日本栄養・食糧学会誌, **39**, 107-114, 1986.
5) 今田節子, 高橋正侑：日本栄養・食糧学会誌, **40**, 391-397, 1986.
6) Imada S, et al.：*Food Sci. Technol., Int. Tokyo*, **3**, 31-33, 1997.
7) 香川芳子監修：5訂食品成分表, 女子栄養大学出版部, 2001.
8) 山田伸夫：海藻利用の化学, 成山堂書店, 2000.

8.1.14 ところてん（心太）

製品の概要

ところてんは, テングサという海藻類を煮熟し, その煮出した溶液を冷却して固めた海藻加工食品である. その歴史は古く, 仏教伝来のころ, 中国からその製法が伝えられたといわれている[1]. 当時は, 貢納品になるほどに, 高級品であり, 一般の庶民は食べることは難しかったようである.

製　法

ところてんの原材料は, 紅藻類であるテングサ類, そのなかでもマクサ, オオブサなどが現在では主に利用されている. これらのテングサ類は収穫された後, 岩片, 土砂, 貝殻などを除去するために, 洗いと乾燥を黄色を呈するまで処理される. このように処理されたテングサはその品質により, 食品, 工業および医療系などへ供給されている.

ところてんの製造法は, 代表的な一例を示すと次のとおりである（図8.17）. まず, テングサを煮熟し, 細胞壁から寒天質の主成分であるアガロースとアガロペクチン（アガロース以外の寒天質）を抽出する. この場合, 食酢を0.02～0.1%程度になるように加えると, 効率的に抽出することができる. 加熱については, 開放釜の場合約85～90℃で30～40分間を目安とし, 粘性が生じるまで加熱する. 大量に生産する場合は, 圧力釜を用いて時間を短縮しているところもある. 濾過は, 通常, 圧搾せず

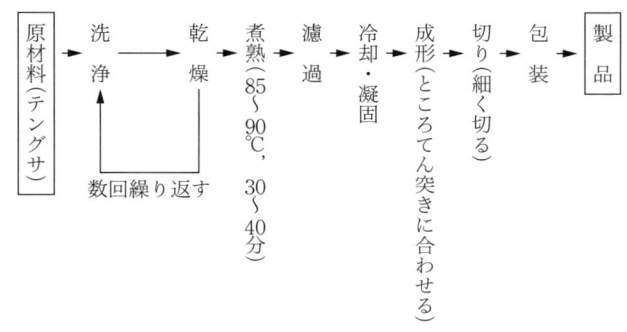

原材料（テングサ）→ 洗浄 → 乾燥 → 煮熟（85～90℃, 30～40分）→ 濾過 → 冷却・凝固 → 成形（ところてん突きに合わせる）→ 切り（細く切る）→ 包装 → 製品

（洗浄・乾燥は数回繰り返す）

図 8.17 ところてんの製造工程

に濾過し,型に流し入れて冷却する.約30～45℃で凝固するが,再び溶解させる場合は約80～90℃の加熱が必要であり,このように凝固と溶解の温度が異なるため(これをヒステリシスという),室温でしっかりと形を維持することができる.その品質は,硫酸量が少なく,アガロース量の多いもの,またゲル形成能が高いものが良質とされている[2].

製品の特徴

ところてんは,テングサから抽出した成分をそのまま凝固させるために,わずかな磯の風味が香り,その食感とのど越しのよさが特徴である.また,ところてんには"たれ"をかけて食べることが多いが,この"たれ"には少量の食酢が入っているものが多い.これは,ところてんには細菌が繁殖しやすいため,食酢でpHを約4付近にすることにより,繁殖を抑制し,日持ちの向上を図っているのである.また,ところてんは,水分約99.1%,食物繊維が約0.6g,カロリーが約8kcalくらいと低カロリーである[3].しかも,食物繊維は,血圧や血中コレステロール値を低下させ,整腸作用および大腸がんを予防するなどさまざまな生理機能性がいわれており,寒天とともに,最近注目をされている.

生産の現状

現在では,日本各地で生産され,食べられているところてんであるが,生産業者数および生産量は定かではない.ところてんの原材料であるテングサ類の2002年度における国内の収穫量は,全国で約2600 t であり,静岡県で約1000 t,愛媛県で約580 t,東京都(伊豆諸島)で約240 t であった[4].その他に,海外産からの輸入量は約1750 t であった.現在では,国内産のものは減少し,輸入量が増加している傾向にある.また,テングサの輸入よりも,海外で生産された寒天を輸入し,ところてんなどに加工する場合も増えてきているようである.　　　　　　　　　　　〔野田誠司〕

文　献

1) 山田信夫:海藻利用の科学,成山堂書店,2000.
2) 豊岡　悟:*New Food Industry*, **22**(12), 40-42, 1980.
3) 日本食品標準成分表(五訂版),文部科学省科学技術・学術審議会.
4) 平成14年漁業・養殖生産統計年報,農林水産省統計部,2003.

8.1.15　モーイ豆腐

モーイ豆腐の材料

モーイとは紅藻類スギノリ目イバラノリ科イバラノリ属イバラノリのことで,沖縄ではモーイと呼ばれてきた.モーイ豆腐は沖縄に伝承される郷土料理で,イバラノリを煮溶かし凝固させた寄せ物料理のことである.イバラノリは沖縄近海で春に採れ,1年分を採取し乾燥保存してきたが,自生量は年によって大きく異なる.最近では乾

物屋でも購入できるが、現在では海藻モーイのことを知らない人が多い．

海から採取してきたモーイは、ごみを丁寧にとり、天気のよい日に2，3日天日乾燥する．その際、1晩夜露に合わせて漂白し乾燥すると色のよいモーイ豆腐ができる．モーイのほかにシューナ、フヌイ（フノリ）も同様に寄せ物料理の材料として使われてきた．

モーイ豆腐の作り方

現在ではイバラノリであるモーイ自体を知らない人が多く、モーイ豆腐の作り方となるとなおさらのことである．モーイ豆腐は、シーミー（清明祭）や盆、彼岸などの仏事、正月などの行事食としてなくてはならない料理であった．家庭料理として手作りされ、伝承されてきたモーイ豆腐の作り方を紹介してみよう．

A：水に戻したイバラノリを油で炒め、水をひたひたに入れて煮詰め、イバラノリの姿がなくなったら、塩味か麦味噌で味を付け、流し固める．磯の香りがしてあっさりとしたモーイ豆腐ができ上がる．

B：イバラノリ約300gに対して水約10カップ程度、あらかじめ炒めたイバラノリとニンジン、カラシナ、ニンニク、貝類を一緒にとろ火で煮る．九分通り煮えたところに寒天を1本加え、よくかき混ぜた後、流し固める．

C：乾燥イバラノリを何度も水洗いし、砂や異物をとり、水気をよく切っておく．細かく刻み、油で炒め、その中に砂糖や醤油で味つけしたシイタケ、ゆでたニンジン、かまぼこ、カツオだし汁を入れて煮る．あら熱をとって冷やし固め、好みで二杯酢、三杯酢で食べる．

イバラノリはテングサに比較して凝固性は低いため、寒天を加えたり、多糖類が溶出しやすいように海藻を細かく切って使うなど、凝固性を高め、食べやすくするための工夫が経験を通して行われてきたことがうかがえる沖縄独自の郷土料理である．

伝統料理としての意義と今後

各地に細々と伝承されている紅藻類の寄せ物料理同様に、モーイ豆腐も現在の食生活のなかでの利用度は決して高いとはいえない．健康意識の向上、スローフードブームを背景に、材料のイバラノリを扱う乾物商もあるが、海藻の知名度は低く、すべてを天然物に頼っている現状である．

海藻には豊富なミネラル、繊維質が含まれる．モーイ豆腐はイバラノリの成分のみを抽出・凝固させたものではなく、藻体すべてを煮溶かし固めたところに特徴がある．さらに野菜類や貝やエビなどの魚介類を一緒に凝固させることで、ミネラル、繊維質だけでなくタンパク質やビタミン類も豊富な寄せ物料理となる．モーイ豆腐は、コンブやモズク料理同様に、沖縄住民の長寿を支えてきた伝承食の1つとみなすことができよう．

沖縄住民の知恵と経験から生まれたモーイ豆腐を再評価し、漁業婦人部や栄養委員

などの活動のなかで，また，学校・家庭・地域が連携した子どもたちの食教育の場で，取り上げ伝承していけないものであろうか．健康的な海藻料理としてだけでなく，地域の食文化伝承のうえでも必要なことではなかろうか．　　　　〔今田節子〕

文　献
1)　沖縄タイムス編：おばあさんが伝える味，沖縄タイムス社，1980．
2)　日本の食生活全集 47，聞き書 沖縄の食事，農山漁村文化協会，1988．

8.1.16　アカモク（ギバサ）

製品の概要

　秋田県ではギバサとして知られているアカモクはホンダワラ科の褐藻で，日本全国の沿岸に広く分布している．食用としていたのは秋田県をはじめごく一部の地域であったが，最近では三陸沿岸でも同様の加工品が製造販売されるようになったこともあり，販路が拡大しつつある．原藻を家庭で利用する場合は，湯通しして庖丁でたたき（細かく刻み），粘らせたものを味つけして食する．中国では煎じてお茶のように飲用することがあり，漢方薬としても利用されている．

製　法

　熱湯をかけて細かく刻むことで，アルギン酸，フコイダンなどの粘質多糖類が抽出されるので，よく粘るギバサを作るには，粘質多糖類の含量が多い時期の原料を選択することが重要である．生殖器床が形成される繁殖期の少し前がよく粘るとされる．湯通しは，製品の保存性をよくするための，ブランチング（自己消化酵素の働きを止める）も兼ねる．酵素の働きを止めるためには，湯通し時間が長いほうがよいが，色素の破壊量が多くなり色調が悪化し商品価値を失うので，短時間に行う必要がある．適度の湯通しにより，褐色から鮮やかな緑色へと変化する．

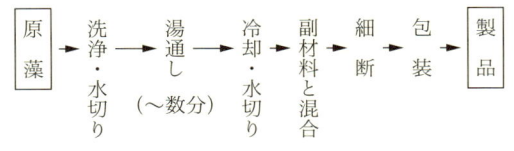

原藻 → 洗浄・水切り → 湯通し（〜数分） → 冷却・水切り → 副材料と混合 → 細断 → 包装 → 製品

図 8.18　ギバサの製造工程

製品の特徴

　一般的には，80〜100 g をトレーに入れラップで包装し冷蔵流通，あるいはポリの容器に詰め冷凍で通年販売している．醬油をかけてご飯にのせるのが最も多い食べ方で，お好みでネギ，カツオ節，おろしショウガなどを混ぜるが，いずれにしてもよく混ぜ，その粘る食感を味わう．

生産の現状

全国でのアカモクの年間漁獲量は約300 t といわれ，秋田県では50〜70 t で，その大半は秋田県北部の八森地域が占める．生の原藻としてよりも加工用にまわる割合が年々増加している．また，アカモク粉末をめんに練り込んだ冷風めんが市販されるなど，食品素材としての利用もされている． 〔戸松　誠〕

8.1.17　アカハタモチ

製品の概要

アカハタモチは青森県八戸市鮫地区の特産品で，アカバギンナンソウを蒸煮，成形した総菜食品である．1〜4月ころに製造される．江戸時代後期にはすでに作られていたとされるが，発祥は明らかでない．この時代，飢饉には海藻に限らず野草などもデンプン性のものとつき混ぜてもち状に成形して食べており，アカバギンナンソウのように直接もち状に成形できる海藻は沿岸地帯では貴重な救荒食であったことが推測できる．

1982年の八戸鮫浦漁業協同組合婦人部の発表によれば，生産は部員20人ほどで行われており，1生産者あたり150〜250 kg の乾燥原藻を確保するという．原藻の確保量を平均200 kg とすれば製造歩留まりから年間生産量は62.4 t となる．販売は仲買業者を通じて地元スーパーなどで行われ，生産者出荷価格は1枚あたり7.5円（店頭価格は17円前後）と報告されており，生産高（出荷額）は360万円と推定される．

近年は，原料海藻の採集を行っている漁家は5〜6戸といわれている．伝統食品として根強い人気があり現在でも販売されているものの，生産は先細りである．

製　法

標準的な製造工程は図8.19のとおりである．

原料は，紅藻の一種アカバギンナンソウ（*Mazzaella japonica*）で，1〜4月ころに水深の浅い岩場で採取，または海岸に流れ着くものを採集する．原料を保存する場合は，根や他の雑草を除去して乾燥（天日乾燥で通常半日程度）して保管する．常温で半年以上保存した原料からの製品は水分が多く歯ごたえも劣化することから，凍結または冷蔵保存（2℃）が望ましい．現在は，採取した生海藻と保存原料とを半々程度の割合で混合して使用することが多い．

原料海藻 → 水洗・脱水 → 蒸煮 → つぶし → 整形 → 冷却 → 製品

図 8.19　アカハタモチの製造工程

水洗は，長時間水に漬けると製品が軟らかくなりすぎるので，手早く砂やごみなどを洗い去る．

蒸煮は，蒸し釜に原藻を入れて時々攪拌しながらとろ火で蒸す．加熱が強すぎると製品が赤褐色となり，商品価値が下がる．直径60 cm程度の蒸し釜で1回に乾燥重量で12～15 kg程度の原料を蒸煮する．葉体がすっかり軟らかくなり粘りけが出てきたら蒸煮を終え，木の棒でついて塊をつぶしてペースト状にする．

整形は，ペースト状とした原藻を熱いうちに清潔な合成ゴザの上にとり（製品はゴザの目を特徴とする），厚さ0.7 cm程度に均一に伸し，放冷して固化させた後9 cm×4 cmに切断する（1枚130 g）．完全に冷却したらゴザからはがし，トレーに取りラップ包装する（後述するように，保存期間を延ばすためには水洗後の原料海藻を細切して真空包装し，これを殺菌調理するのがよい）．

乾燥原料を使用した場合，原料は水戻し10分間で重量比14倍となる．製品歩留まりは，原料の乾燥重量に対して15.6倍となる[1]．

製品の特徴

製品の一般成分は，水分75.5％，粗タンパク質5.3％，粗脂肪0.2％，灰分3.6％，炭水化物15.4％，pH 6.34と報告されている[1]．

保存試験による可食期間は，殺菌処理を行わない場合20℃で製造後3日間程度，真空包装後85℃で30分間温湯殺菌すると20℃で10日間程度である[1]．原料海藻を水洗後，高速真空攪拌機で細切して真空包装後，98℃で60分間殺菌調理すると保存温度30℃で70日後でも製造直後とほぼ変わらない食感と外観が保持される[2]．

食べ方は，酢味噌や酢醤油をつけて食べるのが一般的で，刺身のような食べ方で酒のつまにもよい．このため，適当な厚さとある程度の歯ごたえが求められる．また，保存性をもたせるために味噌漬けにすることもある．

生産の現状

アカハタモチは，かつては漁閑期の現金収入も兼ねてどこの漁家でも製造していたが，海岸線の整備などによる原料海藻の採取場所の減少や，採取が1～4月の海水温の低い季節の磯作業となること，製造にも時間を要すること，などから製造者は減少し生産量も減少している．

青森県水産物加工研究所（現青森県ふるさと食品研究センター）によって保存性向上に関する試験などが行われた．これらの結果は生産者グループである漁協女性部への普及が図られ，品質や衛生面の向上につながっているが，製造が個別に行われることから製法や製品の形態自体には大きな変化がない．

現在の生産販売は，50～60歳以上の比較的年齢層の高い世代の根強い需要に支えられているといえる．一方では，海藻のみを原料とする食品であることから健康食品として注目される要素もあり，地域の伝統食品として地元中心に製造・販売が続くも

のと思われる． 〔永峰文洋〕

文　献
1) 佐藤美代子，小泉正機：青水加研報，昭和 57 年度，pp 83-84, 1983.
2) 山日達道ほか：青水加研報，平成 10 年度，pp 17-19, 2000.

8.1.18　板ノリ

　板ノリは，スサビノリおよびアサクサノリを原料とし，板状に四角（19 cm×21 cm）く乾燥したもので，この形態は江戸時代から生産されてきたといわれている．板ノリは，軽く焙って焼きノリや調味して味つけノリなどに加工され，日本の食生活において重要な地位を占めている．現在生産されている板ノリの 90% 以上は，原料に養殖したスサビノリを用いている．スサビノリの収穫時期は秋から春までのため，板ノリの生産もこの時期に行われる．また，スサビノリの養殖は内湾などで行われることが多いため，板ノリの主な生産地は有明海，瀬戸内海，東京湾，三河湾沿岸である．

　製　法

　板ノリは，従来は手作業および天日乾燥によって製造されていたが，現在は原料の入荷から包装までが自動化された機械で行うのがほとんどである．機械による加工工程は，図 8.20 のとおりである．

　入荷した原藻は，塩水（海水を用いることが多い）を満たしたタンクで攪拌し，均一化および洗浄する．異物除去は，ノリを狭い隙間を通し，通過しないごみなどを除去する．ノリの裁断は，まず大まかな荒切りをしてから細かく切る．熟成は，真水の中で数時間行うのが一般的であるが，行わない場合もある．塩分調整は，0.3% 程度の塩水にノリを浸す．ノリすきは，合成樹脂の簀の上に軽く絞ったノリを 30 g 程度均一に広げる．干し簀に広げたノリを，吸水性の高いスポンジを用いて上下から抑えるように脱水する．乾燥は，均一に乾燥するよう乾燥器の中をベルトで移動しながら，40℃ 前後の温風で行う．乾燥したノリは，干し簀からはがし，水分および異物

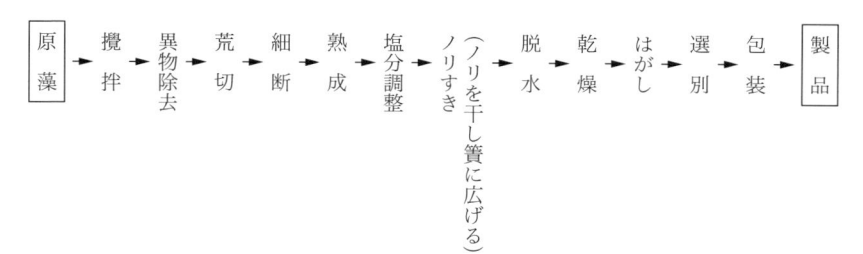

原藻 → 攪拌 → 異物除去 → 荒切 → 細断 → 熟成 → 塩分調整 → ノリすき（ノリを干し簀に広げる）→ 脱水 → 乾燥 → はがし → 選別 → 包装 → 製品

図 8.20　板ノリの製造工程

混入による選別を行う．包装は，10枚を1組として半分に折り，これを10個まとめて紙の帯を巻いて製品とする．

製造原理

板ノリの品質は，外観によって判断されるところが大きく，一様に黒くてつやがあり，異物の含有率の低いものほど評価が高い．原藻のスサビノリは，収穫場所によってやや品質が異なるため，均質な製品にするには攪拌が重要な工程となる．また，原藻には海に浮遊する小さなごみや生物などが混入しているため，異物除去機によりこれらを取り除くことにより品質のよいノリができる．熟成工程は，板ノリの製造に必須なわけではない．熟成を行った製品は，つやがあり，外観がよいのに対し，行わなかったものは風味のよい傾向がある．板ノリの風味は，わずかな塩を含むことで増強されるため，乾燥前に原藻を漬け込んでいる水に塩を加えることで風味のよい製品となる．外観の悪い製品の要素に穴の開いていることがあげられ，約30gの原藻を簀の上に均一に広げることが重要である．脱水工程で，干し簀とほぼ同じ大きさのスポンジを用いて原藻を抑えることは，脱水効果に加え表面の滑らかな製品に仕上げる効果がある．

伝統食品としての意義と特徴

板ノリは，焼いてそのまま食べるほか，ノリ巻きやおにぎりに使用されるなどいろいろな食べ方があり，日本人の食生活において重要な食品である．板ノリをよく食べている国は，日本および韓国であるが，近年は中国において生産量が増加している．

板ノリの品質は外観によって判定されることが多いが，風味も重要な品質要因である．板ノリの味には，遊離アミノ酸が重要な役割をしているが，原藻の品質低下および洗浄水などへの流出によって失われることがある．香気は，貯蔵中の酸化などによって失われるため，板ノリの貯蔵に際しては酸素との接触を避けるなどの対策が必要である．なお，板ノリの風味を強くするため，風味の強いアオノリを混ぜたものも製造されている．

生産の現状

板ノリの生産量は，年間100億枚といわれており，比較的安定しているが，スサビノリの養殖生産量が環境の影響を受けるため，地域によっては大きく変動することがある．

問題点と今後の課題

板ノリの消費量は，業務用および個人用ともに比較的安定している．このため，韓国および中国からの板ノリの輸入量が増えれば，国内産業は影響を受ける．外国産の安価な製品に対抗するためには，品質のよい板ノリの生産および二次加工品を開発し消費拡大を図ることが今後の課題である．

8.1.19 板アオノリ

概　要

　板アオノリは，原料にスジアオノリを使用し，板ノリ様に乾燥した製品である．アオノリを板状に乾燥した製品は，千葉県のみで生産されており，他地域のアオノリ乾製品は，収穫した原藻をそのまま干すバラ乾燥品が多い．食べ方も，バラ乾燥のものは細かくしてお好み焼きなどにふりかけるのに対し，板アオノリはご飯を巻いたり，雑煮のもちとともに食べる．板アオノリの生産は，明治初期にウナギ漁の漁具に生えるスジアオノリを乾燥し売り出したのが始まりで，以後千葉県の夷隅郡を中心に正月に欠かせない食材として広まった．生産地は，千葉県の太平洋側に注ぐ南白亀川，夷隅川，一宮川の河口周辺である．

製　法

　板アオノリは，原藻の養殖から製品の加工まで同一業者が行う場合が多い．原藻のスジアオノリは，河口に張り込んだ網に繁殖したものを用い，生育環境がよいときには1m以上に生育する．この原藻を用いた，板アオノリの製造工程は図8.21のとおりである．

　川から収穫した原藻は，ノリ洗浄機を用いて洗浄し，泥および大きなごみなどを除く．このときの洗浄水には，生育場所の河川水（塩分は1から2%）を用いる．原藻は，加工場に搬入してからざるに入れ，水道水をかけ流しながら，手で攪拌して再度の洗浄により，細かなごみなどの異物を除去する．洗浄後の原藻は，ざるに入れたまま1晩放置して水切り後，庖丁を用いて3cm程度に切断する．切断後の原藻は，ぬるま湯（35℃前後）に浸すことで，簀に広げやすくなる．簀は，20×27cmの大きさで，木枠の中にヨシを張ったものを使用する．1枚の簀で乾燥する原藻の量は，軽く水切りした状態で約10gである．乾燥は，天日によって行い，天候がよければ3時間程度で仕上がり，約2gの板アオノリとなる．包装は，20枚を1束として紙のテープを巻き，5束をセットにして出荷される．

原藻 → 機械洗浄 → 手洗浄 → 水切り → 細断 → 湯に浸漬 → 簀に広げる → 水切り → 乾燥 → 包装 → 製品

図 8.21 板アオノリの製造工程

製造原理

　板アオノリは，養殖したスジアオノリを洗浄した後細断し，干し簀に広げ，天日乾燥して仕上げる製品である．製造方法は，板のりの手造りによる製法に似ているが，スジアオノリは，板ノリ原料のスサビノリに比べて収穫後の変化が比較的遅く，丈夫である点で異なる．しかし，乾燥中には品質劣化を起こしやすく，生乾きで翌日乾燥

して仕上げたものなどでは，つやや風味が悪く品質の劣るものとなることがある．製品の品質は，原料によるところが大きく，細く柔らかい原藻を用い，暗緑色に仕上げたものがよい．また，収穫期の終わりに近いころの原藻で製造したものには，色が黄および白くなり，風味も劣るなど，品質の悪い製品となることがある．

伝統食品としての意義と特徴

板アオノリは，11月から翌年の3月ころまで生産されるが，需要の最も多いのは正月であるため，12月中にできるだけ多く生産することが望まれている．板アオノリは，香りおよびやや苦味のある旨味が好まれ，地域では正月商品としてだけでなく一般の食品として根強い人気がある．

生産の現状

板アオノリの生産量は，戦前に200万枚を記録したこともあるが，2004年は約25万枚である．

問題点と今後の課題

アオノリの風味は，比較的日本人に好まれるため，安価に供給できれば消費地を広げることが可能と考えられる．このような観点から，原料の生産時技術の確立に加え，商品性を高める包装方法および貯蔵方法の開発も望まれる．

板アオノリは，原藻の養殖生産量が少ないため，需要を満たすほど生産できないのが現状である．養殖は，網を張り込む以外をほとんど自然に任せて行っているため，生産量は天候などの環境の影響を大きく受ける．このため，原藻の生産量の安定化および増大のため，人工採苗などの技術開発が大きな課題である． 〔滝口明秀〕

索引

＊ボールド体の数字は見出しのページ数を示す．

■あ 行

あいぎょう 304
相白味噌 251
あいむす焼き 338
アオサ 563
アオザメ 436
青製 161
アオノリ 563
青柳製 161
赤色味噌 251, 253, 254
赤カブ 140, 146, 147
赤カブ漬け 119, 139, 140
赤作り 475
アカバギンナンソウ 596
アカハタモチ **596**
赤巻き 433
アカモク 560, **595**
　　──のとろろ 562
アガロース 585
アガロペクチン 585
赤ワイン 213, **215**
アキタ 573
秋田味噌 251
あく 535
アクチン 410
アクトミオシン 410
揚げ 62
揚げゆば 73
アゴ 326
あご入り野焼き 448
あご野焼き 448
アサクサノリ 562, 598
朝茶 182
アサリ 375
　　──のつくだ煮 **375**
足 411
味付け海苔 386
味付けモズク 561
アジ開き **306**
アスパラギン酸 570
厚揚げ **64**
アツバコンブ 380

温海カブ 146
温海の赤カブ漬け **146**
あねっこ漬け 107
油揚げ 61, 62
油揚げふ **43**
アブラナ科野菜 91
甘皮 35
甘口味噌 251
甘酢ラッキョウ 103, 120
甘鯛塩干品 **308**
甘茶 182
甘味噌 251
アマノリ 559
アマノリ類 562
甘味噌 251
アミクサ 589, 590
アミノカルボニル反応 272, 452
アミノ酸度 199
アミラーゼ 253
あめ煮 373
アメリカ 157
アユ 346, 376, 481
　　──の昆布巻き **381**
　　──のつくだ煮 377
アユ串焼き 342
アユずし 503, 511
アユ豆 376
アユ焼干し 342
アラニン 570
新巻改良漬け 359
新巻きサケ 359
アラメ 558, 560, 561
アラメ巻き 561
あられもち 12
亜硫酸 214
アリルイソチオシアネート 137
アリルカラシ油 112
アルギン酸 560, 579
アルギン酸分解酵素 566
アルコール洗浄粉 46
アルコール度数 217
アルコール歩合 271

アルコール分 217
アロマ 214
アロマホップ 205
淡色味噌 251, 253, 254
合わせ粉 41
阿波番茶 172, **173**
泡盛 217, **224**
あん蒸 286, 555
アントシアニン 148, 149, 214
アントシアン 140, 147, 149
アンバーグラス 200

飯漬け 502
イオン交換膜製塩法 244
イカ 492
伊賀上野 105
イカ塩辛 472, **476**
筏ばえ 384
イカナゴ 330, 382
イカナゴ釘煮 **382**
イカナゴ醬油 489
イカ丸干し 305
イギス 559, 562, **589**, 590, 591
イクラ 365
移行式乾燥 37
イサザ 376
イサザ煮 377
イサザ豆 376, 377
石鎚黒茶 **177**
イシモズク 582, 583
いしりの貝焼き 488
いしる 488, **492**
いずし 115, 498
伊豆節 541, 542
伊勢たくあん **131**
イソチオシアネート 132
イソフラボン 75
磯部せんべい **21**
板アオノリ **600**
板アラメ **578**
板つきかまぼこ 420
板ノリ **598**
板モズク 584

索　　引

板ワカメ　289
一度焼き　337
一番切り　570
薄揚げ　62
一番するめ　288-290
一夜干し　310
委凋　155
一休寺納豆　80
一村一品運動　138
一袋　159
一匹ずし　511
一本採り身欠き　291
糸寒天　584
糸引き納豆　**74**
イトヨリ　450
田舎そば　34
田舎味噌　254
イナダ　304, 313
5′-イノシン酸　535
イバラノリ　594
EPA　503
いぶりがっこ　**130**
いぶりたくあん漬け　**130**
いぶり漬け　130
いも切り　436
芋焼酎　**226**
芋茶粥　184
伊予の緋のかぶら漬け　**147**
炒り煮　374, 375
入日記　159
イワシ　492
　——の卯の花漬け　**529**
イワシ丸干し　**314**
イワシみりん干し　390
隠元　161
インスリン　579
インフュージョン法　206
印籠かす漬け　101, 107
印籠漬け　**101**

烏衣紅曲　228
ウイスキー　191
ヴィンテージイヤー　212
魚醬油　151, **488**, 492
魚ぞうめん　**439**
魚味噌　**402**
宇賀コンブ　572
浮かし煮　374, 375, 384
うき物　18
ウグイ　376
ウグイずし　**503**

宇治　158
宇治製　160
薄揚げ　62
臼杵せんべい　**22**
うすくちアミノ酸液　95
うすくち醬油　95, **261**
ウスターソース　**280**
うどん　27
うどん類　**25**
ウニ　397
ウニ貝焼き　**397**
ウニ塩辛　483, **485**
卯の花　529
旨味　568
　——の相乗作用　535
梅干し　**92**
裏ごし　425, 436
うるか　475, **481**
粳米　271
嬉野製　166, 167
嬉野大茶樹　167
上乾し　285
宇和島式焼き抜きかまぼこ　**415**
エアプレス　85, 142, 143
栄西　157
永忠　156
エイのひれ　304
液くん法　463
えごねり　589-591
エゴノリ　562, **589**, 590
エステル　254
エソ　450
エゾバフンウニ　398
エタノール　254
越後味噌　251
越前ウニ　483
荏裹　83, 104
エテガレイ　310
江戸味噌　251
エビせんべい　**336**
エビ豆　376, 377
えら刺し　304
塩化カルシウム　65
塩化マグネシウム　57, 59
延喜式　104
塩水　304
塩蔵　557, 559
塩蔵クラゲ　**369**

塩蔵サケ　358
塩蔵サバ　360
塩蔵タラ　358
塩蔵品　353
塩蔵モズク　584
塩蔵野菜　86

オイカワずし　**503**
覆下　159
オイソバキ　151
王滝カブ　145
王滝カブラ　144
大凝菜　562, 589
大阪式板つきかまぼこ　**420**
大造式　47
大麦　254
大麦こうじ　255
おから　53, 55-57, 59, 529
興津鯛　304, 308
沖縄豆腐　**68**
オキナワモズク　582, 583
おきゅうと　562, **589**, 590, 591
桶茶　184
桶漬け　174
おこし　**23**
オゴノリ　560, 563, 585
押しずし　511
オゾン処理　452
小田原かまぼこ　**423**, 426
小田原かまぼこ十か条　426
小田原開き　317
お茶壺道中　159
オチラシ　184
おなめ　79
オニクサ　585
雄節　537
おぼろ　399
おぼろコンブ　561, **571**
おぼろ豆腐　**69**
近江漬け　95
折りコンブ　569
オルトジヒドロキシイソフラボン類　403
温くん法　462-464
温風乾燥　286

■か　行

海藻　557
海藻サラダ　561

索　引

海藻製品　557, 560
海藻タンニン　558
灰鮑　327, 340, 341
改良節　547
加塩すり身　451
柿漬けダイコン　**131**
角寒天　584
カクトウギ　150
カクトギー　150
掛け米　271
陰干し番茶　**169**
加工用味噌　251
ガゴメコンブ　532
カジキムチ　151
菓子コンブ　572
果実酒　191, **211**
カジメ　579
　　──加工品　**579**
柏もち　17
加水量　56, 59
かす酢　**267**
かす漬け　**107**, 558
かす取り焼酎　**233**
数の子　**367**, 531
かすもろみ取り焼酎　**234**
カタクチイワシ　330
堅豆腐　**68**
型どり　**437**
鰹魚煎汁　537
カツオ節　472, 535, **537**, 546
カツオ節削り節　535
がっこら漬け　118
褐藻類　557, 560
褐変反応　254
カッポ茶　169
カツラ干し　347
カテキン　186
カトキムチ　151
かなぎちりめん　330
カニ風味かまぼこ　408
香疾大根　124
カビ付け　177, 538
カブ　508
かぶせ茶　165
かぶらずし　115, **508**
カベルネ・ソービニヨン　215
釜揚げ　**404**
釜揚げイカナゴ　405
釜揚げシラス　405
釜炒り玉緑茶　165

釜炒り茶　165
カマスの干物　**316**
かまぼこ　407, **409**
亀節　537
下面発酵酵母　207
下面発酵ビール　210
からし　63
からし粉　137
からし漬け　**136**
からし明太子　**364**
からし油　90, 137
カラスミ　304, **318**
唐茶　168
カラフトシシャモ　325
辛味噌　251
ガリ　121
火力乾燥粉　45
カレイ干物　**309**
皮ちくわ　**457**
皮付きエビ　327
皮てんぷら　410, 427
カワラケツメイ　181
瓦せんべい　**24**
変わりそば　34
缶入りのお茶　185
岩塩　244, 247
カンショ糖　**275**
乾燥アラメ　**578**
乾燥エゴノリ　589
乾燥コンブ　**569**
乾燥そば　**36**
乾燥納豆　**77**
乾燥ヒジキ　**580**
乾燥保存法　557
乾燥モズク　584
乾燥ゆば　**73**
寒茶　**169**
　　足助の──　169
寒漬け　**133**
寒天　560, **584**
干豆豉　74
鹹豆豉　74
カンナ　123
甘味果実酒　191, 211
甘味調味料　271, 273
含蜜糖　274
寒メジカ　553
がんもどき　**64**
甘露煮　346, 347, 373, **387**, 389

生揚　259
機械製めん　34
利き猪口　200
菊ガレイ　304
キクの花漬け　**93**
刻みコンブ　561, 572
刻みすぐき　142
きしめん　30
紀州べったら漬け　117
貴醸酒　**202**
儀助煮　**385**, 386
北浦ウニ　485, 486
気出し　506
北前船　433
キタムラサキウニ　398
喫茶養生記　157, 181
吉四六漬け　138
絹ごし豆腐　**59**
キネマ　74
季御読経　157
ギバサ　**595**
吉備団子　**13**
キムチ　139, **149**
旧式みりん　272, 273
急須　157
ぎゅうひ　**14**
キュウリ　102
急造庫　538
経木　75
凝固剤　54, 57, 59, 61, 65
玉露　**164**
玉露製法　164
魚醤　488
魚卵塩蔵品　361
魚類塩蔵品　355
切りずし　511
切り出し　176
切り出しかまぼこ　**445**
きりたんぽ　**12**
切りもち　**7**
キンコ　334
きんこ漬け　107
金婚漬け　**107**
銀婚漬け　107
筋糸　321
吟醸酒　200, 201
金属イオン　590
ギンブナ　501

古酒　225

索　　引

くさや　304, 472, **494**
くさや汁　494, 495
くされずし　507
串団子　17
グチ　450
くちこ　289, **292**
ぐっから漬け　118
苦味価　209
グラニュー糖　277
グリ茶　165
グルコースリプレッション　208
グルコノデルタラクトン　57, 59, 61
グルタミン酸　570
グルテン　39
クレノハジカミ　122
黒おぼろ　573
クロカワカジキ　436
黒こうじ菌　217, 224, 228
黒白おぼろ　573
黒作り　475, **486**
黒とろろ　561
黒翅　289
クロメ　**579**
　　──加工品　**579**
クワ茶　181
くん製品　461, **463**
グンドルック　144

KCP 酵素剤仕込法　196
削りかまぼこ　**441**
削り庖丁　573
けせん茶　161
血糖値　579
ケラポク　409
ゲル化　407
ゲル化食品　562
減圧蒸留器　231
減圧蒸留法　229
嫌気的バクテリア発酵茶　173
ゲンゴロウブナ　501
剣先するめ　288, 290
玄蕎麦　38
原木　128
玄米茶　**179**
原料米　197
原料用アルコール　191, 237

ご　55, 56, 59

こいくち醤油　258, **261**
碁石茶　176
コイずし　503
好気的カビづけ茶　173
高級アルコール　254
こうじ　114, 198, 508
こうじ菌　114
　　中国の──　228
こうじ漬け　**114**
こうじ歩合　251, 255, 271
ごうする　164
合成清酒　191, 195
香煎　80, 256
紅藻類　557, 560, 589
耕地白糖　277
甲付きするめ　289
甲除鯣　289
後発酵　208
後発酵茶　155, **172**
弘法大師　181
コウボウチャ　181
香味液法　196
高野豆腐　65
高遊外　161
凍り豆腐　**65**
凍りもち　**11**
こき摘み　167
黒糖焼酎　**232**
　　──とラムの類別　233
穀物酢　**268**
コクリ　164
小凝菜　562, 589
五色煮　387
御膳味噌　251
小鯛ささ漬け　523, **524**
小鯛酢漬け　522, 523, 524
小鯛の串干し　342
固体発酵　220, 233
ごっから漬け　117
五斗納豆　**78**, 79
こなす漬け　**136**
このわた　475, **480**
五番切り　571
糊粉層　35
ごまめ　289, 293
小麦粉せんべい　**19**
米　510
米こうじ　116, 255, 510
米粉せんべい　**18**
米焼酎　**227**

米酢　**266**
米味噌　249, **251**
子持ち大アユ　381
ゴリ　376
ゴリつくだ煮　**379**
ゴリ煮　377
混成ワイン　213
コンディショニング発酵　209
こんにゃく　**43**
コンニャクイモ　43
こんにゃく粉　44
こんにゃくゼリー　48
コンブ　289, 375, 531, 560, 561, 575
コンブのつくだ煮　**561**
コンブ巻き　346, 347, 561
コンブ巻きかまぼこ　**433**

■さ　行

西京味噌　251
細工かまぼこ　**444**
細工コンブ　561, 572
さいしこみ醤油　**262**
祭事食　504
さいの目漬け　118
棹前　380
魚せんべい　**338**, 386
酒浸　522
さきイカ　386
サクラエビ素干し　**294**
サクラエビの釜揚げ　405
桜島ダイコン　111
桜煮　335, 387
桜の花漬け　**93**
さくら干し　390
さくら湯　93
酒かす　199
酒かす焼酎　**233**
サケくん製　**465**
酒びたし　304, **323**
サケ干物　**323**
三五八漬け　115, **117**
笹ガレイ　310
笹鰯　289
笹メジカ　552
差し水　87
搾菜　139
雑コンブ　571
雑酒　191

殺青　155
サッパ　528
雑節　556
薩摩あげ　**429**
サツマイモ　226
薩摩ハンズ茶　**171**
薩摩節　535, **546**
砂糖　243, **273**
砂糖しぼりダイコン　126
讃岐味噌　251
サバ　508
サバなれずし　**505, 507**
サバ節　539, **554**
サメ　321, 430
サメダレ　347
サメ干物　**347**
サヨリの干物　**316**
更科そば　34
ざる豆腐　**69**
ザワークラウト　139
さわ煮　80
山海漬け　**111, 112**, 137
三州味噌　255
散茶　158
酸度　199
三番切り　570
サンマ干物　**319**
酸味　176

豉　248
仕上げずり　437
塩　158, 241, **244**
塩アゴ　304, **326**
塩押し工程　128
塩押したくあん　124
塩数の子　368
塩辛　**473**, 476
塩感受性　248
塩切り　253
塩切り歩合　252
塩気抜き　506
塩コンブ　561, **576**
塩ずり　436
塩漬け　**86**, 482
塩抜き乾燥法　558
塩抜き干し　558
塩引きサケ　304, **323**, 359
塩干し　**303**
塩ラッキョウ　120
直火式蒸留器　224

信楽　168
四球乳酸菌　253
しぐれ煮　373
自己消化　473, 479, 483
シジミ　376
シジミ煮　377
シジミ豆　376, 377
シシャモ　325
シシャモ干物　**325**
シソ　104
シソ巻きトウガラシ　100, 102, 103
地伝酒　449
しば漬け　139, **145**
しば漬け風調味酢漬け　145
シピコリン酸　76
絞り出しかまぼこ　445
島豆腐　**68**
しみ豆腐　65
しめサバ　522, 523
しめ物　18
下関ウニ　**485**, 486
じゃこてんぷら　**427**
煮熟法　253
シャルドネ　216
醤（ジャン）キムチ　151
充填豆腐　**60**
熟成　473
酒精強化ワイン　213
酒税法　190, 191, 193, 195, 203, 204, 210, 217, 273
宿根ソバ　33
酒盗　475, **478**
シューナ　594
主発酵　208
酒母　198
純合成法　196
純米酒　201
ショウガ　102, 121
ショウガ甘酢漬け　121
ショウガ漬け　**121**
蒸熟法　253
精進節　70
蒸製玉緑茶　165
上槽　199
正倉院文書　156
常茶　168
焼酎　**217**
　──の地域特性　220
　──の分類　217

焼酎乙類　217
焼酎こうじ菌　227
　──の流れ　228
焼酎甲類　217, 237, 238
上白糖　276
上干したくあん　135
上面発酵酵母　207
上面発酵ビール　210
醤油　242, **258**
醤油油　261
醤油漬け　95, 98, **530**
醤油豆　81
蒸留方式　217
食塩品質　246
食酢　242, **264**, 522
食物繊維　586
食用ギク　93
助炭　163
しょっつる　472, 488, **490**
しょっつる貝焼き　488
シラエビ　296
シラエビ素干し　**296**
シラエビ釜揚げ　405
シラス干し　327, **330**
しらとり　506
シラハエ　384
シラモ　563
尻振り茶　**185**
白板コンブ　561
シロウリ　99, 101, 106
白おぼろ　573
白カビ　87
シロサケ卵　365
しろ醤油　**263**
白鯣　288
白作り　475
白とろろ　561
白翅　289
白味噌　251, 253
白ワイン　213, **216**
新粉もち　**16**
新式みりん　272, 273
信州味噌　251
しんじょ　**438**
新ショウガ　122
神饌　501
新漬け　84
ジンバのつくだ煮　**587**

水乾　167

水産発酵食品　471
水豆豉　74
水溶性食物繊維　586
水溶性ペプチド　507
すきコンブ　**574**
すき干し　557, 558
剥き身ダラ　304
頭巾はずし　78
すぐき漬け　139, **141**
すぐき菜　141
スケトウダラ　364, 450
スサビノリ　598
スジアオノリ　563, 600
スジエビ　376
──のつくだ煮　377
筋子　**366**
須々保利　83, 124
酢漬け　**118**, 146, **521**
──の種類　118
スピリッツ　191
素干し　**288**, 301, 335, 557
すぼ豆腐　**69**
簀巻きかまぼこ　**443**
簀巻き豆腐　**69**
すまし粉　57
墨イカ　487
墨抜き　301
スモークサーモン　465
素焼き製品　396
すり　173
すりエビ　327
刷り出しかまぼこ　**446**
するめ　**288**, **289**, 531
スルメイカ　531
スローフードブーム　594
坐り　410
すんきそば　144
すんき漬け　**144**
すんき干し　144

生活用塩　244, 247
清酒　**193**
静置式乾燥　37
斉民要術　83
蒸籠型蒸留器　233
せっかい　419, 437
セミヨン　216
繊維質　594
全黒こうじ仕込み　217
全こうじの一段仕込　224

せんじ茶　160
全層粉　36
仙台味噌　251
煎茶　**160**
千利休　157
専売制度　244
せんべい　**18**
千枚漬け　**122**

増醸酒　**201**
宗田節　539, **550**
宗住納豆　77
雑煮　346, 347
そうめん　**31**
ソース　243, **278**
ソバ　33
そばがき　33, **38**
そば切り　33, **34**
ソバ粉　33
そば米　33, **38**
ソバ焼酎　**230**
そば茶　181
ソフト豆腐　58
そぼろ　399
蘇陽町　166
ソラマメ　81
粗留アルコール　238

■た　行

タイ　402
ダイアセチルレスト　208
耐塩性酵母　249, 257
耐塩性乳酸菌　249, 257
大吟醸酒　200
ダイコン　102, 508
タイ産米　224
堆翅　327
ダイズタンパク質　54
耐糖性改善効果　579
大徳寺納豆　**80**
タイの浜焼き　**393**
太白おぼろ　574
大福もち　**14**
大宝律令　248
タイ味噌　**402**
鯛めし　394
鯛めん　394
代用茶　180
高菜漬け　**89**

たくあん臭　128
たくあん漬け　**127**
田子節　541, 542
だし　347
但馬地方　397
たたみイワシ　289, **300**
脱塩　97
田作り　289, **293**
脱脂加工ダイズ　260
脱水シート　287
ダッタンソバ　33
たて塩　304
たて塩漬け　311, 354
種水　253
玉崩し　257
卵せんべい　**24**
たまり醤油　**262**
たまり漬け　102
たまり味噌　255
玉緑茶　165
たまりラッキョウ　120
多様化焼酎　235
タラコ　**364**
タレ　347
ダワダワ　74
単行複発酵　206
単式蒸留器　217, 237
単式蒸留焼酎　191, 217, 238
淡豆豉　74
タンニン　214
タンパク分解率　254, 257
タンパク溶解率　254, 257

チアミンラウリル硫酸塩　92
チキアーギ　409
ちくわ　407, **447**
血ばしり　310
チベット族　185
沈菜　149
茶粥　181, **182**
茶経　158, 184
茶師　161
茶筌　160
茶筑　184
茶そば　34
茶壷　159
茶手揉み技術　163
茶の湯　157
茶米飯　184
茶銘　159

中濃ソース **281**
酎ハイブーム 238
長期貯蔵酒 **202**
調合味噌 249
調味温くん法 464
調味加工製品 382
調味酢漬け 118
チョンガキムチ 151
清国醤 74
ちりめん **330**
ちりめん高菜 89

津軽そば 34
津軽味噌 251
搗 83
つくだ煮 **373, 374**, 377
つけあげ 409, **429**
漬け種 144
漬物塩嘉言 84, 97, 101, 124
津田カブ 148
津田カブ漬け **148**
土納豆 77
つと豆腐 **69**
つなぎ 34
壺酢 **269**
つぼ漬け 135
梅雨メジカ 552
ツルアラメ 562

DHA 503
低塩梅干し 92
定塩サケ 359
手炒り 165
手打ち製めん 34
摘採 164
出こうじ 256
デコクション法 207
鉄砲漬け 95, **99**, 138
鉄干し 347
テトロドトキシン 516, 520
手延べそうめん 31
手火山式 538
でびら 289, 309
手水 506
寺納豆 **80**
テルペン類 226
天下の三珍 318
電気くん製法 463
テングサ 559, 560, 562, 584, 589, 592

デングリ 164
テンサイ糖 **277**
天地返し 254
碾茶 158
甜豆豉 74
天道干しのいとまこわず 168
伝八笠 393
天日乾燥 286
天日乾燥粉 45
天日塩 244, 247
天秤 142, 143
でんぶ 386, **399**

茶 156
トウガラシ 104, 149
凍結熟成 66
豆醤 248
闘茶 157
豆乳 53, 56, 57
糖尿病 580
豆腐 **53**
豆腐カステラ 69
豆腐かまぼこ 69
豆腐ちくわ **69, 455**
豆腐百珍 59, 61
とぎ納豆 79
徳川家康 159
特殊製法塩 244, 247
ドクダミ茶 181
特定名称酒 **200**
ところてん 562, **592**
トサカノリ 563
土佐節 535, **544**
ドジョウずし 504
トビウオくん製 **466**
とび粉 46
飛鯣 289
留釜 251
富山黒茶 **178**
豊橋ちくわ **450**
ドラクサ 585
トリアシ 585
とろろコンブ 561, **571**
トロロコンブ属 532
トンチミー 150

■ な 行

内層粉 34
長切りコンブ 570

ナガコンブ 380, 381, 571
名古屋味噌 255
ナタ漬け 117
納豆 **74**
── の機能性 75
ナットウキナーゼ 76
納豆汁 79
納豆ひしお 79
納豆もち 80
ナバクキムチ 151
生揚げ **64**
なまこもち 11
生酒 **201**
生しば漬け 145
生搾り 68
なます 521
生ちくわ 452
生詰式 47
生なれずし 504, 507
生ヒジキ 561
生ビール 210
生ふ **43**
生ホタルイカ 335
生モズク 584
生ゆば 70, **73**
生り節 468
生ワカメ 561
ナムプラ 488
奈良茶 184
奈良漬け **108**
成田 99
鳴門灰干しワカメ 564
なれずし 115, **498**, 501, 503
南部せんべい **20**

にがり 57, 59
ニギス 396
ニギス干物 349
にごり酒 **202**
ニゴロブナ 501
二次発酵 254
ニジマス 389
ニシン昆布巻き **380**
ニシンずし **513**
煮ダコ 405
日光とうがらし 103
日光のたまり漬け **102**
日光巻き **103**
二度焼き 337
二番切り 570

二番するめ 289
二番丸形鯣 289
二番磨鯣 289
煮ヒジキ 327
煮干し **327**, 330, 557, 558
煮干しアゴ **339**
煮干しイワシ **328**
煮干し貝柱 327
煮干しサクラエビ **332**
日本後記 156
日本三大菜漬け 89, 90
日本酒度 199
二本採り身欠き 291
乳酸 504, 509
乳酸菌 130, 140, 144, 145, 500, 501, 509, 515
乳酸発酵 140, 144, 145, 146, 500, 501, 511, 512
ニョクマム 488
蒜 83, 124
ニンニク醬油漬け 96
ぬか漬け **124**, 472, **515**, 517
ぬか味噌漬け 126

ねかせ 18
寝მ 182
熱くん法 463
練り製品 407
ネン 159

濃厚ソース **581**
野沢菜漬け **88**
のしもち **10**
能登半島 492
のばし 63
伸び茶 160
野焼きちくわ **447**
ノリ類 562

■ は 行

灰アルカリ成分 566
売茶翁 161
焙焼製品 391
焙煎納豆 **78**
灰干し 557, 558
灰干し処理 566
灰干し法 558
灰干しワカメ **564**

泡菜 139
バカガイ肉の干物 **297**
萩式焼き抜きかまぼこ **417**
パキムチ 151
麦芽 205
麦芽かす 209
麦芽酢 **268**
白粉（姫貝の） 299
白米 124
はくれん 309
ハジカミ 122
ハス 376
ハスずし **503**
パーソム 504
裸麦 254
裸麦こうじ 255
バター茶 185
ハタハタ 310, 510
――の干物 **310**
ハタハタずし 498, **510**
バタバタ茶 184
ハタハタ火焙り 342
八戸せんべい **20**
発酵型味噌 249
発酵臭 511
発酵酢漬け 118
発酵茶 155
発酵漬物 84, 138, 144, 145
八丁味噌 255
発泡酒 203, 204
発泡性酒類 210
発泡性ワイン 213
パティス 488
パテント・スチル 237
パテント・スチル型連続式蒸留機 239
はと麦茶 181
ハバノリ 559
浜納豆 **80**
ハモ 438
早ずし 526
散麴 228
はらみ漬け 107
播磨屋亀蔵 544
春メジカ 552
半袋 159
番茶 155, 157, 165, **168**
――の定義 168
半発酵茶 155
はんぺん **436**

挽きぐるみ 36
ひきコンブ 575
引き割り納豆 **77**
尾叩鯣 289
醬 258
ヒジキ 558
ひしこ 517
菱もち **11**
飛騨の赤カブ漬け **140**
ビター・ホップ 205
ビタミン C 186
非茶 157
びっくり水 63
ヒトエグサ 563
火床 419
日の菜漬け **132**
日の菜ぬか漬け 127
ピノ・ノアール 215
非発泡性ワイン 213
ヒビ立て 562
火ぽかし 342
火ぽかしゆう 342
姫貝 289, 297, 299
火戻り 410
檜山 161
冷麦 **29**
漂白乾燥 559
開きタラ 289
開き干し 304, 319
ひらめん **30**
ひりょうず **64**
ビール 191, **202**
ビールかす 207, 209
ピルスナービール 203
ひれ 321
疲労回復作用 536
広島菜漬け **90**

ふ **39**
ぶあたら 358
フィッシュボール 409
風船爆弾 44
フカひれ 289, **321**
深蒸し 164
福神漬け **98**
フグ毒 516
フグぬか漬け 515
フグの子ぬか漬け **519**
フグ干物 **350**
ブクブク茶 184

袋入り豆腐　60
袋するめ　289
ブーケ　214
フコイダン　560, 584
藤茶　181
二名煮　387
蓋味噌　257
府中味噌　251
プチュキムチ　151
普通ソバ　33
普通豆腐　56
プッコチュキムチ　151
筆ショウガ　122
葡萄錫　288
フトモズク　582, 583
フナ　402
フナずし　472, 498, **501**
フナずし甘露漬け　503
フナの雀煮　**379**
フナ味噌　**402**
フヌイ　594
フノリ　563, 594
不発酵茶　155
ブランチング　98
ブランデー　191
ブリ　508
ブリ塩乾品　**313**
ふり塩　304
ふり塩漬け　354, 558
振り茶　**184**
フリーラン　216
古漬け　84, 97
プルラン　577
プロテアーゼ　254
分解型味噌　249
分子会合　227
分蜜糖　274
噴霧乾燥粉　45

米菓　**18**
並行複発酵　196, 220
へぎそば　34
ペク（白）キムチ　151
へしこ　505, 515, **517**
ペチュキムチ　139, 150
べったら市　117
べったら漬け　115, **116**
ペットボトル　185
紅こうじ菌　228
紅ショウガ　121

ヘミセルラーゼ　254
焙炉　160
棒寒天　584
棒コンブ　570
ほうじ茶　**180**
棒ダラ　289
膨軟加工　67
母液　280
北限の茶　161
ポサム（包み）キムチ　151
干しアワビ　327, **340**
干しエビ　327, **343**
干し数の子　289
干しカスベ　289
ほしこ　340
干しごず　342
ホシザメ　436
干しそば　**36**
干しダイコン　133
干したくあん　124
干しダコ　289, **301**
干し納豆　**77**
干しナマコ　327, **334**
干しノリ　289
干しワカメ　**564**
細寒天　584
ホソメコンブ　569, 575
ホタルイカ桜煮　335
ホタルイカ煮干し　**334**
ホタルイカの釜揚げ　387, 405
ホタルイカの甘露煮　**387**
ぼたんちくわ　**452**
北海道味噌　251
ぽっくり　556
ポット・スチル　237
ホップ　205
北方酸菜　144
ボツリヌス菌　499
ボテ茶　184
ボテボテ茶　184
ほほ刺し　304
母本選抜　113
ポリフェノールオキシダーゼ　216
本格焼酎　217
本カマス　316
ホンダワラ　587
本茶　157
本朝食鑑　482

本直し　271
本みりん　271, 273

■ま　行

マアナゴ　391
マイワシ　330
まき塩　304
マグロ節　539
マコンブ　531, 570
マサバへしこ　518
マス　389
マスずし　**526**
マスの甘露煮　**389**
混ぜずし　511
マダコ　301
松浦漬け　108
松白するめ　289, 290
抹茶　**158**
松前宇賀コンブ　569
松前漬け　**530**
まぶり塩漬け　311
ママカリ　**527**
　──の酢漬け　**527**
豆茶　**181**
豆茶粥　184
豆味噌　249, **255**
マルーグヮー　**431**
まるさばぶし　556
マルソウダ　550
丸抜き　36
丸干し　304, 319
マロラクティック発酵　215
まんじゅう　**13**
マンニット　570

三池高菜　89
身うるか　481, 482
ミオシン　410
磨剣先鯣　288
磨上々番鯣　288
身欠きニシン　289, **291**, 380, 381, 508
三河味噌　255
身ごしらえ　436
未醤　248
水カマス　316
水晒し　411, 424
水晒し乾燥　558
水鯣　289

水割り　226
味噌　241, **248**
　　──の機能性　250
味噌こし機　254
味噌玉　256
味噌玉こうじ　255, 256
味噌玉成型機　256
味噌漬け　**107**, 558
味噌用種こうじ　253
ミツイシコンブ　380, 381, 570, 571
ミナリキムチ　151
ミネラル　594
壬生菜の塩漬け　123
美作番茶　**169**
ミヤン　172
ミャンマー　169
明恵　157
明太　364
みりん　191, 242, **271**
みりん風調味料　273
みりん干し　386, **390**
ミル　563

無塩すり身　450
むきエビ　327
麦こうじ　255
むきシャコ　405
麦焼酎　**229**
　　──のこうじ原料　229
むきそば　**38**
麦茶　**180**
剝き身スケトウダラ　**322**
麦味噌　249, **254**
麦湯　181
むしあわび　340
むしか　340
むしこ　340
蒸し煮干し　558
ムルキムチ　151
室入れ　142

明鮑　327, 340
メイラード反応　376
メカブ　561
メカブとろろ　561
目刺し　304
メジカ　552
雌節　537
めふん　475, **482**

メラノイジン　254
メラノイジン色素　452
メルロー　215

モーイ　593
モーイ豆腐　**593**, 594
モズク　562, 582, 583
　　──の酢の物　584
モズク加工品　**582**
モズク粥　584
モズク汁　584
もち　5
もち菓子　**13**
糯米　271, 272
餅茶　156, 158
木簡　156
もってのほか　93
戻し水　63
元そろえコンブ　570
戻り　410
揉みワカメ　**567**
木綿豆腐　**56**
守口ダイコン　113
守口漬け　109, **113**
モロコ　376
モロコずし　503, 504
もろみ　198
もろみ漬け　**137**

■ や　行

焼津節　535, **541**, 542
八重山かまぼこ　**431**
八和の蟲　83
焼きアゴ　342, **345**
焼きアナゴ　**391**
焼きアユ　**346**
焼きウニ　397
焼きエビ　342, **343**
焼きキス　**396**
焼きちくわ　**452**
焼き豆腐　**68**
焼き抜きかまぼこ　415, 417
焼きはえ　342
焼きハゼ　342
焼畑　166
焼畑農法　146
焼きふ　**41**
焼きフグ　387
焼干し　**342**

焼干しイワシ　342
厄　31
ヤコメ　179
谷中ショウガ　122
ヤブキタ　155
藪そば　34
ヤボチャ　166
山川漬け　**135**
山国納豆　77
ヤマゴボウ醬油漬け　96
ヤマチャ　166, 173
山漬け　359
山本屋　161
八女　165

ゆ　54, 58
結納　169
夕茶　182
遊離アミノ酸　507
雪割り納豆　**78**
ゆし豆腐　**69**
ユズ切り　34
湯漬け　185
ゆで　437
ゆでイカ　405
ゆでガニ　**405**
ゆでこみ菜　144
湯通し塩蔵　558
湯通し乾燥法　558
湯通し干し　558
ゆば　**70**
湯割り　226
　　──と水割りの順序　227

宵越しのお茶　186
養肝漬け　**105**, 107
養生の仙薬　158
ヨシキリザメ　436
ヨシノボリ　377
よせ豆腐　**69**
寄せ物料理　593
よそ行きの茶　168
よろいガレイ　304

■ ら　行

擂潰　410
ラウスコンブ　569
ラッキョウ　102
ラッキョウ漬け　119

ラペソー　172

リキュール　191
理研式発酵法　196
リシリコンブ　570
リースリング　216
リパーゼ　254
硫酸カルシウム　57, 59
粒度分布　19
料理物語　184
緑藻類　557
緑茶　**155**
リンゴ酢　**268**
リン酸基　590

ルチン　33

冷却　437
冷くん法　462-464
冷凍アカモク　561
冷凍ちくわ　**452**
冷凍メカブ　562
冷凍モズク　561
冷風乾燥　287
連続式蒸留機　217, 237
連続式蒸留焼酎　191, 217, **237**, 238

ローカルカラー　220
六浄豆腐　**70**

■ わ　行

ワイン酵母　216

ワインラッキョウ　120
若狭カレイ　309
ワカサギ　376, 378
ワカサギつくだ煮　**378**
ワカサギのいかだ焼き　387
若狭ぐじ　308
若狭コンブ　572
ワカメ　560, 561
湧き　254
ワサビ漬け　**111**
わっか　301
わら巻きブリ　304, 313
割子そば　34
わりさばぶし　556
わんこそば　34

資料編

―― 掲載会社索引 ――
（五十音順）

アサマ化成株式会社 …………………………………………………… 3
京つけもの　西利 ……………………………………………………… 4
伯方塩業株式会社 ……………………………………………………… 5

Seeds in Needs

アサマ化成は、これらのテクノロジーを
貴社の商品開発に結実できるように日々研鑽を積んでおります。

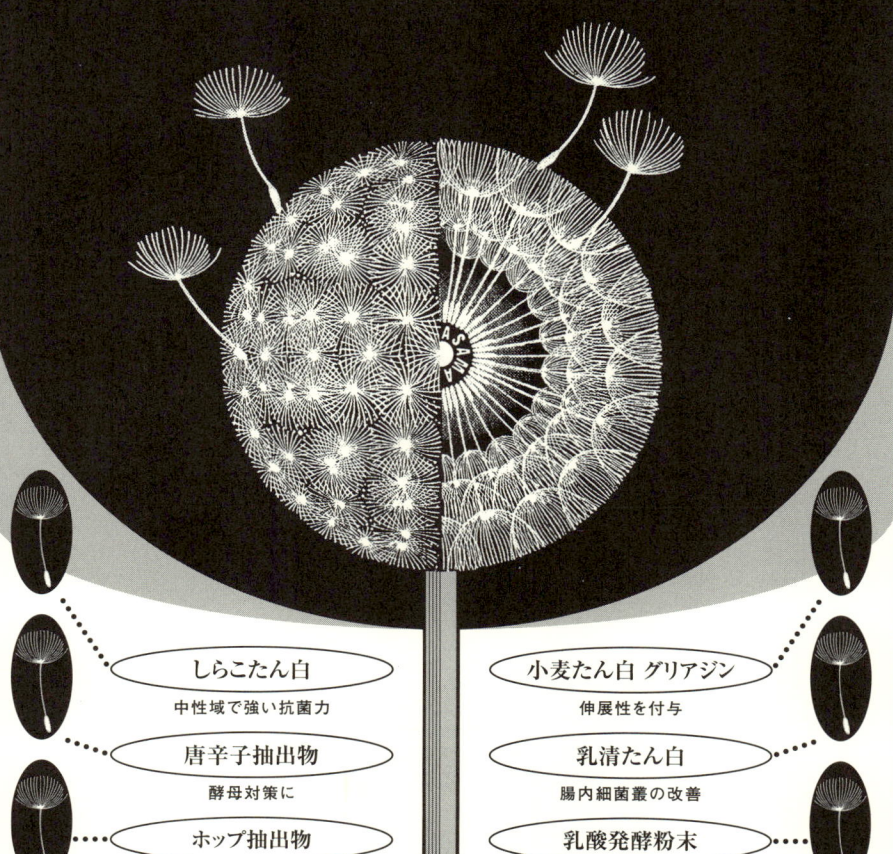

- しらこたん白 — 中性域で強い抗菌力
- 唐辛子抽出物 — 酵母対策に
- ホップ抽出物 — 異味・異臭のマスキング
- 小麦たん白 グリアジン — 伸展性を付与
- 乳清たん白 — 腸内細菌叢の改善
- 乳酸発酵粉末 — マイルドな酸味・調味

アサマ化成株式会社

本社／〒103-0001 東京都中央区日本橋小伝馬町20-3　TEL 03-3661-6282
大阪（営）／〒532-0011 大阪府淀川西中島5-6-13　TEL 06-6305-2854
北米事務所（カナダ・トロント）　TEL 416-218-0338

●東京アサマ／03-3666-5841　●九州アサマ／092-582-5295　●中部アサマ／052-413-4020　●桜陽化成／011-683-5052

E-mail:asm@asama-chemical.co.jp　　http://www.asama-chemical.co.jp

旬 おいしく、やさしく。

総理大臣賞受賞（昭和51年度）
西利の千枚漬
京のあっさり漬
健康漬物ラブレ

ISO 22000　ISO 9001
JQA-FS0012　JQA-QMA13016
食品安全マネジメントシステムの国際規格
「ISO22000」の認証を取得

旬 おいしく、やさしく。

京つけもの 西利（にしり）
京都・西本願寺前
京都・四条祇園町

本店／京都・西本願寺前

電話・(075)361-8181　FAX・(075)361-8801　http://www.nishiri.co.jp　E-mail nishiri@nishiri.co.jp

海の恵み にがりを残した

伯方の塩®

「食」に求められるのは、

「旨さ」と「安心」

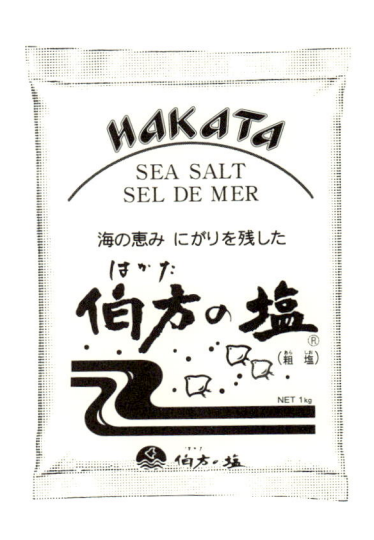

《粗塩》

伯方の塩® は、海水を自然の風と太陽熱で蒸発結晶させた輸入塩を日本の海水で溶かして原料とし、にがりをほどよく残してつくった、風味のあるお塩です。

粗塩は、あらゆる料理・調味に、どんな用途にも幅広くご使用いただけます。食品加工、パン、麺類などにもどうぞ。

伯方塩業株式会社　〒790-0813　愛媛県松山市萱町4丁目4-9
TEL(089)911-4140(代)　FAX(089)923-9671
E-Mail : info@hakatanoshio.co.jp　URL http://www.hakatanoshio.co.jp/

日本の伝統食品事典

2007年10月20日　初版第1刷
2011年 5 月20日　　第3刷

編集者　日本伝統食品研究会
発行者　朝　倉　邦　造
発行所　株式会社　朝　倉　書　店
　　　　東京都新宿区新小川町6-29
　　　　郵便番号　162-8707
　　　　電話　03(3260)0141
　　　　FAX　03(3260)0180
　　　　http://www.asakura.co.jp

〈検印省略〉

Ⓒ 2007〈無断複写・転載を禁ず〉　　　　中央印刷・渡辺製本

ISBN 978-4-254-43099-8　C 3561　　　　Printed in Japan

◈ シリーズ〈食品の科学〉◈
食品素材を見なおし"食と健康"を考える

糖業協会 橋本 仁・前浜松医大 高田明和編
シリーズ〈食品の科学〉
砂 糖 の 科 学
43073-8 C3061　　　A 5 判 244頁 本体4500円

食生活に不可欠な砂糖について、生産技術から、健康との関わりまで総合的に解説。〔内容〕砂糖の文化史／砂糖の生産／砂糖の製造法／砂糖の種類／砂糖の特性／砂糖と栄養／味覚／砂糖と健康／砂糖と食生活／砂糖の利用／その他の甘味料

前ソルト・サイエンス研究財団 橋本壽夫・
日本塩工業会 村上正祥著
シリーズ〈食品の科学〉
塩 の 科 学
43072-1 C3061　　　A 5 判 212頁 本体4500円

長年"塩"専門に携わってきた著者が、歴史・文化的側面から、塩業の現状、製塩、塩の理化学的性質、塩の機能と役割、塩と調理・食品加工、健康とのかかわりまで、科学的・文化的にまとめた。巷間流布している塩に関する誤った知識を払拭

日大 中村 良編
シリーズ〈食品の科学〉
卵 の 科 学
43071-4 C3061　　　A 5 判 192頁 本体4500円

食品としての卵の機能のほか食品以外の利用までも含め、最新の研究を第一線研究者が平易に解説。〔内容〕卵の構造／卵の成分／卵の生合成／卵の栄養／卵の機能と成分／卵の調理／卵の品質／卵の加工／卵とアレルギー／卵の新しい利用

日大 上野川修一編
シリーズ〈食品の科学〉
乳 の 科 学
43040-0 C3061　　　A 5 判 228頁 本体4500円

乳蛋白成分の生理機能等の研究や遺伝子工学・発生工学など先端技術の進展に合わせた乳と乳製品の最新の研究。〔内容〕日本人と牛乳／牛乳と健康／成分／生合成／味と香り／栄養／機能成分／アレルギー／乳製品製造技術／先端技術

製粉協会 長尾精一編
シリーズ〈食品の科学〉
小 麦 の 科 学
43038-7 C3061　　　A 5 判 224頁 本体4500円

種々の加工食品として利用される小麦と小麦粉を解説。〔内容〕小麦と小麦粉の歴史／小麦の種類と品質特性／小麦粉の種類と製粉／物理的性状／小麦粉生地構造と性状／保存と熟成／品質評価法／加工と調理（パン、めん、菓子、他）／栄養学

前東農大 吉澤 淑編
シリーズ〈食品の科学〉
酒 の 科 学
43037-0 C3061　　　A 5 判 228頁 本体4500円

酒の特徴や成分・生化学などの最新情報。〔内容〕酒の文化史／酒造／酒の成分、酒質の評価、食品衛生／清酒／ビール／ワイン／ウイスキー／ブランデー／焼酎、アルコール、スピリッツ／みりん／リキュール／その他（発泡酒、中国酒、他）

鴻巣章二監修　阿部宏喜・福家眞也編
シリーズ〈食品の科学〉
魚 の 科 学
43036-3 C3061　　　A 5 判 200頁 本体4300円

栄養機能が見直されている魚について平易に解説〔内容〕魚の栄養／おいしさ（鮮度、味・色・香り、旬、テクスチャー）／魚と健康（脂質、エキス成分、日本人と魚食）／魚の安全性（寄生虫、腐敗と食中毒、有毒成分）／調理と加工／魚の利用の将来

前函館短大 大石圭一編
シリーズ〈食品の科学〉
海 藻 の 科 学
43034-9 C3061　　　A 5 判 216頁 本体4000円

多種多様な食品機能をもつ海藻について平易に述べた成書。〔内容〕概論／緑藻類／褐藻類（コンブ、ワカメ）／紅藻類（ノリ、テングサ、寒天）／微細藻類（クロレラ、ユーグレナ、スピルリナ）／海藻の栄養学／海藻成分の機能性／海藻の利用工業

前東北大 山内文男・前東北大 大久保一良編
シリーズ〈食品の科学〉
大 豆 の 科 学
43033-2 C3061　　　A 5 判 216頁 本体4500円

古来より有用な蛋白質資源として利用されている大豆について各方面から解説。〔内容〕大豆食品の歴史／大豆の生物学・化学・栄養学・食品学／大豆の発酵食品（醤油・味噌・納豆・乳腐と豆腐よう・テンペ）／大豆の加工学／大豆の価値と将来

前東大 鈴木昭憲・前東大 荒井綜一編

農 芸 化 学 の 事 典

43080-6 C3561　　　　B5判 904頁 本体38000円

農芸化学の全体像を俯瞰し、将来の展望を含め、単に従来の農芸化学の集積ではなく、新しい考え方を十分取り入れ新しい切り口でまとめた。研究小史を各章の冒頭につけ、各項目の農芸化学における位置付けを初学者にもわかりやすく解説。〔内容〕生命科学/有機化学(生物活性物質の化学、生物有機化学における新しい展開)/食品科学/微生物科学/バイオテクノロジー(植物,動物バイオテクノロジー)/環境科学(微生物機能と環境科学、土壌肥料・農地生態系における環境科学)

おいしさの科学研 山野善正総編集

お い し さ の 科 学 事 典

43083-7 C3561　　　　A5判 416頁 本体12000円

近年、食への志向が高まりおいしさへの関心も強い。本書は最新の研究データをもとにおいしさに関するすべてを網羅したハンドブック。〔内容〕おいしさの生理と心理/おいしさの知覚(味覚、嗅覚)/おいしさと味(味の様相、呈味成分と評価法、食品の味各論、先端技術)/おいしさと香り(においとおいしさ、におい成分分析、揮発性成分、においの生成、他)/おいしさとテクスチャー、咀嚼・嚥下(レオロジー、テクスチャー評価、食品各論、咀嚼・摂食と嚥下、他)/おいしさと食品の色

石川県大 杉浦　明・近畿大 宇都宮直樹・香川大 片岡郁雄・
岡山大 久保田尚浩・京大 米森敬三編

果 実 の 事 典

43095-0 C3561　　　　A5判 636頁 本体20000円

果実(フルーツ、ナッツ)は、太古より生命の糧として人類の文明を支え、現代においても食生活に潤いを与える嗜好食品、あるいは機能性栄養成分の宝庫としてその役割を広げている。本書は、そうした果実について来歴、形態、栽培から利用加工、栄養まで、総合的に解説した事典である。〔内容〕総論(果実の植物学/歴史/美味しさと栄養成分/利用加工/生産と消費)各論(リンゴ/カンキツ類/ブドウ/ナシ/モモ/イチゴ/メロン/バナナ/マンゴー/クリ/クルミ/他)

上野川修一・清水　誠・鈴木英毅・髙瀬光徳・
堂迫俊一・元島英雅編

ミ ル ク の 事 典

43103-2 C3561　　　　B5判 580頁 本体18000円

ミルク(牛乳)およびその加工品(乳製品)は、日常生活の中で欠かすことのできない必需品である。したがって、それらは生産・加工・管理・安全等の最近の技術的進歩も含め、健康志向のいま「からだ」「健康」とのかかわりの中でも捉えなければならない。本書は、近年著しい研究・技術の進歩をすべて収めようと計画されたものである。〔内容〕乳の成分/乳・乳製品各論/乳・乳製品と健康/乳・乳製品製造に利用される微生物/乳・乳製品の安全/乳素材の利用/他

水産総合研究センター編

水 産 大 百 科 事 典

48000-9 C3561　　　　B5判 808頁 本体32000円

水産総合研究センター(旧水産総研)総力編集による、水産に関するすべてを網羅した事典。〔内容〕水圏環境(海水、海流、気象、他)/水産生物(種類、生理、他)/漁業生産(漁具・機器、漁船、漁業形態)/養殖(生産技術、飼料、疾病対策、他)/水産資源・増殖/環境保全・生産基盤(水質、生物多様性、他)/遊漁/水産化学(機能性成分、他)/水産加工利用(水産加工品各論、製造技術、他)/品質保持・食の安全(鮮度、HACCP、他)/関連法規・水産経済

食品総合研究所編

食品大百科事典

43078-3 C3561　　B5判 1080頁 本体42000円

食品素材から食文化まで，食品にかかわる知識を総合的に集大成し解説。〔内容〕食品素材(農産物，畜産物，林産物，水産物他)／一般成分(糖質，タンパク質，核酸，脂質，ビタミン，ミネラル他)／加工食品(麺類，パン類，酒類他)／分析，評価(非破壊評価，官能評価他)／生理機能(整腸機能，抗アレルギー機能他)／食品衛生(経口伝染病他)／食品保全技術(食品添加物他)／流通技術／バイオテクノロジー／加工・調理(濃縮，抽出他)／食生活(歴史，地域差他)／規格(国内制度，国際規格)

日本食品工学会編

食品工学ハンドブック

43091-2 C3061　　B5判 768頁 本体32000円

食品工学を体系的に解説した初の便覧。簡潔・明快・有用をむねとしてまとめられており，食品の研究，開発，製造に携わる研究者・技術者に役立つ必携の書。〔内容〕食品製造基盤技術(流動・輸送／加熱・冷却／粉体／分離／混合・成形／乾燥／調理／酵素／洗浄／微生物制御／廃棄物処理／計測法)食品品質保持・安全管理技術(品質評価／包装／安全・衛生管理)食品物性の基礎データ(力学物性／電磁気的物性／熱操作関連物性／他)食品製造操作・プロセス設計の実例(11事例)他

前東大 荒井綜一・東大 阿部啓子・神戸大 金沢和樹・
京都府立医大 吉川敏一・栄養研 渡邊　昌編

機能性食品の事典

43094-3 C3561　　B5判 480頁 本体18000円

「機能性食品」に関する科学的知識を体系的に解説。様々な食品成分(アミノ酸，アスコルビン酸，ポリフェノール等)の機能や，食品のもつ効果の評価法等，最新の知識まで詳細に解説。〔内容〕I.機能性食品(機能性食品の概念／機能性食品をつくる／他)，II.機能性食品成分の科学(タンパク質／糖質／イソフラボン／ユビキノン／イソプレノイド／カロテノイド／他)，III.食品機能評価法(疫学／バイオマーカー／他)，IV.機能性食品とニュートリゲノミクス(実施例／味覚ゲノミクス／他)

日本食品衛生学会編

食品安全の事典

43096-7 C3561　　B5判 660頁 本体23000円

近年，大規模・広域食中毒が相次いで発生し，また従来みられなかったウイルスによる食中毒も増加している。さらにBSEや輸入野菜汚染問題など，消費者の食の安全・安心に対する関心は急速に高まっている。本書では食品安全に関するそれらすべての事項を網羅。食品安全の歴史から国内外の現状と取組み，リスク要因(残留農薬・各種添加物・汚染物質・微生物・カビ・寄生虫・害虫など)，疾病(食中毒・感染症など)のほか，遺伝子組換え食品等の新しい問題も解説

食品総合研究所編

食品技術総合事典

43098-1 C3561　　B5判 616頁 本体23000円

生活習慣病，食品の安全性，食料自給率など山積する食に関する問題への解決を示唆。〔内容〕I.健康の維持・増進のための技術(食品の機能性の評価手法)，II.安全な食品を確保するための技術(有害生物の制御／有害物質の分析と制御／食品表示を保証する判別・検知技術)，III.食品産業を支える加工技術(先端加工技術／流通技術／分析・評価技術)，IV.食品産業を支えるバイオテクノロジー(食品微生物の改良／酵素利用・食品素材開発／代謝機能利用・制御技術／先進的基盤技術)

上記価格(税別)は2011年4月現在